TRAITÉ ÉLÉMENTAIRE

DE

CHIMIE MÉDICALE

Paris. — Typographie de PILLET fils aîné, rue des Grands-Augustins, 5.

TRAITÉ ÉLÉMENTAIRE

DE

CHIMIE MÉDICALE

COMPRENANT

QUELQUES NOTIONS DE TOXICOLOGIE

ET LES PRINCIPALES APPLICATIONS DE LA CHIMIE

A LA PHYSIOLOGIE, A LA PATHOLOGIE, A LA PHARMACIE

ET A L'HYGIÈNE

PAR

AD. WURTZ

Professeur de chimie à la Faculté de médecine de Paris
Membre du Comité consultatif d'hygiène publique de France
Membre de l'Académie impériale de médecine
etc., etc.

I

CHIMIE INORGANIQUE

PARIS

VICTOR MASSON ET FILS

PLACE DE L'ÉCOLE DE MÉDECINE

—

MDCCCLXIV

AVERTISSEMENT

J'offre au public les leçons de chimie que je professe à la Faculté de médecine. Pour être fructueux, cet enseignement doit rester élémentaire, et répondre avant tout aux besoins professionnels des étudiants en médecine et en pharmacie. J'ai donc omis ou abrégé à dessein un certain nombre de sujets théoriques ou techniques, qui auraient pu trouver place dans un ouvrage sur la chimie pure. Par contre, j'ai traité avec quelques développements les questions relatives à l'air, aux eaux potables, aux eaux minérales, aux principales substances chimiques qui se montrent actives comme médicaments ou redoutables comme poisons.

J'ai laissé à cet ouvrage le cadre et le caractère d'un traité de chimie; car je suis d'avis qu'on ne peut séparer les applications d'une science de la science elle-même, et j'estime que le principal avantage de l'enseignement de la chimie et de la physique, dans les Facultés de médecine, est de fortifier et de développer l'esprit scientifique dans les jeunes générations médicales.

On trouvera dans cet ouvrage les formules en équivalents, qui sont adoptées, depuis vingt ans, dans l'enseignement officiel. Je ne me suis pas cru autorisé à les abandonner, bien que dans mes autres écrits je les aie remplacées depuis longtemps par les formules atomiques dont Berzelius avait inauguré l'usage.   .

Au reste, j'ai été sobre de développements théoriques, et, obligé de faire un choix parmi tant de faits, j'ai indiqué ceux qui ont été l'objet d'applications médicales ou qui présentent un intérêt scientifique sérieux.

Paris, 1er juin 1864.

TRAITÉ ÉLÉMENTAIRE
DE CHIMIE MÉDICALE

CHIMIE INORGANIQUE

NOTIONS PRÉLIMINAIRES

ACTIONS CHIMIQUES, AFFINITÉ, COHÉSION

La chimie étudie les actions intimes que les corps exercent les uns sur les autres et qui, en modifiant leur nature, donnent lieu à un changement complet et durable de leurs propriétés.

Lorsqu'un morceau de fer est soumis à l'action d'un aimant, il acquiert lui-même la propriété d'attirer le fer doux, mais il la perd dès qu'on l'éloigne de l'aimant. On remarque que l'action de l'aimant sur le fer s'exerce à distance, et qu'elle n'altère point la substance même du métal. C'est là le propre des *actions physiques.*

Mais que le fer reste exposé à l'air humide, il ne tardera pas à éprouver dans ses qualités un changement frappant et durable. Sa surface se couvrira de rouille, et celle-ci n'est plus du fer. Vainement on chercherait à en isoler ce métal par des moyens mécaniques ou à le découvrir en armant l'œil des instruments les plus grossissants. Le fer a donc éprouvé une altération dans sa nature intime, une transformation complète. En effet, il a attiré l'oxygène et l'humidité de l'air, et est devenu un nouveau corps qu'on nomme oxyde de fer hydraté. C'est la rouille. Elle s'est formée en vertu d'une *action chimique.*

On peut réduire le fer en limaille très-fine. Qu'on mêle cette limaille avec du soufre réduit lui-même en une poussière ténue, le mélange, s'il est suffisamment intime, n'offrira plus ni la couleur jaune citron du soufre ni la couleur gris noir du fer très-divisé. Néanmoins ce n'est pas une substance homogène. Si on l'examine à la loupe, on y reconnaît les particules du fer disséminées dans la poussière du soufre. A l'aide d'un aimant on peut les extraire. En jetant le tout dans l'eau on les précipite au fond, tandis que les particules plus légères du soufre restent en suspension. Ainsi, après avoir trituré le soufre et la limaille de fer, on les sépare de nouveau avec facilité, et on les retrouve avec leurs qualités premières. Ici il n'y a pas eu action chimique, il y a eu simple *mélange*. Mais qu'on chauffe ce mélange, on verra d'abord le soufre fondre, et puis la masse noircir et entrer elle-même en fusion si la température est suffisamment élevée. Après le refroidissement elle est parfaitement homogène, et l'on ne peut plus y reconnaître ni le fer ni le soufre. Tous deux ont disparu comme tels, et à leur place on trouve une substance douée de propriétés nouvelles, savoir le sulfure de fer.

Ils ont disparu, mais leur substance ne s'est point perdue. En effet, on peut prouver par l'expérience que le poids du fer sulfuré qui s'est produit est exactement égal à la somme des poids du fer et du soufre. La matière pondérable du fer s'est donc ajoutée à la matière pondérable du soufre et a contracté avec elle une union tellement intime, qu'il en est résulté un nouveau corps dont les particules les plus petites sont parfaitement semblables à elles-mêmes et à la masse tout entière. C'est encore là une action chimique, et cette union intime entre deux corps de nature diverse se nomme *combinaison*. La force qui y préside est l'*affinité*.

Pour réduire en poudre une masse de fer sulfuré, il est nécessaire de vaincre la résistance que les particules de cette masse opposent à leur séparation. Cette résistance est due à une force spéciale qui rive les unes aux autres les particules homogènes du sulfure de fer comme de tous les corps solides. C'est la *cohésion*. Cette force est considérable dans les corps solides, très-peu énergique dans les liquides, nulle dans les gaz. Elle diminue par l'action de la chaleur. En fondant, un corps solide perd sa cohésion en grande partie.

Quel que soit l'état de division où un corps solide ait été réduit par des moyens mécaniques, les parcelles les plus ténues offrent encore une étendue sensible; on conçoit qu'elles puissent se diviser encore, et qu'elles soient elles-mêmes formées par un nombre considérable de molécules plus petites et agrégées par la cohésion.

Ainsi, eu égard à l'imperfection des moyens mécaniques dont nous disposons, la divisibilité de la matière a pour nous des limites que l'imagination franchit sans peine. Pourtant, on est fondé à admettre que cette divisibilité n'est pas infinie, et que les forces chimiques s'exercent sur de petites masses qu'on nomme *molécules* et *atomes*. Comme leur nom l'indique, ces derniers ne sont plus susceptibles d'une division ultérieure. Précisons par des exemples les idées qu'expriment ces mots.

Considérons une particule de soufre si petite que nous puissions l'obtenir, nous devons nous la représenter comme un ensemble de *molécules* agrégées par la cohésion et parfaitement homogènes. Prenons une particule de sulfure de fer, nous devons l'envisager de même comme un ensemble de molécules agrégées par la cohésion, mais non pas homogènes ; car dans chacune d'elles nous distinguons deux espèces de matières : du soufre et du fer. On n'admet pas que dans la molécule elle-même ces matières soient confondues l'une avec l'autre, et que la combinaison du soufre avec le fer soit le résultat d'une pénétration tellement intime, qu'elle fasse disparaître ces corps pour ne laisser qu'un mélange homogène. On pense, au contraire, que la combinaison résulte de la juxtaposition de deux masses infiniment petites, mais possédant chacune une étendue réelle et un poids constant. Ces petites masses, que nulle force chimique ou physique ne saurait diviser davantage, constituent les *atomes*. Dans chaque molécule de sulfure de fer il existe deux de ces masses, l'une de soufre et l'autre de fer. Elles sont rivées l'une à l'autre, mais non pas confondues par la force chimique ou l'affinité. Lorsqu'elles se séparent, on dit que le sulfure de fer se décompose. Lorsqu'elles attirent les plus petites masses (atomes) d'un autre corps, on dit que le sulfure de fer se combine avec ce corps.

Supposons, en effet, que le fer sulfuré reste longtemps exposé à l'air humide. Sa surface finira par se couvrir d'efflorescences d'une matière saline. Il attire dans ce cas un des éléments de l'air, l'oxygène, avec lequel il se combine pour former le fer sulfaté ou sulfate de fer. Ce sont les *molécules* de sulfure de fer qui, dans ce cas, entrent en conflit et en contact avec l'oxygène. Chacune de ces molécules, formée d'un atome de soufre et d'un atome de fer, s'associe plusieurs (quatre) atomes d'oxygène qui viennent se juxtaposer à l'atome de soufre et à l'atome de fer, et de cette juxtaposition résulte une nouvelle molécule, celle du sulfate de fer. Cette dernière est plus complexe que la molécule du sulfure de fer ; car elle renferme en plus les atomes d'oxygène. Nous dirons donc que la *molécule* de sulfure de fer est la plus petite quantité de ce corps qui puisse se combiner avec l'oxygène pour former du sulfate de fer, et que la molécule de sulfate de fer est la plus petite quantité de ce corps qui résulte de la combinaison de l'oxygène avec le sulfure de fer. Chacune de ces molécules renferme un certain nombre d'*atomes* élémentaires, soufre, fer, ou soufre, fer et oxygène, qui sont parfaitement distincts les uns des autres et qui représentent les plus petites masses qui puissent exister dans une combinaison. L'idée des atomes repose sur une hypothèse ; mais cette hypothèse est utile et a rendu de grands services à la science.

Les considérations qui précèdent établissent une différence marquée entre la cohésion et l'affinité. Ces deux forces sont souvent en lutte. Une cohésion trop grande, en rendant immobiles les molécules d'un corps solide, les empêche de se mettre en contact intime avec les molécules d'un autre corps ; et ce contact intime est nécessaire pour l'attraction de molécule à molécule, car les actions chimiques ne s'exercent qu'à des distances infiniment petites. Il est donc souvent nécessaire de diminuer la cohésion pour réveiller ou stimuler l'affinité.

On a vu, par une des expériences précédemment citées, que pour combiner le fer avec le soufre il était nécessaire d'élever la température. Or la chaleur, en fondant le soufre, diminue sa cohésion et met ses molécules en contact plus intime avec celles du fer. Aussitôt commence l'action chimique. Remarquons qu'une foule de combinaisons exigent, pour s'effectuer, le secours de la chaleur.

On peut se contenter d'humecter le mélange de soufre et de limaille de fer pour déterminer l'action chimique. Par l'intermédiaire de l'eau, les particules du soufre et du fer se soudent les unes aux autres et se mettent en rapport plus direct. A plus forte raison peut-on favoriser les réactions chimiques entre corps solides en dissolvant ces derniers dans l'eau. Dissous, ils ont pris eux-mêmes la forme liquide et ont perdu leur cohésion en grande partie. Les anciens avaient compris l'influence de l'état liquide sur les réactions, et disaient, en l'exagérant : *Corpora non agunt nisi soluta.*

Si l'on jette du cuivre en tournure dans du soufre en ébullition, les deux corps se combinent et l'on observe une vive incandescence. L'affinité du cuivre pour le soufre est satisfaite par l'effet de cette combinaison. C'est une force qui est neutralisée, mais qui n'est point détruite : elle ne fait que se transformer et se manifeste comme chaleur, et cette chaleur est lumineuse dans ce cas. Toutes les combinaisons chimiques donnent lieu à un dégagement de chaleur, et les combustions qui s'effectuent dans l'air ne sont autre chose que les combinaisons des corps que nous nommons combustibles avec un des éléments de l'air : l'oxygène. Elles constituent, comme on sait, la source la plus abondante de la chaleur artificielle.

Si, comme nous l'avons vu plus haut, la chaleur intervient comme cause et condition préalable d'une foule de combinaisons, si elle éclate ensuite par l'effet de la combinaison même, elle peut encore jouer un autre rôle dans les réactions chimiques. Au lieu de mettre les molécules en rapport en diminuant leur cohésion, elle peut, dans d'autres cas, les séparer de nouveau dans des combinaisons toutes faites.

Exposé à l'air à la température ordinaire, le mercure conserve indéfiniment sa surface brillante. Mais lorsqu'on le porte à une température voisine de son point d'ébullition, il attire lentement l'oxygène de l'air et se couvre d'une poussière rouge orangé, qui est de l'oxyde de mercure. Ici la chaleur a aidé à la formation d'une combinaison. Que l'on chauffe maintenant cette poussière dans une petite cornue à une température voisine du rouge, elle va se résoudre de nouveau en mercure qui apparaîtra en gouttelettes sur la voûte de la cornue, et en oxygène qu'on pourra recueillir. Une chaleur plus intense a donc défait la combinaison qui s'était formée à une température moins élevée : elle a provoqué une *décomposition*. On dit qu'une combinaison se décompose lorsque les éléments qu'elle renferme se séparent les uns des autres.

L'électricité peut produire de même des combinaisons ou des décompositions.

Lorsqu'on fait passer une étincelle électrique à travers un mélange de 1 volume d'oxygène et de 2 volumes d'hydrogène, les deux gaz se *combinent* pour former de l'eau.

Lorsqu'on fait passer une série d'étincelles électriques à travers du gaz ammoniac, ce gaz se *décompose* et se résout en ses deux éléments : azote et hydrogène.

De même le courant de la pile décompose un très-grand nombre de combinaisons chimiques, dont les éléments se séparent pour se rendre, chacun de son côté, aux deux pôles opposés de la pile. L'action décomposante que le courant de la pile exerce sur les combinaisons chimiques a été découverte au commencement de ce siècle par Nicholson et Carlisle qui, les premiers, ont décomposé l'eau par le courant voltaïque.

La lumière elle-même peut faire ou défaire des combinaisons.

Ainsi, qu'on expose à l'action directe des rayons solaires un mélange à volumes égaux d'hydrogène et de chlore, la combinaison des deux gaz aura lieu subitement et avec explosion. Au contraire, certaines substances sont décomposées par la lumière. Beaucoup de composés d'argent sont dans ce cas, et l'on sait que l'art du photographe est fondé sur l'action décomposante que la lumière exerce sur quelques-uns de ces composés.

Souvent les décompositions se produisent par l'intervention d'affinités plus puissantes que celles qui maintiennent réunis les éléments d'un corps composé. Ainsi, la combinaison du cuivre avec l'oxygène, qu'on nomme oxyde noir de cuivre, est indécomposable par la chaleur seule; mais lorsqu'on la chauffe après l'avoir mêlée avec du charbon, elle se décompose et laisse du cuivre métallique, le charbon s'étant porté sur l'oxygène pour former avec lui une combinaison gazeuse : l'acide carbonique.

De même que rien ne se perd pendant la combinaison des corps, de même aussi rien ne se perd pendant la décomposition. Dans l'expérience précédente, on a fait un mélange d'oxyde de cuivre et de charbon. La réaction terminée, il n'est resté que du cuivre; le charbon et l'oxygène ont disparu; mais rien ne s'en est perdu, et toute la matière pondérable du charbon se trouve combinée à toute la matière pondérable de l'oxygène dans le produit de leur combinaison, l'acide carbonique; de telle sorte que le poids de l'acide carbonique qui s'est dégagé, ajouté au poids du résidu fixe, représente exactement le poids du mélange d'oxyde de cuivre et de charbon.

Lorsqu'on soumet tous les corps de la nature aux épreuves diverses qui résultent de l'emploi judicieux des agents physiques et des forces chimiques elles-mêmes, on peut en retirer un certain nombre de matières qui ne sont plus susceptibles d'une décomposition ultérieure. Ces corps, dont nous ne pouvons retirer qu'une seule espèce de matière, se nomment *corps simples*. On en connaît 63 aujourd'hui. Nous en donnons plus loin la nomenclature. En se combinant entre eux, ils forment les *corps composés*.

PROPORTIONS DÉFINIES, ÉQUIVALENTS, POIDS ATOMIQUES.

Voici un des traits les plus caractéristiques de ces combinaisons : *Elles se font en proportions définies*. Les faits suivants démontrent cette importante vérité.

Lorsqu'on ajoute de l'acide sulfurique (huile de vitriol) à de la potasse caustique (solution de pierre à cautère), ces deux corps se combinent avec un vif dégagement de chaleur en formant un sel qu'on nomme le sulfate de potasse. Ce corps ne possède plus ni l'acidité corrosive de l'huile de vitriol, ni la causticité de la potasse, mais il est doué d'une saveur salée.

On dit qu'il est neutre lorsque les propriétés opposées de l'acide et de la base se sont exactement équilibrées par l'effet de la combinaison. Dans l'espèce, la neutralité est facile à reconnaître. L'acide rougit le sirop de violettes, la base le verdit, le sel neutre n'en change pas la couleur. L'acide sulfurique se trouve donc exactement neutralisé par la potasse lorsque le sirop de violettes ajouté au mélange n'éprouve aucun changement de teinte. Or on reconnaît que cet effet ne se produit que lorsque le mélange est fait dans une certaine proportion invariable, c'est-à-dire lorsque entre les quantités réelles et respectives d'acide et de base il existe un certain rapport qui demeure constant. On peut s'assurer, en effet, que le moindre excès d'acide ou de base trouble l'état de neutralité de la liqueur et se manifeste aussitôt par le changement de couleur de la liqueur, qui devient rouge ou verte.

Des expériences de ce genre ont été faites avec d'autres acides et d'autres bases, et ont introduit dans la science cette première notion, que la composition des sels est parfaitement définie et constante, c'est-à-dire qu'une certaine quantité d'une base donnée est invariablement saturée par une quantité fixe d'un même acide. Il y a plus : les recherches poursuivies dans cette direction ont conduit à cet autre résultat non moins important, savoir que les quantités respectives de plusieurs acides qui saturent un poids donné d'une base sont exactement proportionnelles aux quantités des mêmes acides qui saturent un poids donné d'une autre base. Cette loi, qui régit la composition des sels, a été découverte par Wenzel.

Ce n'est point ici le lieu de l'exposer en détail et de la développer. Ces développements seront mieux placés et mieux compris dans la partie de cet ouvrage où nous traiterons des sels. Pour le moment, nous nous bornons à établir que la loi dont il s'agit est une conséquence du fait des proportions définies, qui a été principalement introduit dans la science par les expériences entreprises vers la fin du siècle dernier sur la composition des sels.

Ce fait ou cette loi des proportions définies peut s'exprimer ainsi :

Les rapports pondéraux suivant lesquels les corps se combinent sont invariables pour chaque combinaison.

On démontre qu'il en est ainsi non-seulement par la comparaison des *poids* suivant lesquels les corps se combinent, mais encore par la comparaison des *volumes* suivant lesquels les corps gazeux s'unissent entre eux.

Pour former de l'eau avec l'hydrogène et l'oxygène, il faut employer exactement 2 volumes du premier et 1 volume du second. Le moindre excès d'hydrogène ou d'oxygène qu'on ajouterait à ce mélange, resterait comme résidu après la combinaison des deux gaz. Ainsi, la matière pondérable qui existe dans 1 volume d'oxygène se combine toujours pour former de l'eau avec la matière pondérable qui existe dans 2 volumes d'hydrogène. Les combinaisons des autres gaz entre eux donnent lieu aux mêmes observations, et l'expérience apprend que non-seulement les gaz se combinent en proportions fixes et invariables, soit en poids, soit en volumes, mais encore qu'il existe un rapport très-simple entre les volumes des gaz qui entrent en combinaison. Pour l'hydrogène et l'oxygène, ce rapport est, comme nous l'avons vu, de 2 : 1. Pour l'hydrogène et le chlore, il est de 1 : 1, c'est-à-dire que 1 volume d'hydrogène se combine exactement avec 1 volume de chlore.

En comparant les volumes des gaz composants avec le volume du gaz ou de la vapeur résultant de leur combinaison, on découvre une relation tout aussi simple.

Ainsi, 2 vol. d'hydrogène se combinent avec 1 vol. d'oxygène pour former 2 vol. de vapeur d'eau. On voit que les trois volumes des gaz composants sont réduits à deux volumes par l'effet de la combinaison. Ce rapport de 3 : 2 est très-simple et indique une condensation d'un tiers du volume initial. Le même rapport se présente pour d'autres gaz, comme le montrent les exemples suivants :

Hydrogène 2 vol. + 1 vol. oxygène = 2 vol. vapeur d'eau.
Azote..... 2 vol. + 1 vol. oxygène = 2 vol. protoxyde d'azote.
Chlore.... 2 vol. + 1 vol. oxygène = 2 vol. acide hypochloreux.

Dans d'autres cas, la contraction est plus forte et le volume initial est réduit de moitié par l'effet de la combinaison.

Azote 1 vol. + 3 vol. hydrogène = 2 vol. ammoniaque.

Enfin, lorsque deux gaz s'unissent à volumes égaux, on n'observe point de condensation au moment de la combinaison, c'est-à-dire que le volume du gaz qui résulte de la combinaison est égal à la somme des volumes des gaz composants.

Azote. 1 vol. + 1 vol. oxygène   = 2 vol. bioxyde d'azote.
Chlore 1 vol. + 1 vol. hydrogène = 2 vol. gaz chlorhydrique.

Ces exemples font voir : 1° qu'il existe un rapport simple entre les volumes de deux gaz qui se combinent ; 2° qu'il existe un rapport simple entre la somme des volumes des gaz composants et le volume du gaz résultant de la combinaison. Ces relations ont été signalées par Gay-Lussac : aussi les propositions que nous venons d'énoncer portent-elles à juste titre le nom de *lois de Gay-Lussac*.

Proportions multiples. — On voit par les exemples cités plus haut que dans le protoxyde d'azote 2 volumes d'azote sont unis à 1 vol. d'oxygène, et que dans le bioxyde d'azote 1 vol. d'azote est uni à 1 vol. d'oxygène. Il en résulte que ces deux éléments, azote et oxygène, peuvent s'unir en proportions différentes lorsqu'on considère les volumes ; il en est de même lorsqu'on considère les poids. On connaît, en effet, cinq composés d'azote et d'oxygène, dans lesquels l'azote et l'oxygène sont unis en cinq proportions différentes. Ces cinq composés sont de plus en plus riches en oxygène, et si l'on détermine les poids de cet élément qui y sont combinés avec un même poids d'azote, on reconnaît que les premiers poids s'accroissent régulièrement et présentent entre eux les rapports les plus simples. Ainsi on constate que :

Le 1er composé d'azote et d'oxygène renferme	14	d'azote et	8	d'oxygène.	
Le 2e	—		14	—	16	—
Le 3e	—		14	—	24	—
Le 4e	—		14	—	32	—
Le 5e	—		14	—	40	—

Les nombres 8, 16, 24, 32, 40, sont *multiples* du premier par un nombre entier, ou, en d'autres termes, les quantités d'oxygène unies à un même poids d'azote dans les cinq composés dont il s'agit sont entre elles dans des rapports très-simples exprimés par les nombres 1, 2, 3, 4, 5.

On connaît cinq composés d'oxygène et de manganèse, et l'on constate des rapports de même nature entre les quantités d'oxygène contenues dans ces composés.

Le 1er renferme	28	de manganèse et	8	d'oxygène.	
Le 2e	—	28	—	12	—
Le 3e	—	28	—	16	—
Le 4e	—	28	—	24	—
Le 5e	—	28	—	28	—

Les nombres 8, 12, 16, 24, 28, sont entre eux comme 1, $\frac{3}{2}$, 2, 3, $\frac{7}{2}$.

De même, lorsqu'un acide s'unit en plusieurs proportions à une base, la quantité de base restant constante, les quantités d'acide s'accroissent d'une manière régulière, et réciproquement. Ainsi, pour ne citer qu'un seul exemple :

56 parties de potasse s'unissent à 45 parties d'acide oxalique.
56   —   90   —
56   —   180   —

L'on voit que les nombres 45, 90, 180, sont entre eux comme 1, 2, 4.

Telle est *la loi des proportions multiples* découverte par Dalton, et qu'on peut exprimer ainsi : *Lorsque deux corps simples ou composés s'unissent en diverses proportions, le poids de l'un d'eux étant supposé constant, les poids de l'autre sont entre eux dans des rapports très-simples.*

Équivalents. — Du fait des proportions définies découle une notion fort importante : celle des équivalents. Les expériences suivantes vont nous permettre d'en préciser le sens.

Que l'on dissolve dans l'eau $135^{gr},5$ de sublimé corrosif (chlorure mercurique), et qu'on plonge dans cette solution une lame de cuivre, le cuivre précipitera le mercure. Si l'expérience est prolongée suffisament pour que la précipitation du mercure soit complète, on reconnaîtra que 100 grammes de mercure se sont déposés, tandis que $31^{gr},75$ de cuivre sont entrés en dissolution. Tout le chlore primitivement combiné avec le mercure, c'est-à-dire $35^{gr},5$, se trouve maintenant combiné avec le cuivre sous forme de chlorure de cuivre. Les quantités 100 de mercure et 31,75 de cuivre peuvent donc se remplacer mutuellement et sont équivalentes, par rapport à 35,5 de chlore, pour former des chlorures.

Si l'on plonge maintenant une lame de zinc dans la solution de chlorure de cuivre qu'on vient d'obtenir, les $31^{gr},75$ de cuivre seront précipités à leur tour et seront remplacés par 33 grammes de zinc, qui entreront en solution pour se combiner aux 35,5 grammes de chlore. Les quantités 31,75 de cuivre et 33 de zinc sont donc équivalentes par rapport à 35,5 de chlore.

Prenons maintenant 33 grammes de zinc et traitons-les par l'acide chlorhydrique, le zinc, déplaçant l'hydrogène, entrera en solution pour se combiner avec le chlore. Si l'on recueille avec soin le gaz qui se dégage, on reconnaîtra que la quantité d'hydrogène déplacée par 33 grammes de zinc pèse exactement 1 gramme. D'un autre côté, il sera facile de constater que la quantité de chlore qui demeure combinée aux 33 grammes de zinc est égale à $35^{gr},5$. Les quantités 33 de zinc et 1 d'hydrogène sont donc équivalentes par rapport à 35,5 de chlore.

De ce qui précède on déduit cette conséquence que les nombres 100 — 31,75 — 33 — 1, expriment les rapports pondéraux d'après lesquels le mercure, le cuivre, le zinc et l'hydrogène se remplacent pour former des chlorures avec 35,5 de chlore, et par cela même aussi les rapports d'après lesquels ils se combinent avec cette quantité de chlore. Ces nombres sont les équivalents de ces corps.

Reprenons maintenant le chlorure de mercure et traitons par la potasse caustique une solution de 135^{gr},5 de ce chlorure, renfermant, comme nous l'avons vu, 100 grammes de mercure métallique. Une double décomposition aura lieu entre les éléments du chlorure de mercure et ceux de la potasse. Le chlore se portera sur le potassium, et l'oxygène sur le mercure. Si dans cette expérience la potasse est en léger excès, on recueillera 108 grammes d'oxyde de mercure renfermant tout le mercure primitivement combiné avec le chlore, c'est-à-dire 100 grammes.

35^{gr},5 de chlore combinés avec 100 grammes de mercure pour former du chlorure de mercure sont donc déplacés par 8 grammes d'oxygène lorsque, dans l'expérience précédente, le chlorure de mercure se transforme en oxyde; les nombres 35,5 et 8 représentent donc des quantités équivalentes de chlore et d'oxygène par rapport à 100 de mercure.

Si nous prenons maintenant une solution de chlorure de cuivre renfermant 31^{gr},75 de cuivre et 35^{gr},5 de chlore, et que nous la décomposions par la potasse caustique, après l'avoir portée à l'ébullition, il se formera, par suite d'une réaction tout à fait analogue à celle que nous venons d'expliquer, de l'oxyde de cuivre et du chlorure de potassium; le poids de l'oxyde qui renfermera tout le cuivre du chlorure sera de 39,75 grammes = 31,75 de cuivre + 8 d'oxygène. Les 8 d'oxygène ont donc déplacé 35,5 de chlore d'abord combinés avec le cuivre, et l'on voit que les nombres 35,5 de chlore et 8 d'oxygène, qui sont équivalents par rapport à 100 de mercure, sont aussi équivalents par rapport à 31,75 de cuivre; en d'autres termes, que s'il faut 8 grammes d'oxygène pour former de l'oxyde de mercure (oxyde mercurique) avec 100 grammes de mercure, il faut aussi 8 grammes d'oxygène pour former de l'oxyde de cuivre (oxyde cuivrique) avec 31,75 grammes de cuivre qui équivalent à 100 de mercure. Il a donc suffi de déterminer les quantités équivalentes d'oxygène et de chlore qui s'unissent au mercure pour connaître aussi les quantités équivalentes de chlore et d'oxygène qui s'unissent au cuivre.

L'oxyde de cuivre est décomposé lorsqu'on le chauffe dans un courant de gaz hydrogène. Celui-ci, en se combinant avec l'oxygène, forme de l'eau, tandis que le cuivre est mis en liberté. Si l'on décompose ainsi par l'hydrogène 39^{gr},75 grammes d'oxyde de cuivre, obtenus dans l'expérience précédente, et que l'on recueille avec soin l'eau formée, on en obtiendra 9 grammes, tandis que 31^{gr},75 de cuivre resteront pour résidu. Mais les 9 grammes d'eau renferment tout l'oxygène primitivement combiné avec les 31^{gr},5 de cuivre, c'est-à-dire 8 grammes. Ils contiennent donc 1 gramme d'hydrogène, c'est-à-dire précisément la quantité d'hydrogène qui équivaut à 31,75 de cuivre. Il en résulte que les 8 grammes d'oxygène qui équivalent à 35,5 de chlore par rapport à 100 de mercure et à 31,75 de cuivre, sont précisément nécessaires et suffisent exactement pour former de l'eau avec une quantité équivalente, c'est-à-dire avec 1 gramme d'hydrogène.

De ce qui précède on peut tirer cette double conséquence :

Premièrement, que les nombres qui expriment les rapports suivant lesquels les corps se déplacent expriment nécessairement les rapports suivant lesquels les corps se combinent ;

Secondement, qu'il suffit de connaître les quantités équivalentes (les équivalents) de deux corps par rapport à un troisième pour connaître aussi les quantités équivalentes de ces deux corps par rapport à tous les autres.

Ces quantités équivalentes sont rapportées dans ce qui précède à 1 d'hydrogène. C'est l'unité qu'on a choisie pour terme de comparaison ; car il faut bien se pénétrer de cette pensée que les équivalents représentent, non pas des poids absolus, mais les rapports pondéraux suivant lesquels les corps se combinent.

Pour déterminer l'équivalent d'un corps, il suffit donc de rechercher la quantité de ce corps qui se combine soit avec 1 d'hydrogène, soit avec une quantité de tout autre corps équivalent à 1 d'hydrogène : par exemple 8 d'oxygène.

Parmi les difficultés qu'on rencontre dans ces sortes de déterminations, il en est une surtout qui mérite de fixer notre attention.

Deux corps, nous l'avons fait remarquer plus haut, peuvent se combiner en plusieurs proportions. Ainsi le cuivre forme avec l'oxygène plusieurs composés parmi lesquels l'oxyde noir et l'oxyde rouge sont les plus connus. Le premier renferme 31,75 de cuivre et 8 d'oxygène, le second renferme 63,5 ($= 2 \times 31,75$) de cuivre et 8 d'oxygène. Faut-il prendre pour l'équivalent du cuivre le nombre 31,75 ou le nombre 63,5? Par des raisons que nous indiquerons plus loin, on a été conduit à adopter pour le véritable équivalent du cuivre le chiffre 31,75, et à admettre que l'oxyde noir de cuivre renferme un équivalent d'oxygène et *un* équivalent de cuivre, tandis que l'oxyde rouge de cuivre renferme un équivalent d'oxygène et *deux* équivalents de cuivre.

On comprend par l'exemple des oxydes de cuivre la nature de la difficulté que le fait des proportions multiples peut soulever dans la détermination des équivalents. Si en général on prend pour équivalent d'un corps la quantité de ce corps qui s'unit à 8 d'oxygène pour former le premier degré d'oxydation, on voit par cet exemple qu'il n'en est pas toujours ainsi. Dans des cas de ce genre, le choix que l'on peut faire entre divers nombres est donc fixé par des considérations d'un autre ordre que nous allons développer.

Isomorphisme. — On a reconnu que les corps composés offrant une composition semblable sont doués, en général, de la même forme cristalline. Ainsi il arrive que dans un corps offrant une composition donnée, on peut remplacer un élément par un autre qui lui est analogue sans que la forme cristalline soit sensiblement changée. Prenons un exemple pour fixer les idées.

Il existe une combinaison d'acide sulfurique et d'oxyde de zinc, qui est connue vulgairement sous le nom de vitriol blanc. D'autre part, on désigne sous le nom de vitriol vert une combinaison d'acide sulfurique avec le protoxyde de fer (sulfate ferreux).

Le vitriol vert et le vitriol blanc possèdent, comme on voit, une composition semblable. Seulement, dans le premier, le fer tient la place du zinc qui est contenu dans le second. Dissous dans l'eau, ces sels peuvent cristalliser sous des formes presque identiques si la cristallisation a lieu à des températures convenables. Ils sont alors combinés avec la même quantité d'eau (7 équivalents). Bien plus, si on mêle les solutions et qu'on abandonne la liqueur à l'évaporation, on obtient des cristaux de même forme que les précédents et qui renferment à la fois du sulfate de zinc et du sulfate de fer. Ainsi ces deux corps non-seulement possèdent, dans des circonstances données, des formes cristallines presque identiques, mais peuvent se mêler dans les cristaux sans que la forme de ceux-ci soit sensiblement altérée. De tels corps sont nommés *isomorphes*. De même si l'on fait cristalliser ensemble du sulfate de fer et du sulfate de cuivre (vitriol bleu), on obtient des cristaux renfermant à la fois du vitriol vert et du vitriol bleu. Ces cristaux possèdent ordinairement la forme cristalline du sulfate de fer, et renferment alors, comme ceux-ci, 7 équivalents d'eau.

On doit considérer comme équivalentes des quantités de deux

corps qui peuvent se remplacer mutuellement dans des combinaisons isomorphes. Pour en revenir à l'exemple que nous avons choisi, il ne saurait y avoir de doute sur l'équivalent du fer, qui est 28. Or la quantité de cuivre qui est déplacée par 28 de fer dans du sulfate de cuivre, celui-ci se transformant en sulfate de fer, est égale à 31,75 et non pas à 63,5. Telle est la considération qui a fixé le choix qu'on a fait du premier nombre pour l'équivalent du cuivre, et tel est le secours que la *loi de l'isomorphisme*, découverte par M. Mitscherlich, prête aux chimistes dans la détermination des équivalents.

Loi des chaleurs spécifiques. — Voici une autre loi physique dont la chimie tire parti dans cette détermination : elle est connue sous le nom de *loi des chaleurs spécifiques* ou de *loi de Dulong et Petit.*

On nomme *chaleurs spécifiques* des corps les quantités relatives de chaleur que 1 kilogr. de ces corps absorbe pour élever sa température de 0° à 1°, l'unité à laquelle on les rapporte étant la quantité de chaleur nécessaire pour élever un kilogr. d'eau de 0° à 1°. Or on a remarqué que ces chaleurs spécifiques sont, à peu d'exceptions près, en raison inverse des équivalents, ou, en d'autres termes, *que des quantités équivalentes des divers corps simples possèdent la même chaleur spécifique.* On aura donc des quantités équivalentes de deux corps simples, si l'on en prend des poids tels, qu'ils absorbent la même quantité de chaleur pour passer de 0° à 1°.

Poids atomiques. — Les nombres qui expriment les équivalents des corps, c'est-à-dire les proportions suivant lesquelles ils se combinent entre eux, sont l'expression directe des faits. Ils sont indépendants de toute hypothèse qu'on peut faire sur la constitution intime des corps. Néanmoins on est conduit à penser qu'il existe une liaison simple entre le fait des équivalents ou nombres proportionnels et la théorie qui suppose que les combinaisons sont formées par la juxtaposition de petites masses indivisibles qu'on a nommées atomes. L'auteur de la théorie atomique, Dalton, a émis cette idée que les nombres qui expriment les proportions suivant lesquelles les corps se combinent représentent précisément les poids relatifs de leurs atomes. Quoi de plus naturel, en effet, que de supposer que si le chlore et l'hydrogène, par exemple, se combinent suivant des rapports pondéraux exprimés par les nombres 35,5 et 1, cette combinaison a lieu par la juxtaposition de deux petites masses indivisibles, l'une de chlore et l'autre d'hydrogène, et dont la première pèse 35,5 alors que la seconde pèse 1? Dans ce cas, les poids des atomes ne sont autre chose que les nombres proportionnels ou les équivalents. Le mot équivalent est de Wollaston, et dans le principe on l'a employé comme synonyme de poids atomique. Mais c'est là une confusion, et la notion qu'il représente aujourd'hui et que nous avons définie plus haut est parfaitement distincte de celle des poids atomiques. En effet, si dans le cas du chlore et de l'hydrogène l'équivalent se confond avec le poids atomique, il est d'autres cas où il n'en est pas ainsi. Nous allons le prouver.

S'appuyant sur la loi de composition des gaz découverte par Gay-Lussac, et considérant que les gaz se dilatent ou se compriment à peu de chose près de la même manière par suite des mêmes variations de température ou de pression, Ampère a dit le premier : *Volumes égaux de deux gaz mesurés dans des conditions identiques de température et de pression, contiennent le même nombre d'atomes* [1]. Il en résulte que les poids de volumes égaux des gaz représentent les poids relatifs de leurs atomes. Mais les poids de volumes égaux des gaz ne sont autre chose que leurs densités. On en conclut que les poids atomiques des gaz sont proportionnels à leurs densités. Ainsi énoncée, cette loi s'applique plus particulièrement aux gaz simples. Pour trouver le rapport des poids atomiques de l'oxygène et de l'hydrogène, il suffit donc de comparer les densités de ces gaz; et si nous représentons par 1 le poids atomique de l'hydrogène, le poids atomique x de l'oxygène pourra être déduit de l'équation suivante :

$$\frac{1}{x} = \frac{0,0693}{1,1056}; \quad x = 16$$

dans laquelle les nombres 1,1056 et 0,0693 représentent les densités de l'oxygène et de l'hydrogène. On trouve ainsi pour le poids atomique de l'oxygène le nombre 16, tandis que le nombre 8 découle des considérations précédemment exposées sur l'équivalence. Ce dernier nombre exprime l'équivalent de l'oxygène : 8 d'oxygène équivalent à 1 d'hydrogène parce qu'ils se combinent avec 1 d'hydrogène pour former 9 d'eau. Que représente donc ce nombre 16 qui exprime le poids atomique de l'oxygène? Il représente le poids d'un volume d'oxygène (c'est-à-dire sa densité), le poids d'un volume d'hydrogène (c'est-à-dire sa densité) étant représenté par 1

---

1. Modifiée dans son énoncé, cette loi s'applique aux gaz composés comme aux gaz simples. Sauf un petit nombre d'exceptions, les gaz composés renferment, à volume égal, le même nombre de *molécules*.

Il représente le poids de la plus petite masse d'oxygène qui puisse entrer en combinaison avec l'hydrogène; et cette plus petite masse, cet atome d'oxygène, dont le poids est exprimé par 16, ne se combine pas avec 1 d'hydrogène, mais avec 2 d'hydrogène. Il représente le poids atomique de l'oxygène, le poids atomique de l'hydrogène étant représenté par 1. Nous dirons donc, conformément à la théorie atomique, que l'eau est formée de 1 atome d'oxygène et de 2 atomes d'hydrogène, parce qu'elle résulte de la combinaison de 1 volume d'oxygène avec 2 volumes d'hydrogène. On le voit, dans cette théorie, les atomes représentent les volumes : c'est une conséquence de la proposition d'Ampère, énoncée plus haut.

Il résulte de ce qui précède que le poids atomique de l'oxygène (16) est double de l'équivalent de l'oxygène (8), ce qui montre que la notion de l'équivalent est parfaitement distincte de la notion du poids atomique. Un atome d'un corps peut se combiner avec un atome d'un autre corps ; dans ce cas, l'équivalent du corps se confondra avec son poids atomique ; mais lorsque 2 atomes d'un corps sont nécessaires pour former une combinaison avec 1 atome d'un autre corps, il est clair que, dans ce cas, 2 atomes du premier *équivalent* à 1 atome du second puisqu'ils se combinent avec lui. Telle est la distinction qu'il convient d'établir entre la notion des équivalents et la notion des poids atomiques.

NOMENCLATURE

En se combinant entre eux, les 63 corps simples que l'on a découverts forment une multitude innombrable de corps composés. Pour distinguer tous ces corps les uns des autres, il est essentiel de donner un nom à chacun d'eux ; car chacun constitue une espèce distincte. En ce qui concerne les corps simples, leurs noms sont choisis au hasard et rappellent, dans certains cas, quelque propriété saillante de la substance qu'ils désignent. Il en était de même autrefois pour les corps composés : aucune règle précise ne servait de base à leur nomenclature. De là une confusion qui entravait le progrès et une synonymie dont le moindre inconvénient était de fatiguer inutilement la mémoire. Aussi les chimistes ont-ils senti la nécessité de créer une nomenclature régulière applicable aux combinaisons de la chimie minérale et propre à révéler leur composition même. Tel est le principe de la nomenclature française, œuvre de Guyton de Morveau (1787), qui fut secondé par Lavoisier, Berthollet et Fourcroy.

Nous donnons ici les noms des corps simples aujourd'hui connus ; nous y joignons leurs équivalents et les symboles ou signes abrégés par lesquels on est convenu de les représenter.

NOMS DES CORPS SIMPLES.	SYMBOLES.	ÉQUIVALENTS.
Hydrogène	H	1
Oxygène	O	8
Soufre	S	16
Sélénium	Se	39,75
Tellure	Te	64,5
Azote	Az	14
Phosphore	Ph	31
Arsenic	As	75
Fluor	Fl	19
Chlore	Cl	35,5
Brome	Br	80
Iode	I	127
Carbone	C	12
Bore	Bo	11
Silicium	Si	21
Potassium	K (kalium)	39,14
Sodium	Na (natrium)	23
Césium	Cs	123,4
Rubidium	Rb	85,35
Lithium	Li	7
Thallium	Th	204
Barium	Ba	68,5
Strontium	Sr	43,75
Calcium	Ca	20
Magnésium	Mg	12
Glucinium	Gl	7
Aluminium	Al	13,75
Zirconium	Zr	33,5
Thorium	To	59,5
Yttrium	Y	32
Cérium	Ce	47,25
Lanthane	La	48
Didyme	Di	»
Erbium (?)	Er	»
Terbium (?)	Tr	»
Manganèse	Mn	27,5
Chrome	Cr	26,25
Tungstène	Tg ou W (wolfram)	92
Molybdène	Mo	48
Vanadium	Vn	68,5
Fer	Fe	28
Nickel	Ni	29,5
Cobalt	Co	29,5
Zinc	Zn	33
Cadmium	Cd	56

NOMS DES CORPS SIMPLES.	SYMBOLES.	ÉQUIVALENTS.
Cuivre	Cu	31,75
Plomb	Pb	103,5
Bismuth	Bi	208
Etain	Sn (stannum)	59
Titane	Ti	25
Tantale ou Colombium	Ta	68,08
Niobium	Nb	49
Antimoine	Sb (stibium)	120,5
Uranium	U	60
Mercure	Hg (hydrargyrum)	100
Argent	Ag	108
Or	Au (aurum)	96,5
Platine	Pt	98,5
Palladium	Pd	53,25
Rhodium	Rh	52,16
Iridium	Ir	98,5
Ruthénium	Ru	52,16
Osmium	Os	99,5

On nomme *métalloïdes* les quinze substances inscrites en tête de cette liste ; les autres sont les *métaux*. Ces derniers corps sont opaques. Ils sont doués d'un éclat particulier qu'on nomme métallique et qui ne disparaît pas sous le brunissoir ; ils sont bons conducteurs de la chaleur et de l'électricité.

On voit que ces caractères sont plutôt physiques que chimiques. Les métalloïdes ne les possèdent pas au même degré.

Acides et oxydes. — Parmi les combinaisons que forment les corps simples, celles qui renferment de l'oxygène sont aussi nombreuses qu'importantes. On a reconnu qu'en s'unissant à l'oxygène les métalloïdes et les métaux forment deux classes de composés qu'on nomme *acides* et *oxydes*.

Lorsque le phosphore brûle dans l'air sec sous une cloche, il répand des fumées blanches qui se condensent sur les parois de la cloche en flocons offrant l'apparence de la neige. Mis en contact avec de l'eau, ces flocons s'y combinent avec énergie et s'y dissolvent pour former un liquide possédant une saveur piquante, *acide*, et la propriété de rougir vivement la *teinture de tournesol*. Ces flocons blancs résultent de la combinaison de l'oxygène avec le phosphore. Ils constituent l'*acide* phosphorique.

Le métal potassium forme avec l'oxygène une combinaison qu'on désigne communément sous le nom de potasse lorsqu'elle est combinée avec de l'eau. Dissoute dans ce liquide, la potasse possède une saveur caustique bien différente de celle de l'acide phosphorique et la propriété de verdir le sirop de violettes et de ramener au bleu la teinture de tournesol rougie par un acide.

La combinaison du potassium avec l'oxygène porte le nom d'*oxyde* de potassium.

Le plomb maintenu en fusion à l'air se couvre de pellicules et se transforme en une poussière jaune qui résulte de la combinaison du plomb avec l'oxygène de l'air. C'est l'*oxyde* de plomb. Insoluble dans l'eau, il est sans saveur et sans action sur les couleurs végétales ; mais il possède une propriété importante et commune à tous les oxydes : il est capable de s'unir aux acides pour former des composés qu'on nomme *sels*. Ceci est le caractère le plus marquant des acides et des oxydes. Doués en quelque sorte de propriétés opposées, ils peuvent s'unir entre eux pour former des composés d'un ordre plus complexe et où les propriétés contraires des composants sont neutralisées les unes par les autres. Nous commençons par exposer la nomenclature des *acides,* des *oxydes* et des *sels* oxygénés.

En brûlant dans l'air, le phosphore se transforme en *acide* phosphorique. Mais, indépendamment de cet acide du phosphore, il en existe d'autres qui renferment moins d'oxygène. En modifiant la terminaison du second mot, on indique le degré d'oxydation. La terminaison *eux* indique un degré d'oxydation inférieur. Acide phosphor*eux* signifie donc combinaison de phosphore et d'oxygène moins riche en oxygène que l'acide phosphor*ique*. Mais il existe un composé de phosphore et d'oxygène renfermant encore moins d'oxygène que l'acide phosphoreux : on le désigne sous le nom d'acide *hypo*phosphoreux, parce qu'il se place *au-dessous* de l'acide phosphoreux par rapport à sa richesse en oxygène.

Lorsque le soufre brûle dans l'air, il se transforme en un gaz qui est l'acide sulfur*eux*. L'acide sulfur*ique* renferme plus d'oxygène que l'acide sulfureux. L'acide *hypo*sulfur*ique* constitue un degré d'oxydation intermédiaire entre l'acide sulfurique et l'acide sulfureux ; enfin l'acide *hypo*sulfur*eux* est de tous les acides du soufre celui qui renferme le moins d'oxygène.

On comprend de même le sens des mots :

Acide chlorique.
Acide hypochlorique.
Acide chloreux.
Acide hypochloreux.

Mais il existe une combinaison de chlore et d'oxygène plus riche en oxygène que l'acide chlorique : c'est l'acide *per*chlorique.

On voit par ces exemples que le degré d'oxydation est exprimé dans la nomenclature française par certaines modifications qu'on fait subir à l'adjectif qui marque l'*espèce* d'acide, le mot *acide* lui-même étant pris comme substantif et marquant le *genre*. On modifie cet adjectif tantôt en faisant varier la terminaison, tantôt en le faisant précéder des prépositions *hypo* ou *per*.

La nomenclature des oxydes repose sur des principes non moins simples.

Le premier degré d'oxydation d'un métal est le *protoxyde*; le degré le plus élevé le *peroxyde*.

Pour la même quantité de métal, le *deutoxyde* ou le *bioxyde* renferme deux fois plus d'oxygène que le *protoxyde*; le *sesquioxyde* en renferme une fois et demie autant. Ainsi on dit protoxyde de manganèse, sesquioxyde de manganèse, bioxyde ou peroxyde de manganèse, pour désigner des combinaisons de manganèse et d'oxygène dans lesquelles les quantités d'oxygène croissent comme $1, \frac{3}{2}, 2$. On comprend de même le sens des mots protoxyde de fer, sesquioxyde de fer.

Berzelius nommait ces derniers corps oxyde ferr*eux* et oxyde ferr*ique*, et cette nomenclature, imitée de celle des acides, est préférable.

Il existe deux oxydes de mercure. Berzelius nomme oxyde mer-cur*eux* celui qui renferme la plus petite quantité d'oxygène; oxyde mercur*ique*, celui qui en contient la plus grande quantité.

Sels. — En ce qui concerne les sels, la nomenclature française est fondée sur ce principe, ou plutôt sur cette hypothèse, que ces combinaisons, qui résultent de l'action d'un acide sur un oxyde, renferment la somme des éléments des deux composants, unis de telle sorte que l'acide et l'oxyde y occupent chacun une place distincte. Ainsi, dans la combinaison formée par l'action de l'acide sulfurique sur l'oxyde de mercure, on admet l'existence de l'acide sulfurique et de l'oxyde de mercure tout formés, et l'on suppose que cette combinaison est d'un ordre plus élevé que celles que représentent l'acide et l'oxyde. Ceux-ci constituent des combinaisons binaires du premier ordre; le résultat de leur union est une combinaison binaire du second ordre.

Pour former les noms des sels il suffit donc de combiner les noms des acides et ceux des oxydes; les premiers marquent le genre, les derniers l'espèce. Lorsque le nom de l'acide porte la terminaison *ique*, le nom générique du sel est terminé en *ate*; il est terminé en *ite* lorsque le nom de l'acide porte la terminaison *eux*.

Ainsi on dit sulf*ate* de protoxyde de manganèse et sulf*ate* de sesquioxyde de manganèse pour désigner la combinaison de l'acide sulfur*ique* avec le protoxyde et le sesquioxyde de manganèse. Dans la nomenclature de Berzelius, ces sels sont désignés par les noms de sulfate mangan*eux* et de sulfate mangan*ique*, et ces noms sont plus courts et non moins clairs que les premiers. Ils offrent en outre l'avantage de ne rien préjuger sur l'arrangement moléculaire des éléments.

Sulf*ite* d'oxyde de potassium ou sulf*ite* de potasse veut dire combinaison d'acide sulfur*eux* avec l'oxyde de potassium.

Sels acides et sels basiques. — On nomme *sels acides* les sels qui renferment plus d'acide qu'il n'en faut pour saturer la base ou l'oxyde. Ainsi, on connaît deux combinaisons d'acide sulfureux avec l'oxyde de potassium : l'une renferme deux fois plus d'acide sulfureux que l'autre. Cette dernière est nommée *sulfite neutre de potasse;* l'autre *bi*sulfite de potasse. On connaît de même un sulf*ate* neutre de potasse, sel dans lequel l'acide sulfurique est exactement neutralisé par la potasse, et un *bi*sulfate de potasse qui renferme deux fois plus d'acide sulfurique que le sulfate neutre.

Il existe plusieurs carbonates de soude dans lesquels la quantité de soude étant constante, les quantités d'acide carbonique sont entre elles comme $1 : \frac{3}{2} : 2$. On les désigne sous le nom de carbonate de soude, *sesqui*carbonate de soude, *bi*carbonate de soude.

D'autres sels contiennent un excès de base : ce sont les sels *basiques*. L'oxyde cuivrique forme, avec l'acide sulfurique, un sel neutre qu'on nomme sulfate de deutoxyde de cuivre ou sulfate cuivrique, et un sel avec excès de base qu'on nomme *sous*-sulfate cuivrique.

Lorsqu'un acide forme avec un oxyde plusieurs sels basiques, la quantité d'acide restant constante, les quantités de bases augmentent suivant un rapport simple. Ainsi, on connaît trois combinaisons de l'acide azotique avec l'oxyde de mercure, dans laquelle la quantité d'acide azotique restant constante, les quantités de base sont entre elles comme $1 : 2 : 3$. On les désigne sous les noms de :

Azotate de deutoxyde de mercure — azotate mercurique.
Azotate de deutoxyde de mercure bibasique — azotate bimercurique.
Azotate de deutoxyde de mercure tribasique — azotate trimercurique.

Sels doubles. — Enfin les sels peuvent se combiner entre eux pour former des sels doubles. L'alun résulte de la combinaison du sulfate d'oxyde de potassium ou de potasse avec le sulfate d'oxyde d'aluminium ou d'alumine : c'est du sulfate *double* de potasse et d'alumine.

Telle est, en abrégé, la nomenclature des composés oxygénés.

Combinaisons binaires des autres métalloïdes entre eux ou avec les métaux. — Les autres métalloïdes peuvent se combiner entre eux ou avec les métaux. Pour désigner ces composés, on termine en *ure* le nom générique, celui du métalloïde, et l'on fait suivre le nom du métal ou de l'autre métalloïde qui marque l'espèce. Ainsi, pour désigner les combinaisons des métaux avec le chlore, le brome, l'iode, le soufre, le phosphore, l'arsenic, le carbone, on dit chlor*ure* de sodium, brom*ure* de potassium, iod*ure* de plomb, sulf*ure* d'antimoine, phosph*ure* de calcium, arseni*ure* de zinc, carb*ure* de fer.

Mais un métalloïde donné, tel que le chlore ou le soufre, peut former, comme l'oxygène, plusieurs composés avec un seul et même métal. Dans ces composés, la quantité de l'un des éléments restant constante, la quantité de l'autre métalloïde augmente comme 1, $\frac{3}{2}$, 2, etc. On dira donc, comme pour les oxydes, *proto*chlorure de fer, *sesqui*chlorure de fer, *proto*sulfure de fer, *sesqui*sulfure de fer, *bi*sulfure de fer. On peut aussi nommer les deux chlorures de fer, d'après Berzelius, chlorure fer*reux* et chlorure fer*rique*. Le composé de mercure et de chlore le plus riche en chlore est le chlorure mercu*rique;* celui qui en renferme le moins est le chlorure mercu*reux.*

On désigne de la même manière les combinaisons que les métalloïdes forment entre eux. On comprend le sens des mots *proto*chlorure de phosphore, *per*chlorure de phosphore, chlorure de soufre, sous-chlorure de soufre, chlorure d'hydrogène, bromure d'hydrogène, iodure d'hydrogène, sulfure d'hydrogène. Ces derniers noms sont inusités. L'expérience ayant appris que le chlorure, le bromure, l'iodure et le sulfure d'hydrogène se comportent comme des acides, quoiqu'ils ne renferment point d'oxygène, on a nommé ces composés *hydracides.* Ainsi les mots *acide chlorhydrique, acide bromhydrique, acide iodhydrique, acide sulfhydrique,* désignent des combinaisons de chlore, de brome, de soufre avec l'hydrogène. Ces noms, quoique impropres, sont généralement usités.

Les chlorures peuvent se combiner entre eux. Il en est de même des bromures, iodures, sulfures. Dans ces composés, évidemment analogues aux combinaisons des acides avec les oxydes, c'est-à-dire aux sels, un des chlorures ou des sulfures, etc., joue le rôle d'acide, l'autre le rôle de base. Ainsi un chlorure acide peut se combiner avec un chlorure basique pour former un *chlorosel;* un sulfure acide peut se combiner avec un sulfure basique pour former un *sulfosel.*

On nomme *chlorures doubles* les combinaisons des chlorures entre eux. La combinaison du chlorure de platine avec le chlorure de potassium constitue le chlorure double de platine et de potassium. On la désigne quelquefois sous le nom de *chloroplatinate de potassium.* La même nomenclature s'applique aux bromures, iodures et sulfures doubles. Ainsi, la combinaison du persulfure d'antimoine avec le sulfure de sodium, qui constitue un sulfo-sel, se nomme sulfure double d'antimoine et de sodium, et quelquefois *sulfantimoniate de sodium.*

Ajoutons que Berzelius nommait les chlorures et sulfures jouant le rôle d'acides *chlorides* et *sulfides*, et réservait la dénomination de chlorures et de sulfures pour ceux de ces composés qui jouent le rôle de base.

Enfin on nomme *alliages* les combinaisons des métaux entre eux, *amalgames* les alliages du mercure, c'est-à-dire les combinaisons de ce métal avec un autre métal.

Formules chimiques. — En donnant la liste des corps simples, nous avons indiqué les symboles abrégés par lesquels on est convenu de les représenter dans la langue écrite. En combinant ces symboles entre eux, il est facile de représenter d'une manière précise la composition en équivalents des corps composés. De la combinaison de ces symboles résultent les *formules chimiques.* Berzelius en a introduit l'usage dans la science.

O signifie un équivalent d'oxygène, H signifie un équivalent d'hydrogène, HO représente un équivalent d'eau. Si S signifie un équivalent de soufre, on représentera par SO^3 la combinaison d'un équivalent de soufre avec 3 équivalents d'oxygène, c'est-à-dire la composition de l'acide sulfurique anhydre, par SO^2 la composition de l'acide sulfureux. Les formules suivantes représentent la composition des composés de chlore et d'oxygène dont nous avons donné la nomenclature plus haut.

ClO acide hypochloreux anhydre.
ClO^3 —   chloreux   —
ClO^4 —   hypochlorique   —
ClO^5 —   chlorique   —
ClO^7 —   perchlorique   —

On représente par des formules analogues la composition des composés oxydés du manganèse.

MnO protoxyde de manganèse, oxyde manganeux.
Mn^2O^3 sesquioxyde de manganèse, oxyde manganique.
MnO^2 bioxyde de manganèse, peroxyde de manganèse.
MnO^3 acide manganique.
Mn^2O^7 acide permanganique.

Pour exprimer la composition d'un sel, on réunit les formules de l'acide anhydre et celle de l'oxyde. Ainsi on représente le sulfate de protoxyde de manganèse ou sulfate manganeux par la formule MnO,SO^3. Cette formule est une formule *rationnelle*, comme on dit; car non-seulement elle exprime la composition du corps en équivalents, non-seulement elle indique que le sulfate manganeux renferme 1 équivalent de manganèse, 1 équivalent de soufre et 4 équivalents d'oxygène, mais encore elle représente un certain arrangement moléculaire, en indiquant que 1 équivalent d'oxygène est uni plus étroitement avec le manganèse, et que 3 équivalents d'oxygène sont unis plus étroitement avec le soufre. C'est là une hypothèse tellement naturelle et tellement accréditée, qu'elle a fini par être regardée comme une vérité incontestable. Et pourtant elle n'est que l'expression de certains faits, de certaines réactions. A vrai dire, la formule MnO,SO^3 et toutes les formules analogues qui préjugent l'arrangement moléculaire offrent un caractère hypothétique, attendu que les données que la science possède aujourd'hui sur la position des atomes dans les molécules des corps composés ne sont rien moins que positives.

Si l'on veut représenter la composition atomique d'un corps composé par une formule qui soit l'expression simple et directe de cette composition, il faut se contenter de placer les uns à la suite des autres les symboles qui représentent les équivalents des corps simples formant le corps composé, et d'affecter ces symboles de coefficients qui indiquent le nombre de ces équivalents. On nomme de telles expressions *formules brutes*. La formule brute du sulfate manganeux est $MnSO^4$, ou $SMnO^4$: elle n'offre rien d'hypothétique, car elle fait abstraction de l'arrangement moléculaire. On comprend de même le sens des formules suivantes :

KO,SO^3 ou KSO^4 sulfate de potasse ou sulfate potassique.
FeO,SO^3 ou $FeSO^4$ sulfate ferreux.
NaO,AzO^5 ou $NaAzO^6$ azotate de soude ou azotate sodique.
PbO,CO^2 ou $PbCO^3$ carbonate de plomb ou carbonate plombique.

Le phosphate de chaux tribasique renferme 3 équivalents de chaux et 1 équivalent d'acide phosphorique : on écrira donc sa formule :

$$3CaO,PhO^5 \text{ ou } Ca^3PhO^5 \text{ phosphate tricalcique.}$$

Le sulfate de sesquioxyde de fer ou sulfate ferrique renferme 1 équivalent de sesquioxyde de fer Fe^2O^3 et 3 équivalents d'acide sulfurique : on écrira donc sa formule :

$$Fe^2O^3,3SO^3 \text{ sulfate ferrique.}$$

Ces exemples suffisent pour montrer avec quelle facilité et quelle précision on peut représenter, à l'aide des formules chimiques, la composition des corps en équivalents.

HYDROGÈNE

Ce corps, entrevu dès le commencement du xvii° siècle, a été reconnu comme un gaz particulier et étudié vers 1766 par Cavendish, qui l'avait nommé *air inflammable*. C'est un des éléments de l'eau, comme l'indique son nom actuel qui lui a été donné par Lavoisier.

Préparation. — On le prépare en décomposant l'acide sulfurique très-étendu par le zinc. On prend ordinairement du zinc laminé et coupé en petits morceaux qu'on introduit dans un flacon à deux tubulures rempli d'eau aux trois quarts. On ajoute ensuite par un tube à entonnoir (*fig.* 1) une petite quantité d'acide sulfurique. La réaction commence aussitôt et l'hydrogène se dégage en abondance. Quand la première dose d'acide sulfurique a épuisé son action, on en ajoute une nouvelle, et l'on continue ainsi en réglant l'addition de l'acide d'après la quantité de gaz qui se dégage.

Lorsque l'air du flacon est entièrement chassé, on recueille le gaz dans des éprouvettes ou dans des flacons remplis d'eau et qu'on a renversés sur la cuve pneumatique, ou plus simplement sur un têt placé dans une terrine remplie d'eau.

La réaction qui donne naissance à l'hydrogène par l'action du zinc sur l'acide sulfurique étendu d'eau est très-simple. L'acide sulfurique renferme, indépendamment d'un équivalent de soufre et de 3 équivalents d'oxygène, les éléments d'un équivalent d'eau HO. Sa composition est par conséquent représentée par la formule

$$SO^3,HO = SHO^4$$

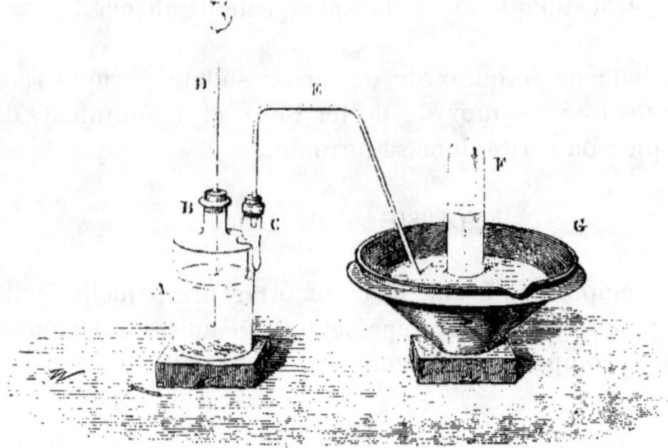

Fig. 1.

Le zinc déplace purement et simplement l'hydrogène de l'acide sulfurique hydraté pour former du sulfate de zinc.

$$SO^3,ZnO = SZnO^4$$

La réaction est donc représentée par l'équation suivante :

$$\underset{\substack{\text{Acide} \\ \text{sulfurique.}}}{SHO^4} + Zn = \underset{\substack{\text{Sulfate} \\ \text{de zinc.}}}{SZnO^4} + H$$

Pour obtenir du gaz hydrogène pur, il est nécessaire d'employer des matériaux qui soient purs eux-mêmes.

Il est très-essentiel aussi d'ajouter l'acide sulfurique par petites portions; autrement la réaction serait trop vive et pourrait donner lieu à une élévation notable de la température. Il pourrait en résulter non-seulement un dégagement tumultueux du gaz et un débordement du liquide, mais encore la réduction d'une petite portion de l'acide sulfurique. Cette réduction donnerait lieu à la formation d'une petite quantité d'hydrogène sulfuré. En effet, par la perte totale de son oxygène, l'acide sulfurique se trouverait ramené à l'état d'hydrogène sulfuré :

$$\underset{\substack{\text{Acide} \\ \text{sulfurique.}}}{SHO^4} + H^4 = \underset{\substack{\text{Hydrogène} \\ \text{sulfuré.}}}{SH} + \underset{\text{Eau.}}{H^4O^4}$$

La purification du zinc n'est point chose facile, et ce métal retient généralement des traces de charbon, de silicium et même de soufre et d'arsenic. Ces métalloïdes, en se combinant avec l'hydrogène naissant, donnent lieu à la formation de petites quantités d'hydrogène carboné, d'hydrogène silicié, d'hydrogène sulfuré et d'hydrogène arsénié. Ces corps sont gazeux et se dégagent avec la masse de l'hydrogène. Il est quelquefois indispensable de débarrasser celui-ci de ces impuretés et de la vapeur d'eau qu'il entraîne. On a recours alors à l'action de certaines matières absorbantes et on emploie la disposition que nous décrirons plus loin en traitant de la synthèse de l'eau.

Propriétés physiques. — L'hydrogène est un gaz incolore. Il est sans odeur lorsqu'il est pur. C'est le plus léger de tous les corps. Sa densité est = 0,06926. 1 litre de ce gaz pèse 0^{gr},089, tandis qu'un litre d'air pèse 1^{gr},293. L'hydrogène est donc 14 fois et demi plus léger que l'air. En raison de sa légèreté, on l'emploie pour gonfler les aérostats. Il est considéré comme permanent.

D'après M. Magnus, l'hydrogène est le seul gaz doué d'une conductibilité appréciable pour la chaleur, conductibilité qui augmente avec la tension. Cette propriété physique, jointe à l'ensemble des caractères chimiques de l'hydrogène, tend à rapprocher ce gaz des métaux.

L'hydrogène est un gaz très-diffusible : il traverse plus facilement que tous les autres gaz les membranes végétales ou animales, ou les plaques poreuses. Pour mettre en évidence cette diffusibilité, qui n'est autre chose qu'une endosmose gazeuse, M. Graham fait l'expérience suivante :

Il remplit d'hydrogène sur le mercure un tube A, fermé à la partie supérieure par une plaque mince de graphite *a a* (*fig.* 2).

Au travers de cette plaque il s'établit un échange de gaz entre l'air et l'atmosphère intérieure du tube ; mais l'hydrogène s'échappe de celui-ci beaucoup plus rapidement que l'air n'y rentre, de telle sorte qu'on voit le mercure s'élever dans l'intérieur du tube.

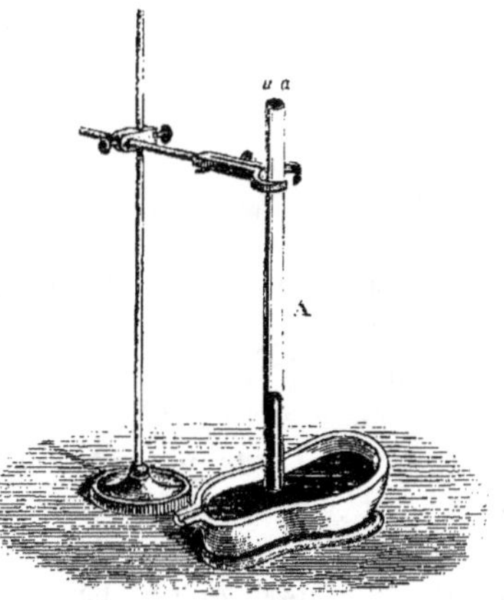

Fig. 2.

Propriétés chimiques. — L'hydrogène est un gaz combustible : lorsqu'on approche une bougie allumée d'une éprouvette remplie de ce gaz et qu'on a renversée à l'air, il brûle avec une flamme pâle : le produit de cette combustion est de l'eau.

Une expérience bien simple permet de démontrer la formation de l'eau dans ces circonstances.

De l'hydrogène dégagé par l'action de l'acide sulfurique étendu sur le zinc, et desséché par son passage à travers une colonne de chlorure de calcium, substance très-avide d'eau, s'échappe par l'orifice d'un tube effilé.

On l'enflamme et l'on fait descendre une cloche bien sèche jusqu'au-dessous de l'orifice du tube effilé (*fig.* 3). Les parois de cette

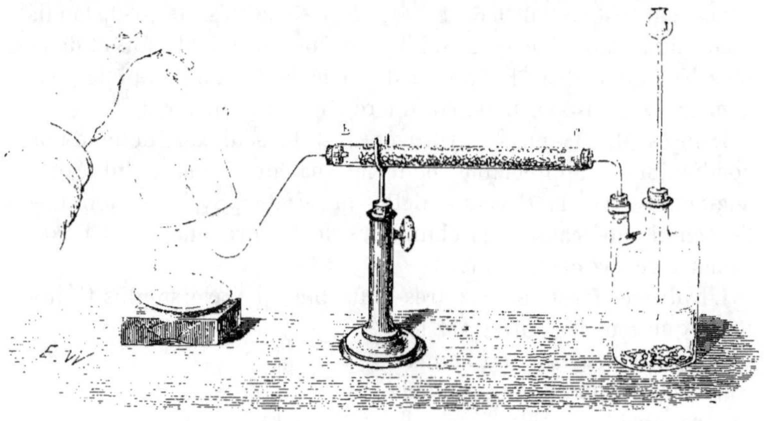

Fig. 3.

cloche se couvrent d'abord d'un nuage, et puis de petites gouttes qui se réunissent bientôt et viennent ruisseler vers le bord. C'est Cavendish qui fit le premier une expérience de ce genre.

En voici une autre qui est connue sous le nom d'harmonica chimique ou d'orgue philosophique. Un jet d'hydrogène s'échappe par l'orifice effilé d'un tube vertical. On allume le gaz et on fait pénétrer la flamme dans l'orifice d'un gros tube qui est ouvert par les deux bouts et qu'on abaisse peu à peu. On voit alors la flamme se rétrécir et on entend un son discordant ou harmonieux, suivant la position de la flamme. Ce son est évidemment produit par les vibrations de la masse d'air qui traverse ce tuyau, vibrations qui résultent elles-mêmes d'une série de détonations très-rapprochées. M. Faraday admet que le courant d'air ascendant entraîne avec lui de l'hydrogène qui vient brûler *au-dessus* de la flamme. De là des détonations qui se succèdent sans cesse.

M. Schrœtter a donné une autre explication de la cause du son dans l'harmonica chimique (*fig. 4*). Il admet qu'indépendamment de la flamme allongée et jaune, il existe une autre flamme bleue et pâle qui semble rentrer par la pointe dans le tube de dégagement lui-même. Cette flamme intérieure n'est visible que dans l'obscurité. Les deux flammes ont pour base commune l'orifice du tube effilé : elles ne brûlent point simultanément, mais elles se succèdent à des intervalles très-courts. Il en résulte des intermittences tellement rapprochées qu'elles sont insaisissables pour l'observateur. Ces intermittences déterminent dans la colonne d'air des vibrations qui produisent le son.

Fig. 4.

Un jet d'hydrogène brûle dans une atmosphère d'oxygène avec un éclat plus vif que dans l'air atmosphérique. Cette flamme ainsi alimentée par l'oxygène est le siége d'une température extrêmement élevée que M. E. Becquerel évalue à 1700°. Aussi se sert-on du chalumeau à gaz hydrogène et oxygène pour fondre des corps très-réfractaires tels que le platine. Exposé à la température de cette flamme, l'argent disparaît rapidement en donnant une vapeur épaisse.

Lorsqu'on approche une bougie allumée d'un mélange de 2 volumes d'hydrogène et de 1 volume d'oxygène, la combinaison des deux gaz s'effectue avec une violente explosion. Ce phénomène a pour cause l'expansion extraordinaire de la vapeur d'eau au moment de sa formation, expansion qui chasse cette vapeur hors du vase, et à laquelle succède une condensation subite; cette condensation occasionne une rentrée brusque de l'air, qui subit ainsi un double ébranlement.

Lorsqu'on présente à l'extrémité d'un jet d'hydrogène qui

s'échappe dans l'air par un tube effilé une mèche d'amiante sur laquelle on a déposé du *noir de platine*, on voit cette poussière noire devenir incandescente et enflammer le jet d'hydrogène lui-même.

Cette expérience réussit aussi avec l'éponge de platine. On sait que Dœbereiner a employé cette substance dans la construction du briquet à gaz hydrogène qui porte son nom. On admet que le platine très-divisé ou spongieux possède la propriété de condenser les gaz dans ses pores, et que, ainsi condensés, les gaz se combinent. La chaleur produite par cette combinaison porte le platine à l'incandescence.

Une bougie allumée que l'on plonge dans une éprouvette remplie de gaz hydrogène s'éteint après avoir enflammé le gaz. L'hydrogène est donc impropre à la combustion.

Il est aussi incapable d'entretenir la respiration des animaux. Un oiseau que l'on introduit dans une cloche remplie de gaz hydrogène tombe asphyxié au bout de quelques instants. Irrespirable, l'hydrogène n'est pas délétère : il asphyxie sans empoisonner. Lorsqu'il est mêlé à une quantité suffisante d'oxygène, il peut entretenir la respiration. M. Regnault a fait vivre des animaux dans des atmosphères renfermant de l'oxygène auquel il avait ajouté de 53 à 76 °/₀ d'hydrogène. Dans ces conditions, la respiration s'accomplit sans la moindre gêne, comme dans l'air atmosphérique. Il n'en serait pas de même si l'hydrogène était un gaz délétère comme l'acide carbonique ou l'oxyde de carbone.

OXYGÈNE

L'oxygène, un des corps les plus répandus dans la nature, un des éléments de l'eau, un des constituants de l'air atmosphérique, a été découvert par Priestley au mois d'août 1774. Il a été isolé un peu plus tard par Lavoisier (Pâques 1775) et par Scheele (1755).

Préparation. — On le retire de corps riches en oxygène, tels que le peroxyde de manganèse ou le chlorate de potasse.

1. *Calcination du peroxyde de manganèse.* — Le peroxyde de manganèse constitue un minéral assez abondant qu'on désigne sous le nom de *pyrolusite.* On le réduit en poudre et on l'introduit dans une cornue en terre qu'on chauffe graduellement jusqu'au rouge dans un fourneau à réverbère (*fig.* 5).

Il se dégage d'abord de l'air, qui est chassé peu à peu par l'oxygène. On recueille celui-ci dans des vases remplis d'eau, lorsqu'il est assez pur pour rallumer vivement une allumette présentant un point en ignition.

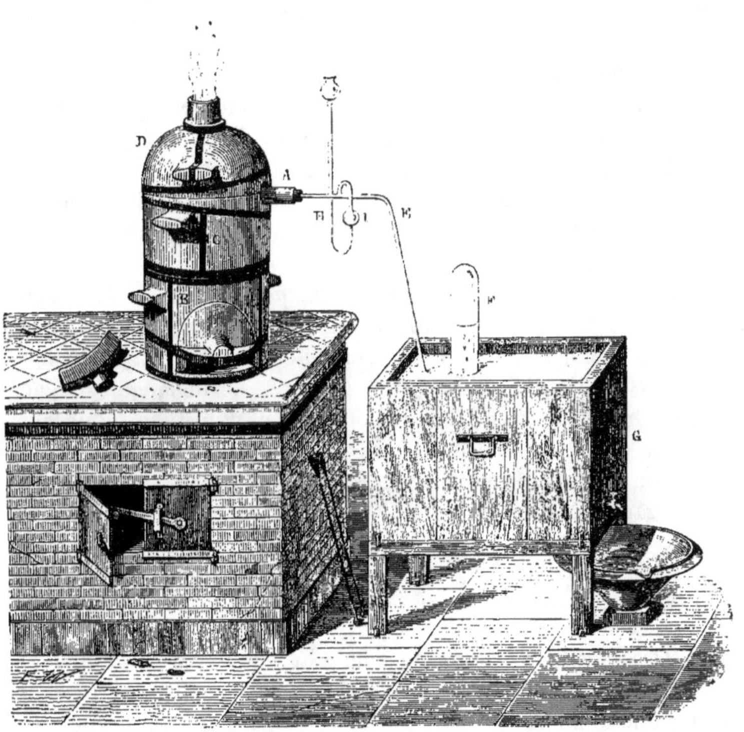

Fig. 5.

En se décomposant au rouge, le peroxyde de manganse perd le tiers de l'oxygène qu'il renferme, et se transforme en oxyde rouge de manganèse. Cette décomposition est représentée par l'équation suivante :

$$3MnO^2 = O^2 + Mn^3O^4$$

Bioxyde de manganèse.   Oxyde rouge de manganèse.

Les minéraux que l'on trouve dans le commerce sous le nom de manganèse ne sont pas toujours du bioxyde pur (pyrolusite). Celui-ci renferme souvent à l'état de mélange de l'hydrate manganique Mn²O³,HO (acerdèse), et de plus une petite quantité de carbonate de chaux. En se décomposant par la chaleur, l'hydrate manganique dégage de la vapeur d'eau, qui apparaît avant l'oxygène. De son côté, le carbonate de chaux abandonne au rouge de l'acide carbonique qui se mêle avec l'oxygène. Avant de recueillir ce dernier gaz, on peut le faire passer à travers une solution de potasse caustique qui retient l'acide carbonique.

M. Boussingault a fait voir récemment que le peroxyde de manganèse du commerce renferme de petites quantités d'acide azotique à l'état d'azotate. Cet acide se décompose au rouge en oxygène et en azote. Aussi l'oxygène préparé par la calcination du peroxyde renferme-t-il généralement une petite quantité d'azote dont il est impossible de le débarrasser.

2. *Décomposition du peroxyde de manganèse par l'acide sulfurique.* — Ce procédé, qui est rarement employé aujourd'hui, a été indiqué par Scheele. Il consiste à chauffer du peroxyde de manganèse avec de l'acide sulfurique concentré. Le mélange est placé dans un ballon muni d'un tube de sûreté et d'un tube de dégagement. La réaction donne lieu à un dégagement d'oxygène et à la formation du sulfate manganeux SMnO⁴ (ou sulfate de protoxyde de manganèse MnO,SO³).

$$\underset{\substack{\text{Bioxyde de} \\ \text{manganèse.}}}{MnO^2} + \underset{\substack{\text{Acide} \\ \text{sulfurique.}}}{SHO^4} = \underset{\substack{\text{Sulfate} \\ \text{manganeux.}}}{SMnO^4} + \underset{\text{Eau.}}{HO} + \underset{\text{Oxyg.}}{O}$$

3. *Décomposition de l'oxyde rouge de mercure par la chaleur.* — Lorsqu'on chauffe l'oxyde rouge de mercure (oxyde mercurique) HgO à une température voisine du rouge, il abandonne tout son oxygène, et donne du mercure métallique qui se condense dans les parties froides de l'appareil. Ce procédé a été employé par Priestley et par Lavoisier. Il est inusité aujourd'hui.

4. *Décomposition du chlorate de potasse par la chaleur.* — Le chlorate de potasse se décompose facilement par la chaleur en oxygène et en chlorure de potasium; cette réaction est une source abondante d'oxygène pur et fournit un moyen très-commode pour préparer ce gaz. On place le chlorate de potasse dans une cornue de verre, de manière à la remplir jusqu'au tiers environ (*fig.* 6). Au bec de la cornue on ajuste un tube abducteur qui plonge sous la cuve à eau, ou sous la cuve à mercure. On chauffe ensuite la cornue. Après avoir perdu une trace d'eau interposée entre ses cristaux, le chlorate fond et abandonne ensuite de l'oxygène qui

se dégage avec effervescence. Au bout de quelque temps, la masse
devient pâteuse et le dégagement se ralentit. On active alors le

Fig. 6.

feu et on achève la décomposition. Cette décomposition offre deux
phases. Dans la première, une portion de l'oxygène, au lieu de se
dégager, se reporte sur une partie du chlorate de potasse pour le
transformer en perchlorate,

$$2ClKO^6 = ClK + ClKO^8 + O^4$$
Chlorate   Chlorure   Perchlorate
de potasse.   de potass.   de potasse.

Dans la seconde phase, le perchlorate de potasse se décompose
lui-même, lorsque la température s'élève, en abandonnant tout son
oxygène, et en laissant un résidu de chlorure de potassium.

On favorise beaucoup la décomposition du chlorate de potasse
en ajoutant à ce sel environ un quart de son poids d'oxyde de cuivre
ou de peroxyde de fer (colcothar) ou d'oxyde rouge de manganèse.
Ces oxydes semblent agir dans ce cas par leur simple contact, et sans
prendre part à la réaction ; car ils ne se décomposent pas eux-
mêmes. Sous leur influence, le chlorate de potasse se décompose
du premier coup en chlorure de potassium et en oxygène :

$$ClKO^6 = ClK + O^6$$

Lorsqu'on chauffe un tel mélange, il faut régler la chaleur de telle sorte que le dégagement de gaz ne soit pas trop tumultueux. Car si la réaction était trop violente, il pourrait arriver que l'oxygène dégagé renfermât une petite quantité de chlore ou d'oxyde de chlore, provenant de la décomposition d'une petite portion d'acide chlorique mis en liberté par l'oxyde métallique ajouté.

Propriétés physiques de l'oxygène. — L'oxygène est un gaz incolore, sans odeur et sans saveur. Il est un peu plus dense que l'air. Sa densité est de 1,10563 par rapport à celle de l'air prise pour unité. Un litre d'oxygène pèse $1^{gr},437$ à 0° et sous une pression de $0^m,76$. On n'a pu liquéfier ce gaz en le soumettant à un froid de — 110°, sous une pression de 40 atmosphères. On le regarde donc comme un *gaz permanent*.

L'oxygène est très-peu soluble dans l'eau. 1 litre d'eau en dissout 41^{cc} à 0°, 32^{cc} à 10°. et 28^{cc} à 20°. Un volume d'eau dissout donc $0^v,041$ d'oxygène à 0°, ce qu'on exprime en disant que le coefficient de solubilité de l'oxygène dans l'eau à 0° est égal à 0,041. L'oxygène se dissout plus abondamment dans l'alcool que dans l'eau. De 0° à 20°, un litre d'alcool dissout 280^{cc} d'oxygène.

Propriétés chimiques. — L'oxygène est éminemment propre à entretenir la combustion. Une allumette qu'on a soufflée et qui présente encore un point en ignition, se rallume instantanément dans ce gaz. Le phosphore, le soufre, le charbon, brûlent dans l'oxygène avec un éclat beaucoup plus vif que dans l'air ordinaire.

Certains métaux peuvent brûler de même dans l'oxygène. Tel est le fer. Lorsqu'on plonge dans un flacon rempli d'oxygène un ressort de montre, à l'extrémité duquel on a fixé un petit morceau d'amadou enflammé, celui-ci brûle d'abord, et dès que l'extrémité du métal est chauffée au rouge, le fer brûle lui-même en produisant une vive incandescence, et en lançant de brillantes étincelles.

Le fer se convertit en oxyde de fer. Ainsi, dans cette expérience comme dans toutes les précédentes, la chaleur qui se produit, la lumière qui éclate, en un mot, le phénomène du feu est corrélatif d'un phénomène d'oxydation, c'est-à-dire de combinaison. Les corps précédents brûlent parce qu'ils s'oxydent, et toutes les fois qu'un phénomène d'oxydation est accompagné d'un dégagement intense de chaleur et de lumière, il y a combustion dans le sens ordinaire de ce mot.

Le phénomène du *feu* est donc dû, dans ce cas, à l'incandescence d'un corps qui s'oxyde; le phénomène de la *flamme* est dû à l'incandescence d'un gaz qui s'oxyde.

L'éclat d'une flamme ne donne point la mesure de sa chaleur.

La flamme de l'hydrogène est pâle, bien qu'elle soit excessivement chaude. Lorsqu'on dispose dans cette flamme, alimentée par l'oxygène, un fragment d'une substance réfractaire telle que la chaux caustique, cette substance est portée à une vive incandescence, et projette une clarté que l'œil supporte difficilement (lumière de Drummond). Une flamme quelconque, qui tient en suspension des particules solides, devient lumineuse, parce qu'elle les porte à une vive incandescence. Le soufre brûle avec une flamme d'un bleu pâle, parce que la combinaison de sa vapeur avec l'oxygène donne naissance à un produit gazeux, l'acide sulfureux. Le phosphore, au contraire, brûle avec une flamme éclatante, parce que sa vapeur, en se combinant avec l'oxygène, forme un corps solide, l'acide phosphorique, qui est porté à une vive incandescence au sein même de la flamme. L'éclat d'une flamme est donc du aux corps solides et incandescents qu'elle tient en suspension.

Pour subir la combustion dans l'oxygène, la plupart des corps ont besoin d'être portés préalablement à l'incandescence. Leur affinité pour l'oxygène ne se manifeste avec énergie qu'à une température élevée. Mais une fois commencée, la combustion, c'est-à-dire l'oxydation, continue d'elle-même, car la chaleur qu'elle dégage suffit pour entretenir le corps à la température où sa combinaison avec l'oxygène peut s'effectuer.

Telles sont quelques-unes des conditions de ce qu'on nomme la *combustion vive*.

Il ne faut pas croire que toutes les combinaisons avec l'oxygène donnent lieu à des phénomènes de combustion où le feu apparaît. Il est vrai que ces combinaisons sont toujours accompagnées d'une production de chaleur, mais souvent cette chaleur n'est point lumineuse; quelquefois même elle est insensible à nos organes.

Ainsi le fer qui, à la température rouge, se combine avec l'oxygène en produisant un brillant phénomène de combustion, peut s'unir avec le même gaz à la température ordinaire, et sous l'influence de l'humidité, pour former l'hydrate de peroxyde de fer ou la rouille. La rouille se produit par suite de l'oxydation du fer; mais comme cette oxydation est lente, la chaleur dégagée est faible et se dissipe immédiatement. De tels phénomènes d'oxydation sont désignés sous le nom de *combustions lentes*.

Le terme combustion serait donc synonyme d'oxydation si nous ne savions, d'un autre côté, que toutes les combinaisons chimiques donnent lieu à une production de chaleur. Sans entrer à cet égard dans des développements étendus, nous rappellerons seulement que le

cuivre, projeté dans la vapeur de soufre, se combine avec cet élément avec une vive incandescence ; que l'antimoine et l'arsenic
brûlent lorsqu'ils sont projetés dans une atmosphère de chlore.
On voit que dans ces cas la combustion est l'effet et le témoin d'une
combinaison énergique, mais non pas d'une oxydation.

L'oxygène est un des éléments de l'air : c'est lui qui est la cause
et l'agent de toutes les combustions, de toutes les oxydations qui
s'accomplissent au sein de l'atmosphère. C'est lui qui, dans ces
phénomènes, se fixe sur le corps qui brûle, de telle sorte que le
produit de la combustion renferme toute la matière pondérable du
corps combustible et toute la matière pondérable de l'oxygène.
Ceci est une des vérités fondamentales de la chimie, et pour l'établir il n'a fallu rien moins que les travaux d'un siècle et demi. Entrevu vers 1630 par Jean Rey, médecin du Périgord, et surtout
par le médecin anglais J. Mayow, qui écrivait vers 1669, le rôle
de l'air dans les phénomènes de la combustion fut complétement
méconnu pendant la plus grande partie du XVIIIᵉ siècle. Une autre
théorie régnait alors dans la science, théorie célèbre, et qui doit son
origine à Becher († 1682), et son développement à Stahl († 1735).
Tous les métaux, tous les corps combustibles en général, renferment un principe inflammable, terre inflammable des métaux selon
Becher, *phlogistique* d'après Stahl. Au moment de la combustion,
ce principe se dégage, et la substance combustible *perd* son phlogistique. La chaux métallique, qui résulte de la combustion d'un
métal, représente donc ce métal *déphlogistiqué ;* et lorsqu'on
chauffe une telle chaux métallique avec un corps riche en phlogistique, tel que le charbon, celui-ci restitue le principe combustible
à la chaux métallique en le perdant lui-même, et le métal est revivifié. Tel est le principe fondamental de la théorie du phlogistique,
laquelle, ingénieuse et conséquente dans son développement, bien
qu'obscurcissant les faits, fait dépendre la combustion d'une *destruction,* d'une *décomposition.*

Cette erreur a été réfutée par Lavoisier. Dès 1772, cet homme de
génie avait démontré que le soufre et le phosphore augmentent de
poids par l'effet de la combustion et avait admis que cette augmentation de poids est due à l'absorption de l'air. Deux ans plus tard, il
démontra ce point, et établit que l'augmentation de poids des métaux qui se convertissent en chaux métalliques, correspond exactement au poids de l'air absorbé. Dans le cours de la même année,
Bayen établit que la chaux mercurielle (oxyde de mercure) peut
être réduite par la chaleur seule, sans addition de substances

riches en phlogistique, que le poids du mercure revivifié est moindre que celui de la chaux mercurielle, et que cette diminution de poids correspond au poids de l'air qui se dégage. Tous ces faits ébranlèrent la théorie du phlogistique, et la précision que leur donna la découverte de l'oxygène, à partir de 1774, acheva de la ruiner. Après avoir exécuté sa mémorable expérience sur la composition de l'air (1775), Lavoisier établit que la combustion résulte de la combinaison d'un corps combustible, non pas avec l'air, comme il l'avait cru antérieurement, mais avec un de ses éléments qu'il nomma oxygène. Tel est le fondement d'une nouvelle théorie sur la constitution des métaux et des autres corps simples combustibles, et cette théorie reçut le nom d'*antiphlogistique*. Tandis que Stahl avait envisagé ces corps comme des combinaisons renfermant du phlogistique, et qui se décomposent pendant la combustion, Lavoisier les représenta comme des éléments qui se combinent avec l'oxygène pendant la combustion. C'est ainsi que s'introduisit dans la chimie moderne la notion des *corps simples* ou des *éléments*, et cette autre notion non moins importante, que dans les diverses transformations qu'ils peuvent subir *rien ne se perd et rien ne se crée*. Telle est, dans l'œuvre de Lavoisier, le point capital, et ce point demeure éternellement acquis à la science. C'est la base solide de l'édifice de la chimie moderne. Et si quelque chose pouvait avoir plus d'importance que les découvertes mêmes du grand maître, ce serait sa méthode, cette méthode qui consiste à appliquer la balance à l'étude de tous les phénomènes chimiques, et qui est sienne, parce qu'il en est, sinon le premier, du moins le principal promoteur.

Ses travaux sur la combustion ont révélé à Lavoisier la vraie nature des phénomènes de la respiration. La respiration des animaux est une combustion lente, source de la chaleur animale. Les matériaux organiques que la nutrition ne fixe pas dans nos tissus et ceux qui sont devenus impropres à la vie après avoir fait partie de nos organes, doivent disparaître de l'économie les uns et les autres. Ils sont consumés par l'oxygène de l'air inspiré. Absorbé dans les poumons par le sang veineux qu'il revivifie, cet oxygène est charrié avec le sang artériel dans le système capillaire. Là, dans les profondeurs mêmes de nos tissus, est le siége des phénomènes de combustion. Là est aussi le foyer de la chaleur animale. Un des produits de cette combustion, l'acide carbonique, est absorbé par le sang veineux, et retourne avec lui dans les poumons où il est exhalé.

Tel est, d'après Lavoisier, le rôle de l'oxygène dans les phénomènes de la respiration, et telle est la relation nécessaire qui existe
entre cette fonction et la calorification. Cette découverte fut un
trait de lumière pour la physiologie, et, depuis la découverte de la
circulation du sang par Harvey, cette science n'en a pas vu de
plus grande.

Dans une atmosphère privée d'oxygène, un animal succombe en
quelques instants. L'oxygène pur peut être respiré impunément
pendant quelque temps. M. Regnault [1] a fait vivre des animaux
dans des atmosphères artificielles très-riches en oxygène, et dans
lesquelles la proportion de ce gaz a été portée de 37 à 96 %. Il a
constaté que, dans une atmosphère renfermant 2 et 3 fois plus
d'oxygène que l'air ordinaire, des chiens, des lapins, des oiseaux
n'éprouvent aucun malaise. On peut donc admettre que, pendant
une vingtaine d'heures, durée ordinaire de ces expériences, les
animaux respirent et vivent dans l'oxygène, ou du moins dans une
atmosphère très-riche en oxygène, comme dans l'air atmosphérique. En serait-il de même à la longue? C'est ce dont il est permis de douter, si l'on tient compte de ce qui a été observé par
d'autres auteurs, qui ont vu des phénomènes d'irritation se développer au bout de quelque temps chez les animaux plongés dans
une atmosphère d'oxygène. Reste à savoir si ce gaz était parfaitement pur, et si l'on avait pris des précautions convenables pour
faire disparaître l'acide carbonique expiré.

Quoi qu'il en soit, on a conseillé des inhalations d'oxygène en
vue de faciliter l'hématose, rendue difficile ou incomplète par une
affection organique des poumons, par exemple dans les cas de
phthisie pulmonaire. Est-il besoin d'ajouter que ces conseils ont
été mis en pratique sans le moindre succès?

OZONE

On sait que les décharges répétées d'une bonne machine électrique développent une odeur particulière, la même, sans doute,
que celle qui se manifeste dans les espaces traversés par la foudre.
En 1840, M. Schœnbein a émis l'opinion que ce phénomène était
dû à la production d'un corps particulier qu'il a nommé *ozone* [2].

1. *Ann. de chimie et de physique*, 3e série, t. XXVI, p. 196.
2. De ὄξω, je sens.

Il a indiqué divers modes de formation de ce corps et en a fait connaître les principales propriétés.

Plus tard, d'autres observateurs, MM. Marignac, de la Rive, Williamson, Becquerel et Fremy, Baumert, Andrews, etc., ont étudié avec attention les circonstances dans lesquelles l'ozone prend naissance, et se sont appliqués à en dévoiler la véritable nature. On admet généralement que ce corps constitue une modification particulière de l'oxygène. L'air, dit-on, en renferme quelquefois des traces, et il n'est pas impossible que l'ozone intervienne dans quelques-uns des grands phénomènes physiologiques qui s'accomplissent dans le sein de notre atmosphère.

Modes de formation de l'ozone. — 1°. L'ozone se forme, comme nous l'avons indiqué plus haut, par le passage d'étincelles électriques à travers l'oxygène ou l'air. Pour le démontrer, il suffit de présenter à l'extrémité d'une pointe terminant le conducteur d'une bonne machine électrique un papier imprégné d'amidon et d'iodure de potassium et légèrement humecté[1]. A l'endroit où le papier est frappé par l'aigrette électrique qui s'échappe de la pointe, il bleuit rapidement. Cet effet est dû à l'ozone formé. Cette substance est douée, en effet, de propriétés oxydantes bien plus énergiques que celles qui caractérisent l'oxygène lui-même. Comme le chlore, elle décompose l'iodure de potassium à la température ordinaire en mettant l'iode à nu; cet iode bleuit instantanément l'amidon dont le papier est imprégné.

Pour démontrer la formation de l'ozone pendant le passage de décharges électriques à travers l'oxygène, on peut opérer comme il suit :

On remplit d'oxygène pur un tube dans lequel on a scellé deux fils de platine. On renverse ce tube sur un bain d'iodure de potassium amidonné, et on enlève une partie du gaz, de manière à faire remonter le liquide dans le tube. On fait ensuite passer à travers l'oxygène une série d'étincelles électriques, et l'on voit le liquide contenu dans le tube bleuir rapidement au contact de l'oxygène ozoné, c'est-à-dire chargé d'ozone (*fig.* 7).

Lorsqu'on fait passer une série d'étincelles électriques à travers

---

1. On dissout dans 100 grammes d'eau distillée 1 gramme d'iodure de potassium, on ajoute 10 grammes d'amidon et l'on chauffe. Il se forme un empois que l'on étend par couches minces et uniformes sur du papier Berzelius, ou mieux encore sur du papier à lettre glacé. Ce papier séché constitue ce qu'on nomme le papier ozonoscopique. Il bleuit rapidement dans une atmosphère ozonée. Cet effet est dû à la réaction sur l'amidon de l'iode mis à nu par l'ozone.

un tube renfermant de l'oxygène, une petite partie seulement de cet oxygène est transformée en ozone. M. Andrews a fait voir que la nature de la décharge influe sur la proportion d'ozone formée. Les décharges obscures sont plus efficaces, sous ce rapport, que les étincelles d'une machine électrique ordinaire, et surtout que celles d'une machine d'induction de Ruhmkorff.

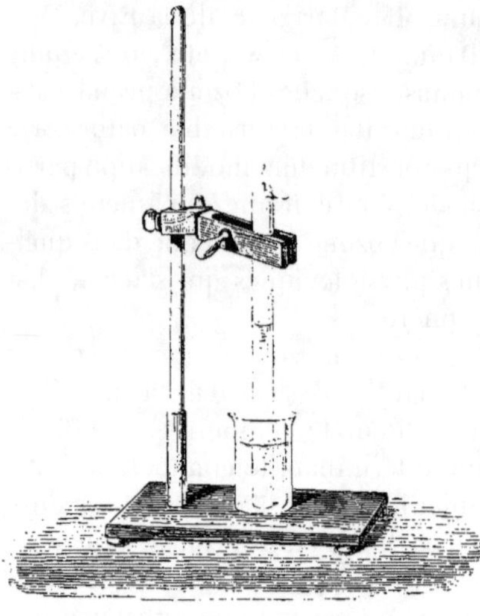

Fig. 7.

Lorsque le tube rempli d'oxygène, à travers lequel on fait passer les étincelles, est très-étroit, et qu'on a soin d'ailleurs d'y placer une lame d'argent humide qui absorbe l'ozone au fur et à mesure qu'il se forme, on parvient à convertir une partie notable de l'oxygène en ozone. Dans ces conditions, MM. Becquerel et Fremy sont parvenus à transformer en ozone les 2/3 de l'oxygène que renfermait le tube.

Ils ont réussi même à transformer la totalité de l'oxygène en ozone en employant un tube très-étroit et traversé, pendant dix-huit heures, d'une extrémité à l'autre par les étincelles (*fig.* 8).

Fig. 8.

On avait pensé que l'oxygène ne se transformait en ozone, par l'étincelle électrique, qu'à la condition de renfermer des traces d'humidité. Il n'en est rien : la formation de l'ozone a lieu dans l'oxygène parfaitement sec.

On a remarqué que le volume du gaz oxygène subit une contraction par l'effet de sa transformation partielle en ozone. Ce fait important a été établi par M. Andrews, qui, pour le démontrer, a employé la disposition suivante :

Dans le tube *ab* (*fig.* 9) sont scellés deux fils de platine. Ce tube est rempli d'oxygène; il est terminé par un tube capillaire *b c d e*, dont les branches *d* et *e* renferment de l'acide sulfurique servant d'index. Avant l'expérience, l'acide arrive à un certain niveau dans le tube *d*. Après avoir fait passer une série d'étincelles électriques, on remarque à la fin de l'expérience, l'appareil étant placé dans les mêmes conditions de température et de pression, que la colonne d'acide sulfurique a remonté dans le tube *d*, ce qui prouve que le volume de l'air a diminué dans le tube *a b c*. Dans ces conditions, la contraction maximum que M. Andrews ait observée a été de 1/12 du volume total du gaz oxygène.

2°. L'ozone se forme en petite quantité dans l'électrolyse de l'eau. Que l'on décompose l'eau pure, ou mieux encore l'eau additionnée d'acide sulfurique à l'aide d'une puissante pile de Bunsen ou de Grove, l'oxygène dégagé au pôle positif sera doué d'une odeur particulière : il séparera l'iode de l'iodure de potassium et convertira l'argent en peroxyde. Ces effets sont dus à la présence dans cet oxygène d'une petite quantité d'ozone. Plusieurs conditions sont nécessaires pour que cette expérience réussisse. Le pôle positif doit être en or ou en platine ; un métal oxydable, ou même l'argent, absorberait l'ozone. Le liquide électrolytique doit

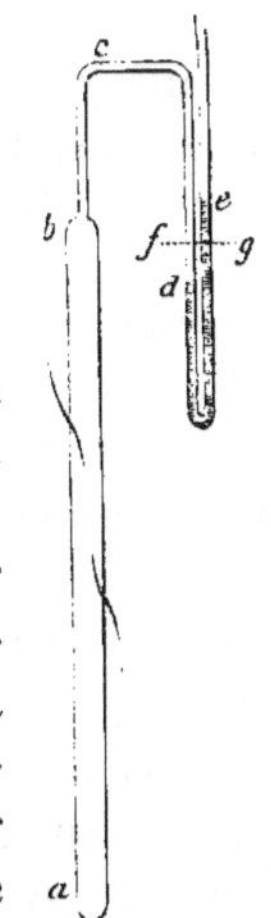

Fig. 9.

être maintenu à une basse température et ne doit renfermer aucune substance capable d'absorber l'ozone. La présence de matières minérales capables de s'oxyder, d'hydracides, de chlorures, bromures, iodures, de matières organiques, etc., empêcherait la formation de l'ozone. La présence de certains acides la favorise. On a remarqué qu'on obtient la plus grande quantité d'ozone par l'électrolyse de l'eau chargée d'acide chromique renfermant de l'acide sulfurique (Baumert). 10 litres de gaz tonnant, formé par la décomposition de cette solution, peuvent renfermer 1 milligramme d'ozone.

M. Andrews recommande de soumettre à l'électrolyse un mélange de 1 volume d'acide sulfurique et de 3 volumes d'eau.

3°. L'ozone se forme pendant l'oxydation lente de certaines substances, parmi lesquelles il faut citer surtout le phosphore (Schœnbein). Que l'on introduise dans un grand flacon, renfermant une couche d'eau à la température de 20°, des bâtons de phosphore à surface parfaitement nette, de manière qu'ils ne plongent que partiellement dans l'eau, le phosphore ne tardera pas à émettre des vapeurs et à luire dans l'obscurité. Qu'on agite de temps en temps, pour mettre de nouvelles surfaces de phosphore en contact avec l'air, et l'on percevra bientôt l'odeur pénétrante de l'ozone, bien distincte de celle du phosphore lui-même. Au bout de douze heures, l'atmosphère du flacon est assez chargée d'ozone. On le renverse alors sur une cuve pour enlever le phosphore et pour renouveler l'eau, et on agite à plusieurs reprises avec de l'eau pour enlever les vapeurs acides. L'air qui reste dans le flacon est fortement ozoné, c'est-à-dire chargé d'ozone, ce dont il est facile de s'assurer par l'action qu'il exerce sur l'iodure de potassium mêlé d'amidon.

M. Schœnbein pense que la formation de l'ozone précède l'oxydation lente du phosphore et en est la condition indispensable. Il appuie cette opinion sur ce fait que toutes les circonstances qui empêchent cette oxydation lente s'opposent aussi à la formation de l'ozone, que l'oxydation lente du phosphore ne s'effectue jamais sans qu'il se produise de l'ozone, etc. On sait que le phosphore ne luit pas et ne s'oxyde pas à la température et à la pression ordinaires dans l'oxygène pur. Dans ces conditions, point d'ozone formé. Mais si l'on chauffe le phosphore à 30°, ou qu'on raréfie l'atmosphère d'oxygène de manière à la diluer comme l'oxygène est dilué dans l'air, aussitôt le phosphore commence à luire et à s'oxyder, et en même temps il se forme de l'ozone. La formation de l'ozone par le phosphore est empêchée par la présence de certains corps, tels que la vapeur nitreuse, l'acide sulfureux, l'hydrogène sulfuré, l'hydrogène carboné, lorsque ces gaz sont mélangés à l'air, même en petite quantité. On sait depuis longtemps que les mêmes gaz empêchent aussi le phosphore de luire dans l'obscurité. Il est certain que ces faits établissent une corrélation entre les deux phénomènes dont il s'agit.

4°. Lorsqu'on expose au soleil un flacon rempli jusqu'au quart d'essence de térébenthine et qu'on agite vivement cette essence avec de l'air, elle se montre bientôt chargée d'ozone, car elle possède des propriétés oxydantes très-énergiques. En effet, agitée avec une solution de sulfate d'indigo ou d'acide sulfureux, elle décolore rapidement la première et oxyde la seconde, avec dégagement de chaleur. Agitée avec une solution de sulfate ferreux, elle en précipite du soussulfate ferrique. Elle sépare l'iode d'une solution d'iodure de potassium.

Ces effets sont dus à la présence de l'ozone dans cette essence. Abandonnée pendant longtemps, elle finit par s'oxyder elle-même aux dépens de cet ozone qui la résinifie. L'oxydation lente de l'essence succède donc, quoiqu'à un certain intervalle, à la formation de l'ozone. (Schœnbein.)

L'essence d'amandes amères montre des phénomènes analogues :

agitée au soleil avec de l'air, elle se charge rapidement d'ozone. Il est facile de s'assurer, en effet, que cette essence ozonée décolore rapidement le sulfate d'indigo; mais elle ne conserve pas longtemps l'ozone dont elle est chargée, et qui la convertit bientôt en acide benzoïque.

Le fait bien connu de la transformation de l'essence d'amandes amères en acide benzoïque a été comparé depuis longtemps à une combustion lente analogue à celle que subit le phosphore à l'air. Dans ce cas encore, M. Schœnbein admet que l'ozone se forme pendant la combustion lente dont il est en même temps l'indispensable agent.

5°. Lorsqu'on traite certains bioxydes par l'acide sulfurique, il se dégage, comme on sait, de l'oxygène. M. Houzeau a fait voir que l'oxygène que l'acide sulfurique dégage à une basse température du bioxyde de barium renferme de l'ozone. L'appareil qu'il emploie se compose d'un ballon à 2 tubulures fermées par deux bouchons de verre usés à l'émeri (*fig.* 10). L'un de ces bouchons est

Fig. 10.

percé d'un trou dans lequel s'engage à frottement l'extrémité rodée d'un tube de dégagement : on introduit dans le ballon de l'acide sulfurique monohydraté, et on y projette peu à peu de petits fragments de bioxyde de barium, en ayant soin de plonger le ballon dans un bain-marie dont la température ne doit pas dépasser 75 degrés.

M. Schœnbein s'est assuré que dans la décomposition du peroxyde d'argent par l'acide sulfurique en excès, il se produit de l'ozone. Tout récemment, il a recommandé le procédé suivant pour la préparation de ce corps : Il introduit du bioxyde de barium finement pulvérisé dans une solution, faite à froid, de permanganate de potasse dans l'acide sulfurique pur. Il admet que l'ozone formé dans cette réaction constitue cette variété particulière d'oxygène actif qu'il a nommée antozone.

Propriétés de l'ozone. — L'ozone n'a pas encore été obtenu à l'état de pureté. Il est toujours mélangé à un énorme excès d'air ou d'oxygène. Il y paraît contenu sous forme d'un gaz incolore, doué d'une odeur particulière et tellement pénétrante que $\frac{1}{1000000}$ d'ozone la communique encore à l'air d'une manière sensible. Lorsqu'on chauffe l'air ou l'oxygène ozonés à une température comprise entre 250° et 300°, cette odeur disparaît avec l'ozone lui-même. La chaleur détruit donc ce corps. Et cette destruction est accompagnée d'une augmentation de volume qui correspond exactement à la contraction qu'on observe au moment de la formation de l'ozone. (Andrews.)

L'ozone est insoluble dans l'eau. Il n'est absorbé ni par l'acide sulfurique ni par le chlorure de calcium sec.

Il est doué de propriétés oxydantes incomparablement plus énergiques que celles de l'oxygène. Il convertit rapidement l'argent humide en peroxyde noir AgO^2. Il décompose l'iodure de potassium, en présence de l'eau, en mettant l'iode à nu. Cette réaction fournit un moyen facile de découvrir l'ozone.

Il transforme rapidement le phosphore en acide phosphorique, l'arsenic et l'acide arsénieux en acide arsénique, l'acide sulfureux et l'acide sulfhydrique en acide sulfurique, l'acide hypoazotique en acide azotique. En présence de bases énergiques comme la potasse ou la chaux délayée dans l'eau, il oxyde le gaz azote et le convertit en acide azotique. M. Schœnbein ayant agité 3,000 litres d'air ozoné avec un lait de chaux, et ayant décomposé par le carbonate de potasse l'azotate de chaux formé, a préparé ainsi 5 grammes de nitre. L'ammoniaque est oxydée par l'ozone et transformée en azotate. (Baumert.)

L'ozone sec est rapidement absorbé par l'iode et par le mercure secs.

L'arsenic, l'antimoine, le zinc, le fer, l'étain, le bismuth, le plomb sont énergiquement oxydés par l'ozone en présence de l'humidité; les sels de protoxyde de fer neutres sont convertis en soussels de sesquioxyde. Dans les sels manganeux, l'ozone forme un précipité brun d'hydrate de peroxyde. Si l'on trace sur du papier des caractères avec une solution de sulfate manganeux, ces caractères, complétement invisibles après la dessiccation, brunissent rapidement dans une atmosphère ozonée.

Les matières organiques sont très-énergiquement oxydées et

souvent détruites par l'ozone. Le prussiate de potasse jaune est converti en prussiate rouge; la solution d'indigo, la teinture de tournesol sont décolorées; la teinture de gaïac, au contraire, bleuit sous l'influence de l'ozone, propriété que M. Schœnbein a souvent mise à profit pour découvrir et caractériser ce principe.

L'ozone attaque immédiatement et détruit complétement le caoutchouc. De là la nécessité d'éviter l'emploi de cette matière dans toutes les opérations où l'on veut former et recueillir de l'ozone. Les bouchons de liége sont attaqués, surtout lorsqu'ils sont humides. Si l'on verse dans un flacon renfermant de l'air ozoné une petite quantité de blanc d'œuf ou de sang, l'ozone disparaît immédiatement en se portant sur ces matières organiques.

Chose singulière, dans quelques cas l'ozone agit comme un désoxydant. Ainsi il réduit l'eau oxygénée et le peroxyde de barium avec dégagement d'oxygène ordinaire; et cet oxygène provient soit du peroxyde, soit de l'ozone, comme le fait voir l'équation suivante :

$$OO^2 + HO.O = 2O^2 + HO$$

Ozone.   Peroxyde Oxygène. Eau.
d'hydr.
(Eau oxygénée.)

Des quantités illimitées d'ozone sec sont décomposées par les peroxydes de manganèse et de plomb, par l'oxyde noir de cuivre et par l'argent sec. Ces corps n'éprouvent aucun changement de poids en décomposant l'ozone : ils semblent agir par leur simple contact. Mais il est probable qu'ils sont d'abord oxydés par une portion de l'ozone, et que les peroxydes ou acides métalliques formés sont ensuite réduits par une autre portion de l'ozone avec dégagement d'oxygène ordinaire, comme dans le cas de l'eau oxygénée. Ainsi l'argent sec forme d'abord, avec l'ozone, du peroxyde d'argent. Celui-ci réduit ensuite une autre portion de l'ozone avec formation d'argent métallique et d'oxygène libre.

$$AgOO + 2OO^2 = Ag + 4O^2$$

Peroxyde   Ozone.   Oxygène
d'argent.   libre.

On comprend que ces alternatives d'oxydation et de réduction puissent continuer indéfiniment.

Nature de l'ozone. — Il résulte de ce qui précède que l'ozone est un oxydant d'une incomparable énergie. La nature de ce corps a été le sujet d'une grande controverse. M. Schœnbein avait pensé, dans l'origine, que l'ozone était un principe nouveau, un des éléments de l'azote, qu'il regardait comme un corps composé. D'un autre côté, il semblait résulter des recherches de MM. Marignac et de la Rive que l'ozone n'était autre chose que de l'oxygène dans un état particulier. Cette conclusion a été fortifiée par les expériences de MM. Becquerel et Fremy, qui ont nommé l'ozone oxygène électrisé. D'autres chimistes ont pensé que les effets oxydants attribués à ce principe pouvaient être dus à de la vapeur d'eau oxygénée HO^2. M. Williamson a défendu avec talent cette opinion, à laquelle M. Schœnbein s'était lui-même rallié, et qui trouvait d'ailleurs un véritable appui dans ce fait que l'humidité favorise la formation de l'ozone par l'action de l'étincelle électrique. Plus tard, M. Baumert a soutenu que le principe oxydant formé par l'électrolyse de l'eau n'était point de l'eau oxygénée ordinaire HO^2, mais bien un oxyde supérieur d'hydrogène, un vrai tritoxyde HO^3. Mais s'étant assuré en même temps que l'oxygène parfaitement pur et sec pouvait se transformer en ozone par un courant d'étincelles électriques, il a été conduit à admettre l'existence d'une autre espèce d'ozone, modification particulière ou *allotropique* de l'oxygène. Ainsi, d'après cet auteur, la nature du principe oxydant dont il s'agit différerait d'après son origine, et l'on aurait confondu sous le nom d'ozone deux principes parfaitement distincts par leur nature : le tritoxyde d'hydrogène provenant de l'électrolyse de l'eau, et l'oxygène allotropique formé sous l'influence de l'étincelle électrique. Ces conclusions n'ont point été adoptées par tous les chimistes.

Contrairement aux assertions de MM. Williamson et Baumert, M. Andrews a avancé ce fait, que l'ozone obtenu par voie électrolytique et séché avec soin n'abandonne jamais de l'eau lorsqu'on le décompose par la chaleur.

Ayant observé que la formation de l'ozone est accompagnée d'une contraction de l'oxygène, le même auteur a conclu de ce fait que l'ozone est de l'oxygène condensé. Ses premières expériences l'avaient conduit à admettre que la densité de l'ozone était quatre fois plus considérable que la densité de l'oxygène, ce qui conduisait à admettre pour ce corps la formule O^4. Bien que ces conclusions aient été modifiées plus récemment par leur auteur même, elles ne semblent pas éloignées de la vérité. On en jugera par l'interprétation donnée par M. Odling aux dernières expériences de M. Andrews.

Voici d'abord une de ces expériences : dans un tube *a b c d* (*fig.* 11), il a introduit une petite ampoule de verre très-mince remplie d'iodure de potassium ou de mercure, puis il a rempli le tube d'oxygène et a fait passer des décharges obscures par les fils de platine *m* et *n*. Le maximum de contraction ayant été obtenu par suite de la formation de l'ozone, il a brisé l'ampoule renfermant l'iodure de potassium ou le mercure [1]. L'iodure ayant absorbé l'ozone, le tube a été chauffé à 300°. Après le refroidissement on n'a observé aucune augmentation de volume, preuve que tout l'ozone avait été absorbé par l'iodure ou par le mercure. Mais, chose singulière, cette absorption n'a donné lieu à aucune diminution de volume du gaz qui renfermait primitivement l'ozone, le volume du gaz renfermant de l'ozone et le volume du gaz dépouillé d'ozone étant exactement le même. Ce fait singulier conduit à cette alternative : ou que l'ozone est tellement contracté qu'il n'occupe aucun volume appréciable, ou que, lorsqu'il se détruit, il met en liberté un volume d'oxygène ordinaire exactement égal au sien. C'est à cette dernière conclusion que s'est arrêté M. Odling, supposant que l'ozone est de l'oxygène condensé, et que dans sa réaction sur l'iodure de potassium une partie de cet oxygène est absorbée, et que l'autre partie est de nouveau mise en liberté. L'équation suivante représente, dans cette hypothèse, l'action du mercure sur l'ozone :

Fig. 11.

$$O^3 + Hg = HgO + O^2$$

Ozone.   Oxyg. libre.
2 vol.   2 vol.

D'après M. Odling, la molécule de l'ozone serait exprimée par la formule O^3, et ce corps représenterait en quelque sorte de l'eau oxygénée dans laquelle l'atome d'hydrogène serait remplacé par de l'oxygène.

$$HO^2 \qquad\qquad OO^2$$

Eau oxygénée.   Ozone.

En résumé, les expériences de M. Andrews ont mis hors de doute ce fait que l'ozone obtenu par l'action des décharges électri-

---

1. Dans ces expériences, on a soin d'ajouter de l'acide chlorhydrique à l'iodure de potassium pour saturer complétement la potasse formée. Lorsque l'ozone réagit sur l'iodure de potassium solide et humecté, de l'iode est mis en liberté et on admet généralement qu'il se forme de la potasse caustique. D'après M. Houzeau, on peut tirer parti de ce fait pour préparer un papier ozonoscopique très-sensible. C'est du papier de tournesol rouge imprégné d'iodure de potassium. L'ozone ayant déplacé

ques sur l'oxygène est de l'oxygène condensé. En ce qui concerne l'oxygène obtenu par l'électrolyse de l'eau, les expériences de MM. Andrews et Tait d'une part, et celles de MM. Williamson et Baumert de l'autre, sont contradictoires; les premiers observateurs admettent l'identité des deux espèces d'ozone, les derniers admettent que l'oxygène électrolytique constitue un peroxyde d'hydrogène. De nouvelles recherches décideront ce point.

Dans ces derniers temps, M. Schœnbein a été conduit à admettre deux espèces d'ozone ou d'oxygène actif : l'un serait un oxygène négatif O, qu'il nomme ozone : c'est l'ozone ordinaire; l'autre serait un oxygène positif O, qu'il nomme *antozone*. L'ozone formé par l'action de l'acide sulfurique sur le permanganate de potasse ou sur le peroxyde de barium, constituerait, d'après M. Schœnbein, cette variété particulière de l'oxygène actif (antozone). Par leur combinaison, l'ozone et l'antozone formeraient l'oxygène ordinaire.

$$\overset{+}{O} + \overset{=}{O} = [\overset{+}{O}\,\overline{O}]$$
Anto- Ozone. Oxygène
zone.   ordinaire.

L'existence de l'antozone comme corps distinct de l'ozone ne nous paraît pas suffisamment démontrée.

EAU

On sait que l'eau a été considérée pendant longtemps comme un élément. On avait même pensé que, par une ébullition prolongée, elle pouvait se transformer en terre; mais Lavoisier a montré, en 1773, que la matière terreuse dont on avait observé la formation provenait des vases de verre dans lesquels on avait fait bouillir l'eau; celle-ci en avait dissous quelques parties par suite d'une ébullition prolongée. Cavendish s'est assuré dès 1781 qu'il se forme de l'eau par la combustion de l'hydrogène. Ses expériences ayant été rapportées à Watt en 1783, celui-ci en conclut que l'eau est un composé d'hydrogène (air inflammable) et de phlogistique. C'est à Lavoisier que revient l'honneur d'avoir reconnu le premier la compo-

---

l'iode, il se forme de la potasse qui bleuit le papier. Il est à remarquer que dans toutes ces réactions où l'ozone a déplacé l'iode de l'iodure de potassium neutre, on a en présence l'iode libre et la potasse caustique qui s'est formée, et il semble que ces deux corps devraient réagir de nouveau l'un sur l'autre : il y a là un fait qui n'est pas éclairci.

sition de l'eau, et de l'avoir établie par la synthèse et par l'analyse. En 1783 il fit, conjointement avec Laplace, la synthèse de l'eau par la combustion de l'hydrogène. Il confirma ainsi l'expérience de Cavendish, et rectifia la conclusion de Watt en disant le premier, dans le langage de la chimie antiphlogistique, que l'eau est un composé d'hydrogène et d'oxygène.

Dans cette première expérience synthétique, Lavoisier et Laplace ne recueillirent que 5 drachmes d'eau. Plus tard, Monge en forma une quantité pesant 3 onces 2 scrupules et 45 grains, et bientôt après Lavoisier et Meusnier en obtinrent 5 onces 4 scrupules et 49 grains (environ 160 grammes).

Dans la même année 1783, Lavoisier a donné la démonstration analytique de la composition de l'eau en décomposant celle-ci par le fer. Il a conclu de ses premières expériences que l'eau renferme, en volumes, 12 parties d'oxygène et 22,9 parties d'hydrogène (au lieu de 24, qui est le chiffre exact), et que sa composition pondérale était représentée par 86,9 parties d'oxygène et 13,1 parties d'hydrogène (les chiffres exacts sont O 88,89, et H 11,11).

On voit que les résultats obtenus par Lavoisier dès 1783 ne s'éloignent pas beaucoup de ceux qu'on a obtenus plus tard à l'aide des méthodes que nous allons exposer sommairement. Ces méthodes diffèrent suivant qu'on procède par voie d'analyse ou par voie de synthèse.

1° Méthodes analytiques propres à déterminer la composition de l'eau. — Celle de Lavoisier est la suivante :

Décomposition de l'eau par le fer. — Dans un tube de porcelaine, on introduit un faisceau de fils de fer dont le poids est exactement déterminé.

On place le tube de porcelaine AB dans un fourneau à réverbère. Dans l'une des ouvertures de ce tube s'engage le col d'une petite cornue C renfermant de l'eau, dans l'autre un tube E propre à recueillir les gaz (*fig.* 12).

Le tube de porcelaine étant chauffé au rouge, on fait passer lentement la vapeur d'eau sur le fer incandescent. Elle est décomposée : l'oxygène se porte sur le fer qui s'oxyde, l'hydrogène est mis en liberté et recueilli dans une cloche. Dans cette expérience, le fer augmente de poids, et cette augmentation représente le poids de l'oxygène primitivement contenu dans l'eau décomposée ; le poids de l'hydrogène se déduit du volume de ce gaz qui a été recueilli.

Électrolyse de l'eau. — Un moyen plus simple et plus exact d'analyser l'eau consiste à la décomposer par la pile.

L'eau légèrement acidulée par l'acide sulfurique est placée dans le vase C. Des tubes gradués sont renversés sur les fils de pla-

Fig. 12.

tine *a* et *b* qui constituent, le premier l'électrode négative, le second l'électrode positive de la pile P (*fig.* 13). Le circuit voltaïque

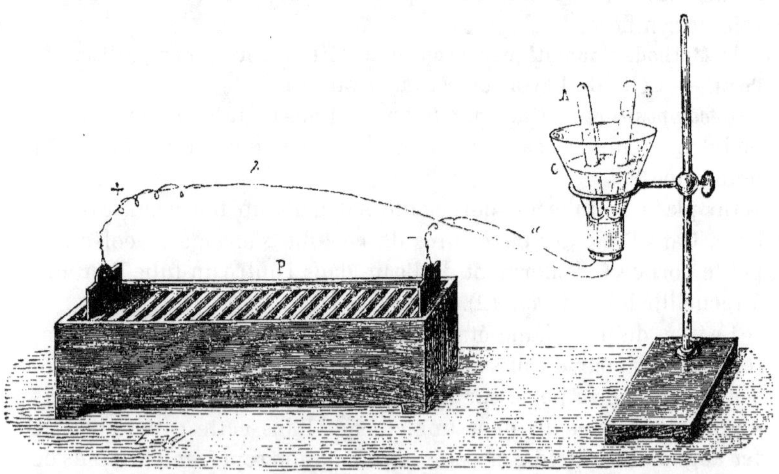

Fig. 13.

est complété par l'eau acidulée qui laisse passer le courant et se décompose ; les gaz résultant de cette décomposition remontent le long des fils, et se rassemblent dans les petites éprouvettes graduées A et B : l'hydrogène dans celle qui correspond au pôle négatif, l'oxygène dans celle qui correspond au pôle positif. On reconnaît que le volume de l'hydrogène est double de celui de l'oxygène.

2° **Méthodes synthétiques.** — Les deux gaz hydrogène et oxygène qui résultent de la décomposition de l'eau peuvent être unis par synthèse. Leur combinaison s'accomplit sous l'influence de l'étincelle électrique dans des instruments qu'on nomme eudiomètres. Que l'on introduise dans un eudiomètre à mercure (*fig.* 14) 100 volumes de gaz hydrogène et 100 volumes de gaz oxygène, qu'on approche du bouton supérieur de l'eudiomètre le plateau chargé d'un électrophore, l'autre bouton du tube eudiométrique étant en communication, par le moyen d'une chaînette, avec le mercure et avec le sol, une étincelle éclatera dans l'intérieur du mélange gazeux et

Fig. 14.

la combinaison s'accomplira avec production d'une vive lumière; l'eudiomètre étant débouché, le mercure s'y élèvera. Le résidu, égal au quart du volume primitif des deux gaz, sera formé par 50 volumes d'oxygène pur. Tout l'hydrogène a disparu en se combinant avec 50 volumes d'oxygène pour former de l'eau qui s'est condensée. On conclut de cette expérience que l'eau résulte de la combinaison de 2 volumes d'hydrogène avec 1 volume d'oxygène.

Au lieu de l'eudiomètre à mercure que nous venons de décrire, on peut employer l'*eudiomètre de Volta*, instrument très-commode pour les démonstrations (*fig.* 15). Il se compose d'un tube de verre cylindrique AB, à parois épaisses, muni à la partie inférieure d'une monture en laiton et à robinet R. A cette monture s'adapte un entonnoir C, par lequel on introduit les gaz dans le tube AB. Celui-ci est fermé à la partie supérieure par une monture à robinet R', à laquelle s'adapte la cuvette D. Un tube gradué EE' peut être vissé au fond de la cuvette. En *b*, la monture métallique est percée d'un trou dans lequel se trouve mastiqué un tube de verre servant à isoler une tige de métal terminée des deux côtés par un bouton et qui s'avance dans l'intérieur du tube jusqu'à une petite distance de la paroi. C'est entre cette paroi métallique et l'extrémité intérieure de la tige isolée qu'éclate l'étincelle électrique au milieu du mélange gazeux. La communication avec le sol s'effectue par la bande de métal *a*.

Pour faire fonctionner cet eudiomètre, on le plonge dans l'eau, les robinets étant ouverts. Il se remplit d'eau ainsi que la cuvette. On ferme ensuite le robinet supérieur, puis on fait passer les gaz dans l'eudiomètre, et on les enflamme en faisant passer l'étincelle. Il ne reste plus qu'à mesurer le résidu. Pour cela on visse le tube rempli d'eau sur la cuvette, on ouvre le robinet R', et aussitôt le gaz se rend dans le tube. On dévisse celui-ci,

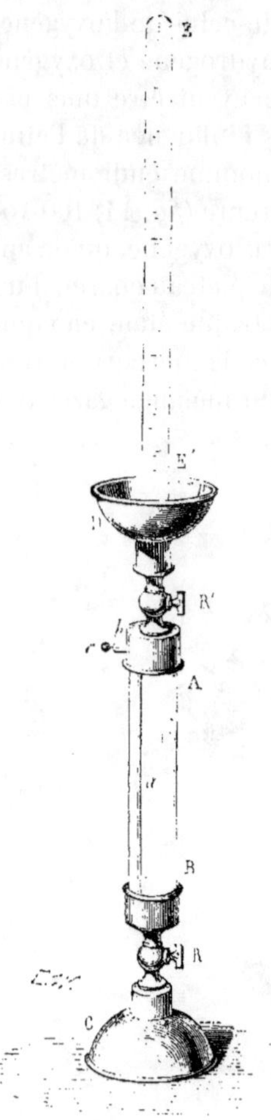

Fig. 15.

et on le porte sur la cuve à eau pour faire la lecture, les niveaux de l'eau coïncidant à l'intérieur et à l'extérieur du tube.

A l'occasion de ses expériences eudiométriques, Volta annonça le premier, en 1778, que l'air inflammable (hydrogène) consomme pendant sa combustion la moitié de son volume d'oxygène; mais il ignorait encore que le résultat de cette combustion fût de l'eau.

La composition de l'eau en volumes a été établie définitivement en 1805 par Humboldt et
Gay-Lussac, qui fixèrent le rapport exact de 2 à 1 pour les volumes de l'hydrogène et de
l'oxygène.

*Synthèse de l'eau par la ré-
duction de l'oxyde de cuivre.* —
La puissante affinité de ces deux
gaz l'un pour l'autre se manifeste non-seulement lorsqu'ils
sont libres, mais encore lorsqu'ils sont combinés avec d'autres corps. Ainsi l'hydrogène
réduit un grand nombre d'oxydes à des températures plus ou
moins élevées. L'oxyde noir de
cuivre, par exemple, lui cède
facilement son oxygène, et de
l'eau est formée par synthèse.
Cette réaction peut être mise
à profit pour déterminer les
proportions pondérales suivant
lesquelles l'hydrogène et l'oxygène se combinent pour constituer l'eau.

En effet, si l'on réduit par
l'hydrogène un poids exactement connu d'oxyde de cuivre,
il se forme de l'eau que l'on
peut recueillir et peser; celle-
ci renferme tout l'oxygène que
l'oxyde de cuivre a perdu, et
qu'il est facile d'apprécier en
pesant le cuivre
après l'expérien-
ce. La différence
du poids de l'eau
formée et du
poids de l'oxy-
gène qu'elle ren-
ferme donne ce-

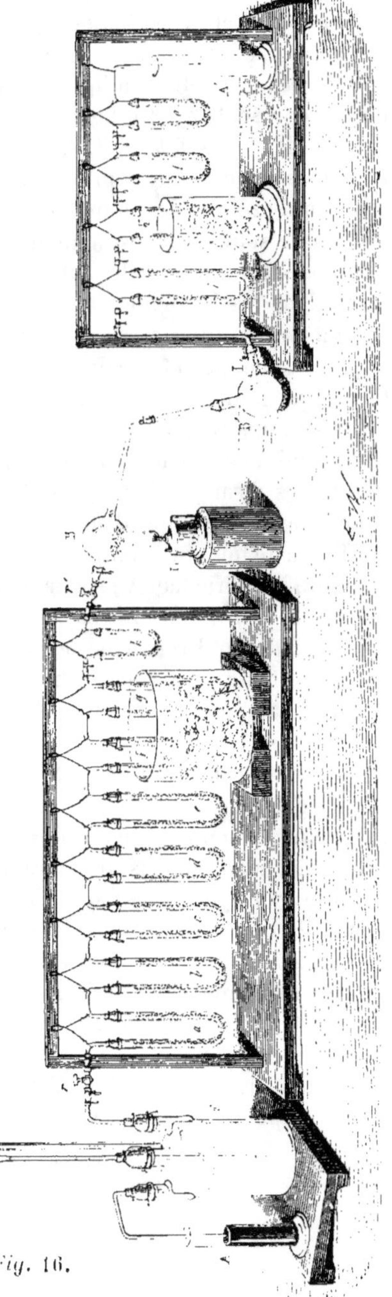

Fig. 16.

lui de l'hydrogène. Cette méthode a été indiquée par Berzelius. Elle a été adoptée et perfectionnée par M. Dumas dans ses recherches devenues classiques et exécutées en 1843.

Pour réaliser cette synthèse de l'eau, M. Dumas se sert de l'appareil représenté *fig.* 16. Le gaz hydrogène préparé dans le flacon A traverse les tubes *a, b, c, d, e, f, g, h,* où il est purifié et desséché. Les tubes renferment, le premier, de la pierre ponce imbibée d'une solution d'azotate de plomb, le second, de la pierre ponce imbibée d'une solution de sulfate d'argent. L'azotate de plomb fixe l'hydrogène sulfuré, et le sulfate d'argent l'hydrogène arsénié qui pourraient être contenus dans l'hydrogène préparé avec le zinc du commerce. Le tube *c* renferme de la pierre ponce imprégnée de potasse caustique et destinée à absorber l'hydrogène carboné et l'hydrogène silicié qui pourraient être mêlés à l'hydrogène. Les tubes suivants renferment du chlorure de calcium et de la pierre ponce imbibée d'acide sulfurique. En traversant ces substances, très-avides d'eau, le gaz hydrogène se dessèche complétement.

Le tube *h* est rempli d'acide phosphorique anhydre et sert pour ainsi dire de témoin : son poids ne doit pas augmenter dans tout le cours de l'expérience. Au sortir de ce tube, le gaz hydrogène arrive dans le ballon B rempli d'oxyde de cuivre. Le poids de ce ballon, avec l'oxyde qu'il renferme, est exactement connu.

On le chauffe au rouge obscur à l'aide d'une lampe à alcool dès que l'appareil est rempli d'hydrogène. Il se forme de l'eau qui se condense en grande partie à l'état liquide dans le récipient B'. La vapeur d'eau entraînée par l'excès de gaz hydrogène est condensée dans les tubes *i, k, l, o,* remplis de ponce sulfurique. Quand le cuivre est entièrement ramené à l'état métallique, on laisse refroidir l'appareil dans un courant de gaz hydrogène. On déplace enfin le gaz hydrogène par de l'air, et on pèse le ballon B et les appareils où l'eau s'est condensée. L'augmentation de poids de ces appareils donne le poids de l'eau formée; celui de l'oxygène qu'elle renferme est représenté par la diminution de poids du ballon B; la différence des poids de l'eau et de l'oxygène donne le poids de l'hydrogène.

A l'aide de cette méthode, M. Dumas a trouvé que l'eau renferme en poids sur 100 parties :

$$
\begin{array}{lll}
\text{Hydrogène} & 11,11 & - \quad 1 \\
\text{Oxygène..} & 88,89 & - \quad 8 \\
\hline
& 100,00 & - \quad 9
\end{array}
$$

Le rapport $\frac{11}{88}$; $\frac{11}{89}$ est égal à $\frac{1}{8}$, et l'on peut exprimer la composition de l'eau en disant que 1 partie pondérale d'hydrogène se combine exactement avec 8 parties pondérales d'oxygène pour former de l'eau. C'est le rapport des équivalents de l'hydrogène et de l'oxygène, et si nous exprimons par H une partie pondérale d'hydrogène, et par O huit parties pondérales d'oxygène, la composition de l'eau sera représentée en équivalents par la formule

$$HO = 9 \text{ d'eau.}$$

Les recherches entreprises dans ces dernières années, principalement en chimie organique, ont démontré que la vraie formule de l'eau, c'est-à-dire celle qui exprime la composition d'une molécule d'eau, est représentée, non pas par $HO = 9$, mais par la formule double $H^2O^2 = 18$. A l'appui de ce fait nous nous bornerons à faire valoir ici cette seule considération. La quantité d'eau qui intervient dans les réactions chimiques, soit pour entrer en combinaison, soit pour provoquer des décompositions, soit comme produit de ces décompositions, n'est jamais représentée par la formule $HO = 8$. Elle est exprimée ordinairement par la formule $H^2O^2 = 18$, quelquefois par un multiple de cette formule par un nombre entier, lorsque plusieurs molécules d'eau interviennent dans une réaction. On trouvera dans le cours de cet ouvrage de nombreux exemples qui viennent à l'appui de cette proposition.

Or la plus petite quantité d'un corps qui intervient dans une réaction est précisément ce que nous appelons la molécule chimique de ce corps. La formule moléculaire de l'eau est donc H^2O^2, et cette formule représente 18 parties pondérales d'eau, en supposant que H représente 1 partie pondérale d'hydrogène et O 8 parties pondérales d'oxygène. La plupart des chimistes, abandonnant la formule H^2O^2 de l'eau, représentent la composition moléculaire de l'eau par la formule plus rationnelle

$$H^2O = 18$$

dans laquelle O représente 16 parties pondérales d'oxygène. Dans cette formule, le poids atomique de l'oxygène est, comme on voit, double de l'équivalent (8) que nous avons adopté dans cet ouvrage, et l'eau est représentée comme formée de 2 atomes d'hydrogène et de 1 atome d'oxygène. Ici les poids des atomes représentent les poids relatifs des volumes, c'est-à-dire les densités (voir p. 16.)

Ainsi la formule H^2O est l'expression de cette relation importante qui existe entre les poids atomiques et les densités, et qui a été aperçue par Gay-Lussac, et elle est en harmonie avec ce fait capital qu'il faut deux volumes d'hydrogène pour former de l'eau avec un volume d'oxygène. Les atomes correspondent aux volumes.

Propriétés de l'eau. — A l'état de pureté, l'eau est sans saveur et sans odeur. Elle est limpide et incolore. Elle se présente dans trois états dans la nature. Pendant les froids de l'hiver elle est solide : la glace, la neige, le givre, le grésil, la grêle, telles sont les différentes formes qu'elle affecte dans cet état. La température à laquelle la glace fond est un des points de repère de l'échelle thermométrique. C'est à cette température que correspond le 0 de nos thermomètres.

La neige est formée par des agglomérations de petits cristaux de glace ; ce sont ordinairement des prismes hexagonaux fort allongés, qui se groupent en étoile autour d'un centre (*fig.* 17).

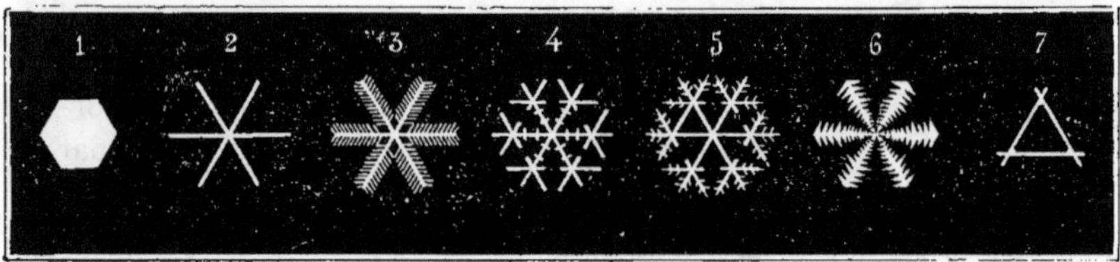

Fig. 17.

Au moment où l'eau se solidifie elle se dilate. La densité de l'eau liquide est donc plus grande que celle de la glace. De 0° à 4° l'eau se contracte, et son maximum de densité est situé à 4°.

L'eau et même la glace émettent continuellement des vapeurs invisibles, qui se mêlent à l'air et s'y dissolvent en quelque sorte. Cette vaporisation est d'autant plus active que la température s'élève davantage.

On dit que l'air est saturé de vapeurs à une température donnée lorsqu'il n'en peut plus dissoudre davantage à cette température. Quand, dans ces conditions, la température s'abaisse, une portion de la vapeur se condense et prend la forme de vapeur visible ou vésiculaire.

L'eau entre en ébullition lorsque sa vapeur a acquis une tension suffisante pour vaincre la pression atmosphérique. C'est à la température d'ébullition de l'eau, sous la pression moyenne, que correspond le point 100 de l'échelle thermométrique centigrade.

L'eau a été regardée pendant longtemps comme indécomposable par la chaleur seule. Mais M. Grove a prouvé qu'elle se décompose faiblement à la température excessive à laquelle on peut porter le platine à l'aide de la pile. Tout récemment M. H. Sainte-Claire Deville a prouvé que la vapeur d'eau se décompose partiellement ou se dissocie, selon son expression, à une température comprise entre 1100° et 1200° et qu'on peut produire facilement dans un fourneau alimenté par des charbons très-denses. Pour mettre en évidence cette décomposition, M. H. Deville fait passer un courant de vapeur d'eau à travers un tube de terre poreux entouré d'un tube de porcelaine imperméable. Dans l'espace annulaire compris entre les deux tubes il dirige un courant de gaz carbonique. La vapeur d'eau dissociée par la chaleur fournit de l'hydrogène et de l'oxygène. Ces deux gaz se séparent l'un de l'autre; car le premier est plus diffusible et traverse facilement le tube de terre poreux pour se rendre dans l'espace annulaire compris entre les deux tubes. Là il est entraîné par l'acide carbonique. Quant à l'oxygène, il se dégage par le tube intérieur où est appelé aussi une portion de l'acide carbonique. Les gaz qui se dégagent par les deux tubes étant recueillis dans une éprouvette remplie de potasse caustique, l'acide carbonique est absorbé et il reste du gaz tonnant.

Le courant de la pile décompose l'eau.

Elle est décomposée de même par un grand nombre de corps simples métalloïdes ou métalliques, qui s'emparent de l'un ou de l'autre de ses éléments. C'est ainsi que le chlore la décompose à la chaleur rouge; il se porte sur l'hydrogène pour former de l'acide chlorhydrique et met l'oxygène en liberté. Beaucoup de métaux, au contraire, s'emparent de l'oxygène de l'eau pour former des oxydes, et mettent l'hydrogène en liberté. Cette décomposition de l'eau par les métaux s'accomplit à des températures très-diverses. Tandis que le potassium et le sodium la décomposent à la température ordinaire, le fer, le zinc, etc., ne la décomposent qu'au rouge.

De tous les corps connus, l'eau est celui qui intervient le plus fréquemment dans les réactions chimiques. On peut définir de la manière suivante les conditions générales dans lesquelles elle prend part à ces réactions :

1° Elle est décomposée par les corps simples ou composés qui réagissent sur elle.

2° Elle est formée par la réaction réciproque de deux substances, ou éliminée d'une combinaison qui en renferme les éléments.

3° Elle entre en combinaison avec la matière sur laquelle elle réagit.

4° Elle intervient comme véhicule dans une foule de réactions qui se passent dans son sein, et que détermine ou modifie sa force dissolvante.

L'eau est formée dans un grand nombre de réactions dans lesquelles interviennent des corps hydrogénés et des corps oxygénés. Nous avons vu plus haut que l'hydrogène libre réduit un certain nombre d'oxydes tels que l'oxyde de cuivre, en formant de l'eau et en mettant le métal en liberté. Ces réactions sont évidemment déterminées par la puissante affinité de l'hydrogène pour l'oxygène.

Les hydracides, tels que l'acide chlorhydrique, l'acide sulfhydrique, forment de l'eau et réagissent sur les oxydes :

$$2ClH + Hg^2O^2 = 2ClHg + H^2O^2$$

Acide   Oxyde   Sublimé   Eau.
chlorhydr.   de mercure.   corrosif.

$$H^2S^2 + Pb^2O^2 = Pb^2S^2 + H^2O^2$$

Acide   Oxyde   Sulfure   Eau.
sulfhydr.   de plomb.   de plomb.

L'eau se combine directement avec certains acides et oxydes anhydres. C'est ainsi que les acides sulfurique et phosphorique anhydres s'emparent des éléments de l'eau pour former des acides hydratés. Tout le monde sait que la chaux et la baryte mises en présence de l'eau, se combinent avec elle, et que ces combinaisons s'accomplissent avec un vif dégagement de chaleur.

L'eau se combine directement avec certains sels anhydres. Ces combinaisons, comme toutes les autres, se font suivant des proportions définies, et donnent lieu à un dégagement de chaleur. La forme cristalline, la couleur et d'autres propriétés physiques de certains sels ont pour condition essentielle la présence de cette eau qu'on nomme *eau de cristallisation*. Le vitriol bleu ou sulfate de cuivre doit sa forme cristalline et sa couleur à 5 équivalents d'eau de cristallisation, qui sont chimiquement combinés avec le sel $SCuO^4 = CuO,SO^3$. A 100°, la combinaison $SCuO^4 + 5HO$ se décompose ; l'eau se dégage, le sel anhydre reste sous la forme d'une poudre blanche et amorphe. Mis de nouveau en contact avec l'eau, le sel anhydre s'y combine avec dégagement de chaleur, et reconstitue les cristaux de vitriol bleu.

L'eau dissout quelques corps simples et un grand nombre de corps composés. Elle exerce son action dissolvante sur des gaz, des liquides ou des solides.

Air contenu dans l'eau. — L'eau qui séjourne à l'air en dissout les éléments. L'oxygène, l'azote et l'acide carbonique ne sont pas également solubles dans l'eau, et leur solubilité décroît avec la température de ce liquide. Les chiffres suivants expriment, d'après M. Bunsen, les proportions suivant lesquelles ces trois gaz se dissolvent dans l'eau.

1 volume d'eau dissout :

	à 5°,2		à 19°,6
Azote................	0,02189	vol.	0,01515
Oxygène.............	0,045526	»	0,03253
Acide carbonique.	1,5184	»	0,8345

Ces fractions expriment les rapports des volumes des gaz dissous au volume de l'eau. On nomme de tels rapports *coefficients de solubilité ou d'absorption.*

Lorsqu'on fait bouillir de l'eau, l'air qu'elle renferme se dégage quelques instants avant l'ébullition. Pour recueillir cet air, M. Peligot emploie l'appareil suivant (*fig.* 18) :

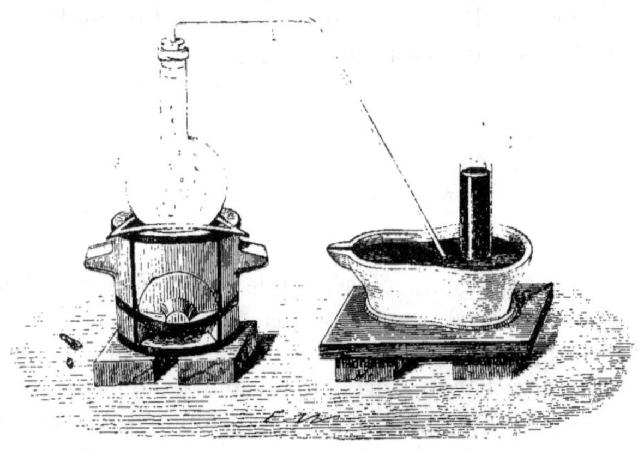

Fig. 18.

A est un ballon rempli d'eau aérée dont on veut chasser l'air par l'ébullition. Dans un col s'engage un bouchon muni d'un tube de dégagement, qui est lui-même exactement rempli d'eau. A l'extrémité libre de ce tube se trouve fixé un tube de caoutchouc destiné à être engagé dans la cloche remplie de mercure et placée sur une petite cuve à mercure. On chauffe l'eau dans le ballon. Elle se dilate, sort de l'appareil, et une partie est déversée par le tube en caoutchouc, et se répand à la surface du mercure dans la cuve,

Lorsque, quelques instants avant l'ébullition, on voit les premières bulles d'air se dégager du fond du ballon, on engage le tube de caoutchouc dans l'éprouvette; l'air qui se dégage bientôt s'y rassemble en même temps qu'une certaine quantité d'eau condensée ou chassée du ballon par le mouvement de l'ébullition.

Cette eau, en se refroidissant au contact du mercure, peut redissoudre une partie des gaz, surtout de l'acide carbonique : on la fait rentrer dans le ballon en faisant remonter le tube de caoutchouc dans l'éprouvette jusqu'au niveau supérieur de l'eau, et en écartant un instant la source de chaleur : le vide se fait, l'eau rentre et cède par une nouvelle ébullition les petites portions du gaz qu'elle avait dissous. Au besoin on recommence une seconde et une troisième fois l'absorption de l'eau extravasée dans l'éprouvette et l'ébullition consécutive. L'opération est terminée lorsque après ces opérations le mercure lui-même s'est échauffé dans l'éprouvette au point de ne plus permettre la dissolution des gaz dans l'eau qui a passé en dernier lieu.

Lorsqu'on exécute cette opération avec soin, comme l'a fait M. Baumert sur de l'eau de pluie, on reconnaît qu'un litre de cette eau à 11°,4 laisse dégager environ 22^{cc} d'un mélange gazeux qui renferme

$$
\begin{array}{lr}
\text{Azote} & 64,47 \\
\text{Oxygène} & 33,76 \\
\text{Acide carbonique} & 1,77 \\
\hline
& 100,00
\end{array}
$$

On voit que l'oxygène, plus soluble dans l'eau que l'azote, s'y dissout néanmoins en proportion beaucoup moins forte ; la même remarque s'applique à l'acide carbonique. C'est que l'oxygène et à plus forte raison l'acide carbonique sont contenus dans l'air en moindre proportion que l'azote, et que l'action dissolvante de l'eau dépend non-seulement du degré de solubilité, du coefficient d'absorption des éléments de l'air, mais encore des proportions suivant lesquelles ils y sont contenus. C'est ainsi qu'il se fait que l'élément le moins soluble, mais de beaucoup le plus abondant, l'azote, se dissout en plus forte proportion que l'élément le plus soluble, mais de beaucoup le moins abondant, l'acide carbonique. Dalton a posé cette loi que l'action dissolvante de l'eau sur un mélange de gaz est mesurée pour chacun d'eux par le produit de son coefficient de solubilité par le chiffre qui exprime le rapport dans lequel ce gaz est contenu dans le mélange. Que l'on multiplie les coefficients de solubilité de l'azote 0,01515, et de l'oxygène 0,03253 (à 20°), le premier par le chiffre 79, le second par le chiffre 21, qui expriment les rapports dans lesquels ces gaz sont contenus dans l'air, on trouve les nombres 1,19685 et 0,68313, qui sont entre eux comme 63,7 et 36,3. Ces derniers expriment à peu de chose près les proportions dans lesquelles l'azote et l'oxygène sont contenus dans l'eau de pluie. (Page 60.)

Eau considérée comme dissolvant. — Un corps solide qui se dissout dans l'eau change d'état. Pour devenir liquide, il a besoin d'absorber de la chaleur.

La dissolution d'un corps solide dans l'eau donne lieu par conséquent à un abaissement de température, à ce qu'on appelle une production de froid. En cela, cette action se distingue des combinaisons chimiques proprement dites, qui sont toujours accompagnées d'un dégagement de chaleur.

En traitant des propriétés générales des sels, nous aurons soin d'indiquer les caractères précis de cette action dissolvante, les phénomènes qui l'accompagnent, le parti qu'on en tire, et nous définirons le rôle que joue l'eau dans la cristallisation de certains corps.

Pour le moment nous nous bornons à signaler en termes généraux l'influence que l'état de solution exerce sur les réactions chimiques. Cette influence est considérable. Une foule de réactions ne s'accomplissent qu'en présence de l'eau. Les exemples suivants, choisis entre mille, vont montrer qu'il en est ainsi :

Qu'on mélange deux poudres, l'une de bicarbonate de soude sec, l'autre d'acide citrique, aucune réaction ne s'accomplira tant que le mélange reste parfaitement sec; mais à l'instant même où on le verse dans l'eau, il se manifeste une vive effervescence due à un dégagement d'acide carbonique; l'acide citrique ne décompose le bicarbonate de soude qu'au moment où l'eau intervient pour les dissoudre l'un et l'autre : il se forme du citrate de soude, qui reste en solution, et de l'acide carbonique qui se dégage.

On mélange exactement du sulfate de soude anhydre et de l'azotate de baryte sec; aucun changement ne se produira dans le mélange; mais si l'on ajoute de l'eau, ou mieux encore si l'on mélange les solutions des deux sels, une double décomposition aura lieu à l'instant même. Il se formera du sulfate de baryte insoluble dans l'eau, et de l'azotate de soude qui restera en solution.

$$AzBaO^6 + SNaO^4 = AzNaO^6 + SBaO^4$$

Azotate   Sulfate   Azotate   Sulfate
de baryte.   de soude.   de soude.   de baryte.

C'est l'insolubilité du sulfate de baryte dans l'eau qui détermine cet échange d'éléments, ainsi que Berthollet l'a démontré autrefois. Nous aurons occasion de développer ces faits.

Ajoutons que l'eau intervient d'une manière nécessaire dans une foule de réactions qui se passent entre les substances organiques. En effet, ces substances renferment toutes de l'hydrogène; beaucoup d'entre elles sont en même temps oxygénées; or, dans beaucoup de cas, comme par l'action de la chaleur, par celle de corps avides d'eau, l'affinité spéciale de l'hydrogène pour l'oxygène se réveille en quelque sorte, il se forme de l'eau qui se dégage, et la susbtance organique se transforme et se décompose par suite de cette élimination.

Personne n'ignore que les réactions chimiques qui se passent dans le sein des êtres organisés s'accomplissent toutes en présence de l'eau. C'est la séve qui porte aux végétaux les éléments de la nutrition. Les parties du végétal qui sont gorgées de sucs, les parties molles, telles que feuilles, fleurs, bourgeons, sont aussi celles où les réactions chimiques sont les plus actives.

Les tissus solides de l'économie animale sont baignés par des humeurs. La vie se retire de ceux qui sont parfaitement secs. On connaît le curieux phénomène que présentent à cet égard ces infusoires (rotifères, anguillules, tardigrades) qui vivent dans les gouttières de nos toits, dans la mousse, etc. La chaleur du soleil les dessèche en été, et les transforme en une poussière inerte, inanimée. L'humidité les ressuscite; en gonflant leurs organes desséchés mais non détruits, l'eau leur rend le mouvement et la vie.

État naturel de l'eau. — L'eau ne se rencontre pas à l'état de pureté dans la nature. Soit qu'elle séjourne ou qu'elle coule à la surface du sol, soit qu'elle y tombe sous forme de pluie, de brouillard, de rosée, soit enfin qu'après avoir pénétré dans le sein de la terre, elle quitte de nouveau ses voies souterraines pour sourdre et couler à la surface, dans tous ces états et dans toutes ces circonstances elle tient en dissolution divers matériaux.

Elle prend à l'atmosphère ses gaz et certains corps qu'elle y trouve suspendus ou en vapeur; elle dissout à la surface ou dans le sein de la terre les substances solubles qu'elle y rencontre. C'est dire que la composition des eaux qu'on peut recueillir à la surface du sol doit offrir de grandes variations suivant leur origine, suivant les lieux où elles ont séjourné et les terrains qu'elles ont traversés. En général, les *eaux météoriques*, c'est-à-dire celles qui résultent de la condensation des vapeurs répandues dans l'atmosphère, sont plus pures que les *eaux telluriques*. Celles-ci présentent dans leurs qualités physiques et chimiques, dans leur composition, dans leur action sur l'économie animale, des différences telles qu'il a paru nécessaire de les diviser en plusieurs groupes. On distingue les *eaux douces* des *eaux crues*. Les premières ne tiennent en dissolution que de petites quantités de matières étrangères, et sont essentiellement propres aux usages économiques. Les secondes, trop fortement chargées de matières salines, et principalement de matières calcaires, ne sauraient convenir à ces usages.

Lorsque les eaux ont dissous dans le sein de la terre des matériaux qui exercent une certaine action sur l'économie animale, elles peuvent devenir des agents très-précieux pour la thérapeutique. On désigne ces eaux actives sous le nom d'*eaux minérales*. L'eau de la mer est une sorte d'eau minérale.

Nous allons étudier ces différentes espèces d'eaux.

Eaux météoriques. — *L'eau de pluie* n'est pas de l'eau parfaitement pure. Se formant dans le sein de l'atmosphère, elle en dissout les éléments. C'est dire qu'elle renferme en solution de l'oxygène, de l'azote, de l'acide carbonique. Indépendamment de ces gaz qui constituent les éléments principaux de l'atmosphère, l'eau de pluie lui emprunte certaines substances qui y sont répandues en vapeur en petite quantité, ou des matières solides qui y sont suspendues et souvent portées au loin par les vents. Elle renferme de l'ammoniaque à l'état de carbonate, de l'acide azotique probablement à l'état d'azotate d'ammoniaque, de petites quantités de certains sels fixes et principalement du chlorure de sodium, du sulfate de chaux, de l'oxyde de fer, et d'après M. Chatin, une trace d'iode.

Il est facile de retirer des eaux, et en particulier de l'eau de pluie, l'ammoniaque. Il suffit de distiller l'eau à laquelle on a ajouté un peu de potasse récemment calcinée et dissoute ensuite dans l'eau, et de condenser avec soin les premières portions qui passent à la distillation. Elles renferment toute l'ammoniaque que l'eau contenait elle-même. Pour la doser, on reçoit l'eau qui passe à la distillation dans un ballon renfermant une solution très-étendue et titrée à l'avance d'acide sulfurique. On sait combien 10^{cc} de cette solution exigent de divisions d'une solution alcaline étendue pour être neutralisés exactement. Après avoir absorbé l'ammoniaque, la liqueur acide employée exigera naturellement, pour être neutralisée, un nombre de divisions moindre de la même solution alcaline. La différence représente l'ammoniaque qui a été dégagée et condensée dans la liqueur acide. En employant ce procédé, M. Boussingault a constaté que l'eau de pluie renferme en général plus d'ammoniaque que les eaux de source ou de rivière. En moyenne, 1 litre d'eau de pluie recueillie à la campagne renferme 0,79 milligrammes d'ammoniaque. L'eau de pluie recueillie à Paris renferme une quantité d'ammoniaque bien plus considérable et qui peut s'élever jusqu'à 4 milligrammes par litre. On a remarqué, et ce fait est facile à comprendre, que l'eau pluviale renferme d'autant moins d'ammoniaque que la pluie a duré plus longtemps; qu'à la fin d'une pluie, elle en renferme moins qu'au commencement de la pluie suivante, et cela quelque court qu'ait été l'intervalle entre les deux pluies. L'eau de neige est moins ammoniacale que l'eau de pluie. 1 litre d'eau de neige fraîchement tombée a donné à M. Boussingault 0,17 milligrammes d'ammoniaque.

La rosée et surtout l'eau qui résulte de la condensation du brouillard sont au contraire beaucoup plus ammoniacales que l'eau de pluie. La première renferme, d'après M. Boussingault, de 1 à 6 milligrammes d'ammoniaque par litre. Quant à l'eau du brouillard, elle renferme quelquefois une quantité si considérable d'ammoniaque, qu'elle ramène au bleu le papier de tournesol rougi. L'eau recueillie à Paris par M. Boussingault pendant un brouillard épais contenait 137,85 milligrammes d'ammoniaque par litre.

L'acide azotique est plus abondant dans l'eau de pluie en été qu'en hiver. Il est contenu surtout en quantité notable dans les pluies d'orage, principalement dans celles qui tombent si abondamment sous les tropiques.

Voici d'après M. Bineau les quantités moyennes d'ammoniaque et d'acide azotique que renfermait l'eau de pluie recueillie à Lyon pendant l'année 1853. Un litre de cette eau renfermait, en milligrammes :

	Hiver.	Printemps.	Été.	Automne.	Moyenne de l'année entière
Ammoniaque...	16,3	12,1	3,1	4,0	6,8
Acide azotique..	0,3	1,0	2,0	1,0	1,0

L'eau de pluie laisse à l'évaporation des matériaux solides. $5^{lit},57$ d'eau de pluie que M. Barral avait recueillie à l'Observatoire de Paris, dans des vases de platine, ont laissé après la distillation, dans une cornue du même métal, un résidu de 183 milligrammes. Ce résidu était formé de sulfate de chaux, de chlorure de sodium, d'oxyde de fer et d'une matière organique azotée, soluble dans l'éther. M. Chatin admet que lorsque les vents d'ouest règnent à Paris, l'eau de pluie renferme plus de chlorure de sodium que n'en contient l'eau de Seine.

D'après le même observateur, l'eau de pluie renferme de l'iode. Voici comment il opère pour y démontrer la présence de ce corps simple. Deux litres d'eau de pluie sont additionnés d'un décigramme de carbonate de potasse parfaitement pur et le liquide est évaporé doucement dans une capsule de porcelaine. A la fin de l'évaporation, il brunit par suite de l'action qu'exerce le carbonate de potasse sur la substance organique contenue dans l'eau de pluie. On reprend le résidu sec par l'alcool à 36°; on évapore la solution alcoolique à siccité au bain-marie et on calcine légèrement pour détruire les matières organiques. On reprend de nouveau par l'alcool faible; on décante, et après avoir chassé l'alcool, on ajoute une goutte d'eau et un peu d'empois d'amidon frais. Après avoir étalé la matière dans une petite capsule de porcelaine, on la touche en un point avec une baguette imprégnée d'acide azotique concentré et pur. L'iode mis en liberté produit immédiatement une coloration bleue.

Voici, d'après M. F. Marchand, la composition de l'eau de neige et de l'eau de pluie recueillies à Fécamp, pendant les mois de mars et d'avril 1852 :

	Chlorure de sodium.	Bicarbonate ammonique.	Azotate d'amm[1].	Sulfate de soude.	Sulfate de chaux.	Matière organique.
Eau de neige.	0,01704	0,00129	0,00145	0,01563	0,00088	0,02385
Eau de pluie.		0,00174	0,00189	0,01007	0,00087	0,02486

Ces chiffres expriment en fractions de gramme les quantités des divers matériaux contenus dans 1 litre d'eau. La proportion en paraît insignifiante au premier abord. Mais si l'on songe à l'énorme masse d'eau qui tombe annuellement sur le sol sous forme de pluie ou de neige, les quantités représentées par les nombres cités plus haut prennent une véritable importance.

On sait que l'ammoniaque et l'acide azotique sont des éléments indispensables de la nutrition des végétaux qui en assimilent l'azote, et que les sels calcaires et alcalins eux-mêmes jouent un rôle essentiel dans les phénomènes de la végétation. A ce point de vue, les faits relatifs à la composition de l'eau de pluie prennent toute l'importance d'un grand phénomène de la nature.

1. M. Schœnbein a émis récemment l'opinion que l'eau de pluie renferme de l'*azotite* d'ammoniaque.

Ajoutons que dans certaines localités l'eau de pluie est recueillie avec soin et conservée dans des citernes pour servir de boisson et pour être appliquée à d'autres usages économiques. Ces citernes doivent être construites en bonne maçonnerie, cimentée par la chaux hydraulique. Il faut éviter avec soin d'y laisser tomber et séjourner des matières organiques. En se putréfiant lentement, elles ne manqueraient pas de corrompre les eaux.

Eaux de source et de rivière. — Les eaux telluriques, c'est-à-dire celles qui sont répandues à la surface de la terre, présentent les plus grandes différences dans leur volume, leur distribution, leur régime, dans leurs qualités physiques et dans leur constitution chimique. On les désigne sous le nom d'eaux douces, lorsqu'elles sont propres aux usages économiques et particulièrement à la boisson. Les eaux de source, de rivière, de lac, de puits sont généralement dans ce cas.

Être fraîche, limpide, sans odeur, d'une saveur faible, mais agréable, et qui ne soit ni fade, ni salée, ni douceâtre, cuire les légumes en les ramollissant, dissoudre le savon, telles sont les qualités d'une bonne eau potable.

Les plus pures ne sont point nécessairement les meilleures. Ainsi l'eau distillée et les eaux provenant de la fonte de la neige ou de la glace, quoique plus pures, sont moins salubres que les bonnes eaux de source ou de rivière. D'abord les premières, à moins qu'elles n'aient séjourné longtemps à l'air, ne sont point aérées, et c'est déjà une mauvaise condition en ce qui concerne l'hygiène. L'eau distillée ou toute eau douce qui ne renferme point en dissolution les éléments de l'air, oxygène, azote, acide carbonique, offre une saveur fade et est moins facile à digérer que l'eau aérée. L'usage habituel d'une pareille eau peut exercer une influence fâcheuse sur la santé. Tout le monde connaît à cet égard l'opinion de M. Boussingault. Ayant remarqué que le goître est endémique sur les plateaux ou dans les vallées très-élevées des Cordillières, l'illustre savant a attribué le développement de cette maladie à l'usage que font les habitants de ces localités d'eau provenant de la fonte des glaciers.

Lorsque dans les voyages à long cours on fait usage, comme boisson, d'eau distillée ou qu'on recueille dans ce but les eaux de condensation des machines à vapeur, on a toujours soin de les laisser séjourner à l'air avant de les livrer aux équipages. On comprend, d'après ce qui précède, l'utilité de cette pratique.

La quantité d'acide carbonique contenue dans les eaux qui sé-

journent ou qui coulent à la surface du sol est plus forte que celle
que l'eau distillée prend à l'air ou que renferme l'eau de pluie. La
raison en est facile à comprendre. L'eau des rivières ou des étangs
dissout non-seulement l'acide carbonique de l'air, mais encore
celui que dégagent les matières organiques qui se décomposent
dans son sein ou sur ses bords.

Un litre d'eau de Seine recueillie au mois de janvier et soumise
à l'ébullition laisse dégager, d'après M. Peligot, 54^{cc},1 d'un mélange
gazeux renfermant :

$$
\begin{array}{ll}
\text{Acide carbonique.} & 22^{cc},6 \\
\text{Azote} & 21\ \ ,4 \\
\text{Oxygène} & 10\ \ ,1
\end{array}
$$

On voit que cette proportion d'acide carbonique est beaucoup
plus forte que celle que l'on trouve dans l'eau de pluie. Plus loin
nous appellerons l'attention sur le rôle important que joue ce gaz
dans la dissolution de certains matériaux. Même en faisant abstraction de l'utilité qu'il peut offrir à ce dernier point de vue, on peut
affirmer que l'abondance de l'acide carbonique dans les eaux
douces, qu'il rend sapides et légèrement stimulantes, est une bonne
condition en ce qui concerne l'hygiène.

Matériaux solides contenus en dissolution dans les eaux douces. —
Les eaux douces contiennent généralement une petite proportion
de certains matériaux fixes parmi lesquels nous citerons des sels
calcaires, des traces de sels magnésiens et de sels alcalins, de la
silice et des matières organiques.

La chaux est contenue dans les eaux douces sous la forme de
carbonate, de sulfate, quelquefois de chlorure, d'azotate ou de
phosphate. Le *carbonate de chaux,* très-peu soluble, est dissous
par les eaux à la faveur de l'acide carbonique qu'elles renferment.
C'est donc sous forme de bicarbonate qu'il y est contenu généralement. Lorsque la proportion de ce sel dépasse 1/2 millième dans
une eau, celle-ci se trouble lorsqu'on la soumet à l'ébullition ; en
perdant l'excès d'acide carbonique qui le maintenait en dissolution
le carbonate de chaux se dépose en partie.

La présence de très-petites quantités de bicarbonate calcaire dans
les eaux qui doivent servir de boisson peut être considérée comme
une bonne condition au point de vue hygiénique. L'organisme a
besoin de sels calcaires pour le développement et pour la nutrition
du système osseux. Il en perd journellement une certaine quantité
par les urines : ces pertes ont besoin d'être réparées, et cette répa-

ration se fait incessamment par les sels calcaires que les aliments et les boissons doivent nécessairement renfermer. On peut citer à l'appui de cette proposition la curieuse observation que M. Boussingault a faite sur le développement du système osseux d'un jeune cochon. Ayant déterminé avec soin d'une part la proportion de chaux contenue dans l'eau et dans les aliments que recevait cet animal, et de l'autre la quantité de chaux qui était rejetée par ses déjections, M. Boussingault a constaté qu'en trois mois il avait pris à l'eau seule 350 grammes de carbonate de chaux.

Mais d'un autre côté, il est essentiel de faire remarquer qu'en aucun cas la proportion de ce sel dans l'eau ne doit dépasser un demi-millième, c'est-à-dire un demi-gramme par litre.

On a quelquefois signalé des traces de *phosphate de chaux* dans les eaux douces. Comme le carbonate, ce sel se dissout à la faveur de l'acide carbonique libre. C'est un élément plus utile encore que le bicarbonate; car il est très-répandu dans l'organisme et entre surtout pour une forte part dans la constitution du système osseux. Nous pensons que ce sel doit exister en faible quantité dans beaucoup d'eaux douces; car on le rencontre dans beaucoup de terrains, et si on ne l'a pas signalé plus fréquemment dans les eaux, cela tient sans doute aux difficultés que l'on éprouve à en découvrir et à en doser de faibles traces.

Le *sulfate de chaux* existe en dissolution dans beaucoup d'eaux. principalement d'eaux de source ou de puits. Lorsque la proportion de ce sel n'y dépasse pas 15 à 20 centigrammes par litre, ces eaux, quoique inférieures à celles qui ne renferment que des carbonates, peuvent être appliquées sans inconvénient aux usages économiques. Celles qui contiennent par litre 25 centigrammes et au delà de sulfate de chaux doivent être rejetées de la consommation et rentrent dans la catégorie des eaux crues dont nous parlerons plus loin.

Comme le sulfate de chaux, le *chlorure de calcium* qui existe en dissolution dans certaines eaux doit être considéré comme un élément nuisible; il ne devient inoffensif que lorsqu'il est contenu dans l'eau en très-faible quantité, ce qui est généralement le cas. Quant à l'*azotate de chaux*, on le trouve en dissolution dans les eaux des puits creusés dans le voisinage des habitations, et surtout des endroits où sont accumulées des matières animales en putréfaction. Ces eaux sont généralement de très-mauvaise qualité.

Les eaux renferment fréquemment des traces de *sels magnésiens*, qui y sont contenus sous forme de sulfate, de carbonate ou de chlorure. Il est peu d'eaux calcaires qui ne renferment en même temps quelques traces de magnésie. On sait que cette terre accompagne fréquemment la chaux : la dolomie ou carbonate double de chaux et de magnésie est une roche très-abondante dans certaines contrées, et l'on conçoit que les eaux qui séjournent sur des dolomies ou des calcaires dolomiteux, en dissolvant la chaux, ne laissent pas que de dissoudre aussi une certaine quantité de magnésie. Il faut rejeter de la consommation les eaux riches en sels de magnésie; d'ailleurs ce sont ordinairement celles qui sont en même temps chargées d'une forte proportion de sels calcaires. Lorsque la quantité de sel magnésien y dépasse certaines limites (15 à 20 centigrammes par litre), elle exerce sur l'économie une légère action purgative et rentre alors véritablement dans la classe des eaux minérales.

Des traces de magnésie, que renferment des eaux consommées habituellement comme boisson, peuvent-elles à la longue exercer une influence fâcheuse sur la santé? C'est là une question qui a été longuement débattue il y a quelques années. M. Grange a attribué à la magnésie un rôle important dans le développement du goître et du crétinisme. Ayant analysé les eaux de la vallée de l'Isère et d'autres contrées où le goître est endémique, il y a rencontré en effet de la magnésie. Il faut reconnaître que dans les contrées étudiées par M. Grange, et dont les populations sont affligées par cette triste infirmité, la magnésie est répandue dans les terrains et dans les eaux. Mais n'y a-t-il pas là une simple coïncidence plutôt qu'une relation de cause à effet? Nous le pensons. Des faits divers et bien constatés viennent témoigner contre l'opinion de M. Grange. Nous en citerons deux. Les eaux du canal de l'Ourcq, dont s'abreuve une partie de la population parisienne, contiennent, d'après l'analyse de MM. Vauquelin et Bouchardat, plus d'un décigramme de sels magnésiens par litre, et pourtant le goître n'est pas endémique à Paris. Les eaux des puits qui servent de boisson à la population de Rodez renferment en moyenne cinq fois plus de magnésie que les eaux de la vallée de l'Isère analysées par M. Grange, et cependant le goître et le crétinisme sont complétement inconnus dans le chef-lieu de l'Aveyron. Ajoutons qu'avec nos aliments, avec le pain et même par l'usage de certains vins, nous absorbons impunément une quantité de magnésie beaucoup plus forte que celle qu'introduiraient dans l'économie les eaux potables qui en renferment des traces.

On sait que les roches feldspathiques (silicates doubles d'alumine et de potasse ou d'un autre alcali) se désagrégent lentement au contact de l'air et de l'eau. L'acide carbonique que renferment les eaux joue un rôle actif dans cette décomposition, qui a pour effet d'enlever à la roche une certaine quantité d'alcali entraîné à l'état de carbonate. Telle est l'origine de la potasse qui existe en petite quantité, sous forme de carbonate ou d'un autre sel soluble, dans beaucoup de terres et que les eaux dissolvent en y séjournant. Elles prennent de même aux terrains le chlorure de sodium qui y abonde dans quelques localités et dont la plupart des sols contiennent quelques traces. Il arrive alors que le carbonate de potasse et le chlorure de sodium, en réagissant l'un sur l'autre, donnent naissance à du chlorure de potassium et à du carbonate de soude, et que le carbonate de potasse, en réagissant sur le sulfate de chaux, forme du sulfate de potasse et du carbonate de chaux. Ces doubles décompositions expliquent la présence dans la plupart des eaux de l'un ou de l'autre des *sels alcalins* que nous venons d'indiquer. Les eaux douces, principalement les eaux de rivière, les contiennent en fort petite quantité. En général, les sels de soude y sont plus abondants que les sels de potasse, qu'on y trouve assez rarement. Parmi celles que l'on peut considérer comme potables, on en rencontre qui offrent une très-légère réaction alcaline. L'eau du puits de Grenelle est dans ce cas. Elle doit son alcalinité à du carbonate de potasse.

Ajoutons que certaines eaux paraissent devoir une très-légère réaction alcaline à du silicate de potasse. Cette particularité se présente pour les eaux de la Loire, analysées par M. H. Deville.

On a assez souvent rencontré dans les eaux de puits, et même dans celles des rivières, des azotates alcalins, et en général des azotates solubles. L'acide azotique se forme dans les terrains que baignent les eaux et sature les bases qu'il y rencontre. Il peut prendre naissance dans deux conditions parfaitement distinctes : soit par l'union directe des éléments de l'air en présence d'une terre poreuse imprégnée de matières alcalines (Cloëz), soit par la combustion lente que subit, dans les mêmes circonstances, l'ammoniaque provenant de la décomposition spontanée des matières organiques azotées. Cette dernière condition se rencontre très-fréquemment dans le sol des lieux habités, et principalement des grandes villes, où les puits sont creusés dans le voisinage des habitations ou des égouts.

Les azotates existent dans l'eau en trop petite quantité pour qu'on puisse apprécier l'influence que ces sels exercent sur la santé. Rappelons ici qu'ils sont très-favorables à la végétation, et que les eaux qui les renferment, principalement les eaux de drainage, où ils abondent, conviennent très-bien pour les irrigations.

En général, la présence de traces de sels alcalins (quelques milligrammes par litre) dans les eaux douces peut être considérée comme une circonstance assez indifférente, mais plutôt bonne que mauvaise au point de vue hygiénique. Ces substances peuvent contribuer à donner à l'eau une saveur agréable, et à amener à l'économie l'alcali et les sels alcalins, qui jouent un si grand rôle dans les phénomènes de la respiration et de la nutrition. Dans cette appréciation, il ne faut pas oublier, cependant, que nos aliments renferment une proportion de sels alcalins très-supérieure à celles que contiennent généralement les eaux potables. Bien entendu qu'une proportion trop considérable de ces matériaux fixes nuirait à la santé ; tout le monde sait que les eaux saumâtres sont aussi malsaines que désagréables au goût.

On a encore signalé au nombre des matériaux contenus dans beaucoup d'eaux quelques traces de *bromures*, et surtout d'*iodures* alcalins. M. Chatin a particulièrement insisté sur le fait de la présence de petites quantités d'iode, à l'état d'iodure, dans l'eau de Seine et dans beaucoup d'eaux des environs de Paris. Il attribue à ces faibles traces d'iode le rôle important de préserver les populations du goître et du crétinisme. Selon lui, l'usage habituel d'eaux entièrement dépourvues d'iode prédisposerait à ces maladies.

Parmi les autres matériaux fixes que renferment quelquefois les eaux douces, nous citerons l'*acide silicique* et des traces d'oxyde de fer et d'alumine.

Toutes les eaux naturelles renferment des *matières organiques* : elles les rencontrent et les dissolvent dans le sol, qui en est partout imprégné. Les bonnes eaux potables n'en doivent renfermer que des quantités insignifiantes. En s'y accumulant, ces matières donnent lieu à divers inconvénients que nous allons signaler : elles peuvent corrompre les eaux, en leur communiquant l'odeur désagréable qui leur est propre ou qu'elles prennent en se putréfiant ; elles peuvent réduire les sulfates qu'elles y rencontrent et les transformer en sulfures. Plus loin, nous insisterons sur ce fait. Enfin, en subissant au sein de l'eau cette combustion lente qu'on désigne sous le nom de putréfaction, elles lui enlèvent tout l'oxygène dont elle était chargée. Cette réaction ne manque pas de se produire dans les eaux qui séjournent sur des terrains marécageux ou tourbeux. Elle est une des causes de leur insalubrité.

Les eaux des puits creusés près des habitations ou des égouts des grandes villes renferment souvent une proportion notable de matières organiques. Dans ce cas, il faut les rejeter de la consommation. Les cours d'eau eux-mêmes en sont quelquefois infectés par le fait de l'économie et de l'activité humaines. Les égouts des villes et un grand nombre d'usines, parmi lesquelles nous citerons principalement les fabriques d'amidon et de sucre, les distilleries de betteraves et de grains, les établissements de teinture, versent incessamment dans les rivières, dans les canaux, dans les fossés, des eaux impures. Ces eaux tiennent en dissolution des matières organiques putrescibles, et elles sont chargées de débris insolubles de même nature qui y sont suspendus et qui, en s'accumulant sur les bords ou au fond, deviennent des foyers de fermentation putride. Parmi les moyens qui ont été employés pour remédier à ces inconvénients, ou du moins pour les atténuer, nous citerons les bassins d'épuration, où les eaux troubles séjournent et laissent déposer les impuretés qu'elles tiennent en suspension avant de s'écouler dans les cours d'eau. On a recommandé de traiter ces eaux par la chaux, qui les clarifie promptement et qui entraîne même, à l'état de combinaison insoluble, une partie des matières organiques qu'elles tiennent en dissolution.

Résumons les développements qui précèdent.

Pour être de bonne qualité, en ce qui concerne la composition chimique, une eau potable doit renfermer en dissolution les éléments de l'air, oxygène, azote et acide carbonique.

En général, la proportion des matériaux fixes n'y doit point dépasser $\frac{1}{2}$ gramme par litre.

Dans ces limites, la présence des matériaux fixes peut être une condition utile ou nuisible, selon leur nature.

Sans revenir sur ce que nous avons établi plus haut à ce sujet, nous ajoutons que les matières organiques contenues dans une eau même en très-petite quantité, peuvent être nuisibles lorsque leur présence se fait remarquer par une odeur ou par une saveur particulière, ou par la réaction qu'elles exercent sur les sulfates.

Nous donnons ici les analyses de quelques-unes des eaux de Paris :

COMPOSITION DE L'EAU DE SEINE PRISE A BERCY LE 17 JUIN 1846
PAR M. H. DEVILLE.

Température, 24°. Pression, 766mm.

Gaz dissous....	Acide carbonique.....	0^{lit},0162
	Azote...............	0 ,0120
	Oxygène	0 ,0039
Matériaux fixes	Acide silicique........	0^{gr},0244
	Alumine........	0 ,0005
	Peroxyde de fer...... .	0 ,0025
	Carbonate de chaux...	0 ,1655
	— de magnésie	0 ,0034
	Sulfate de chaux......	0 ,0269
	Chlorure de sodium...	0 ,0123
	Sulfate de potasse.....	0 ,0050
	Azotate de soude......	0 ,0094
	— de magnésie...	0 ,0052
		0^{gr},2544

Il est à remarquer que, pendant son passage dans Paris, où elle reçoit les eaux de nombreux égouts, l'eau de la Seine éprouve quelques variations dans sa composition. MM. Boutron et Henry ont constaté que la quantité de matériaux fixes qu'elle renferme est plus considérable en aval qu'en amont de Paris, et que cette progression est surtout marquée pour le bicarbonate et le sulfate de chaux, l'azotate alcalin et la matière organique. On a observé en outre que la composition de l'eau de la Seine était sujette à des variations très-sensibles, suivant les crues et les saisons. Pareille remarque a été faite pour les eaux d'autres rivières. Celles du Rhône, par exemple, limpides et basses en hiver, contiennent, d'après les remarques de M. Dupasquier, plus de sels et de gaz en dissolution dans cette saison que pendant l'été.

COMPOSITION DE L'EAU DU CANAL DE L'OURCQ, PRISE A LA GARE CIRCULAIRE
DE LA VILLETTE, PAR MM. BOUTRON ET HENRY.

Gaz .	Acide carbonique libre.................)	
	Air atmosphérique.................)	quantité indéterminée.
Matériaux fixes	Bicarbonate de chaux........ .	0^{gr},158
	— de magnésie........	0 ,075
	Sulfate de chaux........	0 ,080
	— de soude....	
	— de magnésie	0 ,095
	Chlorure de sodium.....	
	— de calcium ...	0 ,113
	— de magnésium	
	Azotate alcalin....................	traces
	Acide silicique, alumine et oxyde de fer....	0 ,069
	Matière organique....................	indices sensibles.
		0^{gr},590

COMPOSITION DE L'EAU D'ARCUEIL PRISE A LA FONTAINE DE LA PLACE
SAINT-MICHEL (1846).

1 litre renferme, d'après M. H. Deville :

Gaz	Acide carbonique........ .	$0^{lit},0256$
	Azote............... ..	0 ,0127
	Oxygène...............	0 ,0050
Matériaux fixes	Acide silicique...	$0^{gr},0306$
	Alumine (avec phosphate).	0 ,0053
	Carbonate de chaux.......	0 ,1990
	— de magnésie....	0 ,0082
	Sulfate de chaux.........	0 ,1638
	— de soude........ .	0 ,0054
	— de potasse........	0 ,0201
	Chlorure de sodium.......	0 ,0376
	— de magnésium...	0 ,0166
	Azotate de magnésie.......	0 ,0570

$$0^{gr},5436$$

L'eau d'Arcueil, limpide, fraîche et agréable à boire, est assez
riche en sels calcaires, comme on le voit par cette analyse. Aussi
les tuyaux qui l'amènent à Paris se revêtent-ils à l'intérieur d'un
sédiment calcaire qui finit par les obstruer au bout d'un certain
temps. Ce sédiment est formé en grande partie par du carbonate
de chaux, qui se dépose par suite du dégagement d'une partie de
l'acide carbonique dans les tuyaux mêmes et à la faveur de l'agitation produite par le mouvement des eaux.

COMPOSITION DE L'EAU DU PUITS ARTÉSIEN DE GRENELLE.

Température, 28°.

1 litre renferme, d'après M. Peligot :

Gaz	Acide carbonique, environ	5^{cc}
	Azote, environ...........	17^{cc}
	Oxygène............... .	0
Matériaux fixes	Carbonate de chaux.......	$0^{gr},0580$
	— de magnésie. ..	0 ,0165
	— de potasse.... ..	0 ,0206
	— ferreux...	0 ,0032
	Sulfate de soude..........	0 ,0162
	Hyposulfite de soude......	0 ,0091
	Chlorure de sodium.......	0 ,0091
	Silice................	0 ,0091

$$0^{gr},1428$$

L'eau du puits de Grenelle, plus pure qu'aucune de celles qui
alimentent la ville de Paris, se rapproche de certaines eaux minérales par la nature de quelques-uns de ses matériaux. Elle est légèrement ferrugineuse, et donne lieu à un dépôt ocreux dans le
réservoir de réception. En même temps elle exhale, à son point

d'émergence, une très-légère odeur sulfureuse. A défaut d'un sulfure alcalin, incompatible avec le carbonate ferreux, on y a constaté des traces d'hyposulfites alcalins.

Eaux crues. — L'eau des puits de Paris nous fournit un exemple d'eaux crues. Les quantités de matières salines, et principalement de sulfate de chaux qu'elle renferme, la rendent impropre aux usages économiques. De telles eaux ne dissolvent pas le savon sans y former un précipité floconneux de margarate et d'oléate calcaires. Les légumes ne s'y ramollissent point par la cuisson. Tantôt insipides, tantôt douées d'une saveur douceâtre et désagréable qui leur a fait donner le nom d'eaux crues, elles sont lourdes, d'une digestion difficile et occasionnent parfois des tranchées. Quand le sulfate de chaux y prédomine, on les désigne sous le nom d'*eaux séléniteuses.* Ces eaux ne se troublent pas par l'ébullition. Ajoutons qu'on peut les rendre sinon potables, du moins propres à la cuisson des légumes, en y ajoutant un léger excès d'une solution de carbonate de soude. Il se forme par double décomposition du carbonate de chaux qui se dépose et du sulfate de soude qui reste en solution.

Voici, d'après MM. Payen et Poinsot, la composition de l'eau du puits de l'École militaire :

1 litre renferme :

Sulfate de chaux....	$1^{gr},3521$
— de magnésie....	$0,5514$
Carbonate de chaux....	$0,0898$
Chlorure de magnésium.	$0,0598$
— de sodium....	$0,0944$
Acide silicique....	traces.
Matières organiques....	traces.
	$2^{gr},1475$

Eaux incrustantes. — Le carbonate de chaux, que nous avons considéré comme un élément utile plutôt que nuisible, lorsqu'il est dissous en petite quantité dans les eaux à la faveur de l'acide carbonique, peut leur communiquer les qualités fâcheuses que nous venons d'indiquer lorsqu'il y est dissous en trop forte proportion. Quand l'excès d'acide carbonique se dégage dans une pareille eau, le carbonate de chaux, moins soluble que le bicarbonate, se dépose à l'état solide. Souvent ce dégagement s'effectue par suite d'une diminution de pression lorsque l'eau, qui s'est saturée d'acide carbonique dans le sein de la terre, à une pression supérieure à celle de l'atmosphère, vient sourdre à la surface du sol. L'agitation qu'éprouvent ces eaux de source en bouillonnant dans un lit fortement incliné contribue aussi au dégagement de l'acide carbonique, soit en rompant cet état d'équilibre instable qu'on nomme sursaturation, soit en favorisant les échanges de gaz entre l'eau et l'atmosphère. C'est ainsi que se forment les incrustations que déposent dans leur lit naturel ou dans les tuyaux de conduite les eaux calcaires et carbonatées, qu'on appelle pour cette raison *eaux incrustantes*.

Le ruisseau de Saint-Allyre, en Auvergne, en fournit un exemple bien connu. Tout objet que l'on plonge dans cette source incrustante se recouvre au bout de quelque temps d'une croûte uniforme et solide de carbonate de chaux cristallisé.

Analyse qualitative des eaux. — Indiquons en terminant les moyens propres à reconnaître les qualités des eaux.

L'ébullition, en chassant brusquement l'excès d'acide carbonique, trouble plus ou moins abondamment les eaux chargées de bicarbonate de chaux. Ces eaux et toutes celles qui sont légèrement alcalines développent une coloration bleue lorsqu'on y ajoute quelques gouttes de teinture de bois de campêche ou de teinture de baies de troëne (*Ligustrum vulgare*).

S'agit-il de déterminer la proportion des matériaux fixes que renferme une eau, il suffit d'en évaporer un litre à une douce chaleur, et en évitant de porter la liqueur à l'ébullition. Le poids du résidu parfaitement sec représente la somme des matériaux fixes contenus dans l'eau.

S'agit-il de découvrir la nature des matériaux que l'eau tient en dissolution, on emploie les réactifs suivants pour rechercher soit les acides, soit les bases.

Le chlorure de barium forme, dans les eaux renfermant de l'acide sulfurique à l'état de sulfate, un précipité blanc de sulfate de baryte insoluble dans l'acide azotique ou dans l'acide chlorhydrique.

L'azotate d'argent précipite le chlore des chlorures solubles sous la forme d'un précipité blanc floconneux, devenant violet à la lumière, insoluble dans l'acide azotique, soluble dans l'ammoniaque.

L'ébullition dégage l'acide carbonique libre, et celui qui est combiné avec les carbonates, à l'état de bicarbonates. Quant à l'acide carbonique uni aux bases, on le retrouve dans le résidu de l'évaporation. L'acide chlorhydrique ajouté à ce résidu occasionne, dans ce cas, le dégagement d'un gaz incolore et troublant l'eau de chaux.

L'oxalate d'ammoniaque, ajouté à une eau calcaire, détermine la formation d'un précipité d'oxalate de chaux parfaitement insoluble dans une eau ammoniacale. La liqueur filtrée et convenable-

ment concentrée donne, par le phosphate de soude et l'ammoniaque, un précipité de phosphate ammoniaco-magnésien, dans le
cas où l'eau renfermait des sels magnésiens.

Une dissolution de savon forme dans les eaux renfermant de la
chaux un précipité floconneux, combinaison de cette base avec les
acides gras du savon. Ce réactif précipite en même temps la magnésie.

Un chimiste anglais, Clark, a proposé, en 1847, l'emploi d'une
dissolution de savon pour apprécier le degré de dureté des eaux.
Voici le principe de sa méthode : Tout le monde sait que le savon
fait mousser l'eau pure. Il ne produit de mousse dans les eaux calcaires ou magnésiennes qu'autant que les bases ont été préalablement précipitées par une quantité équivalente de savon, et que ce
réactif se trouve en excès dans la liqueur. Si donc on verse une solution de savon dans une pareille eau en agitant vivement la liqueur,
aussitôt que la mousse apparaîtra, on sera certain non-seulement
d'avoir précipité complétement les bases terreuses, mais même
d'avoir ajouté un excès du réactif précipitant. Cet excès pourra être
très-peu considérable; car, d'après MM. Boutron et Boudet, 1 décigramme de savon marbré peut déterminer la formation de la
mousse dans 1 litre d'eau pure. Ces faits ont servi de base à un
procédé propre à exécuter une analyse rapide et approximative des
eaux. Nous ne pouvons donner ici qu'une indication sommaire de
ce procédé *hydrotimétrique*, tel qu'il a été décrit et appliqué par
MM. Boutron et Boudet.

Dans un volume déterminé (40 centimètres cubes) de l'eau que
l'on veut analyser, on verse goutte à goutte, à l'aide d'une burette,
une solution alcoolique de savon. Cette solution est titrée, c'est-à-
dire qu'on a déterminé d'avance quelle est la quantité de chlorure
de calcium qui est précipitée complétement par un volume donné
de la solution savonneuse, par exemple par 10 divisions de la burette. Dès que, par l'agitation, on voit apparaître la mousse, on
cesse d'ajouter le réactif, et on lit sur la burette le nombre de divisions qui ont été nécessaires pour opérer la précipitation complète
des sels terreux. La quantité de chlorure de calcium qui correspond à 10 divisions de la liqueur savonneuse étant connue, rien
n'est plus facile que de calculer la quantité de chlorure de calcium qui correspond au nombre de divisions qu'on a trouvé dans
l'essai. Cet essai donne, par conséquent, la proportion de chlorure
de calcium qui correspond aux sels terreux contenus dans l'eau
analysée.

EAUX MINÉRALES

On désigne sous ce nom les eaux qui, en vertu de leur température ou de leur constitution chimique, exercent sur l'économie une action spéciale, dont la thérapeutique peut tirer parti. De tout temps, on les a divisées en deux grandes classes, les *eaux thermales* et les *eaux minérales froides*. Les premières, qui viennent sourdre généralement des profondeurs des terrains primitifs ou des terrains volcaniques, sont celles qui doivent leurs propriétés actives, sinon en totalité, du moins en partie, à leur température propre. Sont réputées thermales les eaux dont la température, au moment de l'émergence, est supérieure à 15 ou 20° environ. Leur température offre de grandes variations, et parcourt tous les degrés de l'échelle entre 25 et 100°. En France, l'eau thermale la plus chaude est celle de Chaudes-Aigues (Cantal), 81°; on en connaît de plus chaudes à l'étranger. La température du Grand-Geyser, en Islande, est même supérieure à 100°.

Le plus souvent les eaux thermales tiennent en dissolution certains principes dont l'action s'ajoute à celle de la chaleur. Ces principes ne diffèrent point par leur nature de ceux qui minéralisent les eaux froides. Celles-ci ont à leur émergence la température moyenne du lieu où elles sourdent.

Très-diverses par la nature et les proportions des principes qu'elles renferment, les eaux minérales diffèrent aussi par leur action thérapeutique. Ces différences ont fourni les éléments d'une classification qui a varié suivant le point de vue géologique, chimique ou thérapeutique où se sont placés les auteurs. Celle que nous adoptons a pour base la constitution chimique des eaux minérales.

Cette constitution est très-variable. L'eau peut dissoudre toutes les substances solubles qu'elle rencontre dans le sein de la terre, et le nombre en est considérable. A proprement parler, il n'existe point, parmi les matériaux les plus ordinaires qui forment la croûte solide du globe, de substance absolument insoluble dans l'eau, et l'on peut affirmer que l'eau de la mer, qui est une sorte d'eau minérale, tient en dissolution, sinon la totalité, du moins la plus grande partie de ces matériaux. Au reste, l'action dissolvante que l'eau exerce sur certains principes est favorisée par la présence de l'acide carbonique.

M. Struve a fait à cet égard des expériences très-concluantes. Ayant fait digérer sous une pression plus forte que celle de l'atmosphère, le klingstein (phonolite, roche feldspathique) de Bilin (Bohème), avec de l'eau chargée d'acide carbonique, il a obtenu une solution renfermant exactement les mêmes matériaux que ceux qui sont contenus dans l'eau gazeuse et alcaline de cette localité.

D'un autre côté, certains matériaux fixes que l'eau renferme dans un cas donné peuvent provoquer ou favoriser la dissolution d'autres matériaux. Le fait suivant en fournit un exemple :

MM. Malaguti, Durocher et Sarzeaud ont signalé la présence de quelques traces d'argent dans les eaux de la mer. Il s'y trouve sans doute à l'état de chlorure, qui se dissout à la faveur du chlorure de sodium dont les eaux de la mer sont chargées.

Les substances qu'on rencontre communément en dissolution dans les eaux minérales sont les suivantes :

Parmi les gaz, indépendamment de l'*azote* et de l'*oxygène* :

L'*acide carbonique;*

L'*acide sulfhydrique* ou l'*hydrogène sulfuré.*

Parmi les substances fixes :

Des sels alcalins, principalement des sels de soude, savoir :

Le *bicarbonate de soude* ;

Le *sulfate de soude ;*

Le *sulfure de sodium;*

Le *chlorure de sodium*, quelquefois accompagné de traces de *bromure* et d'*iodure.*

Les sels de potasse accompagnent généralement les sels de soude ; mais il est à remarquer que la potasse est beaucoup moins abondante dans les eaux que la soude.

Des sels de chaux et de magnésie, principalement :

Le *chlorure de calcium* et le *sulfate de chaux ;*

Le *chlorure de magnésium* et le *sulfate de magnésie*, quelquefois des traces de bromure de calcium et de magnésium.

Des sels de fer, savoir :

Le *bicarbonate ferreux;*

Le *sulfate ferreux;*

Une combinaison de l'oxyde de fer avec des acides organiques désignés sous le nom d'*acide crénique* et d'*acide apocrénique:*

Des traces de manganèse accompagnent souvent le fer.

A ces matériaux il faut ajouter :

L'*acide sulfurique.* Il existe dans différentes parties de l'Amé-

rique, au Canada et dans la Nouvelle-Grenade, des sources chargées d'une proportion notable d'acide sulfurique libre. Celles du
Canada, situées dans le voisinage du lac Ontario, sont connues
dans le pays sous le nom de *sources sûres*, et ont été analysées par
M. Sterry Hunt [1].

L'*acide silicique*. Cet acide, qui est un élément si fréquent des
eaux douces, a été rencontré dans beaucoup d'eaux minérales.
L'eau si chaude des Geysers d'Islande renferme environ $\frac{1}{2}$ gramme
d'acide silicique par litre.

L'*acide arsénique*, dont l'existence a été signalée dans un grand
nombre d'eaux minérales, principalement dans certaines eaux ferrugineuses.

L'*acide borique*, qui existe en solution dans les eaux des *lagoni*,
flaques d'eau chaude que l'on rencontre à la surface d'un sol volcanique dans les Maremmes de la Toscane.

Cet acide a été rencontré aussi dans certains lacs du Thibet à
l'état de borate de soude. MM. J. Bouis et Filhol en ont signalé
l'existence dans les eaux sulfureuses des Pyrénées; M. Bouquet l'a
trouvé dans l'eau de Vichy, etc.

Les *sels de lithine*. La lithine, alcali analogue à la potasse et à la
soude, a été signalée par Berzelius dans les eaux de Carlsbad. Elle
ne paraît pas être un élément aussi rare des eaux minérales que le
pensait cet illustre chimiste. On l'a rencontrée dans les eaux de
Marienbad (Bohème), d'Évaux (Creuse), de Vichy, de Saint-Honoré
(Nièvre), de Plombières, de Soultzmatt (Haut-Rhin), etc., etc.

Les *sels de césium et de rubidium*. Le césium a été découvert
dans les eaux de Dürckheim et de Kreuznach, par M. Bunsen (1860).
Sa présence a été signalée dans les eaux de Bourbonne-les-Bains, de
Vichy et du Mont-Dore par M. Grandeau.

Les *sels ammoniacaux*. M. J. Bouis a signalé l'existence de sels
ammoniacaux dans certaines eaux sulfureuses (Eaux-Bonnes, La-

---

1. Voici l'analyse de la source de Tuscarora, la plus connue de ces sources
acides :

Elle renferme, dans un litre :

Acide sulfurique libre (SHO^4)...........	4gr,289
Sulfate ferreux......................	0 ,364
— d'alumine...................	0 ,468
— de chaux....................	0 ,775
— de magnésie.................	0 ,154
— de potasse..................	0 ,061
— de soude...................	0 ,050
Acide phosphorique.................	traces.
	6gr,161

bassère, Enghien). Celles qui sourdent des terrains primitifs ne contiennent pas d'ammoniaque.

Les *sels d'alumine*. Beaucoup d'eaux minérales renferment des traces d'alumine. Quelques-unes, comme celles d'Auteuil et de Passy, près Paris, renferment cette base à l'état de sulfate.

Parmi les éléments qu'on rencontre rarement et accidentellement dans les eaux, nous signalerons encore le *carbonate de baryte* (eaux de Luxeuil, Haute-Saône), le *carbonate de strontiane* (eaux de Vichy, de Sedlitz, de Carlsbad, d'Egra), le *sulfate de strontiane* (eaux de Louesche, Valais).

Les *sels de zinc* ont été signalés dans l'eau de Ronneby, en Angleterre. M. Will a rencontré du zinc dans l'eau de Rippoldsau (Forêt-Noire), et M. Rammelsberg dans celle d'Alexisbad (Harz).

Les dépôts qui se forment dans les eaux ferrugineuses renferment quelquefois des traces de *cuivre* (Filhol). Ce métal existe à l'état de sulfate dans les eaux des galeries de certaines mines, où des pyrites cuivreuses sont exposées à l'action de l'air et de l'eau. C'est ainsi que les eaux de Fahlun en Suède sont chargées de sulfate de cuivre. Dans quelques localités, comme à Schmœlnitz, en Hongrie, ces eaux de galeries sont assez riches en sulfate de cuivre pour qu'on puisse en retirer le métal, par cémentation, en le précipitant par le fer.

Dans les eaux acidules et ferrugineuses de Rippoldsau (Forêt-Noire), M. Will a rencontré en dissolution des traces d'*étain*, de *cuivre*, de *plomb* et d'*antimoine*. M. Buchner jeune a trouvé une trace d'étain dans les eaux de Kissingen.

A cette nombreuse série de corps minéraux, dont l'existence a été signalée dans les eaux, il faut ajouter quelques matières organiques. Indépendamment des acides crénique et apocrénique, que nous avons déjà mentionnés, nous devons signaler ici cette substance si abondante dans les eaux minérales des Pyrénées, qu'on a désignée sous le nom de *glairine* ou de *barégine*. Ajoutons qu'on a découvert récemment dans les eaux de Brückenau, en Bavière. l'existence des acides propionique et butyrique, acides organiques analogues à l'acide acétique.

On le voit, la constitution chimique des eaux minérales est trèsvariable, et il n'est pas facile d'en tirer les éléments d'une classification simple et naturelle, même en écartant les matériaux qu'on ne rencontre que rarement dans les eaux. Les difficultés d'une pareille classification sont encore augmentées par cette circonstance qu'une seule et même eau renferme presque toujours des principes fort divers, et qui peuvent y être contenus en proportions à peu près équivalentes. Toutes les fois que cette dernière condition se présente, et elle n'est point rare, il est évident qu'une classification rigoureuse devient impossible.

Néanmoins, si l'on tient compte soit de la prédominance de tel ou tel élément, soit de l'existence d'un principe doué de propriétés thérapeutiques bien caractérisées, soit enfin de la constitution chimique tout entière, c'est-à-dire de la nature des principes les plus abondants, on arrive à établir, d'après ces données, quelques groupes bien définis d'eaux minérales.

Ainsi, nous distinguons avec la plupart des auteurs :

Les eaux acidules, caractérisées par la présence de l'acide carbonique libre ;

Les eaux alcalines, caractérisées par la présence d'une proportion plus ou moins notable de bicarbonate de soude ou de silicate alcalin ;

Les eaux ferrugineuses ;

Les eaux salines, renfermant en solution certains sels neutres ;

Les eaux sulfureuses, caractérisées par la présence de l'hydrogène sulfuré ou d'un sulfure soluble.

En arrivant à la surface du sol, quelques-unes de ces eaux minérales éprouvent un changement dans leur constitution chimique. Les eaux sulfureuses subissent au contact de l'air une oxydation plus ou moins lente. Nous étudierons plus loin toutes les conditions de ce phénomène.

Celles qui renferment de l'acide carbonique libre en laissent dégager une partie, et il arrive souvent qu'une portion des carbonates tenus en dissolution à la faveur d'un excès d'acide carbonique devient insoluble et se dépose, par suite de ce dégagement. C'est là la principale cause des dépôts qui se forment dans les bassins de réception d'un grand nombre d'eaux minérales, ou dans les conduits qui servent à leur écoulement. Tantôt floconneux ou pulvérulents et se rassemblant à l'état de *boues*, tantôt agrégés sous forme de concrétions ou de *travertins*, ces dépôts offrent une constitution très-variable. Les sels solubles en sont naturellement exclus. Les carbonates de chaux, de magnésie, de fer, l'hydrate de sesquioxyde de fer, l'alumine, la silice, voilà les matériaux les plus ordinaires de ces dépôts ; mais il est à remarquer qu'on y rencontre souvent d'autres substances, telles que le soufre, l'acide arsénique, des oxydes métalliques divers. Il arrive quelquefois qu'on y découvre des matériaux qu'on aurait de la peine à isoler de l'eau elle-même, et qui, devenus insolubles, se sont concentrés en quelque sorte dans les boues. Veut-on constater, par exemple, la présence de l'arsenic dans une eau ferrugineuse ? On le trouvera plus facilement et plus sûrement dans le dépôt ocreux qui se forme autour de la source que dans l'eau elle-même. C'est ainsi, du reste, que l'arsenic a été découvert dans les eaux ferrugineuses.

Dans quelques établissements, on attribue des vertus particulières à ces sédiments qu'on laisse déposer au fond de bassins qu'on nomme *piscines,* et où un certain nombre de malades se baignent à la fois.

Les boues de Saint-Amand, dans le département du Nord, qui jouissaient autrefois d'une très-grande célébrité, sont encore employées aujourd'hui comme topiques dans un certain nombre d'affections chroniques. Elles sont noires et répandent une odeur sulfureuse très-prononcée. Leur température est de 25°. En voici la composition, d'après M. E. Pallas :

Eau	55,000
Acide carbonique	0,010
— sulfhydrique	0,033
— silicique	30,400
Soufre	0,200
Carbonate de chaux	1,569
— de magnésie	0,568
— de fer	1,450
Matière extractive	1,220
— azotée	6,805
Perte	2,745
	100,000

Dans les boues ferrugineuses et sulfureuses de Viterbe, M. Poggiale a trouvé les matériaux suivants :

Boue sulfureuse.		Boue ferrugineuse.	
Soufre	22,732	Sulfate de chaux	3,274
Sulfate de chaux	0,113	Chlorure de calcium	
Carbonate de chaux	0,087	et de magnésium	0,403
Chlorure de calcium	0,006	Carbonate de fer	20,693
Carbonate de fer	0,237	— de chaux	70,682
Silice et silicates	55,768	Alumine	1,057
Matière organique	21,037	Silice	2,720
	100,	Matière organique	1,031
		Acide arsénique	0,140
			100,000

Ajoutons ici qu'on tire parti, dans certains établissements, des émanations gazeuses des sources minérales. L'acide carbonique est administré en bains ou en douches, dans des appareils spéciaux.

Dans certaines stations thermales des Pyrénées et d'autres localités, on a construit des salles où viennent se rendre les vapeurs aqueuses que dégagent les sources sulfureuses chaudes et qui entraînent des traces d'hydrogène sulfuré. Le Vernet, Amélie-les-Bains (Pyrénées-Orientales), Aix-les-Bains (Savoie), Uriage (Isère), ont été pourvus, par les soins de M. François, de telles *salles d'inhalation*. Depuis quelque temps, au lieu d'y recevoir simplement les émanations de l'eau thermale, on y injecte celle-ci sous forme de gouttelettes très-fines, sorte de brouillard qu'on obtient à l'aide d'un appareil de pulvérisation.

EAUX ACIDULES.

On désigne sous ce nom les eaux dont le gaz acide carbonique libre est l'élément caractéristique et prédominant. Au moment où elles arrivent au contact de l'air, ces eaux laissent échapper ordinairement une portion du gaz qu'elles ont dissous à une pression supérieure à celle de l'atmosphère. De là une effervescence et un dégagement de bulles qui dure plus ou moins longtemps, et qui a fait donner à ces eaux les noms d'*eaux gazeuses*. Elles sont froides; leur température dépasse rarement 15° centigrades. Au moment de l'émergence, elles sont douées d'une saveur légèrement acide, qu'on qualifie vulgairement d'aigrelette. Lorsque, par l'exposition à l'air, la plus grande partie de l'acide carbonique s'est dégagé, cette saveur se perd, et est ordinairement remplacée par une légère saveur saline ou même alcaline. En effet, les eaux gazeuses naturelles ne représentent jamais une dissolution d'acide carbonique dans l'eau pure. Elles renferment toujours des matières salines et principalement des carbonates, et même une certaine proportion de chlorures ou de sulfates. La saveur particulière de ces matières salines, masquée d'abord par celle de l'élément prédominant, l'acide carbonique, reparaît dès que le gaz s'est dissipé.

Les matériaux fixes les plus ordinaires des eaux acidules sont les carbonates de chaux et de magnésie, souvent associés à quelques traces de carbonates et de chlorures alcalins. Telle est la composition de l'eau de Seltz dans le duché de Nassau, et de celle de Soulzmatt dans le département du Haut-Rhin. Les eaux dont on trouvera les analyses plus loin doivent être considérées comme les types des eaux acidules proprement dites ou eaux acidules simples.

Lorsque dans une eau gazeuse le carbonate ferreux vient se joindre aux éléments précédemment énumérés, ce qui arrive fréquemment, l'eau ainsi constituée doit être rangée dans la classe des eaux ferrugineuses : l'acide carbonique n'en forme plus l'élé- • ment caractéristique. Il en est de même lorsqu'une eau gazeuse renferme une proportion notable de carbonate alcalin ou d'un sel neutre. Ainsi l'eau de Vichy, quoique tenant en dissolution un volume égal au sien d'acide carbonique, renferme une proportion telle de bicarbonate de soude que ce sel en devient l'élément caractéristique et prédominant, circonstance qui doit la faire ranger au nombre des eaux alcalines. A l'étranger, les eaux de Carlsbad, de Nauheim, de Kissingen, de Hombourg, etc., qui renferment en solution des quantités notables de divers sels, sont chargées en même temps d'acide carbonique libre. Celle de Kissingen, en Bavière, par exemple, qui renferme en mille grammes $5^{gr},8$ de chlorure de sodium et 0,032 de carbonate ferreux, contient son volume d'acide carbonique libre. Elle est donc à la fois gazeuse, saline et ferrugineuse; mais ce n'est point une eau acidule, parce que l'acide carbonique n'en forme point l'élément thérapeutique prédominant. Au reste, cet exemple montre bien l'impossibilité d'une classification rigoureuse des eaux minérales.

Les eaux gazeuses simples ou eaux acidules renferment un volume variable d'acide carbonique depuis 250 jusqu'à 1000^{cc} et au delà par litre. Cet acide carbonique se dissipe peu à peu par l'exposition à l'air de l'eau gazeuse, mais bien plus lentement que celui qui sature l'eau gazeuse artificielle. En effet, dans les eaux naturelles, le gaz est retenu non-seulement par l'eau elle-même, mais encore par les matériaux fixes et surtout par les carbonates qu'elle renferme.

Pour doser l'acide carbonique dans une eau gazeuse, on la traite par un mélange d'ammoniaque avec une solution concentrée de chlorure de barium. L'ammoniaque retient l'acide carbonique, et le carbonate d'ammoniaque formé, décomposant le chlorure de barium, forme du carbonate de baryte insoluble. On filtre rapidement, on lave le précipité de carbonate de baryte, on le dessèche et on le pèse.

Cette opération doit être faite, autant que possible, à la source même; on y plonge une grande pipette en verre, jaugée, et lorsque celle-ci est entièrement remplie d'eau, on la vide dans un flacon renfermant du chlorure de barium ammoniacal. Il est bon de faire plusieurs opérations semblables, et de prendre la moyenne des résultats obtenus dans chacune d'elles.

Le carbonate de baryte qui a été recueilli et pesé n'est point pur.

et il est nécessaire d'en faire une analyse spéciale. En effet, il est ordinairement mélangé de sulfate de baryte provenant de l'action des sulfates solubles qui existent généralement dans les eaux, sur le chlorure de barium. Le carbonate de baryte obtenu étant dissous dans l'acide chlorhydrique faible, il reste un résidu de sulfate dont le poids doit être défalqué de celui du mélange, d'abord pesé, des deux sels barytiques. Le poids du carbonate de baryte pur, ainsi déterminé, donne celui de l'acide carbonique, qui était contenu dans l'eau soit à l'état libre, soit à l'état combiné.

Nous donnons ici les analyses de quelques eaux acidules :

ANALYSE DE L'EAU DE SELTZ OU NIEDERSELTERS (DUCHÉ DE NASSAU),
par M. O. Henry.

—

Température.......... 17°,5
Densité.............. 1 ,0034

	gr.
Acide carbonique libre.............	1,035
Bicarbonate de soude............. .	0,979
— de chaux.................	0,551
— de magnésie............	0,200
— de strontiane.............	traces
— de fer..................	0,030
Chlorure de sodium..............	2,040
— de potassium.............	0,001
Sulfate de soude.................	0,150
Phosphate de soude..............	0,040
Silice et alumine.................	0,030
Bromure alcalin, crénate de chaux et de soude, matières organiques.	traces
Total............	5,105
Total des matériaux fixes...	4,070

ANALYSE DE L'EAU DE SOULTZMATT (HAUT-RHIN),
par M. Béchamp.

Température........ 10° à 11°,5
Densité............ 1 ,00183

	gr.
Acide carbonique libre............	1,946
Bicarbonate de soude.............	0,957
— de lithine............	0,020
— de chaux............	0,431
— de magnésie..........	0,313
A reporter.	3,667

                                    Report.   3,667
Sulfate de potasse........   0,148
   —   de soude (anhydre)........   0,023
Chlorure de sodium............. .   0,071
Borate de soude (anhydre).   0,065
Acide silicique   0,063
Acide phosphorique.............⎫
Alumine......................⎬
Peroxyde de fer................⎭
                              ____
            Total..   4,037
                              ____
   Total des matériaux fixes...   2,091

ANALYSE DE L'EAU DE CONDILLAC (DRÔME), source Anastasie.
par M. O. Henry.

—

            Température...............   13°

———

                                          gr.
Acide carbonique libre............   1,083   (0ᴵⁱᵗ,548)
Bicarbonate de chaux............   1,359
   —   de soude (anhydre).....   0,166
   —   de magnésie..........   0,035
Silicate de chaux et d'alumine.....   0,245
Chlorure de calcium et de sodium..   0,150
Sulfate de soude (anhydre).........   0,175
   —   de chaux.................   0,053
Iodure, azotate, sel de potasse......   traces
Oxyde de fer crénaté et carbonaté. .   0,010
Matière organique..............   »
                              ____
            Total............   3,276
                              ____
   Total des matériaux fixes...   2,193

Un certain nombre d'eaux gazeuses naturelles possèdent une composition analogue à celle des eaux précédentes. Pour qu'elles puissent convenir comme celles-ci à l'usage de la table, il faut que leur saveur soit franchement acidule, sans arrière-goût alcalin, salin ou ferrugineux.

EAUX ALCALINES.

Ces eaux possèdent une réaction alcaline, soit immédiatement au moment de l'émergence, soit après le dégagement de l'acide carbonique libre. Cette réaction alcaline, qui se manifeste soit au papier de tournesol, soit par la saveur particulière de ces eaux, peut être due à un silicate ou à un carbonate alcalin. Les eaux thermales de Plombières nous offrent un exemple d'eaux rendues légèrement alcalines par du silicate de potasse; elles sortent d'un terrain granitique et se chargent sans doute du silicate alcalin par leur contact avec les feldspaths et les micas qu'elles désagrégent et dissolvent partiellement. Cette action est évidemment favorisée par la température élevée de quelques-unes de ces sources (60°).

Les acides décomposent ces eaux silicatées en mettant l'acide silicique en liberté ; il se sépare en flocons lorsque la quantité en est un peu notable dans une eau concentrée. L'acide carbonique lui-même peut opérer cette décomposition.

Les eaux qui doivent leur alcalinité à des carbonates sont de beaucoup les plus fréquentes et les plus importantes parmi celles qui appartiennent à cette classe. Les eaux de Vichy, de Cusset, de Hauterive, de Vals, de Saint-Nectaire, d'Ems (duché de Nassau), en fournissent des exemples très-connus. C'est le bicarbonate de soude qui y prédomine; il est souvent accompagné des bicarbonates de chaux et de magnésie, et même de divers sels neutres. Une certaine quantité d'acide carbonique libre existe ordinairement en solution dans ces eaux. Lorsqu'il se dégage, il arrive quelquefois que les carbonates terreux insolubles se déposent. C'est ce qu'on remarque à Ems, où il se forme à la surface de l'eau alcaline une pellicule mince et irisée de carbonate calcaire.

Il est des eaux alcalines qui paraissent renfermer du carbonate de soude neutre. Dans certains lacs de l'Égypte, de la Hongrie, des bords de la mer Caspienne et de la mer Noire, on trouve en dissolution un sesquicarbonate de soude, qui arrivait autrefois dans le commerce sous le nom de *natron*.

Nous donnons ici les analyses des eaux de Vichy et d'Ems; elles sont thermales, comme on le voit par l'indication des températures des diverses sources.

Comme exemple d'une eau alcaline silicatée, nous citerons l'eau de Plombières [1].

1. Extrait des *Études sur les eaux minérales et thermales de Plombières*, par MM. Jutier et Lefort.

ANALYSE DES EAUX DE VICHY, PAR M. BOUQUET.

PRINCIPES CONTENUS dans 1,000 grammes.	GRANDE GRILLE.	PUITS CHOMEL.	PUITS CARRÉ.	LUCAS.	HÔPITAL.	CÉLESTINS.	NOUVELLE source des CÉLESTINS.	PUITS BROSSON.	PUITS de l'enclos des CÉLESTINS.
Température des sources....	41°,8	»	44°	29°,2	30°,8	»	12°	22°,5	23°,6
	gr.	gr.	gr.	gr.	gr.	gr.	gr.	gr.	gr.
Acide carbonique libre	0,908	0,768	0,876	1,751	1,067	1,049	1,299	1,555	1,750
Bicarbonate de soude.	4,883	5,091	4,893	5,004	5,029	5,103	4,101	4,857	4,910
— de potasse...........	0,352	0,371	0,378	0,282	0,440	0,315	0,231	0,292	0,527
— de magnésie...........	0,303	0,338	0,335	0,275	0,200	0,328	0,554	0,213	0,238
— de stroutiane........	0,003	0,003	0,003	0,005	0,005	0,005	0,005	0,005	0,005
— de chaux...........	0,434	0,427	0,421	0,545	0,570	0,462	0,699	0,614	0,710
— de protoxyde de fer..	0,004	0,004	0,004	0,004	0,004	0,004	0,044	0,004	0,028
— de protoxyde de manganèse........... ...	traces.	traces.	traces.	traces.	traces.	traces.	traces.	traces.	traces.
Sulfate de soude...........	0,291	0,291	0,291	0,291	0,291	0,291	0,314	0,314	0,314
Phosphate de soude...	0,130	0,070	0,028	0,070	0,046	0,091	traces.	0,140	0,081
Arséniate de soude...........	0,002	0,002	0,002	0,002	0,002	0,002	0,003	0,002	0,003
Borate de soude...........	traces.	traces.	traces.	traces.	traces.	traces.	traces.	traces.	traces.
Chlorure de sodium...........	0,534	0,534	0,534	0,518	0,518	0,534	0,550	0,550	0,534
Silice...........	0,070	0,070	0,068	0,050	0,050	0,060	0,065	0,055	0,065
Matière organique bitumineuse....	traces.	traces.	traces.	traces.	traces.	traces.	traces.	traces.	traces.
Somme des matériaux contenus dans un litre	7,914	7,659	7,833	8,797	8,222	8,244	7,865	8,601	9,165

COMPOSITION DES EAUX D'EMS, D'APRÈS M. FRESENIUS.

PRINCIPES CONTENUS DANS 1,000 GRAMMES.	KROENCHEN.	FÜRSTEN-BRUNNEN.	KESSEL-BRUNNEN.	NOUVELLE SOURCE.
Température........	29°,5 C. = 23°,6 R.	35°,25 C. = 28°,2 R.	46°,25 C. = 37° R.	47°,5 C. = 38° R.
Densité.....	1,00293	1,00312	1,00310	1,00314
	gr.	gr.	gr.	gr.
Bicarbonate de soude.....	1,93198	2,03167	1,97884	2,09252
Chlorure de sodium	0,92241	0,98450	1,01179	0,94894
Sulfate de potasse........	0,04279	0,03925	0,05122	0,05684
— de soude..........	0,00179	0,00249	0,00080	0,00141
Bicarbonate de chaux.....	0,22456	0,23254	0,23605	0,23319
— de magnésie..	0,19598	0,19997	0,18698	0,21089
— de fer........	0,00217	0,00265	0,00362	0,00311
— de manganèse.	0,00094	0,00078	0,00062	0,00156
— de strontiane et de baryte...	0,00015	0,00028	0,00048	0,00034
Phosphate d'alumine.....	0,00042	0,00044	0,00012	0,00142
Silice..................	0,04945	0,04919	0,04740	0,04925
Carbonate de lithine.....	traces.	traces.	traces.	traces.
Iodure de sodium........	faible trace.	faible trace.	faible trace.	faible trace.
Bromure de sodium.......	trace douteuse.	trace douteuse.	trace douteuse.	trace douteuse.
Total des principes fixes.	3,37264	3,54346	3,51792	3,59847
Acide carbonique libre..	1,08398	0,90202	0,88394	0,79283
Total de tous les principes	4,45662	4,44548	4,40186	4,39130

ANALYSE DES EAUX DE PLOMBIÈRES PAR MM. JUTIER ET LEFORT.

PRINCIPES CONTENUS dans 1,000 grammes.	SOURCE de VAUQUELIN.	SOURCE des DAMES.	SOURCE du CRUCIFIX.
	gr.	gr.	gr.
Acide carbonique libre............	0,00688	0,01267	0,00825
Acide silicique.................	0,02155	0,02731	0,00749
Sulfate de soude.................	0,13564	0,09274	0,10670
— d'ammoniaque............			
Arséniate de soude................	traces.	traces.	traces.
Silicate de soude (SiO^3, NaO)........	0,12863	0,05788	0,10611
— de lithine.	traces.	traces.	traces.
— d'alumine............ ..	traces.	traces.	traces.
Bicarbonate de soude..............	0,02288	0,01123	0,02092
— de potasse.............	0,01673	0,00133	0,00233
— de chaux............	0,02778	0,03868	0.03639
— de magnésie...........	traces.	0,00670	traces.
Chlorure de sodium..............	0,01044	0,00927	0,01004
Fluorure de calcium..............			
Oxydes de fer et de manganèse (?)...	traces.	traces.	traces.
Matière organique azotée..........	indiquée.	indiquée.	indiquée.
	0,37055	0,25281	0,29823

On remarquera la faible proportion des matériaux fixes contenus dans les eaux de Plombières dont l'efficacité est pourtant bien reconnue, et est due, peut-être, à la présence d'une faible proportion d'arséniate de soude.

EAUX FERRUGINEUSES.

Presque toutes les eaux renferment des traces de fer en dissolution. On donne le nom d'eaux ferrugineuses à celles qui en contiennent assez pour acquérir des propriétés thérapeutiques spéciales. Le fer est l'élément caractéristique et efficace de ces eaux. Il y est contenu, bien entendu, à l'état de combinaison et sous la forme d'un sel ferrugineux. Sa présence se manifeste par plusieurs caractères tranchés, dont le plus vulgaire, en quelque sorte, consiste dans une saveur particulière analogue à celle de l'encre. Le fer y est en dissolution : au moment de l'émergence, ces eaux sont parfaitement limpides. Aussi peut-on y démontrer la présence du fer à l'aide des réactifs ordinaires, tels que le sulfhydrate d'ammoniaque, qui y produit quelquefois une coloration brune, ou le prussiate de potasse qui donne une coloration bleue ou même un précipité bleu dans l'eau concentrée et très-légèrement acidulée. La plupart des eaux ferrugineuses se troublent au bout de quelque temps, et laissent déposer un précipité ocreux. Les bassins dans lesquels séjournent ces eaux, les rigoles par lesquelles elles se déversent, sont ordinairement recouverts d'une couche ocreuse. L'analyse de ce dépôt permet de reconnaître facilement la présence du fer dans les eaux.

Les eaux ferrugineuses sont généralement froides. La source ferro-manganifère de Luxeuil, que l'on cite à cet égard comme une exception, possède une température de 35°.

Le manganèse accompagne quelquefois le fer dans les eaux. Celle de Cransac (Aveyron) renferme une quantité assez notable de sulfate de manganèse associé au sulfate ferreux.

On admet généralement que le fer existe dans les eaux sous trois états différents :

1° A l'état de carbonate de protoxyde (eaux ferrugineuses carbonatées).

2° A l'état de crénate ou d'apocrénate de protoxyde (eaux ferrugineuses crénatées).

3° A l'état de sulfate de protoxyde (eaux ferrugineuses sulfatées),

Quelques auteurs ont signalé le phosphate erreux parmi les éléments des eaux ferrugineuses (?)

Quelques-unes de ces eaux renferment de l'hydrogène sulfuré libre. On sait que ce gaz ne précipite pas les sels ferreux. Il n'y a donc pas incompatibilité entre ces corps, comme on le remarque entre les sels ferreux et les sulfures alcalins.

L'eau de Sylvanès (Aveyron) est une eau ferrugineuse sulfhydratée, d'après l'analyse de M. Bérard, de Montpellier.

Eaux ferrugineuses carbonatées. — Ce sont les eaux ferrugineuses les plus abondantes. Le carbonate de protoxyde de fer (fer spathique), naturellement insoluble dans l'eau, y est tenu en dissolution par l'acide carbonique libre que ces sources renferment toujours. Quelques-unes pétillent comme les eaux acidules elles-mêmes. La saveur atramentaire du fer y est heureusement masquée ou du moins atténuée par la saveur aigrelette de l'acide carbonique. Parmi les eaux ferrugineuses, ce sont les moins désagréables au goût et les plus faciles à digérer. Le fer n'y est pas contenu, à proprement parler, en quantité notable. Beaucoup d'eaux ferrugineuses très-efficaces ne renferment pas au delà de 4 à 5 centigrammes de carbonate ou de crénate de fer. Les sources de Spa, en Belgique, contiennent de 4 à 7 centigrammes de carbonate de fer par litre, et celles de Pyrmont, qui comptent parmi les plus riches, en contiennent 9 centigrammes. L'eau d'Orezza, en Corse, renferme $0^{gr},128$ de carbonate ferreux d'après l'analyse de M. Poggiale.

En général, plus elles sont froides et plus elles sont chargées d'acide carbonique, plus elles contiennent de carbonate de fer. Cela est facile à comprendre : l'acide carbonique est évidemment le dissolvant du fer spathique que ces eaux rencontrent et dont elles se chargent dans le sein de la terre, et l'élévation de la température, en chassant une portion de l'acide carbonique, diminue l'action dissolvante de ces eaux. Exposées à l'air, elles ne tardent pas à perdre la plus grande partie de leur acide carbonique. De là un dépôt de carbonate ferreux qui, en absorbant de l'oxygène, perd lui-même de l'acide carbonique et finit par se transformer en hydrate ferrique brun. Telle est la nature et le mode de formation de ces dépôts ocreux que l'on remarque autour du point d'émergence des sources ferrugineuses, et qui forment quelquefois de véritables boues dans les bassins où les eaux séjournent. C'est dans ces boues, où se concentrent certains matériaux que les eaux ne renferment qu'en très-petite quantité, que Walchner a découvert l'arsenic contenu en petite quantité dans la plupart des eaux ferrugineuses [1].

En raison des circonstances qui viennent d'être indiquées, les eaux ferrugineuses carbonatées sont d'une conservation difficile. L'acide carbonique se dissipant peu à peu, la plus grande partie du fer se précipite à l'état d'hydrate de sesquioxyde, qui forme des flocons bruns dans les bouteilles où l'on conserve ces eaux. Une bonne condition au point de vue de leur conservation, c'est la présence des carbonates terreux ou alcalins, qui retiennent l'acide carbonique avec plus d'énergie que ne peut le faire le carbonate fe reux. Comme le fer est absorbé, dans les voies digestives, beaucoup plus facilement lorsqu'il est dissous que lorsqu'il est insoluble, on préfère naturellement, pour l'usage interne, les eaux ferrugineuses les plus fixes, c'est-à-dire celles où l'acide carbonique est retenu le plus énergiquement. Parmi les eaux à la fois alcalines et ferrugineuses, nous citerons celles de Soultzbach (Haut-Rhin), la source Lardy et la nouvelle source des Célestins de Vichy.

Comme exemples propres à indiquer la composition générale des eaux ferrugineuses carbonatées, nous donnons ici l'analyse de l'eau d'Orezza, en Corse, par M. Poggiale, celle de l'eau de Soultzbach (Haut-Rhin), par M. Oppermann, et celle de l'eau de Schwalbach (duché de Nassau), par M. R. Fresenius.

ANALYSE DE L'EAU D'OREZZA (SORGENTE SOTTANA).
[source d'en bas].

Acide carbonique libre et combiné à l'état
   de bicarbonate...... .... $1^{lit},248$
Air....................   0,011

	gr.
Carbonate de fer.....	0,128
— de manganèse, cobalt (?).	traces.
— de chaux............... .	0,602
— de magnésie........... ...	0,074
— de lithine...............	indéterminé.
Acide silicique....................	0,004
Sulfate de chaux.................	0,021
Chlorure alcalin.................	0,006
Alumine.........	
Acide arsénique.......................	traces.
Fluorure de calcium.............	
Matière organique.	indéterminé.
Total...........	0,849

1. La présence de l'arsenic dans une eau minérale a été signalée pour la première fois par M. Tripier en 1837.

ANALYSE DE L'EAU DE SOULTZBACH, par M. Oppermann.

—

Température................ 10°,5
Acide carbonique........... 1ᶫⁱᵗ,789

---

	gr.
Carbonate de soude [1]............	0,6505
— de chaux.............	0,4848
— de magnésie...........	0,1767
— de lithine............	0,0049
Carbonate de fer............	0,0232
Silice..................	0,0367
Sulfate de potasse............	0,1147
— de soude..............	0,0093
Chlorure de sodium............	0,1343
Alumine.................	0,0062
Acide phosphorique...........	
— borique...............	traces.
— arsénique..............	
Total des matériaux fixes.....	1,6613

ANALYSE DES QUATRE SOURCES PRINCIPALES DE SCHWALBACH,
par M. Fresenius (1856).

PRINCIPES CONTENUS dans 1,000 grammes.	WEINBRUNN.	STALHBRUNN.	PAULINEN-BRUNN.	ROSEN-BRUNN.
Température.......	10°	10°,4	10°	9°
Densité..........	1,0011	1,0007	1,0006	1,0008
	gr.	gr.	gr.	gr.
Bicarbonate de fer........	0,0576	0,0838	0,0674	0,0596
— de manganèse.	0,0090	0,0184	0,0119	0,0111
— de chaux.....	0,5708	0,2213	0,2155	0,2898
— de magnésie.	0,6051	0,2122	0,1692	0,2016
— de soude	0,2456	0,0206	0,0174	0,0189
Sulfate de potasse........	0,0074	0,0037	0,0041	0,0034
— de soude.........	0,0062	0,0078	0,0063	0,0081
Chlorure de sodium......	0,0086	0,0067	0,0066	0,0002
Acide silicique..........	0,0465	0,0321	0,0260	0,0274
Phosphate de soude......	traces.	traces.	traces.	traces.
Matière organique........	traces.	traces.	traces.	traces.
Total des principes fixes..	1,5568	0,6066	0,5244	0,6281
Gaz acide carbonique libre	1,7414	1,9198	1,5276	1,4703
Total général.......	3,2982	2,5264	2,0520	2,0984

1. Ces carbonates sont sans doute contenus dans l'eau à l'état de bicarbonates.

Eaux ferrugineuses crénatées. — Berzelius a désigné sous le nom
d'acides *crénique* et *apocrénique* deux corps qu'il a découverts
dans l'eau de Porla en Suède, et qu'on a rencontrés depuis dans
un grand nombre d'eaux minérales ferrugineuses. On a même
avancé qu'ils existent en petite quantité dans l'eau de pluie, unis
à la potasse et à la soude [1]. Quoi qu'il en soit, Berzelius les rattache à ces acides particuliers qui existent dans le terreau ou
dans l'humus et qu'on désigne sous le nom d'acides ulmique,
humique, géique. Mal définis dans leur nature et dans leurs propriétés, comme leurs congénères, ils constituent néanmoins des
éléments importants de certaines eaux ferrugineuses qui leur doivent des propriétés spéciales. Ils prennent naissance dans les terrains imprégnés de matières organiques, par exemple dans les terrains tourbeux dans lesquels on rencontre souvent des dépôts de
fer limoneux. On admet que le sesquioxyde de fer hydraté est réduit par les matières organiques du terreau, et qu'ainsi il se forme
de l'oxyde ferreux qui est saturé par les acides résultant de l'oxydation de l'humus.

On peut extraire ces acides, d'après Berzelius, des dépôts ocreux
des eaux ferrugineuses en faisant bouillir ces dépôts avec une lessive faible de potasse caustique qui dissout les acides crénique et
apocrénique. Au liquide filtré et acidulé par l'acide acétique on
ajoute une solution d'acétate de cuivre, qui forme un précipité
brun d'apocrénate de cuivre. Si l'on filtre de nouveau et que
dans la liqueur filtrée et saturée par du carbonate d'ammoniaque
on ajoute une nouvelle quantité d'acétate de cuivre et qu'on
chauffe, il se forme un précipité vert bleuâtre de crénate de
cuivre. En décomposant par l'hydrogène sulfuré l'apocrénate ou
le crénate de cuivre délayé dans une grande quantité d'eau, on
met en liberté les acides eux-mêmes. Les solutions filtrées et
évaporées dans le vide les abandonnent sous la forme de matières
amorphes.

L'acide crénique est une substance d'un jaune pâle, incristallisable, sensiblement soluble dans l'eau et dans l'alcool, d'une saveur
faiblement acide, puis astringente. Les alcalis le dissolvent avec une
grande facilité. Exposées à l'air, ces solutions en attirent l'oxygène.
On admet que dans ce cas l'acide crénique se transforme en acide
apocrénique. Ce dernier acide est brun, peu soluble dans l'eau,
soluble dans l'alcool anhydre et doué d'une saveur astringente.

---

1. Prince de Salm-Horstmar. *Annales de Poggendorff*, t. LIV, p. 254.

Lorsqu'on ajoute un acide dilué à la solution concentrée d'un apocrénate ou même d'un crénate alcalin, ces acides se précipitent en partie sous la forme de flocons grisâtres ou brunâtres.

Dans les eaux crénatées l'oxyde de fer est contenu à l'état de protoxyde : le crénate ferreux est soluble dans l'eau. Lorsqu'on chauffe ces eaux au contact de l'air, l'oxyde ferreux se suroxyde et se précipite en entraînant les acides crénique et apocrénique. L'azotate d'argent ajouté à une eau ferrugineuse crénatée produit un précipité ou au moins une coloration violette ou pourprée.

Nous citerons ici l'analyse des eaux de Forges (Seine-Inférieure), par M. O. Henry, comme un exemple d'eau ferrugineuse crénatée. Nous ferons remarquer que cette eau renferme une quantité assez notable d'acide carbonique libre. Il en est de même de celle de Bussang (Vosges), et de celle de Provins (Seine-et-Marne), qui appartiennent au même type.

ANALYSE DES EAUX DE FORGES.

	SOURCE CARDINALE.	SOURCE ROYALE.
Acide carbonique.........	0^{lit}.225	0^{lit},230
	gr.	gr.
Crénate ferreux..................	0,0980	0,0670
— manganeux,...............	traces.	traces.
Bicarbonate de magnésie...........	0,0761	0,0934
Crénate alcalin...................	0,0020	0,0020
Alumine........................	0,0330	0,0340
Sel ammoniacal (carbonate ?)........	traces.	traces.
Sulfate de chaux..................	0,0400	0,0240
— de soude..................	0,0060	0,0100
Chlorure de sodium...............	0,0120	0,0170
— de magnésium............	0,0030	0,0080
Azotate de magnésie..............	»	traces.
Matière organique................	indéterminée.	indéterminée.
	0,2701	0,2554

Eaux ferrugineuses sulfatées. — Ces eaux ne sont pas communes. Deux sources qui jaillissent dans le voisinage de Paris, à Passy et à Auteuil, en fournissent des exemples. Elles renferment le fer à l'état de sulfate ferreux, qui se transforme partiellement en sel ferrique lorsque ces eaux ont été exposées à l'air. Ces sulfates se forment sans doute par suite d'une oxydation lente qu'éprouvent les pyrites dans le sein de la terre. L'acide sulfurique qui y prend naissance peut être saturé en partie par de l'alumine, lorsque cette base se trouve en présence des sulfures de fer en voie d'oxydation. On a remarqué en effet que certaines eaux ferrugineuses sulfatées, celle d'Auteuil, par exemple, renferment une quantité notable d'alumine. Chauffées au contact de l'air, les eaux ferrugineuses sulfatées se troublent et laissent déposer un précipité ocreux qui est formé par du sous-sulfate ferrique. Il suffit de les exposer à l'air pendant quelque temps pour qu'elles se dépouillent ainsi d'une certaine quantité du sel de fer qu'elles tenaient en dissolution.

En général les médecins préfèrent à ces eaux ferrugineuses sulfatées les eaux carbonatées ou crénatées, dont le goût est moins désagréable, et qui sont plus facilement supportées par l'estomac.

Les eaux de Passy, d'Auteuil (Seine), de Cransac (Aveyron), sont des exemples bien connus d'eaux ferrugineuses sulfatées. Elles sont plus riches en fer que les eaux ferrugineuses carbonatées ou crénatées.

L'eau de Passy est principalement consommée pour boisson. Avant de la livrer à la consommation, on la fait *dépurer* en l'exposant à l'air. Non *dépurée*, on l'emploie en lotions et en injections.

L'eau d'Auteuil renferme, d'après l'analyse de M. O. Henry, $0^{gr},220$ de sulfate ferreux, qui serait combiné, d'après ce chimiste, avec $0^{gr},495$ de sulfate d'alumine pour former une sorte de sel double. Cette hypothèse nous paraît peu probable.

L'eau de Cransac (Source Haute-Richard) contient par litre $0^{gr},750$ de sulfate ferroso-ferrique, et $0^{gr},507$ de sulfate manganeux.

EAUX SALINES.

On a coutume de ranger dans la classe des eaux minérales salines un grand nombre d'eaux chargées de divers sels neutres, parmi lesquels on comprend aussi les combinaisons binaires formées par le chlore, le brome et l'iode. Ce sont généralement des sels de soude, de magnésie, de chaux, qu'on rencontre dans ces eaux, qui offrent l'exemple le plus frappant des difficultés que l'on éprouve dans la classification des eaux minérales. En effet, leur composition n'est pas telle qu'on puisse les rapporter, dans tous les cas, à un petit nombre de types bien caractérisés. Ordinairement les eaux salines renferment plusieurs substances qui leur communiquent des propriétés thérapeutiques, et l'on est souvent embarrassé lorsqu'il s'agit de décider quelle est la substance dont l'action prédomine dans le mélange. Néanmoins on peut dire, d'une manière générale, que les eaux salines se partagent en trois groupes ; l'un d'eux est caractérisé par la prédominance des chlorures ; l'autre par la prédominance des sulfates ; le troisième comprend les eaux qui renferment, indépendamment des chlorures, une petite quantité de bromures et d'iodures.

Eaux chlorurées. — Les chlorures que l'on rencontre en dissolution dans les eaux salines sont les chlorures de sodium, de magnésium et de calcium.

Le chlorure de sodium est de beaucoup le plus abondant et constitue un des éléments les plus communs des eaux minérales. Il leur communique une saveur salée franche, exempte d'amertume. On sait qu'il est très-répandu dans le sein de la terre, et que les dépôts de sel gemme, accompagnés de marnes et d'amas de gypse, sont fort abondants dans certaines couches du trias. En rencontrant ces dépôts, les eaux souterraines en dissolvent les matériaux solubles, et viennent sourdre à la surface de la terre plus ou moins chargées de chlorure de sodium.

Un grand nombre de ces sources salées servent à l'exploitation du sel commun. Quelques-unes en sont très-chargées. C'est ainsi que l'eau de Salies, en Béarn (Basses-Pyrénées), renferme par litre 216 grammes de chlorure de sodium. Après l'évaporation de ces eaux salées, il reste une eau mère dans laquelle se concentrent divers matériaux moins abondants et principalement les bromures et les iodures alcalins. La célèbre eau mère des salines de Kreuznach doit son efficacité particulière dans le traitement des scrofules à la présence d'une petite quantité d'iodure, et surtout d'une quantité notable de bromure alcalin. Dans ces sources salées on trouve encore d'autres sels en dissolution, indépendamment du chlorure de sodium. Sans parler des chlorures de magnésium et de calcium, dont il sera question plus loin, nous devons mentionner ici les carbonates et les sulfates. Ces derniers sels existent quelquefois dans les eaux chlorurées en quantité assez notable pour exercer une influence marquée sur leurs propriétés thérapeutiques. De telles eaux sont désignées sous le nom de chlorocarbonatées et de chlorosulfatées. Les eaux de Bourbon-l'Archambault (Allier) offrent un exemple de la première espèce. Celles de Kissingen (Bavière), de Balaruc (Hérault), de Bourbonne-les-Bains (Haute-Marne), contiennent, indépendamment des chlorures, une proportion assez notable de sulfates, principalement de sulfate de chaux. Les eaux de Bourbonne, récemment analysées par M. Grandeau, renferment, d'après ce chimiste, une quantité appréciable de césium et de rubidium.

Les eaux chlorurées sont souvent très-chargées de gaz carbonique. De la source de Nauheim, près Francfort, ce gaz se dégage avec une telle abondance et avec une telle force qu'il soulève à une hauteur de 5 mètres une colonne d'eau salée de 2 décimètres de diamètre. A Kissingen, en Bavière, on voit un phénomène plus curieux encore. Une masse d'eau de près de 2 mètres de diamètre, recouverte d'un châssis en verre, est soulevée à certaines heures par un immense courant d'acide carbonique qui traverse l'eau écumante. Tout à coup le mouvement se calme, et la masse d'eau qui s'abaisse semble disparaître dans les profondeurs. Dans ces deux localités on tire d'ailleurs un parti fort avantageux de l'acide carbonique en l'administrant en bains et en douches.

Certaines eaux chlorurées qui renferment des sulfates deviennent accidentellement sulfureuses, lorsqu'elles traversent des terrains chargés de matières organiques. Les eaux d'Aix-la-Chapelle, chlorurées et sulfureuses, sont dans ce cas.

Enfin il est des eaux chlorurées qui renferment de petites quantités de fer, et qui doivent à la présence de cet élément des propriétés thérapeutiques spéciales.

Comme exemples d'eaux minérales chloro-sodiques, nous donnerons ici les analyses des eaux de Niederbronn (Bas-Rhin), de Hombourg (Hesse-Hombourg), et de Kissingen (Bavière).

L'eau laxative de Niederbronn renferme, indépendamment des chlorures, une petite quantité de bromure et d'iodure.

ANALYSE DE L'EAU DE NIEDERBRONN.

1 litre renferme :

	cc.
Azote	17,66
Acide carbonique	10,66

	gr.
Chlorure de sodium	3,0886
— de potassium	0,1320
— de calcium	0,7944
— de magnésium	0,3117
A reporter	4,3267

	Report.	4,3267
Chlorure de lithium..............	0,0043
— d'ammonium..........	traces
Bromure de sodium.............	0,0107
Iodure de sodium...............	0,0741
Carbonate de chaux.............	0,1790
— de magnésie..........	0,0065
— de fer.............. ..	0,0103
Silicate de fer (?) avec traces de manganèse...................	0,0150
Silice......................	0,0010
Alumine......................	traces
Total............	4,6276

Les eaux de Hombourg sont pareillement chloro-sodées. D'après l'analyse de M. Liebig, elles sont en outre légèrement ferrugineuses et renferment des traces de bromure et d'iodure alcalins.

ANALYSE DES QUATRE SOURCES DE HOMBOURG,
par M. Liebig.

PRINCIPES CONTENUS dans 1,000 grammes.	ÉLISABETH.	FERRUGI-NEUSE.	LOUIS.	EMPEREUR.
Température........	10° C.	10° C.	10° C.	11° C.
Densité.......... .	1,0115	1,0108	1,0120	1,0155
	gr.	gr.	gr.	gr.
Chlorure de sodium......	10,3066	10,399	10,9976	15,2339
— de calcium......	1,0102	1,389	1,2378	1,7348
— de magnésium...	1,0145	0,694	0,7815	1,0239
— de potassium....	»	0,023	0,2868	0,0389
Carbonate de chaux	1,4310	0,981	1,2756	1,4459
— de magnésie ...	0,2621	»	0,0060	»
— de fer	0,0602	0,122	0,0308	0,1049
Sulfate de soude..........	0,0496	»	»	»
— de chaux	»	0,099	0,0294	0,0249
Silice..............	0,0411	0,041	0,0163	0,0439
Chlorure de lithium	»	traces.	traces.	»
Iodure de sodium.........	traces.	traces.	traces.	»
Bromure de sodium.......	»	traces.	traces.	»
Total des principes fixes.	14,1753	13,748	14,6813	19,5511
Acide carbonique libre..	2,8100	2,769	2,3994	3,3147
Total de tous les principes............	16,9853	16,517	17,0807	22,8658

Le chlorure de sodium constitue également l'élément prédominant des célèbres eaux de Bade (Bade), qui sont en outre légèrement ferrugineuses, et, comme chacun sait, thermales. Leur température varie de 47° à 65°, selon les sources.

Quant aux eaux de Kissingen, elles sont laxatives comme celles de Niederbronn.

ANALYSE DES DEUX SOURCES PRINCIPALES DE KISSINGEN,
par M. Liebig.

PRINCIPES CONTENUS DANS 1000 GRAMMES.	RAKOCZY.	PANDUR.
Température............	11° C.	10° C.
Densité.	1,0073	1,0066
	gr.	gr.
Chlorure de sodium......................	5,8220	5,5207
— de potassium....................	0,2869	0,2414
— de magnésium.....	0,3038	0,2116
— de lithium....................	0,2002	0,0168
Bromure de sodium......................	0,0084	0,0071
Carbonate de chaux.....................	1,0609	1,0149
— de fer....................	0,0316	0,0265
— de magnésie....................	0,0170	0,0448
Sulfate de magnésie.....................	0,5869	0,5977
— de chaux......................	0,3894	0,3005
Azotate de soude.......................	0,0093	0,0036
Phosphate de chaux.....................	0,0056	0,0053
Acide silicique.........................	0,0129	0,0041
Iodure de sodium, borate de soude, sulfate de strontiane, fluorure de calcium, phosphate d'alumine, carbonate de manganèse......	traces	traces
Total des principes fixes.	8,7349	7,9950
Acide carbonique libre.........	1,6321	1,8757
Ammoniaque...................	0,0009	0,0038
Total général........	10,3679	9,8745

Eau de mer. — Tout le monde sait que les eaux de la mer renferment une quantité notable de chlorure de sodium. Le sel marin y est accompagné d'autres chlorures et de sulfates, parmi lesquels on doit signaler surtout le sulfate de magnésie. L'eau de mer est une eau chloro-sulfatée. Elle doit au sulfate de magnésie la saveur amère qui la caractérise. Lorsque le sel marin s'est déposé de l'eau de mer convenablement concentrée par l'évaporation, il reste une eau mère renfermant les sulfates et d'autres matériaux. On sait que, grâce aux efforts persévérants de M. Balard, ces eaux mères sont exploitées sur une vaste échelle dans nos salins du Midi pour la préparation du sulfate de soude et des sels de potasse. C'est aussi dans ces eaux mères que M. Balard a découvert le brome. On y rencontre également des traces d'iode [1]. M. Wilson a signalé la présence de traces de fluorure dans l'eau de mer des côtes d'Écosse. L'eau de la mer renferme une très-petite quantité de phosphore à l'état de phosphate, et même une trace d'arsenic à l'état d'arséniate sans doute. Elle contient des traces d'argent, d'après MM. Malaguti, Durocher et Sarzeaud. Les mêmes observateurs ont décelé la présence du plomb et du cuivre dans les fucus.

Dans un travail tout récent, M. Forchhammer a signalé dans l'eau de mer la présence de 31 éléments, en y comprenant les gaz qu'elle tient en dissolution. Parmi ces corps, un certain nombre de métaux, tels que l'argent, le cuivre, le plomb, le zinc, le cobalt, le nickel, n'ont été rencontrés que dans les cendres de plantes fucoïdes qui, végétant au sein de la mer, les avaient évidemment empruntés à l'eau. On vient de signaler aussi dans l'eau de mer la présence du lithium, du césium et du rubidium.

Dans les analyses d'eau de mer que nous donnons ici, on n'a énuméré que les substances qu'elle renferme en quantité assez notable pour qu'on ait pu les doser facilement.

COMPOSITION DE L'EAU DE MER.

PRINCIPES CONTENUS dans 1,000 grammes.	OCÉAN.	MÉDITERRANÉE.
	gr.	gr.
Chlorure de sodium....................	25,10	27,22
— de potassium..............	0,50	0,70
— de magnésium............	3,50	6,14
Sulfate de magnésie..................	5,78	7,02
— de chaux....................	0,15	0,15
Carbonate de magnésie...............	0,18	0,19
— de chaux.................	0,02	0,01
— de potasse	0,23	0,21
Iodure, bromure.....................	traces.	traces.
Matières organiques..................	traces.	traces.
Eau et perte........................	964,54	958,36
	1000,00	1000,00

1. Pour déceler des traces d'iode dans une solution qui renferme en même temps du chlore et du brome, M. Bouis recommande de chauffer cette solution avec du perchlorure de fer. L'iode est mis en liberté, et le perchlorure se convertit en protochlorure

La composition de l'eau de mer n'est pas constante, et les proportions des matériaux qu'elle renferme varient suivant les localités. D'après J. Davy, le carbonate de chaux s'y montre principalement dans le voisinage des côtes. La proportion de chlorure de sodium est plus considérable dans les mers équatoriales que vers les pôles. Dans certaines mers méditerranéennes, comme la mer Baltique et la mer Noire, elle diminue d'une manière très-notable. On jugera de la richesse des eaux de différentes mers en matériaux solides par le tableau suivant, qui résume les recherches de M. Forchhammer sur ce sujet.

MERS.	LATITUDE.	PROPORTION des matériaux solides contenus en 1,000 parties.
Océan Atlantique.	De l'Equateur à 30° latitude nord..	36,169
	De 30° latitude nord à une ligne allant du nord de l'Ecosse au nord de Terre-Neuve..........	35,976
	De cette ligne au sud du Groënland.	35,556
Détroit de Davis et baie de Baffin.	....	33,167
Océan Atlantique.	Entre l'Equateur et 30° latitude sud	36,472
	Entre 30° latitude sud et une ligne allant de la pointe du Cap à la pointe de l'Amérique du Sud....	35,038
Entre l'Afrique et les îles de l'Océan Indien....	....	33,868
Entre les îles de l'océan Indien et les îles Aleutiques........	....	33,506
Entre les îles Aleutiques et les îles de la Société...	....	33,219
Courant patagonien d'eau froide..........	....	33,966
Mer Antarctique.	....	28,563
Mer du Nord....	....	32,806
Sund et Cattégat.	....	15,126
Mer Baltique....	....	4,807
Mer Méditerranée	....	37,5
Mer Noire......	....	15,894

Le *chlorure de magnésium* accompagne le chlorure de sodium

dans presque toutes les eaux salines. Généralement il n'y existe qu'en petite proportion. On connaît pourtant des eaux minérales qui renferment une quantité notable de ce sel. Nous citerons en particulier les eaux amères de Friederichshall, dans le duché de Saxe-Meiningen. Voici l'analyse de ces eaux par M. Liebig.

1,000 parties d'eau amère de Friederichshall renferment :

Sulfate de soude.................	6,0560
— de potasse...............	0,1982
— de magnésie.............	5,1502
— de chaux................	1,3465
Chlorure de sodium.............	7,9560
— de magnésium..........	3,9390
Bromure......................	0,1140
Carbonate de magnésie...........	0,5198
— de chaux..............	0,0147
Silice........................	
Alumine.......................	
Oxyde de fer..................	traces
Sels ammoniacaux...............	
Somme de matériaux fixes....	25,2944
Acide carbonique	0,4020
Total...........	25,6964

Les analyses que nous avons rapportées plus haut signalent dans l'eau de mer une proportion assez forte de chlorure de magnésium. Les eaux de la mer Morte, si riches en sels, contiennent, comme on le verra plus loin, une quantité notable de ce chlorure.

Le *chlorure de calcium* accompagne souvent le chlorure de magnésium dans les eaux chlorurées. On voit, par les analyses citées plus haut, que les eaux de Niederbronn et de Hombourg en contiennent une certaine quantité. Les eaux salines de Nauheim (Hesse électorale) renferment, outre une proportion très-notable de chlorure de sodium, une quantité de chlorure de calcium qui varie de 1,3 à 2,7 pour mille suivant les différentes sources. Nous devons faire remarquer à cette occasion que les nombres exprimant la quantité du chlorure de calcium dans une eau chlorurée n'offrent un caractère de certitude que dans le cas où cette eau ne renferme pas d'acide, tel que l'acide sulfurique, pouvant saturer une partie de la chaux. Lorsque ce dernier cas se présente, il est évident que par le calcul on répartit arbitrairement l'acide sulfurique sur la chaux ou sur la soude ou sur une portion de ces bases. Il y a donc, comme nous l'avons fait remarquer déjà, quelque chose d'hypothétique et d'arbitraire dans le calcul des analyses toutes les fois qu'on essaye de représenter la composition d'une eau minérale complexe en combinant les acides avec les bases. Il est à peine besoin d'ajouter que cette réserve s'applique non-seulement au chlorure de calcium, mais à d'autres matériaux salins.

Pour en revenir à l'eau de Nauheim, on peut être certain néanmoins que cette eau renferme une proportion assez notable de chlorure de calcium, car elle ne contient qu'une petite quantité d'acide sulfurique, et, en supposant que cet acide soit combiné tout entier à la chaux, il faut évidemment que l'excès de calcium signalé par l'analyse soit combiné avec du chlore.

Eaux salines sulfatées. — Les sulfates neutres qui entrent dans la composition des eaux salines sont ceux de soude, de magnésie et de chaux. Presque toutes les eaux salines renferment ces sulfates; mais lorsque ceux-ci constituent l'élément prédominant, de telles eaux sont considérées comme *salines sulfatées*. On les partage en trois groupes, suivant la prédominance du sulfate de soude, du sulfate de magnésie, ou du sulfate de chaux. Elles sont plus ou moins purgatives.

Parmi les eaux salines caractérisées par une forte proportion de *sulfate de soude*, nous citerons en première ligne la célèbre eau de Carlsbad en Bohême, souvent surnommée *la reine des eaux minérales*. Les sources de Carlsbad sont thermales. L'eau est claire et limpide; bue à la fontaine, elle n'offre d'abord qu'une saveur faible de bouillon de poulet, mais bientôt elle développe un goût alcalin et salin très-désagréable; on l'administre surtout en boisson. Elle produit des effets purgatifs très-marqués, et doit cette propriété thérapeutique à la forte proportion de sulfate de soude qu'elle renferme. Elle a été analysée par Berzelius en 1822, et cette analyse est justement célèbre.

ANALYSE DE LA SOURCE SPRUDEL A CARLSBAD, PAR BERZELIUS.

PRINCIPES CONTENUS DANS 1,000 GRAMMES.	
Température... .... Densité	58° R. = 73° C. 1,0045
	gr.
Sulfate de soude sec........................	2,58713
Carbonate de soude sec.....................	1,26237
Chlorure de sodium........................	1,03852
Carbonate de chaux........................	0,30860
Magnésie..................................	0,17834
Silice....................................	0,07515
Peroxyde de fer...........................	0,00362
Oxyde de manganèse........................	0,00084
— de strontiane.....................	0,00096
Fluorure de calcium.......................	0,00320
Phosphate de chaux........................ .	0,00022
— d'alumine avec excès de base........	0,00032
Total des principes fixes........	5,45927
Gaz acide carbonique libre......	0,78800
Total général.........	6,24727

La magnésie, le peroxyde de fer et l'oxyde de manganèse sont probablement contenus dans l'eau sous forme de carbonates RO,CO^2.

Bien que le sulfate de soude prédomine dans l'eau de Carlsbad, on voit qu'elle contient encore une proportion notable de carbonate de soude et de chlorure de sodium, et que de plus elle est fortement chargée d'acide carbonique libre. Elle laisse déposer, au lieu d'émergence de la source des concrétions calcaires connues sous le nom de pierre du Sprudel. En évaporant l'eau du Sprudel, on obtient un résidu salin qui contient principalement du sulfate de soude et qui est livré au commerce sous le nom de *sels de Carlsbad*.

L'eau de Marienbad, en Bohême, offre un autre exemple d'une eau fortement minéralisée par le sulfate de soude. En voici l'analyse :

ANALYSE DES DEUX SOURCES PRINCIPALES DE MARIENBAD.

PRINCIPES CONTENUS DANS 1,000 GRAMMES	KREUTZBRUNNEN.	FERDINANDS-BRUNNEN.
Température......	12° C.	9° C.
Densité..........	1,0072	1,0080
Sulfate de soude..................	4,7564	5,0476
— de potasse..............	0,0650	0,0425
Chlorure de sodium	1,4539	2,0048
Carbonate de soude.............	1,1542	1,2890
— de lithine...........	0,0063	0,0090
— de chaux...........	0,6036	0,5447
— de strontiane	0,0017	0,0008
— de magnésie...........	0,4636	0,4550
— d'oxyde de fer..........	0,0453	0,0614
— d'oxyde de manganèse...	0,0050	0,0158
Phosphate d'alumine	0,0071	0,0019
— de chaux.............	0,0024	0,0020
Acide silicique...................	0,0885	0,0965
Matière extractive, brome, fluor....	traces.	traces.
Total des principes fixes...........	8,6530	9,5710
Acide carbonique libre et combiné..	1,8305	2,9723
Total général.......	10,4835	12,5433

Parmi les eaux sulfatées riches en *sulfate de magnésie*, nous citerons les célèbres eaux d'Epsom, en Angleterre. On en retirait autrefois par évaporation le sulfate de magnésie, qui a longtemps porté le nom de sel d'Epsom. Les eaux de Sedlitz, de Saidschütz, de Pullna, en Bohême, sont de même très-riches en sulfate de magnésie et sont en général très-chargées de matériaux salins. Elles sont froides. Leur saveur est amère, leur action purgative. Elles sont exportées dans toute l'Europe. A Pullna, elles ne viennent pas sourdre à la surface du sol, mais on les obtient en creusant des puits; l'eau douce qui arrive d'abord est bientôt remplacée par une eau amère chargée de sulfate de magnésie et de sulfate de soude.

Voici les analyses des eaux de Sedlitz par M. Steimann; de Saidschütz, par Berzelius; et de Pullna, par M. Struve.

MATÉRIAUX CONTENUS DANS 1,000 GRAMMES.	SEDLITZ.	SAIDSCHÜTZ.	PULLNA.
	gr.	gr.	gr.
Acide carbonique............	0,45	0,1245	0,8069
Sulfate de magnésie........	20,81	10,9592	12,1209
— de soude	5,18	6,4940	16,1200
— de potasse	0,57	0,5334	0,6245
— de lithine........ ..	»	»	0,0004
— de chaux...........	0,83	1,3122	0,3385
— de strontiane........	»	»	0,0028
— de baryte..........	»	»	0,0001
Chlorure de magnésium......	0,138	0,6492	2,2606
Carbonate de magnésie......	0,036	0,1389	0,8339
— de chaux........ ..	0,76	»	0,1003
— de strontiane......	0,008	»	»
Silice libre et combinée... ..			
Carbonate de fer........ ...	0,007	0,2825	0,0229
Alumine et oxyde de manganèse			
Carbonate de manganèse.....	»	»	0,0026
Crénate de magnésie..... ...	»	0,2778	»
Phosphate de potasse........	»	»	0,0132
Iodure et bromure..........	»	traces.	»
Total des sels.........	26,369	20,6472	32,4407

Eaux bromo-iodurées. — Un grand nombre d'eaux minérales renferment une petite quantité de brome ou d'iode ou de ces deux éléments. Ceux-ci sont ordinairement unis au sodium, quelquefois au magnésium, rarement au calcium. Ces bromures ou iodures ne constituent jamais les éléments prédominants d'une eau minérale, car les chlorures correspondants, principalement le chlorure de sodium, y sont toujours contenus en proportion bien plus considérable. Pourtant il peut arriver qu'une eau chlorurée renferme une quantité de bromure ou d'iodure assez notable pour acquérir des propriétés thérapeutiques spéciales. Elle mérite alors la qualification de bromurée ou d'iodurée, ou de bromo-iodurée, malgré la prédominance des chlorures, parce que ceux-ci sont moins actifs. Il en est surtout ainsi lorsqu'une eau est peu chargée de matériaux salins, comme par exemple l'eau de Challes, en Savoie, ou de Saxon, dans le Valais, qui ne contiennent qu'une petite quantité de chlorure de sodium.

L'eau de Challes renferme, indépendamment du bromure de sodium (0^{gr},1925 en 1000 grammes, d'après M. Bonjean) et de l'iodure de potassium (0^{gr}·0138 en 1000 grammes) une quantité assez notable de sulfure de sodium. Nous aurons occasion de faire remarquer plus tard que l'iode se rencontre quelquefois dans les eaux sulfureuses.

L'eau de Saxon présente cette particularité remarquable, qu'elle renferme à l'état libre une quantité d'iode suffisante pour bleuir instantanément la solution d'amidon. Elle vient sourdre au milieu d'une roche qui exhale elle-même de l'iode libre.

Il arrive bien plus souvent que le brome et surtout l'iode sont contenus dans les eaux minérales en petite quantité, relativement au chlore. Néanmoins, lorsque la proportion de ces éléments atteint quelques centigrammes, il faut tenir compte de leur présence. Le brome est contenu plus fréquemment et en plus grande quantité dans de telles eaux que l'iode. L'un et l'autre élément se concentrent dans les eaux mères lorsque la plus grande partie du chlorure de sodium s'est déposée. Aussi ces eaux mères possèdent-elles des propriétés thérapeutiques spéciales. On les obtient dans diverses localités, comme à Kreuznach, près Bingen, dans la Prusse rhénane, à Salins et à Montmorot, en France, comme un produit accessoire de l'exploitation du sel commun.

Les eaux mères de Kreuznach, dans lesquelles s'accumule une quantité très-considérable de chlorure de calcium, sont relativement riches en bromures. 1000 parties de ces eaux mères renferment, d'après l'analyse de M. Osann :

Chlorure de sodium		7,8567
—	de magnésium	5,0052
—	de potassium	2,2525
—	de calcium	205,4300
Bromure de magnésium		2,6000
—	de sodium	8,7000

Ces eaux mères sont administrées en bains, et très-efficaces dans le traitement des maladies scrofuleuses. On les exporte au loin, ainsi que les eaux mères de Nauheim, qui renferment, en 1,000 parties, de 6 à 7 grammes de bromure de magnésium. Parmi les eaux mères analogues que nous trouvons en France, nous citerons celles des salines de Salins (Jura) qui renferment, indépendamment d'une forte proportion de chlorure de sodium, de chlorure de magnésium et de sulfate de potasse, du bromure de potassium et des traces d'iodure, et les eaux mères des marais salants, qui renferment du bromure de magnésium en quantité assez notable pour qu'on ait conseillé leur emploi dans le traitement des maladies scrofuleuses.

Il existe une eau très-riche en bromure de magnésium, que nous devons citer en terminant; c'est celle de la mer Morte. Elle est située, comme on sait, en Palestine, dans une contrée riche en dépôts salifères et remarquable par une dépression profonde au-dessous du niveau de la Méditerranée. Elle porte justement son nom, car on n'y trouve aucun être vivant. Telle est sa richesse en éléments salins, que la sonde ramène à la surface des cristaux de sel marin entremêlés avec l'argile du fond.

Sa composition paraît varier suivant les époques de l'année et suivant la masse d'eau douce qu'elle reçoit dans son sein. En voici deux analyses concordantes que l'on doit à L. Gmelin et à M. Boussingault.

ANALYSE DE L'EAU DE LA MER MORTE.

MATÉRIAUX SOLIDES CONTENUS EN 1,000 GRAMMES.	L. GMELIN.	BOUSSINGAULT.
Densité	1,212	1,194
	gr.	gr.
Chlorure de magnésium	117,734	107,288
Chlorure de sodium	70,777	64,964
Chlorure de calcium	32,141	35,592
Chlorure de potassium	16,738	16,410
Bromure de magnésium	4,393	3,306
Sulfate de chaux	0,527	0,424
Sel ammoniac	0,075	0,013
Chlorure de manganèse	2,117	»
Chlorure d'aluminium	0,896	traces.
Nitrates	traces.	»
Iodures	»	traces [1].
Total des matériaux fixes	245,398	227,697
Eau	754,602	772,303
	1000,000	1000,000

Pline rapporte que de riches habitants de Rome faisaient venir l'eau du lac Asphaltite pour s'y baigner. Il les taxe d'extravagance, et Galien fait remarquer qu'ils auraient pu s'épargner cet embarras en faisant dissoudre du sel marin dans l'eau douce. Galien avait

1. L'iode a été trouvé par M. J. Bouis dans l'eau analysée par M. Boussingault.

tort apparemment, car l'eau du lac Asphaltite, si riche en chlorure de magnésium, et qui contient une proportion notable de bromure, doit posséder des propriétés thérapeutiques spéciales.

On désigne sous ce nom des eaux minéralisées par l'acide sulfhydrique ou par des sulfures alcalins. Elles sont faciles à reconnaître
par leur saveur hépatique et par l'odeur d'œufs couvés qu'elles dégagent au contact de l'air. L'azotate de plomb y forme un précipité
dont la couleur varie du gris au noir, et dont la coloration est due
au sulfure de plomb.

On les a divisées en *eaux sulfureuses naturelles*, et *eaux sulfureuses accidentelles*. Les premières sont celles qui sourdent de
terrains primitifs. On suppose que dans les profondeurs de ce terrain elles présentent la même composition qu'au point d'émergence. Elles sont ordinairement thermales. Les secondes constituent
des sources salines, devenues sulfureuses dans les couches superfi-
cielles du sol par suite de la réduction des sulfates au contact des
matières organiques dont ces couches sont imprégnées. De telles
eaux sont ordinairement froides.

Eaux sulfureuses naturelles. — La France est très-riche en eaux
minérales de cette espèce. Les eaux de Bagnères-de-Luchon, de
Baréges, de Cauterets, de Bonnes, de Saint-Sauveur, d'Ax, d'Olette,
d'Amélie-les-bains, du Vernet, etc., en un mot, les eaux thermales
des Pyrénées constituent des eaux sulfureuses naturelles. Elles
ont été l'objet de travaux importants, parmi lesquels nous devons
signaler surtout ceux d'Anglada et ceux plus récents de M. Filhol.
Tous les détails que nous donnons dans les pages suivantes se rapportent aux eaux sulfureuses naturelles des Pyrénées. Leur température est comprise entre 12° et 78° centigrades.

Exceptionnellement elles peuvent être froides, comme la source
de Labassère (12°). Les eaux sulfureuses naturelles sont limpides,
tantôt incolores à leur point d'émergence, tantôt légèrement colorées en jaune verdâtre. Dans ce dernier cas, elles finissent par devenir louches ou laiteuses par leur exposition à l'air. Quelques-
unes, limpides et incolores au griffon, acquièrent en séjournant
dans les réservoirs une couleur jaune verdâtre, et finissent par
devenir blanchâtres dans les baignoires.

La densité de ces eaux diffère peu de celle de l'eau distillée, et
c'est un fait digne de remarque qu'elles ne tiennent généralement

en dissolution que de 25 à 35 centigrammes de matériaux solides par litre.

Toutes les sources qui jaillissent de bas en haut laissent dégager des bulles de gaz au point d'émergence. Ce gaz est de l'azote mêlé à quelques traces d'hydrogène sulfuré et exempt d'acide carbonique. Dans certaines stations thermales des Pyrénées on fait respirer aux malades les gaz et les vapeurs que dégagent les sources sulfureuses chaudes. Le Vernet (Pyrénées-Orientales) possède un établissement de ce genre. Les vapeurs qui se dégagent directement de la source, bien captées, s'élèvent dans des cabinets isolés, véritables étuves (vaporarium) où le malade est assis sur une grille. Dans les salles d'inhalation, ces vapeurs convenablement mélangées avec de l'air échauffent doucement l'atmosphère et y versent une trace d'hydrogène sulfuré.

Lorsqu'on les soumet à l'ébullition, les eaux sulfureuses des Pyrénées laissent dégager une petite quantité d'hydrogène sulfuré.

Elles présentent une réaction alcaline marquée.

On a beaucoup discuté sur la nature du principe sulfureux auquel elles doivent leur efficacité. La plupart des chimistes se sont ralliés aujourd'hui à l'opinion d'Anglada, qui y admettait la présence du monosulfure de sodium. Toutes les propriétés chimiques de ces eaux semblent en effet confirmer l'opinion d'Anglada.

Lorsqu'on y ajoute du sulfate de manganèse en léger excès, on précipite tout le soufre qu'elles renferment à l'état de sulfure de manganèse. Si elles contenaient du sulfhydrate de sulfure de sodium NaS,HS, comme l'a soutenu M. Fontan, le sulfate de manganèse ne devrait précipiter que la moitié du soufre, celui combiné au sodium, tandis que l'autre moitié devrait rester dans la liqueur à l'état d'hydrogène sulfuré. On sait en effet que ce gaz ne précipite pas le sulfate manganeux [1].

Lorsqu'on fait digérer en vase clos les eaux sulfureuses naturelles des Pyrénées avec du carbonate de plomb, il se forme du sulfure de plomb. L'eau ainsi désulfurée, soumise à l'ébullition, ne laisse pas dégager une trace d'acide carbonique, preuve évidente qu'elle contient un monosulfure alcalin. Si elle était minéralisée par un sulfhydrate de sulfure, l'acide sulfhydrique de celui-ci ne pourrait décomposer le carbonate sans mettre de l'acide carbonique en liberté.

$$NaS,HS + 2[CO^2,PbO] = NaO,CO^2 + 2PbS + HO + CO^2.$$

1. L'hydrogène sulfuré précipitant partiellement le sulfate de zinc neutre, la sub-

Par conséquent, l'eau soumise à l'ébullition devrait laisser dégager une certaine quantité de ce gaz [1].

L'argent en feuilles minces qu'on y plonge ne se ternit qu'au bout d'un temps assez long : il décomposerait rapidement l'hydrogène sulfuré du sulfhydrate de sulfure, en formant du sulfure d'argent et en brunissant.

Si les eaux sulfureuses des Pyrénées laissent dégager par l'ébullition une très-petite quantité d'hydrogène sulfuré, cela tient, d'après M. Filhol, à la présence dans ces eaux de la silice qui décompose le sulfure de sodium.

Le tableau suivant indique les quantités de sulfure de sodium contenues dans un litre d'eau des principales sources sulfureuses des Pyrénées.

NOMS DES LOCALITÉS.	NOMS DES SOURCES.	QUANTITÉ de sulfure de sodium contenue dans 1 litre d'eau.
		gr.
Baréges................	Grande-Douche.........	0,04070
Labassère..............	....	0,04500
Bonnes...............	Vieille..............	0,02170
Cauterets.............	César-Vieux...........	0,02970
Luchon...............	Pré n° 1..............	0,07800
Id.................	Bayen...............	0,07730
Id.................	Reine...............	0,05550
Ax.................	Canons...............	0,02940
Eaux-Chaudes.........	Lerey..............	0,00620
Gazost...............	Burgade..............	0,00570
Vernet..............	Petit-Saint-Sauveur n° 2	0,04060
Amélie-les-Bains........	Grand-Escaldadou......	0,02050
Id.............	Petit-Escaldadou.......	0,02170
Id.............	Manjolet..............	0,01350
Olette................	Saint-André...........	0,02829

Les autres matériaux que renferment les eaux sulfureuses naturelles des Pyrénées, indépendamment du sulfure de sodium, sont la silice, le chlorure de sodium, le carbonate et le silicate de soude et la matière organique.

stitution de ce sel au sulfate de manganèse dans l'expérience ci-dessus indiquée ne serait point à l'abri de toute objection.

1. Filhol, *Eaux minérales des Pyrénées.* Paris, 1853, p. 140.

La silice est assez abondante dans certaines sources pour que l'eau, soumise à une forte concentration, laisse déposer des pellicules grisâtres d'acide silicique mélangé à des traces de silicate de chaux, de magnésie et d'alumine. Il en est ainsi de la source Bayen à Bagnères-de-Luchon, et des eaux d'Olette (Pyrénées-Orientales).

Le carbonate et le silicate de soude existent dans toutes les eaux sulfureuses naturelles des Pyrénées, mais en proportions variables. D'après M. Filhol, on rencontre des sources qui n'en renferment que des traces, tandis que d'autres en contiennent une proportion facilement appréciable. Celles de Labassère, par exemple, sont dans le premier cas; les anciennes sources de Bagnères-de-Luchon sont dans le second.

On sait que le carbonate et le silicate de soude offrent une réaction alcaline. Ces sels doivent donc contribuer dans une certaine mesure à l'alcalinité des eaux sulfureuses naturelles qui les renferment; mais il ne faut pas oublier que le sulfure de sodium est plus énergiquement alcalin que le carbonate et le silicate. C'est donc le sulfure qui est la principale cause du phénomène dont il s'agit.

M. O. Henry a signalé la présence de l'iode dans quelques eaux thermales des Pyrénées.

Dans l'eau minérale d'Olette M. J. Bouis a rencontré une petite quantité d'acide borique.

La matière organique contenue dans les eaux sulfureuses des Pyrénées est très-digne d'attention. Elle y est contenue soit à l'état de dissolution, soit à l'état de dépôt. Dans ce dernier cas elle est ou amorphe ou organisée.

Lorsqu'on soumet à l'évaporation une eau sulfureuse thermale riche en matière organique, elle prend, à un certain degré de concentration, une teinte jaune plus ou moins foncée et exhale une odeur sensible de bouillon. Quand toute l'eau est chassée, on obtient un résidu jaune brunâtre qui se charbonne par la chaleur en dégageant une petite quantité d'ammoniaque. Cette propriété est due à une matière organique azotée qui a reçu le nom de *barégine* ou de *glairine*. Nous la nommerons barégine, laissant le nom de glairine à la substance gélatineuse amorphe dont il sera question ci-après. Séparée par l'évaporation, la barégine peut se dissoudre de nouveau, au moins en partie, dans l'eau. La solution aqueuse fournit un abondant précipité avec les sels de plomb. Le nitrate d'argent y forme un précipité blanc qui ne tarde pas à prendre une teinte rougeâtre.

Dans les canaux que parcourent les sources ou dans les réservoirs où l'on conserve leurs eaux, on trouve souvent des dépôts d'une matière gélatineuse, amorphe, tantôt translucide, tantôt opaque, qu'on nomme *glairine*. Cette matière est molle, onctueuse au toucher. Le plus souvent elle est d'un blanc légèrement grisâtre ; quelquefois elle est colorée en rose, en rouge ou même en noir. Cette dernière coloration est due à du sulfure de fer provenant, d'après M. Filhol, du passage d'un filet d'eau ferrugineuse dans la source sulfureuse. Le sulfure de fer, formé en très-petite quantité, reste d'abord en dissolution dans le sulfure de sodium et se précipite ensuite dans la matière organique, à mesure que celle-ci se dépose. Anglada admettait que cette matière insoluble, qu'il désignait sous le nom de glaires, était identique avec la matière organique tenue en dissolution dans l'eau minérale (barégine). Mais celle-ci, lorsqu'elle a été séparée par l'évaporation, se montre plus soluble dans l'eau que la substance gélatineuse, et cette différence de propriétés est due peut-être à une altération que la matière organique a pu subir pendant l'évaporation même de l'eau sulfureuse. D'un autre côté, on a remarqué que ces glaires gélatineuses ne se déposent généralement qu'à une certaine distance du point d'émergence, dans les canaux ou dans les réservoirs. Il semble donc que le contact de l'air soit indispensable pour leur formation, circonstance qui implique une certaine différence de constitution entre le produit soluble et la substance gélatineuse.

On sait que la glairine renferme de l'azote au nombre de ses éléments. Elle s'éloigne cependant par sa composition des matières azotées neutres qu'on nomme matières albuminoïdes. Elle renferme plus de carbone et d'hydrogène, moins d'oxygène et moins d'azote que ces dernières. Elle laisse à l'incinération un résidu très-soluble formé de silice. M. J. Bouis a incinéré des variétés de glairine renfermant jusqu'à 80 pour cent de silice, et incline à penser que la glairine se forme par suite du dépôt de la silice qui entraîne, au moment où elle se précipite de l'eau minérale, la matière organique que celle-ci renferme. Voici, d'après M. J. Bouis, la composition de quelques variétés de glairine :

	CARBONE.	HYDROGÈNE.	AZOTE.	CENDRES.
Glairine pulpeuse grise..	48,69	7,70	8,10	30,22
Glairine fibreuse rouge........ ..	44,06	6,69	5,57	35,00
Glairine pulpeuse verte...........	45,20	6,95	5,60	40,07

MM. O. Henry et J. Bouis y ont signalé, en outre, la présence d'une trace d'iode.

Indépendamment de la matière organique amorphe que nous venons de décrire, on trouve dans certaines sources une substance filamenteuse, véritable conferve à laquelle M. Fontan a donné le nom de *Sulfuraire*. Cette matière organisée ne se trouve que dans les eaux sulfureuses et on ne la rencontre que dans celles dont la température est inférieure à 30°. Elle forme des filaments extrêmement ténus et dont la longueur varie de 1 à 2 millimètres jusqu'à plusieurs centimètres. On les trouve tantôt flottant librement dans le liquide, tantôt groupés autour d'un fragment de glairine, d'une pierre, sous la forme d'une houppe ou d'un duvet cotonneux. Examinés au microscope, ils présentent l'aspect de tubes cylindriques, unis, transparents, remplis de globules arrondis. Ils renferment souvent des animalcules.

On a remarqué que l'accès de l'air est indispensable pour que ces végétaux confervoïdes puissent se former dans une eau sulfureuse. Les Sulfuraires offrent d'ailleurs un très-grand nombre de variétés. Elles sont souvent blanches, mais les plus remarquables sont colorées en rouge ou en vert. Elles présentent une composition analogue à celle de la glairine et laissent comme elle une proportion énorme d'une cendre siliceuse. Bien purifiées, elles ne renferment pas de soufre. Leur cendre contient de l'iode.

Action de l'air sur les eaux sulfureuses. — Tout le monde sait que les eaux sulfureuses s'altèrent au contact de l'air avec une rapidité plus ou moins grande. Cette altérabilité rend difficiles nonseulement leur transport et leur conservation, mais même quelquefois leur captage et leur distribution sur les lieux mêmes. Il est des sources dont la composition et les propriétés s'altèrent pendant leur trajet dans les tuyaux toutes les fois que ceux-ci ne sont pas exactement remplis et que l'air y pénètre, même en très-petite quantité. Les eaux de Bagnères-de-Luchon et d'Ax sont dans ce cas. A la partie supérieure des conduits où elles circulent, à la voûte des réservoirs où elles séjournent, on recueille souvent des dépôts abondants de soufre jaune, pulvérulent, cristallin, à peine mêlé de quelques traces de matières étrangères. Ces dépôts de soufre proviennent de la combustion partielle de l'hydrogène sulfuré qui se dégage incessamment en petite quantité de ces eaux sulfureuses très-altérables. Le sulfure de sodium y est décomposé lentement par l'acide carbonique de l'air, et surtout par l'acide silicique libre, que les eaux dont il s'agit contiennent en quantité notable. Ces acides oxygénés agissent, en présence de l'eau, sur le sulfure de sodium comme ferait l'acide sulfurique lui-même en donnant un dégagement d'hydrogène sulfuré. Seulement, l'action est très-peu énergique et très-lente.

Les eaux sulfureuses de Luchon et d'Ax présentent une autre particularité bien digne d'intérêt. Elles deviennent louches et finissent par blanchir dans les baignoires, lorsqu'elles sont exposées pendant quelque temps au contact de l'air. L'acide silicique qu'elles renferment n'est sans doute pas étranger à ce singulier phénomène. On peut concevoir en effet que sous l'influence de cet acide le sulfure de sodium attire rapidement l'oxygène de l'air; le sodium se transforme ainsi en oxyde, lequel s'unit à la silice tandis que le soufre est mis en liberté. Restant en suspension à l'état de division extrême, celui-ci forme un véritable lait de soufre. Du moins le soufre forme la partie constituante la plus importante du précipité dont il s'agit. Il n'y est mélangé que d'une trace de silicates ou de carbonates terreux formés par le mélange d'eaux froides calcaires avec la source thermale sulfureuse, riche en acide silicique et renfermant du carbonate alcalin.

Il n'est pas impossible que l'acide carbonique de l'air concoure avec l'acide silicique à blanchir les eaux de Luchon au contact de l'air. Mais ce qui prouve que le rôle de l'acide carbonique n'est que très-secondaire, c'est que les eaux de Baréges et de Cauterets, quoique très-riches en sulfure, ne blanchissent pas comme les premières. Dans les piscines l'eau de Baréges présente une couleur jaune verdâtre. Cette coloration est due sans doute à la formation d'un polysulfure sous l'influence de l'air et de l'acide carbonique. On peut exprimer cette réaction par l'équation suivante :

$$2\,NaS \;+\; CO^2 \;+\; O \;=\; NaO, CO^2 \;+\; NaS^2$$

Sulfure   Acide   Carbonate   Bisulfure
de sodium. carbonique.   de soude.   de sodium.

On voit que dans ce cas le soufre ne se précipite pas, mais que, déplacé beaucoup plus lentement que dans les eaux renfermant de l'acide silicique, il se porte sur une portion du monosulfure de sodium pour former du bisulfure; mais, par l'action prolongée de l'air, celui-ci peut s'altérer à son tour et se transformer en hyposulfite ou même en sulfate. La présence du carbonate de soude, qui s'oppose à la précipitation du soufre, favorise sans doute l'oxydation des deux éléments du sulfure.

Lorsqu'une eau sulfureuse riche en silice est exposée au contact de l'air, il peut arriver, par suite de la réaction de l'acide silicique sur le sulfure, que celui-ci disparaisse. Quelquefois cette oxydation s'accomplit même dans le sein de la terre. Il existe des sources qui, bien qu'elles ne possèdent plus ni l'odeur ni la saveur des eaux sulfureuses naturelles, agissent sur l'économie comme si elles renfermaient l'élément caractéristique de ces dernières. Le sulfure de sodium en a disparu, et elles renferment, à la place de ce composé, les produits de son oxydation, l'hyposulfite et le sulfate. Chose digne de remarque, la barégine y existe. On nomme de telles eaux *sulfureuses dégénérées*. Les plus remarquables se rencontrent à Olette. Nous donnons ici les analyses de quelques eaux sulfureuses dites naturelles.

COMPOSITION DES EAUX DE BAGNÈRES-DE-LUCHON, D'APRÈS M. FILHOL.

MATÉRIAUX CONTENUS DANS 1,000 GR [1]. — Température…	REINE. — 57º.	BAYEN. — 68º	RICHARD SUPÉRIEURE — 50º.	GROTTE SUPÉRIEURE — 58º.	BLANCHE. — 47º.
	gr.	gr.	gr.	gr.	gr.
Sulfure de sodium….	0,0508	0.0777	0.0593	0,0314	0,0338
Sulfure de fer……	0,0022	traces.	0.0028	0,0027	0,0011
Sulfure de manganèse.	0.0028	traces.	0,0018	0,0013	traces.
Chlorure de sodium…	0.0624	0,0829	0,0659	0.0723	0,0500
Sulfate de potasse.. .	0.0092	traces.	0.0088	0,0059	0,0038
Sulfate de soude…..	0,0312	traces.	0,0101	0,0682	0,0610
Sulfate de chaux…..	0,0312	traces.	0.0400	»	traces.
Silicate de soude.. ..	traces.	traces.	traces.	0,0094	traces.
Silicate de chaux….	0,0102	0,0220	traces.	0,0376	0,0759
Silicate de magnésie..	0.0048	traces.	traces.	0,0057	0,0067
Silicate d'alumine….	0,0255	traces.	0,0292	0,0109	0.0101
Carbonate de soude..	traces.	traces.	traces.	traces.	traces.
Silice libre…. …..	0,0209	0,0444	0,0328	0,0103	0,0105
Matière organique….	non dosée.	non dosée	non dosée.	non dosée.	non dosée.
	0,2511	0,2270	0,2557	0,2559	0,2529

1 Il y a dans chacune de ces sources des traces de sulfure de cuivre, d'iodure de sodium, d'hyposulfite de soude, de phosphate et d'acide sulfhydrique. (FILHOL.)

COMPOSITION DES EAUX DU VERNET D'APRÈS M. BOUIS.

MATÉRIAUX CONTENUS EN 1,000 GRAMMES.	SOURCE MERCADER.	SOURCE RIUBANGS.
Sulfure de sodium.........................	0,0413	0,0412
Sulfate de soude.........................	0,0183	0,0280
— de chaux.........................		
Carbonate de chaux.........................	0,0030	0,0060
— de magnésie.........................		
— de soude.........................	0,1030	0,0640
— de potasse.........................	0,0093	0,0030
Chlorure de sodium.........................	0,0151	0,0090
Acide silicique.........................	0,0490	0,0500
Alumine et oxyde de fer.........................	0,0100	traces.
Glairine.........................	0,0140	0,0200
	0,2670	0,2112

Eaux sulfureuses accidentelles. — On sait depuis longtemps, et M. Chevreul a particulièrement appelé l'attention sur ce fait, que le sulfate de chaux ou un sulfate alcalin en dissolution dans l'eau peut être réduit à la température ordinaire, et transformé en sulfure au contact des matières organiques. Parmi les sulfates que les eaux renferment, le sulfate de chaux est le plus abondant. Qu'une source séléniteuse traverse un terrain imprégné de matières organiques, un banc de tourbe, par exemple, aussitôt la réduction du sulfate de chaux pourra commencer et le sulfure de calcium prendra naissance. Voilà donc une eau sulfureuse formée à la surface de la terre, et sa formation est souvent accidentelle, puisqu'elle peut être due à la présence fortuite de matériaux organiques.

Dans le voisinage de nos demeures on voit quelquefois une eau de puits devenir sulfureuse tout à coup, lorsque, par suite d'infiltrations souterraines, la source se trouve souillée par le mélange de matières organiques.

De nombreux exemples démontrent la facilité avec laquelle s'accomplit la réduction des sulfates et l'influence des matières organiques sur la formation accidentelle des eaux sulfureuses. Parmi ces exemples, nous citerons le suivant.

On sait que les côtes de la Norwége sont profondément découpées par des golfes étroits qui pénètrent dans l'intérieur des terres et qu'on nomme *fjords*. Sur les bords d'un de ces fjords, le Sandefjord, se trouve une station fréquentée d'une eau minérale sulfureuse. On rencontre cette eau partout où l'on creuse un trou de sonde jusqu'au niveau de l'eau du golfe. En comparant la composition de cette eau sulfureuse avec celle de l'eau de mer voisine, MM. A. et H. Strecker ont constaté que la première est formée par l'infiltration de l'eau de mer à travers les couches vaseuses et riches en matières organiques et en carbonates calcaires et magnésies. Par son passage à travers les bancs d'alluvion qui forment le rivage, l'eau devient plus riche en matériaux solides : elle se charge de matières organiques qui manquent dans l'eau de mer; mais la proportion du sulfate diminue. Ceux-ci étant réduits, il se forme de l'acide carbonique qui, d'une part, dissout du carbonate de chaux et de magnésie, sels dont l'eau du fjord ne contient que des traces, et d'autre part met en liberté de l'acide sulfhydrique. Dans cette circonstance, l'influence des matières organiques sur la formation d'une eau sulfureuse a été mise hors de doute par des analyses exactes et par une discussion savante.

Le sulfate de soude qu'on rencontre dans beaucoup d'eaux peut être réduit lui-même, et il faut dire que le sulfure de sodium qui minéralise les eaux des Pyrénées est probablement formé de même, dans les profondeurs de la terre, par la réduction du sulfate par la matière organique qui existe dans toutes ces eaux, de telle sorte que la distinction entre les eaux sulfureuses naturelles et les artificielles serait arbitraire, si les premières ne possédaient pas une composition si spéciale et remarquable, surtout par la faible proportion des matériaux solides. Les eaux sulfureuses accidentelles, qui sont d'ailleurs généralement froides, sont beaucoup plus riches en matériaux salins que les eaux des Pyrénées et renferment généralement de l'ammoniaque, d'après la remarque de M. J. Bouis. Parmi les matériaux solides on remarque des sulfates, des chlorures, des carbonates. La célèbre eau d'Aix-la-Chapelle est riche en chlorure de sodium et renferme en outre du carbonate et du sulfate de soude, dont une petite quantité a été réduite à l'état de sulfure de sodium. Bien qu'elle soit thermale comme les eaux des Pyrénées, elle s'en distingue éminemment par sa composition.

Il résulte de ce qui précède que toutes les eaux renfermant des sulfates peuvent devenir sulfureuses lorsqu'elles traversent, dans le sein de la terre, des dépôts riches en matières organiques. Aussi leur composition n'est-elle pas constante. Le plus souvent, de telles eaux renferment du sulfure de calcium.

Mais le sulfure de calcium et le sulfure de sodium formés par réduction des sulfates correspondants peuvent disparaître à leur tour, en partie ou en totalité, en laissant dégager de l'hydrogène sulfuré. C'est l'acide carbonique qui produit cette décomposition en présence de l'eau, comme ferait un autre acide minéral plus énergique. Parmi les eaux minéralisées par l'acide sulfhydrique, nous citerons celles d'Aix (Savoie), d'Uriage (Isère), de Bagnols (Lozère), de Schinznach (Suisse).

Ainsi, les eaux dont il s'agit peuvent être divisées en trois groupes : 1° celles qui renferment du sulfure de calcium; 2° celles qui renferment du sulfure de sodium; 3° celles qui renferment de l'hydrogène sulfuré. Nous donnons en terminant les analyses de quelques-unes de ces eaux.

ANALYSE DES SOURCES SULFUREUSES D'AIX-LA-CHAPELLE, PAR M. J. LIEBIG.

MATÉRIAUX CONTENUS EN 1,000 PARTIES.	SOURCE de L'EMPEREUR.	SOURCE CORNÉLIUS.	SOURCE des ROSES.	SOURCE QUIRINUS.
Température....	55°	45°,4	47°	49°,7
	gr.	gr.	gr.	gr.
Chlorure de sodium.......	2,63940	2,46510	2,54588	2,59395
Bromure de sodium....... .	0,00360	0,00360	0,00360	0,00360
Iodure de sodium.........	0,00051	0,00048	0,00049	0,00051
Sulfure de sodium	0,01950	0,00544	0,00747	0,00234
Carbonate de soude.......	0,65040	0,49701	0,52926	0,55267
Sulfate de soude..........	0,28272	0,28664	0,28225	0,29202
— de potasse.........	0,15445	0,10663	0,15400	0,15160
Carbonate de chaux.......	0,15851	0,13178	0,18394	0,17180
— de magnésie. ..	0,03147	0,02493	0,02652	0,03346
— ferreux.........	0,00955	0,00597	0,00597	0,00525
Silice..................	0,06611	0,05971	0,05930	0,06204
Matière organique.........	0,07517	0,09279	0,09151	0,09783
Carbonate de lithine.......	0,00029	0,00029	0,00029	0,00029
— de strontiane....	0,00022	0,00019	0,00027	0,00025
— de manganèse...				
Phosphate d'alumine.....	en quantités	impondérabl.	»	»
Fluorure de calcium.......				
Ammoniaque.......				
Sommes des matériaux fixes.............	4,10190	3,73056	3,89075	3,96961

L'eau d'Uriage (Isère) est encore plus fortement chargée de chlorure de sodium et de sulfates que l'eau d'Aix-la-Chapelle. Elle offre l'exemple le plus frappant d'une eau saline devenue sulfureuse par la réduction d'une petite quantité de sulfate. 1,000 grammes d'eau d'Uriage renferment d'après M. V. Gerdy :

COMPOSITION DE L'EAU D'URIAGE.

Température............	26°
Hydrogène sulfuré libre........	0^{lit},10990 (?)
Acide carbonique.............	indéterminé.

Chlorure de sodium...........	7^{gr},23617
Iodure de calcium............	0 ,00114
Carbonate de chaux...........	0 ,20510
Sulfate de magnésie...........	1 ,42956
— de chaux.............	1 ,24560
— de soude.............	1 ,01161
Acide silicique..............	indéterminé.
	11^{gr},12918

On voit que la proportion d'acide sulfhydrique indiquée dans cette analyse est considérable, puisque l'eau d'Uriage renfermerait plus d'un dixième de son volume d'hydrogène sulfuré. Nous devons faire remarquer que Berthier avait trouvé dans ces eaux, en 1823, à la vérité avant les travaux de captage exécutés depuis cette époque, 13 milligrammes seulement d'hydrogène sulfuré en 1000 grammes d'eau.

ANALYSE DE L'EAU D'AIX (SAVOIE), PAR M. J. BONJEAN.

MATÉRIAUX CONTENUS DANS 1,000 GRAMMES.	EAU DE SOUFRE.
Température............	45°
	gr.
Acide sulfhydrique libre....	0,04140
— carbonique...................	0,02578
Azote.......................	0,03204
Sulfate de soude................	0,09602
— de chaux................	0,01600
— de magnésie..............	0,03527
— d'alumine...............	0,05480
Chlorure de sodium..............	0,00792
— de magnésium...........	0,01721
Carbonate de chaux..............	0,14850
— de magnésie.............	0,02587
— de strontiane............	traces.
— de fer.................	0,00886
Phosphate de chaux.	0,00249
Sulfate de fer.................	traces.
Iodure.....................	0,00004
Glairine....................	indéterminé.
Perte......................	0,01200
Total....................	0,43000

BIOXYDE D'HYDROGÈNE OU EAU OXYGÉNÉE.

Ce corps remarquable a été découvert en 1818 par Thénard, qui l'a obtenu par l'action du bioxyde de barium sur l'acide chlorhydrique.

Préparation. — 1° On introduit de l'acide chlorhydrique étendu dans un verre à expérience qu'on entoure de glace. D'autre part, on broie du bioxyde de barium avec de l'eau, de manière à en faire une bouillie claire, et l'on introduit l'hydrate de bioxyde de barium par petites portions dans l'acide chlorhydrique, en ayant soin de ne point saturer celui-ci extrèmement. Il se forme du chlorure de barium et de l'eau oxygénée.

$$\underset{\substack{\text{Bioxyde} \\ \text{de barium.}}}{BaO^2} + \underset{\substack{\text{Acide} \\ \text{chlorhydrique.}}}{HCl} = \underset{\substack{\text{Chlorure} \\ \text{de barium.}}}{BaCl} + \underset{\substack{\text{Eau} \\ \text{oxygénée.}}}{HO^2}$$

L'eau oxygénée étant très-étendue d'eau, il s'agit maintenant d'en former une nouvelle quantité au sein même de la solution. Pour cela on précipite celle-ci par l'acide sulfurique étendu de son volume d'eau et froid. Il se forme du sulfate de baryte qu'on sépare par le filtre. La solution renferme de nouveau de l'acide chlorhydrique avec l'eau oxygénée déjà formée.

$$\underset{\substack{\text{Chlorure} \\ \text{de barium.}}}{BaCl} + \underset{\substack{\text{Acide} \\ \text{sulfurique.}}}{SHO^4} = \underset{\substack{\text{Acide} \\ \text{chlorhydrique.}}}{HCl} + \underset{\substack{\text{Sulfate} \\ \text{barytique.}}}{SBaO^4}$$

On la traite de nouveau à froid par l'hydrate de bioxyde de barium, de manière à former une nouvelle portion d'eau oxygénée; puis, après avoir précipité de nouveau par l'acide sulfurique, on répète plusieurs fois la même suite d'opérations, jusqu'à ce que l'on ait obtenu une liqueur suffisamment chargée d'eau oxygénée.

Après la dernière addition de bioxyde de barium hydraté, on a une solution de chlorure de barium et d'eau oxygénée renfermant un léger excès d'acide chlorhydrique. On ajoute à cette liqueur du sulfate d'argent en poudre, par petites portions, et en quantité strictement nécessaire pour précipiter tout le chlore du chlorure de barium et de l'acide chlorhydrique libre. Il se forme du chlorure d'argent insoluble, du sulfate de baryte insoluble et une petite quantité d'acide sulfurique libre provenant de l'action de l'acide chlorhydrique sur le sulfate d'argent.

$$\underset{\substack{\text{Chlorure} \\ \text{de barium.}}}{BaCl} + \underset{\substack{\text{Sulfate} \\ \text{d'argent.}}}{SAgO^4} = \underset{\substack{\text{Chlorure} \\ \text{d'argent.}}}{AgCl} + \underset{\substack{\text{Sulfate} \\ \text{barytique.}}}{SBaO^4}$$

On filtre et l'on neutralise exactement la liqueur par l'eau de baryte pour précipiter l'acide sulfurique libre. Le sulfate de baryte formé étant séparé par le filtre, on a une solution d'eau oxygénée qu'on concentre dans le vide, au-dessus d'un vase renfermant de l'acide sulfurique.

2° Un procédé plus simple consiste à décomposer l'hydrate de bioxyde de barium, délayé dans l'eau, par un courant rapide d'acide carbonique pur. Il se forme du carbonate de baryte insoluble qu'on sépare par le filtre. La solution renferme de l'eau oxygénée. On l'évapore dans le vide.

$$\underset{\substack{\text{Hydrate} \\ \text{de bioxyde} \\ \text{de barium.}}}{BaO^2,HO} + CO^2 = \underset{\substack{\text{Carbonate} \\ \text{de baryte.}}}{BaO,CO^2} + HO^2$$

Propriétés. — L'eau oxygénée est un liquide incolore, inodore, épais, d'une densité de 1,452. Sa saveur est désagréable, métallique, et excite la salivation. L'eau oxygénée ne se solidifie pas à — 30°. Elle est capable de se volatiliser dans le vide.

L'eau oxygénée est un corps très-instable, qui perd facilement la moitié de son oxygène pour se convertir en eau. A 20° elle se décompose partiellement, vers 100° rapidement et avec effervescence. Cette réaction a été mise à profit pour l'analyse de l'eau oxygénée. Le bioxyde d'hydrogène dégage dans ces circonstances un volume d'oxygène dont le poids est égal à celui qui reste combiné avec l'hydrogène dans l'eau formée. On en conclut que la composition de l'eau oxygénée est représentée par la formule HO^2 ou H^2O^4.

Elle se décompose au contact d'un très-grand nombre de corps qui tantôt restent inaltérés, tantôt sont oxydés, tantôt sont réduits. De là trois classes de réaction que nous allons indiquer.

1° Lorsqu'on met de l'eau oxygénée en contact avec du peroxyde de manganèse, du noir de platine, de l'or, de l'argent, du charbon, elle se décompose rapidement et avec effervescence, sans que les corps qui ont provoqué cette décomposition éprouvent une altération sensible : ils paraissent agir non par leurs affinités chimiques, mais par leur simple *contact*. Cette décomposition de l'eau oxygénée offre une grande importance, car elle a servi de type à un grand nombre de réactions analogues et obscures comme celle-ci, parce qu'elles semblent indépendantes du jeu des affinités ordinaires. On les a désignées sous le nom d'*actions de contact*.

2° L'eau oxygénée oxyde énergiquement l'arsenic, le sélénium, qu'elle transforme en acides arsénique et sélénique. Lorsqu'on ajoute de l'eau oxygénée à une solution d'hydrate de baryte, de strontiane, de chaux, on en précipite immédiatement des hydrates de bioxydes insolubles. Mise en contact avec les hydrates de cuivre, de nickel, de cobalt récemment précipités, elle les convertit en hydrates de peroxydes. Elle oxyde le sulfure de plomb et le transforme en sulfate.

3° L'eau oxygénée réduit un certain nombre de corps. Mise en contact avec de l'oxyde d'argent, elle se décompose et provoque a décomposition de l'oxyde, et cette réaction est tellement énergique qu'elle détermine une véritable explosion. Le bioxyde d'hydrogène décolore instantanément la solution de permanganate de potasse, en donnant lieu à un dépôt brun d'hydrate manganique et en dégageant de l'oxygène. Celle-ci provient à la fois de l'acide permanganique et de l'eau oxygénée. Lorsqu'on ajoute une solution de bichromate de potasse à une solution de bioxyde de barium dans l'acide chlorhydrique (solution qui renferme de l'eau oxygénée), on observe un dégagement abondant d'oxygène et une réduction instantanée de l'acide chromique et de l'eau oxygénée. Ces curieuses réactions ont été découvertes par M. Brodie en 1850.

L'eau oxygénée se forme en petite quantité dans diverses circonstances. Elle se produit dans l'électrolyse de l'eau, autour du pôle positif, lorsqu'on opère à une basse température. M. Schœnbein admet qu'elle se produit dans toutes les oxydations lentes. Ainsi, pendant l'oxydation lente du phosphore qui donne lieu à la formation de l'ozone, il se produit aussi une petite quantité d'eau oxygénée. Il en est de même pendant l'oxydation que subissent certains métaux tels que le zinc, l'étain, le cadmium et le cuivre, en présence de l'eau, ou mieux, de l'eau acidulée. L'oxydation lente de certaines substances organiques, telles que l'éther, donne lieu pareillement à la formation d'une trace d'eau oxygénée.

Parmi les réactions que M. Schœnbein mit à profit pour découvrir de petites quantités d'eau oxygénée, nous citerons les suivantes : 1° l'empois d'amidon étendu et renfermant de l'iodure de potassium bleui, étant additionné d'une liqueur renfermant $\frac{1}{2}$ millionième d'eau oxygénée, on le voit bleuir après l'addition de quelques gouttes d'une solution de sulfate ferreux ; 2° une solution étendue d'acide chromique est bleuie par l'eau oxygénée avant d'être décolorée avec dégagement d'oxygène. Il se forme de l'acide perchromique (Barreswil), qu'on peut enlever à la liqueur en agitant celle-ci avec de l'éther ; 3° une solution étendue de permanga-

nate de potasse acidulée d'acide sulfurique est décolorée par l'eau
oxygénée ; 4° un mélange d'une solution étendue d'un sel ferrique
avec une solution de ferricyanure de potassium (prussiate rouge
de potasse), additionné d'eau oxygénée, laisse déposer du bleu de
Prusse. Ces deux dernières réactions sont fondées sur les propriétés
réductrices de l'eau oxygénée.

SOUFRE

Le soufre est connu depuis les temps les plus reculés. C'est un
des éléments les plus répandus à la surface du globe. On le trouve
à l'état de liberté dans différents terrains, principalement dans les
contrées volcaniques. La Sicile et l'Islande en offrent des dépôts
considérables. Il se présente tantôt sous forme de poussière agglomérée avec de la terre, tantôt en masses jaunâtres amorphes, tantôt
sous forme de cristaux translucides d'un jaune verdâtre.

A l'état de combinaison, on le rencontre uni à un grand nombre
de métaux et formant les sulfures naturels. Il est combiné avec
l'oxygène et avec des métaux dans les sulfates, parmi lesquels le
gypse ou sulfate de chaux hydraté est le plus abondant dans la nature. En outre, on a constaté dans le règne minéral l'existence des
acides sulfureux, sulfurique et sulfhydrique libres.

Extraction du soufre. — Pour séparer le soufre des matières terreuses qui l'accompagnent, on lui fait subir, en Sicile, une distillation dans des pots en terre. Ces pots sont munis de tubes qui s'engagent dans la tubulure d'autres pots semblables aux premiers,
mais disposés en dehors du fourneau (*fig.* 19). Celui-ci reçoit un
grand nombre de pots qui sont chauffés par la flamme du même
foyer. Le soufre fond et se volatilise. La vapeur se condense dans
les pots placés à l'extérieur et qui portent à la partie inférieure
une tubulure d'écoulement par laquelle le soufre liquide s'écoule
dans des baquets.

Le soufre brut ainsi obtenu renferme encore des impuretés, et il
est nécessaire de le soumettre à un raffinage. Cette opération
s'exécute dans l'appareil représenté *fig.* 20.

Le soufre est distillé dans deux cylindres en fonte A placé l'un à
côté de l'autre, ayant un mètre et demi de longueur et 5 décimètres
de diamètre, et adaptés chacun à un deuxième cylindre de même
diamètre, courbé en col de cygne et qui s'ouvre dans une chambre
en maçonnerie d'une capacité de 80 mètres cubes environ. Les va-

peurs de soufre viennent se condenser dans cette chambre. Les
cylindres sont chauffés directement par un foyer, et la chaleur

Fig. 19.

perdue liquéfie le soufre brut que renferme la chaudière C et avec
lequel on alimente de temps en temps le cylindre. Un registre R
est tenu par une tige articulée qui permet de fermer et d'ouvrir
l'embouchure du cylindre courbé. La chambre porte à la voûte
une soupape K qui livre passage à l'air dilaté.

Au commencement de l'opération la vapeur de soufre se condense dans la chambre sous forme pulvérulente. C'est la *fleur de
soufre* qu'on obtient ainsi. Mais lorsque dans le cours de la distillation les parois se sont échauffées au-dessus du point de fusion du
soufre, la vapeur se condense en un liquide. En tirant la tige
conique H qui bouche l'ouverture percée dans la paroi G, on fait
tomber le soufre fondu dans une chaudière E chauffée par un fourneau, et puis on l'introduit dans des moules légèrement coniques
que l'on place dans le baquet I rempli d'eau froide. Lorsque le
soufre s'est solidifié, on le retire et on place le *soufre en canons*
ainsi obtenu entre les montants du châssis en bois J, où il prend
peu à peu une belle couleur jaune-citron.

Purification de la fleur de soufre. — La fleur de soufre destinée
aux usages médicaux a besoin d'être purifiée. Elle renferme, en

Fig. 20.

effet, des acides sulfureux et sulfurique qu'on enlève par des lavages
à l'eau chaude continués jusqu'à disparition de toute réaction
acide.

Propriétés du soufre. — Le soufre est un corps solide, ordinairement jaune citron, inodore, sans saveur, friable. Il conduit mal
la chaleur et l'électricité. Un bâton de soufre que l'on serre dans

la main fait entendre des craquements et finit par se rompre, circonstance due à la dilatation inégale qu'éprouve, de la circonférence au centre, la masse peu conductrice du soufre. Par le frottement le soufre acquiert la propriété d'attirer les corps légers : il
devient électrique.

Sa densité, un peu variable, est environ le double de celle de
l'eau. Il fond à 111°,5, en formant un liquide jaune brunâtre, transparent. Lorsqu'on laisse refroidir lentement ce liquide jusqu'à ce
qu'une croûte se soit formée à sa surface, qu'on perce celle-ci et
qu'on décante la partie qui est demeurée fluide, on trouve, après
avoir enlevé la croûte, l'intérieur du vase traversé par de longues
aiguilles transparentes flexibles, d'un jaune brunâtre. Ces cristaux
sont des prismes *obliques* à base rhombe.

Telle n'est point la seule forme cristalline que puisse affecter le
soufre. Lorsque ce corps se dépose, à la température ordinaire,
du sein d'un dissolvant, il affecte la forme d'octaèdres *droits* à base
rhombe. Cette forme est aussi celle du soufre cristallisé natif. La
solution du soufre dans le sulfure de carbone, abandonnée à l'évaporation spontanée, laisse déposer le soufre octaédrique.

Il est important de faire remarquer que les deux formes cristallines que peut affecter le soufre sont incompatibles l'une avec
l'autre : elles appartiennent à deux systèmes différents. On exprime
cette curieuse propriété du soufre en disant qu'il est *dimorphe*.

La température à laquelle la cristallisation a lieu paraît influer
sur la forme des cristaux. Ainsi, à 111° le soufre se dépose toujours sous forme prismatique; mais les prismes formés par voie
de fusion ne conservent pas longtemps leur transparence et leur
flexibilité. Abandonnés pendant quelque temps à la température
ordinaire, ils deviennent opaques et cassants. Ils sont traversés
maintenant par une multitude de plans de clivage, et se sont séparés spontanément en une foule d'octaèdres microscopiques semblables à ceux que l'on obtient par voie de dissolution.

Inversement, que l'on expose un de ces octaèdres à une température inférieure à son point de fusion, de 106 à 107°, par exemple,
il deviendra opaque, et, par suite d'un travail moléculaire tout à
fait inverse du précédent, il se résoudra en une foule de petits
cristaux prismatiques (Mitscherlich).

Lorsqu'on sature à chaud la benzine avec du soufre et qu'on
laisse refroidir, il se dépose, entre 80° et 23°, des prismes et des
octaèdres (Ch. Deville).

D'un autre côté, en laissant évaporer à la température ordinaire une solution de soufre dans le sulfure de carbone, on n'obtient que des octaèdres. — Telle est l'influence de la température sur la cristallisation du soufre.

Mais voici d'autres propriétés dignes d'intérêt. Lorsqu'on chauffe du soufre dans un petit matras au-dessus de son point de fusion, on le voit prendre peu à peu une consistance épaisse et une couleur foncée. Vers 220° il s'est coloré en rouge brun, et s'est tellement épaissi qu'on peut renverser le matras sans que le soufre s'écoule. A une température plus élevée, il redevient plus fluide, mais se colore davantage. Par le refroidissement, il passe de nouveau par le même état, et retrouve vers 112° sa couleur jaune brunâtre et sa liquidité.

Soumis à un refroidissement brusque, alors qu'il est parfaitement liquide, il se solidifie entièrement et reprend son aspect ordinaire. Mais lorsqu'on projette dans l'eau froide le soufre visqueux chauffé au delà de 200°, il se prend en une masse molle, transparente, jaune brunâtre, élastique. Ce soufre a perdu toute apparence cristalline : il a passé à l'état *amorphe*. Lorsqu'on l'abandonne pendant quelques jours à lui-même, il durcit, devient opaque et reprend les propriétés du soufre ordinaire. Ce changement s'opère immédiatement si l'on chauffe le *soufre mou* à 90° ou 95°, et il s'accomplit avec dégagement de chaleur, car la température s'élève brusquement de 12° (Regnault).

La fleur de soufre possède une constitution particulière; récemment condensée, elle constitue de petites utricules présentant une enveloppe molle et un contenu liquide. Le soufre y existe à l'état amorphe.

Le soufre se dissout dans le sulfure de carbone ; mais lorsqu'on traite par ce liquide le soufre mou et la fleur de soufre, on obtient toujours un résidu qui refuse de se dissoudre (Ch. Deville). C'est une variété de soufre amorphe qu'on désigne sous le nom de *soufre mou insoluble*. Toutes les variétés de soufre qui ont subi l'action de la chaleur renferment une certaine quantité de soufre amorphe insoluble. D'après M. Berthelot, cette dernière variété de soufre se forme à une température voisine de 140°. Lorsque le soufre est trempé, c'est-à-dire refroidi brusquement, après avoir été porté à une température voisine de son point d'ébullition, il prend une couleur rouge qu'il conserve quelquefois après une nouvelle fusion et même après la cristallisation. Toutes ces modifications se lient à des différences dans l'arrangement physique des molécules, différences qui se reflètent dans les propriétés physiques. C'est ainsi que l'aspect extérieur, la couleur, la densité, la forme cristalline, le point de fusion lui-même diffèrent dans chacune des variétés dimorphes et amorphes du soufre. En ce qui concerne le point de fusion, M. Brodie place à 114°,5 celui du soufre octaédrique, à 120° celui du soufre prismatique transparent, et admet que le soufre amorphe peut fondre à 100°.

Bien plus, les différences dans la constitution physique affectent jusqu'aux propriétés chimiques elles-mêmes. Nous avons fait remarquer que, dans un certain état, le soufre est insoluble dans le sulfure de carbone, tandis que dans d'autres conditions il s'y dissout. On est allé plus loin à cet égard : M. Berthelot a émis l'opinion qu'il existait une corrélation entre les divers états physiques du soufre et ses fonctions chimiques. Ce savant distingue deux variétés principales du soufre auxquelles on peut ramener les autres, savoir : *le soufre cristallisable et soluble*, et *le soufre amorphe et insoluble*. Le premier serait un corps comburant, le second un corps combustible. Mais les preuves sur lesquelles se fonde cette opinion ne sont pas à l'abri d'objections sérieuses (Cloëz).

Quoi qu'il en soit, on désigne sous le nom d'*allotropie* l'état d'un corps simple qui présente des différences dans ses propriétés chimiques, suivant l'arrangement de ses molécules. L'allotropie est l'isomérie des corps simples.

Le soufre entre en ébullition à 440°. Sa vapeur est rouge. Elle offre, d'après M. Dumas, une densité de 6,654, lorsqu'elle a été déterminée à 500°. Chose remarquable, cette densité devient trois fois moindre lorsqu'on la détermine vers 1,000°, comme l'ont fait M. Bineau et MM. H. Deville et Troost. D'après les expériences très-exactes de ces derniers chimistes, la densité de la vapeur prise à 860°, et ramenée par le calcul à 0°, est = 2,22. Cette dernière densité est celle que le soufre affecte dans ses combinaisons gazeuses.

Le soufre est insoluble dans l'eau, très-peu soluble dans l'alcool. L'éther bouillant en prend une plus grande quantité, et les huiles essentielles le dissolvent mieux encore. On employait autrefois en médecine sous le nom de baume de soufre anisé une solution de soufre dans l'essence d'anis.

Le soufre se dissout aussi dans les huiles grasses. Son meilleur dissolvant est le sulfure de carbone.

Propriétés chimiques du soufre. — Il est doué d'affinités assez énergiques et est capable de se combiner directement avec une foule de corps simples. Tout le monde sait qu'il est combustible et qu'il brûle avec une flamme bleue. Sa combustion dans l'air ou dans l'oxygène donne naissance à l'acide sulfureux.

Le soufre s'unit directement au chlore, au brome, à l'iode, au phosphore, à l'arsenic, au charbon. Il se combine avec un grand nombre de métaux. Le fer et le cuivre brûlent dans la vapeur de soufre. Lorsqu'on abandonne à la température ordinaire un mélange humide de limaille de fer et de soufre, ces deux corps se combinent avec dégagement de chaleur, en formant du sulfure de fer noir.

Action sur l'économie et usages du soufre. — L'action du soufre sur l'économie animale est peu énergique. Pris à l'intérieur, à la dose de 6 à 8 grammes, il agit comme laxatif. Il est peu usité aujourd'hui comme médicament interne ; mais on en compose des pommades fort employées dans le traitement de diverses maladies de la peau, particulièrement de la gale. Le soufre tue l'acarus de la gale. Il détruit aussi les cryptogames parasitiques qui envahissent certains végétaux. On en fait un grand usage pour combattre la maladie de la vigne.

Le soufre entre dans la composition des allumettes chimiques et dans celle de la poudre à canon. Il sert à la préparation de l'acide sulfurique. C'est là son principal emploi.

COMBINAISONS DU SOUFRE AVEC L'OXYGÈNE.

Elles sont nombreuses et dérivent toutes de l'acide sulfureux,

$$SO^2$$

qui est la plus stable de toutes et qui se forme directement par la combustion du soufre dans l'air ou dans l'oxygène. L'acide sulfureux n'est pas saturé d'oxygène. En se combinant avec un équivalent de ce corps, il forme l'acide sulfurique anhydre,

$$SO^2.O = SO^3.$$

Mais il peut aussi se combiner avec du soufre pour former l'acide hyposulfureux, qu'on ne connaît pas à l'état anhydre, mais qui, dans cet état, serait représenté par la formule

$$SO^2.S = S^2O^2.$$

On connaît un composé de soufre et d'oxygène intermédiaire entre l'acide sulfureux et l'acide sulfurique, et qu'on a désigné sous le nom d'acide hyposulfurique. Sur 2 équivalents de soufre, il renferme, lorsqu'on le considère à l'état anhydre, 5 équivalents d'oxygène. Il est devenu le premier terme d'une série qu'on nomme *thionique*. Les acides qui en font partie renferment le même nombre d'équivalents d'oxygène que l'acide hyposulfurique, et un nombre croissant d'équivalents de soufre. On ne connaît pas ces acides à l'état anhydre. En combinaison avec les éléments de l'eau, ils sont représentés par les formules suivantes :

$$S^2HO^6 = S^2O^5,HO \quad \text{acide hyposulfurique (dithionique).}$$
$$S^3HO^6 = S^3O^5,HO \quad - \quad \text{trithionique.}$$
$$S^4HO^6 = S^4O^5,HO \quad - \quad \text{tétrathionique.}$$
$$S^5HO^6 = S^5O^5,HO \quad - \quad \text{pentathionique.}$$

ACIDE SULFUREUX.

SO^2.

Préparation. — Pour préparer l'acide sulfureux, on décompose l'acide sulfurique par le mercure. On introduit le métal et l'acide dans un ballon muni d'un tube de dégagement (*fig.* 21). On chauffe

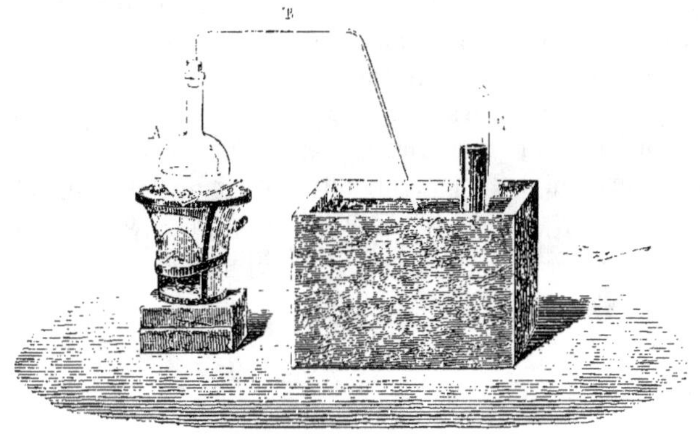

Fig. 21.

et on recueille le gaz sulfureux sur la cuve à mercure. L'acide sulfurique que l'on emploie dans cette opération n'est point l'anhydre : il est combiné avec les éléments de l'eau. Celle-ci se sépare dans la réaction, et le métal réduit la moitié de l'acide sulfurique, de manière à former de l'acide sulfureux et du sulfate de mercure, d'après l'équation suivante :

$$Hg + 2[SHO^4] = H^2O^2 + SHgO^4 + SO^2.$$

Mercure.   Acide   Eau.   Sulfate   Acide
sulfurique.   mercurique.   sulfureux.

On remplace quelquefois le mercure par le cuivre; mais l'action de ce dernier métal devient très-énergique lorsqu'on chauffe, de telle sorte que la réaction est difficile à maîtriser.

S'agit-il de préparer une solution d'acide sulfureux dans l'eau, on fait arriver le gaz dans une série de flacons de Woulf renfermant de l'eau pure, et dont le premier sert à laver le gaz. Pour faire cette préparation, on peut décomposer l'acide sulfurique par le charbon, opération moins dispendieuse que la précédente, mais qui donne le gaz sulfureux mêlé de gaz acide carbonique. Ce dernier ne se dissout point dans l'eau saturée de gaz sulfureux, mais se dégage à l'extrémité de l'appareil. La réduction de l'acide sulfurique par le charbon est exprimée par l'équation suivante :

$$2\,[SHO^4] \;+\; C \;=\; 2\,SO^2 \;+\; CO^2 \;+\; H^2O^2.$$

Acide   Charbon.   Acide   Acide   Eau.
sulfurique.   sulfureux. carbonique.

Propriétés physiques de l'acide sulfureux. — Le gaz sulfureux est incolore. Son odeur est piquante et suffocante. Sa densité est égale à 2,234. Un litre de ce gaz pèse 2^{gr},885.

Le gaz sulfureux n'est point permanent. Il se liquéfie à — 10°, sous la pression ordinaire, et à la température de + 15°, sous une pression d'environ deux atmosphères.

Pour préparer l'acide sulfureux liquide, on dirige un courant du gaz d'abord à travers une éprouvette b refroidie à 0°, puis dans un tube c renfermant des fragments de chlorure de calcium, enfin dans un matras à long col d ou dans un tube en U placé dans un mélange réfrigérant (*fig.* 22). L'acide sulfureux liquéfié possède une densité

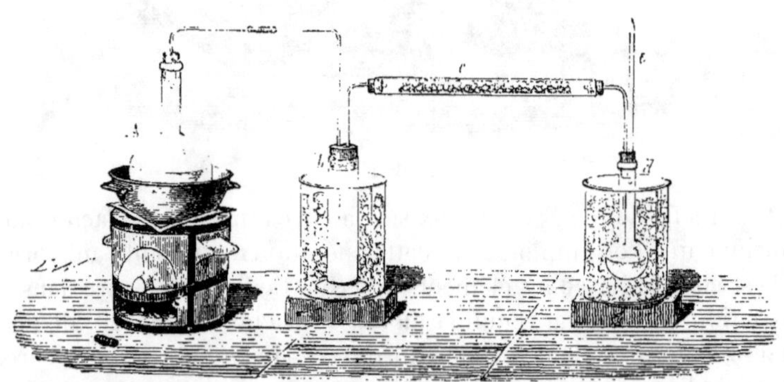

Fig. 22.

de 1,45. Il bout à — 10. En se vaporisant, il produit un froid tellement intense qu'il peut congeler le mercure. MM. Loir et Drion ont liquéfié divers gaz en faisant passer un courant rapide d'air dans l'acide sulfureux liquide, au milieu duquel était placé un tube où ils faisaient arriver le gaz à liquéfier. L'acide sulfureux liquide se solidifie à — 75°.

Composition de l'acide sulfureux. — On peut déduire sa composition de sa densité. En effet, celle-ci représente la densité de l'oxygène, plus la demi-densité de la vapeur de soufre prise à 1000°.

$$
\begin{array}{ll}
1,1057 = & \text{demi-densité de l'oxygène.} \\
1,11 = & \text{demi-densité de la vapeur de soufre à 1000°.} \\
\hline
2,2157 = & \text{densité de gaz sulfureux.}
\end{array}
$$

On remarque cependant que le nombre expérimental 2,234 est un peu plus fort que le nombre théorique 2,157. Cela tient à cette circonstance que le gaz sulfureux, très-voisin, à la température ordinaire, de son point de liquéfaction, ne prend pas à cette température toute l'expansion qu'il devrait prendre, conformément à la loi de Mariotte : il est légèrement contracté, et par conséquent un peu plus dense qu'il ne devrait être.

D'après la théorie, l'oxygène devrait conserver son volume en se transformant en acide sulfureux. Or, l'expérience démontre que le volume du gaz sulfureux est un peu moindre que celui de l'oxygène; mais en faisant abstraction de cette légère perturbation, on peut conclure néanmoins des faits qui viennent d'être exposés, qu'un volume de gaz sulfureux renferme 1 vol. d'oxygène et $\frac{1}{2}$ volume de vapeur de soufre (à 1000°).

Un volume d'oxygène répond à 1 équivalent; $\frac{1}{2}$ volume de vapeur de soufre répond à $\frac{1}{2}$ équivalent. Il en résulte que la composition de l'acide sulfureux est représentée en équivalents par les formules :

$$
\begin{array}{l}
S^{\frac{1}{2}}O \text{ répondant à 1 volume.} \\
SO^2 \text{ répondant à 2 volumes.}
\end{array}
$$

On adopte généralement cette dernière formule.

Propriétés chimiques de l'acide sulfureux. — Le gaz acide sulfureux est indécomposable par la chaleur. Il est impropre à la combustion et éteint les corps enflammés. Il n'est pas inflammable. Il est réduit par l'hydrogène au rouge avec formation d'eau et de soufre. L'hydrogène naissant le convertit en hydrogène sulfuré et en eau.

$$
\underset{\substack{\text{Acide}\\\text{sulfureux.}}}{2SO^2} + \underset{\text{Hydrogène.}}{H^6} = \underset{\substack{\text{Hydrogène}\\\text{sulfuré.}}}{H^2S^2} + \underset{\text{Eau.}}{2H^2O^2}.
$$

De là l'indication de ne jamais introduire dans un appareil propre à dégager de l'hydrogène, et en particulier dans l'appareil de Marsh, de l'acide sulfurique renfermant de l'acide sulfureux ou des substances capables de réduire l'acide sulfurique : au moment de sa mise en liberté, l'hydrogène ne manquerait pas de réduire le gaz sulfureux en formant de l'hydrogène sulfuré.

Le gaz sulfureux et l'oxygène bien secs sont sans action l'un sur l'autre; mais lorsqu'on fait passer le mélange de ces gaz dans un tube renfermant de l'éponge de platine et qu'on chauffe celle-ci légèrement, la combinaison s'opère immédiatement, et il se forme de l'acide sulfurique anhydre (Kuhlmann). Certains oxydes, comme l'oxyde de chrome et d'autres corps poreux, agissent comme l'éponge de platine dans ces circonstances (Wœhler).

En présence de l'eau, l'acide sulfureux et l'oxygène se combinent lentement à la température ordinaire pour former de l'acide sulfurique.

Action du chlore sur l'acide sulfureux. — Lorsqu'on expose à l'action directe et prolongée des rayons solaires un mélange de volumes égaux de chlore et de gaz sulfureux secs, les deux gaz se combinent pour former un liquide possédant une odeur suffocante, une densité de 1,66, et bouillant à 77°. Ce liquide est *l'acide chlorosulfurique* de M. Regnault, ou le chlorure de sulfuryle SO^2Cl. On peut l'envisager comme de l'acide sulfurique anhydre, dont 1 équivalent d'oxygène a été remplacé par 1 équivalent de chlore, ou comme le chlorure du radical composé sulfuryle $[SO^2]$.

Le même corps se forme par l'action du perchlorure de phosphore sur l'acide sulfurique hydraté (Williamson),

$$SHO^4 \ + \ PhCl^5 \ = \ PhO^2Cl^3 \ + \ HCl \ + \ SO^2Cl.$$

Acide   Perchlorure   Oxychlorure   Acide   Chlorure
sulfurique.   de phosphore.   de phosphore.   chlorhydrique.   de sulfuryle.

En présence de l'eau, l'acide chlorosulfurique se décompose en formant de l'acide chlorhydrique et de l'acide sulfurique.

$$SO^2Cl \ + \ H^2O^2 \ = \ SHO^4 \ + \ HCl.$$

Acide chloro-   Eau.   Acide   Acide
sulfurique.   sulfurique.   chlorhydrique.

Action du perchlorure de phosphore sur l'acide sulfureux. — Lorsqu'on dirige du gaz sulfureux sur du perchlorure de phosphore, il se forme un mélange d'oxychlorure de phosphore et de *chlorure de thionyle* (H. Schiff).

$$2SO^2 \ + \ PhCl^5 \ = \ 2SOCl \ + \ PhO^2Cl^3$$

Acide   Perchlorure   Chlorure   Oxychlorure
sulfureux.   de phosphore.   de thionyle.   de phosphore.

Le même corps se forme, en vertu de la même réaction, lorsqu'on distille du perchlorure de phosphore avec du sulfite de chaux (Carius).

Le chlorure de thionyle représente le chlorure du radical composé thionyle [SO]. On peut l'envisager comme de l'acide sulfureux dans lequel la moitié de l'oxygène a été remplacé par du soufre.

$$SO.O.$$
$$SO.Cl.$$

C'est un liquide bouillant de 78 à 80°. L'eau le décompose en acide sulfureux et en acide chlorhydrique.

$$SOCl \quad + \quad H^2O^2 \quad = \quad SHO^3 \quad + \quad HCl.$$
Chlorure de thionyle.   Acide sulfureux hydraté.

Action de l'eau sur l'acide sulfureux. — L'eau à 0° dissout 79,9 fois son volume d'acide sulfureux. L'eau à 20° n'en dissout que 39,4 volumes (Bunsen). Pour préparer la solution aqueuse d'acide sulfureux, on doit employer de l'eau récemment bouillie. La solution possède l'odeur suffocante du gaz. Pour la conserver pure, il faut la préserver du contact de l'air, car elle absorbe l'oxygène (page 136). On reconnaît la présence de l'acide sulfurique dans une solution d'acide sulfureux, en ajoutant à celle-ci une petite quantité d'une solution de chlorure de barium : il ne doit pas se former de précipité, la liqueur étant acidulée par l'acide chlorhydrique. En effet, le sulfite de baryte est soluble dans l'acide chlorhydrique ; le sulfate, au contraire, y est insoluble et se précipite.

On connaît des combinaisons définies d'acide sulfureux et d'eau. Lorsqu'on fait passer de l'acide sulfureux humide à travers un tube refroidi par un mélange de glace et de sel, il s'y dépose des lamelles blanches qui se maintiennent solides au-dessous de $+5°$, et dont la composition est représentée par la formule $SO^2 + 14HO$ (De la Rive).

Une solution saturée d'acide sulfureux refroidie de $-6°$ à $-8°$ et traversée par un courant de gaz sulfureux, laisse déposer, au bout de quelque temps, des cristaux renfermant 24,2 °/₀ d'acide sulfureux et 75,8 °/₀ d'eau. Dans d'autres circonstances, des cristaux qui se déposent vers 0° peuvent renfermer de 25 à 26,1 °/₀, et après une fusion et une nouvelle cristallisation 27,9 °/₀ d'acide sulfureux. M. Is. Pierre leur attribue la composition $SO^2,9HO$.

M. Dœpping a obtenu les mêmes cristaux, auxquels il attribue par erreur la formule SO^2,HO.

Propriétés réductrices de l'acide sulfureux. — L'acide sulfureux réduit un grand nombre de composés oxygénés. Il s'empare, à la température ordinaire, de l'oxygène de l'acide iodique, met l'iode à nu et se transforme en acide sulfurique. Il est absorbé par le peroxyde de plomb et forme du sulfate de plomb, $PbO,SO^3 = SPbO^4$,

$$PbO^2 + SO^2 = SPbO^4.$$

La solution pourpre de permanganate de potasse est immédiatement décolorée par l'acide sulfureux avec formation de sulfate
manganeux. L'acide arsenique est réduit à l'état d'acide arsénieux.

L'acide sulfureux décolore diverses matières végétales et animales. Lorsqu'on verse une solution de cet acide dans de la teinture de tournesol, celle-ci rougit d'abord et se décolore ensuite.
Un bouquet de violettes ou une rose qu'on plonge dans une telle
solution ou dans une atmosphère de gaz sulfureux, se décolore
rapidement. La rose blanchie reprend sa couleur première lorsqu'on la traite par l'acide sulfurique étendu d'eau. Cela semble
indiquer que, dans ce cas, l'acide sulfureux s'y trouve à l'état de
combinaison avec la matière colorante qui n'est point détruite;
car elle reparaît lorsque l'acide sulfureux est déplacé par l'acide
sulfurique. Mais dans d'autres circonstances l'acide sulfureux agit,
dit-on, en enlevant l'oxygène à la matière colorante. M. Schœnbein
admet, au contraire, que la décoloration de la matière organique
est due à une oxydation par l'ozone, qui se forme pendant l'oxydation de l'acide sulfureux lui-même. Dans les arts, on met à profit
cette propriété décolorante de l'acide sulfureux, pour blanchir la
laine et la soie.

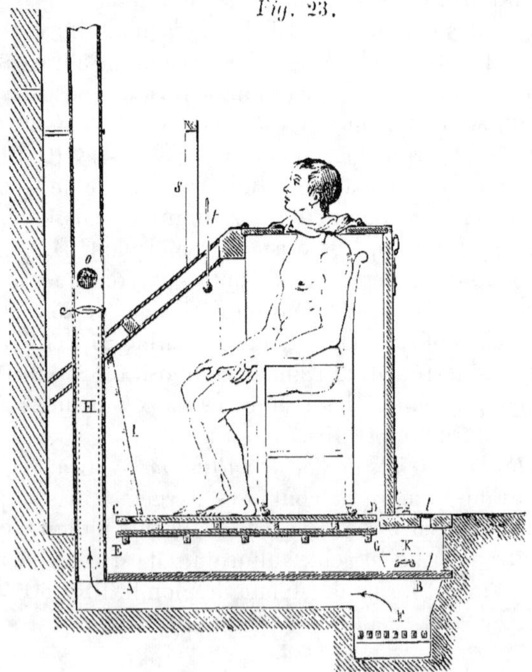

Fig. 23.

L'acide sulfureux a été employé comme désinfectant. On brûlait jadis du soufre pour assainir les lazarets, prévenir ou arrêter les maladies épidémiques et contagieuses, désinfecter les hardes des malades ou les objets de literie. Plus récemment on a fait usage de fumigations d'acide sulfureux dans le traitement de diverses maladies de la peau, particulièrement de la gale et des dartres. Le corps entier du malade, à l'exception de la tête (*fig.* 23), était enfermé dans une caisse dans laquelle on faisait arriver du gaz sulfureux. Ce mode de traitement est abandonné aujourd'hui.

ACIDE SULFURIQUE.

$$SHO^4 = SO^3,HO.$$

Cet acide est connu depuis des siècles. Basile Valentin a mentionné le premier sa préparation à l'aide du vitriol de fer. On a obtenu par ce moyen l'*huile de vitriol* jusqu'en 1720, époque à laquelle on a commencé, en Angleterre, à préparer ce corps par la combustion du soufre. Ce dernier procédé perfectionné est encore en usage aujourd'hui. Nous allons le décrire sommairement, après avoir exposé les réactions sur lesquelles il est fondé.

1° L'acide sulfureux désoxyde l'acide azotique pour former de l'acide sulfurique et de l'acide hypoazotique.

$$\underset{\substack{\text{Acide} \\ \text{sulfureux.}}}{SO^2} + \underset{\substack{\text{Acide} \\ \text{azotique.}}}{AzHO^6} = \underset{\substack{\text{Acide} \\ \text{sulfurique.}}}{SHO^4} + \underset{\substack{\text{Acide} \\ \text{hypoazotique.}}}{AzO^4}$$

2° En présence de la vapeur d'eau, l'acide hypoazotique se dédouble en bioxyde d'azote et en acide azotique.

$$\underset{\substack{\text{Acide} \\ \text{hypoazotique.}}}{3AzO^4} + \underset{\text{Eau.}}{H^2O^2} = \underset{\substack{\text{Acide} \\ \text{azotique.}}}{2(AzHO^6)} + \underset{\substack{\text{Bioyde} \\ \text{d'azote.}}}{AzO^2}$$

3° Au contact de l'air, le bioxyde d'azote s'empare de deux équivalents d'oxygène, pour passer à l'état d'acide hypoazotique.

$$\underset{\substack{\text{Bioxyde} \\ \text{d'azote.}}}{AzO^2} + \underset{\text{Oxygène.}}{O^2} = \underset{\substack{\text{Acide} \\ \text{hypoazotique.}}}{AzO^4}$$

Il en résulte :

1° Qu'il suffit, pour transformer l'acide sulfureux en acide sulfurique, de faire réagir le premier sur l'acide azotique;

2° Que l'acide hypoazotique résultant de cette première réaction peut servir à convertir une nouvelle quantité d'acide sulfureux en acide sulfurique; car au contact de la vapeur d'eau il donne du bioxyde d'azote et de l'acide azotique qui agit comme précédemment ;

3° Que le bioxyde d'azote, résidu de la seconde réaction, en absorbant l'oxygène de l'air pour se transformer en acide hypoazotique, contribue à son tour à la transformation dont il s'agit ; car l'acide hypoazotique ainsi formé, en se dédoublant au contact de la vapeur d'eau, donne de nouveau de l'acide azotique.

On voit donc que l'acide azotique, détruit sans cesse par l'acide sulfureux, tend sans cesse à se régénérer ; que, théoriquement, une quantité donnée d'acide azotique peut servir, avec le concours de l'air et de l'eau, à transformer des quantités indéfinies d'acide sulfureux en acide sulfurique. En effet, lorsque l'acide azotique se trouve ramené à l'état de bioxyde d'azote, celui-ci reprend de l'oxygène de l'air, et l'acide azotique se régénère par l'action de l'eau sur l'acide hypoazotique formé.

C'est donc, en définitive, à l'air que l'acide sulfureux prend son oxygène ; car ce dernier n'est fixé que d'une manière transitoire par le bioxyde d'azote, qui sert en quelque sorte de véhicule à l'oxygène. Il est l'intermédiaire de l'oxydation de l'acide sulfureux, et s'il ne possédait la propriété d'absorber de nouveau et directement l'oxygène, à mesure qu'il est mis en liberté, il est évident que les acides azotique et hypoazotique, une fois détruits, ne pourraient plus se régénérer.

Préparation de l'acide sulfurique. — Dans les arts, la préparation de l'acide sulfurique s'accomplit dans de vastes appareils connus sous le nom de *chambres de plomb*.

Le soufre est brûlé dans les deux fourneaux A, A (*fig.* 24), sur de larges plaques en tôle. En raison de son prix élevé, on l'a remplacé, dans beaucoup d'usines, par des pyrites dont le grillage donne de l'acide sulfureux et un résidu de peroxyde de fer. Les gaz provenant de la combustion du soufre ou des pyrites sont dirigés dans une suite de chambres en charpente, revêtues à l'intérieur de lames de plomb, et communiquant les unes avec les autres. Celle du milieu est la plus grande. Elle offre une capacité de 1,000 à 1,200 mètres cubes. Dans toutes ces chambres on distribue des jets de vapeur d'eau. Les générateurs sont chauffés par la chaleur perdue des fourneaux à combustion. L'acide sulfureux mêlé d'air se rend d'abord dans la première chambre ou tambour C, qu'on nomme *dénitrificateur* ; il y rencontre de l'acide sulfurique chargé de produits nitreux, qui coulent en nappe mince sur des tablettes de plomb. Le gaz passe ensuite dans la seconde chambre C', et

dans la troisiè-
me D, où il ren-
contre l'acide
azotique. Celui-
ci sort des tou-
rilles I, est con-
duit par des
tuyaux sur des
étagères en grès
EE, où il s'étale
et tombe en nap-
pes, de manière
à offrir une large
surface à l'action
de l'acide sulfu-
reux. Il se forme
ici de l'acide
sulfurique mêlé
de produits ni-
treux. Pour l'en
dépouiller, on le
fait retourner
dans le tambour
précédent. Le
gaz sulfureux et
les produits de
désoxydation de
l'acide azotique
se rendent en-
suite dans la
grande cham-
bre GG, où se
forme la ma-
jeure partie de
l'acide sulfuri-
que. Les gaz qui
échappent à la
réaction dans
cette chambre
se rendent dans
la dernière. L'a-
cide sulfurique
condensé tombe
sur le sol et est
recueilli dans

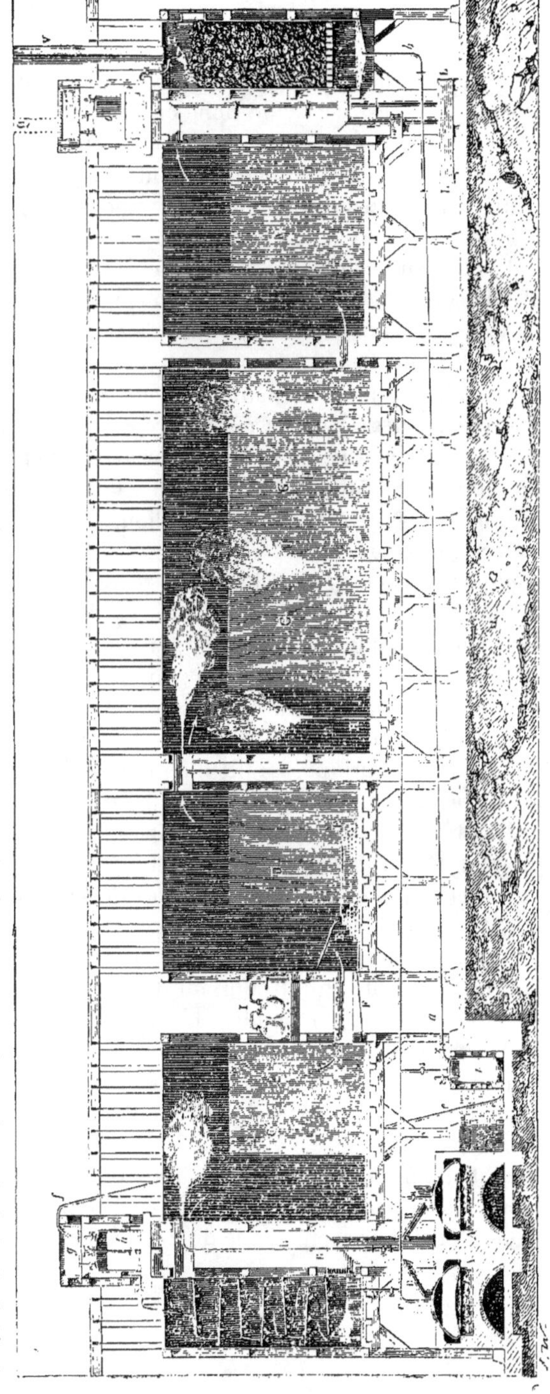

Fig. 24.

des réservoirs inférieurs. En sortant de la dernière chambre, les gaz pénètrent dans un grand cylindre rempli de coke T qu'on arrose continuellement d'acide sulfurique. Ici l'acide hypoazotique en excès, au lieu de se perdre dans l'air, se dissout dans l'acide sulfurique. C'est cet acide riche en produits nitreux qu'on fait remonter dans le vase *g* pour le déverser ensuite sur les tablettes de plomb du premier tambour. On doit à Gay-Lussac d'avoir imaginé cette dernière disposition qui réalise une grande économie en acide azotique.

L'acide sulfurique qui sort des chambres est loin d'avoir le degré de concentration nécessaire. On commence par l'évaporer dans de larges bassines en plomb, jusqu'à ce qu'il marque 59 ou 60° au pèse-acide de Baumé, et on achève ensuite la concentration dans de grandes cornues en platine, où on le chauffe jusqu'à ce qu'il marque 66 degrés. Il est nécessaire de faire cette opération dans des vases de platine ou dans des cornues de verre; car les vases de plomb seraient attaqués par l'acide à la température à laquelle le liquide doit être porté en dernier lieu.

Purification de l'acide sulfurique. — Tel qu'il est livré par le commerce, l'acide sulfurique n'est point pur. Il renferme des produits nitreux, du sulfate de plomb, et quelquefois, lorsqu'on prépare l'acide sulfureux avec des pyrites arsenicales, de l'acide arsénique. Pour le débarrasser des produits nitreux et du sulfate de plomb, on le distille en ayant soin de rejeter le premier tiers de l'acide qui a passé, et qui renferme tous les produits plus volatils que l'acide sulfurique. La distillation doit se faire dans une cornue de verre, qu'on chauffe par les parois latérales au moyen d'une grille présentant au centre un espace circulaire où repose le fond du vase (*fig.* 25). Par cette disposition, on évite les soubresauts dangereux qui ne manqueraient pas de se produire si l'on chauffait la cornue à la manière ordinaire.

On reconnaît d'ailleurs la présence des produits nitreux dans l'acide sulfurique en introduisant dans celui-ci une petite quantité de sulfate ferreux en poudre. L'acide prend alors une teinte plus ou moins foncée, depuis le rose jusqu'au brun. L'acide hypoazotique, désoxydé dans cette circonstance par le sel ferreux, est ramené à l'état de bioxyde d'azote, qui colore l'excès de sulfate ferreux.

La distillation, lorsqu'elle est faite avec les précautions convenables, débarrasse l'acide sulfurique de l'acide arsénique qu'il peut renfermer. On a recommandé de traiter l'acide sulfurique arsenical

par le sulfure de barium : il se forme du sulfate de baryte et du
sulfure d'arsenic, tous deux insolubles. On décante l'acide clarifié

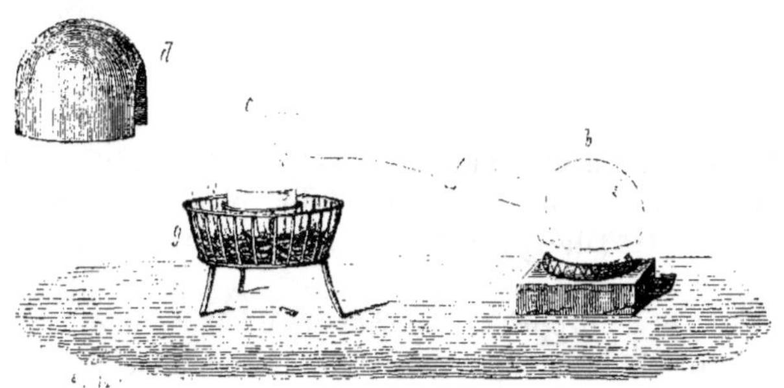

Fig. 25.

par le repos, et on le soumet à la distillation. Ce procédé n'est
point d'une exécution facile.

On reconnaît, à l'aide de l'appareil de Marsh, si l'acide sulfurique
est exempt d'acide arsénique.

Composition de l'acide sulfurique. — L'acide sulfurique, dont
nous venons de décrire le mode de préparation, n'est point l'anhydre. Il est uni aux éléments de l'eau, et représente l'acide sulfurique monohydraté. Beaucoup de chimistes admettent que l'eau
existe toute formée dans l'acide sulfurique, et lui attribuent en
conséquence la formule SO^3,HO.

Il est à remarquer cependant que cette formule n'est point l'expression d'une vérité démontrée. C'est une hypothèse ; car bien
que nous puissions former de l'acide sulfurique ordinaire en ajoutant de l'eau à l'acide sulfurique anhydre, nous ignorons si après
la combinaison ces deux corps conservent l'arrangement moléculaire qu'ils offraient avant la combinaison.

Si donc nous voulons nous borner à exprimer simplement la
composition de l'acide sulfurique sans chercher à représenter l'arrangement moléculaire de ses éléments, nous écrirons sa formule

SHO^4.

Cette formule n'exprime que le fait de la composition atomique de
l'acide sulfurique et n'implique aucune hypothèse sur le groupement
des atomes. Envisagé comme un composé d'eau et d'acide sulfu-

rique anhydre, l'acide monohydraté SO^3,HO possède une composition centésimale exprimée par les nombres suivants :

$$
\begin{array}{lr}
\text{Acide sulfurique anhydre } (SO^3)\ldots\ldots\ldots & 81,62 \\
\text{Eau} \ldots\ldots\ldots \ldots\ldots\ldots\ldots\ldots & 18,38 \\
\hline
 & 100,00
\end{array}
$$

Propriétés de l'acide sulfurique. — L'acide sulfurique purifié par distillation est un liquide incolore, oléagineux. Sa densité est $= 1,842$ à 12° (Marignac). Son point d'ébullition est situé à 325°. Il cristallise à — 34°.

Cette dernière propriété a permis à M. Marignac de préparer l'acide sulfurique monohydraté dans un grand état de pureté. Ce chimiste s'est assuré, en effet, comme Gay-Lussac et Bineau l'avaient fait avant lui, que l'acide sulfurique du commerce retient, même dans son plus grand état de concentration, une petite quantité d'eau dont il est impossible de le débarrasser par la distillation. C'est en exposant l'acide sulfurique à la congélation et en répétant plusieurs fois cette opération, que M. Marignac a obtenu le véritable acide sulfurique monohydraté. Cet acide est solide et cristallin. Son point de fusion est situé à $+ 10°,5$. Une fois fondu, il peut rester liquide jusqu'à 0° ; mais il se solidifie immédiatement lorsqu'on y introduit un cristal d'acide sulfurique. Chauffé vers 40°, il émet quelques fumées. Entre cette température et 290°, il dégage une petite quantité d'acide sulfurique anhydre. A 290°, il commence à bouillir ; mais son point d'ébullition ne tarde pas à s'élever à 338°, où il reste stationnaire. Telles sont, d'après M. Marignac, les propriétés du véritable acide sulfurique monohydraté. On voit que la présence d'une petite quantité d'eau dans l'acide ordinaire abaisse le point de fusion et le point d'ébullition de cet acide.

Lorsqu'on fait passer les vapeurs d'acide sulfurique ordinaire à travers un tube de porcelaine chauffé au rouge, il se dédouble en acide sulfureux, en oxygène et en eau.

$$ SHO^4 = SO^2 + O + HO $$

Un grand nombre de corps avides d'oxygène, métalloïdes et métaux, opèrent la réduction de l'acide sulfurique lorsqu'on les chauffe avec cet acide. Ainsi le soufre le tranforme en acide sulfureux et devient lui-même acide sulfureux.

$$ \underset{\substack{\text{Acide}\\\text{sulfurique.}}}{2SHO^4} + \underset{\text{Soufre.}}{S} = \underset{\substack{\text{Acide}\\\text{sulfureux.}}}{3SO^2} + \underset{\text{Eau.}}{H^2O^2} $$

Nous avons déjà fait connaître l'action que le charbon, le mercure, le cuivre exercent sur l'acide sulfurique (pages 133 et 134). Les métaux plus oxydables que ces derniers, comme le fer, le zinc, décomposent l'acide sulfurique en déplaçant l'hydrogène et en formant des sulfates. Cette action, peu intense avec l'acide concentré, s'accomplit énergiquement en présence d'une certaine quantité d'eau.

$$SHO^4 \quad + \quad Zn \quad = \quad S\,Zn\,O^4 \quad + \quad H$$

Acide sulfurique.   Zinc.   Sulfate de zinc.   Hydrogène.

Action de l'eau sur l'acide sulfurique. — L'acide sulfurique est très-avide d'eau : aussi la combinaison des deux corps produit-elle un grand dégagement de chaleur. Lorsqu'on les mêle brusquement dans le rapport de 4 parties d'acide et de 1 partie d'eau, la température s'élève au-dessus de 100° si l'on opère sur des quantités considérables.

Telle est l'énergie de cette combinaison, qu'on constate encore un dégagement de chaleur en mêlant 4 parties d'acide sulfurique et 1 partie de neige ou de glace. Mais si, renversant le rapport, on fait un mélange de 1 partie d'acide sulfurique et de 4 parties de glace pilée ou de neige, on observe un abaissement notable de la température. En effet, dans le second cas, la chaleur *absorbée* par la liquéfaction de la glace l'emporte sur celle qui est *dégagée* par la combinaison de l'acide sulfurique avec l'eau. Ici l'effet de l'action chimique, combinaison de l'acide avec l'eau, qui donne lieu à un dégagement de chaleur, est masqué par le phénomène physique, liquéfaction de la glace, qui donne lieu à une absorption de chaleur.

La puissante affinité de l'acide sulfurique pour l'eau est souvent mise à profit pour déshydrater certaines combinaisons. Bien plus, elle peut occasionner la formation de l'eau lorsque l'acide est mis en contact avec certains corps qui n'en renferment que les éléments. Ainsi le bois parfaitement sec, le sucre de canne, ne renferment point d'eau toute faite; mais ils renferment de l'hydrogène et de l'oxygène dans les rapports nécessaires pour la former. Lorsqu'on les met en contact avec l'acide sulfurique, ils lui abandonnent de l'eau et éprouvent une véritable carbonisation. Une allumette noircit immédiatement lorsqu'on la plonge dans l'acide sulfurique. Ce fait explique pourquoi l'acide sulfurique brunit lorsqu'il est exposé au contact de l'air. Celui-ci y dépose des poussières de nature organique qui sont carbonisées.

L'eau peut former une combinaison définie avec l'acide sulfurique monohydraté. Lorsqu'on expose à une température voisine de 0° de l'acide sulfurique auquel on a ajouté 18,3 °/₀ de son poids d'eau, on voit s'y former de gros cristaux prismatiques, qui se maintiennent solides jusqu'à $+7°$ ou $+8°$. La composition de ces cristaux est exprimée par la formule

$$SHO^4 + HO \text{ ou } SHO^4 + aq.$$

L'eau paraît y jouer le rôle d'eau de cristallisation. Lorsqu'on soumet à la distillation cet acide hydraté, il commence à bouillir à 224°; mais le point d'ébullition s'élève continuellement jusqu'à ce que le résidu se trouve ramené à l'état d'acide sulfurique monohydraté.

La combinaison de l'acide sulfurique avec l'eau donne lieu à une contraction, c'est-à-dire que le volume du mélange est toujours moindre que la somme des volumes des deux corps isolés. Ainsi 50 mesures d'acide sulfurique ajoutées à 50 mesures d'eau ne produisent que 97 mesures d'acide étendu. On a remarqué que le maximum de contraction a lieu lorsqu'on a ajouté à 49 parties pondérales d'acide sulfurique 18 parties d'eau. Ces rapports correspondent à 1 molécule d'acide sulfurique monohydraté pour 2 molécules d'eau. De ce fait on a tiré la conséquence qu'il existait un second hydrate d'acide sulfurique représenté par la formule

$$SHO^4 + 2aq.$$

Ajoutons que c'est là une pure supposition, qui n'est appuyée par aucun argument tiré soit des autres caractères physiques, soit des propriétés chimiques de la substance dont il s'agit.

L'acide sulfurique le plus concentré possible marque 66° au pèse-acide de Baumé. Son degré aréométrique diminue avec sa richesse en eau. Il est souvent fort utile de pouvoir déduire la densité et la concentration réelle du degré aréométrique. A cet effet, il suffit de consulter la table suivante, construite avec beaucoup de soin par Bineau :

DEGRÉ DE L'ARÉOMÈTRE	DENSITÉ.	LA TEMPÉRATURE ÉTANT 0°.		LA TEMPÉRATURE ÉTANT 15°.	
		Acide SHO⁴ (monohydraté) Pour 100°.	Acide anhydre. Pour 100°.	Acide SHO⁴ (monohydraté). Pour 100°.	Acide anhydre. Pour 100°.
5,0	1,360	5,1	4,2	5,4	4,5
10,0	1,075	10,3	8,4	10,9	8,9
15,0	1,116	15,5	12,7	16,3	13,3
20,0	1,161	21,2	17,3	22,4	18,3
25,0	1,209	27,2	22,2	28,3	23,1
30,0	1,262	33,6	27,4	34,8	28,4
33,0	1,296	37,6	30,7	38,9	31,8
35,0	1,320	40,4	33,0	41,6	34,0
36,0	1,332	41,7	34,1	43,0	35,1
37,0	1,345	43,1	35,2	44,3	39,2
38,0	1,357	44,5	36,3	45,5	32,2
39,0	1,370	45,9	37,5	46,9	38,3
40,0	1,383	47,3	38,6	48,4	39,5
41,0	1,397	48,7	39,7	49,9	40,7
42,0	1,410	50.0	40,8	51.2	41,8
43,0	1,424	51,4	41,9	52,5	42,9
44,0	1,438	52,8	43,1	54,0	44,1
45,0	1,453	54,3	44,3	55,4	45,2
46,0	1,468	55,7	45,5	56,9	46,4
47,0	1,483	57,1	46,6	58,2	47,5
48,0	1,498	58,5	47,8	59,6	48,7
49,0	1,514	60,0	49,0	61,1	50,0
50,0	1,530	61,4	50,1	62,6	51,1
51,0	1,546	62,9	51,3	63,9	52,2
52,0	1,563	64,4	52,6	65,4	53,4
53,0	1,580	65,9	53,8	66,9	54,6
54,0	1,597	67,4	55,0	68,4	55,8
55,0	1,615	68,9	56,2	70,0	57,1
56,0	1,634	70,5	57,5	71,6	58,4
57,0	1,652	72,1	58,8	73,2	59,7
58,0	1,671	73,6	60,1	74,7	61.0
59,0	1,691	75,2	61,4	76,3	62,3
60,0	1,711	76,9	62,8	78,0	63,6
61,0	1,732	78,6	64,2	79,8	65,1
62,0	1,753	80,4	65,7	81,7	66,7
63,0	1,774	82,4	67.2	83,9	68,5
64,0	1,796	84,6	69,0	86,3	70,4
65,0	1,819	87,4	71,2	89,5	73,0
65,5	1,830	89,1	71,3	91,8	74,9
65,8	1,837	90,4	73,8	94,5	77,1
66,0	1,842	91,3	74,5	100,0	84,6
66,2	1,846	92,5	75,5		
66,4	1,852	95,0	77,5		
66,6	1,857	100,0	81,6		

Caractères distinctifs de l'acide sulfurique. — C'est l'insolubilité du sulfate de baryte qui sert à caractériser l'acide sulfurique. Si l'on ajoute une solution de chlorure de barium ou d'azotate de baryte à une liqueur renfermant de l'acide sulfurique ou un sulfate soluble, on obtient un précipité blanc. Ce précipité ne se forme qu'au bout de quelques instants, lorsque la liqueur ne renferme que des traces d'acide sulfurique. Il ne disparaît point par l'addition d'acide chlorhydrique ou d'acide azotique, ce qui le distingue d'autres sels de baryte insolubles dans l'eau, notamment du phosphate. Lorsque, après l'avoir recueilli sur un filtre, lavé et séché, on mêle ce précipité avec du charbon et qu'on calcine le mélange dans un petit creuset, on obtient du sulfure de barium.

$$\underset{\substack{\text{Sulfate} \\ \text{de baryte.}}}{SBaO^4} + 4C = \underset{\substack{\text{Oxyde} \\ \text{de carbone.}}}{4CO} + \underset{\substack{\text{Sulfure} \\ \text{de barium.}}}{SBa}$$

On reconnaît facilement ce sulfure en humectant la masse calcinée avec de l'acide chlorhydrique étendu, qui en dégage de l'hydrogène sulfuré.

$$\underset{\substack{\text{Sulfure} \\ \text{de barium.}}}{SBa} + \underset{\substack{\text{Acide} \\ \text{chlorhydrique.}}}{HCl} = \underset{\substack{\text{Hydrogène} \\ \text{sulfuré.}}}{HS} + \underset{\substack{\text{Chlorure} \\ \text{de barium.}}}{BaCl}$$

Fonctions de l'acide sulfurique. — D'après la formule de l'acide sulfurique que nous adoptons, pour nous conformer aux traditions de l'enseignement élémentaire, cet acide est *monobasique*, c'est-à-dire qu'il peut s'unir à un équivalent de base pour former un sulfate, ou encore qu'il renferme un équivalent d'hydrogène capable d'être remplacé par un équivalent de métal. Cette réaction est exprimée par les équations suivantes :

$$\underset{\text{Acide sulfurique.}}{SO^3,HO} + \underset{\text{Oxyde.}}{RO} = \underset{\text{Sulfate.}}{SO^3,RO} + \underset{\text{Eau.}}{HO}$$

ou

$$\underset{\substack{\text{Acide} \\ \text{sulfurique.}}}{SHO^4} + \underset{\text{Oxyde.}}{RO} = \underset{\text{Sulfate.}}{SRO^4} + \underset{\text{Eau.}}{HO.}$$

Mais il est à remarquer que, par l'ensemble de ses propriétés, l'acide sulfurique doit être rangé au nombre des acides bibasiques, c'est-à-dire qui s'unissent à deux équivalents de base, ou qui renferment deux équivalents d'hydrogène capables d'être remplacés par deux équivalents de métal. Sa molécule est donc représentée par la formule double $S^2H^2O^8$ et sa réaction sur les oxydes par l'équation

$$\underset{\substack{\text{Acide} \\ \text{sulfurique.}}}{S^2H^2O^8} + 2RO = \underset{\text{Sulfate.}}{S^2R^2O^8} + H^2O^2.$$

Sans entrer dans des développements à cet égard, nous dirons que l'acide sulfurique, comme tous les acides bibasiques, est capable de former des sels acides et des sels doubles.

ACIDE SULFURIQUE FUMANT (ACIDE SULFURIQUE DE NORDHAUSEN).

$$S^2HO^7 = SO^3 + SHO^4$$

On désigne ainsi un liquide acide, oléagineux, légèrement coloré en brun, susceptible de se prendre en une masse cristalline à la température de 0°, répandant des fumées à l'air, et qui renferme une combinaison d'acide sulfurique ordinaire avec l'acide sulfurique anhydre.

On le prépare par la distillation du sulfate de fer, préalablement grillé à l'air. Le sulfate ferreux, ou couperose verte, $SFeO^4 + 7HO = FeO,SO^3 + 7HO$, commence par perdre son eau de cristallisation lorsqu'il est chauffé au contact de l'air, et se transforme ensuite en sous-sulfate ferrique en attirant l'oxygène de l'atmosphère, et en s'emparant de l'oxygène d'une portion de l'acide sulfurique qui se dégage à l'état d'acide sulfureux.

$$2(FeO,SO^3) = SO^2 + Fe^2O^3,SO^3.$$

Sulfate ferreux.   Acide sulfureux.   Sous-sulfate ferrique.

Le sous-sulfate ferrique (sulfate basique de sesquioxyde de fer), calciné dans des cornues de grès, abandonne de l'acide sulfurique anhydre lorsqu'il est parfaitement sec ; mais, comme il est difficile d'amener le sel à cet état en opérant sur une grande échelle, il en résulte que les vapeurs acides qui se dégagent renferment toujours de l'acide sulfurique ordinaire. On les condense dans des récipients dans lesquels on a placé une certaine quantité de ce dernier acide. Il reste dans la cornue un résidu d'oxyde ferrique (sesquioxyde de fer, colcothar).

Cette fabrication était exécutée autrefois à Nordhausen, petite ville située près du Harz. Aujourd'hui elle est principalement pratiquée en Bohême. Le procédé employé ne donne point un produit parfaitement défini et renfermant une quantité invariable d'acide sulfurique anhydre. Cela résulte déjà de la description même que nous venons d'en donner. Ordinairement l'acide sulfurique fumant contient, indépendamment d'une combinaison d'acide sulfurique ordinaire et d'acide sulfurique anhydre ($SHO^4 + SO^3$), un excès plus ou moins considérable d'acide ordinaire. On peut en séparer à l'état de pureté la combinaison dont il s'agit en distillant le produit commercial et en recueillant les premiers produits de la distillation. Le liquide qui a passé se prend en masse à la température ordinaire. On le laisse égoutter à 30°, et l'on obtient ainsi un produit fusible à 35°, répandant des vapeurs blanches à l'air, et qui constitue la combinaison

$$SHO^4 + SO^3 = (2SO^3)HO.$$

L'acide sulfurique de Nordhausen est employé dans les arts pour dissoudre l'indigo. Cette solution est désignée sous le nom de *bleu de composition* ou *bleu de Saxe*.

ACIDE SULFURIQUE ANHYDRE.

$$SO^3$$

L'acide sulfurique de Nordhausen fume à l'air parce qu'il émet, déjà à la température ordinaire, des vapeurs d'acide sulfurique anhydre, qui condensent l'humidité atmosphérique. Il suffit de chauffer légèrement l'acide fumant pour que ces vapeurs deviennent très-abondantes. Dirigées dans un récipient bien refroidi, elles se condensent en aiguilles soyeuses, semblables à l'asbeste. Ce corps solide est l'acide sulfurique anhydre.

On peut aussi préparer cet acide en chauffant au rouge, dans une cornue de grès, du bisulfate de soude anhydre $(2SO^3)NaO$, qui abandonne à cette température la moitié de l'acide qu'il renferme pour se convertir en sulfate neutre $SO^3,NaO = SNaO^4$.

Un troisième procédé de préparation consiste à faire arriver dans un long tube, renfermant de l'éponge de platine chauffée, un mélange de gaz sulfureux et d'oxygène desséchés avec soin. Les deux gaz se combinent (page 136), et forment de l'acide sulfurique anhydre qu'on recueille dans un récipient bien refroidi.

Propriétés de l'acide sulfurique anhydre. — L'acide sulfurique anhydrique, ou l'anhydride sulfurique, se présente sous forme de cristaux très-déliés, soyeux, offrant l'apparence de l'asbeste. Son point de fusion n'est pas constant; tantôt il fond à 18°, tantôt à 100°. Selon M. Marignac, ces différences tiennent à l'existence de deux modifications de l'acide sulfurique anhydre. Fondu, cet acide entre en ébullition de 30 à 35°. Il possède, à la température ordinaire, une tension de vapeur considérable; aussi répand-il à l'air d'épaisses vapeurs blanches dues à la condensation de l'humidité atmosphérique. Il est tellement avide d'eau que, lorsqu'on le projette dans ce liquide, il fait entendre un sifflement pareil à celui que produit l'immersion d'un fer rouge. Une petite quantité d'eau que l'on verse dans un flacon renfermant de l'acide sulfurique anhydre, détermine une véritable explosion avec dégagement de lumière. Cette explosion est due à cette circonstance qu'une quantité considérable de vapeur se forme subitement, par suite de la chaleur intense que dégage la combinaison de l'acide sulfurique anhydre avec l'eau.

Lorsqu'on fait arriver les vapeurs de cet acide au contact de la baryte caustique, cette base est portée à une vive incandescence, et se combine avec l'acide pour former du sulfate de baryte. Dirigées à travers un tube de porcelaine rempli de fragments de porcelaine et chauffé au rouge, les vapeurs d'acide sulfurique anhydre se décomposent en acide sulfureux et en oxygène. Pour 1 volume d'oxygène on recueille dans cette expérience 2 volumes d'acide sulfureux. On en conclut que l'acide sulfurique anhydre renferme 3 volumes d'oxygène et 1 volume de vapeur de soufre. Car nous savons que 2 volumes d'acide sulfureux renferment 2 volumes d'oxygène et 1 volume de vapeur de soufre (déterminée à $1000°$). En équivalents, la composition de l'acide sulfurique anhydre sera réprésentée par la formule SO^3. En effet S, l'équivalent du soufre, et O, l'équivalent de l'oxygène, répondent chacun à 1 volume.

ACTION DE L'ACIDE SULFURIQUE SUR L'ÉCONOMIE ANIMALE.

L'acide sulfurique étendu d'eau ou mêlé à l'alcool est quelquefois employé à l'intérieur comme tempérant ou comme hémostatique. On l'administre ordinairement à l'état de solution alcoolique. Il réagit sur l'alcool de manière à former un composé que nous décrirons dans le tome II, en traitant de l'alcool.

L'acide sulfurique concentré est un des poisons irritants les plus énergiques. Mis en contact avec la peau, il détermine immédiatement une sensation de chaleur à laquelle succède bientôt une douleur brûlante. Pour peu que le contact se prolonge, les téguments se désorganisent. Ultérieurement, les parties dénudées et altérées deviennent le siége d'une suppuration abondante. Ces désordres surviennent plus rapidement encore lorsque l'acide sulfurique touche des membranes muqueuses. L'acide concentré les dessèche et les mortifie immédiatement; l'acide moyennement étendu d'eau y provoque une violente inflammation.

Ce qui précède laisse pressentir la gravité des accidents que détermine l'ingestion dans l'estomac de l'acide sulfurique concentré ou moyennement étendu d'eau.

Voici les principaux *symptômes* de l'empoisonnement par cet acide : Chaleur brûlante dans la bouche, dans l'œsophage, dans l'estomac; douleurs vives, prenant bientôt une intensité excessive, surtout vers la région épigastrique; nausées, hoquets, vomissements de matières grisâtres ou sanguinolentes, déterminant une effervescence lorsqu'elles tombent sur des dalles calcaires; plus tard haleine fétide, soif extrême, déglutition difficile.

Tuméfaction, tension et sensibilité du ventre, douleurs dans la région hypogastrique lorsque le poison est descendu dans les intestins, ou qu'il est répandu dans la cavité abdominale après avoir perforé le tube digestif.

Pouls petit, précipité; sensation de froid très-marquée à la peau; visage profondément altéré, sueurs froides; agitation continuelle, anxiété extrême. Facultés intellectuelles le plus souvent intactes.

Lorsque l'acide a été ingéré à l'état de concentration, une mort prompte peut mettre fin aux souffrances du malade. Les parois de l'estomac sont alors complétement désorganisées et perforées. Dans ce cas, les douleurs sont quelquefois moins intenses que celles qui suivent l'ingestion d'un acide étendu. Celui-ci enflamme les tissus, mais n'en éteint point la sensibilité, en les mortifiant comme l'acide concentré. Cette inflammation peut se terminer par la mort, soit immédiatement, soit après avoir passé à l'état chronique, ou bien elle peut céder à l'action d'un traitement bien dirigé.

A l'autopsie des individus qui ont succombé à un empoisonnement par l'acide sulfurique on constate les *lésions* suivantes :

Taches grisâtres ou brunâtres au pourtour de la bouche ou sur les lèvres; taches d'un blanc grisâtre, escarres ou ulcérations plus ou moins étendues dans la bouche, sur la langue, sur le voile du palais et dans l'arrière-bouche.

L'estomac et les intestins sont le siége de désordres plus ou moins graves. On y constate tous les effets de l'inflammation, depuis la simple rougeur de la muqueuse jusqu'au ramollissement et la perforation de toutes les tuniques. Tantôt la muqueuse seule est atteinte, tantôt la musculeuse participe à l'inflammation, et la séreuse seule est préservée, tantôt les trois membranes sont enflammées. Les tissus peuvent être ou épaissis, ou ramollis, ou détruits, et l'on peut y constater des ecchymoses, des escarres, des ulcères et des perforations. La couleur de la surface varie. Elle peut être grise, jaunâtre, rouge-cerise, rouge-brun ou noirâtre; le plus souvent elle présente par plaques plusieurs de ces teintes. Tantôt cette surface est à nu, tantôt elle est enduite d'un liquide jaunâtre ou noirâtre qui y adhère.

Il résulte de ce qui vient d'être exposé que l'action redoutable de l'acide sulfurique est une action toute locale. Ingéré dans le tube digestif, cet acide y produit des désordres qui, à eux seuls, peuvent entraîner la mort. Telle est, en général, l'action des poisons corrosifs dont l'acide sulfurique est le type.

Pour combattre cette action, la première indication à remplir c'est de neutraliser le poison. La magnésie calcinée, délayée dans de l'eau tiède, convient très-bien dans le cas de l'acide sulfurique. Elle forme avec cet acide un sel neutre qui n'exerce qu'une action purgative. L'ingestion d'un excès de magnésie n'offrirait d'ailleurs aucun inconvénient. Dans le cas où le contre-poison ne pourrait pas être administré immédiatement, il conviendrait de gorger le malade d'eau albumineuse, selon le conseil d'Orfila, dans le but de provoquer des vomissements et l'évacuation d'une certaine quantité d'acide.

Ultérieurement on emploiera un traitement antiphlogistique, et l'on prescrira tous les moyens propres à combattre l'inflammation gastro-intestinale développée par l'acide sulfurique.

Recherche de l'acide sulfurique dans les cas d'empoisonnement. — On recueille avec soin les liquides vomis et les matières contenues dans le tube digestif ou dans la cavité abdominale, dans le cas où il y a eu perforation; on y ajoute de l'eau distillée, on fait bouillir pendant quelques instants, puis on jette sur un filtre, et on lave le résidu avec de l'eau distillée. On constate maintenant, à l'aide d'un papier de tournesol bleu, la réaction de la liqueur filtrée. Mais cette épreuve n'est rien moins que concluante, par la raison que le suc gastrique est naturellement acide. Dans le cas où l'on n'aurait constaté qu'une faible réaction acide, il serait nécessaire d'épuiser par l'eau les parois du tube intestinal lui-même. A cet effet, on les coupe par petits morceaux et on les introduit avec de l'eau distillée dans un ballon; on chauffe celui-ci au bain-marie pendant une heure, puis on filtre; on réunit toutes les liqueurs filtrées et on les évapore dans une capsule de porcelaine au bain-marie. Lorsque la liqueur, réduite à un petit volume et devenue fortement acide, commence à se colorer en se desséchant sur les bords de la capsule, on la laisse refroidir et on y ajoute quatre fois son volume d'alcool absolu. On filtre la liqueur alcoolique, on y ajoute son volume d'eau, on chasse l'alcool par l'évaporation, et après avoir, au besoin, filtré de nouveau la liqueur, on la partage en deux portions.

1. A la première portion on ajoute une solution d'azotate de

baryte. S'il se forme un précipité, on additionne la liqueur de quelques gouttes d'acide azotique, pour constater l'insolubilité du précipité dans cet acide; puis on filtre, on lave et on dessèche le précipité, et on le transforme en sulfure en le calcinant au rouge vif avec du charbon, comme il a été dit plus haut. Cette opération peut se faire dans un petit creuset brasqué [1], ou mieux, dans un petit creuset de charbon qu'on place dans un creuset ordinaire et qu'on entoure de poudre de charbon.

L'opération terminée, on reprend la masse calcinée par une petite quantité d'eau bouillante; on filtre, et on partage la liqueur filtrée en deux parties. On ajoute quelques gouttes d'acide chlorhydrique à la première portion : il se dégage de l'hydrogène sulfuré, qui répand une odeur d'œufs pourris et qui brunit un papier imprégné d'acétate de plomb. On fait passer quelques bulles de chlore dans la seconde portion de la solution du sulfure de barium : on obtient un précipité blanc jaunâtre de soufre très-divisé.

Dans le cas où l'on n'aurait à sa disposition qu'une petite quantité du produit calciné, on se bornerait à constater le dégagement d'hydrogène sulfuré, en mouillant directement ce produit avec quelques gouttes d'acide chlorhydrique étendu.

2. La seconde portion de la liqueur acide est concentrée avec précaution au bain-marie, puis introduite dans un petit ballon ou dans un tube bouché, au fond duquel on dépose une petite quantité de cuivre. On porte à l'ébullition : il se dégage du gaz sulfureux qu'on reconnaît à son odeur, et à la propriété qu'il possède de bleuir un papier imprégné à la fois d'une solution d'iodate de potasse et d'empois d'amidon. Celui-ci bleuit par l'iode mis en liberté.

Dans le procédé qu'on vient de décrire, on recommande d'ajouter de l'alcool à la liqueur aqueuse concentrée, que l'on suppose renfermer de l'acide sulfurique. Cette addition a pour but de précipiter les sulfates et de séparer ainsi l'acide sulfurique libre de l'acide sulfurique combiné avec les bases. Des sulfates à base d'alcali sont naturellement contenus dans nos humeurs; du sulfate de soude ou du sulfate de magnésie peuvent avoir été administrés comme purgatifs : il importe de ne pas les confondre avec l'acide sulfurique libre.

A l'égard du sulfate de magnésie, un cas particulier peut se présenter. En effet, ce sel se forme lorsqu'on administre la magnésie

---

1. On nomme ainsi un creuset garni à l'intérieur de poudre de charbon fortement tassée et dans laquelle on a creusé une cavité centrale.

à un malade empoisonné par l'acide sulfurique. Sa présence dans
le tube digestif fournit, dans ce cas, une présomption que les indications du médecin et les circonstances de la cause peuvent changer en certitude. Il est à remarquer d'ailleurs qu'on peut découvrir,
indépendamment du sulfate de magnésie que l'alcool précipite,
une certaine quantité d'acide sulfurique libre qui y reste en dissolution. En effet, il peut se faire que la magnésie n'ait pas pénétré
dans tous les replis du tube digestif, et n'ait pas neutralisé la totalité de l'acide.

ACIDE HYPOSULFURIQUE.

$$S^2HO^6 = S^2O^5,HO$$

Cet acide a été découvert par Welter en 1819, et étudié par Gay-
Lussac et Welter. Il se forme lorsqu'on dirige un courant de gaz
sulfureux dans de l'eau tenant en suspension du bioxyde de manganèse finement pulvérisé. Celui-ci est réduit par l'acide sulfureux,
et il se forme de l'hyposulfate de manganèse $S^2MnO^6 = MnO,S^2O^5$,
qui se dissout dans l'eau.

$$2SO^2 \ + \ MnO^2 \ = \ S^2MnO^6.$$

Acide   Peroxyde   Hyposulfate
sulfureux.   de manganèse.   de manganèse.

Une certaine quantité de sulfate de manganèse prend naissance
en même temps. On en évite autant que possible la formation en
refroidissant le vase où s'opère la réaction du gaz sulfureux sur le
bioxyde. Pour séparer le sulfate de l'hyposulfate, on ajoute à la
liqueur filtrée une solution de sulfure de barium. Il se forme, par
double décomposition, du sulfure de manganèse, du sulfate de baryte et de l'hyposulfate de baryte. Les deux premiers corps sont
insolubles, tandis que l'hyposulfate de baryte reste dissous. On
filtre et l'on ajoute avec précaution de l'acide sulfurique étendu à la
solution de l'hyposulfate, jusqu'à ce qu'il ne s'y forme plus de précipité de sulfate de baryte. Après avoir séparé ce dernier par le
filtre, on concentre dans le vide la solution d'acide hyposulfurique.

A l'état de pureté, cet acide est sirupeux. Sa densité ne dépasse
pas 1,347. Il est peu stable. Sa composition est exprimée par la
formule

$$S^2HO^6 = S^2O^5,HO.$$

Lorsqu'on le fait bouillir il se dédouble en acide sulfurique et en
acide sulfureux.

$$S^2HO^6 \ = \ SO^2 \ + \ SHO^4$$

Acide   Acide   Acide
hyposulfurique.   sulfureux.   sulfurique.

Lorsqu'on le fait bouillir avec de l'acide azotique, il se convertit en acide sulfurique. Il est oxydé de même par le chlore en présence de l'eau.

$$S^2HO^6 \;+\; H^2O^2 \;+\; Cl \;=\; ClH \;+\; 2SHO^4.$$
Acide   Acide   Acide
hyposulfurique.   chlorhydrique. sulfurique.

Il ne forme point de précipité dans la solution des sels de baryte. Ces caractères le distinguent suffisamment de l'acide sulfurique.

ACIDE HYPOSULFUREUX.

On ne connaît pas cet acide à l'état de liberté. Il se forme dans plusieurs réactions, dont nous indiquerons les suivantes :

1° Certains métaux, comme le zinc et le fer, se dissolvent sans effervescence dans l'acide sulfureux, et forment des hyposulfites et des sulfites (Mitscherlich).

$$3SO^2 \;+\; 2Zn \;=\; ZnO,S^2O^2 \;+\; ZnO,SO^2.$$
Acide   Zinc.   Hyposulfite   Sulfite
sulfureux.   de zinc.   de zinc.

2° Lorsqu'on fait bouillir la solution d'un sulfite avec du soufre, celui-ci se dissout, et il se forme un hyposulfite (Vauquelin).

$$NaO,SO^2 \;+\; S \;=\; NaO,S^2O^2$$
Sulfite   Hyposulfite
de soude.   de soude.

3° Lorsqu'on fait bouillir un lait de chaux ou une solution de potasse avec de la fleur de soufre, il se forme un polysulfure et un hyposulfite

$$3[KO,HO] \;+\; 12S \;=\; 2KS^5 \;+\; KO,S^2O^2 \;+\; 3HO.$$
Hydrate   Pentasulfure   Hyposulfite
de potasse.   de potassium.   de potasse.

La même réaction s'accomplit lorsqu'on fond à une basse température du soufre avec un hydrate ou un carbonate alcalin.

En ajoutant de l'acide sulfurique à la solution d'un hyposulfite, on met en liberté de l'acide hyposulfureux, qui se dédouble immédiatement en soufre et en acide sulfureux.

ACIDE SULFHYDRIQUE OU HYDROGÈNE SULFURÉ.

SH

Ce corps, entrevu par Meyer et Rouelle dans la seconde moitié du dix-huitième siècle, a été étudié par Scheele et par Berthollet. Il existe à l'état de dissolution dans certaines eaux sulfureuses. MM. Ch. Deville et F. Leblanc ont constaté sa présence parmi les émanations gazeuses qui s'échappent des fumerolles d'acide borique en Toscane.

Deux procédés sont employés dans les laboratoires pour la préparation de l'hydrogène sulfuré.

Celui qui donne le gaz le plus pur consiste à décomposer le sulfure d'antimoine par l'acide chlorhydrique. Il se forme du chlorure d'antimoine et de l'hydrogène sulfuré, réaction qui est exprimée par l'équation suivante :

$$Sb\,S^3 \;+\; 3\,HCl \;=\; Sb\,Cl^3 \;+\; 3\,HS$$

Sulfure   Acide   Chlorure   Hydrogène
d'antimoine.   chlorhydrique.   d'antimoine.   sulfuré.

On place le sulfure d'antimoine dans un ballon A muni d'un tube de sûreté, par lequel on introduit l'acide par petites portions. On chauffe modérément pour activer la réaction. L'hydrogène sulfuré qui se dégage se rend d'abord dans un flacon laveur B, et ensuite recueilli dans des éprouvettes pleines d'eau, et renversées sur une cuve remplie du même liquide (*fig.* 26). Quoique l'hydrogène sul-

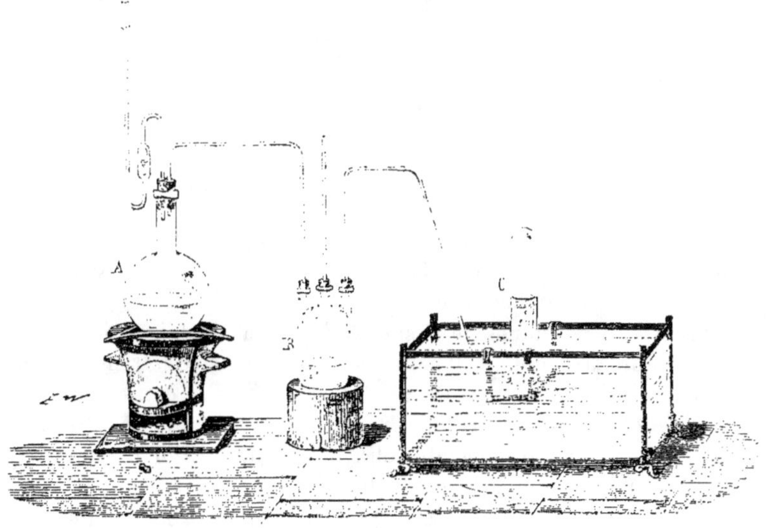

Fig. 26.

furé soit assez soluble dans l'eau, on ne le recueille pas sur la cuve à mercure : il noircirait le métal.

Un second procédé consiste à traiter le sulfure de fer artificiel par l'acide sulfurique étendu d'eau. Le sulfure fondu et cassé en morceaux est introduit avec une certaine quantité d'eau dans un flacon de Woulf, à deux tubulures. On verse l'acide par petites portions, par un tube à entonnoir, et on recueille le gaz dans des éprouvettes remplies d'eau (*fig.* 27).

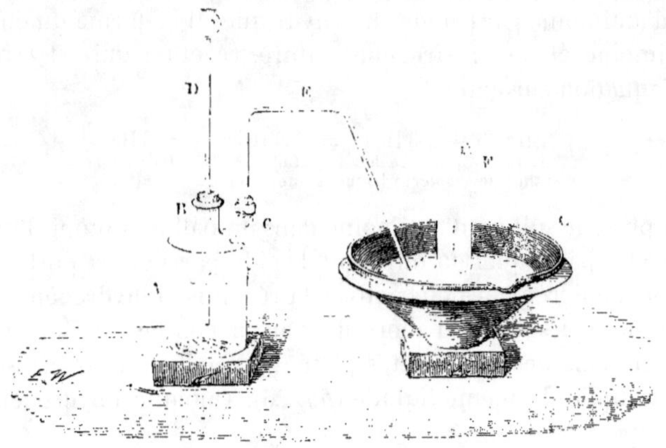

Fig. 27.

La réaction qui donne naissance à l'hydrogène sulfuré est représentée par l'équation suivante :

$$SHO^4 \quad + \quad SFe \quad = \quad SFeO^4 \quad + \quad HS$$

Acide   Sulfure   Sulfate   Hydrogène.
sulfurique.   de fer.   ferreux.   sulfuré.

S'agit-il de préparer une solution du gaz sulfhydrique, on le fait arriver, après l'avoir lavé, dans de l'eau privée d'air et contenue dans une série de flacons de Woulf.

Propriétés physiques de l'acide sulfhydrique. — L'hydrogène sulfuré est un gaz incolore. Il est doué d'une odeur pénétrante d'œufs pourris. Sous la pression de 17 atmosphères, il se condense en un liquide fortement réfringent et possédant une densité de 0,91 environ. On peut préparer l'acide sulfhydrique liquide en abandonnant à lui-même, dans un tube recourbé en U et hermétiquement fermé, du bisulfure d'hydrogène. Ce corps se décompose spontanément en soufre et en hydrogène sulfuré. Celui-ci, en s'accumulant dans un espace clos, se liquéfie sous l'effort de sa propre pression. Pour le séparer du soufre mis en liberté en même temps, on chauffe légèrement une des branches du tube en U, et on plonge l'autre dans un mélange réfrigérant. L'acide liquide distille et se rassemble dans cette dernière. On peut aussi le préparer en comprimant le gaz sulfhydrique à l'aide d'une pompe foulante. L'acide sulfhydrique liquéfié se prend à — 85°,5 en une masse blanche cristalline (Faraday).

La densité du gaz sulfhydrique est de 1,1912 (Gay-Lussac et Thenard). Elle représente la densité de l'hydrogène ajoutée à la demi-densité de la vapeur de soufre (déterminée à 1000°). En effet,

si à la densité de l'hydrogène.................... 0,0692
on ajoute la demi-densité de la vapeur de soufre... 1,11

on obtient le nombre 1,1792

qui représente sensiblement la densité expérimentale du gaz sulfhydrique.

Composition de l'acide sulfhydrique. — On conclut de ce qui précède qu'un volume d'hydrogène sulfuré renferme 1 volume d'hydrogène et 1/2 volume de vapeur de soufre, ou, ce qui revient au même, que 2 volumes d'hydrogène sulfuré renferment 2 volumes d'hydrogène et 1 volume de vapeur de soufre.

En équivalents, la composition de l'hydrogène sulfuré est exprimée par la formule HS, dans laquelle H représente 1 partie pondérale d'hydrogène, et S 16 parties pondérales de soufre.

La composition centésimale de l'hydrogène sulfuré peut être déduite de sa densité et de sa composition volumétrique.

En effet, nous savons que dans 1,1912 parties d'hydrogène sulfuré (quantité qui représente sa densité), il existe 0,0692 parties d'hydrogène (quantité qui représente la densité de l'hydrogène) et 1,122 parties de soufre (quantité qui représente la demi-densité de la vapeur de soufre). Il sera donc facile de rapporter ces nombres à 100 parties, pour obtenir la composition centésimale, à l'aide des proportions suivantes :

$$\frac{1,1912}{0,0692} = \frac{100}{x}$$

$x = 5,89$ et représente l'hydrogène contenu dans 100 parties d'hydrogène sulfuré.

$$\frac{1,1912}{1,122} = \frac{100}{y}$$

$y = 94,11$ et représente le soufre contenu dans 100 parties d'hydrogène sulfuré, dans lesquelles on trouve par conséquent :

Hydrogène.............................. 5,89
Soufre............................. 94,11

100.00

La formule HS représente 2 volumes comme la formule HO. Dans l'une et l'autre formule, H représente un équivalent ou 2 volumes d'hydrogène.

Ainsi, la composition de l'hydrogène sulfuré est analogue à celle de l'eau. On peut dire que l'hydrogène sulfuré est de l'eau dans laquelle l'oxygène a été remplacé par une quantité équivalente de soufre.

Propriétés chimiques de l'acide sulfhydrique. — L'hydrogène sulfuré brûle à l'air au contact d'un corps enflammé. Sa flamme est bleuâtre. Mêlé avec de l'oxygène, il détone sous l'influence de la chaleur. Un volume de ce gaz exige pour sa combustion complète 1 volume 1/2 d'oxygène. Il se forme de l'acide sulfureux et de la vapeur d'eau. A l'air, la combustion est ordinairement incomplète, et donne lieu à un dépôt de soufre dans l'éprouvette où elle s'opère. Ce soufre résulte de la réaction de l'acide sulfureux d'abord formé sur le gaz sulfhydrique. (Voir plus loin.)

L'hydrogène sulfuré est faiblement acide. Il colore la teinture de tournesol en rouge vineux. Il se combine avec certains sulfures, tels que le sulfure de potassium KS, pour former des sulfhydrates de sulfure (HS,KS).

L'hydrogène sulfuré et l'oxygène étant mêlés secs se conservent sans altération à la température ordinaire. Mais l'intervention de l'eau détermine une oxydation lente : il se forme de l'eau et il se dépose du soufre. Lorsque cette oxydation s'accomplit en présence d'un corps poreux, d'une étoffe mouillée par exemple, le soufre lui-même peut s'oxyder et former de l'acide sulfurique (Dumas).

Le chlore, le brome et l'iode décomposent l'hydrogène sulfuré en s'emparant de son hydrogène et en mettant le soufre à nu. Lorsque les gaz sont secs, le soufre peut se combiner avec l'excès du corps qui réagit, de manière à former un chlorure, un bromure ou un iodure de soufre. Lorsqu'on fond l'étain dans l'hydrogène sulfuré, il se forme du sulfure d'étain et il reste de l'hydrogène dont le volume est égal à celui de l'hydrogène sulfuré (Gay-Lussac et Thenard).

L'hydrogène sulfuré se dissout dans l'eau. A 0° celle-ci en absorbe 4^{vol},37 ; à 10° elle en absorbe 3^{vol},58 ; à 20° elle n'en absorbe que 2^{vol},90. L'alcool en prend 17^{vol},89 à 0°. La solution aqueuse exhale l'odeur caractéristique du gaz. Exposée à l'air, elle devient trouble et laisse déposer du soufre.

M. Wœhler a décrit une combinaison cristalline d'hydrogène sulfuré et d'eau. Elle se forme lorsqu'on fait passer de l'hydrogène sulfuré à travers de l'alcool renfermant une petite quantité d'eau et refroidi à — 18°. Elle ne se maintient à la température ordinaire que sous une pression de 17 atmosphères.

Les corps riches en oxygène décomposent l'hydrogène sulfuré en formant de l'eau. L'acide azotique monohydraté l'enflamme à la température ordinaire, en dégageant d'abondantes vapeurs nitreuses. Une partie du soufre se dépose et une autre partie se transforme en acide sulfurique.

Lorsqu'on mélange un volume de gaz sulfureux avec 2 volumes de gaz hydrogène sulfuré, on n'observe aucune réaction, les gaz étant secs. Mais en présence de l'humidité, ceux-ci se décomposent réciproquement, et il se forme de l'eau et du soufre.

$$2\,H^2S + SO^2 = H^2O^2 + S^2.$$

L'acide sulfurique concentré est décomposé par l'hydrogène sulfuré. Il se forme de l'eau, du gaz sulfureux et un dépôt de soufre.

L'acide chromique est décomposé de même par l'hydrogène sulfuré et se trouve ramené à l'état d'oxyde de chrôme. Lorsqu'on fait passer de l'hydrogène sulfuré à travers la solution d'un sel ferrique, celui-ci est ramené à l'état de sel ferreux, et il se forme de l'eau et un dépôt de soufre.

Un grand nombre de dissolutions métalliques sont précipitées par l'hydrogène sulfuré, avec formation de sulfures qui se précipitent. Les sels de cuivre, de bismuth, de plomb, de mercure, d'argent, d'étain, d'antimoine, d'or, etc., sont dans ce cas. La formation et la couleur des précipités, leur solubilité ou leur insolubilité dans le sulfhydrate d'ammoniaque, servent souvent à caractériser les sels métalliques et même à séparer les métaux les uns des autres. L'équation suivante rend compte de la réaction de l'hydrogène sulfuré sur le chlorure mercurique et sur le sulfate de cuivre, réactions que nous choisirons pour exemples.

$$\underset{\substack{\text{Chlorure} \\ \text{mercurique.}}}{HgCl} + \underset{\substack{\text{Hydrogène} \\ \text{sulfuré.}}}{HS} = \underset{\substack{\text{Sulfure} \\ \text{mercurique.}}}{HgS} + \underset{\substack{\text{Acide} \\ \text{chlorhydrique.}}}{HCl.}$$

$$\underset{\substack{\text{Sulfate} \\ \text{de cuivre.}}}{SCuO^4} + \underset{\substack{\text{Hydrogène} \\ \text{sulfuré.}}}{HS} = \underset{\substack{\text{Sulfure} \\ \text{de cuivre.}}}{CuS} + \underset{\substack{\text{Acide} \\ \text{sulfurique.}}}{SHO^4.}$$

Action de l'hydrogène sulfuré sur l'économie animale. — L'hydrogène sulfuré est un des poisons les plus actifs. Un animal qu'on plonge dans une atmosphère de ce gaz périt en quelques secondes. La mort arrive moins rapidement lorsque l'hydrogène sulfuré est mélangé à une grande quantité d'air. Telle est cependant l'énergie de cette action délétère, qu'il suffit, d'après Thenard et Dupuytren, que l'air contienne 1/1500 d'hydrogène sulfuré pour faire périr en très-peu de temps un oiseau; que 1/800 répandu dans l'air, donne la mort à un chien, que 1/250 fait succomber un cheval. D'autres observateurs admettent que les doses toxiques sont plus fortes. Parent-Duchâtelet et M. Gaultier de Claubry prétendent que des ouvriers ont pu séjourner pendant quelque temps dans l'air renfermant de 1 à 3 p. 100 d'hydrogène sulfuré.

Le sang des animaux empoisonnés par l'hydrogène sulfuré est généralement noir, et il est probable que ce gaz lui fait subir une altération profonde. Lorsqu'on agite du sang avec de l'hydrogène sulfuré, on le voit noircir au bout de peu de temps. Cet effet est dû à l'action du gaz sulfhydrique sur le fer que renferme la matière colorante du sang et qui se transforme en sulfure. On nomme *poisons septiques* ceux qui agissent en altérant la composition du sang. Ajoutons que l'hydrogène sulfuré exerce aussi sur le système nerveux une action puissante, peut-être consécutive de l'altération du sang, et accusée par des vertiges, des défaillances, par une faiblesse générale qui peut aller jusqu'à la perte de la sensibilité et la paralysie. D'autres fois, on voit les individus empoisonnés perdre connaissance subitement, et tomber dans de violentes convulsions.

Les gaz qui se dégagent des fosses d'aisances renferment ordinairement de l'hydrogène sulfuré combiné avec de l'ammoniaque. Ce sulfhydrate d'ammoniaque y existe en vapeur, mélangé avec une grande quantité d'air vicié lui-même dans sa composition. Cet air renferme généralement moins d'oxygène que l'air atmosphérique; il renferme de l'acide carbonique et surtout de l'ammoniaque à l'état de carbonate. La présence du sulfhydrate d'ammoniaque est trahie par une odeur marquée d'œufs pourris à laquelle vient se joindre l'odeur piquante de l'alcali volatil. Une atmosphère chargée de ces vapeurs noircit promptement un papier humide imprégné d'acétate de plomb. Elle exerce une action très-délétère, et il arrive souvent que les ouvriers qui descendent dans les fosses d'aisances, sans en avoir renouvelé l'air par une ventilation suffisante, tombent victimes de leur imprudence. On sait qu'ils désignent sous le nom de *plomb* le gaz des fosses d'aisances chargé de sulfhydrate d'ammoniaque.

L'hydrogène sulfuré peut encore se former et se mêler à l'air dans d'autres circonstances. Il se dégage en petite quantité par l'action de l'acide carbonique sur les sulfures que tiennent en dissolution les eaux sulfureuses. Ces sulfures peuvent se former par suite de la réduction des sulfates par les matières organiques. On a souvent observé l'odeur de l'hydrogène sulfuré dans le voisinage des eaux stagnantes et des marais, pendant le curage des fossés, l'ouverture de caveaux, le forage de puits artésiens, le percement de tunnels à travers un sol fangeux. On a constaté le dégagement de ce gaz lors de l'ouverture des caisses en bois destinées à conserver l'eau douce à bord des navires, et qui avaient été longtemps fermées.

BISULFURE D'HYDROGÈNE.

Le bisulfure d'hydrogène HS^2 correspond à l'eau oxygénée HO^2. Pour le préparer, on verse goutte à goutte une solution de bisulfure de calcium dans de l'acide chlorhydrique étendu que l'on a placé dans un grand entonnoir, dont l'extrémité est fermée par un bouchon. Il se produit du chlorure de calcium et du bisulfure d'hydrogène, corps oléagineux qui se rassemble au fond de l'entonnoir.

$$CaS^2 + HCl = CaCl + HS^2.$$

Il est rare que le bisulfure de calcium, qu'on obtient en faisant bouillir 1 partie de soufre avec 1 partie de chaux et 5 parties d'eau, soit exempt de polysulfure. L'excès de soufre se précipite alors et se dissout dans le bisulfure d'hydrogène.

Ce corps constitue un liquide jaunâtre, de consistance oléagineuse, doué d'une odeur particulière, désagréable et irritante. Il ne se solidifie pas à — 20°. Vers 60 ou 70°, il se décompose rapidement en acide sulfhydrique et en soufre, et cette décomposition se produit lentement à la température ordinaire.

Le bisulfure d'hydrogène possède, comme l'eau oxygénée, la singulière propriété de se décomposer au contact de certains corps, tels que le charbon, le platine, etc., en hydrogène sulfuré et en soufre. Lorsqu'on verse goutte à goutte du bisulfure d'hydrogène sur certains oxydes, tels que ceux d'or et d'argent, ils sont réduits avec incandescence, et il se forme de l'eau et du soufre. Les sulfures, et surtout les polysulfures alcalins, décomposent de même le bisulfure d'hydrogène.

Nous avons fait ressortir l'analogie qui existe entre les combinaisons hydrogénées de l'oxygène et du soufre, et qui est exprimée par les formules suivantes :

Eau............... $HO = 2$ vol. — Bioxyde d'hydrogène . HO^2.
Hydrogène sulfuré $HS = 2$ vol. — Bisulfure d'hydrogène HS^2.

On constate de même une grande analogie de composition entre les oxydes et les sulfures métalliques, et on se fonde sur ces relations pour considérer, comme appartenant à la même famille, l'oxygène et le soufre, auxquels on joint deux autres corps simples qui se rencontrent rarement dans la nature, le sélénium et le tellure.

CHLORE

Le chlore a été découvert par Scheele, en 1774. Les chimistes l'ont envisagé longtemps, avec Berthollet, comme de l'acide muriatique (chlorhydrique) oxygéné. Gay-Lussac et Thenard le reconnurent comme un corps simple, en 1809. Sir H. Davy adopta cette manière de voir en 1810, et donna au chlore son nom actuel.

Préparation. — On retire le chlore de l'acide chlorhydrique ou du sel marin.

1° On introduit du bioxyde de manganèse en poudre dans un ballon A auquel est adapté un tube en S et un tube courbé à deux angles droits, qui se rend dans un petit flacon laveur G. Après celui-ci, on dispose un tube rempli de fragments de chlorure de calcium HH' et terminé par un tube de dégagement à angle droit. Ce dernier tube plonge au fond d'un flacon K rempli d'air sec (*fig.* 28).

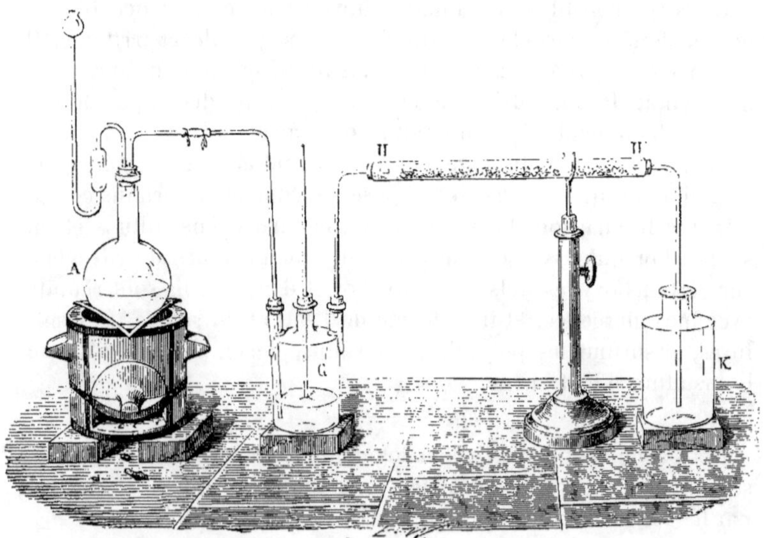

Fig. 28.

Quand l'appareil est ainsi disposé, on verse de l'acide chlorhydrique dans le ballon par l'entonnoir du tube en S. Au contact du bioxyde de manganèse l'acide est décomposé immédiatement. Il se manifeste une effervescence due au dégagement d'un gaz jaune qui est le chlore. Après avoir traversé le flacon laveur qui retient l'acide chlorhydrique entraîné et le tube à chlorure de calcium qui retient l'humidité, le gaz sec arrive au fond du flacon, où il déplace peu à peu l'air atmosphérique plus léger que lui.

Ilconvient de chauffer légèrement le ballon, sinon au commencement, du moins dans le cours et surtout vers la fin de l'opération.

Il est impossible de recueillir le chlore sec sur le mercure; car ce métal l'absorbe immédiatement pour former un chlorure.

La réaction suivante donne naissance au chlore, dans ces circonstances. L'hydrogène de 2 molécules d'acide chlorhydrique se portant sur l'oxygène du peroxyde de manganèse, il se forme de l'eau; la moitié du chlore se combine avec le manganèse pour former de protochlorure de manganèse (chlorure manganeux); l'autre moitié se dégage : car le bichlorure de maganèse $MnCl^2$ correspondant au bioxyde MnO^2 n'existe pas.

$$2HCl \quad + \quad MnO^2 \quad = \quad MnCl \quad + \quad H^2O^2 \quad + \quad Cl.$$

Acide   Peroxyde   Chlorure   Eau.   Chlore.
chlorhydrique. de manganèse. manganeux.

2° On ajoute 4 parties d'acide sulfurique à un mélange de 1 partie $\frac{1}{2}$ de peroxyde de manganèse pulvérisé et de 2 parties de sel marin (chlorure de sodium). Il se dégage du chlore formé en vertu de la réaction suivante :

$$2SHO^4 \quad + \quad MnO^2 \quad + \quad NaCl \quad = \quad H^2O^2 \quad + \quad SMnO^4 \quad + \quad SNaO^4 \quad + \quad Cl.$$

Acide   Peroxyde   Chlorure   Eau.   Sulfate   Sulfate   Chlore.
sulfurique. de manganèse. de sodium.   manganeux.   de soude.

Propriétés du chlore. — Le chlore est un gaz jaune verdâtre doué d'une odeur suffocante et irritante au plus haut degré. Sa densité est $= 2,44$. Un litre de gaz sec pèse $3^{gr}17$. Il n'est point permanent, mais il se liquéfie sous une forte pression, et mieux encore par l'action combinée de la compression et d'une basse température. Il est incombustible. Lorsqu'on y plonge une bougie enflammée, celle-ci continue à y brûler pendant quelques instants avec une flamme rouge et en répandant d'épaisses fumées noires. Dans cette expérience, la combustion est entretenue par l'affinité du chlore pour l'hydrogène des matières organiques.

Action du chlore sur l'hydrogène et sur d'autres corps simples. — L'affinité du chlore pour l'hydrogène est très-énergique. Les deux gaz mêlés ensemble à volumes égaux se combinent lentement sous l'influence de la lumière diffuse, instantanément et avec explosion par l'action directe des rayons solaires. L'étincelle électrique ou la température élevée produite par l'approche d'un corps en combustion détermine pareillement une combinaison instantanée. D'après Draper, le chlore préparé dans l'obscurité ne se combine pas avec l'hydrogène si le mélange est mis à l'abri de la lumière; mais quand on l'expose préalablement à l'action directe des rayons solaires, le chlore ainsi insolé acquiert la propriété de se combiner avec l'hydrogène dans l'obscurité. D'après MM. Favre et Silbermann, le chlore insolé dégage plus de chaleur que le chlore non insolé, en agissant sur une solution concentrée de potasse.

En général, le chlore est doué d'une grande puissance de combinaison. Il s'unit directement au soufre. Le phosphore s'y enflamme à la température ordinaire. L'arsenic qu'on y projette en poudre brûle avec un vif éclat en produisant d'abondantes fumées blanches. Il en est de même de l'antimoine. La plupart des métaux se combinent directement avec le chlore. Dans toutes ces expériences il se forme des chlorures.

Action du chlore sur l'eau. — Le gaz chlore se dissout dans l'eau. Un volume d'eau dissout $3^{vol},7$ de chlore à 8°, $2^{vol},42$ à 17°. On prépare la solution de chlore en faisant arriver le gaz, après l'avoir lavé, dans de l'eau contenue dans une série de flacons de Woulf, disposés les uns à la suite des autres (*fig.* 30).

Lorsqu'on expose une solution aqueuse de chlore à la température de 0°, il s'y forme des cristaux qui constituent une combinaison de chlore et d'eau. C'est un véritable hydrate de chlore renfermant 27,7 % de chlore et 72,3 % d'eau (Faraday).

Ces cristaux se maintiennent intacts à une basse température, mais se décomposent à une douce chaleur. On peut les dessécher en les comprimant rapidement entre des feuilles de papier non collé. Dans cet état, ils peuvent servir à la préparation du chlore liquide. On les introduit dans un tube coudé, dont on ferme à la lampe l'extrémité ouverte, on plonge ensuite une des branches dans un mélange réfrigérant et l'autre dans de l'eau à 35°. Aussitôt on voit les cristaux fondre, et se partager en deux couches liquides; la couche supérieure, jaune, constitue une solution aqueuse de chlore; la couche inférieure, d'un jaune rougeâtre foncé, est du chlore liquéfié. Celui-ci distille rapidement et se condense dans la branche refroidie du tube. Le chlore liquide possède une densité de 1,33.

La solution de chlore se décolore peu à peu lorsqu'on l'abandonne à elle-même, surtout à la lumière. L'eau est décomposée, son hydrogène se porte sur le chlore pour former de l'acide chlorhydrique; une partie de son oxygène se dégage, une autre s'unit au chlore pour former de l'acide perchlorique (Millon et Barreswil). De là l'indication de conserver le chlore à l'abri de la lumière. On se sert généralement pour cet usage, mais à tort, de flacons en verre bleu. Des flacons en verre rouge ou orange seraient préférables. Le verre ainsi coloré ne laisse pas passer les rayons chimiquement actifs.

Lorsqu'on fait passer à travers un tube de porcelaine chauffé au rouge un mélange de chlore et de vapeur d'eau, il se forme de l'acide chlorhydrique et l'oxygène est mis en liberté. Si l'on reçoit les gaz dans de l'eau légèrement alcaline, on absorbe l'acide chlorhydrique et l'excès de chlore, et l'on peut recueillir de l'oxygène en abondance.

L'action du chlore sur l'eau est exprimée par l'équation suivante :

$$\underset{\text{Chlore.}}{\text{Cl}} + \underset{\text{Eau.}}{\text{HO}} = \underset{\substack{\text{Acide} \\ \text{chlorhydrique.}}}{\text{ClH}} + \underset{\text{Oxygène.}}{\text{O.}}$$

Cette action donne un moyen indirect d'oxyder certains corps tels que l'acide sulfureux.

$$\underset{\text{Chlore.}}{\text{Cl}} + \underset{\text{Eau.}}{\text{H}^2\text{O}^2} + \underset{\substack{\text{Acide} \\ \text{sulfureux.}}}{\text{SO}^2} = \underset{\substack{\text{Acide} \\ \text{sulfurique.}}}{\text{SHO}^4} + \underset{\substack{\text{Acide} \\ \text{chlorhydrique.}}}{\text{ClH.}}$$

Dans cette réaction, l'acide sulfureux se transforme en acide sulfurique en gagnant O + HO.

Action du chlore sur les composés hydrogénés. — Propriétés décolorantes et désinfectantes. — Tous les composés hydrogénés sont attaqués par le chlore, à l'exception des acides fluorhydrique et chlorhydrique. Dans ces réactions, il se forme invariablement de l'acide chlorhydrique. C'est donc la puissante affinité du chlore pour l'hydrogène qui les détermine.

Toutes les matières organiques renferment de l'hydrogène; aussi sont-elles généralement modifiées, quelquefois détruites par le chlore. Les matières colorantes d'origine organique sont décolorées. Que l'on verse une solution de chlore dans de la teinture de tournesol, dans du sulfate d'indigo, dans de l'encre (tannate ferrique), toutes ces liqueurs vont perdre leur coloration intense pour prendre une teinte jaune ou jaune brunâtre. Cette décoloration est due à une décomposition plus ou moins profonde que subissent les matières colorantes, décomposition dont la cause est la soustraction d'une certaine quantité d'hydrogène sous forme d'acide chlorhydrique. — Dans les arts, on tire un grand parti de ce pouvoir décolorant du chlore.

Le chlore est un des plus puissants désinfectants. Il décompose instantanément l'hydrogène sulfuré en s'emparant de son hydrogène. Il détruit les matières odorantes d'origine organique, les effluves qui se forment dans les fermentations putrides, les miasmes qui se répandent quelquefois dans l'air. On l'a employé pour désinfecter les fosses d'aisances et comme moyen prophylactique dans certaines épidémies.

On le voit, les propriétés décolorantes et désinfectantes du chlore sont dues à la même cause : sa puissante affinité pour l'hydrogène.

Action du chlore sur l'économie animale. — Le chlore est un des gaz les plus irritants. Inspiré, même à l'état de mélange avec l'air, il détermine immédiatement une toux vive et opiniâtre, accompagnée de dyspnée et quelquefois suivie de crachements de sang. Il produit une violente inflammation des bronches. Les animaux qu'on y plonge périssent suffoqués au bout de quelques instants. La peau qu'on laisse en contact avec du chlore pendant dix à douze minutes devient le siége d'une démangeaison ou d'une sensation comparable à celle que produirait la piqûre de petits insectes. Une douche d'eau chargée de chlore rougit rapidement la peau.

COMBINAISONS DU CHLORE AVEC L'OXYGÈNE.

On en connaît cinq bien définies. Elles offrent une composition qu'on représente par les formules suivantes :

	À l'état anhydre.	À l'état de combinaison avec les éléments de l'eau.
Acide hypochloreux....	ClO	$ClHO^2 = ClO,HO.$
Acide chloreux........	ClO^3	$ClHO^4 = ClO^3,HO.$
Acide hypochlorique ou oxyde de chlore.....	ClO^4	» »
Acide chlorique.......	ClO^5	$ClHO^6 = ClO^5,HO.$
Acide perchlorique....	ClO^7	$ClHO^8 = ClO^7,HO.$

Les formules qui représentent la composition de quatre volumes des composés gazeux de chlore et d'oxygène, et qui sont les vraies formules moléculaires, sont les suivantes :

$$\text{Acide hypochloreux.............} \quad Cl^2O^2 = 4 \text{ vol.}$$
$$\text{Acide hypochlorique.............} \quad ClO^4 = 4 \text{ vol.}$$

L'acide hypochloreux et l'acide chlorique sont les composés oxygénés du chlore les plus importants. Le premier existe dans les *chlorures décolorants*, tels que l'eau de Javel, le second dans le chlorate de potasse, sel employé en médecine et dans les arts.

ACIDE HYPOCHLOREUX.

$$ClO \text{ ou } Cl^2O^2.$$

Cet acide a été découvert par M. Balard. Il se forme par l'action du chlore sur certains oxydes ou hydrates, par exemple sur une solution faible d'hydrate de potasse, $KO,HO = KHO^2$.

$$2KHO^2 + Cl^2 = ClKO^2 + KCl + H^2O^2.$$

Hydrate   Hypochlorite Chlorure
de potasse.   de potasse. de potassium.

Préparation. — On se procure de l'oxyde de mercure en précipitant une solution de sublimé corrosif par la potasse caustique. On chauffe l'oxyde lavé et séché à 300°, pour le rendre plus cohérent ; puis on l'introduit dans un tube et on fait passer à travers ce tube un courant de gaz chlore sec : il se dégage du gaz hypochloreux qui se condense sous forme d'un liquide rouge, lorsqu'on le reçoit dans un récipient entouré d'un mélange réfrigérant (Pelouze). La réaction qui donne naissance à l'acide hypochloreux est exprimée par l'équation suivante :

$$Cl^2 + HgO = HgCl + ClO.$$

Chlore.   Oxyde   Chlorure   Acide
mercurique. mercurique. hypochloreux.

Indépendamment du chlorure mercurique, il se forme une certaine quantité d'oxychlorure.

Pour se procurer une solution d'acide hypochloreux, on introduit dans des flacons remplis de chlore, d'abord une petite quantité d'eau et puis de l'oxyde de mercure finement pulvérisé. Par l'agitation le chlore est rapidement absorbé et l'oxyde de mercure se change en oxychlorure brun (Balard).

$$2Cl + 2HgO = HgCl,HgO + ClO.$$

Chlore.   Oxyde   Oxychlorure   Acide
de mercure. de mercure. hypochloreux
anhydre.

L'acide hypochloreux reste en solution dans l'eau.

Propriétés. — A l'état anhydre et à une basse température, il se présente sous forme d'un liquide rouge vermeil, bouillant à 20°. Au-dessus de cette température il constitue une vapeur jaune rougeâtre dont la densité $= 2,977$. Deux volumes de cette vapeur renferment 2 volumes de chlore et 1 volume d'oxygène. La formule ClO, qui représente sa composition, correspond à 2 volumes.

L'acide hypochloreux possède une forte odeur se rapprochant de celle du chlore. Il détone sous l'influence d'une faible chaleur.

La lumière le décompose. L'eau à 0° en dissout au moins 200 volumes. La solution est d'un jaune foncé et exhale une forte odeur d'eau de Javel. Elle est très-caustique et détruit rapidement la peau en produisant une vive douleur et une plaie profonde. Elle est douée d'un pouvoir décolorant très-intense et exactement double de celui qu'exercerait le chlore qu'il renferme (Gay-Lussac). Cette circonstance est due à l'oxygène qu'il contient et dont l'action vient en aide à celle du chlore. Si la décoloration est due à une soustraction d'hydrogène, on comprend qu'un volume d'oxygène doit enlever autant d'hydrogène que 2 volumes de chlore.

L'acide chlorhydrique et l'acide hydrochloreux se détruisent réciproquement de manière à former de l'eau et du chlore.

$$ClO + HCl = HO + ClCl.$$

En présence d'un acide, même très-faible, comme l'acide carbonique, les chlorures eux-mêmes sont décomposés par l'acide hypochloreux et du chlore est mis en liberté. On s'explique ainsi l'action décolorante qu'exercent les chlorures d'oxydes (chlorures de chaux, eau de Javel, etc.) qui constituent un mélange d'hypochlorites et de chlorures. L'acide qui intervient joue un double rôle : il met l'acide hypochloreux en liberté et se combine avec l'oxyde formé par l'action réciproque de l'acide hypochloreux et du chlorure.

$$ClO + NaCl = NaO + ClCl.$$
Oxyde
de sodium.

Dans le cas où la décomposition d'un chlorure décolorant est produite par l'acide carbonique, il se forme donc du carbonate 1° parce que l'acide carbonique déplace l'acide hypochloreux; 2° parce qu'il se combine avec l'oxyde formé dans la réaction qui vient d'être indiquée.

ACIDE CHLOREUX.

ClO^3.

Ce corps a été découvert par M. Millon.

On le prépare en désoxydant l'acide chlorique. Pour cela, on mélange exactement 3 parties d'acide arsénieux et 4 parties de chlorate de potasse réduit en poudre fine, on ajoute de l'eau et l'on réduit le tout en une pâte liquide à laquelle on ajoute 12 parties d'acide azotique étendu de 4 parties d'eau. On introduit ce mélange dans un petit ballon en ayant soin de remplir celui-ci jusqu'au col. Après avoir ajusté au ballon un tube de dégagement on le chauffe au bain-marie à 40° ou 50°. Le gaz chloreux se dégage; comme il possède une certaine tendance à détoner, il convient, pour éviter tout accident, d'entourer l'appareil d'un linge plié en double.

La réaction qui donne naissance à l'acide chloreux est exprimée par l'équation suivante :

$$AzHO^6 + ClKO^6 + AsO^3 = AzKO^6 + AsO^5 + HO + ClO^3.$$

Acide azotique.   Chlorate de potasse.   Acide arsénieux.   Azotate de potasse.   Acide arsénique.   Eau.   Acide chloreux.

Ainsi préparé, l'acide chloreux est un gaz jaune verdâtre doué d'une odeur irritante et d'un pouvoir décolorant intense. Sa densité est = 2,646. Un froid de — 20° est incapable de le liquéfier. L'eau en dissout plus de 10 fois de son volume, à la température de 8 à 10° (Schiel), en formant une solution d'un jaune d'or foncé. Lorsqu'on sature la solution jaune presque entièrement par de l'eau de chaux et qu'on ajoute une solution d'azotate de plomb, on obtient un précipité cristallin abondant de chlorite de plomb, qui, à l'état sec, détone à 100° (Schiel).

Le soufre, le sélénium, le tellure, le phosphore, l'arsenic décomposent le gaz chloreux avec détonation.

ACIDE HYPOCHLORIQUE OU OXYDE DE CHLORE.

$$ClO^4.$$

Pour préparer ce composé, qui a été découvert par Davy, on fait réagir l'acide sulfurique concentré sur le chlorate de potasse fondu. Il se forme du sulfate et du perchlorate de potasse, et de l'oxyde de chlore est mis en liberté.

$$3(ClKO^6) + 2(SHO^4) = 2(SKO^4) + ClKO^8 + 2ClO^4 + 2HO.$$

Chlorate de potasse.   Acide sulfurique.   Sulfate de potasse.   Perchlorate de potasse.   Oxyde de chlore.   Eau.

L'expérience doit être faite avec de petites quantités de matière, et avec précaution; car l'oxyde de chlore se décompose souvent d'une manière spontanée en produisant des explosions violentes. On introduit ce mélange dans un tube que l'on chauffe au bain-marie (*fig.* 29).

C'est un gaz d'un jaune foncé qui se condense à —20°, en un liquide rouge orangé. Sa densité à l'état de gaz est = 2,315.

L'eau en dissout 20 fois son vo-

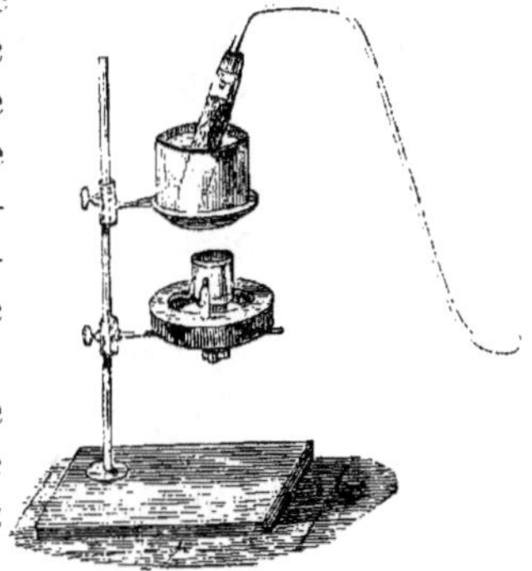

Fig. 29.

lume. Il est incapable de s'unir aux bases. Pour préparer cette solution, on fait chauffer au bain-marie un mélange de parties égales d'acide oxalique et de chlorate de potasse et on dirige dans l'eau le gaz qui se dégage (Calvert et Davies).

ACIDE CHLORIQUE.

$$ClHO^6 = ClO^5,HO.$$

Cet acide prend naissance par l'action du chlore sur une solution concentrée de potasse caustique (Berthollet) : il se forme du chlorure de potassium et du chlorate de potasse selon l'équation suivante :

$$6Cl + 6(KHO^2) = 5KCl + ClKO^6 + 3H^2O^2.$$

Chlore. Potasse caustique. Chlorure de potassium. Chlorate de potasse. Eau.

Le chlorate de potasse, moins soluble dans l'eau que le chlorure de potassium, se dépose le premier et peut être facilement purifié par voie de cristallisation. Il sert à la préparation de l'acide chlorique.

Préparation. — Pour cela on ajoute à une solution concentrée de chlorate de potasse de l'acide hydrofluosilicique (fluorure double d'hydrogène et de silicium). Il se forme un précipité gélatineux de fluosilicate de potasse (fluorure double de silicium et de potassium). On filtre et on sature par l'eau de baryte la solution filtrée, qui renferme l'acide chlorique mis en liberté et l'excès d'acide hydrofluosilicique. Celui-ci est précipité à l'état de fluosilicate de baryte insoluble, tandis que l'acide chlorique combiné avec la baryte reste en dissolution. On concentre la solution de chlorate de baryte par évaporation et on la décompose exactement par l'acide sulfurique. Du sulfate de baryte se précipite et l'acide chlorique reste en solution. On filtre et on concentre la liqueur filtrée, par évaporation dans le vide.

Propriétés. — L'acide chlorique est un liquide très-acide, sirupeux, jaune, soluble dans l'eau en toutes proportions. Il se décompose très-facilement. A 40°, il se dédouble en acide chloreux et en acide perchlorique. Lorsqu'on le soumet à la distillation, il se dégage du chlore et de l'oxygène et il passe de l'acide perchlorique.

L'acide chlorique est un des agents d'oxydation les plus énergiques. A l'état concentré, il enflamme immédiatement le soufre, le phosphore, l'alcool, le papier. Il oxyde énergiquement les acides sulfureux et phosphoreux et l'hydrogène sulfuré. Il réagit sur l'acide chlorhydrique en formant de l'eau et du chlore.

$$ClHO^6 + 5HCl = 3H^2O^2 + Cl^6.$$

Acide chlorique. Acide chlorhydrique. Eau. Chlore.

A l'état de pureté il ne précipite point la solution d'azotate d'argent; mais l'acide concentré et jaune tient presque toujours du chlore en solution et donne alors un précipité de chlorure d'argent.

ACIDE PERCHLORIQUE.

$$ClHO^8 = ClO^7,HO.$$

C'est le plus oxygéné des composés d'oxygène et de chlore, et, chose singulière, c'est aussi le plus stable. Il a été découvert par le comte de Stadion.

Préparation. — M. Roscoe prépare l'acide perchlorique en distillant l'acide chlorique obtenu à l'aide du chlorate de potasse et l'acide hydrofluosilicique. On concentre, par l'ébullition, la solution d'acide chlorique jusqu'à ce qu'on voie apparaître des vapeurs blanches, puis on distille. Le produit obtenu renferme, indépendamment de l'acide perchlorique, de l'acide chlorhydrique et de l'acide sulfurique. On l'en débarrasse en le faisant réagir sur du perchlorate d'argent et du perchlorate de baryte. On le rectifie ensuite.

L'acide perchlorique ainsi obtenu constitue une liqueur incolore, dense, huileuse et ressemblant à l'acide sulfurique concentré. C'est l'acide étendu d'eau; pour lui enlever l'excès d'eau, on le chauffe dans une cornue avec 4 fois son poids d'acide sulfurique concentré. Il passe d'abord (vers 100°) d'épaisses vapeurs qui se condensent en un liquide jaune très-mobile, qui constitue l'acide perchlorique hydraté ou normal $ClHO^8 = ClO^7,HO$. Puis la température s'élève jusqu'à 200°, et il passe un liquide qui se prend en une masse cristalline par le refroidissement. Ces cristaux constituent un hydrate d'acide perchlorique $ClHO^8,H^2O^2$. On peut aussi obtenir l'acide perchlorique monohydraté en distillant 1 partie de perchlorate de potasse avec 4 parties d'acide sulfurique concentré (Roscoe).

Propriétés. — L'acide perchlorique normal $ClHO^8$ possède une densité de 1,782 à 15°,5. Mis en contact avec de l'eau, il s'y combine avec un sifflement pareil à celui que produirait un fer rouge. Telle est l'énergie de ses propriétés comburantes, qu'il fait explosion au contact du papier, du bois, et particulièrement du charbon de bois. On peut le mélanger avec l'alcool, mais il fait explosion avec l'éther. On ne peut point le distiller (Roscoe). Lorsqu'on ajoute à l'acide perchlorique monohydraté 18 °/₀ d'eau on obtient les cristaux de l'acide hydraté $ClHO^8 + H^2O^2$. Ces cristaux constituent des aiguilles qui ont souvent plusieurs centimètres de long. Ils fument à l'air et tombent en déliquescence. Ils fondent entre 50 et 51°. Ils se dissolvent dans l'eau avec élévation de température. Une petite quantité d'eau les convertit en un liquide incolore, épais.

ACIDE CHLORHYDRIQUE.

HCl.

Ainsi qu'on l'a fait remarquer (page 166), le chlore possède une puissante affinité pour l'hydrogène. Il ne forme avec ce corps qu'une seule combinaison qui est l'acide chlorhydrique, anciennement nommé acide muriatique. Gay-Lussac et Thenard ont établi sa composition.

Préparation. — On prépare l'acide chlorhydrique en faisant agir l'acide sulfurique concentré sur le chlorure de sodium. On introduit des fragments de sel marin fondu dans un ballon muni d'un tube de sûreté et d'un tube de dégagement.

On verse l'acide par petites portions par le tube de sûreté. Il se produit immédiatement une effervescence et il se dégage un gaz qui répand des vapeurs blanches à l'air. On le recueille sur le mercure.

La réaction qui lui donne naissance est exprimée par l'équation suivante :

$$\underset{\substack{\text{Acide}\\\text{sulfurique.}}}{SHO^4} + \underset{\substack{\text{Chlorure}\\\text{de sodium.}}}{NaCl} = \underset{\substack{\text{Sulfate}\\\text{de soude.}}}{SNaO^4} + \underset{\substack{\text{Acide}\\\text{chlorhydrique.}}}{HCl.}$$

La formule $SNaO^4 = NaO,SO^3$ est celle du sulfate neutre de soude ; mais il est à remarquer que ce sel ne prend naissance et que les dernières portions du chlorure de sodium ne sont décomposées, selon l'équation précédente, que lorsque la température est très-élevée à la fin de l'opération. Si l'on se contente de chauffer légèrement, on doit employer pour décomposer le chlorure de sodium une quantité d'acide sulfurique double de celle qui a été indiquée précédemment. Il se forme alors du sulfate acide de soude, $S^2NaHO^8 = NaO,HO,S^2O^6$.

$$\underset{\substack{\text{Acide}\\\text{sulfurique.}}}{S^2H^2O^8} + NaCl = \underset{\substack{\text{Sulfate acide}\\\text{de soude.}}}{S^2NaHO^8} + HCl.$$

L'opération de la décomposition du chlorure de sodium par l'acide sulfurique s'exécute sur une grande échelle dans les arts. Cette décomposition est effectuée dans des cylindres en fonte, et l'acide qui se dégage est condensé dans des vases en grès renfermant de l'eau. On obtient ainsi une solution d'acide chlorhydrique dans l'eau.

Pour préparer cette solution dans les laboratoires, on peut faire arriver directement le gaz chlorhydrique pur dans une série de flacons de Woulf B, C, D, renfermant de l'eau, et dont le premier est destiné à laver le gaz (*fig.* 30). On fait passer ce gaz jusqu'à refus dans

Fig. 30.

l'eau contenue dans les autres flacons, et l'on a soin d'entourer ceux-ci d'eau froide; car la dissolution du gaz chlorhydrique détermine une élévation de température qu'il importe d'éviter. Pour se procurer une solution d'acide chlorhydrique, on est quelquefois dans le cas de purifier l'acide du commerce. Celui-ci est coloré en jaune et renferme ordinairement une petite quantité de perchlorure de fer, de l'acide sulfurique, de l'acide sulfureux et quelquefois du chlorure d'arsenic, lorsqu'il a été préparé avec l'acide sulfurique arsenical. Il ne suffit pas de distiller l'acide du commerce pour le débarrasser de ces impuretés; car l'acide sulfureux et le chlorure d'arsenic passeraient à la distillation. On évite cet inconvénient en transformant le premier en acide sulfurique, et le second en sulfure d'arsenic. Pour cela, on fait d'abord passer dans l'acide impur une petite quantité de chlore qui, en présence de l'eau, convertit l'acide sulfureux en acide sulfurique (page 167). Pour débarrasser l'acide chlorhydrique impur du chlorure d'arsenic on y fait passer de l'hydrogène sulfuré ou on le traite par de petites quantités de sulfure de barium jusqu'à ce que la liqueur exhale une odeur marquée d'hydrogène sulfuré, et on laisse reposer pendant quelque temps. Le sulfure d'arsenic formé se dépose. On le sépare avec soin par décantation ou par filtration à travers de l'amiante et on distille l'acide; on laisse perdre les premières portions du gaz qui s'échappe et on condense le reste dans de l'eau refroidie.

Cette opération est longue, et il est plus simple, lorsqu'il s'agit de se procurer de l'acide chlorhydrique pour les expériences chimico-légales, de le préparer avec l'acide sulfurique pur et du chlorure de sodium, comme il a été dit plus haut.

Composition et propriétés du gaz acide chlorhydrique. — Le gaz chlorhydrique est incolore. Il répand à l'air d'épaisses fumées blanches, en condensant l'humidité atmosphérique. Sous une pression de 40 atmosphères il se liquéfie. Sa densité est $= 1,247$. Un litre de gaz chlorhydrique pèse $1^{gr},612$. On peut déduire la composition de ce gaz de sa densité. En effet,

si l'on ajoute à la demi-densité de l'hydrogène...... 0,0347
la demi-densité du chlore........................ 1,2200

on obtient la densité du gaz chlorhydrique....... 1,2547

On en déduit cette conséquence qu'un volume de gaz chlorhydrique est formé d'un demi-volume d'hydrogène et d'un demi-volume de chlore unis ensemble sans condensation. La composition du gaz chlorhydrique peut être prouvée, d'un autre côté, par la synthèse et par l'analyse.

1. On met en communication deux vases d'égale capacité, dont les cols s'engagent hermétiquement l'un dans l'autre et qui sont remplis l'un d'hydrogène sec et l'autre de chlore sec : peu à peu les gaz se mêleront et se combineront sans qu'il reste un résidu de l'un ou de l'autre et sans qu'il se produise un vide ou une expansion. L'appareil restera exactement rempli du produit de la combinaison, c'est-à-dire du gaz chlorhydrique.

2. On chauffe un morceau d'étain dans un volume déterminé de gaz chlorhydrique, il se formera du chlorure d'étain et l'hydrogène est mis en liberté. Après le refroidissement, le volume de ce gaz formera exactement la moitié du volume du gaz chlorhydrique.

En équivalents, la composition du gaz chlorhydrique est exprimée par la formule HCl, qui correspond à 4 volumes, car on sait que l'équivalent de l'hydrogène (H), de même que l'équivalent du chlore (Cl), correspondent à 2 volumes. Il faut, en effet, 2 volumes d'hydrogène (1 équivalent H) pour former avec 1 volume d'oxygène (1 équivalent O) de l'eau HO.

L'acide chlorhydrique est un des gaz les plus avides d'eau que l'on connaisse. 1 volume d'eau peut absorber, à 0°, 500 volumes de gaz chlorhydrique, 480 volumes à la température ordinaire. Lorsqu'on débouche un flacon plein de ce gaz sous l'eau, celle-ci s'y élance comme elle ferait dans le vide. En dissolvant le gaz chlorhydrique, l'eau s'échauffe et augmente de volume. La solution saturée à froid possède une densité de 1,21 et renferme en dissolution 42,4 °/₀ de son poids de gaz sec. C'est un liquide incolore qui répand à l'air des vapeurs blanches. Abandonné dans une atmosphère humide, il attire de l'eau et sa densité descend à 1,11.

Lorsqu'on le chauffe, il perd une partie notable du gaz qu'il tient en dissolution; mais ce gaz ne se dégage pas en totalité, et dès que la température a atteint 110°, le liquide passe tout entier à la distillation. On recueille dans le récipient de l'acide chlorhydrique dilué qui possède une densité de 1,10 (Bineau).

On a conclu de ces faits que l'acide chlorhydrique est capable de former avec l'eau 3 hydrates définis, dont la composition est représentée par les formules suivantes :

Acide le plus concentré possible (densité de 1,21) HCl + 6HO.
Acide obtenu en exposant le précédent à l'air humide (densité 1,11)...................... HCl + 12HO.
Acide passant à la distillation à 110° (densité 1,10) HCl + 16HO.

Mais ces liquides ne présentent pas les caractères de véritables composés chimiques, car leur composition varie avec la pression, toutes les autres conditions restant les mêmes. Lorsque la pression diminue, ils perdent une certaine quantité de l'acide qu'ils renferment (Roscoe et Dittmar).

Voici une table dressée par Bineau, et indiquant les relations entre la densité des solutions d'acide chlorhydrique et leur richesse en acide.

Densité.	Acide chlorhydrique. p. °/₀.	Densité.	Acide chlorhydrique. p. °/₀.
1,21	42,43	1,15	30,30
1,20	40,80	1,14	28,28
1,19	38,38	1,13	26,26
1,18	36,36	1,12	24,24
1,17	34,34	1,11	22,22
1,16	32,32	1,10	20,20

L'acide chlorhydrique dissout un grand nombre de métaux tels que le fer, le zinc, l'étain, etc., en les transformant en chlorures, et en dégageant de l'hydrogène.

En réagissant sur les oxydes, il forme de l'eau et un chlorure. Fait-on passer un courant de gaz chlorhydrique dans un tube renfermant de l'oxyde rouge de mercure, celui-ci se convertit en sublimé corrosif (chlorure mercurique), et l'on voit de l'eau se condenser plus loin. La réaction est accompagnée d'un dégagement de chaleur.

$$HgO + HCl = HgCl + HO.$$
Oxyde   Acide   Chlorure   Eau.
mercurique. chlorhydrique. mercurique.

Avec certains peroxydes tels que les peroxydes de manganèse ou de plomb, l'acide chlorhydrique forme un chlorure en même temps qu'il se dégage du chlore (page 165). En faisant réagir l'acide chlorhydrique sur le bioxyde de barium, on obtient de l'eau oxygénée (page 123).

L'acide chlorhydrique donne, avec les sels d'argent, un précipité blanc caillebotté de chlorure d'argent. Ce précipité noircit à la lumière. Il est insoluble dans l'acide azotique froid ou bouillant. Il se dissout dans l'ammoniaque.

Action de l'acide chlorhydrique sur l'économie animale. Empoisonnement par cet acide. — L'acide chlorhydrique concentré agit comme un violent caustique lorsqu'on l'applique sur la peau ou sur les muqueuses. On l'a employé dans les maladies couenneuses pour produire une cautérisation superficielle. Etendu d'environ 10 fois son poids d'eau, il produit de bons effets dans le traitement des engelures.

Pris à l'intérieur, il agit comme un poison irritant des plus énerques. Il détermine les mêmes symptômes et produit les mêmes lésions de tissus que d'autres acides minéraux puissants.

Pour retrouver l'acide chlorhydrique, dans un cas d'empoisonnement, on recueille avec soin les liquides contenus dans le canal digestif et dans la cavité abdominale, lorsqu'il y a eu perforation, et on les jette sur un filtre. D'un autre côté, on coupe le canal digestif en petits morceaux, et on l'introduit dans une cornue munie d'un récipient en y ajoutant au besoin les matières solides trouvées dans l'estomac et recueillies sur le filtre, et les matières vomies. Après avoir ajouté de l'eau distillée, on fait bouillir pendant une demi-heure, en ayant soin de renouveler l'eau dans la cornue à mesure qu'elle distille. On essaye, à l'aide d'un papier de tournesol, la réaction du liquide distillé. S'il est acide, on le met de côté. Puis on filtre et on ajoute le liquide filtré à celui qui a été retiré de l'estomac. On place le tout dans un ballon muni d'un large tube recourbé qui se trouve adapté à un réfrigérant de Liebig, et on distille au bain d'huile jusqu'à siccité, en ayant soin de ne pas élever la température du bain d'huile au delà de 150°. L'acide passe en grande partie avec les dernières portions d'eau. On constate à l'aide du papier de tournesol la réaction du liquide qui a passé en dernier lieu, puis on réunit toutes les liqueurs distillées, et on les précipite par l'azotate d'argent. On recueille le précipité de chlorure d'argent, on le lave, on le dessèche, on le fond dans une capsule de porcelaine préalablement tarée, puis on le pèse. De son poids on déduit celui de l'acide chlorhydrique. A 100 grammes de chlorure d'argent correspondent $25^{gr},4$ d'acide chlorhydrique sec. Il est indispensable de procéder, dans une telle expertise, par la méthode quantitative. Car si l'on ne parvenait à découvrir qu'une petite proportion d'acide chlorhydrique, moins d'un demi-gramme, par exemple, il serait impossible de conclure à un empoisonnement, par la raison que l'estomac renferme normalement une petite quantité d'acide chlorhydrique libre. C'est principalement cet acide qui détermine l'acidité du suc gastrique. Cette circonstance indique assez combien l'expert doit apporter de prudence et de réserve dans ses conclusions, et quelle importance il doit attacher aux indications puisées dans les symptômes, dans les lésions cadavériques, dans les faits de la cause, dans tout ce qu'on nomme le *commémoratif*.

PROTOCHLORURE DE SOUFRE.

$S^2Cl.$

Préparation. — On prépare ce composé en faisant arriver un courant de chlore lavé et desséché avec soin, dans du soufre que l'on chauffe dans une cornue au-dessus de son point de fusion. Le col de la cornue s'engage dans un récipient tubulé qu'on refroidit.

Le courant de chlore arrivant avec lenteur, il se forme du protochlorure de soufre qui distille dans le récipient. Un excès de chlore le transformerait en perchlorure. Il est donc nécessaire de faire arriver le chlore avec lenteur, et d'interrompre l'opération avant que tout le soufre ait disparu de la cornue.

Le produit recueilli est rectifié plusieurs fois jusqu'à ce que son point d'ébullition soit fixé à 139°.

Propriétés. — Le protochlorure de soufre ainsi préparé constitue un liquide jaune, répandant des fumées à l'air, doué d'une odeur à la fois irritante et fétide. Sa densité est égale à 1,628. Il bout à 139°. Sa densité de vapeur est $= 4,688$ (Dumas). 1 volume de vapeur de chlorure de soufre renferme donc 1 volume de chlore et 1 volume de vapeur de soufre. En effet,

$$
\begin{array}{lr}
\text{si l'on ajoute la densité de chlore} & 2,44 \\
\text{à la densité de la vapeur de soufre (à 1000°)} & 2,22 \\
\hline
\text{on obtient le nombre} & 4,66
\end{array}
$$

En équivalents, la composition du protochlorure de soufre est représentée par la formule S^2Cl, qui correspond à 2 volumes.

Mis en contact avec l'eau, le protochlorure de soufre tombe au fond et se décompose à la longue en formant de l'acide chlorhydrique, du soufre et de l'acide hyposulfureux, qui se dédouble lui-même en soufre et en acide sulfureux. Il se dissout dans le sulfure de carbone, dans l'alcool et dans l'éther. Il dissout abondamment le soufre.

L'arsenic et l'antimoine le décomposent avec production de chaleur, et formation de sulfure et de chlorure d'arsenic ou d'antimoine. De même la limaille d'étain et le mercure le décomposent énergiquement.

Le protochlorure de soufre, mêlé de sulfure de carbone, sert à *vulcaniser* le caoutchouc.

PERCHLORURE DE SOUFRE.

Ce corps se forme lorsqu'on fait passer, pendant plusieurs jours, un courant de chlore sec à travers du protochlorure de soufre. Ce dernier est contenu dans une cornue tubulée munie d'un récipient. La cornue doit toujours être remplie de chlore, et l'appareil entier doit être placé dans l'obscurité, car la lumière décompose le produit. Dans ces conditions on voit la couleur jaune brun du protochlorure passer au rouge, et la liqueur augmenter considérablement de volume. On obtient un liquide rouge foncé, mobile, d'une densité de 1,620. Exposé à l'air, ce liquide répand des fumées et

dégage continuellement du chlore. Son odeur irritante participe à
la fois de celle du chlore et de celle du protochlorure de soufre.
On ne peut le distiller sans altération. Lorsqu'on le chauffe, il se
dégage d'abord un gaz vert foncé et, à partir de 20°, il distille un
liquide qui est d'abord rouge, mais qui, à mesure que la température s'élève, prend la couleur jaune brun du protochlorure de
soufre jusqu'à ce que ce dernier passe à l'état de pureté lorsque le
thermomètre est à 138 ou 139°.

Le liquide rouge saturé de chlore possède une composition qui
répond à la formule S^2Cl^2. D'après ses propriétés, il est douteux
qu'il constitue une combinaison définie. M. Carius le regarde
comme un mélange de protochlorure de soufre S^2Cl avec un chlorure de soufre SCl^2 correspondant à l'acide sulfureux SO^2. Mais ce
chlorure n'a pas encore été isolé. Il existe en combinaison avec
certains chlorures métalliques tels que le chlorure stannique, le
perchlorure d'antimoine, etc., avec lesquels il forme les chlorures
doubles $SnCl^2 + 2SCl^2$; $SbCl^5 + 3SCl^2$ (H. Rose).

BROME

Le brome a été découvert en 1826, par M. Balard, dans les eaux
mères des marais salants. Par la nature et par la composition des
combinaisons qu'il peut former, cet élément vient se ranger à côté
du chlore. Pourtant ses affinités sont moins énergiques.

Préparation. — On obtient le brome en décomposant le bromure
de potassium par du peroxyde de manganèse et de l'acide sulfurique. La réaction est la même que celle qui se produit dans la
préparation du chlore (page 165). L'opération s'effectue dans une
cornue munie d'un tube en S et à laquelle on adapte un récipient
bien refroidi dans lequel le brome se condense (*fig.* 31). La cornue
est chauffée sur un bain de sable. L'acide sulfurique, étendu de la
moitié de son poids d'eau, y est introduit par petites portions par
le tube en S. Dans les arts on tire parti, pour la préparation du
brome, des eaux mères des soudes de varech dont on a déjà extrait l'iode.

Propriétés. — Le brome est un liquide rouge foncé qui se solidifie à — 7°,3. Il bout à 63°, et émet à la température ordinaire des
vapeurs rouges très-irritantes, car il possède, même à froid, une
tension de vapeur considérable. Sa densité est de 2,966 à 15°, et
de 3,1872 à 0° (J. Pierre). Celle de sa vapeur est de 5,393. Un litre
de cette vapeur pèse 7,0 grammes.

Mis en contact avec la peau, il la tache en jaune et la désorganise. Un contact de quelques instants du brome avec la peau suffit

Fig. 31.

pour produire une inflammation. Une goutte de brome administrée à un oiseau le tue immédiatement.

Le brome se dissout dans environ 33 fois son poids d'eau à 15°, et forme une solution rouge orangé. A une basse température il se combine avec l'eau pour former un hydrate cristallisé ($Br + 10HO$) analogue à celui du chlore.

Le brome se dissout dans le sulfure de carbone et dans l'éther. Veut-on découvrir des traces d'un bromure dans une solution aqueuse, par exemple, dans une eau mère d'eau minérale, on y ajoute avec précaution quelques gouttes d'une solution aqueuse de chlore, qui met le brome en liberté. On agite ensuite avec de l'éther la liqueur qui s'est colorée en jaune ou en jaune rougeâtre. Le brome se dissout alors dans l'éther en le colorant en rouge. Dans cette expérience il faut éviter avec soin l'emploi d'un excès de chlore.

Le brome ressemble au chlore par son affinité pour l'hydrogène, par la nature et la composition des combinaisons qu'il peut former avec les métalloïdes, les métaux et les matières organiques. Il se combine directement avec l'hydrogène lorsqu'on le fait passer en vapeur, avec ce gaz, sur de l'éponge de platine chauffée (Corenwinder). Comme il est plus fixe que le chlore, ses combinaisons volatiles entrent en ébullition à une température plus élevée que les combinaisons correspondantes du chlore. Par chaque équivalent de brome qui remplace un équivalent de chlore dans un composé volatil, le point d'ébullition s'élève de 32° (Hermann Kopp). Le brome attaque les matières organiques en s'emparant de leur hydrogène. Comme le chlore, il décolore la teinture de tournesol, le sulfate d'indigo, etc.

COMPOSÉS OXYGÉNÉS DU BROME.

On en connaît deux : l'acide hydrobromeux et l'acide bromique, qui correspondent aux acides hypochloreux et chlorique.

ACIDE HYPOBROMEUX.
$$BrHO^2 = BrO,HO.$$

Ce corps, dont l'existence a été signalée par M. Balard, n'est connu qu'à l'état d'hydrate. Il prend naissance lorsqu'on agite de l'eau de brome avec un excès de solution d'azotate d'argent. Il se forme du bromure d'argent et de l'acide hypobromeux qui reste en solution.

$$AgAgO^6 \ + \ 2HO \ + \ 2Br \ = \ BrHO^2 \ + \ AzHO^6 \ + \ AgBr.$$
Azotate d'argent.   Hydrate d'acide hypobromeux.   Acide azotique.   Bromure d'argent.

En distillant la solution sous une pression de 40^{mm} on obtient un liquide jaune paille doué de propriétés décolorantes énergiques (W. Dancer). Ce liquide est une solution d'acide hypobromeux $BrHO^2 = BrO,HO$.

Cet acide se forme pareillement lorsqu'on agite de l'eau de brome avec de l'oxyde mercurique finement pulvérisé. Il se forme du bromure de mercure, et la solution distillée sous une pression de 40^{mm} donne une solution jaune d'acide hypobromeux. On n'a pas pu obtenir cet acide à l'état anhydre.

ACIDE BROMIQUE.
$$BrHO^6 = BrO^5,HO.$$

Préparation. — L'acide bromique prend naissance lorsqu'on fait réagir le brome sur une solution concentrée de potasse caustique. Il se forme du bromure et du bromate qui se précipite en grande partie.

Pour préparer l'acide bromique, on décompose, par l'acide sulfurique, le bromate de baryte dissous dans l'eau. Du sulfate de baryte se précipite et l'acide bromique reste en solution. On filtre et on évapore la liqueur filtrée à une douce chaleur et finalement dans le vide (Balard). On peut aussi décomposer une solution bouil-

lante de bromate de potasse par l'acide hydrofluosilicique (Lœwig).
On opère comme on l'a indiqué page 172. L'acide bromique ainsi
obtenu sert à préparer le bromate de baryte.

Propriétés. — L'acide bromique le plus concentré possible se
présente sous forme d'un liquide sirupeux très-acide. Il rougit
fortement la teinture de tournesol et la décolore au bout de quelque temps. A 100° déjà, il se décompose en brome et en oxygène.
Les corps avides d'oxygène tels que les acides sulfureux et phosphoreux le réduisent facilement en mettant le brome en liberté et
en se transformant en acides sulfurique et phosphorique. Il est
pareillement décomposé par les hydracides; en un mot, il constitue
un agent d'oxydation très-énergique, et présente la plus grande
analogie avec l'acide chlorique.

ACIDE BROMHYDRIQUE.

HBr.

Préparation. — On ne peut point obtenir ce corps en faisant
réagir l'acide sulfurique sur le bromure de sodium; car l'acide
bromhydrique est décomposé en partie par l'acide sulfurique, en
eau, brome et acide sulfureux. C'est en faisant réagir l'eau sur
le bromure de phosphore qu'on obtient l'acide bromhydrique.
Pour cela, on se sert d'un tube présentant une double courbure
(*fig. 32*).

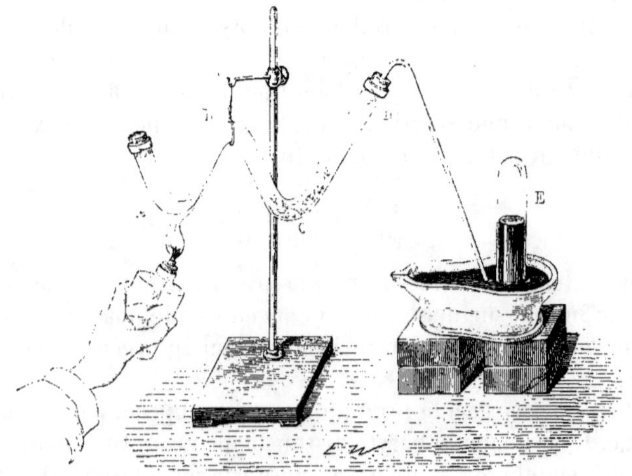

Fig. 32.

Dans l'une C on introduit des bâtons de phosphore que l'on a

soin de séparer par des fragments de verre humides. Dans l'autre **A**
on place du brome. Le tube étant fermé à un bout par un bouchon
et portant à l'autre un tube de dégagement, on chauffe doucement
le brome de manière à le faire entrer en ébullition. Sa vapeur arrive au contact du phosphore et s'y combine pour former du bromure de phosphore; mais celui-ci est instantanément décomposé
par l'eau de manière à former de l'acide phosphoreux et de l'acide
bromhydrique,

$$PhBr^3 \ + \ 6HO \ = \ PhH^3O^6 \ + \ 3HBr.$$

Protobromure   Acide   Acide
de phosphore.   phosphoreux. bromhydrique.

On recueille le gaz bromhydrique dans des éprouvettes remplies
de mercure.

Proprietés. — L'acide bromhydrique est un gaz incolore qui
répand à l'air d'épaisses fumées blanches. Sa densité est égale à
2,73. Un litre de ce gaz pèse $3^{gr},547$. Il se liquéfie à — 73° et peut
se solidifier à une plus basse température (Faraday). Il est formé
de volumes égaux de brome et d'hydrogène unis sans condensation. Sa composition répond par conséquent à celle de l'acide
chlorhydrique. Il est très-soluble dans l'eau. Sa solution, très-concentrée, fume à l'air et abandonne de l'acide bromhydrique lorsqu'on la chauffe. Le point d'ébullition s'élève peu à peu à 126°. A
cette température, l'acide liquide passe sans altération. Il possède
alors une densité de 1,486. Le chlore le décompose en formant de
l'acide chlorhydrique et en mettant le brome en liberté.

IODE

L'iode a été découvert en 1811 par Courtois, fabricant de salpêtre. Ce sont les travaux mémorables de Gay-Lussac, entrepris
en 1813 et en 1814, qui ont fixé nos connaissances sur la nature et
les principales propriétés de ce corps simple. La place de l'iode
est marquée à côté du chlore et du brome : suivant l'ordre des
affinités on doit le ranger après le brome.

Il est très-répandu dans la nature.

Le règne minéral nous l'offre en combinaison avec divers métaux tels que l'argent, le mercure, le potassium, le sodium. Les
iodures alcalins existent, en petites quantités, dans le salpêtre du
Chili, dans certains sels gemmes, dans beaucoup d'eaux minérales,
dans l'eau de la mer et dans beaucoup d'eaux douces. L'iode libre
a été rencontré dans une roche dolomitique des environs de Saxon

(Valais), roche qui émet continuellement des traces de vapeur d'iode (O. Henry). On a aussi constaté de l'iode libre dans les vapeurs des fumerolles de Vulcano, dans l'île de ce nom. M. Chatin a rencontré de petites quantités d'iodures alcalins dans les cendres d'une foule de plantes. Les végétaux aquatiques, et principalement les plantes marines, sont celles qui renferment la plus grande quantité d'iodures.

On rencontre aussi de l'iode dans les éponges et dans l'huile de foie de morue.

Préparation de l'iode. — On retire généralement ce corps des eaux mères des soudes de varechs, c'est-à-dire de la solution obtenue en lessivant les cendres des varechs, et qui a déjà laissé déposer, par voie de cristallisation successive, divers sels, tels que les sulfates et chlorures de sodium et de potassium, le carbonate de soude. L'iodure de potassium y existe en plus petite quantité que les sels précédents : il se concentre donc dans les eaux mères. Pour l'en retirer, on traite celles-ci par un courant ménagé de gaz chlore tant qu'il met de l'iode en liberté. Ce corps se dépose sous forme d'une matière noire pulvérulente. On évite avec soin un excès de chlore qui redissoudrait de l'iode à l'état de chlorure.

Un autre procédé consiste à mélanger les eaux mères des soudes de varechs avec de l'acide azotique ordinaire et à chauffer légèrement le mélange. L'iodure de potassium est décomposé dans ce cas par l'acide azotique ; il se forme de l'azotate de potasse, il se dégage de l'acide hypoazotique, et l'iode est mis en liberté.

$$2AzHO^6 \;+\; KI \;=\; AzKO^6 \;+\; H^2O^2 \;+\; AzO^4 \;+\; I.$$

Acide   Iodure   Azotate   Eau.   Acide   Iode.
azotique. de potassium. de potasse.   hypoazotique.

Après avoir recueilli l'iode, on le fait égoutter, on le dessèche, puis on le sublime dans des cornues en grès.

On peut aussi appliquer à la préparation de l'iode le procédé qui sert à retirer le chlore du chlorure de sodium. Il consiste à traiter l'iodure de potassium, ou les eaux mères qui en renferment, par le peroxyde de manganèse et l'acide sulfurique.

Propriétés de l'iode. — L'iode obtenu par sublimation se présente sous la forme de paillettes ou de lames cristallines, à surface brillante, d'un bleu grisâtre foncé, d'une densité de 4,948 à 17°. On peut l'obtenir cristallisé en octaèdres rhomboïdaux en abandonnant à l'air une solution d'acide iodhydrique (page 190). L'iode fond à 107° en formant un liquide presque noir. Il bout à environ 175°. Ses vapeurs sont d'un très-beau violet. Elles possèdent une tension très-sensible à la température ordinaire. L'atmosphère des flacons où l'on conserve l'iode présente une légère teinte violacée. La densité de la vapeur d'iode est $= 8,716$. Un litre de cette vapeur pèse $11^{gr},32$.

L'iode est très-peu soluble dans l'eau; celle-ci n'en dissout que $\frac{1}{7000}$; la solution possède une couleur brun clair. L'alcool et l'éther dissolvent l'iode plus abondamment en formant des solutions brun foncé. Le sulfure de carbone, la benzine, le naphte, le chloroforme le dissolvent en prenant une belle couleur violette.

L'iode se dissout abondamment dans les solutions d'acide iodhydrique et des iodures des métaux alcalins. Lorsqu'on le fait digérer avec une solution d'iodure de potassium on obtient une liqueur d'un brun foncé qui renferme ce que l'on nomme l'iodure de potassium ioduré.

Une des réactions les plus caractéristiques de l'iode, c'est de colorer l'amidon en bleu foncé. Rien n'est comparable à la sensibilité de cette réaction également applicable à la recherche de l'iode libre et à celle des iodures solubles. S'agit-il de découvrir dans une liqueur des traces d'un iodure alcalin, on commence par y ajouter une décoction filtrée d'amidon, et puis on y verse une goutte d'eau chlorée, ou mieux encore, on fait arriver à la surface de la liqueur une petite quantité de chlore gazeux. L'iode est mis en liberté et développe instantanément, au contact de l'amidon, une belle couleur bleue. Il est important d'éviter l'intervention d'un excès de chlore, qui ferait disparaître la coloration. On peut d'ailleurs substituer au chlore l'acide azotique, qui décompose pareillement l'iodure de potassium, comme nous l'avons indiqué plus haut.

Action de l'iode sur l'économie animale. — L'iode est une substance irritante. Appliqué sur la peau, il la colore en jaune. Une action prolongée déterminerait des effets corrosifs. Mis en contact avec les membranes muqueuses ou séreuses, il produit des inflammations locales. Une fois absorbé, soit par la peau, soit par les muqueuses, il cause des symptômes très-sensibles d'excitation générale. L'ingestion souvent répétée de petites doses de préparations iodées peut produire des accidents variés, tels qu'un amaigrissement rapide, des palpitations, de la boulimie, une grande irritabilité nerveuse, etc. L'ensemble de ces phénomènes a été désigné sous le nom d'*iodisme chronique*.

Administré à haute dose, l'iode produit des accidents toxiques. Orfila a vu constamment périr des chiens auxquels il avait donné

4 grammes d'iode et lié l'œsophage. Lorsque cette dernière opération n'est pas faite, les animaux ne succombent pas, parce qu'ils rejettent par les vomissements la plus grande partie du poison.

L'iode a été introduit dans la thérapeutique par Coindet de Genève. Ce médecin, ayant supposé que l'efficacité de l'éponge calcinée dans le traitement du goître était due à l'iodure de potassium que renferme cette substance, eut l'idée d'administrer aux goîtreux de l'iode sous forme de teinture. Le succès répondit à son attente, et depuis ses travaux, l'iode a pris place parmi les médicaments altérants et résolutifs les plus sûrs. C'est principalement à l'état d'iodure de potassium qu'on l'administre aujourd'hui dans le traitement du goître, des scrophules et de la syphilis, etc.

La teinture d'iode est souvent employée. Elle se donne à l'intérieur; mais elle sert principalement pour les injections. On l'introduit fréquemment dans les cavités closes; car elle détermine l'inflammation adhésive des membranes séreuses. C'est ainsi qu'elle est employée avec le plus grand succès dans le traitement de l'hydrocèle (Velpeau).

COMPOSÉS OXYGÉNÉS DE L'

On en connaît trois, savoir :

L'acide hypoiodique (Millon)...................... IO^4.
L'acide iodique (H. Davy) .... $IHO^6 = IO^5,HO$.
L'acide periodique (Magnus et Ammermüller).. $IHO^8 = IO^7,HO$.

ACIDE IODIQUE.

$$IHO^6 = IO^5,HO.$$

C'est le plus important des composés oxygénés de l'iode. Il prend naissance lorsqu'on traite l'iode par des réactifs oxydants énergiques, tels que l'acide azotique très-concentré ou un mélange de chlorate de potasse et d'acide azotique. Il se forme aussi, par l'action d'un excès de chlore, sur l'iode en présence de l'eau.

$$I + Cl^5 + 6HO = IHO^6 + 5HCl.$$

Enfin il prend naissance, en même temps que les iodures alcalins, par l'action de l'iode sur les alcalis caustiques.

M. Millon a indiqué le procédé suivant pour la préparation de ce composé. On introduit dans un ballon 80 grammes d'iode, 75 grammes de chlorate de potasse et 400 grammes d'eau, et 1 gramme d'acide azotique; on porte ce mélange à l'ébullition et on fait bouillir jusqu'à ce que tout dégagement de chlore ait cessé et que l'iode ait disparu. Ce dernier est alors transformé en acide iodique. Pour le séparer, on ajoute au liquide une solution de 90 grammes d'azotate de baryte : il se forme un précipité d'iodate de baryte, qu'on laisse déposer et qu'on lave à plusieurs reprises, par décantation, avec de l'eau froide. Puis on y ajoute 40 grammes d'acide sulfurique étendu de 150 grammes d'eau distillée : il se forme du sulfate de baryte insoluble, et l'acide iodique, mis en liberté, se dissout dans l'eau. En évaporant la liqueur, on l'obtient à l'état cristallisé.

Dans cette opération, l'acide azotique met d'abord en liberté une petite quantité de l'acide chlorique du chlorate de potasse. Ce dernier acide, très-instable, cède son oxygène à l'iode et est réduit à l'état de chlore qui se dégage. L'acide iodique formé réagit à son tour sur une nouvelle portion de chlorate de potasse, et met une nouvelle quantité d'acide chlorique en liberté. Ainsi, la décomposition du chlorate de potasse, commencée par l'acide azotique, est continuée par l'acide iodique et n'est terminée qu'au moment où l'iode a été transformé entièrement en acide iodique.

L'acide iodique est solide et cristallise en tables hexagonales. Chauffé à 170°, il perd de l'eau et se convertit en acide iodique anhydre IO^5. Au rouge sombre, il se décompose en iode et en oxygène. Il est soluble dans l'eau. La dissolution rougit le tournesol et le décolore ensuite. Les corps réducteurs décomposent l'acide iodique avec une grande facilité. Lorsqu'on mêle sa dissolution avec de l'acide sulfureux, il se précipite instantanément de l'iode, et il se forme de l'acide sulfurique.

ACIDE IODHYDRIQUE.

HI.

On prépare l'acide iodhydrique par la réaction de l'iode sur le phosphore en présence de l'eau. On introduit dans une cornue tubulée, munie d'un bouchon de verre et au col de laquelle on a soudé un tube de verre recourbé à angle droit, du phosphore amorphe en poudre; on le recouvre d'une légère couche d'eau, puis on y ajoute de l'iode. A l'aide d'une douce chaleur on obtient un courant régulier de gaz iodhydrique qu'on fait arriver dans des flacons parfaitement secs, comme s'il s'agissait de préparer du chlore (Personne).

Dans cette réaction, l'acide iodhydrique se forme par suite de la composition de l'eau; l'oxygène de celle-ci se porte sur le phosphore pour former de l'acide phosphoreux, l'hydrogène se combine avec l'iode.

$$Ph + I^3 + H^6O^6 = PhH^3O^6 + 3HI.$$

S'agit-il de préparer une solution d'acide iodhydrique, on peut faire arriver le gaz iodhydrique dans de l'eau distillée refroidie. On peut aussi diriger un courant de gaz sulfhydrique dans de l'eau au fond de laquelle se trouve de l'iode pulvérisé. L'hydrogène sulfuré abandonne son hydrogène à l'iode et le soufre se précipite. L'acide iodhydrique formé reste en dissolution dans l'eau. La poudre d'iode étant très-dense, il importe de la remuer souvent avec une baguette de manière à la suspendre dans le liquide.

$$HS + I = HI + S.$$

Dès que l'iode a disparu et que la liqueur est devenue parfaitement incolore, on chauffe pour chasser l'excès d'hydrogène sulfuré, puis on filtre sur de l'amiante.

Propriétés de l'acide iodhydrique. — L'acide iodhydrique est un gaz incolore qui répand à l'air d'épaisses fumées blanches. Sa densité est de 4,443. Elle est égale à la demi-densité de l'iode plus la demi-densité de l'hydrogène, ce qui prouve qu'un volume de gaz iodhydrique renferme un demi-volume de vapeur d'iode uni sans condensation à un demi-volume d'hydrogène. Cette composition est analogue, comme on le voit, à celle des acides chlorhydrique et bromhydrique.

Le gaz iodhydrique n'est point permanent. Sous une forte pression ou par l'action d'un froid intense, il se condense en un liquide jaunâtre qui peut même se solidifier. L'oxygène sec le décompose à une température élevée en formant de l'eau et en mettant l'iode en liberté. Humide, il le décompose déjà à la température ordinaire.

La solution aqueuse d'acide iodhydrique est un liquide incolore lorsqu'elle vient d'être préparée. Saturée, elle est très-dense et répand à l'air d'abondantes fumées. Chauffée, elle perd une portion de son gaz et distille ensuite sans altération à 126°.

Lorsqu'on abandonne à l'air une solution d'acide iodhydrique, elle se colore fortement en brun : l'iode mis en liberté commence par se dissoudre dans l'acide iodhydrique en excès. Mais à mesure que celui-ci se décompose en absorbant l'oxygène de l'air, il laisse déposer, en beaux octaèdres, l'iode qu'il tenait en dissolution.

Le chlore et le brome s'emparent immédiatement de l'hydrogène de l'acide iodhydrique et mettent l'iode en liberté.

Le potassium, le zinc, le fer, le mercure, l'argent, etc., décomposent l'acide iodhydrique en dégageant l'hydrogène. Lorsque, d'après M. H. Deville, on plonge une lame d'argent dans une solution concentrée d'acide iodhydrique, elle se couvre peu à peu de cristaux d'iodure d'argent et donne lieu à un dégagement d'hydrogène. L'acide sulfurique décompose facilement l'acide iodhydrique en mettant l'iode en liberté.

$$SHO^6 \ + \ HI \ = \ H^2O^2 \ + \ SO^2 \ + \ I.$$

Acide   Acide   Eau.   Acide   Iode.
sulfurique.   iodhydrique.   sulfureux.

L'acide azotique et d'autres acides oxygénés en opèrent de même la décomposition. Avec l'acide iodique il forme immédiatement de l'eau et de l'iode.

$$IHO^6 \ + \ 5HI \ = \ 6I \ + \ 6HO.$$

IODURES DE SOUFRE.

Lorsqu'on dissout le soufre et l'iode dans le sulfure de carbone dans les proportions de 1 équivalent du premier corps et de 3 équivalents du second, et qu'on laisse évaporer le sulfure de carbone, on obtient des prismes rhomboïdaux d'un iodure de soufre défini SI^3. Ces cristaux ressemblent à ceux de l'iode. Chauffés sur la lame de platine ils se décomposent : l'iode se volatilise et il reste une goutte de soufre (Landolt, Lamers).

D'un autre côté, M. Guthrie a obtenu un iodure de soufre S^2I, en faisant réagir l'iodure d'éthyle sur le chlorure de soufre S^2Cl. Il se forme, par double décomposition, du chlorure d'éthyle et de l'iodure de soufre qui se dépose en beaux cristaux tabulaires.

On a employé, en médecine, un iodure de soufre auquel on attribue de même la composition S^2I. On obtient, en chauffant doucement, un mélange d'iode (1 équivalent) et de soufre (2 équivalents) jusqu'à fusion. Ainsi préparé, l'iodure de soufre constitue une masse brune cristalline.

CHLORURES D'IODE.

On en connaît deux : un protochlorure ICl et un perchlorure ICl^3. Le premier est liquide et se forme lorsqu'on traite l'iode par l'eau régale concentrée. La liqueur étendue d'eau est agitée avec de l'éther qui extrait le protochlorure d'iode et l'abandonne après l'évaporation sous forme d'un liquide rouge brun (Bunsen).

On obtient le perchlorure d'iode en faisant passer un courant de chlore sec sur de l'iode jusqu'à ce que celui-ci, qui devient d'abord liquide et prend une couleur rouge brun, soit transformé en une matière solide jaune cristalline.

Le chlore, le brome et l'iode que nous venons d'étudier présentent une analogie frappante dans leurs propriétés chimiques, dans ce qu'on pourrait appeler leurs fonctions. Cette analogie se révèle surtout dans la composition des combinaisons qu'ils forment avec d'autres corps simples, notamment avec l'hydrogène et l'oxygène. Nous avons vu que les acides chlorhydrique, bromhydrique et iodhydrique sont formés de volumes égaux de chlore, de brome et d'iode unis sans condensation.

HCl = 4 vol. formés de 2 vol. de chlore et 2 vol. d'hydrogène.
HBr = 4 vol.   —   de brome   —
HI = 4 vol.   —   d'iode   —

En outre les acides chlorique, bromique, iodique, d'un côté; les acides perchlorique et periodique de l'autre, présentent une composition analogue. Il en est ainsi des chlorures, bromures et iodures métalliques; ces composés sont généralement isomorphes et se rapprochent des sels par leurs caractères physiques.

Si les trois corps dont il s'agit sont semblables par la nature des combinaisons qu'ils peuvent former, on remarque une différence frappante dans l'énergie des réactions qu'ils provoquent. Dans l'ordre des affinités ils se trouvent placés comme il suit :

Chlore,
Brome,
Iode.

En effet, le chlore déplace le brome de ses combinaisons avec l'hydrogène et avec les métaux, et ainsi fait le brome à l'égard de l'iode. Il existe un corps qui se rapproche des précédents par la composition de la combinaison qu'il forme avec l'hydrogène. Par l'énergie de ses affinités, il l'emporte sur le chlore lui-même. Ce corps est le fluor.

FLUOR

On ne connaît pas ce corps à l'état de liberté malgré les tentatives nombreuses qui ont été faites pour l'isoler. A l'état de combinaison il est assez répandu dans la nature. Le spath-fluor ou fluorure de calcium est un minéral commun, le fluorure double d'aluminium et de sodium (cryolite) existe en amas considérables au Groënland. On a trouvé des traces de fluorures dans les eaux de la mer, dans quelques eaux minérales, dans les cendres des végétaux et même dans certains tissus de l'économie, tels que le tissu osseux et l'émail des dents. Les fluorures sont isomorphes avec les chlorures, bromures et iodures correspondants, circonstance qui explique la diffusion du fluor dans la nature.

Telle est l'énergie des affinités du fluor qu'il se combine avec presque tous les corps simples et avec tous les métaux, même avec le platine, et qu'il décompose la plupart des corps composés. De là les difficultés qu'on éprouve à le mettre en liberté et surtout à le recueillir et à l'enfermer dans un vase une fois qu'il est isolé. Comme il attaque immédiatement les vases de verre, on a essayé, d'après le conseil de sir H. Davy, de le mettre en liberté et de le recueillir dans de petits vases de spath-fluor transparent. C'est ce qu'a tenté M. Louyet qui admet que le fluor constitue un gaz incolore, odorant, et qu'il décompose l'eau à froid et dans l'obscurité.

Parmi les combinaisons que forme le fluor, la plus importante est l'acide fluorhydrique.

ACIDE FLUORHYDRIQUE.

HFl.

Préparation. — On introduit dans la panse d'une cornue de plomb formée de deux pièces, du fluorure de calcium (spath-fluor, fluate de chaux) réduit en poudre fine, et de l'acide sulfurique, et on remue le mélange avec une baguette en bois, de manière à former une bouillie épaisse; puis on ajuste le dôme de la cornue (*fig.* 33)

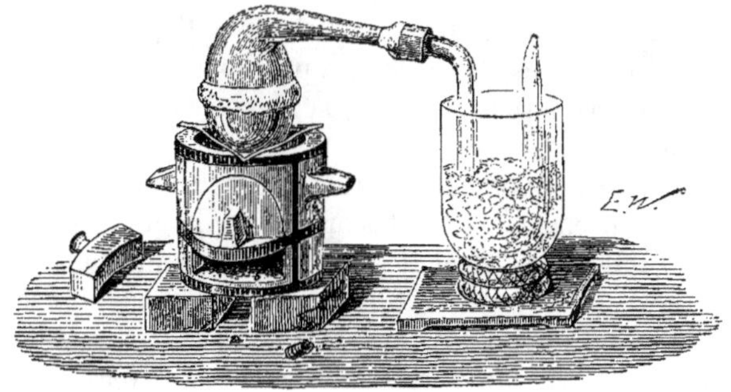

Fig. 33.

qui s'adapte à frottement dans la pièce inférieure; on place la cornue sur un fourneau; on engage le col dans un récipient en plomb

courbé en U, qu'on entoure d'un mélange réfrigérant. L'appareil
étant ainsi disposé, on colle des bandes de papier autour des join-
tures, ou mieux on les garnit de mastic de vitrier, puis on chauffe
doucement le fond de la cornue. L'acide sulfurique décompose
alors le fluorure de calcium avec formation d'acide fluorhydrique
et de sulfate de chaux.

$$SHO^4 \ + \ CaFl \ = \ SCaO^4 \ + \ HFl.$$

Acide   Fluorure   Sulfate   Acide
sulfurique.   de calcium.   de chaux.   fluorhydrique.

L'acide fluorhydrique se dégage et va se condenser dans le récipient. On le conserve dans des flacons de plomb.

Propriétés. — Ainsi préparé, l'acide fluorhydrique constitue un
liquide très-acide, qui répand à l'air d'épaisses fumées. Sa densité
est = 1,06. Il reste liquide aux plus basses températures. Il bout
à 15°. Sa composition est exprimée par la formule HFl qui répond
à celle des acides chlorhydrique, bromhydrique, iodhydrique. Son
affinité pour l'eau est si grande que chaque goutte d'acide qu'on y
verse produit un sifflement comme ferait un fer rouge. L'acide
fluorhydrique attaque un très-grand nombre de corps, notamment
le verre qu'il corrode. Cette propriété sert à le reconnaître et à déceler de petites quantités de fluor à l'état de fluorure. Les matières renfermant les fluorures sont introduites dans une capsule en platine
avec de l'acide sulfurique; la capsule est ensuite recouverte d'une
lame de verre enduite d'une couche de cire, sur laquelle on a tracé,
à l'aide d'une aiguille, des caractères ou un dessin. Par l'action
d'une douce chaleur l'acide fluorhydrique se dégage, et va attaquer
le verre partout où il est mis à nu par la pointe de l'aiguille. Au
bout de quelques minutes, on enlève la couche de cire après l'avoir
fondue, et on voit apparaître en creux dans l'épaisseur du verre
les traits qu'on a tracés. M. Nicklès a proposé récemment de remplacer, pour la recherche du fluor, la lame de verre par une lame
de quartz (acide silicique pur).

La propriété que possède l'acide fluorhydrique d'attaquer le
verre motive son emploi, dans les arts, pour la gravure sur verre.

Action de l'acide fluorhydrique sur l'économie animale. — L'acide
fluorhydrique est le plus violent des poisons irritants. Il exerce sur
les tissus une action corrosive sans pareille. Une petite goutte
qu'on dépose sur la peau, et qui reste en contact avec elle pendant
quelques instants, fait naître une violente inflammation; au bout
de quelques heures, une douleur très-vive se déclare à l'endroit
touché, une pustule profonde et entourée d'une auréole rouge s'y

développe, et donne lieu à un petit ulcère qui ne guérit qu'après une longue suppuration. Les vapeurs mêmes de l'acide fluorhydrique exercent sur la peau une action des plus irritantes. Lorsque les mains sont restées exposées pendant trop longtemps à cette vapeur, il se produit un gonflement très-douloureux à l'extrémité des doigts, et cet état inflammatoire peut se prolonger pendant un grand nombre d'heures.

L'acide fluorhydrique est donc un poison redoutable qu'il ne faut manier qu'avec une extrême prudence, lorsqu'il est concentré. Étendu d'eau, il agit comme les autres acides minéraux et perd ses qualités dangereuses.

AZOTE

L'azote est un des éléments de l'air, et c'est de l'air que Lavoisier et Scheele l'ont retiré, les premiers, à l'état de pureté (1777). Avant eux, Rutherford avait montré que l'air fixe (acide carbonique) n'était pas le seul gaz qui reste dans l'air qui a été vicié par la respiration et où les animaux ont péri d'asphyxie. Ayant absorbé l'air fixe par la potasse, il avait obtenu comme résidu un gaz irrespirable, qui n'était autre chose que de l'azote impur, encore mêlé d'une certaine quantité d'oxygène. L'azote pur a été obtenu par Lavoisier dans le cours de ses mémorables recherches sur la compositon de l'air (page 197).

Préparation de l'azote. — On prépare ordinairement l'azote en faisant brûler du phosphore dans un volume limité d'air.

Un morceau de liége B, flottant sur une cuve à eau, supporte une petite capsule C où l'on dépose un fragment de phosphore. Celui-ci étant enflammé, on renverse une cloche A sur la capsule. La chaleur produite par la combustion dilate d'abord l'air et en fait sortir une portion; mais, au bout de peu d'instants, on voit l'eau remonter dans la cloche et prendre la place de l'oxygène, qui disparaît (*fig.* 34). Lorsque le

Fig. 34.

phosphore est éteint, l'expérience est terminée. L'eau dissout peu à peu les vapeurs d'acide phosphorique qui remplissent la cloche et il finit par rester un gaz transparent, irrespirable, impropre à la combustion. Ce gaz est de l'azote encore mêlé d'une petite quantité d'oxygène, de quelques traces d'acide carbonique et de vapeur de phosphore.

On peut préparer l'azote, à l'état de pureté, en faisant passer sur du cuivre porté à l'incandescence, dans un tube en porcelaine, un courant d'air préalablement dépouillé d'eau et d'acide carbonique. Le métal s'empare de l'oxygène pour former un oxyde, et l'azote reste libre.

L'azotite d'ammoniaque se décompose par la chaleur en eau et en azote. De là, un moyen de préparer ce dernier gaz à l'état de pureté.

$$\underset{\substack{\text{Azotite} \\ \text{d'ammoniaque.}}}{Az(AzH^4)O^4} = H^4O^4 + Az^2.$$

On peut substituer à l'azotite d'ammoniaque un mélange d'azotite de potasse et de chlorhydrate d'ammoniaque qui, réagissant l'un sur l'autre par double décomposition, forment du chlorure de potassium et de l'azotite d'ammoniaque. Les sels sont dissous dans l'eau et le mélange des solutions est chauffé dans un ballon. (Corenwinder).

Propriétés de l'azote. — L'azote est un gaz permanent un peu plus léger que l'air. Sa densité est = 0,9714. Un litre de ce gaz pèse 1^{gr},257. L'azote éteint les corps en combustion. Il ne trouble point l'eau de chaux. Il suffoque promptement les animaux, mais sans exercer sur l'économie une action délétère. Il produit l'asphyxie par défaut d'oxygène. Son mélange avec ce dernier gaz constitue l'air atmosphérique qui sert à la respiration et où les propriétés trop actives de l'oxygène sont tempérées par la présence d'un gaz inerte, l'azote.

Celui-ci possède des affinités très-peu énergiques. Il ne se combine directement qu'avec un très-petit nombre de corps parmi lesquels on peut citer le carbone, le silicium, le bore, le titane. D'après **M. H. Deville**, le bore, chauffé légèrement dans une atmosphère de gaz azote, s'enflamme en se transformant en azoture. Lorsqu'on fait passer de l'azote à travers un mélange incandescent de baryte et de charbon, il se forme du cyanogène, combinaison de charbon et d'azote, qui s'unit au barium mis à nu pour former du cyanure de barium. (Marguerritte et de Sourdeval.)

AIR ATMOSPHÉRIQUE

On sait que les anciens considéraient l'air comme un des quatre éléments. Cette erreur régna dans la science jusque vers la fin du dix-huitième siècle. A la vérité, un médecin anglais, Mayow, avait soupçonné, dès 1669, que l'air n'était point formé par une seule et même substance, mais qu'il renfermait des particules plus propres que les autres à entretenir la combustion[1]; que cette partie de l'air était nécessaire pour la formation du salpêtre, qui lui doit ses propriétés comburantes; qu'enfin ces « particules nitro-aériennes (particulæ nitro-aëreæ) enlevées à l'air par la combustion, sont aussi absorbées par le sang dans les poumons, et qu'il en résulte une sorte de fermentation développant de la chaleur, comme on voit de la chaleur se développer lorsque les pyrites absorbent ces mêmes particules pour se transformer en vitriols. » Mais il manquait quelque chose au système de Mayow, savoir une démonstration expérimentale rigoureuse, qui n'a pu être donnée qu'un siècle plus tard. La gloire de cette démonstration appartient à Lavoisier.

La méthode qu'il a employée est fondée sur la double propriété que possède le mercure d'absorber l'oxygène lorsqu'il est porté à une température voisine de son point d'ébullition, et d'abandonner de nouveau cet oxygène à une température plus élevée. Quatre onces de mercure ont été introduites dans un matras A (*fig.* 35) dont le col recourbé B allait plonger sous une cloche C remplie d'air et placée sur une cuve à mercure. Une certaine quantité de l'air contenu dans les vaisseaux ayant été retirée par succion à l'aide d'un tube recourbé, le niveau du mercure s'est élevé dans la cloche. Lavoisier a marqué avec soin la hauteur où le métal s'est arrêté et a observé exactement le baromètre et le thermomètre.

Les choses étant ainsi disposées, il a «allumé le feu» et l'a entretenu presque continuellement pendant douze jours, de manière à chauffer le mercure presqu'au degré nécessaire pour le faire bouillir. Le second jour, il a vu nager sur la surface du mercure de petites parcelles rouges qui, pendant quatre ou cinq jours, ont augmenté en nombre et en volume. Au bout de douze jours, voyant

---

1. Mayow, *Tractatus quinque medico-physici,* 1669. Entre autres passages de ce curieux écrit, nous citerons le suivant : «At non est estimandum, pabulum igneo-aëreum (la matière propre à entretenir la combustion), ipsum aërem esse, sed tantum partem ejus magis activam, subtilemque. »

que la calcination du mercure ne faisait plus de progrès, il a éteint
le feu et il a laissé refroidir les vaisseaux. L'opération terminée, le

Fig. 35.

volume de l'air s'est trouvé réduit de 50 pouces cubiques à 42
ou 43 pouces, à pression et à température égales. Il avait éprouvé,
par conséquent, une diminution d'un sixième. L'air qui restait, et
qui était réduit aux cinq sixièmes de son volume, n'était plus propre
ni à la respiration ni à la combustion. D'un autre côté, ayant rassemblé soigneusement les parcelles rouges qui s'étaient formées
(oxyde de mercure), Lavoisier en a obtenu 45 grains. Il les a placées
dans une très-petite cornue de verre munie d'un tube de dégagement. La cornue ayant été chauffée presqu'à l'incandescence, la
matière rouge s'est décomposée et a disparu : il s'est condensé
dans le récipient 41 grains $\frac{1}{2}$ de mercure coulant, et on a recueilli
7 à 8 pouces cubiques d'un fluide élastique éminemment propre
à entretenir la combustion et la respiration des animaux. Ce fluide
élastique, Lavoisier l'a nommé oxygène. L'ayant mélangé au gaz
irrespirable, il reconstitua l'air ordinaire.

On voit qu'il ne s'est point contenté, comme Scheele l'avait fait
à la même époque, d'absorber simplement le principe respirable
et comburant de l'air, de manière à obtenir pour résidu la « mo-
fette » irrespirable et impropre à la combustion. Dans son admirable méthode, Lavoisier, après après avoir fait absorber l'oxygène
par le mercure, l'a dégagé de nouveau, isolant ainsi les deux éléments de l'air et faisant, du même coup, son analyse et sa synthèse.
Toutefois, son procédé ne pouvait donner que des résultats ap-
proximatifs, en ce qui concerne les proportions suivant lesquelles

l'azote est mélangé à l'oxygène. Lavoisier admettait que l'air renferme un sixième de son volume d'oxygène. Nous savons aujourd'hui que la proportion d'oxygène est plus forte. Grâce aux méthodes dont la science moderne dispose, l'analyse de l'air est devenue une des opérations les plus simples et les plus exactes de la
chimie.

Voici une courte description des méthodes qui sont en usage
pour cette opération.

Méthodes volumétriques. — 1° Dans une éprouvette graduée E
(*fig.* 36) placée sur la cuve à eau ou plus simplement dans un verre à expérience V, et renfermant
un volume déterminé d'air, on introduit un long
bâton de phosphore *b* et on abandonne l'appareil à
lui-même pendant quelques heures. Le phosphore
absorbe peu à peu, à la température ordinaire,
tout l'oxygène de l'air, et il ne reste que de
l'azote. La différence du volume de l'azote au
volume initial de l'air indique le volume de l'oxygène.

Fig. 36.

2° L'absorption de l'oxygène de l'air par le phosphore a lieu immédiatement, lorsqu'on chauffe
un fragment de ce corps dans un volume déterminé d'air. L'expérience se fait au moyen d'une cloche courbe
(*fig.* 37) placée sur la cuve à mercure. On introduit un fragment
de phosphore dans la partie recourbée de la cloche; on chauffe
d'abord doucement pour fondre
le phosphore et vaporiser l'eau
qui y adhère, puis on élève la
température de manière à enflammer et à volatiliser le phosphore. L'opération est terminée
lorsque la lueur produite par la
combustion de la vapeur de phosphore s'est propagée jusqu'au
sommet de la colonne d'eau.
Comme la précédente, cette expérience donne le résultat sui

Fig. 37.

vant : 100 volumes d'air laissent un résidu de 79 volumes d'azote
environ.

3° On agite vivement 100 volumes d'air avec une solution de

potasse à laquelle on a ajouté de l'acide pyrogallique. Cette solution brunit immédiatement en absorbant tout l'oxygène de l'air et en laissant pour résidu 79 volumes d'azote. Ce procédé, indiqué par M. Liebig, est fondé sur la propriété que possède l'acide pyrogallique, d'absorber immédiatement l'oxygène, en présence d'un excès d'alcali, pour se transformer en une matière brune.

4° 100 volumes d'air sont introduits dans un eudiomètre avec 100 volumes d'hydrogène. On fait passer l'étincelle électrique. Tout l'oxygène de l'air se combine avec l'hydrogène pour former de l'eau qui se condense sous forme liquide. Il en résulte un vide, et au lieu de 200 volumes de gaz introduits dans l'eudiomètre, on ne trouve plus, toutes corrections faites, que 137,21 volumes d'un mélange d'azote et d'hydrogène.

62,79 volumes ont donc disparu pour former de l'eau; comme on a opéré en présence d'un excès notable d'hydrogène, cette eau renferme tout l'oxygène contenu dans les 100 volumes d'air. Or, comme chaque volume de cet oxygène a dû brûler 2 volumes d'hydrogène, il en résulte que les 62,79 volumes disparus renfermaient 20,93 volumes d'oxygène sur 41,86 volumes d'hydrogène.

100 volumes d'air renferment donc :

20,93 vol. d'oxygène.
79,07 vol. d'azote.

Cette expérience est susceptible d'une grande précision, si l'on emploie les eudiomètres perfectionnés qui ont été décrits dans ces derniers temps par MM. Regnault [1], Doyère, Bunsen. L'eudiomètre de Bunsen se recommande par la simplicité de sa construction (*fig.* 38). C'est un tube de verre CB long de 5 à 6 décimètres, d'un diamètre de 20^{mm} et d'une capacité de 160^{cc} environ. L'épaisseur de la paroi peut ne pas dépasser 2^{mm}. Au sommet du tube E deux fils de platine sont soudés dans l'épaisseur de la paroi qu'ils traversent. Ces fils conducteurs suivent la voûte interne jusque vers le sommet, où ils laissent entre eux un intervalle que l'étincelle doit traverser. Le tube eudiométrique porte une division en millimètres. En outre, il est exactement calibré, de telle sorte qu'on connaisse la capacité réelle du tube correspondant à chaque division. Pour apprécier le volume d'un gaz, on lit à l'aide d'une lunette qui glisse sur un pied vertical, la division à laquelle correspond le sommet du ménisque

---

1. Le lecteur trouvera une description de ce remarquable instrument dans le *Cours élémentaire de chimie* de M. V. Regnault, 5e édit., t. IV, p. 76.

de la colonne mercurielle qui s'élève dans le tube. Pour déterminer la pression à laquelle le gaz est soumis, on mesure, à l'aide du

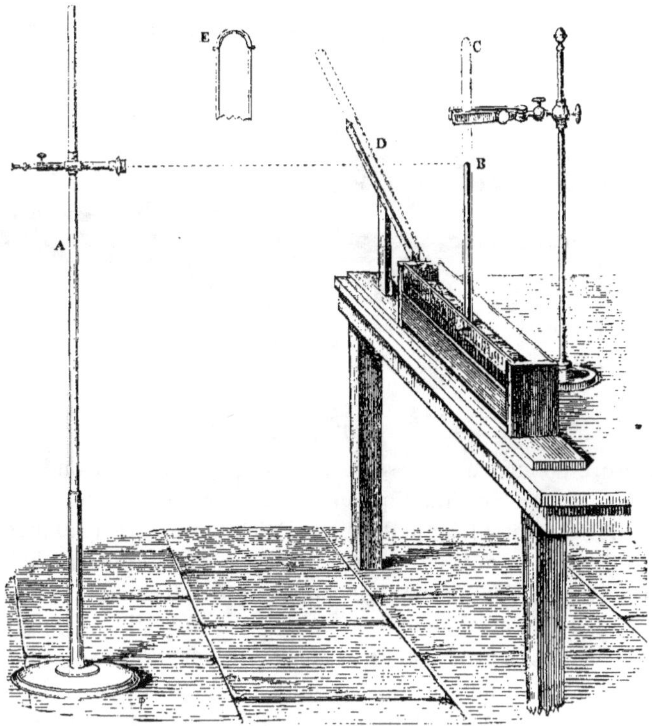

Fig. 38.

même instrument, la différence du niveau du mercure dans la cuve et dans le tube lui-même, et on retranche cette pression de la pression barométrique. On note d'ailleurs exactement la température, et l'on tient compte de l'état d'humidité du gaz. Toutes ces données servent à calculer le volume réel du gaz avant et après le passage de l'étincelle électrique [1].

1. Supposons qu'il s'agisse de mesurer le volume du mélange gazeux après le passage de l'étincelle électrique. Soit V le volume du gaz contenu dans l'eudiomètre, soit t la température du gaz qui est saturé d'humidité, soit f la tension de la vapeur d'eau à la température t, soit P la pression barométrique exprimée en millimètres, H la hauteur du mercure dans le tube eudiométrique, le volume V^o du gaz sec à la température de 0° et sous la pression de 760^{mm} sera donné par la formule

$$V^o = V \times \frac{P - H - f}{(1 + 0,00367\, t\, \times\, 760}.$$

Méthode des pesées. — 1º Pour analyser l'air par la méthode des pesées, MM. Dumas et Boussingault ont employé le procédé suivant :

Un ballon A (*fig.* 39) d'une capacité de 15 à 20 litres, muni d'une

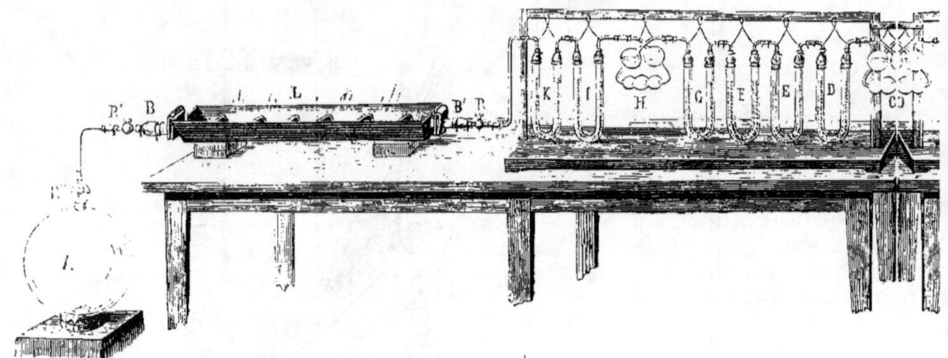

Fig. 39.

armature en cuivre traversée par un robinet R″, et pouvant se visser sur la machine pneumatique, est mis en communication avec un tube de verre peu fusible B B′, garni d'une armature à robinets R′ R à ses deux extrémités et rempli de cuivre métallique. Le ballon et le tube sont vides d'air et leur poids a été déterminé avec soin.

Le tube rempli de cuivre est placé sur une grille à combustion. Son autre extrémité est mise en communication avec une série de tubes de Liebig et de tubes en U (C, D, E, F, G, H, I, K) renfermant, les uns une solution de potasse caustique ou de la pierre ponce imprégnée de potasse, les autres, des fragments de chlorure de calcium et de la pierre ponce imprégnée d'acide sulfurique concentré. La potasse sert à purger l'air de la petite quantité d'acide carbonique qu'il renferme; le chlorure de calcium et l'acide sulfurique sont propres à le dessécher parfaitement.

Le cuivre est chauffé au rouge, les robinets du tube étant ouverts. On ouvre alors le robinet du ballon. L'air s'y précipite aussitôt; mais il ne peut y arriver qu'après avoir traversé la série d'appareils de condensation où il se purifie, et le tube rempli de cuivre incandescent où il se dépouille de son oxygène, par suite de la formation de l'oxyde de cuivre. C'est donc de l'azote pur qui entre dans le ballon. L'expérience est terminée lorsque la tension du gaz contenu dans celui-ci est sensiblement égale à la pression extérieure. On ferme alors le robinet; on laisse refroidir le tube, et on le pèse ainsi que le ballon rempli d'azote.

L'augmentation de poids du ballon indique le poids de l'azote qui y est entré.

L'augmentation de poids du tube (qui avait été pesé vide d'air) indique le poids de l'oxygène qui s'est fixé sur le cuivre, plus le poids de l'azote restant dans le tube à la fin de l'expérience. On détermine le poids de cet azote en faisant le vide de ce tube et en le pesant une troisième fois.

La différence entre la seconde et la troisième pesée indique le poids de l'azote contenu dans le tube. Ce poids, ajouté au poids de l'azote contenu dans le ballon, constitue le poids total de l'azote de l'air analysé.

Le poids de l'oxygène est donné par la différence du poids du tube vide d'azote et rempli de cuivre oxydé (troisième pesée) et du poids du tube vide d'air et rempli de cuivre métallique (première pesée).

En employant cette méthode, MM. Dumas et Boussingault ont trouvé que 100 parties d'air renferment en poids :

23,13 d'oxygène.
76,87 d'azote.
—————
100,00

2° M. Brunner a analysé l'air en le faisant arriver lentement, après l'avoir dépouillé d'acide carbonique et de vapeur d'eau, sur du phosphore contenu dans un tube. L'augmentation de poids de ce tube donnait la quantité d'oxygène ; le poids de l'azote était déduit de la mesure de son volume.

L'air est-il un mélange ou une combinaison? — Les proportions d'oxygène et d'azote que l'air renferme sont partout les mêmes, sauf de légères variations. Au sommet des plus hautes montagnes, au centre des continents, au-dessus de l'immense étendue des mers, l'air se montre, à peu de chose près, également riche en oxygène. En discutant un grand nombre d'analyses, M. Regnault a établi que la proportion d'oxygène ne varie généralement que de 20,9 à 21,0, mais que, toutefois, dans les pays chauds, elle peut descendre, dans certains cas, à 20,0. Abstraction faite de ces légères variations, on peut dire que la composition de l'air est constante ; et cette constance dans les rapports de ses éléments pourrait faire croire que ceux-ci sont contenus dans l'atmosphère, non pas à l'état de simple mélange, mais à l'état de combinaison. Il n'en est rien. L'air, dans sa partie essentielle, ne constitue point un degré d'oxydation de l'azote ; c'est un mélange gazeux.

Les considérations suivantes suffisent pour établir cette vérité importante.

Remarquons d'abord que lorsque deux gaz se combinent, leurs volumes respectifs sont dans des rapports très-simples. Or, il n'en serait pas ainsi pour l'oxygène et pour l'azote, s'ils étaient combinés dans l'air. Le rapport de 20,93 à 79,07 ou de 21 à 79 s'éloigne trop de la simplicité des rapports que l'expérience constate entre les volumes des gaz qui se combinent (loi de Gay-Lussac).

Lorsque l'air se dissout dans l'eau, il se comporte comme un mélange et non point comme une combinaison. En effet, chacun de ses éléments s'isole et se dissout dans l'eau, suivant l'affinité particulière qu'il possède pour ce liquide. L'oxygène est plus soluble dans l'eau que l'azote : aussi, l'air dissous dans l'eau et qu'on peut en dégager par l'ébullition, est-il beaucoup plus riche en oxygène que l'air atmosphérique. Nous avons vu, en effet, que l'air dégagé de l'eau renferme :

Azote.........................	64,47
Oxygène.......................	33,76
Acide carbonique..............	1,77

Si l'air était une combinaison, on ne voit point pourquoi il changerait aussi de composition en se dissolvant dans l'eau. Mais, s'il est un mélange, chacun de ses éléments doit se dissoudre dans l'eau comme s'il était seul, et que l'autre élément fût supprimé (Dalton). Il en résulte que l'oxygène et l'azote doivent se dissoudre dans l'eau proportionnellement à la tension que chacun d'eux possède dans le mélange, et proportionnellement à leurs coefficients de solubilité respectifs; c'est ce que vérifient des analyses de l'air dégagé de l'eau.

Ainsi tout démontre que l'air se comporte comme un mélange et non pas comme une combinaison d'oxygène et d'azote.

Il renferme encore d'autres principes qui y sont contenus en quantité beaucoup plus petite que l'oxygène et l'azote, mais qui jouent néanmoins un rôle important dans les phénomènes qui se passent à la surface du globe, et particulièrement dans les phénomènes de la vie. Parmi les autres principes que l'air renferme, nous devons noter en première ligne l'acide carbonique et la vapeur d'eau.

Acide carbonique de l'air. — Lorsqu'on laisse exposé à l'air un vase renfermant de l'eau de chaux, la surface de celle-ci se couvre bientôt d'une pellicule formée par de petits cristaux de carbonate de chaux.

Cette expérience démontre la présence de l'acide carbonique
dans l'air. Elle réussit pareillement avec l'eau de baryte, qui absorbe
l'acide carbonique comme le fait l'eau de chaux. Pour apprécier
la proportion d'acide carbonique contenu dans l'air, Thenard s'est
servi de l'eau de baryte, dont il a introduit une certaine quantité
dans un grand ballon A de capacité connue, dans lequel on pouvait
faire le vide (*fig.* 40). Après avoir agité de manière à absorber tout
l'acide carbonique contenu dans le
ballon, il y a fait le vide et y a introduit ensuite une nouvelle quantité
d'air, qui, dépouillée à son tour d'acide
carbonique, a été enlevée et remplacée par une troisième portion. Ces
opérations ont été continuées jusqu'à
ce que la quantité de carbonate de
baryte fût suffisante pour pouvoir être
recueillie sur un filtre, lavée, séchée
et pesée. Le poids du carbonate de
baryte indiquait la quantité d'acide
carbonique que renfermait le volume

Fig. 40.

total de l'air d'abord contenu et successivement introduit dans le
ballon.

Mais voici un appareil qui peut servir à doser exactement et du
même coup l'acide carbonique et la vapeur d'eau que l'air renferme (*fig.* 41).

V est un vase aspirateur à deux tubulures et exactement jaugé.
La première reçoit un thermomètre t. La seconde reçoit un tube a
recourbé muni d'un robinet r', plongeant d'un côté jusqu'en b, à
une petite distance du fond du vase et se trouvant, de l'autre côté,
en communication avec les tubes en A, B, C, D, E, F. Les tubes F, E
renferment, le premier, des fragments de chlorure de calcium; le
second, de la pierre ponce imprégnée d'acide sulfurique. Ils sont
destinés à retenir l'eau. Les tubes D, C renferment de la pierre
ponce imprégnée de potasse caustique qui absorbe l'acide carbonique; le tube B renferme de la pierre ponce imprégnée d'acide
sulfurique et sert à retenir l'humidité que l'air sec enlève à la potasse des tubes précédents. Le tube A, rempli de ponce sulfurique, est destiné à empêcher le retour de l'humidité. On détermine avant l'expérience, d'un côté, le poids des tubes E et F; de
l'autre, celui des tubes D, C, B.

Les choses étant ainsi disposées, on remplit d'eau le vase V.

puis on ouvre les robinets r et r'. L'eau s'écoule aussitôt du vase B;
mais en s'écoulant elle détermine une aspiration d'air qui doit le

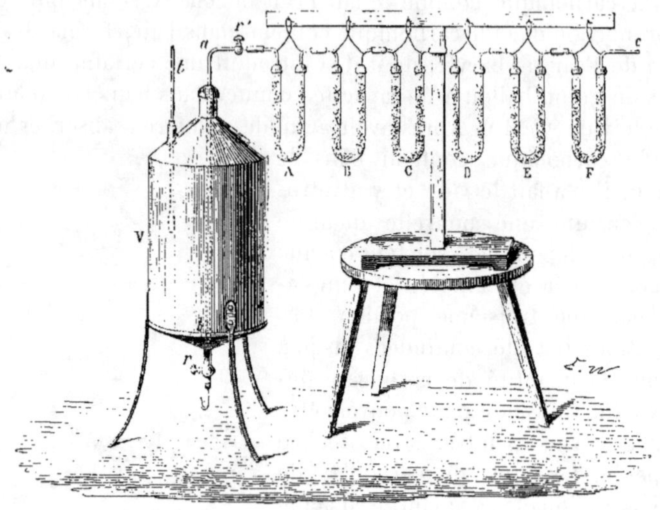

Fig. 41.

remplacer dans le flacon, et cet air ne peut s'introduire dans le
vase par le robinet ouvert r' qu'après avoir traversé la série d'appareils de condensation où il se dépouille de la vapeur d'eau d'abord,
de l'acide carbonique ensuite. Lorsque le niveau de l'eau dans le
vase est descendu à l'extrémité b du tube ab, on ferme de nouveau
les robinets r et r', et on remplit le vase d'eau pour recommencer
l'aspiration.

Le volume de l'eau écoulé donne, l'expérience terminée, le volume de l'air qui a traversé l'appareil de condensation, et l'augmentation de poids de ceux-ci donne les quantités de vapeur d'eau
et d'acide carbonique que renfermait cet air.

Veut-on déterminer rapidement, et avec une précision suffisante
dans la plupart des cas, la quantité d'acide carbonique contenue
dans l'air confiné dans un espace? On peut se servir avec avantage
du procédé suivant, que l'on doit à M. Pettenkofer. Dans un flacon
d'une capacité connue (de 3 à 4 litres), et dont le goulot est recouvert d'une coiffe en caoutchouc à deux tubulures pouvant être
fermées à volonté, on insuffle, à l'aide d'un soufflet, dont le bec
s'engage dans l'une de ces tubulures, l'air que l'on veut analyser.
On y introduit ensuite, à l'aide d'un tube à entonnoir, un volume

connu d'eau de chaux parfaitement pure, et on agite après avoir fermé les tubes en caoutchouc. L'acide carbonique sature en partie l'eau de chaux, qui devient ainsi moins alcaline.

L'alcalinité de cette eau de chaux a été déterminée d'avance à l'aide d'une solution titrée d'acide oxalique. On dissout dans l'eau $2^{gr},25$ d'acide oxalique cristallisé et on étend la dissolution de manière à former un litre de liquide. Un centimètre cube de cette liqueur titrée répond à 1 milligramme de chaux qu'il sature.

On détermine le nombre de centimètres cubes de cette liqueur normale nécessaires pour saturer un volume d'eau de chaux exactement égal à celui qu'on a introduit dans le flacon. Au moment où la chaux est entièrement saturée, la liqueur cesse de brunir le papier de curcuma. D'autre part, on détermine le nombre de centimètres cubes de liqueur normale nécessaires pour saturer l'eau de chaux du flacon, après l'absorption de l'acide carbonique.

La différence entre ces deux nombres donne en milligrammes la quantité de chaux qui a été saturée par l'acide carbonique d'un volume d'air égal à la capacité du flacon, diminuée du volume de l'eau de chaux introduite. Cette quantité de chaux étant connue, rien n'est plus facile que de calculer la quantité d'acide carbonique qui lui correspond. Récemment M. Pettenkofer a remplacé l'eau de chaux par l'eau de baryte pour cette détermination.

La quantité d'acide carbonique contenue dans l'air varie, d'après les expériences de Théodore de Saussure, de 4 à 6 dix millièmes. Elle augmente dans les lieux habités. Elle est plus forte la nuit que le jour, circonstance qu'il faut attribuer à l'influence de la végétation (voir plus loin). Elle diminue après la pluie; elle est moindre au-dessus des grands lacs, etc. (Th. de Saussure).

Sources de l'acide carbonique atmosphérique. — L'acide carbonique contenu dans l'air provient de diverses sources. Dans quelques localités, appartenant à des régions volcaniques du globe, les fissures de la terre en laissent échapper des torrents; les volcans en vomissent des quantités immenses; certaines eaux en sont sursaturées et le laissent dégager en abondance lorsqu'elles viennent sourdre à la surface de la terre. L'acide carbonique est le produit constant de la combustion du charbon et des matières organiques. On a calculé que l'Europe retire annuellement du sein de la terre 550 millions de mètres cubes de combustibles minéraux, qui, en brûlant, donnent naissance à 80 milliards de mètres cubes d'acide carbonique. En outre, les phénomènes de putréfaction et de combustion lente des matières organiques, phénomènes qui s'accomplissent avec tant d'activité à la surface du globe, surtout dans certaines saisons, donnent lieu à la formation de quantés prodigieuses d'acide carbonique qui se répandent dans l'atmosphère.

La respiration est une combustion lente; c'est aussi une source immense d'acide carbonique. En supposant, ainsi que cela résulte des expériences de MM. Andral et Gavarret, qu'un homme brûle en moyenne en 24 heures 240 grammes de charbon qu'il convertit en 445 litres d'acide carbonique, la race humaine, tout entière, doit engendrer annuellement environ 160 milliards de mètres cubes d'acide carbonique, et bien que ce chiffre soit purement approximatif il est de nature à frapper l'imagination, en faisant pressentir l'immensité du volume d'acide carbonique que versent chaque année dans l'air tous les animaux qui vivent et qui respirent.

Cet acide carbonique ne s'accumule point indéfiniment dans l'atmosphère. Rejeté par les animaux, il constitue la nourriture des plantes qui possèdent la propriété de le décomposer, d'en retenir le carbone et d'en dégager l'oxygène, sinon en totalité, du moins en partie.

Cette vérité importante est une des plus belles conquêtes que la science ait faites, au siècle dernier, par les efforts successifs de plusieurs observateurs éminents.

Priestley remarqua le premier (1771) que les plantes possèdent la propriété de purifier l'air. Bonnet observa que les feuilles qui séjournent dans l'eau se couvrent de petites bulles que Priestley reconnut plus tard pour de l'oxygène. Ingenhouz démontra que les feuilles ne possèdent cette propriété qu'autant qu'elles sont soumises à l'action de la lumière solaire. Enfin, Percival et Sennebier ont montré que la présence de l'acide carbonique dans l'eau était une des conditions essentielles du phénomène.

On doit à Théodore de Saussure les expériences les plus décisives concernant la décomposition de l'acide carbonique par les plantes et l'assimilation du carbone. Récemment, M. Boussingault a démontré que les gaz exhalés sous l'influence de la lumière solaire par les parties vertes des végétaux immergés, renferment, indépendamment de l'oxygène, une petite quantité d'oxyde de carbone, d'hydrogène protocarboné et d'azote.

Ainsi, l'acide carbonique résultant des combustions qui s'accomplissent à la surface de la terre est repris par le règne végétal, et sert à l'élaboration de cette matière organique, manifestation et condition de la vie à la surface de la terre. La vie apparaît entre ces deux grands phénomènes : décomposition de l'acide carbonique par les végétaux, et production de l'acide carbonique par la destruction de la matière organique. Leur corrélation et leur succession perpétuelle assurent la transmission et la durée de la vie sur la terre.

Tel est l'ordre admirable de la nature. Mais indépendamment de ce grand courant d'activité qui se rattache à la présence de l'acide carbonique dans l'air, on peut en saisir un autre. Une portion de ce gaz dissoute par l'immense étendue des mers est fixée par certains animaux sous forme de carbonate de chaux qui entre dans les coquilles, les carapaces, les productions madréporiques. Cette portion de l'acide carbonique n'est plus restituée à l'atmosphère. Les carbonates formés vont se déposer au fond de la mer et vont constituer, dans le cours des siècles, des roches nouvelles (Peligot).

Vapeur d'eau contenue dans l'air. — L'air n'est jamais sec. Il renferme de l'eau à l'état de vapeur invisible ou à l'état de vapeur vésiculaire.

La quantité de vapeur d'eau contenue dans l'air varie. Elle augmente en général avec la température. On dit que l'air est saturé de vapeur à une température donnée, lorsqu'il n'en peut dissoudre davantage à cette température. Lorsque, dans ces conditions, la température de l'air vient à s'abaisser, une portion de la vapeur se condense et prend la forme de gouttelettes très-fines : c'est là l'origine du brouillard. Quand l'air est très-chargé de vapeur, il produit sur nos organes cette sensation particulière que nous désignons sous le nom d'humidité. Et cette sensation ne dépend point de la quantité absolue de vapeur d'eau répandue dans l'air; elle dépend du degré de saturation. En hiver, la quantité absolue de vapeur d'eau contenue dans l'air est en général moins forte qu'en été, et pourtant l'air paraît plus humide, parce qu'il est plus près de l'état de saturation. L'état hygrométrique de l'air est donc exprimé par la fraction de saturation, c'est-à-dire par la quantité de vapeur répandue dans l'air à une température donnée, divisée par la quantité de vapeur que renfermerait l'air s'il était saturé à cette température.

On apprécie la quantité absolue de vapeur d'eau contenue dans l'atmosphère en faisant passer un volume déterminé d'air à travers des tubes renfermant des corps avides d'eau, tels que le chlorure de calcium et l'acide sulfurique. L'appareil que nous avons décrit page 206 peut servir pour doser à la fois l'eau et l'acide carbonique contenus dans l'air.

Autres matériaux contenus dans l'air. — Indépendamment de l'oxygène, de l'azote, de l'acide carbonique, de la vapeur d'eau. l'air renferme d'autres matières dont la présence dans l'atmosphère, en très-petite quantité, est le résultat d'une foule d'actions chimiques qui se passent dans son sein ou à la surface de la terre. On y rencontre aussi des corpuscules de nature diverse qui y sont suspendus. Parmi ces corpuscules, il en est qui sont organisés et vivants ou aptes à la vie; nous les mentionnerons plus loin. D'autres constituent simplement des poussières minérales ou organiques que le vent soulève et entraîne au loin. On les retrouve dans l'eau de pluie, et nous en avons déjà indiqué la nature (page 63).

Les matières organiques, en se putréfiant à la surface du sol, dégagent, indépendamment de l'acide carbonique, de l'ammoniaque, des carbures d'hydrogène, de l'acide sulfhydrique et des principes volatils organiques, dont la nature est inconnue et dont la composition peut être très-diverse.

A ces effluves, provenant de la destruction des corps organiques, il faut ajouter les principes volatils qui résultent des métamorphoses que les matières organiques éprouvent sous l'influence de la vie. Telles sont les huiles volatiles que forment les végétaux, les parfums qu'exhalent les fleurs, les émanations diverses qu'émettent les animaux et qui se manifestent par une odeur peu agréable.

L'*ammoniaque* est contenue dans l'air sous forme de carbonate et peut-être d'azotite; elle se dissout dans l'eau condensée au sein de l'atmosphère. On sait que cette ammoniaque joue un rôle important dans les phénomènes de la végétation.

L'*hydrogène protocarboné* se produit non-seulement par la putréfaction des matières organiques au sein de l'eau; il existe aussi, en petite quantité, en même temps que l'oxyde de carbone, dans les gaz exhalés par les végétaux immergés, sous l'influence de la lumière solaire (Boussingault). Quoi qu'il en soit, lorsque, comme l'a fait M. Boussingault, on fait passer sur de l'oxyde de cuivre incandescent de l'air parfaitement dépouillé d'acide carbonique et de vapeur d'eau, on recueille dans les tubes condenseurs, placés au delà de l'oxyde de cuivre, une petite quantité d'eau et d'acide carbonique, produits de la combustion que subissent les traces de carbure d'hydrogène, d'oxyde de carbone, de matières organiques hydrocarbonées contenues dans l'atmosphère.

L'air renferme une petite quantité d'*acide azotique* sous forme d'azotate d'ammoniaque. Comme l'ammoniaque, l'acide azotique est contenu dans l'eau de pluie, et l'on sait que l'eau qui tombe sous les tropiques est plus chargée d'acide azotique que l'eau de pluie de nos contrées. On admet généralement que l'acide azotique se forme dans l'air par l'union directe de l'azote et de l'oxygène sous l'influence des puissantes décharges électriques qui constituent la foudre, et l'on explique par la fréquence et la violence des orages sous les tropiques la richesse relative en acide azotique des pluies qui tombent dans ces contrées.

M. Schœnbein a émis récemment l'opinion que l'air renferme de l'*azotite d'ammoniaque*. Selon lui, ce sel se forme directement par l'union directe de l'azote avec l'eau et par une réaction inverse de celle qu'on met à profit pour la préparation de l'azote (page 196).

$$Az^2 + H^4O^4 = Az(AzH^4)O^4.$$
Azotite
d'ammoniaque.

L'azotite d'ammoniaque prendrait naissance pendant l'oxydation vive ou lente qu'éprouvent dans l'air les matières combustibles. L'azote, témoin de cette oxydation, se porterait par entraînement, sur les éléments de l'eau. L'explication est douteuse, mais le fait de la formation d'un composé oxygéné de l'azote, acide azotique ou acide azoteux, pendant la combustion qu'éprouvent certains corps dans l'air ou dans l'oxygène, est hors de doute. Cavendish a montré le premier que lorsqu'on fait passer une étincelle électrique à travers un mélange d'azote, d'hydrogène et d'oxygène, il se forme non-seulement de l'eau, mais encore une petite quantité d'acide azotique. M. Bence Jones a prouvé récemment qu'il se forme de l'acide azotique pendant la combustion de divers corps organiques, par exemple, du gaz de l'éclairage. Ainsi, en présence d'un corps qui s'oxyde, l'azote peut s'oxyder lui-même directement, et l'on conçoit dès lors que dans une foule de circonstances il puisse se former de l'acide azotique dans l'air, et plus abondamment encore à la surface du sol, comme nous l'établirons plus loin.

Ozone atmosphérique.—L'air renferme-t-il de l'ozone? M. Schœnbein admet qu'il en est ainsi, car il a constaté que le papier ioduré et amidonné bleuit dans certaines conditions, lorsqu'il est exposé à l'air. On a remarqué qu'en général il se colore plus souvent et d'une manière plus intense à la campagne que dans les villes ou près des endroits habités; que la coloration bleue est plus marquée et plus fréquente en hiver qu'en été. On a observé de plus que le papier se colorait surtout dans le voisinage des plantes vertes exposées au soleil, d'où l'on a conclu que l'oxygène dégagé par les végétaux était chargé d'ozone. La conclusion est inexacte, et a été réfutée par M. Cloëz. Ce savant a placé deux cloches de verre à une certaine distance au-dessus d'un gazon exposé à l'insolation; l'une de ces cloches était recouverte de papier noir, l'autre était transparente; les deux renfermaient du papier ioduro-amidonné. Le papier a bleui dans la cloche transparente; il est resté incolore dans celle qui était recouverte de papier noir. Dans ce cas, le changement de couleur du papier ne pouvait être attribué à l'action de l'oxygène ozoné dégagé par le gazon insolé, puisque ce gaz s'élevait aussi bien dans la cloche recouverte que dans la cloche transparente. M. Cloëz admet que le papier se colore sous l'influence des rayons solaires. Il rend attentif à diverses causes d'erreurs dans les observations relatives à l'ozone atmosphérique. Ainsi, il a prouvé que les huiles essentielles qu'exhalent les plantes aromatiques colorent le papier dit ozonoscopique. Ce fait n'a rien que de très-naturel, puisqu'on sait que les essences se chargent d'ozone lorsqu'on les agite avec de l'air (page 42). M. Cloëz admet de plus que l'air contient quelquefois des vapeurs nitreuses qui peuvent colorer le papier. Son opinion nous paraît confirmée par les expériences récentes de M. Schœnbein et de M. Bohlig concernant la présence de l'azotite d'ammoniaque dans l'eau de pluie.

Quoi qu'il en soit, il faut accueillir avec réserve les assertions relatives à l'ozone atmosphérique, aux variations qu'il peut subir, et à l'influence qu'il peut exercer sur la production de certaines maladies. On a dit que les épidémies de grippe coïncident souvent avec l'abondance de l'ozone dans l'air; cela n'est point prouvé. On a émis l'opinion que l'ozone atmosphérique ne pouvait exister dans les régions désolées par les fièvres paludéennes, et l'on admet une sorte d'incompatibilité entre l'ozone et la *malaria*. Si elle n'est point vraie, cette assertion offre du moins quelque vraisemblance. Car il est probable que la malaria et les émanations paludéennes sont dues à des effluves de nature organique, ou au moins à des principes oxydables; or, les uns et les autres sont incompatibles avec l'ozone.

Émanations paludéennes et miasmes. — On ne sait rien de précis sur la nature des émanations paludéennes que nous venons de mentionner, et l'on ignore complétement celle de ces principes subtils nommés *miasmes*, que l'on suppose répandus dans l'air et auxquels on attribue un rôle actif dans la production de certaines maladies.

Quelques auteurs ont attribué l'influence malfaisante des marais à la production de l'hydrogène sulfuré qui se forme par l'action de l'acide carbonique sur les sulfures résultant de la réduction des sulfates dissous dans les eaux. Cette opinion nous paraît dénuée de fondement. Nous en dirons autant de celle qui consiste à attribuer des effets nuisibles à l'hydrogène protocarboné qui se dégage de la vase des marais, ou à l'oxyde de carbone que dégagent en petite quantité les végétaux aquatiques.

Il résulte des expériences de Moscati que les marais émettent des principes volatils de nature organique. Ayant suspendu des ballons remplis de glace au-dessus d'une rizière de la Toscane, il a recueilli le givre qui s'était condensé à la surface extérieure de ces ballons. En fondant, ce givre a donné une eau transparente qui a laissé déposer bientôt une matière floconneuse azotée et putrescible. L'eau recueillie de la même manière au-dessus des marais du Languedoc a donné avec l'azotate d'argent un précipité qui n'a pas tardé à brunir (Rigaud de l'Isle).

Lorsqu'on expose à l'air d'une contrée marécageuse deux verres de montre, l'un rempli d'eau chaude, l'autre froid et vide, jusqu'à ce que ce dernier soit couvert de rosée, qu'on ajoute ensuite une goutte d'acide sulfurique au liquide contenu dans chaque verre de montre, et qu'on évapore, le liquide du premier verre de montre ne laisse aucun résidu, celui du second laisse un résidu charbonneux (Boussingault). Cet effet n'est point dû à la chute de corpuscules ou de poussières organiques dans le verre de montre, puisque ces matières solides se seraient déposées aussi bien dans le premier verre de montre que dans le second.

Ces expériences établissent donc ce fait, d'ailleurs admissible *à priori*, que l'air renferme des matières organiques volatiles ; mais elles ne permettent pas de conclure qu'on ait réellement réussi à condenser un principe miasmatique et laissent tout entière la question concernant la nature de ces principes.

Germes contenus dans l'air. — Si les faits que nous venons d'exposer sont loin d'offrir le degré de précision désirable, il n'en est pas ainsi des découvertes de M. Pasteur concernant la présence dans l'air de germes de nature diverse. Instituées avec sagacité et discutées avec rigueur, les expériences de ce savant ont donné des résultats précis dont nous indiquerons les suivants, nous réservant d'exposer les autres en traitant de la fermentation et de la putréfaction.

M. Pasteur a aspiré de l'air à travers un tube qui renfermait du fulmi-coton. Cette substance laissait passer les gaz et retenait les corpuscules suspendus dans l'air. Le fulmi-coton ayant été dissous dans l'éther, ceux-ci sont restés, et M. Pasteur a pu reconnaître à l'aide du microscope des granules d'amidon et des corpuscules globuleux qui paraissaient être des spores. En effet, ces corpuscules ayant été introduits dans un milieu propre à leur développement (eau sucrée additionnée de matières albuminoïdes et de cendres de levure de bière), et d'où l'on avait exclu d'autres germes avec le plus grand soin, on a vu se produire, au bout de 24 à 36 heures, diverses mucédinées, et un infusoire, le *Bacterium termo*.

Le même résultat a été obtenu lorsqu'on a substitué au fulmi-coton des tampons d'amiante pour tamiser l'air. L'amiante, chargée des corpuscules de l'air, ayant été introduite dans un liquide nourricier, on a vu se développer les mêmes êtres organisés, tandis que de l'amiante introduite seule dans le même liquide, n'a donné naissance à aucune de ces productions. M. Pasteur a institué ces expériences dans divers lieux. Sur vingt échantillons d'air qui avaient été recueillis en rase campagne et en plaine, huit renfermaient des germes. Sur un pareil nombre d'échantillons d'air recueillis au sommet du Jura, cinq se sont montrés chargés de germes; enfin, sur vingt prises d'air faites au Montanvert, sur la mer de glace, à 2,000 mètres d'altitude, une seule renfermait des germes. Au contraire, dans les caves de l'Observatoire de Paris, on a pu, en employant certaines précautions, puiser de l'air exempt de germes.

Ces expériences sont fondamentales pour la physiologie générale et viennent à l'appui de l'axiome de Harvey : *Omne vivum ex ovo*.

Air confiné. — On nomme ainsi l'air qui a servi à la respiration d'un nombre plus ou moins considérable de personnes et qui n'a pas été renouvelé. Les gaz et la vapeur d'eau exhalés par les poumons s'accumulent dans cet air, qui devient non-seulement irrespirable par défaut d'oxygène, mais toxique dans une certaine mesure, par suite de l'accumulation de l'acide carbonique. La gêne de respiration, au milieu d'une atmosphère confinée, est augmentée par la présence de la vapeur d'eau qui arrive bientôt à saturer l'air. De plus, on ne peut mettre en doute l'influence fâcheuse qu'exercent les émanations animales qui s'échappent avec la vapeur d'eau, et qui résultent de transpiration cutanée et pulmonaire; la nature de ces émanations est inconnue, mais leur présence se manifeste bientôt par une odeur désagréable, toutes les fois qu'un grand nombre de personnes sont réunies dans un espace clos.

Moscati, ayant répété dans une salle d'hôpital l'expérience qu'il avait faite au-dessus des rizières de la Toscane, a obtenu le même résultat. Vogel a exposé des vases remplis d'un mélange réfrigérant dans un amphithéâtre où un grand nombre de personnes se trouvaient réunies. Le givre condensé à la surface de ces vases a donné une eau transparente qui s'est troublée au bout de quelques jours, en déposant des flocons d'abord incolores, puis verts, et en répandant une odeur désagréable. Additionnée d'azotate d'argent, cette eau est demeurée incolore dans l'obscurité; mais à la lumière solaire elle s'est colorée au bout de quelques minutes, et s'est décolorée ensuite en laissant déposer des flocons noirs.

Ces expériences démontrent la présence de matières organiques volatiles dans l'air confiné.

La vapeur d'eau chargée de telles émanations a été désignée sous le nom de *vapeur animalisée* (Orfila). MM. Péclet et Dumas assurent que l'air qui se dégage par les cheminées d'appel destinées à opérer la ventilation de salles d'assemblées nombreuses exhale souvent une odeur tellement infecte, qu'on ne peut séjourner que très-peu de temps à la bouche de ces ventilateurs. En ce qui concerne l'acide carbonique, nous décrirons ses effets plus tard; nous nous bornons à faire remarquer que par le fait de la respiration il s'accumule rapidement dans les espaces confinés. On en jugera par les résultats suivants :

D'après les expériences de MM. Andral et Gavarret, un homme adulte brûle environ 12 grammes de charbon par heure, et exhale par conséquent 44 grammes, soit 22 litres d'acide carbonique. L'air expiré renferme environ 4 °/₀ de ce gaz. Si donc un homme respirait dans un espace clos ayant 3 mètres de longueur sur $2^m,7$ de hauteur et $2^m,7$ de largeur, l'air confiné dans cet espace offrirait au bout de 24 heures la composition de l'air expiré.

A l'acide carbonique qui s'accumule dans les espaces confinés par le fait de la respiration vient se joindre souvent celui qui est produit par le fait de l'éclairage. 10 grammes de bougie consomment, en brûlant, environ 20 litres d'oxygène et versent dans l'air environ 14 litres d'acide carbonique. 1 bec de gaz de houille qui débite par heure 158 litres de gaz consomme 234 litres d'oxygène et produit 128 litres d'acide carbonique.

On comprend, d'après ce qui précède, la nécessité de la ventilation dans les espaces où un grand nombre de personnes sont réunies, tels que les amphithéâtres, les salles de spectacles, les salles d'hôpital.

On doit à M. F. Leblanc un travail important sur l'air confiné. Nous aurons occasion d'y revenir en traitant l'empoisonnement par la vapeur du charbon. Nous nous bornons à faire remarquer que cet auteur a eu occasion de constater dans l'air de salles mal ventilées, telles que le grand amphithéâtre de la Sorbonne, une proportion d'acide carbonique allant jusqu'à 1 °/o, et qu'il admet que le séjour de l'homme dans une telle atmosphère ne saurait se prolonger sans exciter une sensation de malaise prononcée.

Dans les salles d'hôpital, il s'agit d'entraîner non-seulement le gaz acide carbonique provenant de la respiration, mais encore les émanations de nature organique provenant de la transpiration, de la suppuration des plaies, des maladies contagieuses etc. Ce point offre une importance extrême, et l'attention des hygiénistes s'est portée sur ce sujet dans ces dernières années. Aussi on ne se contente plus de fournir à chaque individu 6 à 10 mètres cubes par heure, quantité qu'on jugeait suffisante autrefois, d'après les indications de M. Péclet ; mais dans les salles d'hôpital qui se trouvent dans de bonnes conditions sous ce rapport, on injecte jusqu'à 60 mètres cubes d'air et plus par heure et par lit. Les procédés de ventilation qui sont en usage consistent ou bien à appeler l'air dans une enceinte par suite du tirage déterminé par des appareils de chauffage, ou bien à l'injecter directement à l'aide de ventilateurs agissant par insufflation.

COMBINAISONS DE L'AZOTE AVEC L'OXYGÈNE.

Ces combinaisons sont au nombre de cinq, et forment une série qu'on représente ordinairement par les formules suivantes :

À l'état anhydre.		À l'état de combinaison avec l'eau.
AzO	protoxyde d'azote	»
AzO^2	bioxyde d'azote	»
AzO^3	acide azoteux (anhydre)	$AzHO^4 = AzO^3,HO.$ (Hypothétique.)
AzO^4	acide hypoazotique	»
AzO^5	acide azotique (anhydre)	$AzHO^6 = AzO^5,HO.$

Rapportées au même volume, les formules des composés gazeux d'oxygène et d'azote sont les suivantes :

$$Az^2O^2 = 4 \text{ volumes de protoxyde d'azote.}$$
$$AzO^2 = 4 \text{ volumes de bioxyde d'azote.}$$
$$AzO^4 = 4 \text{ volumes d'acide hypoazotique.}$$

Les formules moléculaires des acides azoteux et azotique anhydres sont probablement

$$Az^2O^6 = 4 \text{ volumes d'acide azoteux.}$$
$$Az^2O^{10} = 4 \text{ volumes d'acide azotique.}$$

PROTOXYDE D'AZOTE.

$$AzO \text{ ou } Az^2O^2.$$

Préparation. — Pour préparer ce gaz, on décompose l'azotate d'ammoniaque par la chaleur. On place le sel dans une cornue (*fig.* 42) munie d'un tube de dégagement, et que l'on chauffe sur

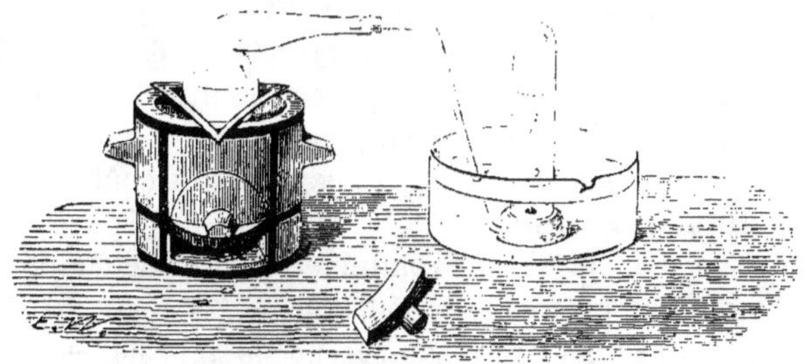

Fig. 42.

un fourneau ou à l'aide d'une lampe à gaz. L'azotate d'ammoniaque fond d'abord et se décompose ensuite en protoxyde d'azote et en eau. On recueille ordinairement le gaz sur une cuve à eau. L'équation suivante rend compte de sa formation.

$$Az(AzH^4)O^6 = Az^2O^2 + 4HO.$$
Azotate   Protoxyde
d'ammoniaque.   d'azote.

Propriétés. — Le protoxyde d'azote est un gaz incolore et inodore. Bien que formé par deux gaz permanents, il ne l'est point lui-même, mais il se liquéfie à 0° sous une pression de 30 atmosphères. A — 100° il se solidifie.

1 volume de protoxyde d'azote renferme 1 volume d'azote et $\frac{1}{2}$ volume d'oxygène. En effet, si l'on ajoute à la densité de l'azote (poids de 1 vol. rapporté au poids de 1 vol. d'air) la demi-densité de l'oxygène (poids de $\frac{1}{2}$ vol. d'oxygène), on trouve qu'il représente sensiblement la densité du protoxyde d'azote.

La densité de l'azote est de.......... 0,972
La demi-densité de l'oxygène est de... 0,552
La somme........................ 1,524

représente la densité théorique du protoxyde d'azote.

L'expérience a donné pour cette densité le chiffre 1,527. En équivalents, la composition du protoxyde d'azote est représentée par la formule

$$AzO = 2 \text{ vol.}$$

dans laquelle Az représente un équivalent ou 2 volomes d'azote et O un équivalent ou 1 volume d'oxygène.

Le protoxyde d'azote est décomposé par une série d'étincelles électriques ou par l'action d'une forte chaleur rouge. Il rallume, comme l'oxygène, une bougie qui ne présente qu'un point en ignition. Le charbon s'y consume plus vivement que dans l'air, le phosphore y brûle avec une lumière blanche très-éclatante. Il est facile de se rendre compte de cette propriété comburante du protoxyde d'azote. Les corps qu'on y plonge tout enflammés le décomposent, grâce à leur haute température, et se trouvent alors enveloppés d'un mélange gazeux où l'oxygène est contenu en plus forte proportion que dans l'air.

L'eau dissout les 4/5 de son volume de protoxyde d'azote. L'alcool en dissout une plus forte proportion.

Action du protoxyde d'azote sur l'économie animale. — Le protoxyde d'azote possède une saveur douceâtre. Il peut être respiré pendant quelques minutes, sinon impunément, du moins sans accasionner des accidents graves. Les effets qu'il a produits sur les personnes qui se sont soumises à cette expérience ont singulièrement varié.

C'est en 1799 que sir Humphry Davy éprouva le premier, sur lui-même, les effets du protoxyde d'azote. L'inhalation de ce gaz amena un état d'excitation et d'ivresse, et détermina même une sorte d'extase. De là le nom de *gaz hilarant* qui a été donné d'abord au protoxyde d'azote. Chez d'autres expérimentateurs, l'inhalation de ce gaz a produit des effets beaucoup moins agréables. Thenard a ressenti une grande faiblesse allant jusqu'à la perte de connaissance; Vauquelin a éprouvé des accidents de suffocation fort pénibles; Proust, un trouble de la vision, de la diplopie, de l'anxiété et des défaillances.

BIOXYDE D'AZOTE.

$$AzO^2.$$

Préparation. — On prépare ce gaz en décomposant par le cuivre l'acide azotique étendu d'eau. On introduit l'acide, par petites portions, dans un flacon de Woulf A à deux tubulures B, C, dans lequel

on a placé des planures de cuivre sous une couche d'eau (*fig. 43*).
Le flacon est muni d'un tube à entonnoir D et d'un tube de dégage-

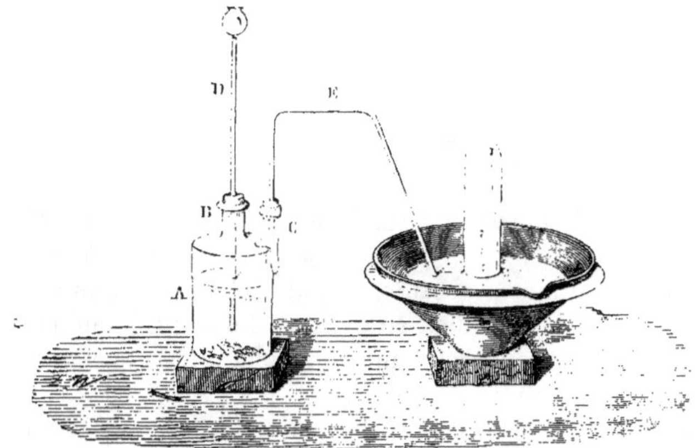

Fig. 43.

ment E. Il se forme d'abord des vapeurs rouges dues à la transformation en acide hypoazotique qu'éprouvent les premières portions
du bioxyde d'azote, au contact de l'oxygène contenu dans l'air du
flacon. Mais bientôt les vapeurs rouges ont disparu. On recueille
alors le bioxyde d'azote sur la cuve à eau.

La réaction qui donne naissance à ce gaz est exprimée par l'équation suivante :

$$4AzHO^6 + 3Cu = 3AzCuO^6 + AzO^2 + 4HO.$$
Acide   Azotate   Bioxyde
azotique.   de cuivre.   d'azote.

Pour que le bioxyde d'azote soit pur, il faut éviter l'emploi d'un
acide azotique trop concentré et empêcher que le liquide ne
s'échauffe pendant la réaction. Si l'on ne prenait point ces précautions, le gaz pourrait être mêlé de protoxyde d'azote.

Propriétés. — Le bioxyde d'azote est un gaz permanent, incolore.
Il est à peine soluble dans l'eau, qui n'en prend que 1/20 de son
volume. Un volume de ce gaz referme $\frac{1}{2}$ volume d'azote et $\frac{1}{2}$ volume
d'oxygène unis sans condensation. Sa densité, qui est $= 1,039$, représente, en effet, la demi-densité de l'azote, plus la demi-densité
de l'oxygène.

0,486   demi-densité de l'azote.
0,552   demi-densité de l'oxygène.
———
1,038   densité théorique du bioxyde d'azote.

L'expérience a donné pour la densité de ce gaz le nombre 1,036.
En équivalents, la composition du bioxyde d'azote est exprimée

par la formule $AzO^2 = 4$ volumes, formule dans laquelle Az représente 2 volumes d'azote et O^2 2 volumes d'oxygène.

La propriété caractéristique du bioxyde d'azote, c'est d'absorber la moitié de son volume d'oxygène à la température ordinaire pour passer à l'état de vapeur hypoazotique

$$AzO^2 \; + \; O^2 \; = \; AzO^4.$$

4 vol.   2 vol.   4 vol.
de bioxyde   d'oxygène.   de vapeur
d'azote.   hypoazotique.

Le bioxyde d'azote est irrespirable, mais il est capable d'entretenir la combustion de certains corps. Un charbon fortement incandescent continue à y brûler. Le phosphore enflammé y brûle avec un vif éclat. Cependant ce gaz ne rallume pas, comme l'oxygène et le protoxyde d'azote, une bougie qui présente encore quelques points en ignition.

Le bioxyde d'azote est absorbé par les solutions des sels ferreux qui prennent une teinte brun foncé en se combinant avec ce gaz (Peligot). Deux équivalents d'un sel ferreux absorbent un équivalent de protoxyde d'azote pour former une combinaison peu stable et qui laisse dégager du bioxyde d'azote par l'action d'une légère chaleur. On tire parti de la facilité avec laquelle le bioxyde d'azote se combine avec les sels ferreux pour séparer ce gaz de l'azote et du protoxyde d'azote. Il suffit d'agiter le mélange avec une solution concentrée de sulfate ferreux pour absorber le bioxyde.

ACIDE AZOTEUX.

$AzO^3.$

Cet acide a été obtenu à l'état anhydre, sous forme d'un liquide bleu foncé, en faisant arriver dans un tube ou dans un matras maintenu à une basse température, 4 volumes de bioxyde d'azote et 1 volume d'oxygène. Il prend naissance, en outre, par l'action de l'eau sur l'acide hypoazotique à une basse température :

$$2AzO^4 \; + \; HO \; = \; AzO^3 \; + \; AzHO^6.$$

Acide azoteux   Acide
anhydre.   azotique.

et par l'action du bioxyde d'azote sur l'acide azotique d'une concentration moyenne. Il se forme dans cette dernière réaction un liquide bleu. Celui-ci, étant soumis à la distillation, émet des vapeurs rouges que l'on peut condenser dans des récipients fortement refroidis, en un liquide vert, mélange d'acide azoteux et d'acide hypoazotique. De nouvelles rectifications, faites à de très-basses températures, permettent de séparer ces deux acides : le plus volatil, l'acide azoteux, se dégage le premier et se condense sous forme d'un liquide bleu (Fritzsche). Sa composition est ordinairement représentée par la formule AzO^3, qui répond probablement à deux volumes, et qu'il convient de doubler.

L'acide azoteux forme des combinaisons stables avec les bases. Lorsqu'on fait arriver sur du bioxyde de barium contenu dans un tube de verre et chauffé modérément, un courant rapide de bioxyde d'azote, les deux corps se combinent avec dégagement de chaleur et de lumière et formation d'azotite de baryte $AzBaO^4$
$= AzO^3,BaO$.

$$AzO^2 + BaO^2 = AzBaO^4.$$

ACIDE HYPOAZOTIQUE.

$$AzO^4.$$

Ce composé prend toujours naisssance par l'action de l'oxygène sur le bioxyde d'azote. Ce n'est point un acide, car il ne se combine pas avec les bases. Il constitue l'oxyde du bioxyde d'azote

$$AzO^2.O^2$$

et le nom d'oxyde d'azotyle (Weltzien) exprimerait mieux cette constitution que le mot impropre d'acide hypoazotique.

Préparation. — On prépare ce composé en décomposant l'azotate de plomb par la chaleur. On place le sel *bien sec* dans une cornue

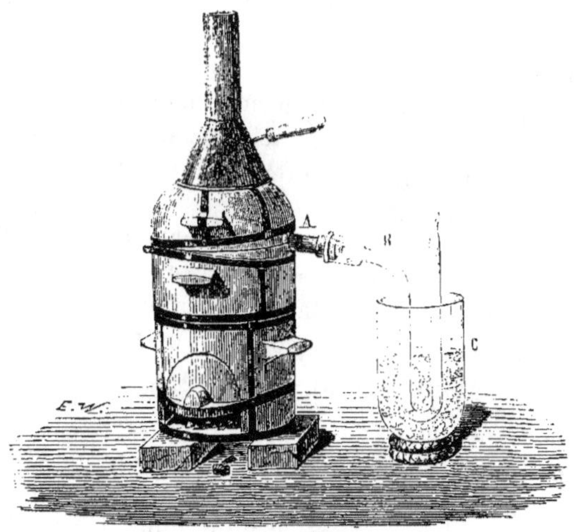

Fig. 44.

de grès (*fig.* 44). On chauffe graduellement jusqu'au rouge sombre

et on reçoit dans un récipient bien refrodi les vapeurs qui se dégagent. Elles se condensent sous la forme d'un liquide jaune brun.
S'il était coloré en vert ou en bleu, ce serait l'indice de la présence
d'une certaine quantité d'acide azoteux, formé par l'action de quelques traces d'eau sur l'acide hypoazotique. La réaction qui donne
naissance à ce dernier corps est représentée par l'équation suivante :

$$AzPbO^6 = AzO^4 + PbO + O.$$
Azotate   Acide   Oxyde
de plomb.   hypoazotique.   de plomb.

Propriétés de l'acide hypoazotique. — L'acide hypoazotique constitue un liquide mobile bouillant à 27°. Sa couleur varie avec la
température. Il est jaune fauve à 0°, jaune brun vers 20°. Il se
prend en une masse cristalline à — 9°. Sa densité est de 1,42. Exposé à l'air, il émet des vapeurs rouges. La densité de ces vapeurs
a été trouvée = 1,72.

La composition de l'acide hypoazotique est exprimée par la formule

$$AzO^4 = AzO^2.O^2.$$

Ces formules représentent 4 volumes de vapeur; la première, 2 volumes d'azote (un équivalent Az) et 4 volumes d'oxygène condensés
en quatre volumes; la seconde, 4 volumes de bioxyde d'azote et
2 volumes d'oxygène pareillement condensés en 4 volumes.

Le cuivre décompose l'acide hypoazotique au rouge en s'emparant de son oxygène pour former de l'oxyde de cuivre, et en mettant l'azote en liberté. Cette réaction a été mise à profit pour
l'analyse de l'acide hypoazotique.

L'acide hypoazotique se transforme, en présence d'un grand excès
d'eau, en bioxyde d'azote et en acide azotique. Une petite quantité
d'eau le dédouble à une basse température en acide azotique et en
acide azoteux (page 220).

Tel est aussi le mode de dédoublement que lui font subir les
bases. La potasse le transforme en azotate et azotite de potasse.
A 200°, la baryte caustique devient incandescente dans un courant
de vapeur hypoazotique et se convertit en azotite et en azotate.

$$2AzO^4 + 2BaO = AzBaO^4 + AzBaO^6.$$
Acide   Azotite   Azotate
hypoazotique.   de baryte.   de baryte.

Lorsqu'on met en contact dans un tube fermé et fortement refroidi de l'acide sulfureux et de l'acide hypoazotique liquéfiés, on
obtient des cristaux incolores et un liquide bleu qui paraît être de
l'acide azoteux. Les cristaux possèdent une composition exprimée
par la formule S^2AzO^9 (La Provostaye). On les envisage comme

une combinaison d'acide sulfurique anhydre et d'acide azoteux, $2SO^3 + AzO^3$. Ils prennent naissance en vertu de la réaction suivante :

$$2SO^2 + 2AzO^4 = S^2AzO^9 + AzO^3.$$

Ils se forment quelquefois dans les chambres de plomb, lorsque la vapeur d'eau n'y arrive pas en assez grande abondance. L'eau les décompose en acide sulfurique, acide azotique et bioxyde d'azote.

Action de l'acide hypoazotique sur l'économie animale.—Ce corps est très-corrosif. A l'état liquide, il jaunit et détruit la peau. Inspirée en trop grande quantité, sa vapeur produit une inflammation très-vive des voies aériennes et du tissu pulmonaire. L'inspiration des vapeurs nitreuses est plus funeste que celle du chlore, parce qu'elle est moins incommode immédiatement et qu'elle prémunit moins contre les dangers d'une action prolongée du gaz. L'irritation violente et instantanée que détermine le chlore est un avertissement et une garantie contre la durée de l'inhalation. La science a enregistré plusieurs cas d'empoisonnement par la vapeur nitreuse suivis de mort. Les victimes étaient des ouvriers qui avaient pénétré dans des magasins où de l'acide azotique s'était répandu en grande quantité et avait provoqué, en se décomposant, le dégagement d'abondantes vapeurs rouges. Plus récemment, des ouvriers ayant nettoyé le sol des chambres de plomb qui servent à la préparation de l'acide sulfurique, en y jetant de l'eau, se sont trouvés enveloppés d'une atmosphère d'acide hypoazotique provenant de la décomposition des *cristaux des chambres*, et ont succombé très-rapidement aux suites de l'inhalation de ce gaz. A l'autopsie, on a trouvé les poumons de ces individus entièrement désorganisés sur une certaine étendue, n'offrant plus de crépitation et gorgés d'un sang noir et liquide.

ACIDE AZOTIQUE.

$$AzHO^6 = AzO^5,HO.$$

Formation. — Lorsqu'on fait passer une série d'étincelles électriques à travers un mélange d'oxygène et d'azote, au contact d'une solution alcaline, il se forme de l'acide azotique, qui sature une portion de l'alcali pour former un azotate (Cavendish).

D'après Berzelius, lorsqu'on fait brûler, par petites portions, dans un excès d'oxygène un mélange de 1 volume d'azote et de 14 volumes d'hydrogène, on parvient à transformer tout l'azote en acide azotique.

L'azote et l'oxygène se combinent pareillement lorsqu'on fait passer un courant d'air sur des matières poreuses (fragments de pierre-ponce ou de brique) imprégnées d'une solution de potasse et de certaines matières oxydables telles que le sulfure de fer (Cloëz).

L'ozone oxyde l'azote de l'air en présence d'une solution alcaline. Il se forme un azotate alcalin (Schœnbein) [page 44].

Lorsqu'on fait passer un mélange de gaz ammoniac et d'air atmosphérique à travers un tube de verre renfermant de l'éponge de platine chauffée à 300°, celle-ci devient incandescente, et il se produit une petite quantité d'acide azotique et de vapeurs nitreuses. En présence d'un excès d'ammoniaque il se forme de l'azotate d'ammoniaque. Dans cette circonstance, l'acide azotique se forme, en même temps que l'eau, par suite de l'oxydation des deux éléments de l'ammoniaque.

L'ozone oxyde de même l'ammoniaque avec formation d'azotate d'ammoniaque.

Un grand nombre de matières organiques azotées, exposées à l'air en présence de l'eau et de carbonates alcalins, se décomposent en dégageant de l'ammoniaque, dont une portion s'oxyde à l'état naissant, pour former l'acide azotique qui se combine avec la base alcaline.

Cette dernière réaction s'accomplit, sur une vaste échelle, dans le sol de certaines contrées tropicales. Lorsque ce sol vient à se dessécher, l'azotate formé s'effleurit à la surface. Telle est l'origine des dépôts considérables d'azotate de soude, qu'on trouve au Chili et au Pérou, et de l'azotate de potasse qu'on rencontre dans l'Inde.

Préparation. — On prépare l'acide azotique en décomposant l'azotate de soude ou l'azotate de potasse par l'acide sulfurique concentré. Dans les arts on se sert, pour exécuter cette opération, de chaudières en fonte fermées par un couvercle et munies d'un col communiquant au moyen d'une allonge en verre avec des bombonnes où l'acide vient se concentrer.

Dans les laboratoires, on emploie une cornue de verre dans laquelle on introduit parties égales d'azotate de potasse (salpêtre) ou d'azotate de soude et d'acide sulfurique (*fig.* 45). Le col de la cornue s'engage dans celui d'un récipient tubulé qui plonge dans une terrine remplie d'eau. On évite l'emploi des bouchons qui seraient corrodés par l'acide.

En chauffant le mélange on voit l'azotate fondre. Des vapeurs rouges marquent le commencement et la fin de l'opération. Les premières portions d'acide azotique mises en liberté se décomposent, en effet, en présence d'un excès d'acide sulfurique. Mais lorsque le mélange devient homogène après la fusion, il se dégage

Fig. 45.

de l'acide azotique dont les vapeurs sont incolores et qui se forme en vertu de la réaction suivante :

$$AzNaO^6 + S^2H^2O^8 = S^2HNaO^8 + AzHO^6.$$

<table>
<tr><td>Azotate
de soude.</td><td>Acide
sulfurique.</td><td>Sulfate acide
de soude.</td><td>Acide
azotique.</td></tr>
</table>

On recueille dans le récipient un liquide jaune. C'est de l'acide azotique tenant en dissolution une certaine quantité de vapeurs nitreuses.

Dans cette préparation on emploie un excès d'acide sulfurique, c'est-à-dire deux fois plus d'acide sulfurique qu'il n'en faudrait, d'après la théorie, pour former du sulfate neutre de soude, $SO^3,NaO = SNaO^4$. Si l'on employait l'acide et le sel en proportions équivalentes, c'est-à-dire une molécule d'acide pour une molécule d'azotate de soude, ce dernier sel ne serait pas décomposé entièrement à la température où il convient d'opérer, et si l'on poussait trop le feu, l'acide azotique serait décomposé. Il est donc nécessaire d'employer deux molécules d'acide pour une d'azotate de soude ou de salpêtre. Il se forme alors du sulfate acide de soude ou de potasse,

$$S^2O^6,NaO,HO = S^2HNaO^8.$$

Lorsque dans la préparation de l'acide azotique on emploie de l'acide sulfurique dans son plus grand état de concentration, on obtient de l'acide azotique aussi concentré que possible. Dans le cas contraire, cet acide renferme de l'eau. Celui du commerce est toujours dans ce cas. En outre, il peut renfermer de petites quantités d'acide sulfurique, d'acide chlorhydrique et des vapeurs nitreuses. Pour le purifier, on le soumet à la distillation avec une petite quantité d'azotate de plomb, en ayant soin de rejeter les premières portions et de ne pas pousser la distillation jusqu'au bout. On le concentre ensuite en le mêlant avec son volume d'acide sulfurique et en soumettant le mélange à la distillation. Les premières portions qui passent sont de l'acide azotique monohydraté, dont le point d'ébullition ne dépasse pas 90°. Pour débarrasser l'acide azotique jaune des vapeurs nitreuses qu'il tient en dissolution, on y dirige un courant de gaz carbonique sec qui les entraîne.

Composition et propriétés. — L'acide azotique le plus concentré possible offre une composition représentée par la formule

$$AzHO^6 = AzO^5,HO.$$

On le nomme monohydraté parce qu'il renferme les éléments d'un seul équivalent d'eau. C'est un liquide incolore lorsqu'il est parfaitement pur, mais qui jaunit rapidement à la lumière en se décomposant en oxygène, vapeur nitreuse et eau. Exposé à l'air, il répand des fumées blanches abondantes. Il se congèle à — 49°. Il bout à 86°. Sa densité est de 1,552 à 20°.

Dirigée à travers un tube de porcelaine chauffé au rouge, sa vapeur se décompose en acide hypoazotique, en oxygène et en eau qui, en se condensant, régénère de l'acide azotique étendu avec une portion de l'acide hypoazotique. Il suffit de distiller l'acide azotique très-concentré pour voir apparaître des vapeurs rouges provenant de sa décomposition.

L'acide azotique monohydraté se mêle à l'eau en produisant une élévation de température. On admet qu'il se combine avec 3 équivalents d'eau (42,8 °/₀ du poids de $AzHO^6$) pour former un hydrate

$$AzO^5,4HO = AzHO^6,3HO.$$

Cet hydrate constitue un liquide parfaitement incolore, d'une densité de 1,42. On peut le distiller sans qu'il abandonne de l'eau, et son point d'ébullition est situé d'une manière constante, à 123° sous la pression ordinaire (Dalton), ou d'après M. Millon, de 125° à 128°. Si on le distillait sous une pression plus forte ou plus faible que la pression normale, sa composition changerait sans aucun doute, comme on l'a observé pour d'autres acides hydratés (Roscoe).

Lorsqu'on distille de l'acide azotique d'une densité supérieure à celle de cet hydrate, il commence à bouillir au-dessous de 120° et se résout en un acide plus concentré qui passe d'abord, et puis en un acide d'une densité de 1,42 qui passe vers 125°.

Lorsqu'on soumet à la distillation un acide azotique d'une densité inférieure à 1,42, l'ébullition commence de même au-dessous de 120°; il passe d'abord un acide plus faible, et finalement le thermomètre monte vers 125°, où il s'arrête et où passe un acide d'une densité de 1,405 (Millon).

L'acide azotique cède facilement une partie de son oxygène aux corps qui en sont avides. Beaucoup de métalloïdes et la plupart des métaux le décomposent en s'oxydant. Un charbon incandescent qu'on en approche, brûle avec une vive ignition au point où il touche la surface de l'acide. Le phosphore, l'arsenic, le soufre, le sélénium, l'iode, etc., se transforment en acides lorsqu'on les fait bouillir avec de l'acide azotique.

Lorsqu'on fait passer sur de l'éponge de platine chauffée de l'hydrogène chargé de vapeurs d'acide azotique, il se forme de l'eau et de l'ammoniaque et l'éponge de platine est portée à l'incandescence (Kuhlmann).

L'acide azotique modifie, oxyde ou détruit un grand nombre de matières organiques. Il décolore le sulfate d'indigo.

Le cuivre, l'argent, le mercure ne sont que faiblement attaqués par l'acide azotique d'une densité inférieure à 1,42, à moins qu'on n'élève la température. L'acide concentré exerce une action énergique sur ces métaux, qui sont dissous et transformés en azotates.

Lorsqu'on verse sur du cuivre de l'acide azotique d'une densité de 1,070, le métal n'est pas attaqué; mais l'attaque commence immédiatement si l'on introduit dans la liqueur une petite quantité d'azotite de potasse.

L'étain et le bismuth, au contraire, sont faiblement attaqués par l'acide concentré, tandis qu'ils sont énergiquement oxydés par l'acide étendu. L'étain se transforme en acide stannique, le bismuth en azotate. L'action est particulièrement vive avec le premier de ces métaux. Elle donne lieu à un dégagement tumultueux de vapeurs rouges, et à la formation d'une poudre blanche insoluble (acide stannique). Un fait digne de remarque, c'est qu'on a constaté, dans cette expérience, la formation de l'ammoniaque qui reste combinée avec l'excès d'acide azotique, et qui prend naissance par suite de la décomposition simultanée de l'eau et de l'acide azotique, l'hydrogène de l'eau se combinant avec l'azote de l'acide azotique, l'oxygène se portant sur l'étain.

Le fer présente, au contact de l'acide azotique, des phénomènes particuliers. L'acide étendu l'attaque et le dissout; l'acide très-concentré ne lui fait éprouver aucune altération immédiate. Il y conserve son poli, et lorsqu'on le plonge ensuite dans l'acide plus étendu, celui-ci ne l'attaque plus. Il est devenu *passif*, comme on dit. M. Faraday admet que la passivité du fer est due à une couche mince d'oxyde dont se revêt la surface du métal, qui est ainsi préservé contre l'action de l'acide.

Lorsqu'on dirige dans de l'acide azotique concentré un courant de bioxyde d'azote, il se forme de l'acide hypoazotique qui se dissout dans la liqueur en lui communiquant une couleur brune.

$$2[AzHO^6] + AzO^2 = 3AzO^4 + H^2O^2.$$

Lorsque l'acide azotique est étendu d'eau, l'action du bioxyde d'azote donne naissance à de l'acide azoteux qui colore la liqueur en vert ou en bleu. Aussi lorsqu'on fait passer un courant de bioxyde d'azote à travers diverses portions d'acide azotique de densité différente, l'acide se colore, suivant sa concentration, en brun, en vert ou en bleu.

Action de l'acide azotique sur l'acide chlorhydrique. — Le mélange d'acide azotique et d'acide chlorhydrique a reçu des anciens chimistes le nom d'*eau régale* parce qu'il possède la propriété de dissoudre l'or, le roi des métaux. Il doit cette propriété au chlore mis en liberté.

$$\underset{\substack{\text{Acide} \\ \text{azotique.}}}{AzHO^6} + \underset{\substack{\text{Acide} \\ \text{chlorhydrique.}}}{HCl} = \underset{\text{Eau.}}{H^2O^2} + \underset{\substack{\text{Acide} \\ \text{hypoazotique.}}}{AzO^4} + \underset{\text{Chlore.}}{Cl.}$$

Abandonné à lui-même, ce mélange se colore peu à peu en jaune, en se décomposant partiellement comme l'indique l'équation précédente. Mais cette décomposition est limitée et ne s'effectue en totalité qu'en présence d'un métal capable d'absorber le chlore.

Lorsqu'on chauffe un mélange de 3 parties d'acide chlorhydrique et de 2 parties d'acide azotique, il se colore en rouge orange et laisse dégager des torrents de vapeurs rouges. Indépendamment du chlore et de l'acide hypoazotique, ces vapeurs renferment deux composés particuliers (Baudrimont. Gay-Lussac). L'un représente de l'acide hypoazotique dont deux équivalents d'oxygène ont été remplacés par deux équivalents de chlore. Sa formule est AzO^2Cl^2. C'est une vapeur rouge qui se condense à — 7° en un liquide rouge orange. On le nomme *acide hypochloroazotique.*

L'autre représente de l'acide azoteux anhydre dont 1 équivalent d'oxygène a été remplacé par 1 équivalent de chlore. On le nomme *acide chloroazoteux*, et on représente sa composition par la formule AzO^2Cl. C'est un gaz qui ne se liquéfie que par l'action d'un froid très-intense.

Ces deux produits sont accessoires et ne semblent prendre aucune part à l'action énergique de l'eau régale. Cette action est à la fois chlorurante et oxydante, chlorurante par le chlore, oxydante par l'acide hypoazotique, et secondairement par le chlore qui peut décomposer l'eau (page 167).

Acide azotique anhydre. — M. H. Deville a obtenu cet acide en décomposant l'azotate d'argent sec et chauffé de 58° à 60°, par le chlore sec.

$$AzAgO^6 \;+\; Cl \;=\; AgCl \;+\; AzO^5 \;+\; O.$$

Azotate   Chlorure Acide azotique
d'argent.   d'argent. anhydre.

Dans cette expérience, l'acide azotique anhydre se volatilise et se condense en prismes droits à base rhombe, fusibles à 29°,5, et dont le point d'ébullition est situé à 48° ou 50°. C'est un composé très-instable et qu'il est difficile de conserver; car il détone spontanément, même lorsqu'il est conservé, à une basse température, dans des tubes hermétiquement scellés. Mis en contact avec l'eau il s'échauffe et donne de l'acide azotique hydraté. Sa composition est exprimée par la formule AzO^5, mais il est probable que sa formule moléculaire, qui représenterait 4 volumes de vapeur, doit être doublée.

Action de l'acide azotique sur l'économie animale. — **Empoisonnement par cet acide.** — L'acide azotique, vulgairement appelé eau forte, est un des poisons corrosifs les plus énergiques. Appliqué sur la peau, il y a produit immédiatement une tache jaune qui devient jaune orangé au contact de la potasse. Par l'action de l'acide très-concentré, la peau est immédiatement corrodée, désorganisée. Il en est de même des muqueuses. Au contact de l'acide azotique l'épiderme des lèvres se colore en jaune et paraît comme brûlé; la membrane interne de la bouche prend une couleur blanche, souvent citrine. A ces signes, on peut reconnaître quelquefois la nature de l'acide récemment avalé par un malade.

Au surplus, les symptômes que détermine l'empoisonnemen par l'acide azotique sont semblables à ceux qu'on observe dans les cas des acides concentrés en général, de l'acide sulfurique en particulier. Le traitement est le même. (Voir page 153.)

Recherche de l'acide azotique dans les cas d'empoisonnement. — Pour retrouver l'acide azotique, soit dans le tube digestif, soit dans les matières des vomissements, soit enfin dans un mélange d'aliments, on opère de la manière suivante : Le tube digestif coupé par morceaux et les autres matières suspectes sont soumis à des lavages à l'eau distillée. Les liqueurs séparées des résidus solides et qui offrent une réaction plus ou moins acide, sont portées à l'ébullition dans le but de coaguler aussi complétement que possible les substances animales; ensuite elles sont filtrées et saturées par le carbonate de potasse pur.

La solution est concentrée par l'évaporation, et lorsqu'elle est réduite à un petit volume, elle est distillée avec de l'acide sulfurique. L'acide azotique passe, surtout vers la fin de la distillation, et est recueilli dans un récipient refroidi. Il est très-étendu d'eau. On le sature exactement par le carbonate de potasse, et on évapore. Il reste un résidu salin qui doit être de l'azotate de potasse. Pour s'en assurer, on le soumet aux épreuves suivantes :

On dépose un petit fragment sur un charbon ardent. L'azotate fuse, c'est-à-dire active la combustion au point de contact.

On mêle une certaine quantité du sel pulvérisé avec de la limaille de cuivre, et l'on ajoute de l'acide sulfurique concentré au mélange placé au fond d'un tube de verre blanc. Il se dégage des vapeurs rouges. Leur couleur est surtout sensible lorsqu'on regarde le tube dans la direction de son axe. Ces vapeurs rouges résultent de l'oxydation du bioxyde d'azote qui se dégage au contact du cuivre et de l'acide azotique mis en liberté.

On dirige ces vapeurs rouges ou le bioxyde d'azote lui-même dans une solution de sulfate de narcotine ou dans une solution de sulfate ferreux. La première rougit, la seconde se colore en brun foncé.

On dissout une petite quantité du sel pulvérisé dans l'acide sulfurique concentré, on étend d'une petite quantité d'eau et on introduit dans la liqueur un cristal de sulfate ferreux. Celui-ci se colore aussitôt en brun, et la coloration s'étend peu aux parties de la liqueur qui entourent le cristal.

Si les expériences précédentes donnaient un résultat négatif, il conviendrait d'épuiser le résidu des lavages à l'eau par une dissolution faible et bouillante de carbonate de potasse pur. Car il se pourrait que de petites quantités d'acide azotique fussent retenues par les matières animales, en combinaison assez intime pour ré-

sister à l'action dissolvante de l'eau pure. La solution alcaline
filtrée et réduite à un petit volume par l'évaporation serait distillée
avec de l'acide sulfurique, et l'opération serait terminée comme
on l'a indiqué précédemment.

L'azotate de potasse étant quelquefois administré comme médicament, l'expert doit tenir compte de cette circonstance. En évaporant au bain-marie les liqueurs suspectes et en les reprenant par
l'alcool, on séparerait, dans ce cas, l'azotate de potasse, qui est
insoluble dans l'alcool.

AMMONIAQUE.

AzH^3.

Formation. — On désigne sous le nom d'ammoniaque une combinaison gazeuse d'hydrogène et d'azote. Cette combinaison se forme
dans une foule de circonstances parmi lesquelles nous mentionnerons les suivantes :

En faisant brûler un mélange gazeux renfermant de l'azote, de
l'oxygène et un excès d'hydrogène, il se forme de l'azotate d'ammoniaque (Th. de Saussure).

Lorsqu'on expose de la limaille de fer humide à l'air, elle
s'oxyde en attirant l'oxygène de l'air et en décomposant l'eau ;
dans ces conditions, l'hydrogène naissant se combine avec l'azote
de l'air pour former de l'ammoniaque qui reste condensée dans la
rouille formée.

Un mélange de protoxyde d'azote ou de bioxyde d'azote et d'hydrogène, dirigé sur de l'éponge de platine chauffée, forme de
l'eau et de l'ammoniaque (Hare, Kuhlmann). Les vapeurs hypo-
azotiques ou azotiques mélangées à l'hydrogène se comportent de
même en présence de l'éponge de platine (Kuhlmann).

En s'oxydant sous l'influence de l'acide azotique étendu, certains
métaux, tels que le fer, le zinc, l'étain, forment de l'ammoniaque (page 227). De l'acide sulfurique étendu, additionné d'une
quantité convenable d'acide azotique, dissout le zinc, le fer et
même l'étain sans dégagement de gaz, et avec formation de sulfate
d'ammoniaque (Mitscherlich).

La plupart des substances organiques azotées fournissent du
carbonate d'ammoniaque par la distillation sèche ou dégagent de
l'ammoniaque, lorsqu'on les chauffe avec de la potasse caustique.

Préparation du gaz ammoniac. — On prépare le gaz ammoniac
en décomposant le chlorhydrate d'ammoniaque par la chaux. L'opération s'exécute dans un ballon A que l'on remplit à moitié d'un

mélange de 1 partie de sel ammoniac pulvérisé et de 2 parties de chaux vive en poudre. On achève de remplir le ballon avec des fragments de chaux caustique, et on le met en communication avec une éprouvette à pied B ou un tube (*fig.* 46) rempli de fragments

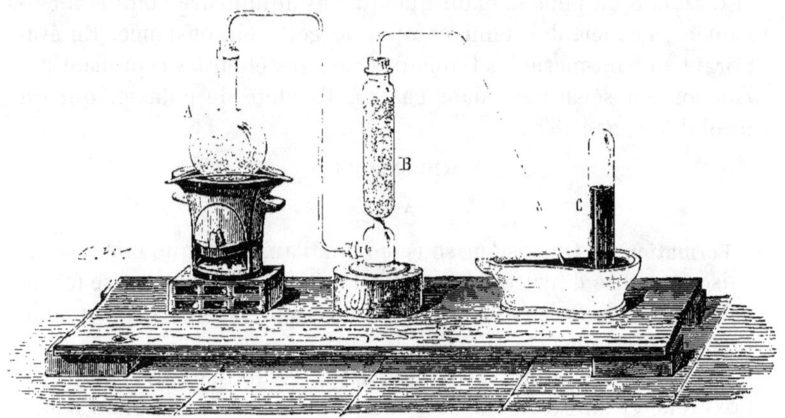

Fig. 46.

de potasse caustique récemment fondue; un tube recourbé conduit le gaz qui s'est desséché au contact de la chaux et de la potasse caustique, sous des éprouvettes C remplies de mercure. La réaction qui met l'ammoniaque en liberté est représentée par l'équation suivante :

$$AzH^3,HCl \ + \ CaO \ = \ HO \ | \ CaCl \ + \ AzH^3.$$

Chlorhydrate   Chaux.   Chlorure   Ammoniaque.
d'ammoniaque.   de calcium.

On admet que le chlorure de calcium reste combiné avec un excès de chaux pour former de l'oxychlorure de calcium.

Préparation de la solution aqueuse d'ammoniaque. — S'agit-il de préparer le réactif ordinairement désigné sous le nom d'ammoniaque liquide et qui n'est autre chose qu'une solution de gaz ammoniac dans l'eau, on fait arriver ce gaz dans une série de flacons à trois tubulures (flacons de Woulf) qui communiquent ensemble au moyen de tubes recourbés et qui renferment de l'eau distillée. Le premier flacon n'en renferme qu'une petite quantité destinée à retenir les impuretés entraînées. Les autres sont remplis d'eau à moitié ou aux $\frac{2}{5}$. Ils plongent dans un bain d'eau froide.

Composition du gaz ammoniac. — Elle a été établie par Berthollet en 1785. Lorsqu'on soumet le gaz ammoniac à l'action d'une série d'étincelles électriques, il se décompose en doublant son volume,

Le mélange gazeux qu'on obtient ainsi renferme sur 4 volumes, 3 volumes d'hydrogène et 1 volume d'azote, ce dont il est facile de se convaincre en brûlant ce mélange avec de l'oxygène dans l'eudiomètre. Les 4 volumes qui constituent ce mélange gazeux provenaient de la décomposition de 2 volumes d'ammoniaque. On en conclut que 2 volumes d'ammoniaque renferment 3 volumes d'hydrogène et 1 volume d'azote; ou que 1 volume d'ammoniaque renferme 1 volume $\frac{1}{2}$ d'hydrogène et $\frac{1}{2}$ volume d'azote. Ce résultat analytique est confirmé par la comparaison des densités. La densité de l'ammoniaque représente, en effet, une fois $\frac{1}{2}$ la densité de l'hydrogène plus la $\frac{1}{2}$ densité de l'azote :

1 $\frac{1}{2}$ densité de l'hydrogène.............. ..	0,1038
$\frac{1}{2}$ densité de l'azote......................	0,4836
Densité théorique du gaz ammoniac..	0,5894

L'équivalent de l'ammoniaque est représenté par la quantité d'ammoniaque qui se combine avec l'équivalent d'acide chlorhydrique HCl. Cette quantité est exprimée par la formule AzH^3, qui représente 2 volumes d'azote et 6 volumes d'hydrogène condensés en 4 volumes. Les gaz chlorhydrique et ammoniac s'unissent à volumes égaux. Les deux formules équivalentes HCl et AzH^3 correspondent à 4 volumes.

Propriétés de l'ammoniaque. — Le gaz ammoniac est incolore; son odeur est excessivement pénétrante, et provoque le larmoiement. Il se liquéfie à — 40° à la pression ordinaire ou à 10° sous une pression de 6 atmosphères et demie.

M. Faraday a obtenu l'ammoniaque à l'état liquide en décomposant par la chaleur, dans un tube recourbé et fermé à ses deux extrémités, du chlorure d'argent ammoniacal, c'est-à-dire du chlorure d'argent saturé de gaz ammoniac. La branche renfermant le chlorure était chauffée, l'autre branche était refroidie. Dans cette dernière s'est condensé un liquide incolore et mobile. M. Bunsen a liquéfié l'ammoniaque en faisant arriver le gaz sec dans un long tube vertical refroidi à — 40° à l'aide d'un mélange de glace et de chlorure de calcium cristallisé. D'après ce dernier chimiste, l'ammoniaque liquide bout à — 33°,7 sous la pression de $0^m,7493$. Sa densité est $= 0,76$. M. Faraday est parvenu à solidifier l'ammoniaque. Il l'a obtenue sous forme d'une substance blanche cristalline, transparente, fusible à — 75°, et ne possédant qu'une très-faible odeur.

A la chaleur rouge, le gaz ammoniac se décompose en hydrogène et en azote. On réalise cette décomposition en dirigeant un courant de ce gaz à travers un tube de porcelaine rempli de fragments de chaux et porté au rouge.

Le gaz ammoniac est incombustible à l'air et éteint les corps en combustion. Lorsqu'on le fait arriver, par un orifice étroit, dans une atmosphère de gaz oxygène et qu'on en approche un corps en combustion, il s'enflamme et continue à brûler avec une flamme jaune.

Action du chlore et de l'iode sur l'ammoniaque. — Un jet de gaz ammoniac qu'on fait arriver dans du chlore sec s'enflamme immédiatement. De l'azote est mis à nu et il se produit du chlorhydrate d'ammoniaque.

La même décomposition s'accomplit lorsqu'on mêle des solutions aqueuses de chlore et d'ammoniaque. L'expérience se fait dans un long tube, bouché à une extrémité. On le remplit presque entièrement avec une solution de chlore, et on y verse ensuite, jusqu'au bord, une solution aqueuse et concentrée d'ammoniaque. Cela fait, on bouche le tube avec le pouce, et on le renverse sur une cuve à eau. La solution ammoniacale, plus légère que la solution de chlore, traverse celle-ci en s'élevant dans le tube, et l'on voit apparaître de nombreuses bulles de gaz qui en gagnent le sommet. Ce gaz est de l'azote formé en vertu de la réaction suivante :

$$4AzH^3 + 3Cl = Az + 3(AzH^3, HCl).$$
Chlorhydrate
d'ammoniaque.

Lorsqu'on renverse une éprouvette remplie de gaz chlore sur une soucoupe remplie d'une solution de sel ammoniac, on voit celle-ci absorber peu à peu le chlore et s'élever dans l'éprouvette. Bientôt une goutte d'un liquide jaune et oléagineux se forme à la surface de la solution et s'en détache, par l'effet d'une secousse, pour tomber dans la soucoupe. C'est un composé découvert par Dulong, et désigné sous le nom de *chlorure d'azote.* Ce corps est un des plus dangereux qu'on puisse manier. Il détone par le choc, de telle sorte qu'il est imprudent de le transvaser. Il se décompose de même avec explosion au contact d'une foule de corps. Il suffit de le toucher avec du phosphore pour qu'il détone avec une violence inouïe.

Lorsqu'on introduit de l'iode dans une solution aqueuse d'ammoniaque, il se convertit en une poudre noire, qui possède, comme le chlorure d'azote, des propriétés explosives, et qu'on désigne sous le nom d'*iodure d'azote*. On sépare le dépôt par filtration de la liqueur au sein de laquelle il s'est formé, et qui renferme de l'iodhydrate d'ammoniaque. Après l'avoir lavé, on le dépose avec le filtre sur des doubles de papier gris, et on le laisse sécher avec précaution à la température ordinaire. Sec, il détone par l'action d'un choc ou même du moindre frottement. Quelquefois même il fait explosion spontanément.

D'après l'analyse de M. Bunsen, ce corps ne constitue point l'iodure d'azote proprement dit AzI^3, mais bien une combinaison d'iodure d'azote et d'ammoniaque.

$$AzI^3, AzH^3.$$

On peut l'envisager comme 2 molécules d'ammoniaque dans lesquelles la moitié de l'hydrogène a été remplacée par de l'iode.

$$\left.\begin{array}{l} H^3 \\ H^3 \end{array}\right\} Az^2 \qquad \left.\begin{array}{l} H^3 \\ I^3 \end{array}\right\} Az^2.$$

2 molécules d'ammoniaque. — Iodure d'azote.

Action du charbon sur l'ammoniaque. — Lorsqu'on dirige un courant de gaz ammoniac dans un tube de porcelaine renfermant du charbon incandescent, il se forme du cyanhydrate d'ammoniaque et de l'hydrogène (Langlois).

$$2AzH^3 + C^2 = C^2AzH, AzH^3 + H^2.$$

Ammoniaque. — Cyanhydrate d'ammoniaque.

D'après M. Kuhlmann, l'hydrogène dégagé se combinerait en partie avec du charbon pour former de l'hydrogène protocarboné.

Action des métaux sur l'ammoniaque. — Lorsqu'on chauffe du potassium dans une atmosphère de gaz ammoniac, on voit la surface brillante du métal fondu se recouvrir d'un liquide vert foncé, dont la quantité augmente jusqu'à ce que le potassium ait disparu. Par le refroidissement, ce liquide se prend en une masse solide verdâtre qui constitue ce que l'on nomme *l'amidure de potassium* AzH^2K.

On peut envisager ce corps comme de l'ammoniaque dont un atome d'hydrogène a été remplacé par un atome de potassium.

$$\left.\begin{array}{l} H \\ H \\ H \end{array}\right\} Az \qquad \left.\begin{array}{l} K \\ H \\ H \end{array}\right\} Az$$

Ammoniaque. — Amidure de potassium.

Il se forme, en effet, par la substitution directe du potassium à $\frac{1}{3}$ de l'hydrogène de l'ammoniaque, hydrogène qui est mis en liberté.

Au contact de l'eau, l'amidure de potassium se convertit en hydrate de potasse et en ammoniaque.

$$\left.\begin{matrix} K \\ H \\ H \end{matrix}\right\} Az \quad + \quad \left.\begin{matrix} H \\ H \end{matrix}\right\} O^2 \quad = \quad \left.\begin{matrix} H \\ H \\ H \end{matrix}\right\} Az \quad + \quad \left.\begin{matrix} K \\ H \end{matrix}\right\} O^2$$

Amidure   Eau.   Ammoniaque.   Hydrate
de potassium.   de potassium.

Lorsqu'on le chauffe fortement, l'amidure de potassium donne de l'ammoniaque et de l'azoture de potassium.

$$3AzH^2K \;=\; 2AzH^3 \;+\; AzK^3.$$

Amidure   Ammoniaque.   Azoture
de potassium.   de potassium.

Le fer et le cuivre chauffés au rouge dans un courant de gaz ammoniac décomposent ce gaz : il se dégage un mélange d'azote et d'hydrogène. L'expérience terminée, on reconnaît que les métaux sont devenus grenus et cassants, et qu'ils ont éprouvé une légère augmentation de poids. On admet que, dans ces circonstances, le fer et le cuivre forment des combinaisons avec l'azote dont ils retiennent une certaine quantité.

Solution aqueuse d'ammoniaque. — Le gaz ammoniac est très-soluble dans l'eau. 1 volume d'eau à 10° dissout 670 volumes de ce gaz (Davy). Saturée à la température de 10°, la solution ammoniacale constitue un liquide incolore, d'une densité de 0,87 ; son odeur est la même que celle du gaz, sa saveur est brûlante et caustique.

Comme le gaz lui-même, la solution aqueuse d'ammoniaque réagit à la manière des alcalis : elle verdit le sirop de violette et ramène vivement au bleu la teinture de tournesol rougie. Elle précipite un grand nombre d'oxydes de leurs solutions salines.

Lorsqu'on la chauffe, elle perd une quantité de gaz ammoniac d'autant plus grande, que la température approche davantage du point d'ébullition. A 100°, l'eau ne retient plus une trace d'ammoniaque. Par l'exposition dans le vide, la solution perd de même tout le gaz qu'elle renferme.

Action des acides sur l'ammoniaque. — Lorsqu'on mélange volumes égaux de gaz chlorhydrique et de gaz ammoniac, ces deux gaz disparaissent en se combinant, et il se forme une substance solide pulvérulente, blanche, neutre, qui constitue le chlorhydrate d'ammoniaque ou sel ammoniac, AzH^3,HCl.

Lorsqu'on approche d'une éprouvette renfermant du gaz ammoniac, ou d'une solution aqueuse d'ammoniaque, une baguette imprégnée d'acide chlorhydrique, on voit apparaître autour de la baguette d'épaisses vapeurs blanches provenant de la condensation du chlorhydrate d'ammoniaque formé.

Les acides bromhydrique et iodhydrique se comportent de la même manière avec l'ammoniaque.

Un volume d'acide carbonique se combine avec 2 volumes de gaz ammoniac pour former une substance blanche pulvérulente, généralement désignée sous le nom de carbonate anhydre d'ammoniaque.

L'ammoniaque neutralise les acides sulfurique, azotique, phosphorique, etc., et forme avec eux des combinaisons qui constituent les sels ammoniacaux à acides oxygénés. Dans ces réactions, les éléments de l'ammoniaque ne font que se fixer sur ceux de l'acide hydraté, sans qu'il y ait élimination d'eau, comme on le remarque lorsqu'un oxyde ou un hydrate d'oxyde métallique s'unit aux acides dont il s'agit. Les équations suivantes feront comprendre la différence de ces réactions :

$$AzHO^6 \; + \; KHO^2 \; = \; AzKO^6 \; + \; H^2O^2.$$

Acide   Hydrate   Azotate   Eau.
azotique.   de potasse.   de potasse.

$$AzHO^6 \; + \; AzH^3 \; = \; AzHO^6,AzH^3.$$

Acide   Ammoniaque.   Azotate
azotique.   d'ammoniaque.

Ammoniure de mercure. — En combinant le potassium avec le mercure, on prépare un amalgame de potassium. Lorsqu'on agite celui-ci vivement avec une solution concentrée de chlorhydrate d'ammoniaque, on le voit se gonfler, de manière à occuper jusqu'à vingt fois son volume primitif, et se transformer en une masse brillante, molle, de consistance butyreuse, plus légère que l'eau, et qui constitue ce que l'on nomme l'ammoniure de mercure ou amalgame d'ammonium. L'aspect métallique que possède cette combinaison l'a fait comparer à un véritable alliage ou amalgame. Le mercure y serait combiné avec un métal composé qu'on a désigné sous le nom d'ammonium. La formule AzH^4Hg exprime la composition de l'ammoniure de mercure, et l'équation suivante rend compte de sa formation.

$$H^3Az,HCl \; + \; HgK \; = \; KCl \; + \; H^4Az,Hg.$$

Chlorhydrate   Amalgame   Chlorure   Amalgame
d'ammoniaque. de potassium. de potassium. d'ammonium.

L'ammoniure de mercure, ou l'amalgame d'ammonium, est une combinaison très-instable. Au bout de peu de temps il se résout en ammoniaque, hydrogène et mercure. Il a été découvert en même temps par Berzelius et Pontin et par Seebeck, qui l'ont obtenu par l'électrolyse d'une solution concentrée d'ammoniaque, l'électrode négative étant formée par du mercure.

L'expérience remarquable que nous venons de décrire forme un des principaux appuis d'une théorie célèbre, imaginée par Ampère, développée par Berzelius, et connue sous le nom de théorie de l'ammonium. Elle consiste à admettre dans les sels ammoniacaux l'existence du radical hypothétique ammonium qui paraît exister dans l'ammoniure de mercure. Les sels ammoniacaux formés par les hydracides constituent, dans cette théorie, les combinaisons binaires de ce radical; la solution aqueuse d'ammoniaque constitue un hydrate d'oxyde d'ammonium, comparable à l'hydrate de potasse; enfin les sels ammoniacaux à acides oxygénés constituent les combinaisons salines proprement dites de l'ammonium. Les formules suivantes donnent un aperçu de la théorie de l'ammonium.

SELS AMMONIACAUX.	SELS D'AMMONIUM.	SELS DE POTASSIUM.
AzH^3,ClH	$(AzH^4)Cl$	KCl
Chlorhydrate d'ammonium.	Chlorure d'ammonium.	Chlorure de potassium.
AzH^3,HS	$(AzH^4)S$	KS
Sulfhydrate d'ammoniaque.	Sulfure d'ammonium.	Sulfure de potassium.
ou AzH^3,H^2O^2	$(AzH^4)O,HO$	KO,HO
	$(AzH^4)HO^2$	KHO^2
Hydrate d'ammoniaque. Ammoniaque liquide.	Hydrate d'oxyde d'ammonium.	Hydrate de potasse.
ou AzH^3,HO,AzO^5	$(AzH^4)O,AzO^5$	KO,AzO^5
$AzH^3,AzHO^6$	$Az(AzH^4)O^6$	$AzKO^6$
Azotate d'ammoniaque.	Azotate d'oxyde d'ammonium.	Azotate de potasse.

Action de l'ammoniaque sur l'économie animale. — L'ammoniaque est un poison irritant des plus énergiques. Appliquée sur la peau, en solution concentrée, elle produit immédiatement un sentiment de cuisson et une rubéfaction qui ne persiste point longtemps. Un contact prolongé peut déterminer une véritable vésication, et enfin une escarre superficielle.

On tire parti, en thérapeutique, de ces propriétés pour produire des effets révulsifs.

Les muqueuses s'enflamment vivement au contact de l'ammoniaque. Inspiré, le gaz produit l'inflammation du larynx, des bronches et des poumons. La science a enregistré des cas de mort survenus à la suite de l'inspiration du gaz ammoniac.

Ingérée dans le tube digestif à la dose de plusieurs grammes, l'ammoniaque liquide et concentrée produit tous les effets des poisons caustiques : les parties qui sont touchées par l'alcali volatil deviennent rapidement le siége d'une violente inflammation. Les boissons vinaigrées peuvent être utilement administrées lorsqu'il s'agit de neutraliser l'ammoniaque qui se trouverait encore libre dans le canal digestif.

Prise à l'intérieur, à doses qui ne puissent produire d'accidents toxiques, l'ammoniaque agit en stimulant le système nerveux. Une certaine excitation se manifeste bientôt, le pouls s'accélère, la peau s'échauffe et se couvre de sueur. Ces phénomènes durent peu.

L'ammoniaque liquide est employée comme caustique. On s'en est servi, mais à tort, pour cautériser les plaies faites par des animaux enragés. Quelques gouttes d'ammoniaque dans un verre d'eau sucrée constituent un bon remède contre l'ivresse légère. Les vétérinaires font un grand usage d'alcali volatil pour dissiper les météorisations qui se manifestent quelquefois chez les bestiaux.

PHOSPHORE

Brandt, négociant banqueroutier et alchimiste de Hambourg. s'avisa de chercher la pierre philosophale dans l'urine. Il y découvrit le phosphore en 1669. Kunckel, qui avait eu connaissance de cette découverte, réussit de son côté à extraire le phosphore de l'urine et donna les premières indications à ce sujet.

Marggraf a reconnu le premier la nature particulière de l'acide phosphorique, dont Gahn démontra en 1769 l'existence dans les os.

La découverte du procédé à l'aide duquel on en extrait le phosphore est due à Scheele.

Préparation du phosphore. — Les os dont on retire le phosphore sont formés par un mélange de phosphate et de carbonate de chaux avec environ 33 % de matières animales. Par la calcination à l'air, celles-ci sont détruites, et il reste un squelette blanc renfermant les sels calcaires à l'état de pureté. On les réduit en poudre et on les délaye dans une quantité suffisante d'eau. A 100 parties de *cendre d'os*, ainsi délayées dans l'eau, on ajoute ensuite, en remuant continuellement et par petites portions, 30 parties d'acide sulfurique. Il se fait une effervescence due au dégagement de l'acide carbonique du carbonate. Le phosphate lui-même est décomposé. L'acide sulfurique lui enlève les deux tiers de sa base, et il se forme du phosphate acide de chaux.

Le carbonate et le phosphate de chaux étant ainsi décomposés par l'acide sulfurique, il se forme du sulfate de chaux. Celui-ci absorbe de l'eau de cristallisation au moment de sa formation, et demeure en grande partie à l'état d'un précipité volumineux dans la liqueur qu'il épaissit beaucoup. On ajoute de l'eau, au besoin, et on jette sur une toile. Le sulfate y reste, tandis que le phosphate acide de chaux dissous passe. On lave la masse de sulfate de chaux avec de l'eau, on réunit les eaux de lavage à la liqueur, puis on évapore jusqu'à consistance sirupeuse, on mêle intimement le produit avec du charbon en poudre, et on dessèche le mélange dans des marmites en fonte, à une température voisine du rouge obscur. On l'introduit ensuite rapidement dans des cornues en grès C, dont le col communique avec un récipient A à moitié rempli d'eau et plongeant lui-même dans un vase B renfermant de l'eau froide. Huit ou dix de ces cornues sont placées dans un fourneau et chauffées par le même feu au rouge vif (*fig. 47*).

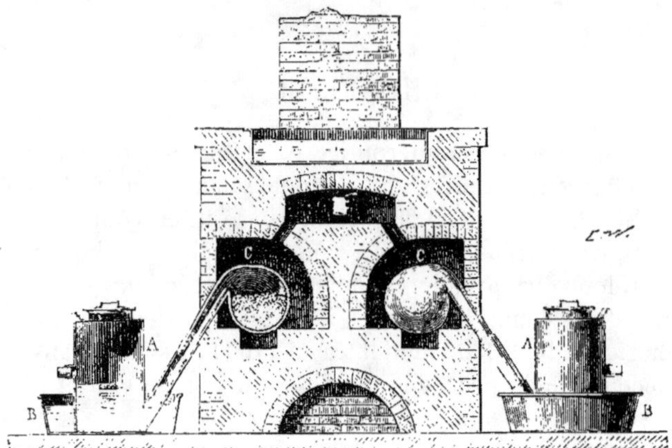

Fig. 47.

A la température du rouge vif le mélange de phosphate acide et de charbon dégage des vapeurs de phosphore qui se condensent dans l'eau du récipient et divers gaz qui s'échappent par des ouvertures pratiquées dans les récipients.

Les réactions qui donnent naissance au phosphore dans ces circonstances sont les suivantes :

Le phosphate de chaux des os est un phosphate tribasique, $PhO^5,3CaO = PhCa^3O^8$.

L'acide sulfurique lui enlève 2 équivalents de chaux et le convertit en phosphate acide de chaux $PhO^5 \left\{ \begin{array}{l} CaO \\ HO \\ HO \end{array} \right. = Ph(H^2Ca)O^8$.

$$PhCa^3O^8 = 2SHO^4 = PhCaH^2O^8 + 2SCaO^4.$$

| Phosphate tricalcique. | Acide sulfurique. | Phosphate monocalcique. | Sulfate de calcium. |

Lorsqu'on calcine le phosphate acide de chaux avec du charbon, il commence par perdre deux équivalents d'eau et se convertit en métaphosphate de chaux, $PhO^5,CaO = PhCaO^6$.

$$PhCaH^2O^8 = H^2O^2 + PhCaO^6.$$

Phosphate
acide de chaux.

Métaphosphate
de chaux.

Le métaphosphate est ensuite décomposé par le charbon; les deux tiers de l'acide phosphorique sont réduits. Il se dégage de l'oxyde de carbone, du phosphore, et il reste du phosphate tribasique.

$$3PhCaO^6 + 10C = PhCa^3O^8 + 5C^2O^2 + 2Ph.$$

Métaphosphate
de chaux.

Phosphate
tricalcique.

Oxyde
de carbone.

Comme la masse retient toujours un peu d'humidité, il se forme en même temps, par suite de la décomposition de l'eau par le charbon et par le phosphore, divers gaz, tels que l'hydrogène, l'hydrogène protocarboné, l'hydrogène phosphoré et l'oxyde de carbone. Ces gaz se dégagent pendant l'opération.

Les os calcinés renferment environ 16 à 17 °/₀ de leur poids de phosphore; comme on n'en peut retirer que les deux tiers d'après le procédé qui vient d'être exposé, le rendement maximum est de 11 °/₀; or, dans la pratique industrielle, on parvient à extraire des os de 8 à 10 °/₀ de phosphore.

Le phosphore brut qu'on recueille dans les récipients est très-impur [1]. Pour le purifier on le fond sous l'eau et on le passe à travers une peau de chamois. On le fait ensuite entrer par aspiration dans des tubes de verre légèrement coniques, où il se solidifie en se refroidissant. Il y prend la forme de cylindres ou de bâtons qu'il est facile d'extraire des tubes. On doit le conserver sous l'eau et dans des flacons abrités de la lumière.

On peut aussi purifier le phosphore par distillation dans une cornue de verre dont le col plonge dans l'eau, ou mieux au milieu d'un courant d'hydrogène qu'on fait passer continuellement dans l'appareil (*fig.* 48).

Propriétés physiques du phosphore. — Le phosphore est incolore et transparent lorsqu'il s'est refroidi lentement. Après un refroidis-

---

1. Lorsqu'on emploie, pour la décomposition des os, de l'acide sulfurique renfermant de l'acide arsénique, le phosphore obtenu contient de l'arsenic. Lorsqu'il renferme une petite quantité de soufre (et le phosphore ordinaire en renferme presque toujours), il devient cassant à la température ordinaire. 1/1000 de soufre lui enlève sa flexibilité.

sement rapide, il est terne et présente un aspect gras. Sa densité
à 10° est comprise entre 1,83 et 1,84 (Schrœtter). A la tempéra-

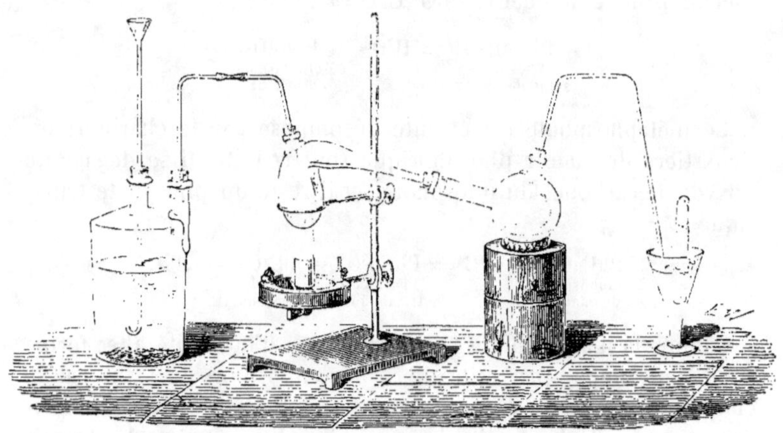

Fig. 48.

ture ordinaire, il présente la consistance de la cire, et peut être
facilement rayé avec l'ongle. A froid il devient dur et cassant. Sa
cassure est vitreuse. Il fond à 44°,2 (Person) ou 44°,3 (Schrœtter),
et entre en ébullition à 290° (Pelletier). Sa vapeur est incolore et
possède une densité de 4,3 (Dumas) ou 4,5 (Mitscherlich).

Le phosphore se vaporise bien au-dessous de son point d'ébullition. A la température ordinaire, il émet des vapeurs dans le vide
et même dans l'air. Lorsqu'on le fait bouillir avec de l'eau, les vapeurs aqueuses entraînent des vapeurs de phosphore. C'est sur
cette propriété qu'on a fondé un procédé propre à découvrir le
phosphore dans les cas d'empoisonnement.

Le phosphore luit dans l'obscurité. De là son nom qui signifie
porte-lumière (de φῶς et de φέρω) Ce phénomène de la *phosphorescence* a beaucoup attiré l'attention des chimistes. Berzelius l'a
d'abord attribué à la vaporisation du phosphore, et Marchand croit
avoir démontré qu'il en est ainsi. D'après ces deux chimistes, le
phosphore luit même dans des gaz exempts d'oxygène, tels que
l'hydrogène et l'azote. M. Schœnbein admet que la production de
lumière est liée à l'oxydation du phosphore et à la production de
l'ozone. D'après les expériences de M. Schrœtter, il semble que le
phosphore ne luit que lorsqu'il s'oxyde et qu'il ne luit un instant
dans l'hydrogène et dans l'azote que lorsque ces gaz renferment
une trace d'oxygène. On dit, de plus, que le phosphore ne luit pas

dans le vide barométrique. Mais d'un autre côté on sait aussi que le phosphore cesse de luire bientôt dans l'oxygène pur à la pression ordinaire, et qu'il suffit de diminuer la pression pour voir apparaître immédiatement les lueurs. Il y a là des particularités qui ne sont pas expliquées, et la cause du phénomène dont il s'agit est encore obscure.

Le phosphore exhale une odeur alliacée qui serait due, d'après M. Schœnbein, à l'ozone et à l'acide phosphoreux formés pendant son oxydation. Il possède, lorsqu'il est dissous, une saveur âcre et nauséabonde. Il agit sur l'économie comme un violent poison. (Voir plus loin).

États allotropiques du phosphore. — Le phosphore peut affecter diverses modifications physiques que l'on désigne sous le nom d'états allotropiques. Le phosphore transparent et incolore est susceptible de cristalliser. Lorsqu'on le fait fondre en grande masse sous l'eau et qu'on décante avant que la solidification soit complète, on l'obtient cristallisé en petits octaèdres ou en dodécaèdres. Par l'évaporation d'une solution de phosphore dans le sulfure de carbone, on obtient ce corps simple sous la forme de dodécaèdres rhomboïdaux.

Le phosphore transparent et incolore conservé sous l'eau privée d'air et exposé à la lumière diffuse, devient opaque et se couvre d'un enduit pulvérulent d'un blanc jaunâtre, tandis que les parties centrales conservent leur transparence. Ce phosphore blanc n'est autre chose que du phosphore pur qui s'est divisé spontanément en une multitude de petites parcelles qui présentent une apparence cristalline. A 50° il se convertit sans perte de poids en phosphore transparent et fondu (H. Rose).

Lorsqu'on chauffe à 70° le phosphore distillé 7 à 8 fois et qu'on le jette ensuite brusquement dans l'eau à 0°, il devient noir; chauffé de nouveau et refroidi lentement, il reprend son état primitif (Thenard).

Exposé à la lumière il se colore en rouge. Ce changement s'accomplit rapidement à la lumière solaire et plus rapidement dans les rayons violets.

Cette modification, qu'on avait attribuée pendant longtemps à la formation d'un oxyde de phosphore, est purement physique. Elle se produit aussi, ainsi que M. Schrœtter l'a démontré, lorsqu'on chauffe longtemps le phosphore, à l'abri du contact de l'air à une température comprise entre 235 et 250°. Dans ces conditions, on voit le phosphore se transformer, sans rien absorber et sans rien perdre, en une matière rouge brun, qui se distingue du phosphore ordinaire non-seulement par ses propriétés physiques, mais encore par des affinités chimiques plus faibles. Dans ce nouvel état, le phosphore est d'un rouge écarlate lorsqu'il est divisé, d'un rouge brun foncé lorsqu'il est en masse. Il est amorphe; sa densité est de 1,96. Il est complétement insoluble dans le sulfure de carbone, tandis que le phosphore ordinaire s'y dissout avec une extrême facilité. Une dissolution de potasse d'une densité de 1,3 ne l'attaque pas à l'ébullition, tandis que le même réactif dissout le phosphore ordinaire avec dégagement d'hydrogène phosphoré. Il ne répand aucune lueur dans l'obscurité, et on peut le chauffer à l'air jusqu'au-dessus de 200° sans qu'il s'enflamme. Chauffé à 260°, il se convertit de nouveau en phosphore ordinaire et s'enflamme alors en brûlant avec un vif éclat. *Il est sans action sur l'économie animale.* On le voit, les modifications que la lumière ou la chaleur fait éprouver au phosphore en le transformant en phosphore ou *rouge* ou *amorphe*, sont tellement profondes que les propriétés chimiques elles-mêmes en sont affectées.

Ajoutons que la lumière et la chaleur ne sont pas les seuls agents capables de faire éprouver au phosphore cette singulière transformation. On voit souvent le phosphore ordinaire se convertir partiellement en phosphore rouge dans des réactions chimiques. Ainsi, lorsqu'on ajoute une petite quantité d'iode à une solution de phosphore dans le sulfure de carbone, et qu'on abandonne le tout à l'évaporation spontanée, le résidu, traité par l'eau, renferme du phosphore amorphe. Cette action de l'iode sur le phosphore a été observée pour la première fois par M. Émile Kopp, auquel on doit les premières indications sur l'existence du phosphore rouge.

Pour préparer le phosphore rouge en grand, on introduit du phosphore ordinaire dans un vase circulaire en fonte C (*fig.* 49) qui plonge dans un second vase en fonte B rempli de sable. Ce dernier est entouré d'un bain d'alliage formé de parties égales de plomb et d'étain et contenu dans le vase A. Le vase C est fermé par un couvercle qui s'adapte au moyen d'une vis à pression et qui est percé d'une tubulure dans laquelle s'engage le tube recourbé E. L'extrémité de celui-ci plonge dans le mercure. Le robinet r sert à empêcher l'entrée du mercure dans le vase C lorsque l'appareil se refroidit. Dans le cas où le phosphore viendrait obstruer le tube en se solidifiant pendant l'opération, il faudrait le liquéfier en chauffant à l'aide de la lampe l. Des thermomètres t indiquent la température. On chauffe graduellement. De l'air et de la vapeur d'eau

se dégagent d'abord; puis, la température s'élevant, on voit apparaître des gaz qui s'enflamment à l'air après avoir traversé le mer-

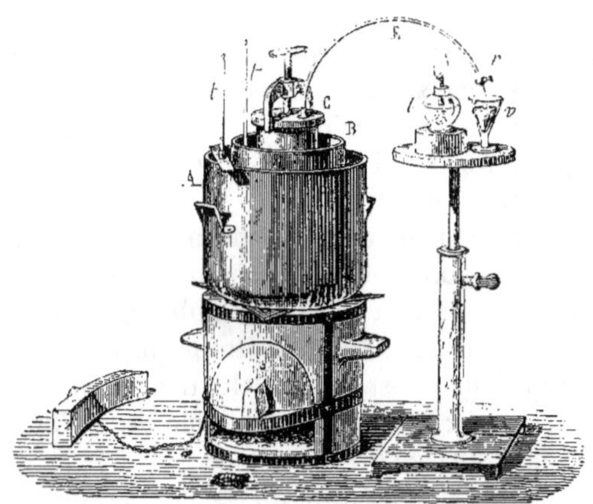

Fig. 49.

cure. Lorsque ce dégagement a cessé, on chauffe à 170° et on maintient cette température pendant 10 à 12 jours.

Propriétés chimiques du phosphore ordinaire. — Le phosphore
ordinaire possède une très-grande affinité pour l'oxygène. Exposé
à l'air, il absorbe l'oxygène et subit, dans ces conditions, une véritable combustion lente. Cette oxydation est accompagnée de la
production d'une fumée blanche due sans doute à la condensation
des vapeurs aqueuses par les acides phosphoreux et phosphorique
qui prennent naissance. On sait d'ailleurs que l'oxydation du phosphore à l'air est aussi accompagnée de la formation de l'ozone.
M. Schœnbein admet qu'il se produit en même temps de l'azotite
d'ammoniaque.

Dans l'air sec, le phosphore s'oxyde partiellement; mais sa surface se recouvrant bientôt d'une couche d'acide phosphoreux, l'oxydation cesse. Mais lorsque l'air est humide, l'acide phosphoreux
formé attire immédiatement les vapeurs aqueuses et se résout en
un liquide; l'oxydation peut alors continuer aussi longtemps qu'il
reste de l'oxygène, et lorsque celui-ci est en excès, le phosphore
finit par disparaître et se convertit en un liquide acide (acide phosphatique). L'oxydation du phosphore à l'air est accompagnée d'un
dégagement de chaleur. Cette chaleur se dissipe immédiatement,
et est par conséquent insensible lorsqu'un seul bâton de phosphore
est abandonné à l'air. Mais lorsqu'on dispose plusieurs bâtons de
phosphore sur une surface peu conductrice, comme du papier sec

ou du coton, de manière qu'ils se touchent, la température de ces bâtons s'élevant peu à peu, le phosphore peut fondre et s'enflammer spontanément. L'oxydation du phosphore à l'air est d'autant plus intense qu'il présente une plus large surface ou qu'il est plus divisé. Lorsqu'on fait tomber sur du papier une solution de phosphore dans le sulfure de carbone, celui-ci se dissipe immédiatement par l'évaporation, et laisse sur le papier du phosphore très-divisé qui s'enflamme immédiatement.

L'eau aérée dans laquelle on fait séjourner du phosphore devient peu à peu acide par suite de l'oxydation de ce corps. Lorsqu'après avoir enlevé celui-ci on agite l'eau dans l'obscurité et au contact de l'air, elle émet des lueurs. Elle doit cette propriété à une multitude de petites parcelles de phosphore qu'elle tient en suspension et qui proviennent de la désagrégation qu'a subie, sous l'influence de la lumière diffuse, la surface du phosphore.

Chauffé à l'air à la température de 60°, le phosphore s'enflamme et brûle en répandant une vive lumière et des fumées blanches et épaisses d'acide phosphorique. Si l'on fait cette expérience sous une cloche renversée sur la cuve à mercure, la combustion continue jusqu'à ce que l'oxygène soit complétement absorbé, et les vapeurs d'acide phosphorique se condensent en flocons blancs sur les parois de la cloche.

Dans l'oxygène pur, le phosphore brûle avec un éclat incomparable. Cette combustion s'opère même sous l'eau chaude, lorsqu'on fait arriver bulle à bulle de l'oxygène au milieu du phosphore fondu. On remarque qu'il se forme une quantité notable de phosphore rouge dans cette expérience.

Projeté dans une atmosphère de chlore, le phosphore s'enflamme à la température ordinaire et se convertit en chlorure. Il est dangereux de le mettre en contact avec du brome liquide : la combinaison des deux corps aurait lieu avec explosion.

Le phosphore réduit un grand nombre de corps oxydés. Il décompose l'eau, à une température élevée, en s'emparant de son oxygène et en dégageant de l'hydrogène et de l'hydrogène phosphoré. Il s'oxyde avec énergie lorsqu'on le chauffe avec de l'acide azotique. Lorsqu'on tasse de l'oxyde de cuivre autour d'un bâton de phosphore placé au centre d'un tube de verre, qu'on abandonne celui-ci à lui-même, après l'avoir rempli avec de l'eau et bouché, on trouve, au bout de quelques semaines, l'oxyde de cuivre réduit partout où il était en contact avec le phosphore, de telle sorte que celui-ci se trouve entouré d'un fourreau de cuivre cristallin.

COMBINAISONS DU PHOSPHORE AVEC L'OXYGÈNE.

Le phosphore, en se combinant avec l'oxygène, forme divers acides que l'on a désignés sous les noms d'acides *hypophosphoreux*, *phosphoreux* et *phosphorique*. On avait pensé pendant quelque temps que l'acide qui se forme par la combustion lente du phosphore constituait un acide particulier qu'on avait désigné sous le nom d'*acide phosphatique*. Mais on a reconnu depuis que l'acide formé dans cette circonstance était de l'acide phosphoreux renfermant, à l'état de mélange, des quantités plus ou moins considérables d'acide phosphorique. Indépendamment des acides précédents, on a encore décrit un oxyde de phosphore, poudre rouge, auquel on attribue la composition Ph^2O, et qui, combiné avec l'eau, formerait un hydrate jaune. L'histoire de ces derniers corps est à reprendre.

ACIDE PHOSPHORIQUE.

C'est de tous les acides du phosphore le plus stable. Il prend naissance par la combustion vive du phosphore dans l'oxygène. Ainsi obtenu, il est anhydre, c'est-à-dire qu'il n'est point combiné aux éléments de l'eau. Mais cet acide *phosphorique anhydre* peut s'unir à l'eau en diverses proportions et former ainsi autant d'acides différents par leurs propriétés et leur composition. En se combinant à une, deux ou trois molécules d'eau, il donne les acides que l'on connaît sous le nom d'*acides métaphosphorique, pyrophosphorique et phosphorique*. Voici la composition de ces acides :

$$PhO^5 \qquad \text{acide phosphorique anhydre.}$$
$$PhHO^6 = PhO^5,HO \quad \text{acide métaphosphorique.}$$
$$PhH^2O^7 = PhO^5,2HO \quad \text{acide pyrophosphorique.}$$
$$PhH^3O^8 = PhO^5,3HO \quad \text{acide phosphorique ordinaire.}$$

ACIDE PHOSPHORIQUE ANHYDRE.

$$PhO^5.$$

Préparation et propriétés. — Pour préparer cet acide, on fait brûler du phosphore dans une atmosphère d'air sec qu'on renouvelle continuellement. Voici comment on dispose l'appareil (*fig.* 50). C est un ballon à trois tubulures. Son col donne passage à un tube de porcelaine B à l'extrémité duquel est fixée, au moyen de fils de fer, une petite capsule de porcelaine. Les tubulures latérales sont en communication, l'une avec un tube A rempli de chlorure de calcium et destiné à dessécher l'air qu'on injecte avec un soufflet par l'extrémité ouverte de ce tube, l'autre tubulure communique avec un flacon F servant de récipient à l'acide phosphorique qui peut être entraîné. Pour commencer l'opération, on jette par le tube de porcelaine un petit morceau de phosphore dans la capsule, on

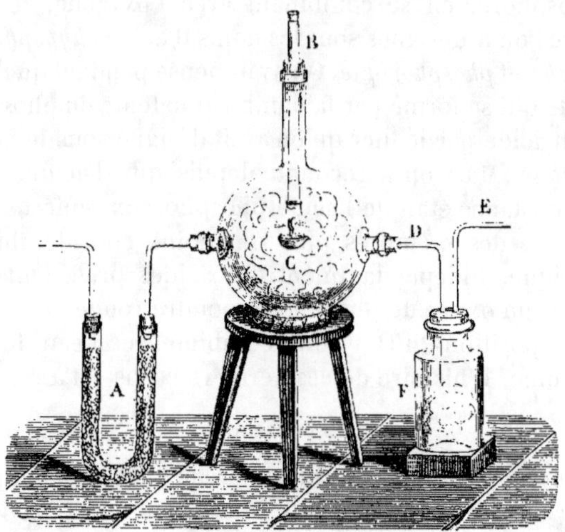

Fig. 50.

l'enflamme en le touchant avec une tige chaude, et on souffle lentement de l'air dans le ballon. L'acide phosphorique anhydre s'attache sur les parois sous la forme de flocons blancs, et s'y accumule si l'on continue à introduire dans l'appareil de nouveaux morceaux de phosphore dont on entretient la combustion.

Cet acide se présente sous la forme d'une matière blanche neigeuse. Il est très-avide d'eau et attire l'humidité de l'air avec une énergie telle, qu'au bout de quelques instants il se résout en un liquide très-acide. De là la nécessité de le conserver dans des flacons parfaitement bouchés.

Lorsqu'on le projette dans l'eau, il s'y combine en faisant entendre un sifflement qui témoigne de l'énergie de la réaction. Le liquide que l'on obtient ainsi (solution d'acide métaphosphorique) est fortement acide et rougit énergiquement le papier de tournesol; mais, chose curieuse, l'acide anhydre lui-même est sans action sur le papier bleu lorsque celui-ci est bien sec.

ACIDE MÉTAPHOSPHORIQUE.

$$\text{PhHO}^6 = \text{PhO}^5,\text{HO}.$$

La solution que l'on obtient en traitant l'acide phosphorique anhydre par une quantité d'eau suffisante pour empêcher une élévation trop forte de la température, possède les propriétés suivantes.

Elle précipite en flocons blancs la solution aqueuse de l'albumine du blanc d'œuf ou du sérum du sang; elle donne immédiatement des précipités blancs dans la solution d'azotate d'argent et de chlorure de barium. Ce sont là les caractères de l'acide métaphosphorique. Cet acide forme une combinaison tout à fait insoluble avec l'albumine. Avec l'azotate d'argent il forme, par double décomposition, du métaphosphate d'argent blanc et insoluble $PhAgO^6$ $= PhO^5,AgO$. Avec le chlorure de barium il donne de même du pyrophosphate de baryte insoluble $PhBaO^6 = PhO^5,BaO$. Saturé par une solution concentrée de potasse il forme un sel de potasse peu soluble, qui se précipite (Graham). Lorsqu'on évapore la solution d'acide phosphorique ordinaire, et qu'on chauffe le résidu au rouge dans un creuset de platine couvert, on obtient, après le refroidissement, une masse vitreuse qui renferme 11,3 % d'eau et dont la composition est précisément exprimée par la formule

$$PhHO^6 = PhO^5,HO.$$

Une chaleur très-forte peut volatiliser cet acide, mais elle est incapable de lui enlever les éléments de l'eau, de manière à le ramener à l'état d'acide phosphorique anhydre. Au contraire, les acides pyrophosphorique et phosphorique ordinaire abandonnent, à une température élevée, le premier 1 molécule d'eau, le second 2 molécules d'eau, et se transforment ainsi l'un et l'autre en acide métaphosphorique. Aussi, le moyen le plus commode de préparer cet acide consiste-t-il à chauffer au rouge, dans un creuset de platine, de l'acide phosphorique ordinaire.

Réciproquement, lorsqu'on fait bouillir la solution d'acide métaphosphorique ou qu'on l'abandonne à elle-même pendant quelques jours, cet acide absorbe les éléments de deux équivalents d'eau et passe à l'état d'acide phosphorique ordinaire.

ACIDE PYROPHOSPHORIQUE.

$$PhH^2O^7 = PhO^5,2HO.$$

Lorsqu'on ajoute à de l'acide métaphosphorique 11,3 % d'eau, c'est-à-dire une quantité égale à celle qu'il contient déjà, et qu'on abandonne le tout sous une cloche, la masse vitreuse disparaît et se convertit en un liquide qui finit par cristalliser (Peligot) : les cristaux constituent l'acide pyrophosphorique. D'après M. Graham, on peut préparer cet acide avec le phosphate de soude ordinaire du commerce. Ce sel renferme à l'état sec

$$PhNa^2HO^8 = PhO^5 \begin{cases} 2NaO \\ HO \end{cases}$$

On commence par le chauffer au rouge : il perd ainsi 1 molécule d'eau et se transforme en pyrophosphate de soude $PhNa^2O^7$ = $PhO^5,2NaO$. On dissout ce sel dans l'eau, et l'on précipite la solution par l'acétate de plomb. Par double décomposition, le pyrophosphate de soude se transforme ainsi en pyrophosphate de plomb que l'on délaye dans l'eau et que l'on décompose par l'hydrogène sulfuré :

$$PhPb^2O^7 \ + \ 2HS \ = \ PhH^2O^7 \ + \ 2PbS.$$

Pyrophosphate   Hydrogène   Acide   Sulfure
de plomb.   sulfuré.   pyrophosphorique.   de plomb.

La solution d'acide pyrophosphorique précipite l'azotate d'argent en blanc, en formant du pyrophosphate d'argent

$$PhAg^2O^7 \ = \ PhO^5,2AgO.$$

Elle ne précipite ni la solution d'albumine ni les solutions de chlorure de barium et de chlorure de calcium. Par l'ébullition la solution d'acide pyrophosphorique se transforme en acide phosphorique ordinaire en absorbant un équivalent d'eau.

ACIDE PHOSPHORIQUE ORDINAIRE.

$PhH^3O^8 = PhO^5,3HO.$

Préparation. — 1° Le meilleur procédé pour préparer cet acide consiste à chauffer le phosphore avec l'acide azotique étendu et bouillant. L'opération s'exécute dans une cornue de verre (*fig.* 51)

Fig. 51.

munie d'un récipient, et dans laquelle on introduit le phosphore avec de l'acide azotique d'une densité de 1,1 à 1,2. Il faut éviter de prendre de l'acide trop concentré à cause de la violence de la réaction. Le phosphore s'oxyde peu à peu et se dissout dans l'acide bouillant en le décomposant. Il se dégage du bioxyde d'azote accompagné de vapeurs rouges. Quand la liqueur s'est concentrée par l'ébullition, on verse de nouveau dans la cornue ce qui a passé dans le récipient. Le phosphore ne se dissout complétement qu'à la suite d'une ébullition prolongée avec 13 parties d'acide azotique d'une densité de 1,2 (Personne). Quand il est dissous, on évapore la liqueur qui renferme souvent, indépendamment de l'acide phosphorique, une certaine quantité d'acide phosphoreux. Pendant l'évaporation, l'acide azotique en excès convertit l'acide phosphoreux en acide phosphorique. Au besoin, on ajoute à la liqueur de l'acide azotique, par petites portions, aussi longtemps que cette addition détermine le dégagement de vapeurs rouges. On concentre ensuite la liqueur et on la chauffe pendant quelque temps à 188°. A cette température, tout l'acide azotique peut être chassé. Si elle était dépassée, l'acide obtenu renfermerait de l'acide pyrophosphorique. Il suffirait, dans ce cas, d'ajouter de l'eau et de faire bouillir pour obtenir une solution d'acide phosphorique pur.

2° On peut aussi retirer l'acide phosphorique des os calcinés. Pour cela, on traite 100 parties de cendres d'os par environ 96 parties d'acide sulfurique concentré, préalablement délayé dans 10 à 15 fois son poids d'eau. Il se forme du sulfate de chaux peu soluble, et l'acide phosphorique se dissout dans l'eau. On jette le tout sur une toile et on lave la masse de sulfate de chaux avec de l'eau. On concentre ensuite les liqueurs réunies, et on sépare le sulfate de chaux qui se dépose pendant la concentration. A la liqueur on ajoute de l'alcool tant qu'il se forme un précipité, et on sépare par le filtre le sulfate et une petite quantité de phosphate acide de chaux. Ces sels sont insolubles dans l'alcool. Après avoir séparé l'alcool par la distillation on a un résidu renfermant de l'acide phosphorique. On évapore, on ajoute une petite quantité d'acide azotique à la liqueur qui jaunit par la concentration, et on calcine finalement dans un creuset de platine. On obtient ainsi de l'acide métaphosphorique qu'il suffit de faire bouillir avec de l'eau pour le transformer en acide phosphorique.

3° Un procédé qui donne un produit plus pur consiste à dissoudre les os calcinés dans la plus petite quantité possible d'acide azotique et à précipiter la solution par l'acétate de plomb. Il se forme, par double décomposition, du phosphate de plomb qu'on lave et qu'on décompose par l'hydrogène sulfuré.

4° On peut aussi préparer l'acide phosphorique en décomposant le perchlorure de phosphore par l'eau et en évaporant la liqueur dans une capsule de platine. Ce procédé est rarement employé.

Propriétés de l'acide phosphorique ordinaire. — Convenablement concentré, l'acide phosphorique se présente sous la forme d'un sirop épais qui, abandonné pendant quelque temps à lui-même à l'abri de l'air humide, finit par se remplir de gros prismes rhomboïdaux transparents et incolores qui offrent la composition $PhH^3O^8 = PhO^5,3HO$. Chauffé au-dessus, à 213°, l'acide phosphorique perd de l'eau et se transforme en grande partie en acide pyrophosphorique (Graham).

Il présente une forte réaction acide. Sa solution aqueuse donne, avec les eaux de chaux, de baryte et de strontiane des précipités blancs. Elle précipite en blanc l'acétate de plomb. Mais elle ne forme pas de précipité dans la solution de chlorure de barium. Neutralisée par l'ammoniaque, elle donne, avec l'azotate d'argent, un précipité jaune de phosphate d'argent $PhAg^3O^8 = PhO^5,3AgO$. Elle ne précipite pas la solution d'albumine.

CONSTITUTION DES COMBINAISONS QUE L'ACIDE PHOSPHORIQUE FORME AVEC L'EAU ET AVEC LES OXYDES. — On admet généralement que les différentes combinaisons que l'acide phosphorique forme avec l'eau renferment celle-ci toute formée. Cette hypothèse est exprimée par les formules suivantes :

PhO^5,HO acide métaphosphorique ou phosphorique monohydraté.
$PhO^5,2HO$ acide pyrophosphorique ou phosphorique dihydraté.
$PhO^5,3HO$ acide phosphorique ordinaire ou trihydraté.

Dans ces trois acides, l'eau joue le rôle de base. L'acide métaphosphorique, qui ne renferme qu'une molécule d'eau, est *monobasique*. L'acide pyrophosphorique, qui en renferme deux, est *bibasique*. L'acide phosphorique ordinaire, qui en renferme trois, est *tribasique*.

Lorsqu'on met en présence de ces acides une base fixe telle que la potasse, la soude, l'oxyde d'argent, celle-ci déplace l'eau complétement ou en partie, et il en résulte des sels qu'on connaît sous le nom de métaphosphates, de pyrophosphates et de phosphates ordinaires.

Dans l'acide métaphosphorique, une seule molécule de base, par exemple d'oxyde d'argent AgO, se substituant à de l'eau basique, il se forme du métaphosphate d'argent.

$$PhO^5,HO + AgO = PhO^5,AgO + HO.$$

Acide   Oxyde   Métaphosphate   Eau.
métaphosphorique. d'argent.   d'argent.

Dans l'acide pyrophosphorique, 2 molécules d'oxyde d'argent peuvent prendre la place des 2 molécules d'eau basique : il en résulte du pyrophosphate d'argent.

$$PhO^5,2HO \ + \ 2AgO \ = \ PhO^5,2AgO \ + \ 2HO.$$

Acide
pyrophosphorique.   Oxyde d'argent.   Pyrophosphate d'argent.   Eau.

Enfin, dans l'acide phosphorique ordinaire, 3 molécules d'oxyde d'argent peuvent déplacer les 3 molécules d'eau basique : il en résulte du phosphate d'argent

$$PhO^5,3HO \ + \ 3AgO \ = \ PhO^5,3AgO \ + \ 3HO.$$

Dans les cas précédents, l'eau basique a été entièrement remplacée par une base fixe. Ce remplacement peut être partiel, pour les acides pyrophosphorique et métaphosphorique qui sont *polybasiques*. On connaît 2 pyrophosphates de soude

$$PhO^5 \left\{ \begin{array}{l} NaO \\ HO \end{array} \right. \quad \text{et} \quad PhO^5 \left\{ \begin{array}{l} NaO. \\ NaO. \end{array} \right.$$

On connaît 3 phosphates de soude, savoir :

$$PhO^5 \left\{ \begin{array}{l} NaO. \\ HO. \\ HO. \end{array} \right.$$ Ce sel est acide. On le nomme phosphate acide de soude.

$$PhO^5 \left\{ \begin{array}{l} NaO. \\ NaO. \\ HO. \end{array} \right.$$ Ce sel est neutre. On le nomme phosphate neutre de soude.

$$PhO^5 \left\{ \begin{array}{l} NaO. \\ NaO. \\ NaO. \end{array} \right.$$ Ce sel offre une réaction alcaline. On le nomme phosphate de soude tribasique.

Dans tous ces sels l'eau joue le rôle de base, comme elle joue le rôle de base dans les acides hydratés eux-mêmes. Il est essentiel de ne pas confondre cette eau avec l'eau de cristallisation.

Les formules précédentes se rapportent à des sels entièrement secs, c'est-à-dire privés d'eau de cristallisation.

Nous avons admis, dans ce qui précède, que l'eau existait toute formée dans l'acide phosphorique hydraté et dans ses congénères. Cette hypothèse se fonde sur ce fait que l'acide hydraté se forme par l'addition de l'eau à l'acide anhydre. Mais le fait ne démontre pas la rigoureuse exactitude de l'hypothèse. Car on ne saurait admettre comme certain que des corps qui s'unissent pour former un composé conservent *après* la combinaison l'arrangement moléculaire qu'ils offraient *avant*. Si l'on voulait s'en tenir rigoureusement aux faits et s'abstenir de toute hypothèse, on adopterait pour les acides en question les formules suivantes qui sont l'expression directe des analyses; savoir :

$$\text{PhHO}^6 \quad \text{acide métaphosphorique.}$$
$$\text{PhH}^2\text{O}^7 \quad \text{acide pyrophosphorique.}$$
$$\text{PhH}^3\text{O}^8 \quad \text{acide phosphorique ordinaire.}$$

Dans ce cas, la formation des sels par l'action de ces différents acides sur les bases, sur l'oxyde d'argent, par exemple, doit être interprétée de la manière suivante :

Lorsqu'une molécule d'oxyde d'argent réagit sur l'acide métaphosphorique, il se forme de l'eau par la puissante affinité de l'hydrogène de l'acide pour l'oxygène de l'oxyde. L'hydrogène de l'acide disparaissant ainsi, l'argent de l'oxyde s'y substitue et il se forme du métaphosphate d'argent. Le même raisonnement s'applique à la formation du pyrophosphate et à celle du phosphate d'argent. La formation de tous ces sels est due, non pas à un *déplacement*, comme dans l'hypothèse précédente, mais à une *double décomposition*. Les formules suivantes rendent compte de ces réactions où l'on voit l'hydrogène des acides s'échanger contre l'argent de l'oxyde d'argent.

$$\underset{\substack{\text{Acide}\\\text{métaphosphorique.}}}{\text{PhHO}^6} + \underset{\substack{\text{Oxyde}\\\text{d'argent.}}}{\text{AgO}} = \underset{\substack{\text{Métaphosphate}\\\text{d'argent.}}}{\text{PhAgO}^6} + \underset{\text{Eau.}}{\text{HO.}}$$

$$\underset{\substack{\text{Acide}\\\text{pyrophosphorique.}}}{\text{PhH}^2\text{O}^7} + \underset{\substack{\text{Oxyde}\\\text{d'argent.}}}{2\text{AgO}} = \underset{\substack{\text{Pyrophosphate}\\\text{d'argent.}}}{\text{PhAg}^2\text{O}^7} + \underset{\text{Eau.}}{2\text{HO,}}$$

$$\underset{\substack{\text{Acide}\\\text{phosphorique.}}}{\text{PhH}^3\text{O}^8} + \underset{\substack{\text{Oxyde}\\\text{d'argent.}}}{3\text{AgO}} = \underset{\substack{\text{Phosphate}\\\text{d'argent.}}}{\text{PhAg}^3\text{O}^8} + \underset{\text{Eau.}}{3\text{HO.}}$$

Ces équations rendent compte de ce qu'on nomme la *basicité* des acides. L'acide métaphosphorique est monobasique parce qu'il peut échanger 1 atome d'hydrogène contre 1 atome de métal.

L'acide pyrophosphorique est bibasique parce qu'il peut échanger 2 atomes d'hydrogène contre 2 atomes de métal.

Enfin, l'acide phosphorique ordinaire est tribasique parce qu'il peut échanger 3 atomes d'hydrogène contre 3 atomes de métal.

MODIFICATIONS DE L'ACIDE MÉTAPHOSPHORIQUE. — En étudiant les métaphosphates, M. Graham a déjà remarqué que l'acide métaphosphorique pouvait exister sous diverses modifications. Ainsi, en se combinant avec une seule et même base comme la soude, l'acide métaphosphorique forme divers sels qui, possédant en apparence la même composition PhNaO^6, montrent des différences de propriétés les plus frappantes. Ainsi il existe un métaphophate de soude insoluble dans l'eau, un autre est soluble et cristallisable, un troisième est soluble et incristallisable, etc. Ce sujet a été étudié par MM. Maddrell, Fleitmann et Henneberg, et il semble résulter de leurs recherches que l'acide métaphosphorique peut exister sous diverses modifications polymériques, c'est-à-dire que 1, 2, 3, 4, 6 molécules d'acide métaphosphorique peuvent se réunir pour former des molécules de plus en plus complexes, savoir :

$$PhHO^6 \ldots\ldots\ldots \text{ acide monométaphosphorique.}$$
$$2PhHO^6 = Ph^2H^2O^{12} \text{ acide dimétaphosphorique.}$$
$$3PhHO^6 = Ph^3H^3O^{18} \text{ acide trimétaphosphorique.}$$
$$4PhHO^6 = Ph^4H^4O^{24} \text{ acide tétramétaphosphorique.}$$
$$6PhHO^6 = Ph^6H^6O^{36} \text{ acide hexamétaphosphorique.}$$

Il est probable qu'il en est ainsi; mais comme l'étude de ces diverses modifications de l'acide métaphosphorique est peu avancée, nous ne croyons pas devoir insister sur ce sujet.

ACIDE PHOSPHOREUX.

$$PhH^3O^6 = PhO^3,3HO.$$

Cet acide a été découvert par sir H. Davy. Il a été étudié par M. H. Rose, et plus tard par M. Wurtz. Il se produit par l'oxydation lente du phosphore. Lorsqu'on introduit des bâtons de phosphore dans des tubes de verre effilés à une extrémité, ouverts à l'autre, et réunis dans un entonnoir placé sur un flacon, et qu'on abandonne ces bâtons de phosphore ainsi isolés les uns des autres à l'air humide, on les voit diminuer et disparaître peu à peu. Dans le flacon se rassemble un liquide acide, solution des acides provenant de la combustion lente du phosphore, et qui ont condensé l'humidité atmosphérique (*fig.* 52).

Nous avons déjà fait remarquer que l'acide que l'on obtient dans ces circonstances n'est pas de l'acide phosphoreux pur, mais renferme de l'acide phosphorique en quantité variable.

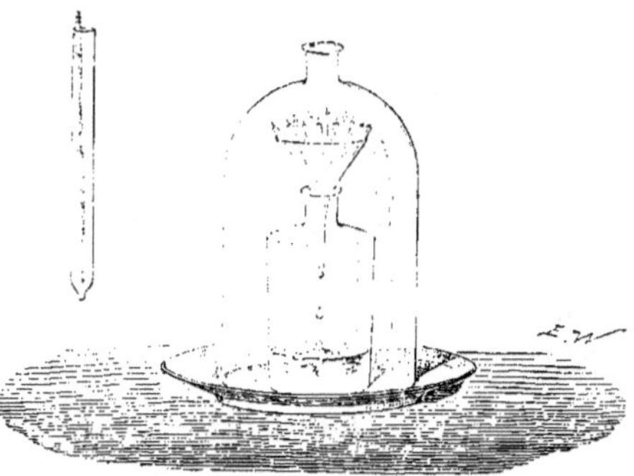

Fig. 52.

Pour préparer l'acide phosphoreux à l'état de pureté, on décompose le protochlorure de phosphore par l'eau qu'on emploie en grand excès.

Il se forme de l'acide chlorhydrique et de l'acide phosphoreux hydraté selon l'équation

$$\mathrm{PhCl^3} \quad + \quad \mathrm{H^6O^6} \quad = \quad \mathrm{PhH^3O^6} \quad + \quad \mathrm{H^3Cl^3}.$$

Protochlorure   Acide
de phosphore.   phosphoreux.

On chasse l'acide chlorhydrique et l'excès d'eau en évaporant le liquide dans une capsule de platine. Finalement on élève la température jusqu'à ce qu'il se manifeste une légère odeur d'hydrogène phosphoré. L'acide ainsi concentré, lorsqu'il est placé dans une atmosphère sèche, se prend, du jour au lendemain, en une masse cristalline qui constitue l'acide phosphoreux pur.

Dans cet état, sa composition est exprimée par la formule

$$\mathrm{PhH^3O^6} = \mathrm{PhO^3,3HO}.$$

Il constitue l'acide phosphoreux trihydraté.

On admet qu'il se forme de l'acide phosphoreux anhydre $\mathrm{PhO^3}$, lorsque le phosphore brûle dans une quantité limitée d'air. Pour réaliser ces conditions, on introduit le phosphore dans un tube de verre effilé à un bout et recourbé à une petite distance de cette extrémité. On chauffe doucement le phosphore en relevant la longue branche du tube, de manière à déterminer un léger courant d'air : le phosphore brûle, et l'acide phosphoreux produit de la combustion se condense dans la branche relevée du tube sous forme d'une matière blanche floconneuse (Berzelius).

Les cristaux d'acide phosphoreux hydraté attirent l'humidité de l'air et tombent en déliquescence. Ils fondent à une douce chaleur, et se décomposent à une température élevée en se transformant en hydrogène phosphoré et en acide phosphorique. Cette décomposition est facile à comprendre : une portion de l'hydrogène de l'acide phosphoreux se combinant avec une portion du phosphore, il se forme de l'hydrogène phosphoré, et le reste des éléments demeure à l'état d'acide phosphorique hydraté :

$$4\,[\mathrm{PhH^3O^6}] \quad = \quad 3\,[\mathrm{PhH^3O^8}] \quad + \quad \mathrm{PhH^3}.$$

Acide   Acide   Hydrogène
phosphoreux.   phosphorique.   phosphoré.

Mais nous devons ajouter que la réaction n'est pas aussi nette que l'indique l'équation précédente : l'hydrogène phosphoré est mêlé d'une petite quantité d'hydrogène libre, et il ne reste pas d'acide phosphorique trihydraté si la température est très-élevée.

La solution d'acide phosphoreux réduit les sels de mercure et d'argent : les métaux se précipitent, et il se forme de l'acide phosphorique. Elle réduit même la solution d'acide sulfureux de manière à précipiter le soufre.

ACIDE HYPOPHOSPHOREUX.

$$PhH^3O^4 = PhO,3HO.$$

Cet acide a été découvert par Dulong, en 1826. M. H. Rose en a établi la composition. Plus tard, l'acide hypophosphoreux a été étudié par M. Wurtz. Il se forme par l'action du phosphore sur la potasse, la soude, la chaux ou la baryte, et par l'action de l'eau sur les phosphures des métaux alcalins.

Pour le préparer, on commence par se procurer de l'hypophosphite de baryte en faisant bouillir du phosphore avec une solution concentrée de baryte $BaO,HO = BaHO^2$. Il se forme du phosphite de baryte insoluble et de l'hypophosphite soluble, en même temps qu'il se dégage de l'hydrogène phosphoré spontanément inflammable. L'hypophosphite prend naissance en vertu de la réaction suivante :

$$3BaHO^2 + 4Ph + 6HO = PhH^3 + 3(PhH^2BaO^4).$$

Hydrate de baryte.   Hydrogène phosphoré.   Hypophosphite de baryte.

L'hypophosphite de baryte étant obtenu, on décompose ce sel, en solution aqueuse, par une quantité convenable d'acide sulfurique. Il se précipite du sulfate de baryte, et l'acide hypophosphoreux reste en dissolution. En concentrant la solution dans le vide, on obtient une liqueur sirupeuse très-acide qui constitue l'acide hypophosphoreux dans son plus grand état de concentration.

La composition de cet acide est exprimée par la formule

$$PhH^3O^4 = PhO,3HO.$$

A une température élevée, il se décompose en acide phosphorique et en hydrogène phosphoré non spontanément inflammable. Quoiqu'il puisse se conserver à l'air sans en attirer l'oxygène, il possède néanmoins une forte affinité pour ce dernier corps et décompose un grand nombre de composés oxygénés. Il réduit nonseulement les sels de mercure et d'argent, mais même les sels de cuivre, ce qui le distingue de l'acide phosphoreux. Chauffé avec une solution de sulfate de cuivre en excès, il en précipite du cuivre métallique. Si dans cette expérience on emploie un excès d'acide hypophosphoreux, et qu'on chauffe doucement, il se précipite de l'hydrure de cuivre Cu^2H (A. Wurtz). L'acide sulfurique lui-même est réduit par l'acide hypophosphoreux à l'aide de la chaleur. Du soufre et de l'acide sulfureux sont mis en liberté.

CONSTITUTION DES ACIDES PHOSPHOREUX ET HYPOPHOSPHOREUX. — Les acides phosphoreux et hypophosphoreux sont des acides énergiques. Pour se saturer, l'acide phosphoreux se combine avec deux molécules d'un oxyde, l'acide hypophosphoreux n'en prend qu'une seule. L'acide phosphoreux est donc bibasique, et l'acide hypophosphoreux est monobasique.

Indépendamment des 2 molécules d'oxydes, les phosphites renferment une molécule d'eau qu'il est impossible d'en chasser et qui n'y joue pas le rôle de base, parce qu'elle ne peut pas être remplacée par un oxyde. Les hypophosphites retiennent les éléments de 2 molécules d'eau qui ne peuvent en être expulsés ni par la chaleur ni par une autre base. On en a conclu que l'eau dont ces sels renferment les éléments et qu'elles retiennent avec énergie est intimement combinée avec les acides eux-mêmes, et l'on a représenté par les formules suivantes la constitution des acides hypophosphoreux et phosphoreux et de leurs sels (A. Wurtz) :

$$PhH^3O^4 \;=\; PhH^2O^3,HO \quad \text{acide hypophosphoreux.}$$
$$PhH^2MO^4 \;=\; PhH^2O^3,MO \quad \text{hypophosphites.}$$
$$PhH^3O^6 \;=\; PhHO^4,2HO \quad \text{acide phosphoreux.}$$
$$PhHM^2O^6 \;=\; PhHO^4,2MO \quad \text{phosphites.}$$

$$PhH^3O^8 \;=\; PhO^5,3HO \quad \text{acide phosphorique.}$$
$$PhM^3O^8 \;=\; PhO^5,3MO \quad \text{phosphates.}$$

<h3 style="text-align:center">COMBINAISONS DU PHOSPHORE AVEC L'HYDROGÈNE.</h3>

On connaît trois combinaisons du phosphore avec l'hydrogène, savoir : un hydrure de phosphore solide Ph^2H, un hydrure de phosphore liquide PhH^2 et un hydrogène phosphoré gazeux PhH^3. Ce dernier est l'analogue de l'ammoniaque et de l'hydrogène arsénié.

<h3 style="text-align:center">HYDROGÈNE PHOSPHORÉ.</h3>

PhH^3.

Formation et préparation. — Lorsqu'on chauffe du phosphore avec une solution concentrée de potasse caustique, il se forme de l'hypophosphite et du phosphite de potasse, et il se dégage de l'hydrogène phosphoré qui possède la singulière propriété de s'enflammer spontanément à l'air (Gengembre, 1783). Dans cette réaction, le phosphore décompose l'eau et s'empare de ses deux éléments.

En faisant passer des vapeurs de phosphore sur des bâtons de craie (carbonate de chaux) portés à l'incandescence, on obtient un produit brun, mélange de phosphure de calcium et de phosphate de chaux. Le phosphore s'empare, dans cette circonstance, d'une portion de l'oxygène de la chaux pour former de l'acide phosphorique qui reste uni à une partie de la chaux, tandis que le calcium s'unit à une autre partie du phosphore. Lorsqu'on traite le phosphure de calcium par l'eau, il se forme de l'hypophosphite et du phosphite de chaux, et il se dégage de l'hydrogène phosphoré. On voit que l'eau est décomposée dans cette expérience; son hydrogène se porte sur une partie du phosphore; son oxygène se porte sur une autre partie du phosphore et sur le calcium. L'hydrogène phosphoré formé dans cette réaction possède aussi la propriété de s'enflammer spontanément à l'air.

Lorsqu'on décompose par la chaleur l'acide phosphoreux trihydraté, il se dégage, comme nous l'avons vu (page 256), de l'hydrogène phosphoré. Le gaz ainsi obtenu ne possède pas la propriété de s'enflammer spontanément à l'air.

Suivant les circonstances dans lesquelles il se forme, l'hydrogène phosphoré est donc spontanément ou non spontanément inflammable à l'air.

Pour préparer le gaz hydrogène phosphoré spontanément inflammable, on fait une pâte avec de la chaux éteinte et de l'eau,

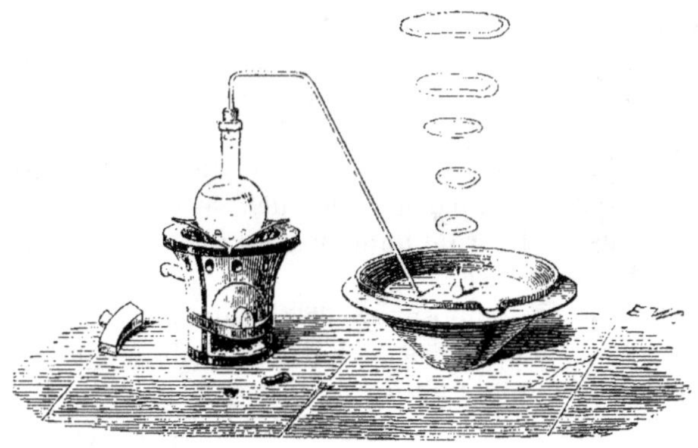

Fig. 53.

et avec cette pâte on entoure de petits morceaux de phosphore de manière à former des boulettes. On introduit celles-ci dans un ballon qu'on en remplit presque entièrement et on chauffe doucement après avoir adapté au ballon un tube de dégagement (*fig*,53).

On recueille le gaz sur l'eau. Si l'on fait arriver à la surface de la cuve à eau une bulle de cet hydrogène phosphoré, elle s'enflamme et forme une couronne de fumée blanche qui s'élargit en montant.

M. Paul Thenard a démontré que cette propriété est due à la présence dans le gaz d'une petite quantité de vapeurs d'un hydrure de phosphore liquide et très-inflammable à l'air. On peut isoler cet hydrure en faisant passer le gaz qui le renferme à travers un tube fortement refroidi. L'hydrure PhH^2 s'y condense à l'état liquide. Ce corps est très-instable. Exposé à la lumière, il se dédouble en hydrogène phosphoré PhH^3 et en hydrure Ph^2H. Ce dernier constitue un corps solide jaune.

$$3PhH^2 = Ph^2H + 3PhH^3.$$

<table>
<tr><td>Hydrure
de phosphore
liquide.</td><td>Hydrure
de phosphore
solide.</td><td>Hydrogène
phosphoré.</td></tr>
</table>

M. Paul Thenard prépare le gaz hydrogène phosphoré non spontanément inflammable en décomposant le phosphure de calcium par l'acide chlorhydrique. Pour préparer le phosphure de calcium, il fait arriver de la vapeur de phosphore sur des bâtons de craie chauffés au rouge vif dans un creuset A (*fig.* 54). Au fond de celui-ci, se trouve placé un petit creuset B qui reçoit le phosphore, et sur lequel repose un couvercle troué. Les bâtons de craie remplissent l'espace supérieur du grand creuset. On

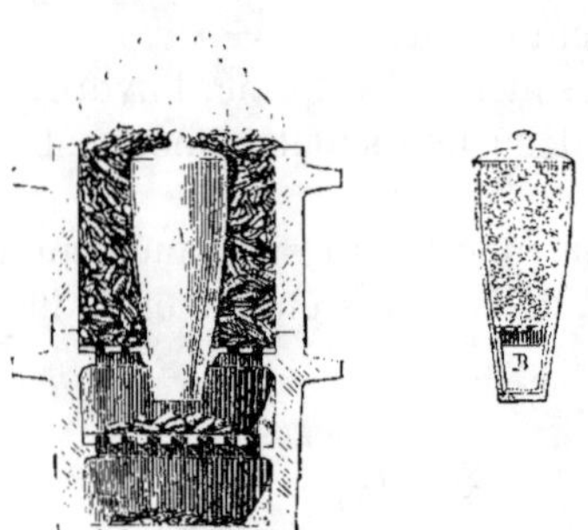

Fig. 54.

chauffe modérément la partie inférieure de celui-ci à l'aide de charbons placés sur la grille inférieure du fourneau, et très-fortement la partie supérieure.

La décomposition du phosphure de calcium par l'acide chlorhydrique s'exécute dans un flacon à deux tubulures qui renferme l'acide et qui est muni d'un tube de dégagement et d'un tube de sûreté droit et large par lequel on introduit peu à peu des fragments de phosphure de calcium.

Propriétés du gaz hydrogène phosphoré. — Le gaz obtenu par ce dernier procédé, ou par la décomposition de l'acide phosphoreux trihydraté par la chaleur, ne s'enflamme point spontanément à l'air. Au contact d'une bougie allumée, il brûle avec une flamme éclatante et répand des fumées blanches d'acide phosphorique. Sa densité est de 1,184. Il possède une odeur particulière, fétide. Il est insoluble dans l'eau. Il est absorbé par une solution de sulfate de cuivre. Il se forme, dans cette circonstance, de l'eau et des flocons noirs du phosphure de cuivre. On remarque que l'absorption du gaz n'est jamais complète et qu'il reste toujours, lorsque l'hydrogène phosphoré a disparu, un résidu plus ou moins considérable d'hydrogène.

Si l'on fait arriver dans de l'hydrogène phosphoré des bulles de chlore, chacune d'elles produit une flamme éclatante, et s'il arrivait que les deux premières n'aient produit aucun effet, on devrait arrêter l'expérience, de peur d'occasionner une explosion dangereuse.

La composition de l'hydrogène phosphoré est exprimée en équivalents, par la formule PhH^3 qui est analogue à celle de l'ammoniaque AzH^3. Ces formules répondent à quatre volumes de gaz.

L'analogie entre l'hydrogène phosphoré et l'ammoniaque se révèle, d'ailleurs, par la propriété singulière que possède le premier de ces gaz de s'unir à l'acide iodhydrique pour former des cristaux cubiques, volumineux et brillants, véritable iodhydrate d'hydrogène phosphoré PhH^3,HI, correspondant à l'iodhydrate d'ammoniaque AzH^3,HI.

PROTOCHLORURE DE PHOSPHORE.

$PhCl^3$.

On prépare ce corps en faisant arriver un courant de chlore sec sur du phosphore contenu dans une petite cornue tubulée, au fond de laquelle on a disposé une couche de sable. Dès que le chlore arrive au contact du phosphore, celui-ci s'enflamme; car la combinaison des deux corps s'accomplit avec énergie. Si le phosphore est en excès, condition qu'on réalise en ne faisant pas arriver le chlore trop rapidement, et en employant une petite cornue, il distille du protochlorure de phosphore qu'on recueille dans un récipient bien sec et refroidi. On rectifie le produit, d'abord sur une petite quantité de phosphore, puis seul.

Ainsi préparé, il constitue un liquide incolore, doué d'une odeur irritante et répandant à l'air des fumées blanches. Sa densité est = 1,61 (I. Pierre). Sa densité de vapeur est = 4,742. Il bout à 78°. Mis en contact avec l'eau, il tombe d'abord au fond et la décompose ensuite avec formation d'acide phosphoreux et d'acide chlorhydrique. Il dissout le phosphore. Lorsqu'on verse quelques gouttes de cette solution sur du papier, le protochlorure se volatilise rapidement, et il reste du phosphore très-divisé qui s'enflamme spontanément.

PERCHLORURE DE PHOSPHORE.

$PhCl^5$.

Ce corps important se forme par l'action du chlore sur le protochlorure de phosphore ou par l'action prolongée du chlore sur le phosphore. Pour le préparer, on introduit du phosphore, ou mieux du protochlorure de phosphore, dans une grande cornue tubulée qui communique avec un ballon récipient, et on y fait arriver un courant de chlore sec. On chauffe à une douce chaleur. On voit alors les parois de la cornue et du récipient se couvrir de cristaux jaunes qui forment des croûtes plus ou moins épaisses. L'opération est terminée lorsque le contenu de la cornue est parfaitement sec. On retire alors le produit et on l'introduit dans des flacons bien bouchés à l'émeri. Cette opération doit être exécutée rapidement, par la raison que le perchlorure de phosphore s'altère au contact de l'air humide, et surtout parce qu'il possède une odeur irritante, et qui produit, au bout de quelques heures, une dyspnée très-pénible.

Le perchlorure de phosphore ainsi préparé constitue une masse solide, cristalline, d'un jaune clair. Il se sublime, sans fondre, déjà au-dessous de 100°. Sous une pression plus forte que celle de l'atmosphère, il fond à 148°, et bout à une température très-peu supérieure. La densité de sa vapeur prise à 336° et réduite à 0° est $= 3{,}656$ (Cahours). 1 volume de cette vapeur est formé de $\frac{1}{2}$ volume de vapeur de protochlorure de phosphore et de $\frac{1}{2}$ volume de chlore unis sans condensation. En effet,

si l'on ajoute la demi-densité de la vapeur du protochlorure 2,371
à la demi-densité du chlore.... .... <u>1,22</u>

on obtient le nombre................. 3,591

Ce nombre est très-rapproché du nombre 3,656 qui a été obtenu par l'expérience.

Lorsqu'on projette le perchlorure de phosphore dans l'eau, il fait entendre un sifflement et se décompose en acide phosphorique et en acide chlorhydrique.

$$PhCl^5 + H^8O^8 = PhH^3O^8 + 5HCl.$$

Protochlorure de phosphore.   Acide phosphorique.

Le perchlorure répand à l'air des vapeurs blanches.

Lorsqu'on l'expose pendant longtemps à l'air humide, il se liquéfie peu à peu et se convertit en acide chlorhydrique et en *oxychlorure de phosphore*, PhO^2Cl^3 (A. Wurtz).

$$PhCl^5 \ + \ H^2O^2 \ = \ 2HCl \ + \ PhO^2Cl^3.$$

Perchlorure de phosphore.   Oxychlorure de phosphore.

Ce dernier corps se forme dans un très-grand nombre de circonstances, lorsqu'on fait réagir le perchlorure de phosphore sur des corps oxygénés, auxquels il enlève de l'oxygène pour leur céder du chlore. On l'obtient notamment en chauffant avec du perchlorure de phosphore certains acides minéraux ou organiques, ou leurs sels (Cahours, Gerhardt). C'est un liquide incolore, répandant à l'air des fumées blanches. Sa densité est $= 1,67$ à 14°. Son point d'ébullition est situé à 110°. Sa densité de vapeur est $= 5,4$. Mis en contact avec l'eau, il tombe d'abord au fond et se décompose ensuite en acide phosphorique et en acide chlorhydrique.

$$PhO^2Cl^3 \ + \ \left.\begin{matrix} H^3 \\ H^3 \end{matrix}\right\} O^6 \ = \ \left.\begin{matrix} PhO^2 \\ H^3 \end{matrix}\right\} O^6 \ + \ 3HCl$$

Oxychlorure de phosphore.   Eau.   Acide phosphorique.

Lorsqu'on chauffe doucement le perchlorure de phosphore dans un courant d'hydrogène sulfuré, il se convertit en acide chlorhydrique et en *sulfochlorure de phosphore* (Serullas).

$$PhCl^5 \ + \ H^2S^2 \ = \ 2HCl \ + \ PhS^2Cl^3.$$

Perchlorure de phosphore.   Sulfochlorure de phosphore.

Ce corps est un liquide incolore, oléagineux, plus dense que l'eau. Il bout à 125°.

BROMURES DE PHOSPHORE..

On connaît deux bromures de phosphore et un oxybromure.

Le protobromure $PhBr^3$ est un liquide incolore, d'une densité de 2,925. On l'obtient en dissolvant du phosphore dans le sulfure de carbone et en ajoutant une quantité convenable de brome. En chauffant la solution au bain-marie on chasse le sulfure de carbone et le protobromure reste.

Le perbromure de phosphore $PhBr^5$ est solide, cristallin, d'un jaune citron. Il se forme par l'action du brome sur le protobromure. Exposé à l'air humide, il se décompose en acide bromhydrique et en oxybromure PhO^2Br^3 (Gladstone).

IODURE DE PHOSPHORE.

$$PhI^2.$$

Le biiodure est le mieux défini des composés de phosphore et d'iode. Pour l'obtenir, on dissout 26 parties de phosphore sec dans 30 à 40 fois leur poids de sulfure de carbone, et on ajoute à la solution 203,4 parties d'iode. La liqueur, d'abord rougeâtre, devient d'un jaune orange. Lorsqu'on distille une portion du sulfure de carbone au bain-marie et qu'on laisse refroidir le résidu, il se prend en une masse cristalline d'un rouge orange, formée par de longs prismes aplatis et flexibles. Ces cristaux constituent le biiodure de phosphore. Parfaitement débarrassés de sulfure de carbone, ils fondent à 100°. Au contact de l'air ils se décomposent en acide phosphoreux et en acide iodhydrique, et il se forme en même temps un dépôt floconneux jaune (Corenwinder).

SULFURES DE PHOSPHORE.

Le soufre se combine avec le phosphore en plusieurs proportions. Ces combinaisons se forment directement lorsqu'on fond le phosphore avec des quantités plus ou moins considérables de soufre. Elles s'accomplissent avec énergie et souvent avec explosion lorsqu'on emploie pour leur préparation le phosphore ordinaire. Aussi Berzelius a-t-il recommandé de fondre le phosphore et le soufre sous une couche d'eau. M. Kekulé a montré qu'on peut préparer sans danger les sulfures de phosphore en fondant du soufre avec du phosphore amorphe dans un courant de gaz carbonique. Ces composés offrent la composition suivante :

Sous-sulfure de phosphore Ph^2S.
Monosulfure de phosphore PhS
Trisulfure de phosphore.. PhS^3 correspondant à l'acide phosphoreux anhydre.
Pentasulfure de phosphore PhS^5 — à l'acide phosphorique anhydre.

Comme ils sont peu importants, nous ne croyons pas devoir les décrire.

ACTION DU PHOSPHORE SUR L'ÉCONOMIE ANIMALE ET EMPOISONNEMENT PAR LE PHOSPHORE.

Le phosphore a été rangé au nombre des poisons irritants. Lorsqu'il est ingéré dans l'estomac, il peut, en effet, déterminer l'inflammation de cet organe. Il en est sûrement ainsi lorsque l'estomac est vide d'aliments et que le phosphore a été introduit en masse compacte. Dans ce cas et si la dose est forte, l'ingestion du poison produit ordinairement des douleurs, des vomissements, des déjections alvines, puis du délire, des convulsions, enfin, un état comateux auquel la mort ne tarde pas à succéder. A l'autopsie, on trouve la muqueuse de l'estomac plus ou moins enflammée.

La marche de l'empoisonnement est plus lente et plus insidieuse lorsque le phosphore a été ingéré en petite dose, et surtout lorsqu'il a été introduit dans l'estomac soit à l'état de dissolution dans une huile, soit à l'état de division extrême tel qu'on le rencontre dans la pâte phosphorée. Les premiers accidents se manifestent généralement quelques heures après l'injection du poison. Ce sont les symptômes d'une phlegmasie locale, tels que nausées, vomissements, douleurs dans la région épigastrique. A cette première période succède une période de rémission plus ou moins longue. Les symptômes alarmants disparaissent et les malades semblent quelquefois hors de danger. Mais pendant ce temps, le poison a été absorbé et bientôt il va manifester une action funeste sur les centres nerveux. Cette troisième période est quelquefois annoncée par un ictère. A quelques phénomènes d'excitation nerveuse, tels que le délire et les convulsions, succèdent un affaiblissement notable des forces, le trouble des fonctions sensitives, le coma et la mort. A l'autopsie on peut trouver la muqueuse de l'estomac exempte d'altérations.

Parmi les lésions occasionnées par cet empoisonnement, on a noté une certaine diffluence du sang, altération qui provoque des hémorrhagies dans divers organes. On a remarqué, en outre, une transformation graisseuse du foie, des reins, des muscles de la vie organique, notamment du cœur et de la langue. Chose digne de remarque, ces dernières lésions se rencontrent même dans l'empoisonnement aigu lorsque la mort arrive dans le délai de 5 à 6 jours.

Le phosphore peut tuer à la dose de quelques centigrammes. La gravité des accidents qu'il provoque est due moins à l'irritation locale des tissus avec lesquels il est en contact qu'à l'action énergique qu'il exerce sur le système nerveux.

On ne connaît pas de contre-poison pour le phosphore, et la seule indication que l'on puisse remplir, dans cet empoisonnement, consiste à évacuer la matière toxique le plus rapidement qu'il sera possible.

Recherche du phosphore dans des cas d'empoisonnement. — Les cas d'empoisonnement par le phosphore se sont malheureusement multipliés dans ces dernières années, depuis que s'est répandu l'usage de la pâte phosphorée pour la destruction des rongeurs, et que les allumettes chimiques sont à la portée de tout le monde. Ils seraient sans doute plus fréquents encore si l'odeur particulière qu'exhale le phosphore n'en accusait quelquefois la présence dans des aliments où il a été introduit avec intention criminelle.

Cette odeur guide aussi l'expert lorsqu'il s'agit de reconnaître la trace du poison, soit dans des restes d'aliments, soit dans les organes d'un individu qui a succombé. Mais quelque précieux que soit cet indice, il est loin de suffire dans un cas de ce genre. Pour affirmer qu'il y a eu empoisonnement par le phosphore, il est nécessaire d'isoler le corps du délit.

Plusieurs procédés ont été proposés à cet effet. Le phosphore étant soluble dans le sulfure de carbone, on a recommandé de traiter les matières suspectes par ce dernier corps employé en excès. Après avoir agité pendant quelque temps de manière à mettre les substances en contact intime avec le dissolvant, on sépare celui-ci, on le filtre et on l'évapore à une douce chaleur. Pour cela on le place dans un bocal de verre sous une couche d'eau, et on chauffe le vase au bain-marie. Le sulfure de carbone qui bout à 45° se vaporise rapidement, et le phosphore reste dans l'eau sous forme de flocons jaunes rougeâtres.

Ce procédé offre des inconvénients. Lorsque les matières suspectes sont humides, à plus forte raison, lorsqu'elles renferment beaucoup d'eau, le sulfure de carbone ne les mouille pas, et on peut craindre que le phosphore enveloppé de matières humides n'échappe à l'action du dissolvant. On pourrait, à la vérité, séparer par la filtration le liquide des parties solides, exprimer celles-ci, et au besoin les humecter avec de l'alcool absolu avant de les mettre en contact avec du sulfure de carbone. Mais le phosphore pourrait s'oxyder pendant ces manipulations, et cela d'autant plus facilement qu'il serait divisé et peu abondant. D'ailleurs l'opération exécutée sur les parties solides ne dispenserait pas de soumettre les parties liquides elles-mêmes à un examen attentif. Du phosphore très-divisé pourrait s'y trouver en suspension.

Il vaut donc mieux, pour éviter la complication d'un tel procédé, avoir recours à la méthode suivante que l'on doit à M. Mitscherlich. Cette méthode est fondée sur la propriété que possède le phosphore de passer à la distillation avec l'eau.

Avant de l'employer on peut faire l'essai préalable que voici (Scherer) :

On délaye les matières suspectes dans de l'eau distillée, de manière à former une bouillie claire que l'on introduit dans une fiole ou dans un ballon. On ajoute ensuite une petite quantité d'acide sulfurique pur, et on suspend immédiatement dans le ballon, à

une petite distance de la surface du liquide, un papier imprégné
d'acétate de plomb et légèrement humide. Ce papier ne doit point
noircir, et l'on s'assure ainsi de l'absence de l'hydrogène sulfuré.
Si au bout de quelque temps ce papier n'a pas changé de couleur,
on le remplace par du papier imprégné d'azotate d'argent. Pour
peu que les matières renferment une trace de phosphore, ce dernier
papier noircit, surtout si l'on chauffe légèrement la fiole. On peut
recueillir ainsi, à la surface du papier, une quantité de phosphure
d'argent suffisante, dit-on, pour pouvoir constater les réactions de
l'acide phosphorique après avoir traité le papier par l'eau régale.

Toutefois cette expérience ne doit être entreprise, comme un
essai préalable, que dans le cas où l'expert dispose d'une quantité
notable de matières. Il est nécessaire de compléter la démonstration en procédant à la séparation du phosphore. Pour cela on em-

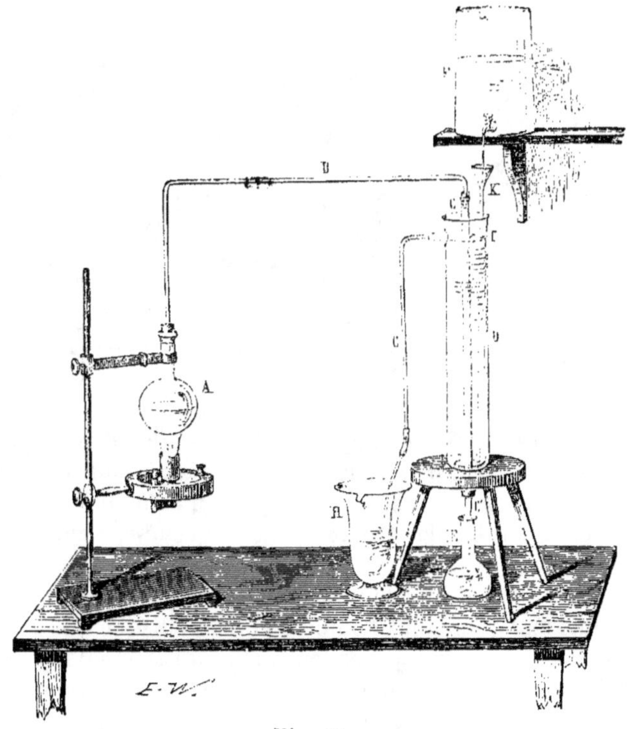

Fig. 55.

ploie la méthode proposée par M. Mitscherlich. On introduit le
liquide acide dans le ballon A (*fig.* 55) qui est mis en communica-

tion par le tube B avec un refrigérant de Liebig CD disposé verticalement. On porte à l'ébullition le liquide contenu dans le ballon. Les vapeurs d'eau entraînent des vapeurs de phosphore, et à l'endroit où les premières se condensent, en I, on voit apparaître une lueur dans l'obscurité. L'eau condensée et recueillie dans le ballon E montrera elle-même, lorsqu'on l'agite dans l'obscurité, le phénomène de la phosphorescence. On pourra trouver de petits grains de phosphore pulvérulent au fond du flacon E.

Mais si la quantité de phosphore était minime, il pourrait se faire que ce corps s'oxydât, en partie du moins, par suite de l'accès de l'air dans le tube de condensation CD. Il est donc préférable de faire la distillation dont il s'agit au milieu d'un courant d'acide carbonique en employant l'appareil représenté *fig.* 56. Les ma-

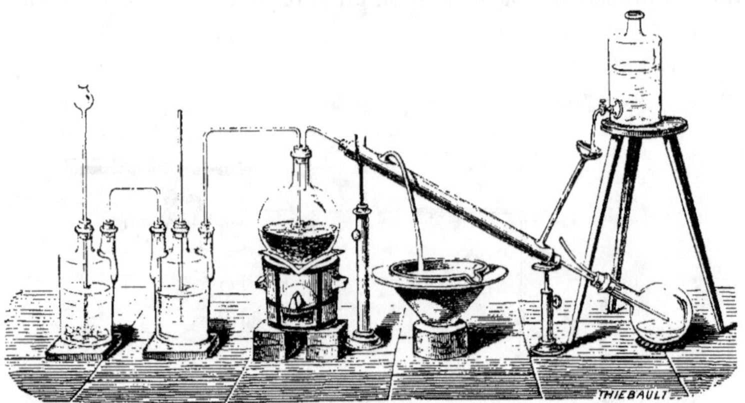

Fig. 56.

tières suspectes sont introduites dans un ballon C, dans lequel on fait passer un courant d'acide carbonique dégagé dans le flacon A, lavé dans le flacon B. Le ballon se trouve en communication avec un refrigérant de Liebig D. L'extrémité de celui-ci s'engage dans un ballon récipient E.

Les choses étant ainsi disposées et l'appareil étant rempli d'acide carbonique, on fait bouillir le liquide et on en distille une certaine quantité. Le phosphore se condense et se rassemble sous forme pulvérulente ou en petits globules dans le récipient où on le trouve sous une couche d'eau. L'acide carbonique qui remplit l'appareil l'a préservé d'une oxydation partielle. On peut recueillir une portion de ce phosphore sur un filtre; sécher celui-ci d'abord entre du papier et puis à l'aide d'une douce chaleur. Le phosphore fon-

dra et s'enflammera. L'eau au milieu de laquelle il s'est trouvé
suspendu possède la propriété de répandre des lueurs lorsqu'on
l'agite dans l'obscurité.

Ce procédé est d'une grande exactitude et permet de reconnaître
5 milligrammes de phosphore délayés dans 180 grammes de matières.

Il peut arriver que le phosphore soit transformé en totalité ou
en partie en acide phosphoreux ou en un mélange d'acide phosphoreux et d'acide phosphorique. S'il en était ainsi, le liquide recueilli dans l'estomac et filtré donnerait les réactions de ces acides.
La présence de l'acide phosphorique dans un tel liquide serait peu
significative au point de l'expertise médico-légale. Il n'en est pas
ainsi dans le cas où l'on serait parvenu à démontrer l'existence de
l'acide phosphoreux, facile à reconnaître par sa réaction sur les
sels d'argent, qu'il noircit. Si ce cas se présentait, l'expert pourrait tirer parti des observations suivantes :

D'après MM. Wœhler et Dusart, le phosphore et les acides hypophosphoreux et phosphoreux, introduits dans un appareil de Marsh,
communiquent à la flamme de l'hydrogène une couleur verte. On
peut mettre ce fait à profit pour la recherche du phosphore dans
les cas d'empoisonnement. M. Blondlot, qui s'est occupé de ce sujet, recommande d'opérer de la manière suivante pour constater la
présence du phosphore ou des acides phosphoreux et hypophosphoreux dans un liquide renfermant en même temps des matières
organiques qui masqueraient la réaction ci-dessus indiquée.

On introduit ce liquide dans
un appareil propre à dégager de
l'hydrogène et contenant du zinc
pur exempt de phosphore. Il se
forme de l'hydrogène phosphoré
qui est entraîné avec l'excès d'hydrogène. Le liquide mousse ordinairement; il est donc nécessaire d'employer un appareil spa-
cieux. On dirige le gaz dans une
solution étendue d'azotate d'argent. Il se forme du phosphure
d'argent et de l'argent. On recueille le précipité, on l'introduit
dans l'appareil suivant, qui constitue un appareil de Marsh modifié

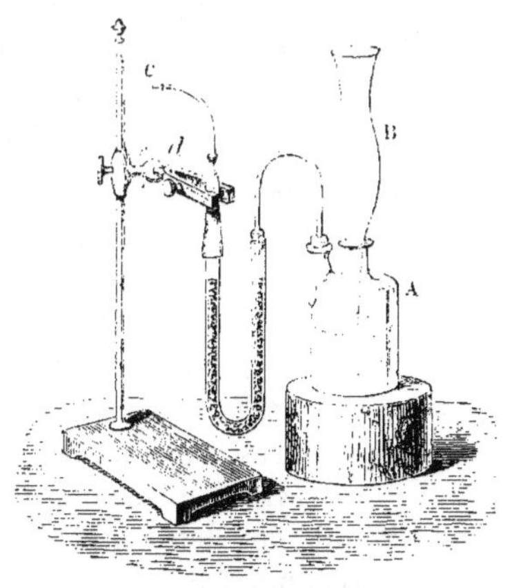

Fig. 57.

(*fig.* 57). C'est un flacon A propre à dégager de l'hydrogène et dans lequel entre à frottement une allonge B. La tubulure latérale communique avec un tube en U renfermant du chlorure de calcium; un tube de caoutchouc coiffe l'extrémité libre du tube en U, et reçoit d'un autre côté le bec recourbé d'un chalumeau·à pointe de platine *c;* la pince *d* permet de fermer hermétiquement le tube de caoutchouc. On introduit dans le flacon du zinc pur, de l'acide sulfurique et de l'eau, de manière à le remplir presque entièrement; puis, après avoir ajouté les matières suspectes, on bouche le flacon avec l'allonge et on serre la pince. Le gaz hydrogène se dégage lentement par l'action de l'acide sulfurique sur le zinc pur, et, ne pouvant sortir de l'appareil, il pousse le liquide dans l'allonge et s'accumule dans le flacon. Lorsqu'il y en a une quantité suffisante on laisse écouler le gaz en desserrant la pince, puis on l'enflamme. La coloration vert émeraude de la flamme apparaîtra d'autant mieux qu'elle ne sera pas masquée par la coloration jaune que communiquerait à la flamme de l'hydrogène un tube de verre effilé.

Le phosphore et un certain nombre de composés de l'arsenic, dont nous allons aborder l'histoire, ont été rangés dans la classe des poisons irritants. Mis en contact avec les tissus de l'économie, ils peuvent déterminer, en effet, des lésions locales [1] plus ou moins graves. Mais ils sont surtout redoutables par l'action déprimante qu'ils exercent, une fois qu'ils se sont répandus dans tout l'organisme par voie d'absorption. De là le nom de *poisons hyposthénisants* que leur a donné M. Tardieu, pour les distinguer des poisons corrosifs proprement dits, tels que l'acide sulfurique et les alcalis caustiques.

ARSENIC

On connaît depuis longtemps le sulfure d'arsenic et l'acide arsénieux. De ce dernier, Schrœder sépara l'arsenic en 1694. On doit à Brandt les premières expériences exactes sur ce corps (1733). Scheele découvrit, en 1775, l'acide arsénique et l'hydrogène arsénié. Berzelius fit connaître la composition atomique des principales combinaisons de l'arsenic, et s'occupa principalement de ses composés sulfurés. Depuis, l'arsenic est devenu l'objet d'un grand nombre de travaux, et les chimistes se sont appliqués principalement à l'étude de l'acide arsénieux et à la découverte de procédés propres à reconnaître cet acide dans les cas d'empoisonnement.

1. Parmi les lésions que produit le phosphore et auxquelles sont exposés les ouvriers qui fabriquent les allumettes phosphorées, nous devons mentionner la nérose des maxillaires.

On rencontre l'arsenic dans le sein de la terre à l'état natif, à l'état d'acide arsénieux, d'arséniates de chaux, de magnésie, de fer, de plomb, de cobalt, de nickel et de cuivre; on le trouve combiné avec le soufre dans l'orpiment et dans le réalgar; mais on le rencontre surtout à l'état de combinaison avec divers métaux. Dans ces combinaisons, l'arsenic est uni tantôt à un seul métal pour former un arséniure (arséniures de fer, de cobalt, de nickel), tantôt à un métal et à un sulfure métallique pour former des sulfo-arséniures (sulfo-arséniures de fer, de cobalt, de nickel). Quelquefois c'est le sulfure d'arsenic qui est combiné avec un autre sulfure pour former un sulfure double.

Préparation de l'arsenic. — On retire généralement l'arsenic du sulfo-arséniure de fer ou mispickel $FeAs,FeS^2$, que l'on se contente de chauffer fortement dans des cylindres en terre placés horizontalement dans un fourneau. L'arsenic vient se sublimer dans des tubes en tôle que l'on engage dans l'extrémité ouverte des cylindres qui dépassent le fourneau. Dans cette opération, le sulfo-arséniure de fer se décompose en sulfure de fer qui reste et en arsenic qui se volatilise.

$$Fe^2AsS^2 = Fe^2S^2 + As.$$

On facilite le départ de l'arsenic en ajoutant une certaine quantité de fer au mispickel.

On purifie l'arsenic du commerce en le distillant avec du charbon dans une cornue de grès.

Propriétés de l'arsenic. — Récemment sublimé, l'arsenic se présente sous forme d'une masse cristalline, d'un gris d'acier, douée de l'éclat métallique. La forme des cristaux est celle d'un rhomboëdre aigu; leur densité $= 5,7$ environ

L'arsenic se volatilise au rouge obscur sans fondre. Sa vapeur est incolore et offre une densité de 10.37. Sous une forte pression, l'arsenic fond en un liquide transparent.

Lorsqu'on le laisse exposé à l'air il perd son éclat, et se colore en gris noir. Cette coloration est due à une mince pellicule de sous-oxyde qui se forme à la surface.

Exposé à l'air, sous une couche d'eau dans laquelle il est insoluble, l'arsenic s'oxyde lentement de manière à former une petite quantité d'acide arsénieux qui se dissout. Cette propriété motive et explique l'emploi de la poudre d'arsenic pour tuer les mouches.

L'oxydation de l'arsenic s'opère plus facilement lorsqu'on le chauffe à l'air ou dans de l'oxygène pur. Projeté sur un charbon ardent, il émet des vapeurs blanches, douées d'une odeur d'ail caractéristique. Tous les composés arsénicaux possèdent cette propriété sur laquelle nous reviendrons. Lorsqu'on dépose un fragment d'arsenic dans un tube large et ouvert aux deux bouts, qu'on incline ce tube et qu'on le chauffe à l'endroit où est déposé l'arsenic, on voit celui-ci émettre des vapeurs blanches d'acide arsénieux qui se condensent dans les parties supérieures du tube, plus loin que l'arsenic volatilisé en même temps.

Chauffé fortement dans une atmosphère d'oxygène pur, l'arsenic s'enflamme et brûle avec une flamme d'un bleu pâle et en émettant des vapeurs d'acide arsénieux. Il prend feu dans le chlore à la température ordinaire, en formant d'épaisses vapeurs de chlorure d'arsenic.

D'après les expériences d'Orfila, l'arsenic métallique est vénéneux, mais il exerce son action toxique à des doses bien supérieures à celles de l'acide arsénieux.

COMPOSÉS OXYGÉNÉS DE L'ARSENIC.

Sous-oxyde. — Quelques chimistes envisagent comme une combinaison particulière d'oxygène et d'arsenic la substance formée par l'oxydation de l'arsenic à l'air. D'après Berzelius, 100 parties d'arsenic en poudre, exposées à l'air humide, absorbent tout au plus 8 parties d'oxygène. La poudre brun noir ainsi formée se transforme en acide arsénieux et en arsenic lorsqu'on la chauffe doucement à l'abri du contact de l'air. Traitée par l'acide chlorhydrique chaud, elle lui cède de l'acide arsénieux et il reste de l'arsenic. L'eau froide ne lui enlève rien, mais l'eau bouillante en extrait de l'acide arsénieux.

ACIDE ARSÉNIEUX.

AsO^3.

Préparation. — On obtient ce composé dans les arts par le grillage des minerais arsénifères et principalement du mispickel. L'opération se fait dans une grande moufle *a* (*fig.* 58) où les minerais sont exposés à la fois à l'action de la chaleur et à celle de l'air. Les vapeurs sont dirigées par le conduit *d*, soit dans de grandes cheminées horizontales, soit dans un bâtiment (*fig.* 59) renfermant de nombreux compartiments *e*, *f*, *g*, *h*, *i*, *k* superposés [1]. Dans ces espaces, l'acide arsénieux se condense sous forme

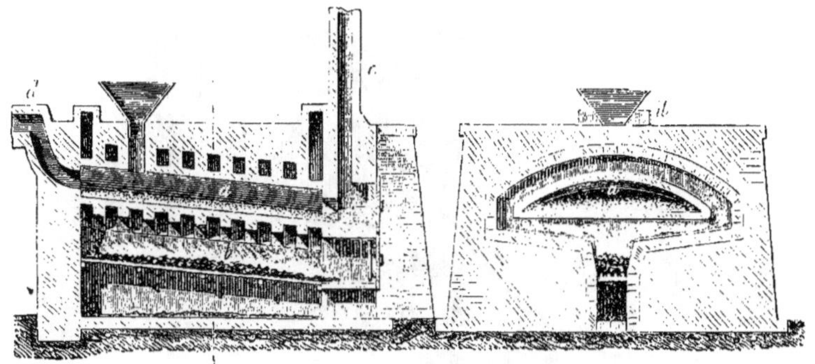

Fig. 58.

pulvérulente. On le recueille et, après l'avoir mélangé avec une petite quantité de potasse propre à retenir le soufre condensé en

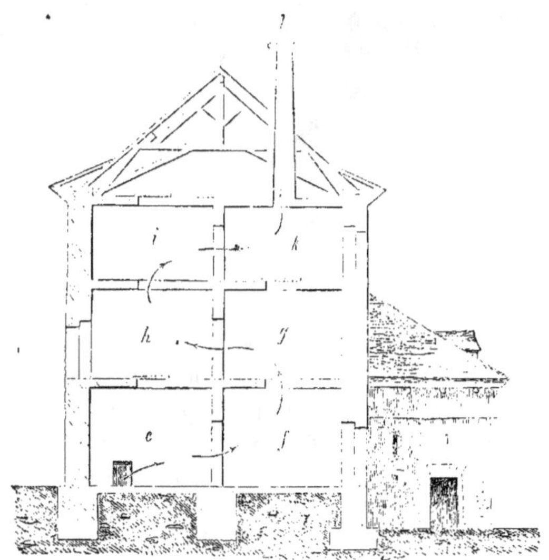

Fig. 59.

même temps, on le sublime dans une chaudière de fer *a* (*fig.* 60) surmontée de plusieurs cylindres de tôle *b b b* lutés l'un sur l'autre

1. Les ouvriers allemands désignent ce bâtiment sous le nom de *tour au poison*. Ceux d'entre eux qui recueillent la *farine ou les fleurs d'arsenic* qui s'y condensent sont exposés souvent et succombent quelquefois aux effets de ce terrible poison.

et dont le dernier se termine par un tube *c d*. Celui-ci conduit dans une chambre *e* l'acide arsénieux qui échappe à la condensation.

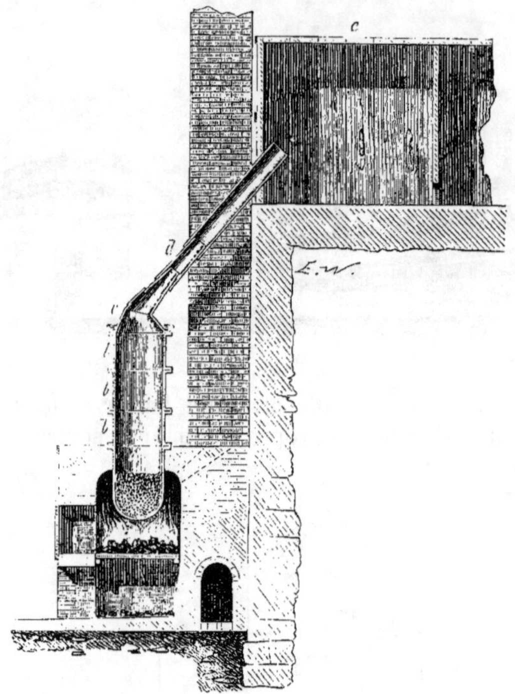

Fig. 60.

La plus grande partie de l'acide se condense dans les cylindres à une température voisine de son point de fusion et se concrète en une masse vitreuse; c'est l'arsenic blanc du commerce.

Parmi toutes les opérations qui ont pour but la préparation de l'acide arsénieux, celle-ci est la plus dangereuse. En effet, l'arsenic métallique qui est mélangé avec l'acide arsénieux pulvérulent se combinant avec le fer de la chaudière, celle-ci est trouée au bout de quelque temps. L'acide arsénieux tombe alors dans le foyer et se répand, en partie, dans l'atelier.

Propriétés de l'acide arsénieux. — Récemment sublimé, l'acide arsénieux se présente sous forme d'une masse vitreuse. Mais bientôt il perd sa transparence et se présente alors sous forme de fragments opaques d'un blanc laiteux et analogues, par leur aspect, à la porcelaine. C'est sous cette forme qu'on trouve généralement l'acide arsénieux dans le commerce. Lorsqu'on casse un morceau

volumineux d'acide arsénieux qui présente à l'extérieur l'aspect de
la porcelaine, on trouve ordinairement, au centre de la cassure, une
partie encore transparente et vitreuse ; mais avec le temps celle-ci
finit par prendre à son tour l'aspect blanc laiteux des parties extérieures. On voit, par ce qui précède, que l'acide arsénieux peut
revêtir deux formes différentes ; que tantôt il est transparent et
vitreux, tantôt opaque et *porcelainé*. Il est amorphe lorsqu'il est
vitreux ; mais peu à peu, par suite d'un travail moléculaire lent,
les particules prennent l'arrangement qui convient à l'état cristallin, et la masse entière se convertit en une multitude de cristaux
infiniment petits, séparés les uns des autres par des facettes.
Celles-ci font naturellement perdre à la masse sa transparence
première. D'après M. Regnault, une température de 100° accélère
singulièrement la transformation de l'acide vitreux en acide opaque. La trituration produit le même effet. L'acide porcelainé est
l'acide amorphe devenu cristallin.

L'acide arsénieux cristallise en octaèdres réguliers ou en tétraèdres ; quelquefois, mais rarement, en prismes rhomboïdaux
droits (Wœhler). Dans ce dernier état il est isomorphe avec l'oxyde
d'antimoine. Ces deux formes étant incompatibles l'une avec l'autre,
on connaît en réalité l'acide arsénieux dans trois états différents :

1° Cristallisé en octaèdres ou en tétraèdres.

2° Cristallisé en prismes rhomboïdaux droits.

3° Amorphe.

Lorsqu'il cristallise de sa solution aqueuse ou mieux de sa dissolution dans l'acide chlorhydrique, l'acide arsénieux se dépose en
octaèdres ou en tétraèdres transparents. Dans l'acide porcelainé
il est également contenu sous forme octaédrique. En le sublimant
on l'obtient cristallisé en octaèdres, très-rarement en prismes
rhomboïdaux. Lorsqu'on fait bouillir l'acide arsénieux avec de la
potasse caustique jusqu'à saturation et qu'on abandonne le liquide
au refroidissement, une portion de l'acide s'en sépare sous forme
de prismes rhomboïdaux droits (Pasteur).

Ces différents états physiques de l'acide arsénieux constituent
un des exemples les plus curieux de *dimorphisme*. On désigne sous
ce nom l'état de substances identiques par leur composition chimique, mais différentes par leur forme extérieure et par leurs propriétés physiques. D'après M. Guibourt,

la densité de l'acide arsénieux cristallisé (opaque) est de 3,689.
Celle de l'acide vitreux est de .... 3,7385.

L'acide arsénieux est fusible sous une forte pression. Il est plus volatil que l'arsenic métallique. Sa vapeur possède une densité de 13,0 environ (Mitscherlich). Elle est incolore et sans odeur. On ne perçoit, en effet, aucune odeur alliacée lorsqu'on projette un fragment d'acide arsénieux sur une brique chaude. Mais lorsqu'on le dépose sur un charbon incandescent, l'acide arsénieux émet des vapeurs douées à un haut degré de l'odeur alliacée. D'un autre côté, l'arsenic métallique n'émet aucune odeur lorsqu'on le volatilise dans un ballon rempli d'azote. On a conclu de ces faits que l'odeur alliacée n'est produite ni par la vapeur d'arsenic ni par celle de l'acide arsénieux, mais peut-être par un sous-oxyde qui se formerait momentanément pendant l'oxydation de l'arsenic à l'air. Au contact du charbon incandescent l'acide arsénieux se réduit en arsenic qui se volatilise et s'oxyde de nouveau aux dépens de l'air.

L'acide arsénieux renferme

$$
\begin{array}{lr}
\text{Arsenic} & 75,75 \\
\text{Oxygène} & 24,25 \\
\hline
& 100,00
\end{array}
$$

Sa composition est exprimée par la formule AsO^3. Il est indécomposable par la chaleur; mais il est facilement réduit, à une température voisine du rouge, par l'hydrogène, le charbon, l'oxyde de carbone, le soufre, le phosphore, et par différents métaux, comme le potassium, le sodium, le zinc.

L'acide arsénieux se dissout lentement dans l'eau froide dans laquelle il est peu soluble. On constate à cet égard de curieuses différences entre l'acide arsénieux opaque et l'acide vitreux. Celui-ci est trois fois plus soluble dans l'eau que l'autre. A 13°, 1 partie d'acide arsénieux vitreux se dissout dans 25 parties d'eau, et 1 partie d'acide opaque se dissout, à la même température, dans 80 parties d'eau. 1 partie d'acide arsénieux vitreux exige, pour se dissoudre, 9 parties d'eau bouillante (Bussy). La solution d'acide vitreux saturée à froid et abandonnée à elle-même, laisse déposer peu à peu de l'acide arsénieux cristallisé. Dans le sein de l'eau, l'acide vitreux passe à l'état d'acide cristallin, et, comme celui-ci est moins soluble que le premier, il s'en dépose une certaine quantité.

La solution aqueuse d'acide arsénieux est parfaitement limpide. Elle rougit faiblement la teinture de tournesol. Elle est presque sans saveur.

L'eau de chaux la précipite en blanc. L'hydrogène sulfuré la colore en jaune, et lorsqu'on ajoute à cette liqueur quelques gouttes d'acide chlorhydrique, il se précipite du sulfure d'arsenic jaune.

La solution d'acide arsénieux réduit et colore en vert la solution de bichromate de potasse. Elle décolore les solutions d'iode ou de brome. Dans ces dernières réactions, l'eau est décomposée et l'acide arsénieux se transforme en acide arsénique, tandis que le brome ou l'iode se convertit en acide bromhydrique ou iodhydrique

$$AsO^3 + H^2O^2 + I^2 = H^2I^2 + AsO^5.$$

Neutralisée par l'ammoniaque, la solution d'acide arsénieux donne avec le sulfate de cuivre un précipité vert d'arsénite de cuivre (vert de Scheele); avec l'azotate d'argent un précipité jaune d'arsénite d'argent.

Lorsqu'on ajoute de l'acide chlorhydrique à la solution d'acide arsénieux et qu'on y plonge une lame de cuivre, ce métal se recouvre d'une couche grise et brillante d'arsenic. Au contact du zinc, la solution d'acide arsénieux additionnée d'acide chlorhydrique ou d'acide sulfurique, laisse dégager de l'hydrogène arsénié. Sur cette propriété se fonde le principe de l'appareil de Marsh.

L'acide arsénieux se dissout plus facilement dans certains acides minéraux que dans l'eau. L'acide sulfurique et l'acide chlorhydrique le dissolvent en plus grande quantité à chaud qu'à froid. Lorsqu'on dissout 1 partie d'acide arsénieux vitreux dans un mélange bouillant de 6 parties d'acide chlorhydrique fumant et de 2 parties d'eau, et qu'on soumet la solution à un refroidissement lent, elle laisse déposer l'acide arsénieux en octaèdres transparents. Chose curieuse, la formation de chaque cristal est accompagnée d'une émission de lumière (H. Rose).

L'acide arsénieux est un acide faible, et les combinaisons qu'il forme avec les oxydes sont décomposées par beaucoup d'autres acides, quelquefois même par l'acide carbonique. Lorsqu'on décompose par un acide une solution concentrée d'un arséniate, on voit se former un précipité blanc cristallin d'acide arsénieux.

Un grand nombre d'arsénites se décomposent lorsqu'on les chauffe. Quelques-uns laissent dégager l'acide, tandis que la base reste. Les arsénites alcalins se convertissent en arséniates en laissant dégager de l'arsenic.

ACIDE ARSÉNIQUE.

$$AsO^5.$$

Préparation de l'acide arsénique anhydre et de ses hydrates. —
Pour préparer cet acide, on fait bouillir dans une cornue spacieuse
ou dans un ballon 4 parties d'acide arsénieux avec 1 partie d'acide
chlorhydrique d'une densité de 1,2, et 12 parties d'acide azotique
d'une densité de 1,25. L'eau régale, ainsi formée, oxyde l'acide
arsénieux avec un abondant dégagement de vapeurs rutilantes,
auxquelles est mélangée une petite quantité de chlorure d'arsenic. On évapore à siccité et on porte la masse blanche qui reste à
une température voisine du rouge obscur.

On obtient ainsi de l'acide arsénique anhydre tantôt sous forme
d'une masse incolore et vitreuse, tantôt à l'état d'une matière
blanche et poreuse lorsque la température n'a pas été portée au
degré nécessaire pour la fondre.

D'après M. E. Kopp, pour convertir l'acide arsénieux en acide
arsénique, il suffit de traiter 4 parties du premier acide par environ
3 parties d'acide azotique d'une densité de 1,35 qu'on ajoute peu
à peu. Au bout de vingt-quatre heures on obtient une liqueur
sirupeuse qui, après avoir été chauffée avec une petite quantité
d'acide azotique, ne renferme plus d'acide arsénieux.

Cette solution, abandonnée pendant longtemps à elle-même à une
basse température, laisse déposer des cristaux incolores qui constituent un hydrate $AsH^3O^8 + HO$. Ces cristaux sont très-déliquescents et se dissolvent dans l'eau en produisant du froid. Ils fondent
à 100° en laissant dégager un équivalent d'eau; il reste une masse
blanche formée par des aiguilles fines, lesquelles constituent un
hydrate $AsH^3O^8 = AsO^5,3HO$ correspondant à l'acide phosphorique
ordinaire (E. Kopp).

Lorsqu'on chauffe pendant quelque temps les cristaux de l'acide
hydraté de 140° à 180°, il se dégage de l'eau et il reste un hydrate
$AsH^2O^7 = AsO^5,2HO$ correspondant à l'acide pyrophosphorique. Il
forme des cristaux durs et brillants.

Enfin, en chauffant ces cristaux de 200 à 206°, ils laissent dégager subitement des vapeurs et se convertissent, après le refroidissement, en une masse pâteuse, nacrée. Ce produit constitue l'acide
arsénique monohydraté $AsHO^6 = AsO^5,HO$ correspondant à l'acide
métaphosphorique (E. Kopp).

Propriétés de l'acide arsénique. — L'acide arsénique anhydre fond au rouge obscur. La densité de l'acide fondu est de 3,7342 (Karsten). A une température rouge, peu supérieure à son point de fusion, il se décompose en acide arsénieux et en oxygène. Sa composition est exprimée par la formule AsO^5.

Il renferme :

$$
\begin{array}{lr}
\text{Arsenic} \dotfill & 65,22 \\
\text{Oxygène} \dotfill & 34,78 \\
\hline
& 100,00
\end{array}
$$

L'acide arsénique anhydre est sans action sur le tournesol. Il se dissout très-lentement dans l'eau froide. Exposé à l'air, il en attire l'humidité, mais très-lentement. L'acide monohydraté exige de même un certain temps pour se dissoudre dans l'eau froide. L'acide bihydraté s'y dissout assez facilement avec dégagement de chaleur. L'acide trihydraté s'y dissout immédiatement sans dégager de la chaleur.

La solution d'acide arsénique renferme toujours l'acide trihydraté. Elle rougit énergiquement la teinture de tournesol et possède une saveur fortement acide. Cette solution est réduite par l'hydrogène naissant comme celle de l'acide arsénieux.

L'hydrogène sulfuré ne la trouble point immédiatement et y développe tout au plus une légère coloration jaune; mais par une action prolongée du gaz sulfhydrique, la liqueur se trouble et laisse déposer un précipité jaune clair de pentasulfure d'arsenic.

$$AsH^3O^8 + 5HS = H^8O^8 + AsS^5.$$

Lorsqu'on mêle une solution concentrée d'acide arsénique avec une solution d'acide sulfureux, le mélange laisse déposer bientôt de gros octaèdres d'acide arsénieux. La réduction de l'acide arsénique par l'acide sulfureux s'accomplit immédiatement lorsqu'on fait bouillir les solutions. La liqueur, débarrassée par l'ébullition de l'excès d'acide sulfureux, donne immédiatement avec l'hydrogène sulfuré un précipité jaune d'orpiment.

La solution d'acide arsénique donne, avec un excès d'eau de baryte, de strontiane ou de chaux des précipités blancs. Neutralisée par l'ammoniaque, elle donne avec le sulfate de cuivre un précipité blanc bleuâtre d'arséniate de cuivre; avec l'azotate d'argent un précipité rouge brun d'arséniate d'argent. Sursaturée d'ammoniaque elle donne avec le sulfate de magnésie un précipité d'arséniate ammoniaco-magnésien. — Pour se saturer, l'acide arsénique se combine avec trois équivalents de base, comme l'acide phosphorique. C'est un acide tribasique. Les arséniates sont plus stables que les arsénites ; beaucoup d'entre eux supportent une chaleur rouge sans se décomposer.

COMBINAISONS DE L'ARSENIC AVEC L'HYDROGÈNE.

On en connaît deux : l'hydrure d'arsenic et l'hydrogène arsénié.

Hydrure d'arsenic. — Lorsqu'on décompose l'arséniure de potassium ou de sodium par l'eau, il reste une poudre brune qui constitue l'hydrure d'arsenic d'après Gay-Lussac et Thenard. On admet que le même composé se forme lorsque l'hydrogène arsénié est abandonné pendant quelque temps à lui-même. Les parois du vase se recouvrent, dans ce cas, d'une couche brune d'hydrure d'arsenic. La lumière solaire favorise cette décomposition.

Chauffé en vase clos, l'hydrure d'arsenic laisse dégager de l'hydrogène arsénié. Lorsqu'on le chauffe à l'air il s'enflamme. Sa composition est inconnue.

HYDROGÈNE ARSÉNIÉ.

AsH^3.

Ce gaz se prépare, d'après Soubeiran, par l'action de l'acide chlorhydrique sur l'arséniure de zinc. Pour obtenir ce dernier corps on chauffe dans une cornue de grès vernissée parties égales de zinc et d'arsenic. L'arséniure de zinc, réduit en poudre grossière, est introduit dans un petit flacon à deux tubulures (*fig.* 1) muni d'un tube de dégagement et d'un tube à entonnoir. Par ce dernier on introduit de l'acide chlorhydrique. L'action commence aussitôt, et il se dégage de l'hydrogène arsénié formé en vertu de la réaction suivante :

$$Zn^3As \ + \ 3HCl \ = \ H^3As \ + \ 3ZnCl.$$

Arséniure   Acide   Hydrogène   Chlorure
de zinc.   chlorhydrique.   arsénié.   de zinc.

On recueille ordinairement le gaz sur l'eau et on évite avec le plus grand soin d'en laisser dégager dans l'air. Car l'hydrogène arsénié est un poison redoutable. Gehlen mourut pour en avoir respiré quelques bulles.

L'hydrogène arsénié est un gaz incolore doué d'une odeur alliacée forte et désagréable. Il se liquéfie à — 40°. Sa densité est de 2,695 (Dumas). Sa composition, analogue à celle de l'ammoniaque, est représentée par la formule $AsH^3 = 4$ volumes. Il se décompose à la température rouge en arsenic et en hydrogène. 1 volume de gaz hydrogène arsénié fournit, en se décomposant par la chaleur, 1 volume $\frac{1}{2}$ d'hydrogène.

L'hydrogène arsénié brûle à l'air, au contact d'une bougie allumée, avec une flamme bleuâtre, en donnant des vapeurs blanches d'acide arsénieux. En même temps les parois de l'éprouvette où l'air ne pénètre qu'incomplétement se couvrent d'une couche noire d'arsenic.

Mélangé avec de l'oxygène, l'hydrogène arsénié détone violemment sous l'influence de la chaleur ou de l'étincelle électrique. Une lumière blanche éclate au moment de la détonation et il se forme de l'acide arsénieux et de l'eau. 4 volumes d'hydrogène arsénié exigent pour leur combustion complète 6 volumes d'oxygène.

$$AsH^3 + O^6 = AsO^3 + H^3O^3.$$

Lorsqu'on fait détoner 4 volumes d'hydrogène arsénié avec 3 volumes d'oxygène, l'hydrogène seul est brûlé et l'arsenic se dépose sous forme d'une couche noire.

$$AsH^3 + O^3 = As + H^3O^3.$$

Le chlore décompose l'hydrogène arsénié avec dégagement de lumière et formation d'acide chlorhydrique. En présence d'un excès d'hydrogène arsénié, de l'arsenic est mis à nu ; en présence d'un excès de chlore, il y a formation de chlorure d'arsenic ; si l'expérience se fait au contact de l'eau, il se forme, sous l'influence d'un excès de chlore, de l'acide chlorhydrique et de l'acide arsénique.

Certains métaux, comme le potassium, le zinc, l'étain, chauffés dans l'hydrogène arsénié, lui enlèvent tout l'arsenic et mettent l'hydrogène en liberté.

L'eau ne dissout qu'un cinquième de son volume d'hydrogène arsénié ; mais ce gaz est absorbé par quelques dissolutions métalliques avec formation d'eau et d'un arséniure. Lorsqu'on l'agite avec une solution de sulfate de cuivre, il disparaît entièrement, dans le cas où il est pur, et il laisse un résidu d'hydrogène dans le cas où il contient ce gaz à l'état de mélange (Dumas). La solution de sulfate de cuivre se remplit, dans cette expérience, de flocons noirs d'arséniure de cuivre formé en vertu de la réaction suivante :

$$\underset{\substack{\text{Sulfate} \\ \text{de cuivre.}}}{3SCuO^4} + \underset{\substack{\text{Hydrogène} \\ \text{arsénié.}}}{AsH^3} = \underset{\substack{\text{Arséniure} \\ \text{de cuivre.}}}{Cu^3As} + \underset{\substack{\text{Acide} \\ \text{sulfurique.}}}{3SHO^4}.$$

Avec la solution de sublimé corrosif, l'hydrogène arsénié donne un précipité jaune brun, mélange d'arsenic et de calomel (H. Rose).

$$6HgCl \ + \ AsH^3 \ = \ 3Hg^2Cl \ + \ As \ + \ 3HCl.$$

Sublimé corrosif.	Hydrogène arsénié.	Calomel. (Chlorure mercureux.)		Acide chlorhydrique.

Les sels d'argent, d'or et de platine sont réduits par l'hydrogène arsénié : les métaux se précipitent et de l'acide arsénieux reste en dissolution.

COMBINAISONS DE L'ARSENIC AVEC LE SOUFRE.

BISULFURE D'ARSENIC OU RÉALGAR.

AsS^2.

Ce corps se rencontre dans la nature à l'état de cristaux rouges et transparents qui appartiennent au type du prisme rhomboïdal oblique.

On le prépare dans les arts en chauffant un mélange de pyrite et de mispickel : le réalgar distille et est recueilli sous forme d'une masse rouge. On peut aussi préparer le bisulfure d'arsenic en fondant 75 parties d'arsenic avec 32 parties de soufre ou en fondant l'orpiment avec de l'arsenic.

Le réalgar est rouge. Il présente une cassure conchoïde et un éclat vitreux. Sa densité est de 3,5 à 3,6. Il fond facilement et peut cristalliser si on le laisse refroidir avec précaution. Il entre en ébullition au-dessous du rouge et distille sans altération à l'abri du contact de l'air.

Chauffé au contact de l'air, il brûle en formant de l'acide arsénieux et de l'acide sulfureux. Un mélange d'azotate de potasse et de réalgar prend feu au contact d'un corps incandescent, et brûle avec une flamme blanche éblouissante. Il se forme du sulfate et de l'arséniate de potasse.

Le réalgar se dissout dans le sulfhydrate d'ammoniaque ou dans la solution de sulfure de potassium en se transformant en orpiment ou trisulfure d'arsenic, lequel, en se combinant avec le sulfure alcalin, forme un sulfure double soluble. En même temps il reste une poudre brune qu'on a considérée comme un sous-sulfure d'arsenic.

Une réaction analogue se passe lorsqu'on fait bouillir du réalgar avec de la potasse caustique : il se forme de l'arsénite de potasse et une combinaison de sulfure d'arsenic et de sulfure de potassium, et il reste une poudre brune.

Berzelius a décrit des combinaisons particulières de bisulfure d'arsenic avec les sulfures alcalins, combinaisons qu'il a désignées sous le nom de hyposulfarsénites.

TRISULFURE D'ARSENIC OU ORPIMENT.

$$AsS^3.$$

Comme le précédent, ce sulfure se rencontre dans la nature. Il se forme lorsqu'on fond ensemble de l'arsenic et du soufre ou du réalgar et du soufre en proportions convenables. On l'obtient en grand par sublimation d'un mélange d'acide arsénieux et de soufre : il se dégage de l'acide sulfureux et il se forme du trisulfure d'arsenic; mais le produit ainsi préparé renferme toujours de l'acide arsénieux.

Lorsqu'on dissout l'acide arsénieux dans l'acide chlorhydrique faible et qu'on fait passer à travers la solution un courant de gaz sulfhydrique, il se précipite immédiatement des flocons jaunes de trisulfure d'arsenic.

$$AsO^3 + 3HS = AsS^3 + 3HO.$$

Lavé et séché, ce précipité constitue une poudre jaune. C'est du trisulfure d'arsenic pur.

L'orpiment obtenu par voie de sublimation se présente sous forme de masses cristallines d'une couleur jaune tirant un peu sur l'orange et d'un aspect nacré. Sa densité est de 3,459. Il est fusible et volatil. A l'abri du contact de l'air, il distille à une température que M. Mitscherlich estime supérieure à 700°. Le trisulfure d'arsenic obtenu par précipitation est insoluble dans l'eau froide, et se dissout légèrement dans l'eau bouillante, qu'il colore en jaune. Il se dissout dans les alcalis avec formation d'un arsénite et d'un sulfo-arsénite. L'ammoniaque le dissout facilement. Par ce caractère, il se distingue du sulfure d'antimoine, insoluble dans l'ammoniaque. Les sulfures alcalins et le sulfhydrate d'ammoniaque dissolvent abondamment le trisulfure d'arsenic en formant des sulfo-arsénites, combinaisons des deux sulfures dans lesquelles le sulfure d'arsenic (acide sulfarsénieux) joue le rôle d'acide et le sulfure alcalin le rôle de base.

L'acide azotique monohydraté attaque l'orpiment avec violence : il se dégage des vapeurs nitreuses et il se forme des acides arsénique et sulfurique.

Lorsqu'on fait passer la vapeur d'orpiment sur du fer ou de l'argent incandescents, l'arsenic est mis à nu, et il se forme des sulfures de ces métaux. Un moyen commode de mettre en liberté l'arsenic du sulfure consiste à chauffer celui-ci dans un tube, avec du cyanure de potassium ; du sulfocyanure de potassium prend naissance et il sublime de l'arsenic. On peut remplacer, dans cette expérience, le cyanure de potassium par un mélange de carbonate de potasse et de charbon : il se dégage de l'acide carbonique et il se forme du sulfure de potassium qui se combine avec une portion du sulfure d'arsenic. Une partie de l'arsenic est mise en liberté.

PENTASULFURE D'ARSENIC.

AsS^5.

Ce corps se forme par l'action de l'hydrogène sulfuré sur l'acide arsénique. On le prépare ordinairement en faisant passer un courant d'hydrogène sulfuré à travers une solution d'arséniate de potasse, jusqu'à ce que celle-ci soit saturée de ce gaz, et on précipite ensuite la liqueur par l'acide chlorhydrique. Par l'action de l'hydrogène sulfuré sur l'arséniate il se forme du sulfo-arséniate $2KS,AsS^5$ que l'acide chlorhydrique décompose ; il se forme du chlorure de potassium et de l'hydrogène sulfuré, et le pentasulfure d'arsenic se précipite.

Le pentasulfure d'arsenic constitue une poudre d'un jaune citron. Il est fusible et se volatilise sans décomposition à une température élevée, lorsqu'on le chauffe à l'abri du contact de l'air.

Insoluble dans l'eau, il se dissout dans les alcalis et dans les carbonates alcalins, avec formation d'arséniate et de sulfo-arséniate. Les sulfures alcalins le dissolvent en formant des combinaisons connues sous le nom de sulfo-arséniates, et qu'on peut envisager comme des arséniates dont tout l'oxygène est remplacé par du soufre. Ces sulfo-arséniates sont bien plus stables que les sulfo-arsénites. Berzelius a décrit les combinaisons KS,AsS^5 ; $2KS,AsS^5$ et $3KS,AsS^5$. Ce dernier sulfo-sel qui correspond à l'arséniate $3KO,AsO^5$ ou AsK^3O^8 est très-stable et peut être calciné au rouge blanc, à l'abri du contact de l'air, sans éprouver de décomposition.

CHLORURE D'ARSENIC.

$AsCl^3$.

Ce composé peut s'obtenir en faisant arriver un courant de chlore sec sur de l'arsenic en poudre, placé dans une cornue ou dans une allonge courbe. Le bec de la cornue ou de l'allonge est mis en communication avec un récipient refroidi, où le chlorure d'arsenic se condense sous forme d'un liquide jaune. Pour le débarrasser de l'excès de chlore qu'il renferme, on le distille sur de la poudre d'arsenic (Dumas).

Un autre procédé de préparation du chlorure d'arsenic consiste à distiller un mélange d'acide arsénieux, de chlorure de sodium et d'acide sulfurique (Gmelin). Pour exécuter cette opération, M. Dumas conseille de chauffer à 80 ou 100° dans une cornue tubulée 40 grammes d'acide arsénieux avec 400 grammes d'acide sulfurique, et d'introduire ensuite petit à petit par la tubulure des morceaux de chlorure de sodium fondu. Le chlorure d'arsenic formé se rassemble dans le récipient. A la fin de l'opération, il passe une certaine quantité de chlorure d'arsenic hydraté (acide chlorarsénieux) qui forme une couche distincte au-dessus du chlorure d'arsenic plus dense. Le produit distillé est rectifié avec de l'acide sulfurique concentré.

La réaction qui donne naissance au chlorure d'arsenic, dans ces conditions, est représentée par l'équation suivante :

$$3SHO^4 + 3NaCl + AsO^3 = 3SNaO^4 + AsCl^3 + 3HO.$$

$$\underset{\text{sulfurique.}}{\underset{\text{Acide}}{}} \qquad \underset{\text{de sodium.}}{\underset{\text{Chlorure}}{}} \qquad \underset{\text{arsénieux.}}{\underset{\text{Acide}}{}} \qquad \underset{\text{de soude.}}{\underset{\text{Sulfate}}{}} \qquad \underset{\text{d'arsenic.}}{\underset{\text{Chlorure}}{}}$$

L'eau formée reste en grande partie en combinaison avec l'acide sulfurique, qu'il est nécessaire d'employer en grand excès.

Le chlorure d'arsenic constitue un liquide incolore, oléagineux, très-dense. Il ne se solidifie pas à — 29°. Son point d'ébullition est situé à 134°. Sa densité à 0° est = 2,05. Sa densité de vapeur a été trouvée = 6,3006 (Dumas). Il répand à l'air des fumées blanches. Il est très-vénéneux.

Lorsqu'on introduit du chlorure d'arsenic dans un excès d'eau, il se décompose instantanément en acide chlorhydrique et en acide arsénieux peu soluble qui se précipite

$$AsCl^3 + 3HO = AsO^3 + 3HCl.$$

Si, au contraire, on ajoute une petite quantité d'eau à du chlorure d'arsenic, on obtient une liqueur limpide, moins dense que le chlorure et qu'on a considérée comme du chlorure d'arsenic hydraté ou comme du chlorhydrate d'acide arsénieux. D'après M. W. Wallace, cette liqueur renferme de l'acide chlorarsénieux, c'est-à-dire un acide arsénieux dont 1 équivalent d'oxygène a été remplacé par 1 équivalent de chlore. En dissolvant le chlorure d'arsenic dans la plus petite quantité d'eau possible et en abandonnant la solution pendant quelques jours dans des vases bouchés, on voit s'en déposer des cristaux que M. W. Wallace envisage comme de l'acide chlorarsénieux et auquel il attribue la composition $AsClO^2 + 2HO$.

$$\underset{\substack{\text{Chlorure} \\ \text{d'arsenic.}}}{AsCl^3} + 2HO = \underset{\substack{\text{Acide} \\ \text{chlorarsénieux.}}}{AsClO^2} + 2HCl.$$

D'après le même auteur, l'acide chlorarsénieux prendrait naissance lorsqu'on traite le chlorure d'arsenic bouillant par de l'acide arsénieux pulvérisé.

$$2AsO^3 + AsCl^3 = 3(AsClO^2).$$

ou encore lorsqu'on traite l'acide arsénieux par l'acide chlorhydrique.

A l'état anhydre, l'acide chlorarsénieux se présenterait sous forme d'une masse pâteuse, fumant à l'air et laissant dégager, lorsqu'on la distille, du chlorure d'arsenic. Cette substance, dont les propriétés sont assez mal définies, demande un nouvel examen.

BROMURE D'ARSENIC.

$AsBr^3$.

L'arsenic s'enflamme au contact du brome en formant du bromure d'arsenic. En ajoutant de l'arsenic par petites portions à du brome contenu dans une cornue, et en distillant dès que l'arsenic se trouve en excès, on obtient un liquide qui cristallise par le refroidissement en une masse blanche rayonnée. Ce produit constitue le bromure d'arsenic. Il fond entre 20 et 25° et bout à 220°. Fondu, il ne répand que peu de vapeurs à l'air. L'eau le décompose. — On connaît un acide bromarsénieux $AsBrO^2$ qui se forme dans les mêmes circonstances que l'acide chlorarsénieux.

IODURE D'ARSENIC.

AsI^3.

On prépare aisément ce composé en chauffant un mélange de 3 parties d'iode avec 1 partie d'arsenic métallique en poudre, et distillant ou sublimant la masse obtenue. L'iodure d'arsenic constitue une masse cristalline rouge brique. Il est fusible et se volatilise, lorsqu'on le chauffe, en vapeurs jaunes qui se condensent en paillettes cristallines.

Il se dissout dans 3,32 parties d'eau bouillante et donne par le refroidissement de beaux cristaux rouges d'iodure d'arsenic pur. Mais si l'on concentre lentement une solution aqueuse d'iodure d'arsenic, on voit se déposer des paillettes nacrées que M. Wallace considère comme une combinaison d'acide iodarsénieux avec de l'acide arsénieux. L'iodure d'arsenic a été employé en médecine.

FLUORURE D'ARSENIC.

$$AsFl^3.$$

Ce corps se prépare en chauffant dans une cornue un mélange de parties égales de fluorure de calcium en poudre et d'acide arsénieux avec 5 parties d'acide sulfurique. Il constitue un liquide incolore et mobile d'une densité de 2,73. Il bout à 63°. Il répand d'épaisses vapeurs à l'air. C'est un caustique d'une énergie extrême. Une goutte de fluorure d'arsenic qu'on dépose sur la peau, bien qu'elle se volatilise rapidement, occasionne à l'endroit qui a été touché une inflammation violente et une longue suppuration.

ACTION DE L'ACIDE ARSÉNIEUX SUR L'ÉCONOMIE ANIMALE.

L'acide arsénieux constitue un des poisons les plus violents que l'on connaisse. Il manifeste son action toxique sur toutes les classes du règne animal. Les infusoires périssent dans l'espace de quelques minutes lorsqu'on introduit une très-petite quantité d'acide arsénieux dans le liquide qui les contient. Les annélides, les mollusques, les crustacés, les insectes succombent rapidement aux effets de l'acide arsénieux. Les oiseaux résistent davantage, et pour les faire périr il faut leur administrer des doses d'acide arsénieux relativement plus fortes que celles qui déterminent la mort des mammifères.

Divers expérimentateurs ont constaté l'action funeste que l'acide arsénieux exerce sur les végétaux. M. Chatin a démontré que lorsqu'on arrose une plante avec une solution étendue d'acide arsénieux, cette substance est absorbée et détermine de véritables phénomènes d'empoisonnement, tels que la coloration jaune et le desséchement des feuilles, et l'apparition de plaques noires, comme gangréneuses, sur diverses parties du végétal.

L'acide arsénieux appartient à la classe des poisons irritants. Lorsqu'il est ingéré dans l'estomac, il détermine l'inflammation de cet organe. On remarque généralement à l'autopsie des individus qui ont succombé à un empoisonnement par l'acide arsénieux que l'estomac est le siége d'altérations plus ou moins prononcées.

Ordinairement on rencontre à la face interne de l'estomac des ecchymoses, des escarres grisâtres et dures; quelquefois, mais rarement, d'après Orfila, des ulcérations. Jamais cet éminent toxicologiste n'a constaté la perforation de l'estomac.

Dans un assez grand nombre de cas, ces désordres locaux sont légers : ils peuvent même manquer tout à fait, et on connaît quelques exemples d'empoisonnement par l'acide arsénieux, suivis de mort, et où il a été impossible de découvrir la moindre lésion du canal digestif.

Mais indépendamment de cette action locale, l'acide arsénieux exerce sur l'économie une action générale plus énergique et plus funeste que l'autre : il est absorbé et ébranle fortement le système nerveux.

L'absorption de l'acide arsénieux a lieu lorsque ce poison est en contact soit avec les membranes muqueuses, soit avec le derme dénudé, soit même avec la peau qu'il détruit.

La voie la plus ordinaire par laquelle il pénètre dans l'économie est la muqueuse du tube digestif. Il est facilement absorbé par l'estomac lorsqu'il y est introduit sous forme de dissolution. Dans ce cas, son action est très-rapide et très-intense. 10 à 50 centigrammes peuvent donner la mort à un homme en 24 heures. On a remarqué que lorsqu'ils sont en pleine digestion, les animaux supportent des doses d'acide arsénieux qui les feraient périr si elles étaient ingérées dans l'estomac vide. Ce résultat s'explique si l'on considère que l'absorption du poison est bien plus active et plus rapide dans l'état de vacuité de l'estomac.

La muqueuse des voies respiratoires peut donner accès à l'acide arsénieux. On constate fréquemment des cas d'empoisonnement par l'arsenic chez les ouvriers qui manient le vert de Schweinfurt, particulièrement chez ceux qui se servent de cette préparation pulvérulente dans la fabrication des papiers de tenture et dans l'industrie des fleurs artificielles.

L'acide arsénieux est rapidement absorbé par la peau dénudée, par la surface d'une plaie, par le tissu cellulaire sous-cutané. Dix centigrammes de cet acide, placés sous la peau de la partie interne de la cuisse d'un chien, suffisent pour tuer l'animal.

Les effets de ce poison sont pour ainsi dire foudroyants lorsqu'on en injecte une solution dans la veine d'un animal.

Symptômes. — Les symptômes que produit l'empoisonnement par l'acide arsénieux reflètent, pour ainsi dire, la double action qu'il exerce sur l'économie. Les uns se lient à l'inflammation du tube digestif; les autres sont la manifestation de l'action déprimante que l'acide arsénieux exerce sur le système nerveux. Les premiers sont d'autant plus intenses et plus durables que l'absorption par l'estomac a été plus lente. Ils se manifestent surtout dans le cas où le poison a été ingéré sous forme solide et où sa dissolution dans les sucs de l'estomac a exigé un certain temps.

La saveur de l'acide arsénieux est très-faible : aussi les individus empoisonnés par cet acide n'éprouvent-ils aucune sensation désagréable dans la bouche, à moins que le poison n'y ait séjourné pendant quelque temps. Mais une demi-heure ou une heure après l'ingestion les symptômes suivants se déclarent chez les malades : salivation, crachotement, hoquet, sentiment de constriction à la gorge, douleurs vives dans la région épigastrique, nausées, vomissements. Les matières vomies sont muqueuses, jaunâtres ou verdâtres, quelquefois striées de sang. On y rencontre ordinairement de l'acide arsénieux, soit sous forme solide, soit en dissolution.

Bientôt surviennent une soif intense, une sensibilité extrême du ventre, des coliques, des selles fréquentes, liquides, noirâtres, quelquefois mêlées de sang, et toujours d'une grande fétidité. L'urine est en général rare, rouge, sanguinolente; très-rarement elle est entièrement supprimée.

Aux symptômes d'une inflammation aiguë du tube digestif, se joignent les suivants qui dénotent un trouble profond de l'organisme. Les malades éprouvent des palpitations, une anxiété extrême, des syncopes; le pouls est accéléré, petit, quelquefois intermittent; la respiration difficile, courte; la face est injectée, livide, les yeux caves, bordés de noir. Plus tard, les traits grippés et le visage profondément altéré dénotent de grandes angoisses. La peau est froide, couverte d'une sueur visqueuse et d'ecchymoses, quelquefois d'une éruption pustuleuse. Quelques malades éprouvent des crampes et des convulsions partielles ou générales; d'autres sont paralysés. Il en est qui meurent dans une crise de convulsions; d'autres s'éteignent dans une syncope.

Dans les cas où de grandes quantités d'acide arsénieux ont été ingérées sous forme de dissolution, les phénomènes inflammatoires du tube digestif sont peu prononcés, et l'on remarque surtout les symptômes dus à une lésion profonde du système nerveux, savoir une défaillance extrême, de fréquentes syncopes, la figure

et les membres refroidis et cyanosés, semblables à ceux des cholé-
riques, une dyspnée extrême, un pouls filiforme, des crampes
dans les extrémités inférieures et la paralysie. Puis la respiration
s'embarrasse, et la mort survient au bout de quelques heures dans
un état d'affaissement et de syncope.

Contre-poisons de l'acide arsénieux. — Parmi les substances que
l'on a préconisées comme contre-poisons de l'acide arsénieux, nous
ne citerons ici que l'hydrate de sesquioxyde de fer et la magnésie
hydratée. Ces deux oxydes forment, avec l'acide arsénieux, des
composés insolubles dans l'eau, et partant beaucoup moins actifs
que l'acide lui-même.

On administre ordinairement l'hydrate de sesquioxyde de fer
sous forme de magma, tel qu'on le prépare en décomposant le sesquichlorure de fer par l'ammoniaque, lavant le précipité plusieurs
fois par décantation, et le laissant se rassembler ensuite au fond
du vase. On obtient ainsi une bouillie épaisse que l'on conserve
pour l'usage.

Il est nécessaire d'administrer un grand excès de cette préparation, car l'arsénite ferrique se dissoudrait dans les acides du suc
gastrique, si ces acides n'étaient pas constamment saturés par de
l'hydrate ferrique en excès.

La même précaution doit être observée, pour la même raison,
lorsqu'on administre la magnésie hydratée comme contre-poison de
l'acide arsénieux, selon le conseil de M. Bussy. Cette base agit d'ailleurs comme l'hydrate ferrique en se combinant avec l'acide et en
formant avec lui un composé insoluble et infiniment moins vénéneux que l'acide arsénieux. Il semble résulter d'expériences compa-
ratives qui ont été faites sur l'efficacité de ces deux antidotes, que
la magnésie hydratée est préférable à l'hydrate ferrique. Dans tous
les cas, leur action est limitée : ils ne peuvent atteindre que la portion du poison qui est contenue dans le tube digestif, et dans ce
cas même la neutralisation peut être imparfaite. Quant à la portion du poison qui a été absorbée, elle est hors d'atteinte et va se
répandre dans l'organisme tout entier.

Élimination de l'acide arsénieux. — La présence de l'acide arsénieux, une fois qu'il a été absorbé, peut être décélée dans tous les
tissus, dans tous les liquides de l'économie. Le sang en renferme,
d'après les expériences d'Orfila; celui de la veine-porte amène
immédiatement au foie le poison introduit dans le tube digestif et
absorbe. Dans le foie, organe très-volumineux et très-vasculaire,
une certaine dose de poison peut se concentrer pendant quelque

temps. Mais, ni dans le tissu du foie, ni dans les autres tissus de l'économie la matière toxique ne séjournera indéfiniment. Elle est, au contraire, éliminée entièrement au bout d'un temps plus ou moins long, mais qui, dans les cas ordinaires, ne dépasse pas 12 ou 15 jours chez l'homme. Il résulte des expériences d'Orfila que la principale voie d'élimination est l'urine.

Emploi de l'acide arsénieux en médecine. — La thérapeutique a tiré partie des propriétés si actives de l'acide arsénieux. On l'a préconisé dans le traitement de certaines maladies de la peau, et on l'emploie quelquefois avec succès pour combattre des accès de fièvre intermittente rebelles au sulfate de quinine. Il est administré à la dose de quelques milligrammes. Cette dose peut être élevée progressivement, et il est des malades qui en supportent jusqu'à 10 centigrammes par jour. L'état de maladie amène la tolérance.

On connaît les effets singuliers qu'exercent de petites doses d'acide arsénieux sur les chevaux. Ces animaux prennent de l'embonpoint, leur poil devient luisant, leur bouche se couvre d'une écume blanche. Aussi quelques palefreniers ont-ils l'habitude de mêler une bonne prise d'acide arsénieux à l'avoine dont ils nourrissent leurs chevaux. Dans les pays montagneux, les charretiers ajoutent quelquefois une certaine dose d'acide arsénieux au fourrage dans le but de faciliter aux chevaux une montée laborieuse.

Mais voici des faits tout aussi extraordinaires qui ont été constatés sur l'homme lui-même. On rencontre, dans les Alpes de la Styrie, des montagnards qui consomment habituellement de l'arsenic pour se donner un air dispos et frais et un certain degré d'embonpoint. Ces *mangeurs d'acide arsénieux* attribuent, en outre, à cette substance le pouvoir de faciliter la marche ascendante, dans les rudes montagnes qu'ils habitent.

Un travail récent de MM. Schmitt et Sturzwaage explique jusqu'à un certain point ces habitudes étranges et les effets qu'on leur attribue. Ayant administré de petites doses d'acide arsénieux à des animaux, MM. Schmitt et Sturzwaage ont constaté, par des analyses exactes, que l'activité de la respiration était singulièrement diminuée. Dans ces conditions, les phénomènes de la transmutation des substances organiques dans l'intimité des tissus se ralentissent, et la graisse tend à se former et à s'accumuler dans l'économie. On comprend aussi que la marche ascendante soit facilitée, le besoin de respirer étant devenu en quelque sorte moins impérieux.

RECHERCHE DE L'ACIDE ARSÉNIEUX DANS LES CAS D'EMPOISONNEMENT.

La recherche de l'acide arsénieux dans les cas d'empoisonnement à été l'objet d'un grand nombre de travaux. Elle constitue aujourd'hui une des opérations les plus sûres et les plus précises de la chimie analytique. Parmi les chimistes qui ont le plus contribué à perfectionner les procédés dont il s'agit, nous devons citer particulièrement un savant écossais, Marsh, qui indiqua, en octobre 1836, une méthode propre à séparer de petites quantités d'arsenic des substances avec lesquelles il est mélangé. Cette méthode repose sur la production de l'hydrogène arsénié et sa décomposition par la chaleur de la flamme. L'appareil que Marsh a décrit et qui a été modifié depuis, porte encore aujourd'hui son nom.

La recherche de l'acide arsénieux serait une opération des plus simples si ce poison était toujours contenu en nature, c'est-à-dire sous forme solide, soit dans l'estomac, soit dans les matières des vomissements, soit dans les restes d'aliments. Mais il est rare qu'il en soit ainsi.

Le plus souvent, l'acide arsénieux est dissous et intimement mêlé au contenu de l'estomac ou aux matières des vomissements. Quelquefois même on ne rencontre plus d'arsenic dans le tube digestif. Ce poison, après avoir été absorbé, a passé dans le sang, dans les organes, dans l'urine.

Dans un cas d'expertise médico-légale il peut donc se présenter trois cas : 1° le poison a été trouvé en nature, sous forme solide; 2° il est dissous et intimement mêlé au contenu du tube digestif; 3° il ne se trouve plus dans le tube digestif, et il faut le chercher dans les organes.

Dans le premier cas, il est sans mélange; dans les deux autres cas, il est délayé et comme perdu dans une quantité souvent très-considérable de matières organiques.

De là, deux modes opératoires, deux marches distinctes à suivre. Lorsque l'acide arsénieux est pur et solide, rien n'est plus facile que de le caractériser et de le réduire en arsenic métallique. S'il est mélangé de matières organiques, il devient nécessaire de détruire ou d'éliminer celles-ci préalablement; car elles gêneraient la recherche du poison, et pourraient même, dans certains cas, le masquer.

Opérations préliminaires. — Avant de procéder aux opérations définitives, il est indispensable de s'assurer de la pureté des réactifs que l'on doit employer. Le zinc, l'acide sulfurique, l'acide chlorhydrique, etc., renferment souvent des traces d'arsenic. Il faut les purifier avec soin, ou mieux encore, il faut les rejeter et se procurer dans le commerce des réactifs purs, ce qui n'est pas difficile.

Au besoin, on purifie le zinc en le faisant fondre à plusieurs reprises avec de petites'quantités de nitre ; l'arsenic passe dans le flux à l'état d'arséniate de potasse.

On débarrasse l'acide chlorhydrique de l'acide arsénieux qu'il peut renfermer en y dirigeant un courant d'hydrogène sulfuré après l'avoir étendu d'eau. On laisse déposer le sulfure d'arsenic formé et on décante. Mais, dans la plupart des cas, l'expert trouvera plus simple de préparer de l'acide chlorhydrique pur avec le chlorure de sodium fondu et l'acide sulfurique exempt d'arsenic, en ayant soin de bien laver le gaz et de le recevoir dans l'eau distillée pure. Quant à l'acide sulfurique, il ne faut point songer à le traiter par l'hydrogène sulfuré. On parvient à le débarrasser d'acide arsénique par des distillations faites avec soin.

L'acide azotique peut être purifié par distillation sur de l'azotate d'argent.

Il est, d'ailleurs, facile de s'assurer de la pureté du zinc, de l'acide sulfurique et de l'acide chlorhydrique. Le métal est éprouvé, *à blanc*, dans un appareil de Marsh où on l'introduit avec de *l'acide sulfurique pur*. Les acides sont éprouvés, *à blanc*, dans le même appareil avec du *zinc pur*.

Quant à l'acide azotique, on ne doit pas l'introduire dans l'appareil de Marsh. Il est nécessaire de le saturer par le carbonate de potasse pur, d'évaporer la liqueur et de décomposer l'azotate par l'acide sulfurique pur. Après avoir chassé tout l'acide azotique, on fait cristalliser le sulfate acide et on recherche l'acide arsénique dans les eaux-mères, à l'aide de l'appareil de Marsh.

Opérations définitives de l'expertise. — *Premier cas.* — On a trouvé dans le tube digestif ou dans les matières des vomissements ou dans des restes d'aliments, des grains blancs dont il s'agit de déterminer la nature. Si ces grains blancs sont formés par de l'acide arsénieux, il sera facile de les caractériser en les réduisant en arsenic métallique. A cet effet, on devra opérer de la manière suivante :

1° On étire un tube en verre de 1 centimètre de diamètre, de manière à former un tube étroit, bouché à l'extrémité, au bout du tube large et ouvert (*fig.* 61). Ce tube devant être porté au rouge sombre, il convient de choisir un verre réfractaire, tel que le verre

vert ou mieux le verre de Bohême, qu'on peut se procurer facilement aujourd'hui. Au fond du tube effilé *a b* on dépose un grain

Fig. 61.

de la substance blanche, et on fait glisser, en *b*, un petit cylindre
de charbon préalablement calciné. On chauffe le fragment de charbon en maintenant le petit tube horizontalement dans la flamme
d'une petite lampe à alcool, et lorsque le charbon est à peu près
incandescent, on incline le tube de manière à introduire peu à
peu dans la flamme le grain d'acide arsénieux. Celui-ci se volatilise aussitôt, et en passant sur le charbon incandescent, il se réduit
en arsenic métallique qui va former un anneau noir et brillant au
commencement de la partie large du tube. Lorsqu'on chauffe cet
anneau, il se déplace et s'oxyde en partie en donnant de très-
petits cristaux d'acide arsénieux dont il est facile de reconnaître
la forme octaédrique à l'aide d'une forte loupe (*fig.* 62).

Fig. 62.

2° On broie rapidement un grain de la substance blanche avec
un mélange sec de cyanure de potassium et de carbonate de potasse,
et on introduit le mélange au fond d'un tube semblable à ceux qui
servent pour l'expérience précédente. On chauffe le mélange à
l'aide d'une lampe à esprit-de-vin, et l'on obtient un anneau d'arsenic. Par le cyanogène qu'il renferme, le cyanure de potassium
réduit dans cette expérience l'arsénite de potasse : il se forme du
cyanate et de l'arsenic métallique.

3° On dissout dans l'eau un grain de la substance blanche et on
introduit la solution dans un appareil de Marsh (voir plus loin).

4° Si la quantité de matière que l'expert a pu recueillir est suffisante, on en prépare une solution à laquelle on ajoute une petite
quantité d'acide chlorhydrique pur et qu'on traite ensuite par l'hydrogène sulfuré pour obtenir du sulfure d'arsenic jaune.

5° Une autre portion est oxydée par l'acide azotique; la solution
est évaporée à siccité dans une petite capsule de porcelaine, et le
résidu, neutralisé par l'ammoniaque, est traité par quelques gouttes
d'azotate d'argent : on obtient un précipité rouge brun d'arséniate
d'argent.

Ces différentes expériences ne laissent plus de doute sur la nature de la substance analysée. Ou l'acide arsénieux aura été reconnu à l'aide des caractères les plus essentiels et les plus évidents, ou l'absence de ces caractères aura prouvé que la matière analysée n'était pas de l'acide arsénieux. A ce sujet, nous devons faire remarquer qu'on rencontre quelquefois dans l'estomac de petits corps blancs légèrement adhérents à la muqueuse, et qu'un examen très-superficiel pourrait faire confondre avec les grains d'acide arsénieux (Orfila).

Ces corpuscules blanchâtres sont de nature organique; plus mous et moins denses que l'acide arsénieux, ils se laissent écraser entre les doigts et offrent quelque chose de gras au toucher. Vauquelin les trouva composés de graisse et d'une matière animale.

Deuxième cas. — Le poison n'a pas été rencontré en nature, mais il se trouve dissous, délayé dans le contenu du tube digestif, ou bien encore il a pénétré par absorption dans l'organisme, et se trouve disséminé dans le foie, la rate, le cœur, les poumons, le cerveau. De toute manière, il se trouve mélangé avec un excès considérable de matières animales dont il faut le dégager. Remarquons d'abord que la marche des opérations sera la même, soit qu'on opère sur le tube digestif et son contenu, soit qu'on cherche le poison dans le foie ou dans les poumons. Mais il est de la plus haute importance de ne pas confondre ces divers organes et d'opérer séparément, soit sur le tube digestif, soit sur le foie ou sur tout autre organe intérieur. Quelquefois même il peut être utile de séparer l'estomac des intestins et de les traiter dans deux opérations distinctes.

Voici une autre remarque importante, et qui s'applique à toutes sortes d'expériences chimico-légales. Autant que possible on doit mettre de côté une portion des matières à analyser pour pouvoir y recourir en cas d'accident, ou dans le but de les réserver pour une vérification ultérieure.

Dans le cas qui nous occupe, les travaux de l'expertise comprennent trois séries d'opérations. Dans la première on détruit les matières organiques; dans la seconde on réduit la combinaison arsenicale et on isole l'arsenic; dans la troisième on caractérise l'arsenic. On a décrit et employé un grand nombre de procédés pour la destruction des matières organiques; mais, quel que soit le procédé qu'on ait mis en usage, la préparation arsenicale étant dégagée autant que possible des matières organiques et convertie en acide arsénieux ou en acide arsénique, ces derniers peuvent être reconnus à l'aide de l'appareil de Marsh.

PREMIER PROCÉDÉ.

Destruction des matières organiques par l'acide sulfurique et réduction de l'acide arsénieux dans l'appareil de Marsh. — Le procédé le plus commode, sinon le plus exact et le plus sensible, pour la recherche de l'arsenic dans les organes de l'économie, et plus spécialement pour la destruction des matières organiques, est celui qui a été indiqué MM. Flandin et Danger.

Ce procédé est le suivant :

On place les matières suspectes convenablement divisées ou coupées en morceaux, s'il y a lieu, dans une capsule de porcelaine neuve ou nettoyée avec soin, et on les arrose avec une quantité d'acide sulfurique pur s'élevant environ à $\frac{1}{3}$ du poids de la matière solide. On place la capsule sur un fourneau et on chauffe à un feu doux, en remuant continuellement avec une baguette de verre. Le mélange, qui offre d'abord l'aspect d'une bouillie brune, se dessèche peu à peu en noircissant. Finalement, il se dégage des vapeurs blanches d'acide sulfurique accompagnées d'acide sulfureux. On chauffe jusqu'à ce que le dégagement de ces vapeurs ait cessé, mais on doit éviter de porter le fond de la capsule à une température trop élevée, de peur de perdre de l'arsenic. On obtient ainsi une masse noire, sèche, divisée, qu'on laisse refroidir et qu'on arrose ensuite avec une petite quantité d'acide azotique concentré. L'addition de cet acide a pour but d'oxyder le sulfure d'arsenic qui pouvait être contenu dans les matières suspectes, ou qui a pu se former par la réduction simultanée de l'acide sulfurique et de l'acide arsénieux pendant la carbonisation (Blondlot). On évapore de nouveau à siccité, de manière à chasser complétement l'acide azotique, et, après avoir laissé refroidir, on épuise le résidu par l'eau bouillante. Après filtration, on a une solution parfaitement incolore d'acide arsénique qu'on introduit dans l'appareil de Marsh.

Appareil de Marsh. — Voici le principe sur lequel il repose. Au contact du zinc et de l'acide sulfurique étendu, ou, si l'on veut, en présence de l'hydrogène naissant, les acides arsénieux et arsénique sont réduits, et il se forme de l'eau et de l'hydrogène arsénié qui se dégage en même temps qu'un excès d'hydrogène libre. Lorsque cet hydrogène, ainsi mêlé d'hydrogène arsénié, brûle en s'échappant par un tube effilé, la flamme, au lieu d'être pâle et jaunâtre comme la flamme de l'hydrogène pur, est bleuâtre, livide, répand des fumées blanches, et laisse déposer des taches noires d'arsenic sur une soucoupe de porcelaine avec laquelle on l'écrase (*fig.* 63).

Il est facile de se rendre compte de la formation de ces taches. Lorsqu'on met le feu au jet de gaz inflammable qui s'échappe par la pointe du tube (*fig.* 64), la combustion de ce gaz s'effectue à l'extrémité et à la circonférence du fuseau irrégulier

Fig. 63.

qui constitue la flamme; et là où est le siége de la combustion, là se trouve aussi la source de la chaleur. Cette chaleur rayonne vers les parties centrales de la flamme et décompose l'hydrogène arsénié qui s'y trouve et qui n'y rencontre point l'oxygène nécessaire à sa combustion. Ainsi, au centre de la flamme, l'hydrogène arsénié se trouve décomposé par la haute température que produit la combustion des parties périphériques du jet de gaz. Il est donc tout naturel que l'arsenic, ainsi mis en liberté, se dépose sous forme d'une tache noire sur la surface froide et blanche d'une soucoupe de porcelaine avec laquelle on écrase la flamme.

Au lieu de former des taches arsenicales, ont peut former des anneaux en faisant passer le gaz chargé d'hydrogène arsénié à travers un tube que l'on chauffe au rouge. Il se forme alors un peu au delà de la partie chauffée un anneau noir ou brun et brillant d'arsenic.

Tels sont les faits sur lesquels se fonde la méthode que Marsh a appliquée le premier à la recherche de petites quantités d'acide arsénieux. Cette méthode a rendu de grands services, et l'appareil à l'aide duquel on la réalise dans la pratique, bien qu'il ait été modifié avantageusement par Orfila et par d'autres chimistes, porte encore justement le nom du savant écossais qui en a eu la première idée.

Dans sa forme la plus simple, l'appareil de Marsh se compose d'un petit flacon dont le col est fermé par un bouchon percé de deux trous. Dans l'un on engage un tube à entonnoir; dans l'autre un petit tube recourbé à angle obtus et terminé en pointe à son extrémité (*fig.* 64). On y introduit du zinc pur et de l'eau, et puis une petite quantité d'acide sulfurique. On attend ensuite que tout l'air soit chassé (précaution essentielle si l'on veut éviter des explosions de gaz tonnant), et on met le feu au jet d'hydrogène. Celui-ci brûle avec une flamme pâle jaunâtre, et qui ne laisse pas déposer la moindre tache sur une soucoupe de porcelaine avec laquelle on l'écrase. Mais si l'on ajoute ensuite au liquide quelques gouttes d'une solution d'acide arsénieux, et qu'on allume le jet d'hydrogène, on voit que la flamme s'est agrandie, allongée, qu'elle est devenue d'un blanc bleuâtre, et qu'elle donne immédiatement de larges taches noires sur la soucoupe de porcelaine.

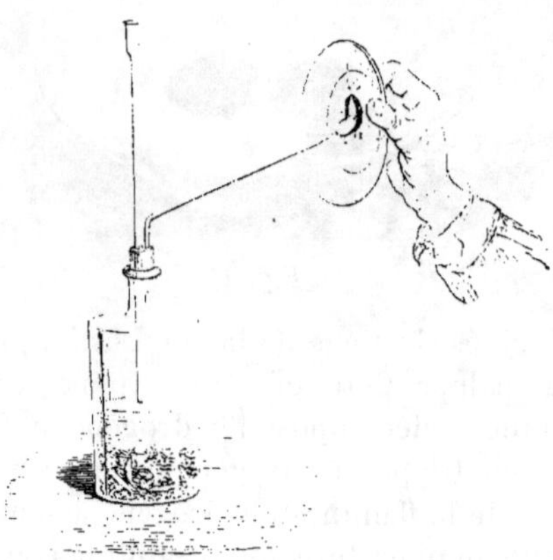

Fig. 64.

L'emploi de l'appareil simple qui vient d'être décrit pourrait offrir des inconvénients dans les recherches chimico-légales. En effet, lorsque le dégagement de gaz hydrogène est vif, il arrive que de petites gouttes du liquide sont entraînées avec le gaz et peuvent donner des taches sur la porcelaine. Ces raisons et d'autres ont fait adopter pour la construction de l'appareil de Marsh une forme plus compliquée, mais offrant plus de garanties pour la sûreté et le succès de l'opération.

On prend un flacon A à deux tubulures (*fig.* 65). L'une reçoit un

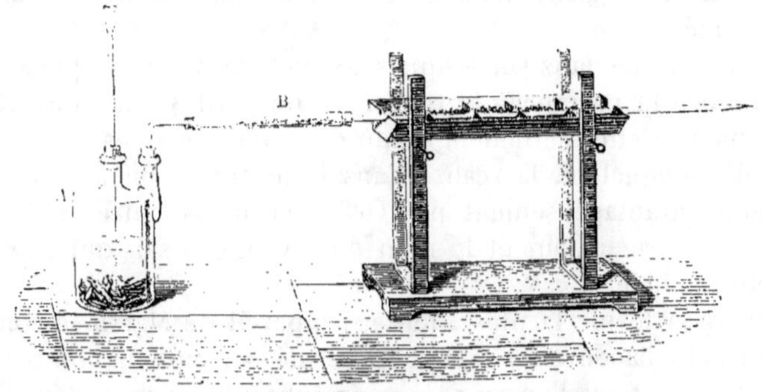

Fig. 65.

tube droit à entonnoir; l'autre un tube recourbé à angle droit et allant s'adapter à un autre tube horizontal B, large et rempli de coton propre à arrêter les petites gouttes qui pourraient être entraînées.

Enfin à ce dernier tube s'adapte un tube étroit, effilé à l'extrémité et entouré dans une partie de sa longueur d'une bande de clinquant. Il est essentiel que ce dernier tube ne soit pas trop mince et qu'il ne soit pas plombifère. Il est destiné à être porté au rouge dans la partie entourée de clinquant. Pour cela, on le dispose sur une petite grille où l'on puisse l'entourer de charbons rouges.

Quand les choses sont ainsi disposées, que le zinc est introduit dans le flacon de dégagement sous une couche d'eau qui remplisse moitié du flacon au moins, on verse par le tube à entonnoir une petite quantité d'acide sulfurique étendu de deux fois son volume d'eau et froid. Le dégagement de l'hydrogène commence aussitôt. On l'entretient et on le règle en ajoutant successivement de petites quantités d'acide sulfurique. Lorsque tout l'air atmosphérique a été chassé par ce gaz, on commence à entourer de charbons rouges le tube qui repose sur la grille et on le maintient à l'incandescence pendant toute la durée de l'opération.

L'hydrogène allumé à l'extrémité du tube doit brûler avec une flamme parfaitement pâle. La surface intérieure du tube lui-même, à l'endroit où cesse le clinquant, et la partie chauffée au rouge, doivent rester nettes et transparentes.

Si un anneau brun ou noir s'y était déposé, ce serait un indice de la décomposition de l'hydrogène arsénié, et par conséquent de la formation de ce gaz dans l'appareil de dégagement. Il faudrait en conclure que les réactifs sont impurs, et il serait nécessaire de les rejeter.

Si, au contraire, au bout d'une demi-heure, la surface intérieure du tube est restée parfaitement nette (il est facile de s'en convaincre en glissant derrière ce tube une feuille de papier blanc) on peut être assuré de la pureté des réactifs. On introduit alors par le tube à entonnoir, successivement par petites portions, le liquide dans lequel on veut rechercher la présence de l'acide arsénique ou arsénieux.

Lorsque ce liquide est fortement arsénical, on remarque que le dégagement de gaz est immédiatement accéléré. C'est une raison pour ne pas introduire en une seule fois toute la quantité du liquide suspect. Le dégagement de gaz pourrait être trop vif, ce qui aurait des inconvénients.

Si le tube entouré de clinquant est bien rouge, on voit immédiatement un anneau noir et brillant d'arsenic se déposer dans la partie froide, et lorsque la quantité d'hydrogène arsénié est considérable, une portion du gaz échappe à l'action décomposante de la chaleur. Dans ce cas, on peut former des taches en écrasant le jet de gaz allumé avec une capsule ou une soucoupe de porcelaine. Ces taches seront plus abondantes si on laisse refroidir le tube.

On peut aussi recourber à angle droit l'extrémité libre du tube de dégagement, et faire passer le gaz à travers une solution d'azotate d'argent, comme le montre la figure suivante (*fig.* 66). De cette façon, aucune trace d'hydrogène arsénié ne peut s'échapper et tout l'arsenic est condensé. Ordinairement on forme plusieurs anneaux en changeant le tube lorsqu'on juge que l'anneau déjà obtenu est assez abondant. On met à profit le temps nécessaire pour que le nouveau tube soit porté au rouge pour former des taches sur de petites capsules de porcelaine. Rien n'est p.us facile que de former ces taches lorsque la quantité d'hydrogène arsénié est considérable. Mais lorsque la quantité de gaz est très-faible, on ne réussit à les former que lorsque la pointe n'est pas trop fine, que le courant de gaz est modéré, que la flamme brûle tranquillement, qu'elle n'est ni trop grande ni trop petite, et qu'on a soin de maintenir la soucoupe de porcelaine très-près de la pointe du tube. Il est convenable de faire déposer les taches sur la partie interne de plusieurs petites capsules de porcelaine parfaitement propres. On a soin de ne pas chauffer trop longtemps l'endroit où la tache s'est déposée, de peur qu'elle ne disparaisse en partie. Les taches obtenues devront être soumises à un examen ultérieur.

On peut donner à l'appareil de Marsh une forme un peu différente de celle qui vient d'être décrite.

On remplace le tube entouré de clinquant par un tube en verre peu fusible (verre de Bohême), large de 7 millimètres environ et présentant une épaisseur de 1 millimètre $\frac{1}{2}$. On étire celui-ci en plusieurs endroits et on recourbe son extrémité effilée comme le montre la figure (*fig.* 66).

On chauffe ce tube à l'aide d'une lampe à esprit-de-vin, d'abord comme le montre la figure, puis plus loin, et l'on obtient sans être obligé de démonter l'appareil deux ou trois anneaux d'arsenic, anneaux qui se forment dans la partie étranglée et qu'on sépare les uns des autres en coupant ou en fondant le verre dans les endroits effilés, l'opération terminée.

En même temps qu'on forme les anneaux, on fait passer le gaz à travers une solution d'azotate d'argent contenue dans un verre à pied ou dans un tube bouché. Cette précaution est utile : en effet, si la décomposition de l'hydrogène arsénié n'est pas complète, des traces de ce gaz sont entraînées par l'hydrogène en excès. Elles sont retenues par l'azotate d'argent qu'elles réduisent. De l'argent

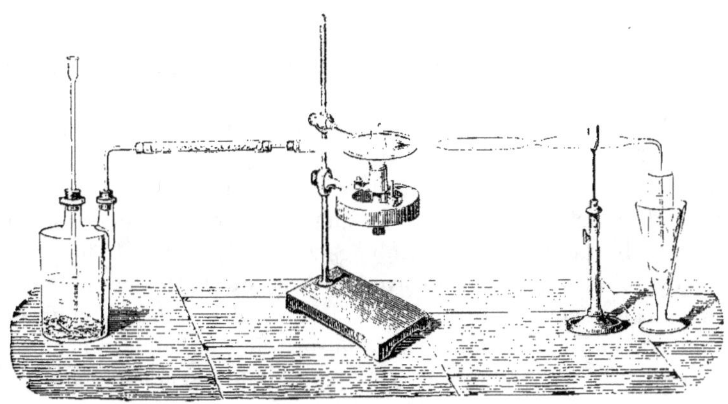

Fig. 66.

métallique se précipite et la liqueur renferme de l'acide arsénieux. L'opération terminée, on filtre, on neutralise avec précaution, à l'aide de l'ammoniaque, la liqueur filtrée qui renferme encore de l'azotate d'argent, et l'on obtient un dépôt d'arsénite d'argent. On peut aussi précipiter l'excès d'argent par l'acide chlorhydrique, filtrer, puis ajouter de l'hydrogène sulfuré. On obtiendra une coloration ou un précipité jaune de sulfure d'arsenic.

Examen des taches et des anneaux. — Lorsque, à l'aide des opérations qui viennent d'être décrites, on a formé des taches et des anneaux, il s'agit de démontrer que ceux-ci sont réellement formés par de l'arsenic. Cette démonstration est nécessaire. Car l'arsenic n'est pas la seule substance capable de donner des taches ou des anneaux noirs, dans les circonstances indiquées. L'antimoine possède aussi cette propriété, ainsi que Pfaff et Thomson l'ont démontré peu de temps après la publication du procédé de Marsh. Cette circonstance a jeté pendant quelque temps une grande incertitude sur ce procédé, et aurait engagé les chimistes à le proscrire complétement si l'on n'avait pas découvert des caractères nombreux et précis à l'aide desquels il est facile de distinguer les taches ou les anneaux formés par l'arsenic de ceux qui sont formés par l'antimoine.

Ces caractères sont les suivants :

Les *anneaux arsénicaux* sont brillants, brun noir. Ils sont volatils. Si donc on chauffe doucement au milieu d'un courant modéré d'hydrogène un tel anneau dans le tube où il s'est déposé, il sera facile de le déplacer. Si l'on porte le tube ouvert aux deux bouts dans la flamme d'une petite lampe à esprit-de-vin, l'anneau répand une odeur arsénicale en se volatilisant.

Les *anneaux antimoniaux* sont brillants, gris, et présentent l'éclat métallique près du bord le plus voisin de l'endroit chauffé ; plus loin, ils offrent une couleur presque noire. Ils sont relativement fixes, et l'on ne peut point les déplacer en les chauffant modérément dans un courant d'hydrogène. Lorsqu'on chauffe fortement un anneau antimonial, il change d'aspect et se transforme en une multitude de petits globules reconnaissables à la loupe.

Lorsqu'un fait passer à travers le tube qui renferme un *anneau arsénical* un courant modéré d'acide sulfhydrique, et qu'on chauffe doucement à l'aide d'une lampe à esprit-de-vin, l'anneau brun noir se convertit en un anneau jaune de sulfure d'arsenic. Dans les mêmes circonstances, l'*anneau antimonial* se transforme en sulfure d'antimoine orangé ou noir.

Si l'on fait passer maintenant à travers le tube renfermant le sulfure un courant de gaz chlorhydrique, on voit le sulfure d'antimoine disparaître complétement par suite de sa transformation en chlorure qui est entraîné en partie par l'acide chlorhydrique. Le gaz, dirigé dans une petite quantité d'eau, donne une solution dans laquelle on peut reconnaître la présence de l'antimoine à l'aide de l'hydrogène sulfuré qui y forme un précipité orangé. Le sulfure d'arsenic, au contraire, se maintient sans altération au milieu d'un courant d'acide chlorhydrique. Il se dissout avec facilité dans une petite quantité d'ammoniaque.

Les *taches arsénicales* déposées sur une surface de porcelaine blanche, sont brillantes, d'un brun noir, brunes lorsqu'elles sont très-minces.

Les *taches antimoniales* sont noires ou d'un noir gris, lorsqu'elles ne sont pas trop minces ; elles ne sont pas brillantes et offrent souvent au centre une teinte blanchâtre. Lorsqu'elles sont très-minces elles présentent un certain éclat, mais dans ce cas leur couleur n'est pas le brun, mais le gris de fer foncé.

Si l'on met en contact une *tache arsénicale* déposée au fond d'une petite capsule avec quelques gouttes d'acide azotique concentré, elle disparaît. En évaporant avec précaution jusqu'à ce que tout l'acide azotique soit chassé, on obtient comme résidu une petite tache blanchâtre qui souvent est à peine visible à l'œil nu. Mais lorsqu'on vient à toucher cette matière avec une baguette dont le bout a été trempé dans une solution concentrée d'azotate d'argent, on voit se produire immédiatement une coloration rouge brun très-apparente.

Dans les conditions que l'on vient d'indiquer, l'arsenic très-divisé se transforme par l'action de l'acide azotique concentré, au moins en très-grande partie en acide arsénique, et la tache rouge brun d'arséniate d'argent apparaît toujours. En employant, au contraire, pour dissoudre la tache arsénicale, une seule goutte d'acide azotique *froid* d'une densité de 1,26 à 1,3, et que l'on dépose avec précaution au moyen d'une petite baguette de verre, on obtient, sinon immédiatement, du moins au bout de quelques minutes une solution renfermant de l'acide arsénieux. On neutralise cette goutte de liqueur acide, en approchant à une petite distance une baguette imprégnée d'ammoniaque. Puis on ajoute une petite goutte d'azotate d'argent et l'on voit se produire un précipité jaune d'arsénite d'argent. Cette expérience est délicate, car le précipité jaune ne se produit que dans une liqueur neutre. Un excès d'acide ou un excès d'ammoniaque en empêcherait la formation. Si donc on n'a à sa disposition qu'une petite quantité de taches et qu'on est obligé de ménager celles-ci, il convient de les transformer en acide arsénique en opérant comme on l'a indiqué plus haut. Cette réaction est à la fois une des plus caractéristiques et des plus sensibles, et elle très-facile à réaliser. Celles qu'on va décrire plus loin peuvent être employées comme contrôle, lorsqu'on a pu produire une grande quantité de taches.

Les *taches antimoniales* se dissolvent pareillement et avec facilité dans l'acide azotique; mais lorsque, après avoir évaporé à siccité, on touche avec de l'azotate d'argent le résidu blanc d'acide antimonieux, il ne se produit aucune coloration.

Humectées avec une dissolution de chlorure de soude (eau de Labarraque) ne renfermant pas de chlore libre, les *taches arsénicales* se dissolvent immédiatement.

Le chlorure de soude ne dissout pas les *taches antimoniales*.

Une goutte de sulfhydrate d'ammoniaque dissout immédiatement la *tache antimoniale;* la solution évaporée avec précaution à siccité laisse un résidu *orangé* de sulfure d'antimoine qui se dissout immédiatement dans une goutte d'acide chlorhydrique.

La *tache arsénicale* se dissout plus lentement dans le sulfhydrate d'ammoniaque; une douce chaleur favorise la dissolution. La liqueur évaporée à siccité laisse un résidu *jaune* de sulfure d'arsenic insoluble dans une goutte d'acide chlorhydrique.

Lorsqu'on dépose une goutte de brome dans une petite capsule de porcelaine et qu'on renverse sur cette capsule une autre dans laquelle se trouve une tache arsénicale, celle-ci prend une couleur jaune citron. Dans les mêmes circonstances, la tache antimoniale prend une couleur orangée. Exposées à l'air, ces taches se décolorent complétement; si l'on ajoute alors de l'hydrogène sulfuré, on obtient une coloration jaune dans la capsule où était déposée la tache arsénicale, une coloration orangée dans la capsule où était déposée la tache antimoniale.

Pour produire les réactions qui viennent d'être décrites, il est plus commode d'opérer sur des taches que sur des anneaux. Mais il va sans dire que ceux-ci traités de la même manière que les taches offriraient les mêmes caractères.

Si, comme il arrive quelquefois, on n'avait pu produire qu'un seul anneau, il serait nécessaire de le diviser en deux parties, en coupant le tube au milieu. On conserverait une moitié comme pièce à conviction et on dissoudrait l'autre moitié dans l'acide azotique concentré, comme on l'a indiqué à la page 303.

Nous avons dit plus haut que lorsqu'on fait passer à travers une solution d'azotate d'argent, du gaz hydrogène renfermant de l'hydrogène arsénié, l'argent est réduit et il se forme de l'acide arsénieux qui reste en dissolution.

Si l'on fait passer à travers une solution d'azotate d'argent du gaz hydrogène renfermant de l'hydrogène antimonié, celui-ci est pareillement réduit : il se précipite de l'argent métallique et de l'antimoine. car celui-ci n'est pas oxydé dans ces circonstances. Si donc on filtre la liqueur et qu'on la neutralise, il ne se formera pas de précipité jaune comme dans le cas de l'arsenic. D'un autre côté, si l'on précipite tout l'argent de la solution par l'acide chlorhydrique, et qu'on ajoute de l'hydrogène sulfuré à la liqueur filtrée, il ne se produira pas de coloration ou de précipité jaune.

D'après M. Jacquelain, on peut employer le chlorure d'or pour condenser l'hydrogène arsénié au bout de l'appareil de Marsh. L'or est réduit et la liqueur renferme de l'acide arsénieux. Il semble que l'azotate d'argent présente plus d'avantages pour remplir cet objet, à cause de la facilité que l'on a de produire le précipité jaune caractéristique d'arsénite d'argent ou de se débarrasser de l'excès d'argent pour soumettre à d'autres épreuves la liqueur renfermant l'acide arsénieux.

Anneaux renfermant de l'arsenic et de l'antimoine. — Si l'on avait administré à un individu empoisonné par l'acide arsénieux de l'émétique dans le but de provoquer des vomissements, les anneaux formés à l'aide de l'appareil de Marsh peuvent renfermer à la fois de l'arsenic et de l'antimoine. Le meilleur procédé pour reconnaître un tel mélange consiste à traiter ces anneaux successivement par l'hydrogène sulfuré et par l'acide chlorhydrique selon la méthode indiquée par M. Fresénius. On courbe à angle droit l'extrémité du tube où l'anneau mixte est déposé, puis on y fait passer un courant d'hydrogène sulfuré sec, en chauffant modérément. Il se forme du sulfure d'arsenic et du sulfure d'antimoine. On adapte ensuite le tube à un appareil propre à dégager de l'acide chlorhydrique sec et muni d'un tube de sûreté, et on fait plonger l'extrémité du tube, recourbé à angle droit, dans une petite quantité d'eau. L'acide chlorhydrique attaque immédiatement le sulfure d'antimoine formé et le transforme en chlorure, que l'on volatilise en chauffant à l'aide d'une lampe à esprit de vin. Il se dissout dans l'eau, où on reconnaît sa présence à l'aide de l'hydrogène sulfuré. Quant au sulfure d'arsenic, il reste inaltéré dans le tube. On peut le dissoudre à l'aide de quelques gouttes d'ammoniaque, et évaporer la liqueur ammoniacale dans une petite capsule. Il reste un résidu jaune de sulfure d'arsenic.

Taches de zinc. — Lorsque l'effervescence produite par l'action de l'acide sulfurique sur le zinc est trop vive et qu'on n'a pas pris la précaution d'arrêter, par une colonne de coton, les gouttelettes qui sont projetées par le dégagement tumultueux du gaz, il peut arriver que le sel de zinc entraîné jusque dans la flamme se réduise en zinc métallique, qui se dépose sous forme de taches grises sur la surface de la porcelaine. Ces taches apparaissent surtout, selon l'observation de M. Wackenroder, lorsque la liqueur renferme de l'acide chlorhydrique, le chlorure de zinc étant plus facilement réduit par l'hydrogène que le sulfate ; elles se distinguent des taches arsenicales aux caractères suivants : elles s'effacent à l'air en se transformant en oxyde de zinc; elles se dissolvent dans l'acide azotique, mais lorsqu'on évapore la solution à siccité et qu'on humecte le résidu avec de l'azotate d'argent, il ne se produit pas de coloration rouge brun.

Taches de crasse. — On a désigné sous ce nom des taches brunes ou noirâtres, quelquefois brillantes, qui se produisent dans certains cas avec l'appareil de Marsh, lorsque la matière organique n'a pas été convenablement détruite. Ces taches sont formées par une matière charbonneuse. On les distingue facilement des taches arsenicales aux caractères suivants : elles ne se dissolvent que très-difficilement dans l'acide azotique, même bouillant. La solution évaporée à siccité laisse un résidu jaunâtre qui ne devient pas rouge brun lorsqu'on l'humecte avec une solution d'azotate d'argent.

Observations sur l'appareil de Marsh et le procédé de MM. Flandin et Danger. — L'appareil de Marsh ne donne des indications sûres qu'à la condition que l'on s'entoure scrupuleusement de toutes les précautions que l'expérience a démontrées nécessaires en ce qui concerne la construction de l'appareil, la marche de l'opération et la vérification des résultats.

Il résulte du principe même sur lequel Marsh a fondé son procédé, que celui-ci ne s'applique qu'à la recherche des composés oxygénés de l'arsenic. Le sulfure est indécomposable dans l'appareil de Marsh. De là l'indication non-seulement de ne jamais y introduire du sulfure d'arsenic tout formé ou à l'état de combinaison, mais encore d'éviter avec soin les circonstances qui pourraient donner lieu à sa formation dans l'intérieur de l'appareil lui-même. Ces circonstances sont les suivantes : 1° présence de l'acide sulfureux dans le liquide, cet acide sulfureux étant formé pendant la carbonisation des matières organiques par l'acide sulfurique. Sous l'influence de l'hydrogène naissant, l'acide sulfureux est réduit en hydrogène sulfuré, lequel, réagissant sur l'acide arsénieux, pourrait le transformer en sulfure d'arsenic; 2° formation d'hydrogène sulfuré, et par suite, de sulfure d'arsenic dans le sein même de la liqueur acide, lorsque, par l'effet d'une réaction trop violente de l'acide sulfurique sur le zinc, l'acide a été réduit (voir page 26). De là la nécessité d'ajouter l'acide sulfurique, préalablement étendu d'eau, par petites portions, de manière à modérer le dégagement d'hydrogène.

Nous devons faire remarquer, en outre, que la présence du chlore libre, de l'acide azotique, de l'acide chlorique, des sels de mercure empêcherait l'hydrogène arsénié de se former dans l'appareil de Marsh.

Le procédé que MM. Flandin et Danger appliquent à la destruction des matières organiques, et que nous avons décrit en premier lieu, est celui qui a été le plus fréquemment employé dans ces dernières années, au moins en France.

Il n'est pas à l'abri de toute objection, et s'il est le plus commode, il n'est pas le plus sûr, comme nous l'avons déjà fait remarquer. En effet, la destruction des matières organiques par l'acide sulfurique peut donner lieu à la perte de petites quantités d'arsenic, lorsque le mélange renferme du sel marin. Or, il en est presque toujours ainsi. Tous les liquides de l'économie et tous les tissus baignés par des humeurs renferment du chlorure de sodium; les aliments en contiennent toujours.

On comprend que par la réaction réciproque du chlorure de sodium, de l'acide arsénieux et de l'acide sulfurique, du chlorure d'arsenic puisse se former et se volatiliser, dans le cas où les liqueurs sont concentrées et renferment beaucoup d'acide sulfurique. Un grand excès d'eau s'oppose à la formation de ce chlorure; car on sait que celui-ci se décompose au contact de l'eau en acide arsénieux et en acide chlorhydrique. Mais on comprend qu'on ne puisse pas toujours prévoir et préciser les circonstances dans lesquelles il faudrait se placer pour éviter la formation et la volatilisation du chlorure d'arsenic.

A la vérité, on a proposé, pour remédier à ce grave inconvénient, d'opérer la carbonisation en vase clos dans une cornue de verre munie d'un récipient renfermant de l'eau. Mais il est à remarquer que l'opération s'exécute mal dans un vase où il est impossible de remuer les matières et où celles-ci s'attachent au fond et aux parois. On obtient difficilement un charbon sec et homogène, et il passe toujours dans le récipient des produits organiques empyreumatiques. En un mot, cette modification dans la manière d'opérer, tout en rendant plus sûr le procédé de MM. Flandin et Danger, lui enlève, d'un autre côté, une partie de ses avantages, en le rendant moins simple et moins commode.

DEUXIÈME PROCÉDÉ.

Destruction des matières organiques à l'aide de l'acide chlorhydrique et du chlorate de potasse, transformation du composé arsenical en sulfure, et traitement du sulfure d'arsenic. — Le procédé que nous allons décrire n'offre point les inconvénients que nous venons de signaler. Il est sûr et présente, en outre, cet avantage marqué de s'appliquer en même temps à la recherche des poisons métalliques.

On ne saurait assez insister sur ce point. Dans les recherches de chimie légale il ne s'agit point toujours de résoudre une question spéciale et parfaitement déterminée; il ne s'agit point de découvrir tel ou tel poison : souvent on se trouve en face de l'imprévu et de l'inconnu. Dans ce cas, on devra choisir de préférence les méthodes les plus générales, toutes choses étant égales d'ailleurs, et parmi les procédés sûrs, ceux-là seront les meilleurs qui s'appliqueront à la recherche du plus grand nombre de poisons. A ce titre on peut recommander le procédé suivant :

On introduit les matières dans une capsule de porcelaine et on y ajoute de l'acide chlorhydrique pur et concentré en quantité à peu près équivalente au poids des matières sèches. Si cela est nécessaire, on ajoute encore de l'eau pure, de manière à réduire le tout en une bouillie claire. On place ensuite la capsule sur un bain-marie et on y introduit, par petites portions, du chlorate de potasse pur. Chaque addition de ce sel détermine une vive effervescence d'un gaz jaune (oxyde de chlore mêlé d'acide carbonique). La liqueur, d'abord brune, trouble et épaisse, finit par se colorer en jaune et par s'éclaircir, et ne renferme plus alors en suspension que des matières grasses et des débris de tissus décolorés et parfaitement épuisés de matières minérales. Quand ce point est atteint, on ajoute encore quelques grammes de chlorate de potasse et on chauffe au bain-marie *jusqu'à ce que toute odeur de chlore se soit dissipée.* Alors on laisse refroidir et on jette la liqueur sur un filtre de papier blanc, ou bien on la passe à travers un linge neuf. On lave le résidu avec de l'eau pure et on réunit les eaux de lavage au liquide lui-même, après les avoir concentrées, au besoin, au bain-marie.

On comprend aisément le but de cette opération. L'oxyde de chlore qui se forme par l'action de l'acide chlorhydrique sur le chlorate de potasse attaque et détruit avec une extrême énergie les matières organiques. Celles qui sont dissoutes dans la liqueur disparaissent les premières ; les autres sont ramollies, détruites en partie, et dans tous les cas décolorées et épuisées. L'arsenic, à quelque état qu'il se trouve dans le mélange, se dissout à l'état d'acide arsénique. A la température où l'on opère, et en raison de l'état de dilution de la liqueur acide, aucune portion de l'arsenic ne peut s'échapper sous forme de chlorure.

Il s'agit maintenant de concentrer l'arsenic et de le séparer du liquide sous forme insoluble.

Pour cela, on introduit la liqueur renfermant l'acide arsénique dans un matras ou dans une grande fiole à fond plat, et on y fait passer longtemps un courant lent d'hydrogène sulfuré lavé avec soin. L'acide arsénique étant décomposé lentement par l'hydrogène sulfuré, il est bon de favoriser cette décomposition en maintenant la liqueur pendant quelque temps à 50° ou 60°.

Quand elle est refroidie, on continue encore à faire passer le courant de gaz, et quand elle est complétement saturée à froid, on l'abandonne à elle-même pendant 24 heures, après avoir pris soin de boucher le vase qui la renferme. Si, au bout de ce temps, la liqueur n'exhalait qu'une faible odeur d'hydrogène sulfuré, on la soumettrait de nouveau à l'action de ce gaz et on l'abandonnerait de nouveau à elle-même, autant que possible à une température supérieure à la moyenne.

Dans ces conditions, tout l'arsenic est précipité à l'état de sulfure, et cette précipitation est complète si l'opération a été bien conduite et si la liqueur répand une forte odeur d'hydrogène sulfuré. Le précipité est ordinairement coloré en jaune plus ou moins foncé. Mais il n'est jamais pur : il renferme toujours des matières organiques, quelquefois d'autres sulfures, tels que ceux de plomb, de cuivre, d'antimoine, de mercure, lorsque ces métaux se trouvaient dans la liqueur. Bien plus, il peut arriver que le précipité ne renferme ni sulfure d'arsenic, ni d'autres sulfures, et qu'il soit exclusivement formé par du soufre et des matières organiques. De là la nécessité absolue de le soumettre à un examen attentif.

Traitement du sulfure d'arsenic. — Pour cela, on le recueille sur un petit filtre et on le lave avec de l'eau chargée d'hydrogène sulfuré. Quand il est bien rassemblé au fond du filtre, on bouche l'extrémité de l'entonnoir avec un petit bouchon de liége et on verse sur le précipité une petite quantité d'eau, puis de l'ammoniaque, avec laquelle on le laisse digérer pendant quelque temps, en ayant soin, si cela est nécessaire, de le diviser et de le délayer à l'aide d'une petite barbe de plume très-fine.

Le sulfure d'arsenic se dissout avec facilité dans ces conditions; les autres sulfures sont insolubles[1]. En laissant écouler la liqueur on les retrouve sur le filtre et on peut les soumettre à un examen ultérieur.

Après avoir lavé avec de l'eau pure le résidu insoluble dans l'ammoniaque, on évapore à siccité la liqueur filtrée et les eaux de lavage, dans une petite capsule de porcelaine, que l'on chauffe au bain-marie. Le sulfure d'arsenic reste. Il est généralement coloré en brun et accompagné de matières organiques qui se sont dissoutes en même temps que lui dans l'ammoniaque.

Le sulfure d'arsenic ainsi obtenu, et encore mélangé de matières organiques, doit être converti en arsenic métallique. Parmi les procédés que l'on peut employer pour arriver à ce résultat, nous citerons les suivants :

1. Le sulfure d'antimoine seul peut se dissoudre en petite quantité, surtout si le précipité était encore imprégné d'hydrogène sulfuré au moment où on l'a traité par l'ammoniaque.

1° On traite ce sulfure d'arsenic, dans la capsule même où il est resté après l'évaporation de la liqueur ammoniacale, par l'acide azotique fumant, et on évapore. Au besoin, on répète ce traitement jusqu'à ce que le résidu brun soit devenu jaune. On ajoute ensuite quelques gouttes d'une solution de carbonate de soude pur, pour saturer l'excès d'acide, et on mélange le tout à l'aide d'une baguette de verre avec de l'azotate et du carbonate de soude secs et réduits en poudre fine. Ce mélange est introduit dans un petit creuset de porcelaine que l'on chauffe à l'aide d'une lampe à esprit de vin ou d'une lampe à gaz, d'abord avec précaution pour bien dessécher la matière, puis peu à peu au rouge. La matière noircit d'abord, se décolore ensuite sans déflagration, et finit par fondre en un liquide incolore.

On laisse refroidir et on épuise le contenu du creuset par de l'eau bouillante[1]. On introduit la solution claire dans une capsule, et on y ajoute avec précaution un excès d'acide sulfurique étendu. Il se produit aussitôt une effervescence due à la décomposition de l'azotite formé et du carbonate en excès. On évapore à siccité la liqueur acide de manière à chasser la totalité de l'acide azotique qui peut rester.

A la fin de l'opération on élève la température jusqu'à ce que les vapeurs blanches d'acide sulfurique commencent à paraître. Puis on laisse refroidir, on dissout le résidu dans l'eau et on introduit la solution, qui renferme de l'acide arsénique, dans l'appareil de Marsh.

2° Le procédé suivant a été recommandé par M. Fresénius.

On traite le sulfure d'arsenic, dans la capsule même où il est resté, par l'acide azotique fumant, on évapore à siccité, puis on humecte le résidu avec de l'acide sulfurique concentré et pur, et on chauffe. Les matières organiques qui accompagnent le sulfure d'arsenic impur se charbonnent. Pour compléter leur destruction, on porte la température de la capsule vers 150 ou 200°. Puis on laisse refroidir et on épuise par l'eau bouillante. Cette solution, qui renferme de l'acide arsénieux ou de l'acide arsénique ou un mélange des deux acides, peut être introduite dans l'appareil de Marsh.

On peut aussi évaporer cette solution après l'avoir neutralisée par le carbonate de soude, et ajouter au résidu sec, qui renferme de l'arsénite ou de l'arséniate de soude, du carbonate de soude et du

---

1. Dans le cas où le sulfure d'arsenic renfermait des traces de sulfure d'antimoine, celui-ci reste après le traitement par l'eau à l'état d'antimoniate de soude insoluble.

cyanure de potassium. On emploie ces deux derniers sels dans les proportions de 3 parties du premier et de 1 partie du second. Après avoir bien mélangé, on introduit le tout dans un tube (*fig.* 67), on

le chauffe dou-
cement à l'aide
d'une lampe à
esprit de vin
dans un courant
lent d'acide car-
bonique(*fig.*66);
quand toute
l'humidité est
chassée, on por-
te au rouge obs-
cur la partie du
tube où se trou-
ve le mélange.

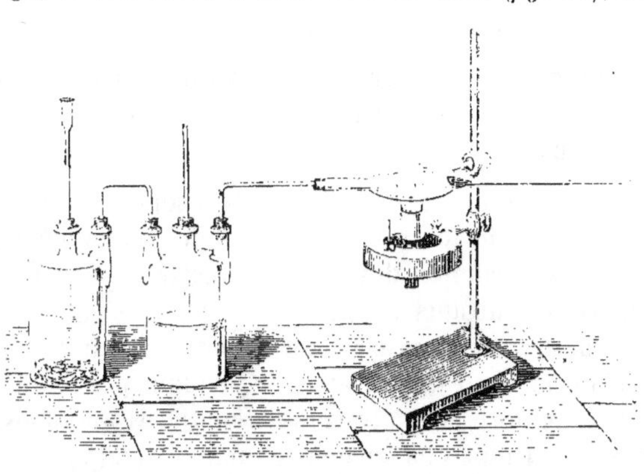

Fig. 66.

L'arsénite ou l'arséniate de potasse est réduit par le cyanure (page 294), et il se forme un anneau brillant d'arsenic.

3° **MM. Fresénius** et **Babo** recommandent de réduire, dans un courant d'acide carbonique, le sulfure d'arsenic, convenablement purifié, par un mélange de cyanure de potassium et de carbonate de soude. Ils se servent de l'appareil représenté *fig.* 66 et 67.

Fig. 67.

M. H. Rose a fait remarquer que le sulfure d'arsenic n'est pas complétement réduit par le cyanure de potassium. Indépendamment du sulfocyanure il se forme, dans cette circonstance, un sulfure double d'arsenic et de potassium sur lequel le cyanure est sans action.

On peut se contenter d'introduire le mélange au fond d'un tube

Fig. 68.

construit comme le montre la *fig.* 68, et de chauffer l'extrémité de ce tube à l'aide d'une lampe à esprit de vin. L'arsenic réduit formera un anneau.

Le procédé de réduction que nous venons de décrire donne de bons résultats, mais il exige une main exercée aux manipulations délicates de la chimie. Il présente d'ailleurs cet avantage de rendre impossible une confusion de l'arsenic avec l'antimoine, ce dernier métal ne pouvant pas se sublimer, comme l'arsenic, dans les conditions indiquées.

DE QUELQUES AUTRES PROCÉDÉS PROPOSÉS POUR LA DESTRUCTION OU LA SÉPARATION DES MATIÈRES ORGANIQUES ET POUR LA RECHERCHE DE L'ARSENIC.

Parmi les procédés qui ont été proposés pour la recherche de l'acide arsénieux dans les cas d'empoisonnements, et spécialement pour la destruction des matières organiques, nous mentionnerons encore les suivants :

I. **Destruction des matières organiques par le chlore.** — M. Jacquelain prescrit de faire passer pendant plusieurs heures un courant de chlore lavé à travers les matières animales, préalablement divisées et mises en suspension dans l'eau (*fig.* 69), jusqu'à ce que

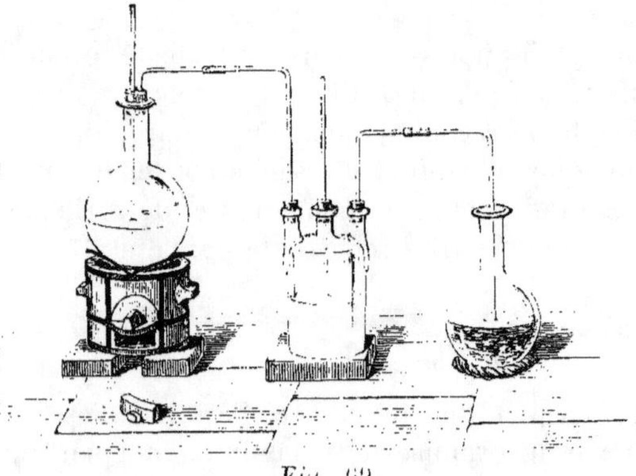

Fig. 69.

elles aient pris la blancheur du caséum. Lorsque la liqueur est bien saturée de chlore, on bouche le vase qui renferme la matière et on abandonne le tout du jour au lendemain. On jette ensuite sur un linge fin, on traite la liqueur par l'acide sulfureux pour réduire l'acide arsénique à l'état d'acide arsénieux, on fait bouillir, on laisse refroidir; puis on fait passer un courant d'hydrogène sulfuré, qui précipite du sulfure d'arsenic mêlé de matière organique. Par un traitement convenable, celui-ci peut être réduit en arsenic (voir page 309).

Ce procédé donne de très-bons résultats, mais il est moins commode que celui qui consiste à détruire la matière animale par un mélange de chlorate de potasse et d'acide chlorhydrique.

II. **Destruction des matières organiques par l'eau régale.** — Ce procédé a été recommandé par MM. Malaguti et Sarzeaud. Il consiste à chauffer les matières avec de l'eau régale dans une grande cornue de verre munie d'une allonge et d'un récipient bien refroidi et renfermant de l'eau; l'arsenic passe à la distillation à l'état de chlorure d'arsenic, qui se condense et est décomposé par l'eau.

III. Destruction des matières organiques par l'acide azotique et l'azotate de potasse. — Les opérations de l'expertise deviennent aussi pénibles que difficiles lorsqu'il s'agit de rechercher la présence de l'arsenic dans des cadavres qui ont été enfouis pendant des mois ou des années, et dans lesquels il est impossible de séparer ou même de reconnaître les organes intérieurs profondément altérés et confondus par les ravages de la putréfaction. Dans ce cas, il est souvent nécessaire de traiter la masse entière du cadavre pour en extraire l'arsenic qui y est disséminé. M. Wœhler recommande alors d'opérer comme il suit :

On introduit les parties molles dans une grande capsule de porcelaine placée sur un bain de sable et on les arrose avec de l'acide azotique pur et concentré. On chauffe en remuant constamment avec une baguette de verre, jusqu'à ce que les matières organiques soient réduites en une bouillie jaune homogène. Après avoir saturé celle-ci par une solution concentrée de potasse ou de carbonate de potasse pur, on ajoute encore une quantité d'azotate de potasse pur et finement pulvérisé, à peu près égale au poids des parties molles, puis on évapore à siccité et on introduit le résidu sec, par petites portions, dans un creuset de Hesse volumineux, neuf, et qu'on a préalablement chauffé au rouge obscur. La matière organique est brûlée avec déflagration, et l'arsenic, s'il y en a, se convertit en arséniate de potasse.

On doit obtenir, dans cette opération, une masse blanche. Si elle était noire, ce serait l'indice d'une combustion incomplète par suite d'un défaut de nitre, et, dans ce cas, une portion de l'arsenic pourrait se volatiliser. Il est donc important d'ajouter assez de nitre pour opérer une combustion complète. D'un autre côté, il est bon d'éviter un excès de ce sel. On arrive à doser convenablement la proportion d'azotate en faisant quelques essais préalables sur une petite échelle.

La masse blanche résultant de la déflagration est formée par un mélange de carbonate, d'azotate et d'azotite de potasse avec une petite quantité d'arséniate. On la dissout dans la plus petite quantité possible d'eau bouillante; on introduit la liqueur dans une capsule de porcelaine, et on y ajoute avec précaution de l'acide sulfurique pur, jusqu'à ce qu'il y ait un excès de cet acide. On évapore ensuite à siccité et on chauffe jusqu'à ce que la totalité de l'acide azotique soit chassée.

Après le refroidissement, on fait digérer le sulfate de potasse obtenu avec une petite quantité d'eau froide, on filtre et on lave la masse du sulfate de potasse à plusieurs reprises avec de l'eau, de manière à en extraire tout l'arséniate. Après avoir fait passer de l'acide sulfureux dans la solution, on fait bouillir, puis on laisse refroidir et on y dirige, pendant longtemps, de l'hydrogène sulfuré. Il se précipite du sulfure d'arsenic, qu'on traite comme on l'a indiqué plus haut.

IV. **Traitement par l'acide sulfurique et le chlorure de sodium.** — On sait que lorsqu'on traite par l'acide sulfurique un mélange de chlorure de sodium et d'acide arsénieux, et qu'on chauffe, il se volatilise du chlorure d'arsenic (page 285).

M. Schneider a fondé sur cette réaction un procédé propre à séparer l'arsenic des matières organiques avec lesquelles il est mélangé. On introduit les substances à examiner dans une cornue tubulée et on y ajoute une quantité notable de chlorure de sodium fondu, et puis, peu à peu, par un tube de sûreté, de l'acide sulfurique pur et concentré (*fig.* 70). On distille en recueillant les pro-

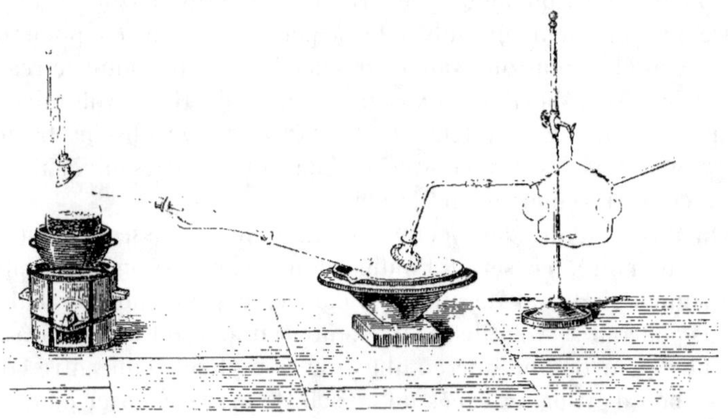

Fig. 70.

duits dans un récipient bien refroidi, auquel on adapte un tube à trois boules. Ce tube renferme de l'eau pure. Il faut avoir soin de maintenir dans la cornue un excès de chlorure de sodium : un excès d'acide sulfurique serait nuisible, puisqu'il ne manquerait pas de donner lieu à la formation d'acide sulfureux, surtout vers la fin de l'opération, lorsque la liqueur devient très-concentrée. Le chlorure d'arsenic étant décomposé par l'eau et ne pouvant pas se former, par conséquent, en présence d'une grande quantité d'eau, il convient de concentrer par la distillation le liquide à examiner dans le cas où il serait trop étendu. Cette opération doit être faite en plaçant la cornue dans un bain de sable. Lorsqu'on juge la concentration suffisante, on ajoute le chlorure de sodium et on distille avec de l'acide sulfurique pur.

Le produit de la distillation est un liquide saturé d'acide chlorhydrique et renferme du chlorure d'arsenic ou de l'acide arsénieux, provenant de sa décomposition par l'eau. On l'étend d'eau, on y ajoute le liquide contenu dans le tube à boules, puis on y fait passer un courant d'hydrogène sulfuré. Le sulfure d'arsenic est transformé par l'acide azotique en acide arsénieux, et celui-ci est introduit dans l'appareil de Marsh ou réduit par le cyanure de potassium (page 311).

M. H. Rose, dont l'autorité en pareille matière est si justement reconnue, affirme que le procédé de M. Schneider donne de bons résultats. Il peut être très-convenable, en effet, lorsqu'il s'agit de retirer l'arsenic des aliments ou du contenu du tube digestif. Mais on ne saurait affirmer, sans avoir vérifié le fait par l'expérience, qu'il pourrait s'appliquer aussi à la recherche de très-petites quantités d'acide arsénieux qui auraient pénétré par absorption dans les organes intérieurs tels que le foie.

DE QUELQUES QUESTIONS RELATIVES A L'EMPOISONNEMENT
PAR L'ACIDE ARSÉNIEUX.

Avant de quitter ce sujet, nous devons traiter sommairement de quelques questions qui ont été agitées dans les débats concernant les empoisonnements par l'acide arsénieux. Parmi ces questions il en est une surtout qui a attiré l'attention des hommes compétents en pareille matière [1]. Elle est relative à la présence de l'arsenic dans certains terrains. On a reconnu, à plusieurs reprises, que les terres des cimetières dans lesquelles étaient enfouis des cadavres renfermaient de petites quantités d'arsenic, qui y est peut-être contenu à l'état d'arséniate de chaux. Ce sel est insoluble dans l'eau. Il est vrai qu'il pourrait se dissoudre dans l'eau chargée d'acide carbonique. Mais il n'existe dans la science aucun fait qui permette de conclure qu'un composé arsenical contenu dans la terre à l'état insoluble ait été dissous et entraîné par les eaux d'infiltration jusque dans l'intérieur d'une bière. Si donc,

----

1. Voir Orfila *Traité de toxicologie*. 5e édition t. I p. 548.

la bière étant intacte, on rencontrait une quantité notable d'arsenic dans le cadavre, quand bien même la terre du cimetière en fournirait des traces, on pourrait, sinon affirmer d'une manière absolue, du moins regarder comme infiniment probable la présence de l'arsenic dans le cadavre. Et ces présomptions se changeraient en certitude si l'on parvenait à découvrir l'arsenic dans les organes intérieurs, dans le foie et surtout dans le cerveau, protégé contre les infiltrations par la boîte osseuse du crâne.

L'expert devrait se montrer plus réservé dans les cas où il aurait retiré de l'arsenic de restes enfouis depuis longtemps dans le sein d'une terre reconnue arsenicale, et qui aurait pu pénétrer jusque vers le cadavre par les brèches du cercueil entamé par la putréfaction.

Dans ce cas, l'examen des organes intérieurs, s'ils existent, et particulièrement celui du cerveau, acquièrent une haute importance au point de vue des conclusions.

On a agité et résolu affirmativement la question de savoir si un cadavre renfermant de l'arsenic et se trouvant dans un état de putréfaction complète, et en contact avec la terre, a pu céder à celle-ci une quantité appréciable d'arsenic. On comprend qu'il puisse en être ainsi et qu'il soit possible de s'assurer que l'arsenic qu'on aurait trouvé dans une terre provient d'une telle source, en examinant, non-seulement la terre recueillie *au-dessous* du cadavre, mais encore celle qui se trouve à une certaine distance *à côté* et *au-dessus*. Si cette dernière se trouvait exempte d'arsenic, l'autre ne pourrait en contenir qu'à la condition de l'avoir emprunté au cadavre.

Le procédé suivant peut être employé pour constater la présence de l'arsenic dans une terre :

On introduit celle-ci, après l'avoir convenablement divisée, dans une grande capsule de porcelaine; on la délaye dans de l'eau, de manière à former une bouillie claire, puis on ajoute une quantité de potasse caustique pure suffisante pour rendre la liqueur fortement alcaline. On porte ensuite à l'ébullition et on fait bouillir la liqueur pendant une demi-heure en remuant constamment. On jette ensuite le tout sur une toile et on lave le résidu avec de l'eau. La liqueur et les eaux de lavage réunies sont sursaturées par l'acide sulfurique pur et filtrées au besoin; la solution est évaporée à siccité, et le résidu est porté dans la capsule à une température suffisante pour détruire les matières organiques. On épuise ensuite ce résidu par une quantité d'eau bouillante aussi petite que possible; on filtre à chaud et on fait cristalliser la majeure partie du sulfate de potasse.

L'arsenic est contenu dans les eaux-mères. On peut introduire celles-ci directement dans l'appareil de Marsh; mais il vaut mieux les traiter par l'hydrogène sulfuré, de manière à obtenir du sulfure d'arsenic dont on extrait l'arsenic par les méthodes indiquées.

Voici un dernier point qui ne doit pas échapper à l'attention des experts :

On a pu administrer à un individu avant sa mort des médicaments arsenicaux ou des préparations renfermant de l'arsenic à l'état d'impureté.

Dans le premier cas, il est évident que l'analyse chimique seule ne peut fournir que des données insuffisantes pour résoudre la question de savoir s'il y a eu empoisonnement ou non, et qu'il faut recourir pour la solution d'une question aussi délicate à des considérations étrangères au domaine de la chimie [1].

Mais il peut arriver qu'on ait administré à un individu supposé empoisonné par l'acide arsénieux des préparations renfermant, à l'état d'impureté, de l'acide arsénieux. On sait, par exemple, que certaines préparations antimoniales renferment de l'arsenic. On suppose qu'un individu ait succombé après avoir ingéré une telle préparation : il pourra arriver qu'on retire du contenu de son tube digestif de l'antimoine et de l'arsenic.

Ce résultat pourrait occasionner, de la part de l'expert, de graves erreurs si celui-ci n'analysait pas avec soin la préparation antimoniale en question.

Le colcothar ou même l'hydrate de sesquioxyde de fer qu'on a pu administrer comme contre-poison peut renfermer de petites quantités d'arsenic. On conçoit donc que si l'on avait retiré de l'arsenic du canal digestif d'un individu qui aurait pris du colcothar ou du sesquioxyde de fer hydraté, il serait nécessaire de prouver que cet arsenic ne provient pas du contre-poison ferrugineux. Celui-ci renfermant l'arsenic à l'état insoluble, on peut, selon le conseil d'Orfila, épuiser la matière des vomissements ou le contenu de l'estomac par l'eau bouillante, filtrer, et faire passer à travers la liqueur filtrée un courant d'hydrogène sulfuré.

Le précipité obtenu, qui peut renfermer du sulfure d'arsenic, devra être traité successivement par l'acide azotique et par l'acide sulfurique selon le procédé indiqué à la page 309, et le produit de

---

1. Voir Orfila, *Traité de toxicologie.* 5ᵉ édition, t. I, p. 581.

ces opérations devra être introduit dans l'appareil de Marsh. Si l'on obtenait de l'arsenic dans ces conditions, on pourrait en tirer la conclusion certaine que ce poison ne provient pas de la préparation ferrugineuse. Dans tous les cas, il sera nécessaire de soumettre ces préparations à l'analyse pour s'assurer s'ils sont exempts ou non d'arsenic.

Préparations arsenicales toxiques, autres que l'acide arsénieux. — Indépendamment de l'acide arsénieux, nous devons citer comme toxiques les préparations arsenicales suivantes :

L'arsénite de potasse. — Ce sel est contenu dans la teinture arsenicale de Fowler, qui constitue, à vrai dire, une solution aqueuse d'arsénite de potasse aromatisée avec une petite quantité d'esprit de lavande composé ou d'alcool de mélisse. L'arsénite de potasse agit comme l'acide arsénieux lui-même.

L'arsénite de cuivre ou vert de Scheele. — C'est le précipité vert que l'on obtient en traitant une solution de sulfate de cuivre par une solution d'arsénite de potasse. Soumis à l'ébullition avec de la potasse caustique, il se transforme en arséniate de potasse, que l'on peut reconnaître dans l'appareil de Marsh, et en oxyde cuivreux. Projeté sur des charbons ardents, il répand des vapeurs blanches et une odeur arsenicale.

On s'est quelquefois servi de ce sel pour colorer des bonbons.

Vert de Schweinfurt. — C'est un acéto-arsénite de cuivre dont nous traiterons dans le tome II de cet ouvrage, en faisant l'histoire des acétates. Il est très-vénéneux et a souvent donné lieu à des accidents.

L'acide arsénique et les *arséniates solubles.* — Nous avons déjà indiqué les propriétés vénéneuses de l'acide arsénique. Ajoutons que l'on a signalé des cas d'empoisonnements par l'arséniate de potasse

Le réalgar et *l'orpiment naturel* peuvent être administrés à haute dose à des chiens sans qu'il en résulte aucune incommodité pour ces animaux (Renault). Il n'en est pas ainsi du sulfure d'arsenic jaune artificiel que l'on obtient en chauffant du soufre avec de l'acide arsénieux. Cette préparation renferme toujours de l'acide arsénieux et constitue un poison énergique.

Le sulfure d'arsenic artificiel et très-divisé que l'on obtient en décomposant, par l'hydrogène sulfuré, une solution d'acide arsénieux, possède aussi des propriétés toxiques. On a empoisonné des chiens en introduisant dans leur estomac ce sulfure, bien lavé, ou même en l'appliquant sur le tissu cellulaire de la partie interne de la cuisse de ces animaux.

On a quelquefois rencontré du sulfure d'arsenic jaune dans les intestins d'individus qui avaient été empoisonnés par l'acide arsénieux. Évidemment ce sulfure avait été formé par suite de la décomposition de cet acide par l'hydrogène sulfuré dégagé dans les intestins.

CARBONE

Le carbone des chimistes est le charbon pur. Tout le monde connaît la substance noire, friable, légère, absolument fixe, inaltérable à l'air à la température ordinaire, mais combustible lorsqu'on la chauffe, qui résulte de la calcination en vase clos des matières organiques et particulièrement du bois. Mais il s'en faut que ces caractères soient toujours ceux que revêt le carbone. La nature nous offre ce corps en des états si divers, et l'art nous le procure sous des formes si distinctes, qu'il est impossible d'appliquer une description générale à toutes les variétés connues de carbone. Quoi de plus différent, en effet, sous le rapport de l'aspect et des propriétés physiques, que la suie que laisse déposer une flamme fuligineuse, ou le charbon de bois poreux, léger et opaque, et cette substance dure, dense, transparente, que nous trouvons dans la nature sous forme de diamant. Et pourtant ces corps ne sont essentiellement formés que par une seule substance, le carbone; ils se rapprochent par ce caractère chimique fondamental, de se consumer dans l'oxygène à une haute température pour former un seul et même produit, l'acide carbonique. Avant d'étudier les propriétés chimiques du carbone, nous aurons donc à faire connaître les divers états physiques qu'il peut affecter et qui présentent les plus curieux exemples de dimorphisme. Nous décrirons sommairement le diamant, le graphite, la houille, le charbon de bois, le charbon animal et le noir de fumée.

Diamant. — On le trouve dans certains terrains d'alluvion provenant de la désagrégation de roches anciennes. Ses principaux gisements sont au Brésil et aux Indes, principalement dans le royaume de Golconde et dans l'île de Bornéo. On le sépare, par le lavage, du sable et d'autres débris minéraux au milieu desquels il est disséminé.

Les diamants naturels sont quelquefois transparents et régulièrement cristallisés. Leur forme est l'octaèdre régulier, ou les modifications qui en dérivent. L'une de ces modifications, qu'on rencontre assez fréquemment sur le diamant est le triakisoctaèdre, qui représente un octaèdre, dont chaque face est devenue la base d'une pyramide triangulaire. Les sommets des angles solides sont ordinairement émoussés, ce qui arrondit les faces et courbe les arêtes.

Ordinairement incolores, les diamants sont quelquefois colorés en jaune, en rose, en vert, en bleu ou en noir. Le plus souvent ils sont recouverts, à l'état brut, d'une croûte opaque.

Le diamant conduit mal la chaleur et l'électricité. Sa densité varie de 3,50 à 3,55. C'est le plus dur de tous les corps connus, et l'on ne peut le tailler et le polir qu'avec sa propre poussière. C'est aussi le plus transparent. Il réfracte et disperse fortement la lumière. S'appuyant sur ce fait, Newton soupçonna que le diamant devait être un corps combustible. Cette propriété a été constatée pour la première fois en 1694 par les académiciens de Florence, qui brûlèrent un diamant qu'ils avaient exposé au foyer d'un miroir sphérique. Lavoisier répéta l'expérience et montra le premier que le gaz qui résulte de la combustion du diamant est identique avec celui que produit la combustion du charbon ordinaire. Il en conclut que le diamant est du charbon pur. Davy montra plus tard qu'en brûlant dans l'oxygène, le diamant donne, comme le carbone, un volume d'acide carbonique égal au volume de l'oxygène disparu.

Lorsqu'on expose le diamant à la température élevée qui se produit entre les deux cônes de charbon d'une pile de Bunsen, il se boursoufle rapidement et se partage en plusieurs fragments. Après le refroidissement il est devenu noir et friable et s'est converti en une matière analogue au coke (Jacquelain).

L'expérience inverse a été tentée, mais elle a réussi fort incomplétement. On a placé à la partie inférieure de l'œuf électrique un cylindre de charbon pur, et à la partie supérieure un faisceau de fils de platine très-déliés, puis on a fait passer dans l'œuf, pendant plusieurs mois, les décharges d'un appareil d'induction, de telle sorte que le charbon fût placé dans la partie rouge et le platine dans la partie violette de l'arc. Peu à peu les fils de platine se sont couverts d'une poussière noire, dans laquelle on a cru reconnaître au microscope des octaèdres tronqués, noirs, et des octaèdres d'un blanc opaque. On a constaté que cette poussière, mêlée avec une petite quantité d'huile, pouvait polir le rubis.

Lorsqu'on brûle des diamants au moyen de l'oxygène dans des

nacelles de platine, ils laissent une petite quantité de cendres, ordinairement brunes, et qui renferment des parcelles de quartz brillantes et colorées par de l'oxyde de fer. Une circonstance digne de remarque, c'est que les cendres du diamant offrent quelquefois un aspect cellulaire ou réticulé. On y distingue parfois comme des mailles hexagonales. Cette circonstance, jointe à d'autres considérations, a fait penser que le diamant s'est formé par voie humide et par la décomposition de matières organiques (Liebig, Brewster).

Le plus gros diamant taillé est le Régent, qui pèse 137 carats [1]. L'Étoile du Sud pèse 125 carats. Le Kohi-Noor pèse 103 carats.

On rencontre des diamants qu'on ne peut tailler. On les nomme *diamants de nature*. On trouve aussi des masses noires, amorphes, offrant la dureté du diamant et qu'on désigne sous le nom de *diamants carboniques*.

Graphite et plombagine. —On nomme ainsi une variété de carbone cristallin, dense, offrant l'éclat métallique et une couleur d'un gris d'acier. La plombagine ou *mine de plomb* se trouve disséminée dans les terrains primitifs et se présente quelquefois sous forme de petites paillettes hexagonales d'un gris d'acier. Les masses de plombagine peuvent être rayées par l'ongle. Elles laissent sur les doigts des taches et sur le papier une trace d'un gris noir. C'est la matière qui sert à la fabrication des crayons. Sa densité est $= 2,20$.

Le graphite peut être obtenu artificiellement. La fonte de fer possède la propriété de dissoudre, à une très-haute température, du charbon, et de le laisser déposer, en partie, par un refroidissement lent. Aussi on trouve quelquefois dans l'épaisseur ou à la surface des masses de fonte qui se sont refroidies lentement, des lames hexagonales d'un charbon dense et brillant, qui n'est autre chose que du graphite. M. H. Deville a formé du graphite en faisant passer des vapeurs de chlorure de carbone sur de la fonte portée au rouge vif dans une petite nacelle de charbon de cornue, placée elle-même dans un tube en porcelaine. Le chlore du chlorure de carbone s'étant porté sur le fer, il s'est formé du chlorure de fer volatil, et le charbon du chlorure de carbone s'est dissous dans la fonte. Celle-ci est devenue de plus en plus riche en carbone; ce corps a fini par rester à l'état cristallin, tout le fer ayant disparu.

Lorsqu'on chauffe le graphite naturel avec de l'acide sulfurique

---

1. Un carat équivaut à 0gr,2055.

et une petite quantité de chlorate de potasse jusqu'à ce que le gaz oxyde de chlore ait cessé de se dégager, et qu'on lave ensuite la masse avec de l'eau, on obtient un produit qui a subi un changement moléculaire curieux. Chauffé au rouge, il augmente considérablement de volume et se réduit en une poudre d'une ténuité extrême (Brodie).

En soumettant plusieurs fois le graphite à l'action oxydante de l'acide sulfurique et du chlorate de potasse, M. Brodie a fini par le transformer en une matière jaune, cristalline, acide, qu'il a désignée sous le nom d'*acide graphitique*. Il admet que le graphite y existe comme tel, avec un poids atomique particulier (33) différent de l'équivalent du carbone (6).

Anthracite, houille, coke. — On trouve dans la nature une variété particulière de charbon dense, compacte, d'un noir brillant, peu combustible et qu'on désigne sous le nom d'*anthracite*. Cette substance renferme environ 90 à 92 °/₀ de carbone.

La *houille* est un combustible minéral formé, comme l'anthracite, par suite de la décomposition de matières ligneuses, dans des circonstances qui ne sont pas encore bien connues. Mais elle est de formation plus récente, moins compacte, moins riche en carbone et plus combustible que l'anthracite. Lorsqu'on la calcine en vase clos, elle laisse dégager, d'une part, des gaz combustibles doués d'un grand pouvoir éclairant, et, de l'autre, des produits liquides qui se partagent en deux couches. L'une est aqueuse et ammoniacale, l'autre est formée par du goudron. Le résidu de la calcination de la houille porte le nom de *coke*. Les parois intérieures des cylindres de fonte où l'on distille la houille se revêtent d'une couche compacte d'un charbon gris, dense, dur, sonore, bon conducteur de la chaleur et de l'électricité. C'est le *charbon des cornues à gaz*. Il provient de la décomposition ignée de carbures d'hydrogène riches en carbone, carbures que la houille laisse dégager pendant la calcination.

Lorsqu'on dirige la vapeur d'un semblable carbure d'hydrogène, de l'essence de térébenthine, par exemple, à travers un tube de porcelaine fortement rougi au feu, il s'y dépose du carbone sous forme d'un enduit gris, doué de l'éclat métallique du côté où il revêtait la surface de la porcelaine.

Charbon de bois. — Le bois carbonisé en vase clos laisse un résidu qui est le charbon ordinaire. On le prépare en grand par deux procédés, la carbonisation en meules, qui s'exécute dans les forêts, et la distillation en vase clos. Tout le monde en connaît l'aspect et les principales propriétés. A la différence des charbons denses cristallins dont le diamant et le graphite sont les types et dont se rapprochent l'anthracite et le charbon des cornues à gaz, le charbon de bois, complétement amorphe, est mauvais conducteur de la chaleur et de l'électricité. Il est cassant et sonore. Sa densité n'est que de 1,57 environ. Il est d'autant plus combustible qu'il est plus léger. Sa combustion laisse 1 à 2 % de cendres principalement formées par des sels minéraux, parmi lesquels les plus abondants sont le carbonate de chaux et le carbonate de potasse.

Noir de fumée. — Lorsqu'on écrase une flamme très-éclairante, celle d'une bougie, par exemple, avec une soucoupe de porcelaine, celle-ci se couvre de taches noires. C'est du charbon très-divisé qui s'y dépose. Il provient de la combustion incomplète qu'éprouvent les corps organiques qui brûlent. Lorsque ces corps sont très-riches en carbone, ils répandent en brûlant une fumée épaisse qui est formée par du carbone ayant échappé à la combustion. Les corps gras, les résines, les huiles essentielles sont dans ce cas. La fumée provenant de leur combustion dépose sur les surfaces avec lesquelles elle est contact une poussière noire très-tenue, qui est le noir de fumée. Lorsqu'on la dirige dans une chambre cylindrique dont les parois sont recouvertes de toile grossière ou de peaux de mouton, cette fumée y laisse un dépôt que l'on enlève de temps en temps. Tel est le procédé qui sert à la préparation du noir de fumée.

Le noir de fumée n'est point du carbone pur. Il renferme des parties goudronneuses et même des matières salines entraînées. Mais il suffit, pour le débarrasser de ces impuretés, de le calciner en vase clos et de le soumettre ensuite à des lavages à l'acide chlorhydrique étendu et finalement à l'eau pure.

La suie qui s'attache à nos cheminées a une origine et une composition analogues à celles du noir de fumée.

Charbon animal. — La calcination en vase clos des matières animales, telles que le sang, les débris de peau, la corne, les os, laisse pour résidu un charbon qu'on désigne sous le nom de noir animal, et dont on fait un grand usage comme décolorant. Le charbon d'os ou le noir d'ivoire est le plus employé. Les os renferment, indépendamment du phosphate et du carbonate de chaux, qui en forment la charpente minérale, divers éléments organiques qui s'y distribuent. Après leur calcination en vase clos, le résidu de sels minéraux reste imprégné de charbon provenant de la destruction des matières organiques. Ce n'est donc point du charbon qu'on obtient ainsi, mais un mélange de matières minérales et de charbon, matière très-poreuse et dans laquelle le charbon se trouve dans un certain état de division. Cette condition explique les propriétés particulières du charbon animal. Le noir d'os est sous forme de grains ou en poudre. Il est souvent nécessaire d'en extraire les parties minérales. On y arrive facilement en l'épuisant par l'acide chlorhydrique étendu d'eau, qui dissout le carbonate et le phosphate de chaux, et en le soumettant ensuite à des lavages à l'eau. Le charbon ainsi purifié porte le nom de *charbon animal lavé*.

Faculté d'absorption du charbon. — Les charbons amorphes possèdent la propriété d'absorber des gaz, des liquides et des solides. C'est à cette faculté d'absorption que se rattachent les propriétés décolorantes et désinfectantes du charbon, propriétés dont on tire un si grand parti.

Le charbon de bois absorbe les gaz, et les absorbe inégalement ; en général, les plus solubles sont aussi ceux qui sont condensés en plus grande quantité. Que l'on plonge un charbon incandescent dans la cuve à mercure pour le refroidir à l'abri du contact de l'air, qu'on l'introduise ensuite dans une éprouvette remplie de gaz chlorhydrique ou de gaz ammoniac, on verra aussitôt ces gaz disparaître et le mercure remonter rapidement dans l'éprouvette. Le tableau suivant indique, d'après Th. de Saussure, les quantités de gaz qui sont absorbées par un même volume de charbon :

1 volume de charbon absorbe 90 vol. de gaz ammoniac.
— 85 vol. de gaz chlorhydrique.
— 65 vol. de gaz sulfureux.
— 55 vol. de gaz sulfhydrique.
— 40 vol. de protoxyde d'azote.
— 35 vol. d'acide carbonique.
— 9,42 vol. d'oxyde de carbone.
— 9,25 vol. d'oxygène.
— 7,50 vol. d'azote.
— 1,75 vol. d'hydrogène.

Ajoutons que d'après MM. Favre et Silbermann, le coefficient d'absorption de l'acide sulfureux par le charbon est plus considérable que celui du gaz chlorhydrique, puisque 1 volume de charbon absorberait, d'après ces observateurs, 83,2 du premier, et seulement 69,2 du second de ces gaz.

Le charbon de bois qu'on abandonne à l'air augmente de poids : il absorbe et condense l'humidité atmosphérique.

Au contact du noir animal, l'eau faiblement chargée d'hydrogène sulfuré perd son odeur, car le charbon lui enlève le gaz

qu'elle tenait en dissolution; il jouit donc de propriétés désinfectantes. On sait qu'il enlève la mauvaise odeur que dégagent l'eau
de mare croupie, les viandes un peu avancées, et en général les
matières organiques en état de putréfaction. Aussi entre-t-il dans
la composition de divers mélanges désinfectants. Son emploi pour
la filtration de l'eau a un double but. Le charbon enlève à l'eau
non-seulement toute odeur désagréable, mais encore certaines matières minérales ou organiques fixes. On sait, en effet, qu'il possède la propriété d'absorber une foule de sels, le plus souvent
sans les altérer. Il peut enlever à l'eau de petites quantités d'acétate de plomb, de sulfate de cuivre, de sublimé corrosif, etc. Un
grand nombre de matières organiques sont absorbées de même
par le charbon.

Propriétés décolorantes du charbon. — La faculté que possède ce
corps d'absorber les matières colorantes d'origine organique n'est
qu'un cas particulier des propriétés que nous venons d'indiquer.
C'est le charbon animal qui en est doué au plus haut degré. Qu'on
agite de la teinture de tournesol, ou du vin rouge, avec une quantité suffisante de noir animal, et qu'on jette le tout sur un filtre,
les liqueurs passeront incolores. On connaît le parti que tire l'industrie de cette précieuse propriété, principalement pour le raffinage du sucre. Les pharmaciens la mettent à profit pour décolorer
les sirops et pour purifier certains principes immédiats auxquels
adhère de la matière colorante. Dans des opérations de ce genre,
il convient de se rappeler que l'emploi d'un excès du décolorant
peut donner lieu à une perte de la substance que l'on veut purifier.

Propriétés chimiques du charbon. — Le charbon se distingue par
sa puissante affinité pour l'oxygène, affinité qui ne s'exerce pourtant qu'à des températures assez élevées. Il ne se combine avec
l'oxygène libre qu'à une température rouge, et cette combinaison
est accompagnée d'un dégagement de chaleur suffisant pour entretenir la combustion. Tant qu'il se combine avec l'oxygène, le charbon reste incandescent. Dans l'oxygène pur, il brûle avec un vif
éclat. Le produit de sa combustion est l'acide carbonique.

Le charbon réduit, à l'aide de la chaleur, un très-grand nombre
de composés oxygénés, acides, oxydes, sels, en s'emparant de la
totalité ou d'une portion de leur oxygène. Lorsque le corps oxygéné retient faiblement l'oxygène, la réduction s'opère à de basses
températures, et il se forme de l'acide carbonique; dans le cas contraire, cette réduction exige l'intervention d'une température très-
élevée et donne lieu à la formation de l'oxyde de carbone.

Lorsqu'on fait passer de l'eau à travers un tube de porcelaine incandescent et rempli de charbon (*fig.* 71), elle est décomposée,

Fig. 71.

et il se forme de l'hydrogène, de l'oxyde de carbone, de l'acide carbonique et une petite quantité de gaz des marais (hydrogène protocarboné). Les trois premiers gaz sont mélangés dans le rapport de 4 volumes d'hydrogène, 2 volumes d'oxyde de carbone et 1 volume d'acide carbonique. Lorsqu'on plonge des charbons incandescents sous une cloche remplie d'eau, on recueille une petite quantité de gaz combustibles.

Le charbon se combine directement avec le soufre, à une haute température, pour former du sulfure de carbone.

COMBINAISONS DU CARBONE AVEC L'OXYGÈNE.

Elles sont au nombre de deux : l'oxyde de carbone et l'acide carbonique. L'acide carbonique est le produit direct de la combustion du charbon dans l'oxygène. Lorsqu'il est en contact avec un excès de charbon incandescent, il est réduit en oxyde de carbone. On voit souvent apparaître des flammes bleues au-dessus des foyers de charbons incandescents. C'est de l'oxyde de carbone qui brûle. Ce gaz se forme dans l'intérieur du foyer et constitue un produit secondaire de la combustion du charbon dans l'air.

OXYDE DE CARBONE.

$$CO \text{ ou } C^2O^2$$

Préparation. — 1. On calcine dans une cornue de grès un mélange intime d'oxyde de zinc et de charbon, et on recueille le gaz dégagé sur la cuve à eau. L'oxyde de zinc, d'une réduction difficile, ne cède son oxygène au charbon qu'à une haute température.

$$2ZnO + 2C = C^2O^2 + 2Zn.$$
Oxyde   Charbon.   Oxyde   Zinc.
de zinc.   de carbone.

2. On chauffe dans un ballon A (*fig.* 72) de l'acide oxalique (l'a-

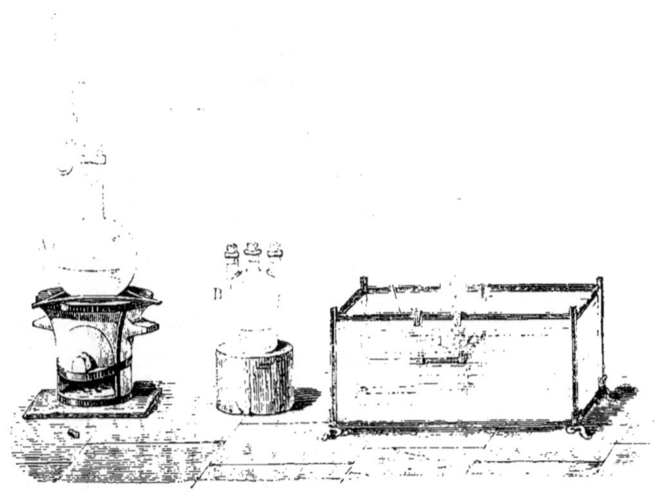

Fig. 72.

cide du sel d'oseille) avec un excès d'acide sulfurique. L'acide oxalique perdant les éléments de l'eau, se résout en acide carbonique et en oxyde de carbone. On fait passer le mélange gazeux à travers un flacon laveur B renfermant une solution de potasse caustique. Celle-ci retient l'acide carbonique pour former du carbonate de potasse. L'oxyde de carbone qui se dégage seul est recueilli sur la cuve à eau. Le dédoublement de l'acide oxalique par l'acide sulfurique est déterminé par la puissante affinité de ce dernier acide pour l'eau. Il est représenté par l'équation suivante :

$$C^4H^2O^8 = C^2O^2 + C^2O^4 + H^2O^2.$$
Acide   Oxyde   Acide   Eau.
oxalique.   de carbone.   carbonique.

Propriétés de l'oxyde de carbone. — L'oxyde de carbone est un gaz incolore et inodore. Jusqu'ici on n'est pas encore parvenu à le liquéfier. Sa densité est = 0,967. L'oxyde de carbone est parfaitement neutre; il ne trouble point l'eau de chaux. Il est combustible

et brûle à l'air avec une flamme bleue caractéristique en se transformant en acide carbonique. Le produit de la combustion trouble
l'eau de chaux.

Si l'on fait passer, dans l'eudiomètre, une étincelle électrique
à travers un mélange d'un volume d'oxyde de carbone et d'un
demi-volume d'oxygène, les deux gaz se combinent intégralement
en formant 1 volume d'acide carbonique. On voit que cette combinaison donne lieu à une contraction qui est égale au tiers du
volume du mélange. Mais 1 volume d'acide carbonique, on le verra
plus tard, renferme 1 volume d'oxygène. De ce fait et de l'expérience précédente on déduira la conclusion que 1 volume d'oxyde
de carbone renferme $\frac{1}{2}$ volume d'oxygène. Si donc on retranche

$$
\begin{aligned}
&\text{de la densité de l'oxyde de carbone.....} && 0{,}9674 \\
&\text{la demi-densité de l'oxygène...........} && 0{,}5528 \\
\cline{3-3}
&\text{on trouve le nombre.. ....} && 0{,}4146
\end{aligned}
$$

qui représente le poids du carbone contenu dans 1 volume d'oxyde
de carbone.

On a été conduit à admettre que le nombre 0,4146 représente
le poids de $\frac{1}{2}$ volume vapeur de carbone, et que l'oxyde de carbone renferme en conséquence $\frac{1}{2}$ volume de vapeur de carbone
et $\frac{1}{2}$ volume d'oxygène. On peut donc exprimer sa composition
par la formule $C^{\frac{1}{2}}O^{\frac{1}{2}}$ qui représente 1 volume, ou CO qui représente 2 volumes. La dernière est généralement adoptée. Il convien-
drait de la doubler pour la rapporter à 4 volumes.

L'oxyde de carbone est facilement absorbé par une dissolution
ammoniacale de protochlorure de cuivre (Doyère et F. Le Blanc).
On tire parti de cette propriété dans l'analyse eudiométrique pour
séparer l'oxyde de carbone de certains autres gaz.

Lorsqu'on le chauffe pendant longtemps à 100°, dans des tubes
scellés, avec de la potasse caustique, il se fixe sur cet alcali et
donne du formiate de potasse (Berthelot).

$$C^2O^2 \quad + \quad KHO^2 \quad = \quad C^2HKO^4.$$

Oxyde   Hydrate   Formiate
de carbone.   de potasse.   de potasse.

L'oxyde de carbone réduit un grand nombre d'oxydes et de sels
métalliques. Lorsqu'on dirige un courant de ce gaz sur du sesquioxyde de fer incandescent, il se forme de l'acide carbonique et du
fer métallique renfermant du carbone. Cette réaction s'accomplit
sur une grande échelle dans les hauts-fourneaux.

Action du chlore sur l'oxyde de carbone.—Sous l'influence de la lumière, l'oxyde de carbone se combine directement avec le chlore pour former un gaz qui a reçu le nom d'*acide chloroxycarbonique* ou de *gaz phosgène*. 1 volume d'oxyde de carbone absorbe 1 volume de chlore et forme 1 volume de gaz phosgène. Le gaz phosgène est incolore, d'une odeur suffocante. Il provoque le larmoiement. Sa densité est $= 3,399$ et représente la somme des densités de l'oxyde de carbone et du chlore. Il est instantanément décomposé par l'eau avec formation d'acide carbonique et d'acide chlorhydrique.

$$COCl + HO = HCl + CO^2.$$

Gaz phosgène.   Eau.   Acide   Acide
chlorhydrique. carbonique.

Chauffé avec de l'antimoine métallique, il donne du chlorure d'antimoine et laisse la moitié de son volume d'oxyde de carbone. Les oxydes secs le décomposent en formant un chlorure et de l'acide carbonique. La composition, le mode de formation et certaines propriétés du gaz phosgène autorisent à rapprocher ce gaz de l'acide carbonique lui-même. On peut l'envisager comme de l'acide carbonique, dont 1 équivalent d'oxygène (1 volume) a été remplacé par 1 équivalent de chlore (2 volumes).

CO.O acide oxycarbonique (carbonique).
CO.Cl acide chloroxycarbonique.

Action de l'oxyde de carbone sur l'économie animale. — Le gaz oxyde carbone est non-seulement impropre à la respiration, mais il est délétère. Non-seulement il peut suffoquer, il empoisonne. C'est ce qui résulte des expériences qui ont été entreprises par plusieurs observateurs. M. Tourdes a vu des lapins périr en vingt-trois minutes lorsqu'il les plongeait dans de l'air renfermant un quinzième de son volume d'oxyde de carbone. Lorsque le mélange était fait dans la proportion d'un trentième, la mort arrivait au bout de trente-sept minutes. A la dose d'un huitième les lapins périssaient en sept minutes. D'après M. F. Le Blanc, les oiseaux sont encore plus impressionnables à l'action délétère du gaz oxyde de carbone. Un moineau périt instantanément dans l'air renfermant 4 à 5 °/₀ de ce gaz, et il suffit d'un centième pour déterminer la mort au bout de deux minutes. Si au moment de la mort apparente on se hâte de soustraire l'animal à l'action du gaz délétère, il peut revenir peu à peu à la vie; mais ce n'est souvent qu'au bout de quelques heures que les phénomènes de paralysie se dissipent.

Nous verrons plus tard que les effets funestes des gaz provenant de la combustion du charbon doivent être attribués, en partie, à l'oxyde de carbone qu'il renferme en petite proportion.

ACIDE CARBONIQUE.

CO^2 ou C^2O^4.

Ce corps est un des éléments de l'air atmosphérique. Il se produit dans un grand nombre de réactions qui se passent à la surface du globe, comme la combustion du charbon et des matières organiques, les phénomènes de la fermentation, de la putréfaction, de la respiration. Il se dégage du sein de la terre dans les contrées volcaniques. Souvent ces sources d'acide carbonique sont fort abondantes et se répandent en nappe à la surface du sol.

Préparation. — On introduit des fragments de marbre blanc dans un flacon de Woulf à deux tubulures, muni d'un tube de sûreté et d'un tube de dégagement (*fig.* 73). On remplit le flacon à moitié d'eau, puis on verse peu à peu de l'acide chlorhydrique par le tube de sûreté. Il se fait aussitôt une effervescence due au dégagement de l'acide carbonique. On recueille ce gaz ordinairement sur la cuve à eau. Si on veut

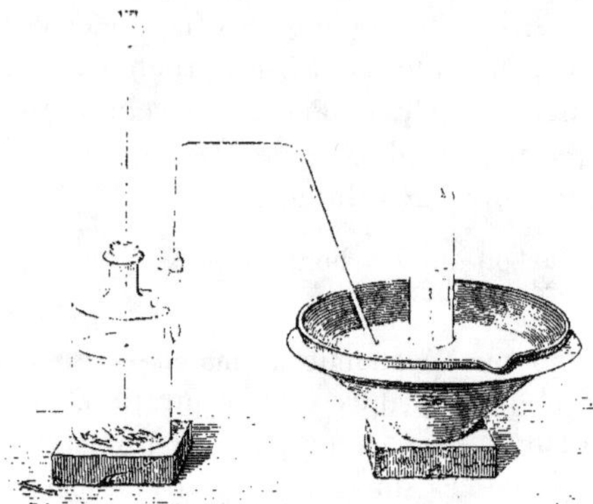

Fig. 73.

l'avoir sec, on le fait passer à travers un tube renfermant du chlorure de calcium, et on le recueille dans des éprouvettes remplies de mercure.

La réaction qui lui donne naissance est bien simple : l'acide chlorhydrique décompose le carbonate de chaux (marbre blanc), en dégageant l'acide carbonique et en formant de l'eau et du chlorure de calcium selon l'équation suivante ·

$$CO^2,CaO \quad + \quad HCl \quad = \quad HO \quad + \quad CaCl \quad + \quad CO^2.$$
Carbonate   Acide   Eau.   Chlorure   Acide
de chaux.   chlorhydrique.   de calcium.   carbonique.

Composition du gaz acide carbonique. — Si l'on fait brûler du charbon dans un volume déterminé d'oxygène, celui-ci se transforme en acide carbonique sans changer sensiblement de volume.

Un volume d'acide carbonique renferme donc un volume d'oxygène. Cette donnée permet de déduire la composition de l'acide carbonique de sa densité même et de celle de l'oxygène. En effet, si du poids d'un volume d'acide carbonique, c'est-à-dire de la densité de ce gaz, nous retranchons le poids d'un volume d'oxygène, c'est-à-dire sa densité, nous aurons le poids du carbone que renferme un volume d'acide carbonique.

Densité de l'acide carbonique...................... $= 1,5290$

—   de l'oxygène...................... $= 1,1056$

Poids du carbone contenu dans 1 vol. d'acide carbonique $0,4234$

On en déduit la composition centésimale de l'acide carbonique à l'aide de la proportion suivante :

$$\frac{1,529}{0,4234} = \frac{100}{x} \; ; \; x = 27,68.$$

D'après cela, 100 parties d'acide carbonique renferment :

$$
\begin{array}{ll}
\text{Carbone}\ldots & 27,68 \\
\text{Oxygène}\ldots & 72,32 \\
\hline
& 100,00
\end{array}
$$

Les nombres s'accordent sensiblement avec ceux que MM. Dumas et Stas ont obtenus en faisant la synthèse directe de l'acide carbonique par la combustion du diamant. Le diamant, placé dans une nacelle de platine, était chauffé au rouge dans un tube de porcelaine, au milieu d'un courant d'oxygène; l'acide carbonique formé était condensé avec soin dans des appareils renfermant de la potasse caustique. L'expérience terminée, l'augmentation de poids des appareils condensateurs indiquait le poids de l'acide carbonique formé, et la différence de poids de la nacelle de platine, après et avant l'expérience, donnait le poids du diamant brûlé. Il suffisait de soustraire ce dernier poids de celui de l'acide carbonique recueilli pour avoir le poids de l'oxygène combiné avec le charbon.

Ces expériences ont conduit MM. Dumas et Stas à admettre, pour la composition de l'acide carbonique, les nombres suivants :

$$
\begin{array}{ll}
\text{Carbone}\ldots & 27,27 \\
\text{Oxygène}\ldots & 72,73 \\
\hline
& 100,00
\end{array}
$$

En équivalents, cette composition est représentée par la formule CO^2, qui se déduit des considérations suivantes : on sait que 1 volume d'acide carbonique renferme 1 volume d'oxygène; mais l'expérience ne peut apprendre quel est le volume qu'occupe le carbone au moment où il devient gaz pour se combiner avec 1 volume d'oxygène, car on ne connaît point la densité réelle de la vapeur du carbone. A cet égard, on en est réduit aux hypothèses, et on peut choisir entre les deux suivantes : ou 2 volumes d'oxygène sont unis à 2 volumes de vapeur de carbone, pour former 2 volumes d'acide carbonique, ou 2 volumes d'oxygène sont unis à 1 volume de vapeur de carbone pour former 2 volumes d'acide carbonique.

La seconde hypothèse est la plus probable d'après tout ce qu'on sait sur les condensations des gaz au moment de leur combinaison. Gay-Lussac a fait voir, en effet, que lorsque deux gaz se combinent à volumes égaux, il n'y a pas, en général, de contraction, tandis qu'on observe une contraction d'un tiers lorsque la combinaison s'accomplit dans le rapport de 2 volumes à 1 volume. Ce dernier cas se présente si l'on admet que dans 1 volume d'acide carbonique 1 volume d'oxygène est uni à un $\frac{1}{2}$ volume de vapeur de carbone.

On peut exprimer la composition de l'acide carbonique par la formule $C^{\frac{1}{2}}O$, qui répond à 1 volume, et dans laquelle O représente un équivalent d'oxygène (répondant à 1 volume) et $C^{\frac{1}{2}}$ un demi-équivalent de carbone. On double cette formule pour éviter l'équivalent fractionnaire. Elle répond alors à 2 volumes. L'acide carbonique renferme donc 1 équivalent de carbone et 2 équivalents d'oxygène, composition qui est exprimée par la formule CO^2, dans laquelle

$$C = 6$$
$$O^2 = 16$$
$$\overline{CO^2 = 22}$$

Propriétés de l'acide carbonique. — L'acide carbonique est un gaz incolore doué d'une odeur faible, légèrement piquante. Sa densité est $= 1,529$. Un litre de ce gaz pèse $1^{gr},966$ à $0°$ et à 760^{mm}.

Il n'est point permanent. M. Faraday l'a liquéfié en le refroidissant à $0°$ et en le comprimant à 36 atmosphères. A — $10°$ il suffit d'une pression de 27 atmosphères, à — $30°$, d'une pression de 18 atmosphères pour le liquéfier. Au contraire, à des températures supérieures à $0°$, les pressions nécessaires pour le liquéfier augmentent rapidement. A + $30°$ il ne se liquéfie que sous l'énorme pression de $73\frac{1}{2}$ atmosphères. Thilorier est parvenu le premier à solidifier l'acide carbonique en faisant arriver un jet d'acide liquéfié dans un récipient métallique à minces parois. Brusquement soustrait à l'énorme pression sous laquelle il s'est liquéfié, l'acide redevient gazeux au moment où il arrive dans le récipient, et ce changement d'état détermine un tel abaissement de température que le reste de l'acide se solidifie. Il se présente alors sous la forme d'une matière blanche possédant l'apparence de la neige. Il est mauvais conducteur de la chaleur; aussi lorsqu'on l'expose à l'air, à la pression ordinaire, il se maintient solide pendant quelques minutes. En se vaporisant il produit un grand froid. Additionné d'éther, il donne un mélange avec lequel on peut facilement solidifier de grandes quantités de mercure. Ce mélange est moins poreux et meilleur conducteur que l'acide seul. Il produit un abaissement de température qu'on évalue à — 90°, et lorsqu'on le place sous le récipient de la machine pneumatique on produit un abaissement de température de — 110°.

Récemment MM. Drion et Loir sont parvenus à solidifier l'acide carbonique en le faisant arriver à l'état de gaz et sous une pression de plusieurs atmosphères dans un tube qui plongeait dans un bain d'ammoniaque liquéfiée, qu'on faisait vaporiser rapidement à l'aide d'une machine pneumatique. L'abaissement de température produit par l'ébullition de l'ammoniaque liquide refroidit le tube à — 87°, et à cette basse température l'acide carbonique comprimé qui y arrive se solidifie. Il se présente dans ce cas sous la forme d'une masse transparente analogue à la glace. Un fragment de cette substance que l'on serre entre le pouce et l'index produit la sensation d'une vive brûlure. L'acide carbonique solide fond à — 65°.

L'acide carbonique liquide est incolore, mobile, d'une densité de 0,72 à + 27°, et de 0,98 à — 8°. Cette différence considérable entre les densités est due à la dilatation énorme qu'éprouve l'acide carbonique liquide entre ces limites de température. En passant de 0° à 30°, 10 volumes d'acide carbonique liquide se dilatent de manière à occuper 14 volumes. On voit que le coefficient de dilatation de l'acide carbonique liquide est supérieur à celui des gaz.

De 9° à 10° il est de........	0,00633
De 10° à 20° —	0,00971
De 20° à 30° —	0,02067
Celui du gaz carbonique est de	0,00367 environ.

L'acide carbonique est indécomposable par la chaleur. Lorsqu'il est traversé par une série d'étincelles électriques, il est décomposé partiellement en oxyde de carbone et en oxygène; mais comme ces deux gaz peuvent se combiner de nouveau sous l'influence des étincelles, on conçoit que la décomposition de l'acide carbonique ne puisse être que très-incomplète.

Lorsqu'on fait passer de l'acide carbonique dans un tube de porcelaine rempli de charbons et chauffé au rouge, il est réduit et transformé en oxyde de carbone. Le volume de l'oxyde de carbone produit est le double de celui de l'acide carbonique employé. Deux volumes d'oxyde de carbone renferment donc autant d'oxygène qu'un seul volume d'acide carbonique.

La réaction du charbon sur l'acide carbonique est exprimée par l'équation suivante :

$$CO^2 \quad + \quad C \quad = \quad C^2O^2.$$

$$\underset{\text{carbonique.}}{\text{1 vol. d'acide}} \qquad \text{Charbon.} \qquad \underset{\text{de carbone.}}{\text{2 vol. d'oxyde}}$$

L'hydrogène exerce, au rouge, une action réductrice analogue à celle du charbon : il transforme l'acide carbonique en oxyde de carbone et en eau. Le potassium et le sodium le réduisent complétement en mettant le charbon en liberté et en formant des carbonates.

L'acide carbonique éteint les corps en combustion. Il est lui-même incombustible. On le reconnaît à ce double caractère et à la propriété qu'il possède de troubler l'eau de chaux. Il forme avec cette base un carbonate de chaux insoluble.

L'eau dissout son propre volume d'acide carbonique à 15° et à la pression ordinaire. Si la pression augmente, la solubilité augmente dans la même proportion, de telle sorte que les quantités de gaz dissoutes sont proportionnelles à la pression. Ainsi, sous la pression de 10 atmosphères, 1 litre d'eau dissoudra 10 litres d'acide carbonique pris à la pression ordinaire. Mais 10 litres d'acide carbonique soumis à la pression de 10 atmosphères se réduisent à 1 litre; 1 litre d'eau qui dissout 1 litre d'acide carbonique à la pression ordinaire, dissout donc aussi 1 litre d'acide carbonique comprimé par une pression de 10 atmosphères. On voit donc que l'eau dissout toujours son propre volume d'acide carbonique, quelle que soit la pression à laquelle cet acide ait été soumis.

Les eaux acidules gazeuses naturelles ou artificielles sont des solutions d'acide carbonique, saturées à des pressions supérieures à celle de l'atmosphère. Aussi laissent-elles dégager de l'acide carbonique lorsque la pression vient à diminuer. Tout le monde sait qu'une bouteille d'eau de Selz mousse lorsqu'on la débouche. La mousse du vin de Champagne et de la bière est due à la même cause.

L'eau saturée d'acide carbonique possède une saveur aigrelette. Elle fait virer au rouge pelure d'oignon la teinture de tournesol. Mais cette teinte est fugace, car l'acide carbonique dissous ne tarde pas à se dissiper dans l'air.

L'eau chargée d'acide carbonique manifeste, pour certaines substances, des propriétés dissolvantes plus énergiques que ne fait l'eau pure. Elle dissout le carbonate de chaux en formant du bicarbonate soluble. Elle est même capable de dissoudre le phosphate de chaux en le transformant en phosphate acide.

L'acide carbonique est plus soluble dans l'alcool que dans l'eau. La solubilité dans les deux liquides diminue avec l'élévation de la température. Voici, d'après M. Bunsen, les coefficients d'absorption ou de solubilité de l'acide carbonique dans l'eau et dans l'alcool à la pression ordinaire :

SOLUBILITÉ DE L'ACIDE CARBONIQUE

	dans un volume d'eau.	dans un volume d'alcool.
0°	1,7977	4,3295
3°	1,5687	4,0589
5°	1,4497	3,8908
8°	1,2809	3,6573
10°	1,1847	3,5140
12°	1,1018	3,2807
15°	1,0020	3,1993
18°	0,9318	3,0402
20°	0,9014	2,9465

Préparation de l'acide carbonique liquide. — On prépare l'acide carbonique liquide en faisant dégager de grandes quantités de gaz carbonique dans des vases clos et très-résistants : le gaz accumulé se résout en liquide sous l'effort de sa propre pression. L'appareil employé se compose de deux vases cylindriques A et B (*fig.* 74) en plomb recouvert de cuivre rouge et renforcés à l'extérieur par des cercles et des barres de fer forgés *d*, *e*. L'un de ces vases B est le *générateur* où l'acide carbonique est dégagé et liquéfié, l'autre A est le *récipient* où il distille.

On introduit dans le générateur 1,800 grammes de bicarbonate de soude qu'on délaye dans 3 litres d'eau tiède; puis on y place un vase cylindrique en cuivre D renfermant 1 kilogramme d'acide sulfurique concentré. On ferme ensuite l'appareil hermétiquement à l'aide d'un bouchon en fer et à vis *f*. Les choses étant ainsi disposées, on imprime au cylindre un mouvement de balancement autour de l'axe horizontal *hh*, mouvement qui fait déverser l'acide par petites portions. Le carbonate de soude est décomposé, et l'acide

carbonique se dégage, s'accumule dans le vase et s'y liquéfie. La
réaction qui lui donne naissance dégageant de la chaleur, il en ré-

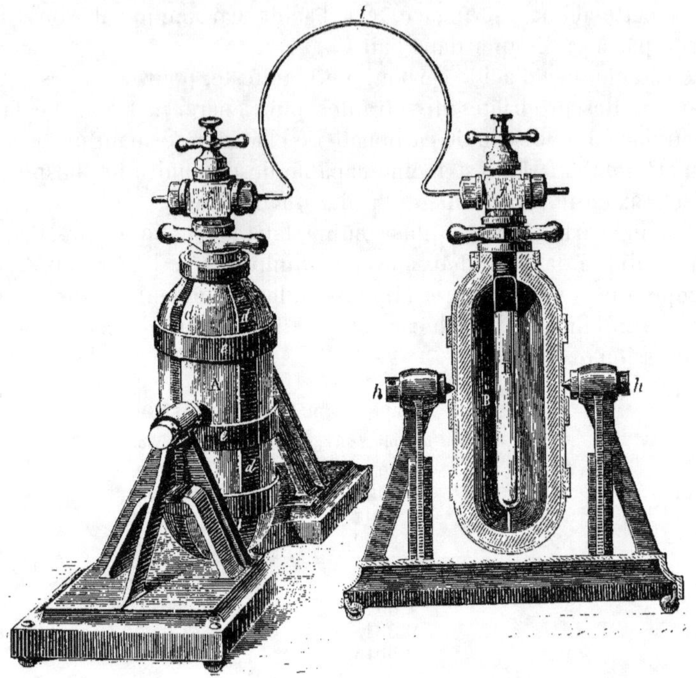

Fig. 74.

sulte que la température s'élève dans le cylindre générateur vers
30 ou 40°. A cette température, la tension de l'acide liquéfié est
énorme; elle atteint 70 à 80 atmosphères. Cette circonstance permet de le distiller. En effet, la température du récipient étant
de 15° environ, et l'acide liquéfié ne possédant, à cette température, qu'une tension de 50 atmosphères environ, si l'on met en
communication le générateur avec le récipient par le moyen du
tube t, l'acide passera rapidement à la distillation en vertu d'une
différence de pression de 25 atmosphères environ.

On répète plusieurs fois l'opération qui vient d'être décrite, de
manière à accumuler dans le récipient 1 à 2 kilogrammes d'acide
carbonique liquide. Un tube plonge au fond de celui-ci. En ouvrant un robinet qui garnit l'extrémité supérieure de ce tube,
on met l'intérieur du réservoir, où la tension est énorme, en
communication avec l'atmosphère, et on voit instantanément un
jet d'acide carbonique liquide jaillir avec force. En s'échappant

dans l'air, il y reprend instantanément la forme de gaz, et ce
changement d'état produit une absorption
de chaleur telle, qu'une portion de l'acide
liquide se solidifie et apparaît dans l'air
sous forme d'un nuage. Pour recueillir
une quantité considérable d'acide solide
on fait arriver le jet du liquide tangen-
tiellement dans une boîte métallique AA'
(*fig.* 75) à parois très-minces; les flocons
d'acide solidifié se roulent alors sur eux-
mêmes et prennent, en s'agglomérant, l'apparence d'une masse de neige.

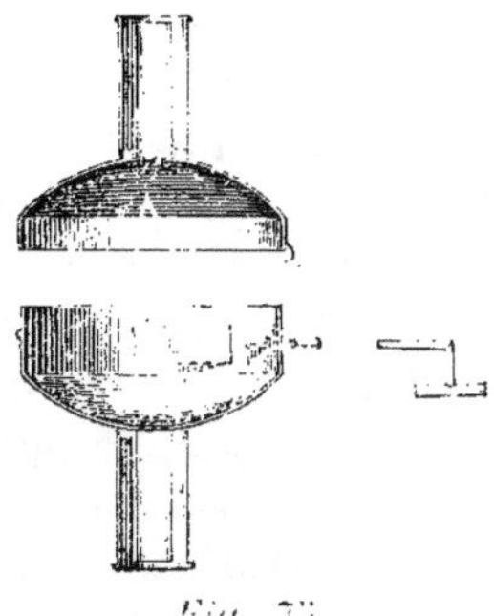

Fig. 75.

ACTION DE L'ACIDE CARBONIQUE SUR L'ÉCONOMIE ANIMALE.

Le gaz acide carbonique est délétère, mais à un moindre degré
que l'oxyde de carbone. Les animaux périssent rapidement lorsqu'ils respirent de l'air renfermant un cinquième de son volume
d'acide carbonique. D'après M. F. Le Blanc, les chiens sont très-
souffrants lorsqu'ils séjournent dans un air renfermant 10 pour cent
d'acide carbonique; ils éprouvent un malaise très-prononcé lorsque
la proportion de ce gaz est de 5 pour cent. Au reste ces indications,
concernant la proportion toxique de l'acide carbonique, varient
suivant les auteurs, et, pour une même proportion de ce gaz, on
constate une différence marquée suivant qu'il s'est ajouté simplement aux éléments normaux de l'air ou qu'il s'est formé aux dépens de l'oxygène de celui-ci. Dans le second cas, la soustraction
d'oxygène contribue aux effets funestes du mélange gazeux (F. Le
Blanc).

M. Boussingault raconte qu'étant entré dans une galerie de mine
à la Nouvelle-Grenade, il ressentit une impression de chaleur suffocante et un picotement dans les yeux. La température du lieu
n'était cependant que de 10°,5, et il l'avait évaluée à 40° d'après la
sensation. Les effets qu'il a éprouvés étaient dus à l'inhalation
d'une atmosphère très-fortement chargée d'acide carbonique.

Dans une atmosphère artificielle renfermant autant ou même
plus d'oxygène que l'air et dans laquelle l'azote se trouve remplacé
en totalité ou en partie par de l'acide carbonique, les animaux ne
tardent pas à éprouver tous les phénomènes de l'asphyxie et à succomber. M. Cl. Bernard a vu périr un verdier dans un milieu confiné renfermant 13 pour cent d'acide carbonique, 39 pour cent

d'oxygène et 48 pour cent d'azote. Il admet avec raison que, dans un milieu riche en acide carbonique, l'échange de gaz ne peut plus se faire dans les poumons comme il se fait dans l'air pur, c'est-à-dire que le sang veineux ne peut plus se dépouiller de l'acide carbonique qu'il renferme. Il y a donc asphyxie non pas par défaut d'oxygène, mais par surabondance d'acide carbonique dans le sang. Au contraire, lorsqu'on injecte avec précaution dans les veines de petites quantités d'acide carbonique, les animaux ne périssent point. Respirant librement dans l'air, ils se débarrassent de l'excès d'acide carbonique dont le sang veineux est chargé.

L'acide carbonique peut pénétrer dans l'économie non-seulement par les voies respiratoires, mais encore par la peau. On a empoisonné des oiseaux en plongeant leur corps dans une atmosphère d'acide carbonique, la tête seule restant librement dans l'air. Ces bains d'acide carbonique déterminent des phénomènes d'excitation auxquels succèdent, si l'action est trop intense ou trop prolongée, des symptômes d'insensibilité et de paralysie.

Depuis quelques années on cherche à tirer parti de l'action stimulante de l'acide carbonique en l'administrant en bains ou en douches. Un certain nombre d'établissements thermaux de l'Allemagne possèdent des appareils de ce genre.

On s'est même servi de l'acide carbonique comme anesthésique local ou général; mais son emploi ne paraît pas exempt de dangers.

Les faits qui viennent d'être exposés démontrent que l'acide carbonique exerce par lui-même une action énergique sur l'économie. L'accumulation ou l'irruption subite de ce gaz dans l'air donne souvent lieu à des accidents. Ceux que déterminent les émanations des fours à chaux et des cuves à fermentation sont trop connus pour qu'il soit nécessaire d'y insister.

On a souvent décrit les effets que détermine l'inhalation du gaz carbonique qui se dégage dans la *Grotte du chien*, située près de Pouzzole, aux environs de Naples. Les hommes peuvent respirer pendant quelque temps l'air de cette grotte sans en être trop incommodés; mais les chiens y éprouvent rapidement tous les phénomènes de l'asphyxie. En effet, l'acide carbonique qui sort par les fissures du sol volcanique de cette grotte s'y répand en nappe à la partie inférieure, et enveloppe complètement le corps des animaux. Les couches supérieures, au contraire, qui servent à la respiration des hommes, sont formées par un air moins vicié.

Ces nappes d'acide carbonique se répandent quelquefois au loin à l'air libre lorsque le gaz sort, en grandes masses, de terrains d'origine volcanique.

Empoisonnement par la vapeur de charbon. — Les gaz produits par la combustion du charbon dans l'air et qu'on désigne vulgairement sous le nom de *vapeur de charbon*, produisent des effets toxiques qu'on doit attribuer principalement à l'acide carbonique que ces gaz renferment. Mais l'acide carbonique n'est pas le seul agent de cet empoisonnement. Les gaz provenant de la combustion du charbon renferment une petite quantité d'oxyde de carbone plus actif, comme on sait, que l'acide carbonique. Ils contiennent d'ailleurs moins d'oxygène que l'air ordinaire. Leur action funeste est donc causée d'une part par la présence de principes délétères, de l'autre par l'absence d'une certaine quantité d'oxygène.

M. F. Le Blanc a vu périr un chien en vingt-cinq minutes dans une chambre où il avait allumé de la braise de boulanger. Au moment de la mort de l'animal une bougie placée dans la même pièce brûlait encore avec éclat; elle ne s'est éteinte que dix minutes après la mort du chien. Le gaz retiré de la chambre à ce moment renfermait :

Azote....................................	75,62
Oxygène.................................	19,19
Acide carbonique.........................	4,61
Oxyde de carbone........................	0,54
Hydrogène carboné.......................	0,04
	100,00

On sait, et nous avons exposé page 326, comment l'oxyde de carbone se forme dans un foyer de charbons ardents. Quant à l'hydrogène carboné, il prend naissance, sans doute, avant que tout le charbon ne soit allumé, par l'action de la chaleur sur les charbons incomplètement carbonisés et vulgairement nommés *fumerons*.

On a signalé des cas d'asphyxie produits par la carbonisation de poutres placées dans l'épaisseur des murs, près de tuyaux de poêle ou de calorifère portés à une haute température. Les gaz que le bois dégage, dans ces conditions, sont ceux qu'il donne à la distillation sèche. Ces gaz sont combustibles et beaucoup plus riches en oxyde de carbone et en hydrogène carboné que les gaz produits par la combustion du charbon. Leur composition explique leur action délétère.

Pour analyser l'air vicié par la combustion du charbon on emploie les procédés qui servent à l'analyse de l'air confiné.

Si la disposition des lieux le permet, on peut opérer de la manière suivante :

Par une petite ouverture pratiquée dans un mur ou dans une porte, on fait pénétrer dans la chambre un long tube dont une extrémité constitue la prise d'air, tandis que l'autre est en communication avec l'appareil représenté *fig.* 76. Celui-ci se compose d'un flacon aspirateur A, de deux séries d'appareils de condensation, d'un tube rempli d'oxyde de cuivre qu'on chauffe au rouge sur la grille B et qui est destiné à brûler l'oxyde de carbone et les traces d'hydrogène carboné. La première série d'appareils de condensation se compose des tubes *a*, *b*, remplis, le premier de chlorure de calcium, le second de ponce sulfurique, et destinés à dessécher l'air; du tube de Liebig *c*, rempli d'une solution de potasse

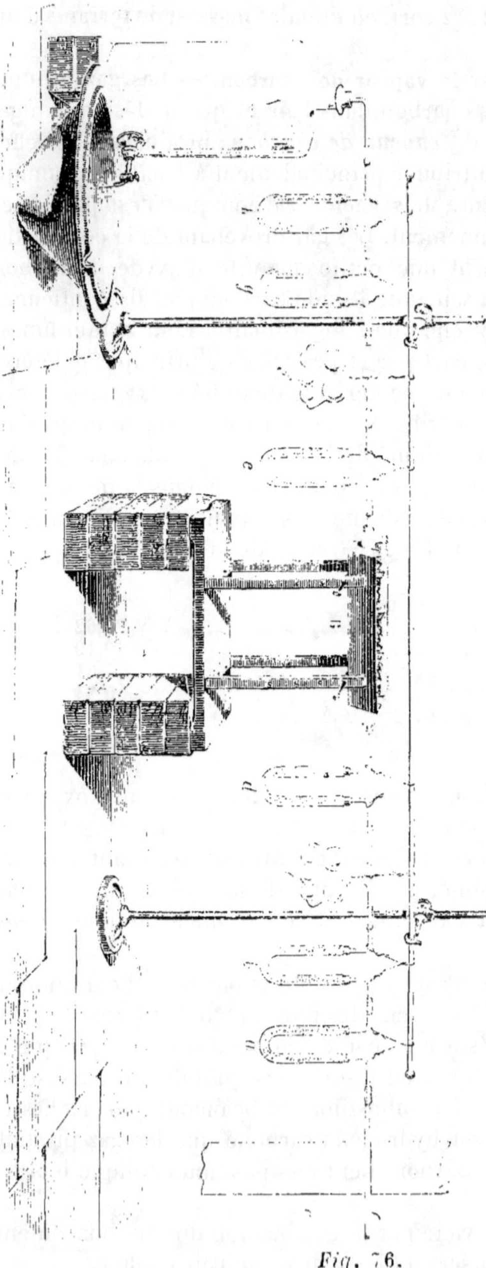

Fig. 76.

caustique; du tube *d*, renfermant de la pierre ponce imprégnée
d'acide sulfurique et destinée à arrêter l'humidité que le courant
de gaz tend à enlever à la potasse. L'augmentation du poids de ces
deux derniers tubes indique la proportion d'acide carbonique. La
seconde série d'appareils condensateurs se compose de tubes disposés de la même manière et dans le même ordre. La quantité
d'eau condensée dans le premier *e*, et la quantité d'acide carbonique absorbée dans les deux suivants *f*, *g*, permettent de calculer
la proportion d'hydrogène carboné et d'oxyde de carbone, enfin le
tube *h*, rempli de ponce sulfurique, sert à empêcher le retour de
la vapeur aqueuse du flacon dans les appareils condensateurs.

Il est évident que le volume de l'eau écoulée du flacon aspirateur donne le volume du gaz qui a traversé l'appareil.

Lorsqu'il est impossible de faire sur les lieux même l'opération
qu'on vient de décrire, il faut recueillir l'air de la pièce pour l'analyser dans un laboratoire. Pour cela on peut employer la disposition suivante :

Après avoir fait pénétrer dans la pièce un long tube, on met
en communication une extrémité de ce tube avec un ballon
muni d'un ajutage en cuivre et à robinet, et dans lequel on a fait
le vide. En ouvrant le robinet on fait entrer dans le ballon l'air
qu'il s'agit d'analyser.

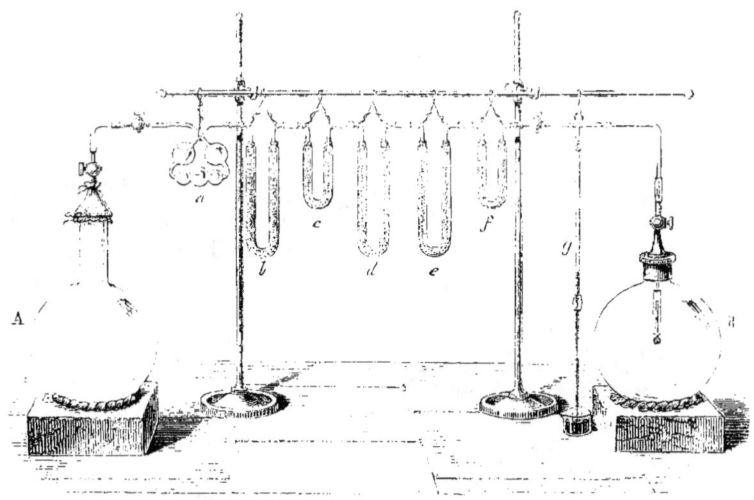

Fig. 77.

On peut se procurer ainsi plusieurs ballons remplis de l'air de la pièce. Pour analyser celui-ci on emploie la méthode adoptée par M. F. Le Blanc dans ses analyses d'air confiné.

On met les ballons remplis de l'air vicié en communication avec d'autres ballons vides d'air et destinés à l'aspiration. Entre les ballons remplis de gaz et les ballons aspirateurs on dispose une série d'appareils de condensation destinés à absorber la vapeur d'eau et l'acide carbonique. La figure 77 donne une idée de la disposition adoptée par M. F. Le Blanc. Elle ne représente, pour plus de simplicité, qu'un seul ballon rempli d'air vicié A, e un seul ballon aspirateur B. On connaît la capacité des ballons. L'expérience est terminée lorsque la tension de l'air est la même dans les deux séries de ballons. Cette tension est déterminée à l'aide d'un baromètre g. On a ainsi tous les éléments nécessaires pour déterminer le volume des gaz qui ont passé dans les ballons aspirateurs. En pesant les appareils de condensation a, b, c, d, e, avant et après l'opération, on détermine le poids de l'eau et de l'acide carbonique contenus dans l'air vicié. Cette disposition ne permet pas d'évaluer la proportion d'oxyde de carbone et d'hydrogène carboné qui peut être contenue dans l'air vicié.

Fig. 78.

A défaut de ballons, on peut se servir, pour recueillir l'air que l'on veut analyser, d'un flacon a muni d'un robinet à sa partie inférieure et destiné à servir d'aspirateur. On introduit de l'eau dans ce flacon, de manière à le remplir presque entièrement, et on verse de l'huile jusqu'au goulot (*fig.* 78). On ajuste ensuite exactement le bouchon, qui est percé de deux trous. L'un reçoit un tube droit terminé par un entonnoir, et qui plonge presque jusqu'au fond du flacon; l'autre, un tube recourbé, que l'on met en communication avec le tube destiné à amener l'air. Les choses

étant ainsi disposées, il suffit d'ouvrir le robinet pour que cet air
pénètre dans le flacon, rempla-
çant l'eau qui s'écoule. La couche
d'huile répandue à la surface de
l'eau empêche celle-ci de dissoudre de l'acide carbonique. Lorsque le niveau de l'eau est descendu
de manière à atteindre l'extrémité
du tube droit, on ferme le robinet,
et le flacon se trouve presque entièrement rempli de l'air que l'on
veut analyser. Pour faire cette
opération on met en communication le tube recourbé avec les
appareils représentés page 340,
et on fait couler lentement de l'eau
dans le flacon, par le tube à entonnoir, de manière à en chasser
de nouveau l'air qu'on a recueilli
(*fig.* 79).

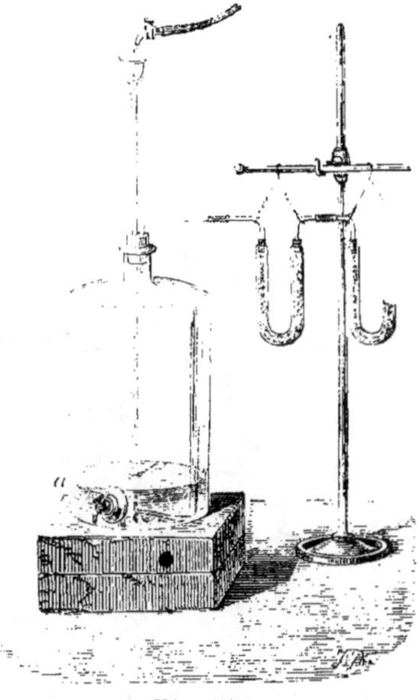

Fig. 79.

Ce mode d'opérer ne saurait
donner des résultats aussi exacts que les procédés décrits plus
haut.

SULFURE DE CARBONE.

CS^2 ou C^2S^4.

Préparation. — Pour préparer ce corps on fait arriver du soufre
en vapeur sur du charbon incandescent. Dans les laboratoires,
cette opération s'exécute dans un tube de porcelaine où l'on place
de la braise et qu'on chauffe au rouge dans un fourneau à réverbère. Le fourneau et le tube sont légèrement inclinés. D'un côté,
ce dernier est en communication avec une allonge et un récipient
refroidi ; de l'autre côté il est fermé par un bouchon de liége. Là
on place de temps en temps des fragments de soufre. Ils fondent,
et le soufre fondu arrivant dans la partie la plus chaude du tube de
porcelaine, s'y vaporise et se combine plus loin avec le charbon
incandescent. Le sulfure de carbone produit se condense dans le
récipient (*fig.* 80). On le sépare de l'eau, au fond de laquelle il s'est
rassemblé, on le met en contact avec quelques fragments de chlorure de calcium pour enlever l'eau adhérente, puis on le rectifie
au bain-marie.

Dans les arts on fabrique de grandes quantités de sulfure de carbone en introduisant du soufre dans des vases cylindriques en fonte remplis de charbon et chauffés au rouge.

Fig. 80.

Propriétés du sulfure de carbone. — Le sulfure de carbone est un liquide incolore, très-mobile, très-réfringent. Il est doué d'une odeur forte et fétide. Sa densité à 15° est $= 1,271$. Il bout à 46°. Sa densité de vapeur est $= 2,645$.

La composition du sulfure de carbone est exprimée par la formule CS^2, qui correspond, comme on voit, à celle de l'acide carbonique CO^2. On peut dire que le sulfure de carbone est de l'acide carbonique dont les deux atomes d'oxygène ont été remplacés par deux atomes de soufre. Et cette analogie se révèle non-seulement par la composition, mais encore par les propriétés; car le sulfure de carbone peut se combiner avec les sulfures pour former des sulfo-carbonates, comme l'acide carbonique s'unit aux oxydes pour former des carbonates. Aussi nomme-t-on quelquefois le sulfure de carbone acide sulfocarbonique.

Le sulfure de carbone est indécomposable par la chaleur. A l'approche d'un corps en combustion il brûle à l'air avec une flamme bleue. Les produits de sa combustion sont l'acide sulfureux et l'acide carbonique. Mêlée à l'oxygène, sa vapeur produit une forte détonation. 2 volumes de vapeur de sulfure de carbone exigent, pour leur combustion complète, 6 volumes d'oxygène et produisent 2 volumes d'acide carbonique et 4 volumes d'acide sulfureux.

$$CS^2 + O^6 = CO^2 + S^2O^4.$$

A la température rouge, le sulfure de carbone réduit presque tous les oxydes et les transforme en sulfures en formant avec leur oxygène de l'oxyde de carbone ou de l'acide carbonique.

Lorsqu'on le soumet à l'action de l'hydrogène naissant, il perd la moitié de son soufre et se convertit en un corps hydrogéné dont la composition est probablement représentée par la formule $C^2H^2S^2$. (Aimé Girard.)

Le sulfure de carbone se rencontre en petite quantité dans le gaz de l'éclairage provenant de la décomposition de la houille.

Conformément aux traditions de l'enseignement élémentaire, nous avons admis, pour l'acide carbonique et pour le sulfure de carbone, les formules

$$CO^2 = 2 \text{ volumes d'acide carbonique.}$$
$$CS^2 = 2 \text{ volumes de sulfure de carbone.}$$

Mais les mêmes raisons qui conduisent à doubler la formule de l'acide sulfurique et à considérer ce corps comme un acide bibasique $S^2H^2O^8$, militent aussi en faveur d'une formule double pour l'acide carbonique, qu'il convient d'envisager comme un acide bibasique. La composition des carbonates neutres est exprimée, en équivalents, par la formule

$$C^2R^2O^9 = 2RO,C^2O^4,$$

et l'acide carbonique hydraté, s'il existait, aurait pour formule

$$C^2H^2O^6 = 2HO,C^2O^4.$$

Il convient donc d'exprimer la composition moléculaire de l'oxyde de carbone et de l'acide carbonique par les formules suivantes, qui expriment 4 volumes de vapeur :

$$C^2O^2 = 4 \text{ volumes d'oxyde de carbone.}$$
$$C^2O^4 = 4 \text{ volumes d'acide carbonique.}$$

L'oxyde de carbone joue le rôle de radical; car il se combine directement avec le chlore et avec l'oxygène. On peut le nommer carbonyle, et on peut envisager l'acide carbonique comme l'oxyde de carbonyle, et le gaz chloroxycarbonique comme le chlorure de carbonyle.

$[C^2O^2]$ carbonyle (oxyde de carbone).
$[C^2O^2]Cl^2$ chlorure de carbonyle (gaz chloroxycarbonique).
$[C^2O^2]O^2$ oxyde de carbonyle (acide carbonique).

Les mêmes considérations s'appliquent au sulfure de carbone, dont la formule doit être doublée pour représenter 4 volumes de vapeur. On peut envisager le sulfure de carbone comme le sulfure de sulfo-carbonyle.

On connaît aussi une combinaison de chlore et de sulfo-carbonyle, combinaison qui correspond au gaz phosgène et qu'on obtient en traitant le sulfure de carbone par le perchlorure de phosphore (Kolbe.)

$[C^2S^2]S^2$ sulfure de sulfo-carbonyle (sulfure de carbone).
$[C^2S^2]Cl^2$ chlorure de sulfo-carbonyle.

En se combinant avec les sulfures alcalins, le sulfure de carbone forme les sulfo-carbonates $C^2R^2S^6 = 2RS,C^2S^4$, qui correspondent, comme on voit, aux carbonates neutres. Ainsi, on obtient le sulfo-carbonate de potassium $C^2K^2S^6 = 2KS,C^2S^4$, en dissolvant le sulfure de carbone dans une solution alcoolique de monosulfure de potassium ; par l'évaporation de la liqueur le sulfo-carbonate cristallise.

En le traitant par l'acide chlorhydrique, on voit se séparer un corps oléagineux brun qui constitue l'acide hydrosulfocarbonique $C^2H^2S^6 = H^2S^2,C^2S^4$. On voit que ce corps correspond à l'acide carbonique hydraté $C^2H^2O^6$ qu'on ne peut obtenir.

Action du sulfure de carbone sur l'économie animale. — Le sulfure de carbone est employé depuis quelques années comme dissolvant du caoutchouc. L'industrie en consomme des quantités énormes. L'emploi qu'on en fait offre de sérieux inconvénients au point de vue hygiénique. Le sulfure étant très-volatil, sa vapeur se répand dans les ateliers et exerce une influence très-fâcheuse sur la santé des ouvriers. Ceux-ci éprouvent des maux de tête, des vertiges, des nausées, des vomissements, de l'anorexie, un affaiblissement marqué de la vue, quelquefois de l'ouïe, une dépression notable des forces musculaires, des accidents de paralysie, un trouble prononcé de l'intelligence et un amoindrissement des fonctions génitales. Lorsqu'ils restent longtemps sous l'influence des conditions dans lesquelles ils sont placés et des altérations survenues dans leur nutrition, ils finissent par tomber dans un état de dépérissement et de cachexie (Delpech).

COMBINAISONS DU CARBONE AVEC L'HYDROGÈNE.

Ces combinaisons sont fort nombreuses. On les nomme hydrogènes carbonés ou carbures d'hydrogène. Beaucoup de ces composés résultent des transformations qu'on fait subir artificiellement aux matières organiques. Quelques-uns ont été formés de toutes pièces. Il en est ainsi de l'acétylène C^4H^2 (Berthelot). D'un autre côté, la nature en élabore un grand nombre dans les organes des végétaux. Les essences qu'on tire des plantes aromatiques ou de certains produits odorants d'origine végétale en sont essentiellement formées ou les renferment à l'état de mélange avec d'autres principes. On voit que l'étude de ces composés rentre dans le domaine de la chimie organique, et nous en traiterons dans le second volume de cet ouvrage. Pourtant nous croyons devoir indiquer ici, d'une manière sommaire, la composition de deux hydrogènes carbonés gazeux qu'on désigne sous le nom d'hydrogène protocarboné et d'hydrogène bicarboné.

L'hydrogène protocarboné a été nommé aussi *gaz des marais*, parce qu'il se dégage, à l'état impur, de la vase des marais. Il s'y forme par la décomposition spontanée des débris organiques, et l'on sait qu'il suffit de remuer le limon des eaux stagnantes pour qu'il s'en dégage des bulles nombreuses. On peut les recueillir en les recevant sous l'eau dans un entonnoir dont le bec s'engage dans un flacon rempli d'eau. Ce gaz n'est pas pur. Il est mêlé d'oxygène, d'acide carbonique et d'azote.

Dans quelques localités il existe de véritables sources d'hydrogène protocarboné qui se forme dans le sein de la terre par la décomposition des matières organiques, et dont on tire parti comme combustible. Le dégagement de ce gaz est quelquefois accompagné de l'éruption d'une matière boueuse imprégnée de sel.

Certaines houilles renferment de l'hydrogène protocarboné. Il y est comprimé plus ou moins fortement et s'échappe avec sifflement lorsque les masses qui le renferment sont entamées. Telle est l'origine du feu grisou, ce fléau des mines de houilles.

On se procure l'hydrogène protocarboné à l'état de pureté en décomposant l'acétate de soude par un alcali, réaction que nous décrirons dans le tome II de cet ouvrage. A l'état de pureté, l'hydrogène protocarboné est un gaz incolore, doué d'une odeur faible, peu agréable. Sa densité est de 0,559. Il est indécomposable par la chaleur seule. Il éteint les corps en combustion, mais s'enflamme d'abord lui-même au contact de l'air. Il brûle avec une flamme peu éclairante. Mêlé avec de l'oxygène, il détone fortement, soit par la chaleur, soit par le passage de l'étincelle électrique, en donnant naissance à de l'acide carbonique et à de l'eau. L'expérience faite dans l'eudiomètre permet d'établir la composition du gaz hydrogène protocarboné. On reconnaît, en effet, que 1 volume de ce gaz exige, pour sa combustion complète, 2 volumes d'oxygène et produit 1 volume d'acide carbonique. Mais 1 volume d'acide carbonique renferme $\frac{1}{2}$ volume de vapeur de carbone (page 332) et 1 volume d'oxygène. Le second volume d'oxygène consommé a donc été employé à former de l'eau avec 2 volumes d'hydrogène. Il en résulte que 1 volume d'hydrogène protocarboné renferme $\frac{1}{2}$ volume de vapeur de carbone et 2 volumes d'hydrogène, ou que 2 volumes du premier gaz renferment 1 volume de vapeur de carbone et 4 volumes d'hydrogène. Mais 1 volume de vapeur de carbone correspond à 1 équivalent de carbone, 4 volumes d'hydrogène correspondent à 2 équivalents d'hydrogène (HO étant formé de 2 volumes d'hydrogène et de 1 volume d'oxygène). En équivalents, la composition de l'hydrogène protocarboné sera donc exprimée par la formule $CH^2 = 2$ volumes. Les chimistes ont été conduits à doubler cette formule, qui devient alors C^2H^4 et se rapporte à 4 volumes de gaz.

L'hydrogène bicarboné ou gaz oléfiant se forme par la distillation sèche d'un grand nombre de substances organiques, principalement de celles qui sont riches en carbone et en hydrogène, comme les matières grasses et résineuses. Mais dans ce cas il est toujours mêlé à d'autres gaz. On l'obtient à l'état de pureté en décomposant l'alcool par un excès d'acide sulfurique (voir tome II).

L'hydrogène bicarboné, qu'on nomme aujourd'hui *éthylène*, est un gaz incolore, doué d'une faible odeur éthérée. Il n'est point permanent. M. Faraday l'a liquéfié en le comprimant dans un tube entouré d'un mélange d'acide carbonique solide et d'éther.

Le gaz hydrogène bicarboné possède une densité de 0,985. Exposé à l'action d'une série d'étincelles électriques ou d'une température très-élevée, il se décompose en carbone et en hydrogène.

Au contact d'un corps en ignition il s'enflamme et brûle avec une flamme blanche très-éclairante. Mêlé avec une quantité suffisante d'oxygène, il donne lieu, par l'action de la chaleur, à une violente détonation. L'expérience est dangereuse et occasionne souvent la rupture du vase, que l'on doit entourer d'une serviette pliée en plusieurs doubles. Elle peut se faire dans l'eudiomètre sur de petites quantités de gaz; car l'étincelle enflamme le mélange d'hydrogène bicarboné et d'oxygène. On reconnaît alors que 1 volume d'hydrogène bicarboné exige, pour sa combustion complète, 3 volumes d'oxygène et produit 2 volumes d'acide carbonique. On déduit de là la composition du gaz par une suite de raisonnements analogues à ceux que nous avons présentés plus haut en traitant du gaz hydrogène protocarboné. On est ainsi conduit à admettre que 1 volume d'hydrogène bicarboné renferme 1 volume de vapeur de carbone et 2 volumes d'hydrogène. En équivalents, cette composition est exprimée par la formule $CH = 1$ volume, ou $C^4H^4 = 4$ volumes.

C'est la dernière formule qui est généralement adoptée.

Lorsqu'on fait, dans une éprouvette, un mélange de 1 volume d'hydrogène bicarboné et de 2 volumes de chlore, et qu'on en approche rapidement une bougie allumée, on le voit s'enflammer et brûler avec une flamme rouge et fuligineuse qui se propage rapidement jusqu'au fond de l'éprouvette. Celle-ci se recouvre d'une couche épaisse d'un charbon noir et divisé. Dans cette expérience on voit un gaz brûler dans le chlore. La combustion est déterminée par la puissante affinité de ce dernier corps pour l'hydrogène du gaz combustible : il se forme du gaz chlorhydrique, et le charbon, qui, dans ces circonstances, ne possède aucune affinité pour le chlore, se dépose.

Les choses se passent autrement lorsqu'on abandonne à la température ordinaire et à la lumière diffuse un mélange de volumes égaux d'hydrogène bicarboné et de chlore. On voit alors les deux gaz disparaître et l'eau remonter rapidement dans l'éprouvette qui les renferme. En même temps un liquide oléagineux apparaît sous forme de gouttes qui tombent au moindre choc. Ce corps constitue ce qu'on nomme la *liqueur des Hollandais,* ou le chlorure d'éthylène $C^4H^4Cl^2$. Nous le décrirons dans le tome II.

Pour le moment, les indications sommaires que nous avons données sur la composition et les propriétés des carbures d'hydrogène gazeux suffisent pour l'intelligence des développements que nous allons présenter concernant le phénomène de la flamme.

Théorie de la flamme. — Une flamme est un gaz ou une vapeur qui brûle. La combustion s'exécute ordinairement dans l'air, et c'est l'oxygène qui en est l'agent. Pourtant la présence de l'oxygène n'est point une condition indispensable; nous avons vu que l'hydrogène bicarboné brûle dans une atmosphère de gaz chlore. Mais nous n'aurons à considérer ici le phénomène de la flamme que dans les circonstances ordinaires où il s'accomplit.

Prenons pour exemple le gaz de l'éclairage.

Un jet de ce gaz s'échappe dans l'air. On en approche un corps en combustion, c'est-à-dire qu'on élève jusqu'au rouge la température du mélange gazeux qui environne ce corps en combustion. Le gaz de l'éclairage s'enflamme et continue à brûler avec une vive lumière et en dégageant une chaleur intense. Pourtant les diverses parties de la flamme ne sont ni également brillantes ni également chaudes. Tels sont les divers points que nous aurons à examiner.

Pour que l'oxygène agisse sur les éléments combustibles du gaz de l'éclairage, il est nécessaire de porter le mélange à une température très-élevée. D'autres gaz exigent, pour leur combustion, une chaleur moins intense. Il existe même un hydrogène phosphoré et un hydrogène silicié qui s'enflamment à l'air, spontanément, à la température ordinaire.

La combustion du gaz de l'éclairage une fois commencée, continue d'elle-même, car la chaleur qu'elle dégage suffit pour l'entretenir. Un refroidissement brusque la fait cesser. C'est ce qui arrive lorsqu'on écrase la flamme avec une toile métallique qui tamise en quelque sorte le mélange gazeux. Les gaz passent sans obstacle à travers les mailles des tissus, se refroidissent par leur contact avec le métal, bon conducteur, et la combustion cesse au-dessus de la toile. On peut faire l'expérience inverse. En disposant une toile métallique à une certaine distance du bec par où s'échappe un jet de gaz, on divise ce jet en deux parties; on peut alors allumer la partie supérieure, celle qui se trouve au-dessus de la toile métallique, sans que la combustion se propage du côté du bec.

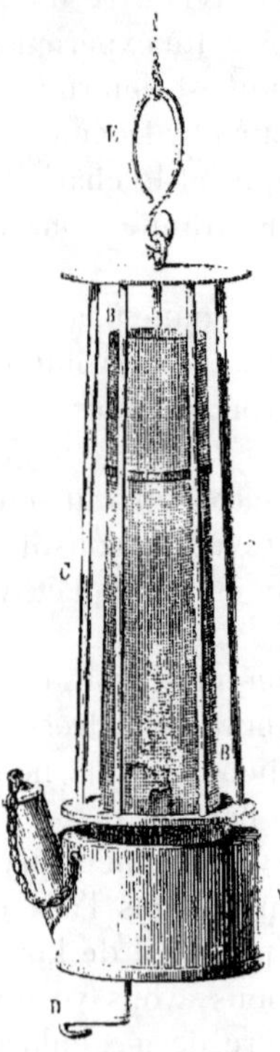

Fig. 81.

Cette propriété des toiles métalliques de s'opposer à la propagation des flammes a été reconnue d'abord par sir Humphry Davy, qui en a tiré un parti merveilleux dans la construction de la lampe de sûreté ou lampe des mineurs. C'est une lampe ordinaire entourée d'un cylindre en toile métallique (*fig.* 81). Elle projette moins de clarté qu'une autre lampe non protégée par une enveloppe, mais elle prévient les explosions de feu grisou. Lorsqu'un mélange explosif vient à se former dans une galerie, le gaz pénètre bien dans l'intérieur de la lampe, s'y enflamme, mais la flamme ne peut franchir l'enveloppe qui la refroidit.

La lampe perfectionnée qu'a construite M. Combes (*fig.* 82), repose encore sur le même principe. La combustion s'accomplit dans un cylindre en cristal A, où l'air entre par des orifices étroits percés dans une plaque métallique *dd* disposée au-dessus du réservoir. Dans cette enveloppe en cristal s'engage un tube en cuivre E qui sert de cheminée et qui est enveloppé d'un cylindre en toile métallique B. On voit que l'air extérieur n'est en communication avec l'intérieur de la lampe que par les orifices étroits qui servent au tirage et par la toile métallique, double disposition qui ne permet pas à la flamme de se propager au dehors.

Lorsqu'on examine avec attention la flamme d'une bougie, on y distingue nettement plusieurs parties. Ce qui frappe d'abord, c'est le champ brillant de la flamme qui répand une vive lumière. Il occupe la partie centrale. A la base se trouve une partie qu'on nomme le cône obscur de la flamme. A la périphérie on remarque de même une couche assez mince, peu éclairante, et qui constitue en quelque sorte l'enveloppe de la flamme tout entière. Cette dernière partie est le principal siége des phénomènes de combustion; car c'est par sa surface que le jet de gaz est en rapport avec l'air. L'oxygène y est en quantité suffisante et la combustion y est complète. C'est là aussi la partie la plus chaude de la flamme, et cette chaleur rayonne en tous sens, au dehors et à l'intérieur. A l'intérieur elle décompose les gaz riches en carbone, de manière à mettre du charbon en liberté. Celui-ci, suspendu dans le gaz à l'état de particules

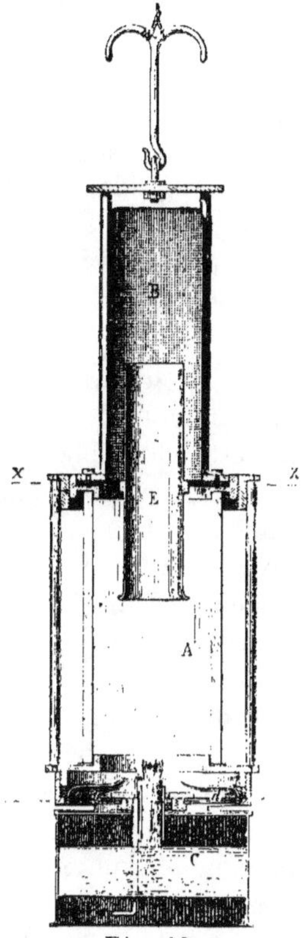

Fig. 82.

solides et très-tenues, y est porté à une vive incandescence. Voilà ce qui donne de l'éclat à la flamme. Voilà aussi pourquoi l'hydrogène protocarboné brûle avec une flamme peu éclairante, pourquoi la flamme de l'hydrogène est pâle. La première ne renferme que peu de particules de charbon suspendu et incandescent; la seconde ne contient aucune particule solide. Cette dernière prend immédiatement de l'éclat lorsqu'on fait passer préalablement l'hydrogène à travers un carbure d'hydrogène volatil, la benzine, par exemple, dont il entraîne les vapeurs, ou même à travers tout autre corps volatil susceptible de se décomposer à une haute température, de manière à former un produit solide.

Une expérience très-simple montre d'ailleurs que les flammes éclairantes tiennent du charbon en suspension. Il suffit d'écraser une telle flamme avec un morceau de porcelaine pour qu'il s'y dépose une couche de noir de fumée. Ajoutons que la base de la flamme est généralement obscure, parce que ce charbon divisé n'y est pas encore arrivé jusqu'à l'incandescence. Arrivé à la lisière de la flamme, où l'oxygène est abondant, ce charbon incandescent disparaît en brûlant. S'il était en excès, ce qui arrive quelquefois dans la combustion des matières grasses et résineuses, si riches en charbon, il pourrait ne pas être brûlé complétement et apparaîtrait alors au dehors de la flamme sous forme de fumée. Les flammes qui fument sont dites *fuligineuses*.

EMPOISONNEMENT PAR LE GAZ DE L'ÉCLAIRAGE.

Le gaz hydrogène protocarboné n'agit pas comme un poison proprement dit. Impropre à la respiration, il n'est point délétère. Il n'est redoutable que par les explosions qu'il peut produire lorsqu'il fait irruption dans les galeries des mines de houille. L'hydrogène bicarboné pur ne paraît pas doué non plus de propriétés toxiques. Christison et Turner prétendent avoir respiré sans inconvénient de l'air chargé d'hydrogène bicarboné; mais ils ont négligé d'indiquer la proportion de ce dernier gaz. Nysten l'ayant injecté dans les veines, a vu qu'il ne produisait la mort des animaux que lorsque la quantité de gaz est assez considérable pour distendre le cœur. Les expériences plus récentes de M. Bouis ont prouvé que les animaux qui respirent un mélange d'air et d'hydrogène bicarboné éprouvent, à la vérité, au bout d'un certain temps, des phénomènes d'asphyxie, mais que ces effets sont dus au manque d'oxygène et à l'acide carbonique qui se répand dans l'atmosphère confinée. C'est aux mêmes causes qu'il faut sans doute attribuer les effets constatés par M. Tourdes dans ses expériences relatives à l'action de l'hydrogène bicarboné sur l'économie animale. L'influence délétère de ce gaz, que cet auteur a cru devoir admettre, ne semble point ressortir d'une manière certaine de ses expériences, faites d'ailleurs avec beaucoup de soin.

Le gaz de l'éclairage, au contraire, est toxique : la science a enregistré divers cas d'empoisonnement par ce gaz. M. Tourdes en a étudié les effets sur les animaux et a constaté que l'air vicié par quelques centièmes de gaz de l'éclairage produit des effets funestes. Les deux expériences suivantes, choisies entre beaucoup d'autres, en donneront une idée : un lapin introduit dans une atmosphère renfermant 6,6 pour cent (1/15ᵉ) de ce gaz est tombé au bout de 2 minutes et est mort en 9 minutes. Un pigeon est mort en 7 minutes dans une atmosphère qui n'en contenait que 3,1 pour cent (1/32ᵉ). Le gaz sur lequel M. Tourdes a expérimenté renfermait 21,9 pour cent d'oxyde de carbone, et c'est à la présence de ce gaz délétère qu'il faut attribuer son action toxique.

La composition du gaz de l'éclairage est d'ailleurs très-variable, selon le procédé qui a servi à le préparer. On l'obtient par la distillation de la houille, du bois, de matières grasses, de produits résineux ou bitumineux. Les éléments qu'il renferme varient aussi suivant la température à laquelle l'opération s'est effectuée et même suivant le moment où le gaz a été recueilli. On ne peut donc indiquer sa composition que d'une manière générale et rappeler qu'il renferme ordinairement, après purification, de l'hydrogène protocarboné, une petite quantité d'hydrogène bicarboné et d'autres hydrogènes carbonés (particulièrement de l'acétylène C^4H^2, et du butylène C^8H^8), de l'hydrogène libre, de l'oxyde de carbone, de l'azote, et quelquefois des vapeurs de sulfure de carbone. Lorsque l'épuration est incomplète on peut y constater accidentellement la présence de l'acide carbonique et de l'acide sulfhydrique libres ou combinés avec de l'ammoniaque. Ajoutons que les carbures d'hydrogène répandus en vapeur dans le gaz de l'éclairage et qui donnent de l'éclat à la flamme, communiquent aussi au gaz une odeur particulière, pénétrante et désagréable. Cette odeur est une garantie contre le danger d'asphyxie et celui d'explosion plus grand encore.

SILICIUM

Ce corps est le radical de la silice ou acide silicique. On ne peut point l'obtenir par réduction de l'acide.

Silicium amorphe. — Berzelius l'a isolé le premier en chauffant avec du potassium le fluorure double de silicium et de potassium. Il se forme du fluorure de potassium, et le silicium est mis en liberté. La réduction s'opère dans un petit creuset de platine qu'on chauffe au rouge. La masse étant reprise par l'eau après le refroidissement, le fluorure de potassium se dissout et le silicium reste sous forme d'une poudre fine d'un brun foncé; on la recueille sur un filtre, on la lave et on la dessèche.

On obtient ainsi le silicium pulvérulent et amorphe.

Lorsqu'on chauffe cette poudre brune à l'air, elle s'enflamme et se convertit en une poudre blanche d'acide silicique. Elle n'est pas attaquée par les acides à l'exception de l'acide fluorhydrique. L'action d'une très-forte chaleur rouge la rend à peu près incombustible et inattaquable par l'acide fluorhydrique.

Silicium cristallisé. — On connaît le silicium à l'état cristallin. Pour l'obtenir sous cette forme, MM. H. Deville et Caron chauffent un creuset de terre au rouge et y projettent un mélange de 3 parties de fluorure double de silicium et de potassium, de 1 partie de zinc grenaillé et de 1 partie de sodium coupé en petits morceaux. Par l'action de la chaleur rouge, le sodium réduit le fluorure double. Le silicium est mis en liberté et se dissout dans le zinc. La température ne doit donc pas être portée au rouge blanc, de peur que le zinc ne se volatilise. Par le refroidissement, le silicium se sépare en cristaux, et si l'on casse le creuset, on trouve un culot de zinc pénétré dans toute sa masse par des aiguilles de silicium. Pour les extraire, on dissout le zinc dans l'acide chlorhydrique, puis on fait bouillir les cristaux de silicium, ainsi isolés, avec de l'acide azotique.

Le silicium cristallisé est ordinairement formé par de petits chapelets d'octaèdres réguliers, d'un gris d'acier foncé et doués d'un éclat métallique très-prononcé. Comme le diamant, le silicium cristallise dans les formes du système régulier (de Senarmont et Descloizeaux).

On peut dire que le silicium amorphe est au silicium cristallisé ce que le charbon noir est au diamant. On connaît aussi le silicium sous une forme qui le rapproche du graphite.

Silicium graphitoïde. — Pour obtenir le silicium graphitoïde, M. Wœhler conseille de chauffer, dans un creuset de Hesse, à la température de la fusion de l'argent, de l'aluminium avec 20 à 40 fois son poids de fluorure double de silicium et de potassium, et de maintenir la masse en fusion pendant un quart d'heure. Une partie de l'aluminium met en liberté du silicium, qui se dissout dans le reste de l'aluminium. Après le refroidissement, le creuset étant cassé, on trouve au fond un culot d'aluminium imprégné de silicium graphitoïde. On épuise ce culot successivement par l'acide chlorhydrique et par l'acide fluorhydrique bouillants. Le silicium graphitoïde reste sous forme de petites tables hexagonales. Sa densité est égale à 2,49. De même que le silicium cristallisé, il est incombustible : on peut les chauffer l'un et l'autre au rouge blanc, dans une atmosphère d'oxygène, sans qu'ils changent de poids. Chauffé au rouge avec du carbonate de potasse, le silicium graphitoïde décompose l'acide carbonique avec un vif dégagement de lumière, en formant de l'acide silicique qui reste uni à la potasse. Lorsqu'on le chauffe au rouge naissant dans du chlore, il brûle et se convertit en chlorure de silicium. Il est inattaquable par les acides.

Lorsqu'on chauffe le silicium amorphe avec du sel marin à une température suffisante pour volatiliser ce dernier, il reste du silicium graphitoïde. Celui-ci fond à une température excessivement élevée et se convertit en silicium cristallisé (H. Deville).

L'équivalent du silicium est $= 14$ [1].

ACIDE SILICIQUE.

SiO^2 ou Si^2O^4

État naturel. — Ce corps est très-répandu dans la nature. Il y existe libre et à l'état de combinaison avec les bases sous forme de silicates, classe très-nombreuse de minéraux.

Le cristal de roche ou quartz constitue l'acide silicique pur. Il se présente en prismes à 6 pans terminés par des pyramides à 6 faces. Sa densité est égale à 2,6. Il exerce la double réfraction et la polarisation rotatoire. Il est infusible au feu de forge; mais lorsqu'on l'expose à la haute température du chalumeau à gaz hydrogène et oxygène, il subit la fusion visqueuse. Après le refroidissement il constitue alors une masse vitreuse amorphe d'une densité de 2,2. Le quartz fondu ne jouit ni de la double réfraction ni de la polarisation rotatoire.

Le quartz est irréductible par le charbon et par le potassium aux plus hautes températures. Il est inattaquable par les acides, à l'exception de l'acide fluorhydrique. Les solutions alcalines l'attaquent à peine à la température de l'ébullition; mais lorsqu'on le chauffe au rouge avec les alcalis caustiques ou les carbonates alcalins, il entre en combinaison avec les bases pour former des silicates.

Le quartz fondu dont la densité s'est abaissée à 2,2 est dissous par une lessive concentrée et bouillante de potasse (H. Deville).

Les améthystes, les agates, les calcédoines, les silex, les grès, etc., constituent d'autres variétés d'acide silicique ou de

---

1. Dans le tableau des équivalents de la page 17, on a donné, pour le silicium, l'équivalent 21, qu'adoptent un grand nombre de chimistes, qui expriment la composition de l'acide silicique par la formule SiO^3. Comme nous adoptons la formule SiO^2, l'équivalent du silicium se réduit aux $\frac{2}{3}$ de 21 et devient 14.

silice anhydre, variétés cristallines ou amorphes. Les variétés amorphes, telles que le silex, sont attaquées beaucoup plus facilement par la potasse que le cristal de roche.

On rencontre aussi dans la nature l'acide silicique à l'état de combinaison avec des quantités variables d'eau. Les minéraux connus sous les noms d'opale, d'hydrophane, de geysérite, de résinite, constituent de la silice hydratée.

Préparation. — Pour préparer dans les laboratoires l'acide silicique, on fond ensemble au rouge vif 6 parties de sable siliceux et 5 parties de carbonate de soude; après le refroidissement on reprend par l'eau bouillante la masse qui renferme du silicate de soude, et on verse de l'acide chlorhydrique dans la solution. Il se forme un précipité gélatineux d'acide silicique hydraté, et du chlorure de sodium reste en dissolution. On filtre et on lave le précipité gélatineux avec de l'eau.

On obtient aussi la silice gélatineuse en décomposant le fluorure de silicium par l'eau.

Propriétés. — Dans cet état, l'acide silicique hydraté se dissout avec facilité dans une solution même étendue de potasse ou de soude. Il n'est point insoluble dans l'eau. Mais lorsqu'on le dessèche à 100°, en évaporant à siccité la solution d'où il a été précipité par l'acide chlorhydrique, et qu'on reprend ensuite le résidu par l'eau aiguisée d'acide chlorhydrique, il reste une poudre blanche, insipide, un peu rude au toucher, qui constitue l'acide silicique amorphe. En prenant l'état solide, après l'évaporation, il est devenu tout à fait insoluble dans l'eau. Après une forte calcination, il possède une densité de 2,2, et offre alors les propriétés de la silice amorphe qu'on rencontre dans la nature. Il est irréductible, comme elle, par le charbon et par le potassium. Il est décomposé au rouge, par l'action simultanée du chlore et du charbon (voir page 358). Inattaquable par les acides, à l'exception de l'acide fluorhydrique, il se dissout dans les lessives alcalines bouillantes.

La silice gélatineuse desséchée dans le vide à la température ordinaire, renferme 16,5 pour cent d'eau. Cette composition correspond à la formule $3SiO^2,2HO$. Chauffé à 120°, cet acide hydraté perd la moitié de son eau et devient $3SiO^2,HO$. Lorsque, d'après M. Ebelmen, on expose pendant longtemps à l'air humide de l'éther silicique, ce corps est décomposé, et de l'acide silicique se sépare sous forme de masses dures, vitreuses, analogues à l'hydrophane. C'est un hydrate SiO^2,HO.

MM. Wœhler et Buff ont décrit, sous le nom d'hydrate de sesquioxyde de silicium, un composé renfermant du silicium, de l'hydrogène et de l'oxygène et auquel ils ont attribué d'abord la formule $Si^2O^3 + 2HO$ (l'équivalent du silicium étant 21). La composition de cette matière remarquable n'est pas encore hors de doute.

M. Wœhler a observé récemment ce fait que, lorsqu'on traite le siliciure de calcium par l'acide chlorhydrique concentré, il reste une substance colorée en jaune orangé et qu'il a désignée sous le nom de *silicon*. Ce corps est insoluble dans l'eau. Lorsqu'on le chauffe à l'abri du contact de l'air, il dégage de l'hydrogène et laisse un résidu d'acide silicique coloré en brun par du silicium. Chauffé en vase clos avec de l'eau à 190°, il se convertit en acide silicique avec dégagement d'hydrogène.

Il se conserve sans altération à l'abri de la lumière. Mais lorsqu'on l'expose, sous l'eau, à l'action de la lumière solaire, il dégage de l'hydrogène et se convertit en une matière blanche que M. Wœhler désigne sous le nom de *leucon* et qu'il croit identique avec l'hydrate d'oxyde de silicium qu'il avait décrit avec M. Buff.

M. Wœhler considère le silicon et le leucon comme des combinaisons ternaires de silicium, d'hydrogène et d'oxygène, dans lesquelles le silicium jouerait le rôle du carbone dans les combinaisons organiques ternaires. Il exprime provisoirement la composition de ces deux substances par les formules suivantes (dans lesquelles Si figure avec l'équivalent 14) :

Silicon $Si^8H^4O^6$.
Leucon $Si^8H^8O^{10}$.

———

HYDROGÈNE SILICIÉ.

SiH^2 ou Si^2H^4.

Ce corps intéressant a été découvert par MM. Buff et Wœhler. Pour le préparer, on décompose le siliciure de magnésium par l'eau.

On se procure le siliciure de magnésium en projetant dans un creuset rouge un mélange de 40 grammes de chlorure de magnésium, de 35 grammes de fluorure double de silicium et de potassium, de 10 grammes de chlorure de sodium fondu et de 20 grammes de sodium en morceaux. Le chlorure de magnésium et le fluorure double sont réduits par le sodium ; le magnésium et le silicium mis en liberté se combinent pour former du siliciure de magnésium qui reste disséminé dans la masse de chlorure et de fluorure alcalins. Après le refroidissement, on réduit cette masse en petits fragments et on l'introduit dans un flacon à deux tubulures (*fig.* 1), exactement rempli, ainsi que le tube abducteur, d'eau privée d'air par l'ébullition. On ajoute ensuite de l'acide chlorhydrique par le tube à entonnoir. Le siliciure est décomposé et il se dégage de l'hydrogène silicié qu'on recueille dans des éprouvettes remplies d'eau non aérée.

$$Mg^2Si \ + \ 2HCl \ = \ SiH^2 \ + \ 2MgCl.$$

Siliciure   Acide   Hydrogène   Chlorure
de magnésium. chlorhydrique. silicié. de magnésium.

Ainsi préparé, l'hydrogène silicié est encore mêlé avec un excès d'hydrogène. C'est un gaz incolore qui brûle spontanément à l'air avec un vif éclat et en donnant, comme l'hydrogène phosphoré spontanément inflammable, de belles couronnes blanches. Il est décomposé par la chaleur en hydrogène et en silicium. Il réduit les dissolutions de cuivre, d'argent, de palladium.

CHLORURE DE SILICIUM.

$SiCl^2$ ou Si^2Cl^4.

Lorsqu'on chauffe du silicium dans une atmosphère de chlore, la combinaison des deux corps s'accomplit, et il se forme du chlorure de silicium. Pour préparer ce chlorure, on soumet l'acide silicique à l'action simultanée du charbon et du chlore à une très-haute température. Dans ces conditions, on parvient à le réduire et à le convertir en chlorure de silicium.

$$SiO^2 \ + \ 2C \ + \ 2Cl \ = \ C^2O^2 \ + \ SiCl^2.$$

Acide   Charbon.   Chlore.   Oxyde   Chlorure
silicique   de carbone. de silicium.

Voici comment on opère : on mêle intimement parties égales de silice gélatineuse et de noir de fumée; on y ajoute de l'huile et on réduit le tout, sur une table de porphyre, en une pâte épaisse. Avec celle-ci on fait des boulettes qu'on calcine dans un creuset muni de son couvercle, après les avoir recouvertes de poussier de charbon. On les introduit ensuite rapidement et encore chaudes dans une cornue tubulée E (*fig.* 82) en grès vernissé, qu'on place dans un bon fourneau à réverbère. Le col E de cette cornue se trouve en communication avec les tubes G, H, qui plongent dans un mélange de sel et de glace, et qui sont en communication par la partie recourbée avec les flacons I, K entourés de glace. Dans la tubulure de la cornue on engage un tube de porcelaine D, qui va plonger jusqu'au fond de la cornue et par lequel on fait arriver un courant de chlore sec, celui-ci se dégage dans le ballon **A**, se lave en B, se dessèche sur du chlorure de calcium en C. La cornue étant chauffée au rouge vif, le chlorure de silicium prend naissance et va se condenser dans les tubes et se rassembler dans les flacons I, K sous forme d'un liquide coloré en jaune par un excès de chlore. Pour lui enlever ce dernier, on l'agite avec une petite quantité de mercure, puis on le rectifie.

A l'état de pureté, le chlorure de silicium est un liquide incolore, très-mobile, doué d'une odeur forte. Il répand à l'air des va-

Fig. 82.

peurs blanches. Il bout à 59°, sa densité est égale à 1.523. La densité de sa vapeur est égale à 5.94, sa formule moléculaire Si²Cl⁴ répond à 4 volumes de vapeur. En présence de l'eau il se décompose en formant de l'acide chlorhydrique et de l'acide silicique.

$$Si^2Cl^4 + 2H^2O^2 = Si^2O^4 + 4HCl.$$

MM. Wœhler et Buff ont décrit sous le nom de chlorhydrate de sous-chlorure de silicium, un corps renfermant du silicium, du chlore et de l'hydrogène et qui se forme lorsqu'on fait passer du gaz chlorhydrique bien sec sur du silicium cristallisé, porté à une température voisine du rouge. C'est un liquide incolore, d'une densité de 1,65. Il bout à 42°. Il est inflammable et brûle avec une flamme pâle, verdâtre. L'eau le décompose en acide chlorhydrique et en oxyde de silicium hydraté (leucon). La composition de ce corps n'est pas encore bien établie.

FLUORURE DE SILICIUM.

$$SiFl^2 \text{ ou } Si^2Fl^4.$$

Préparation. — On introduit dans un ballon (*fig.* 21) un mélange intime de quartz pulvérisé et de fluorure de calcium ; on ajoute de l'acide sulfurique concentré de manière à former une bouillie claire, et on chauffe doucement le ballon sur un bain de sable après y avoir adapté un tube de dégagement. On recueille sur le mercure le gaz qui se dégage. L'équation suivante représente la réaction qui donne naissance au fluorure de silicium :

$$2CaFl \;+\; SiO^2 \;+\; 2SHO^4 \;=\; 2SCaO^4 \;+\; SiFl^2 \;+\; 2HO.$$

Fluorure   Acide   Acide   Sulfate   Fluorure
de calcium.   silicique.   sulfurique.   de chaux.   de silicium.

L'eau mise en liberté est fixée par l'acide sulfurique en excès.

Le fluorure de silicium est un gaz incolore. Sa densité est égale à 3,574. Il répand à l'air des fumées blanches. Au contact de l'eau il se décompose en silice gélatineuse et en acide *hydrofluosilicique*. Cette réaction, qui est caractéristique, s'accomplit selon l'équation suivante :

$$3SiFl^2 \;+\; 2HO \;=\; SiO^2 \;+\; 2[HFl,SiFl^2].$$

Fluorure   Acide   Acide
de silicium.   silicique.   hydrofluosilicique.

Acide hydrofluosilicique. — Ce corps est un réactif fréquemment employé dans les laboratoires. Pour le préparer, on introduit dans un ballon A (*fig.* 83) un mélange d'acide sulfurique, de sable quartzeux et de fluorure de calcium ; on chauffe et on dirige le gaz fluosilicique dans de l'eau. Comme l'extrémité du tube B par leque ce gaz arrive se boucherait immédiatement au contact de l'eau par suite de la formation de la silice gélatineuse, on fait plonger ce tube dans du mercure C, comme le montre la figure 83, et on verse par-dessus le mercure l'eau dans laquelle se dissout l'acide hydrofluosilicique. Lorsque cette eau s'est prise en masse par suite de la formation de la silice gélatineuse, on jette la gelée sur un linge, on exprime et on recommence à diriger dans le liquide du gaz fluorure de silicium. Pour achever la saturation, on concentre la liqueur filtrée jusqu'à ce que des vapeurs blanches apparaissent.

L'acide hydrofluosilicique concentré est un acide très-énergique qui chasse de leurs combinaisons les acides volatils, à l'exception de l'acide sulfurique. On ne le connaît pas à l'état anhydre, et on ne peut le concentrer au delà d'un certain degré ; car il arrive un moment **où** il se décompose en eau, en fluorure de silicium et en acide hydrofluorique. Lorsqu'on opère cette concentration dans

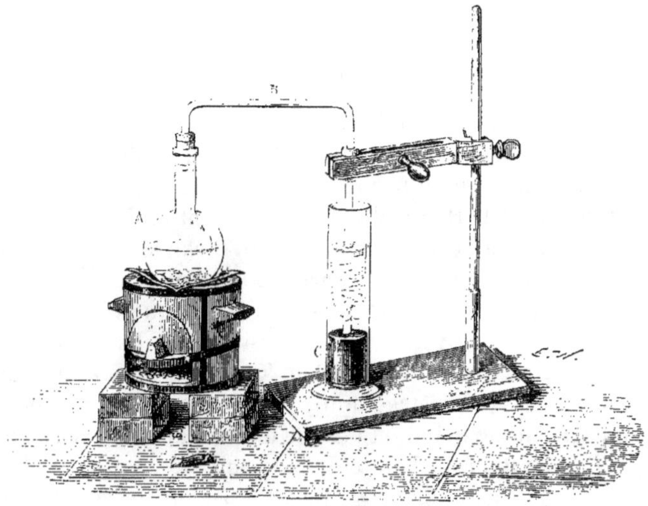

Fig. 83.

un vase de verre, la silice de celui-ci est dissoute, et, par une réaction inverse de celle qui donne naissance à l'acide hydrofluosilicique, cet acide se décompose en fluorure de silicium et en eau.

$$SiO^2 + 2[HFl,SiFl^2] = 3SiFl^2 + 2HO.$$

| Acide silicique. | Acide hydro-fluosilicique. | Fluorure de silicium. |

Il forme dans les dissolutions des sels de potasse un précipité gélatineux, à peine visible, de fluorure double de silicium et de potassium $KFl,SiFl^2$. Il précipite aussi les sels de soude en formant un précipité gélatineux, plus opaque que l'autre, de fluorure double de silicium et de sodium.

Le carbone et le silicium se rapprochent l'un de l'autre non-seulement par une certaine analogie dans les propriétés physiques, mais encore par la composition des combinaisons qu'ils forment avec l'oxygène, le soufre et le chlore.

$$C^2O^4.$$
Acide carbonique.

$$Si^2O^4.$$
Acide silicique.

$$C^2S^4$$
Sulfure de carbone.

$$Si^2S^4$$
Sulfure de silicium.
(Fremy.)

$$C^2Cl^4 = 4 \text{ vol.}$$
Perchlorure de carbone.

$$Si^2Cl^4 = 4 \text{ vol.}$$
Chlorure de silicium.

L'hydrogène silicié, dont la composition n'est pas encore bien établie, renferme probablement Si^2H^4, et serait comparable, dans ce cas, à l'hydrogène protocarboné C^2H^4.

BORE

Le bore est le radical de l'acide borique. Il a été isolé en 1808 par Gay-Lussac et Thenard, qui l'ont obtenu à l'état amorphe en réduisant l'acide borique par le potassium.

Récemment, MM. H. Deville et Wœhler ont montré que le bore peut être obtenu à l'état cristallin, et qu'il existe sous les mêmes modifications physiques que le carbone et le silicium.

Préparation du bore amorphe. — L'acide borique bien sec, préalablement fondu et pulvérisé, et le potassium sont disposés par couches alternatives dans un creuset qu'on porte ensuite au rouge. Une réaction très-vive s'accomplit. Une partie de l'acide borique cède son oxygène au métal, et l'oxyde formé s'unit à l'excès d'acide borique pour former du borate de potasse.

$$4BoO^3 + 3K = 3(BoO^3,KO) + Bo.$$

Après le refroidissement, on épuise la masse par l'eau, qui dissout le borate de potasse et laisse le bore sous forme d'une poudre noire. On la recueille sur un filtre et on la lave à l'eau alcoolisée (Gay-Lussac et Thenard). D'après le conseil de MM. Wœhler et Deville, il convient de remplacer, dans cette préparation, le potassium par le sodium.

On chauffe au rouge un creuset de fonte, on y introduit un mélange de 100 grammes d'acide borique fondu, de 60 grammes de sodium, et on recouvre le mélange de 50 grammes de sel marin fondu. On agite la masse fondue avec une tige de fer et on la verse, encore incandescente, dans de l'eau aiguisée d'acide chlorhydrique. Les sels solubles étant dissous, on recueille le bore sur un filtre et on le lave, d'abord à l'eau acidulée d'acide chlorhydrique, puis à l'eau pure. On le sèche entre des briques poreuses à la température ordinaire.

Préparation du bore cristallisé. — On introduit dans un creuset de charbon 80 grammes d'aluminium en gros morceaux et 100 grammes d'acide borique fondu et réduit en fragments. On dispose ce creuset de charbon dans un creuset de plombagine; on remplit l'intervalle de poussier de charbon; puis, le creuset étant bien couvert, on le chauffe au rouge blanc pendant cinq heures environ dans un bon fourneau à vent. Après le refroidissement on le casse.

On y trouve deux couches distinctes : une scorie vitreuse formée d'acide borique et d'alumine, et une masse métallique, caverneuse, d'un gris de fer, qui est de l'aluminium imprégné dans toute sa masse de bore cristallisé. On fait bouillir cette masse successivement avec une lessive de soude moyennement concentrée, qui dissout l'aluminium, l'acide borique et l'alumine adhérente, puis avec de l'acide chlorhydrique qui dissout une trace de fer; enfin on l'épuise avec un mélange d'acide fluorhydrique et d'acide azotique pour extraire quelques traces de silicium. Le bore ainsi obtenu renferme encore quelques centièmes de carbone (H. Deville.)

On obtient le bore à l'état *graphitoïde* en fondant du fluoborate de potassium (fluorure double de bore et de potassium) avec de l'aluminium. On a soin d'ajouter une petite quantité de chlorures de sodium et de potassium comme fondants. Une portion de l'aluminium décompose le fluorure de bore : le bore mis en liberté se dissout dans l'excès d'aluminium qui forme un culot après le refroidissement. On traite ce culot par l'acide chlorhydrique. L'aluminium se dissout et le bore reste sous forme de paillettes brillantes, opaques, souvent hexagonales et possédant l'éclat du graphite.

Propriétés du bore cristallisé. — Le bore préparé par le procédé de M. H. Deville se présente en cristaux limpides et transparents, auxquels quelques traces de matières étrangères communiquent quelquefois une coloration rouge grenat ou jaune de miel. La forme de ces cristaux est l'octaèdre. Leur densité est égale à 2,68. Leur réfrangibilité est comparable à celle du diamant. Aussi durs que celui-ci, les cristaux de bore rayent le corindon. Leur poussière polit le diamant. Ils sont infusibles.

Lorsqu'on le chauffe au rouge dans l'air ou dans l'oxygène, le bore cristallisé s'enflamme et se convertit en acide borique. Ce dernier recouvre la surface du bore et empêche l'action de se propager. Chauffé au rouge dans une atmosphère de chlore, le bore brûle et se convertit en chlorure de bore gazeux.

Le bore cristallisé est inattaquable par tous les acides et par les lessives alcalines bouillantes. Au rouge vif, le bisulfate de potasse le convertit en acide borique avec dégagement d'acide sulfureux. Lorsqu'on le fond au rouge avec de l'hydrate ou du carbonate de soude, il s'oxyde lentement et se dissout. L'azotate de potasse fondu ne l'attaque pas. De tous les corps simples c'est le plus inaltérable.

Propriétés du bore amorphe. — A l'état amorphe, le bore se présente sous forme d'une poudre noire. Il s'oxyde beaucoup plus facilement que le bore cristallisé. Il suffit de chauffer légèrement un filtre imprégné de bore amorphe pour qu'il prenne feu et brûle avec un vif éclat.

Lorsqu'on le chauffe au rouge dans un courant de vapeur d'eau, le bore amorphe décompose celle-ci : il se forme de l'acide borique et de l'hydrogène est mis en liberté.

Le bore amorphe peut se combiner directement avec l'azote, lorsqu'on le chauffe fortement au milieu d'une atmosphère de ce gaz. Il se forme de l'azoture de bore BoAz (H. Deville). Chauffé au rouge sombre dans un courant de bioxyde d'azote, il brûle avec un vif éclat et se convertit en acide borique et en azoture de bore.

$$5Bo + 3AzO^2 = 2BoO^3 + 3BoAz.$$

Bore.   Bioxyde   Acide   Azoture
d'azote.   borique.   de bore.

Le bore amorphe décompose à chaud l'hydrogène sulfuré avec formation de sulfure de bore BoS^3. Il décompose de même, à l'aide d'une douce chaleur, les acides chlorhydrique et bromhydrique, et il se forme soit du chlorure de bore, soit du bromure de bore, avec dégagement d'hydrogène.

ACIDE BORIQUE.
BoO^3.

État naturel et préparation. — L'acide borique se trouve dans quelques minéraux, tels que la boracite et le borate de chaux du Pérou. L'eau de certains lacs du Thibet renferme, en dissolution, du borate de soude (tinkal). Ce sel servait autrefois à la préparation de l'acide boracique (borique), qui était connu sous le nom de *sel sédatif de Homberg*. Aujourd'hui la presque totalité de l'acide borique provient de la Toscane.

On rencontre dans les Maremmes, à Monte-Rotondo, un sol volcanique et crevassé, d'où l'on voit s'échapper des jets de vapeur connus sous le nom de *suffioni*. Les gaz qui se dégagent, avec la vapeur d'eau, des suffioni, et dont la température est comprise entre 92° et 99° (Payen), sont composés, d'après MM. Ch. Deville et F. Le Blanc, d'acide sulfhydrique, d'acide carbonique, d'azote, d'hydrogène protocarboné et d'hydrogène. Ils entraînent des traces sensibles d'acide borique. Lorsque l'eau pénètre dans les crevasses d'où s'échappent ces émanations gazeuses, elle est refoulée bouillonnante et chargée d'une petite quantité d'acide borique. Les flaques d'eau qui séjournent dans le voisinage des *suffioni* et qu'on nomme *lagoni*, renferment de l'acide borique en dissolution. M. Dumas présume que les émanations volcaniques qui donnent naissance aux suffioni renferment du sulfure de bore (BoS^3) que l'eau décompose en acide sulfhydrique et en acide borique.

Fig. 84.

Ce sont là des phénomènes naturels dont l'industrie a su tirer un parti fort avantageux pour la fabrication de l'acide borique sur une grande échelle.

On creuse des bassins autour des crevasses d'où s'échappent les suffioni, et on y fait arriver de l'eau. En pénétrant dans les crevasses, elle se charge d'acide borique, comme on vient de l'indiquer; après 24 heures elle est presque bouillante et renferme environ 1 °/₀ d'acide borique. On la dirige alors dans des bassins inférieurs A, comme le montre la *fig.* 84, où elle se concentre de plus en plus. Lorsqu'elle marque 1°,3 à l'aréomètre de Baumé, on la conduit d'abord dans des cuves BCC, puis dans des chaudières en plomb DDD, qui sont chauffées en *oo* par la chaleur naturelle du sol et par les suffioni qu'on ne peut utiliser pour la dissolution de l'acide borique. La solution est ainsi concentrée sans dépense de combustible, et laisse déposer, par le refroidissement, dans la cuve B, un acide borique impur qui renferme encore de

18 à 25 pour cent de matières étrangères. On convertit cet acide en borax (biborate de soude).

Pour préparer l'acide borique dans les laboratoires, on décompose une solution bouillante et concentrée de borax (biborate de soude) par l'acide sulfurique étendu. On ajoute ce dernier par petites portions jusqu'à ce qu'un papier de tournesol soit fortement rougi ; puis on laisse refroidir la liqueur : l'acide borique cristallise par le refroidissement. On le recueille et on le purifie par une ou deux cristallisations dans l'eau bouillante.

Propriétés de l'acide borique. — L'acide borique ainsi préparé cristallise en écailles brillantes, un peu grasses au toucher. Ces cristaux renferment 43,6 % d'eau, et leur composition est représentée par la formule $BoO^3 + 3HO$. Chauffés à 100°, ils perdent la moitié de leur eau. Lorsqu'on chauffe l'acide borique dans un creuset de platine à une température voisine du rouge, il devient anhydre et entre en fusion d'abord visqueuse, puis complète. En se refroidissant, il commence par devenir pâteux et se laisse tirer en fils ; puis il se prend en une masse vitreuse d'acide borique amorphe. Lorsqu'on le conserve dans cet état, ce corps perd peu à peu sa transparence par suite d'un travail moléculaire analogue à celui qui fait passer l'acide arsénieux vitreux à l'état d'acide porcelainé : l'acide amorphe devient cristallin. Exposé à l'air humide, il se recouvre d'une poussière blanche d'acide borique hydraté.

Fondu, l'acide borique dissout un grand nombre de substances solides, et donne alors en se refroidissant des masses vitreuses diversement colorées.

Lorsqu'on l'expose à une très-haute température, il se volatilise. Ebelmen a mis à profit cette propriété pour obtenir artificiellement le corindon, et d'autres minéraux. Ayant dissous de l'alumine dans de l'acide borique fondu, il a exposé la matière à la haute température d'un four à porcelaine : l'acide borique s'est volatilisé et l'alumine a cristallisé sous les formes du corindon.

L'acide borique est soluble dans l'eau. Il exige, pour se dissoudre, 35 parties d'eau à 10°, 25 parties d'eau à 20° et 12 parties ¼ à 100°. Cette solution possède une faible saveur. Étendue, elle ne rougit point le tournesol, mais lui communique une couleur d'un rouge vineux. Concentrée et bouillante, elle rougit franchement le tournesol (Malaguti). La solution d'acide borique brunit le papier de curcuma.

Lorsqu'on la soumet à l'ébullition, les vapeurs aqueuses entraînent une certaine quantité d'acide borique.

L'acide borique se dissout dans l'alcool. Lorsqu'on enflamme la solution alcoolique, elle brûle avec une flamme verte. Cette propriété est caractéristique.

Aucun métalloïde, employé isolément, ne réduit l'acide borique; mais par l'action combinée du charbon et du chlore il se convertit, à une haute température, en chlorure de bore. Lorsqu'on fait passer sur un mélange de charbon et d'acide borique du sulfure de carbone, il se forme, d'après M. Fremy, de l'oxyde de carbone et du sulfure de bore, BoS^3.

CHLORURE DE BORE.

$BoCl^3$.

On peut préparer ce composé par un procédé analogue à celui qui sert à la préparation du chlorure de silicium, c'est-à-dire en faisant arriver un courant de chlore sec sur un mélange intime d'acide borique et de charbon.

$$BoO^3 + 3C + 3Cl = 3CO + BoCl^3.$$

Acide borique.   Oxyde de carbone.   Chlorure de bore.

Un procédé plus simple consiste à faire arriver un courant de chlore sur du bore amorphe qu'on chauffe légèrement dans une petite cornue tubulée ou dans un tube de verre. On dirige la vapeur de chlorure de bore dans un récipient bien sec et refroidi à l'aide d'un mélange de glace et de sel. Il s'y condense sous forme d'un liquide transparent très-mobile. Sa densité est égale à 1,35. Sa densité de vapeur est égale à 3,942 (Dumas). Il bout à 17°. L'eau le décompose en acide chlorhydrique et en acide borique.

$$BoCl^3 + 3HO = BoO^3 + 3HCl.$$

FLUORURE DE BORE.

$BoFl^3$.

Préparation. — On peut préparer ce corps par un procédé analogue à celui qui donne le fluorure de silicium, c'est-à-dire en chauffant modérément dans un ballon un mélange de 1 partie d'acide borique fondu et pulvérisé, 2 parties de fluorure de calcium et de 12 parties d'acide sulfurique concentré. L'opération se fait dans un ballon muni d'un tube de dégagement (*fig.* 21). Le fluorure de bore est gazeux. On le recueille sur le mercure. Il prend naissance en vertu de la réaction suivante :

$$BoO^3 + 3CaFl + 3SHO^4 = 3SCaO^4 + 3HO + BoFl^3$$

Acide borique.   Fluorure de calcium.   Acide sulfurique.   Sulfate de chaux.   Fluorure de bore.

L'eau éliminée est retenue par l'acide sulfurique dont on emploie un grand excès.

On peut aussi préparer le fluorure de bore en calcinant dans une cornue de porcelaine un mélange de 2 parties de fluorure de calcium et de 1 partie d'acide borique fondu : il se forme du borate de chaux basique $BoO^3,3CaO = BoCa^3O^6$, et du fluorure de bore.

$$2BoO^3 \; + \; 3CaFl^3 \; = \; BoO^3,3CaO \; + \; BoFl^3.$$
Acide borique.   Fluorure de calcium.   Borate de chaux.   Fluorure de bore.

Propriétés. — Le fluorure de bore est un gaz incolore d'une densité de 2,3124 (Dumas). Il répand à l'air d'épaisses fumées blanches qui proviennent de la condensation de l'humidité atmosphérique. Il est tellement avide d'eau qu'il noircit instantanément le papier en lui enlevant les éléments de l'eau. Il est très-soluble dans l'eau. 1 volume de ce liquide peut dissoudre 800 volumes de fluorure de bore. En présence d'une grande quantité d'eau, le fluorure de bore se décompose. Il laisse déposer de l'acide borique et se transforme en acide hydrofluoborique $HFl, BoFl^3$.

$$4BoFl^3 \; + \; 3HO \; = \; 3BoO^3 \; + \; 3(HFl,BoFl^3).$$
Fluorure de bore.   Acide borique.   Acide hydrofluoborique.

L'acide hydrofluoborique ou fluorure double de bore et d'hydrogène sature les bases en donnant des fluoborates ou fluorures doubles de bore et d'un métal $MFl, BoFl^3$.

GÉNÉRALITÉS SUR LES MÉTAUX

On désigne sous le nom de métaux des corps simples, bons conducteurs de la chaleur et de l'électricité, opaques et doués d'un éclat particulier qu'on nomme métallique. Cette définition, on le voit, repose plutôt sur certains caractères physiques que sur un ensemble de propriétés chimiques. Sous ce rapport, elle est peu satisfaisante, et de plus elle manque de rigueur; car elle s'applique à des corps que l'on peut, à bon droit, ranger parmi les métalloïdes. C'est ainsi que l'antimoine, classé parmi les métaux, par cette définition aussi bien que par l'usage, devrait plutôt trouver place à côté de l'arsenic, dans cette famille naturelle de corps qui comprend l'azote, le phosphore, l'arsenic et l'antimoine. D'un autre côté, l'osmium, un des métaux qui accompagnent le platine, se rapproche beaucoup des métalloïdes. Ces exemples prouvent que la distinction entre les métalloïdes et les métaux n'est pas aussi fondamentale qu'on pourrait le croire, et que le passage entre ces deux classes de corps s'établit non par un saut brusque, mais par une transition graduée. Il est néanmoins utile de conserver une pareille distinction.

Propriétés physiques des métaux. — Les métaux sont des corps opaques. Pourtant leur opacité n'est pas absolue. On sait que l'or réduit en feuilles excessivement minces laisse passer une lumière verte. Il est probable que d'autres métaux acquerraient de même un certain degré de transparence si l'on pouvait les réduire en lames suffisamment minces.

Les métaux sont bons conducteurs de la chaleur et de l'électricité, mais ils ne le sont pas également, et présentent, à cet égard, des différences que les physiciens ont déterminées et qu'on trouvera notées dans le tableau de la page 371.

Les métaux possèdent un certain éclat qui les caractérise et qu'il ne faut pas confondre avec le brillant qu'offrent certains métalloïdes, tels que l'iode. Un métal peut perdre cet éclat lorsqu'il se trouve réduit à l'état de division extrême. C'est ainsi qu'on peut obtenir le platine sous forme d'une poudre noire, l'argent en poudre grise, le cuivre en poudre rouge terne. Mais il suffit de frotter ces poussières métalliques avec un corps dur, de les écraser dans un mortier en agate ou sous le brunissoir pour leur rendre, avec un certain degré de cohésion, leur éclat particulier. La poudre d'iode resterait terne dans ces conditions.

Les métaux offrent diverses colorations. Tout le monde sait que l'argent et l'étain sont blancs, que l'aluminium, le platine, le zinc et le fer sont d'un blanc grisâtre ou bleuâtre, que l'or est jaune, que le cuivre est rouge. Mais telles ne sont pas les colorations véritables que présentent ces métaux; car on sait, par les expériences de M. B. Prevost, que leurs teintes deviennent plus foncées par plusieurs réflexions successives. Qu'un rayon de lumière arrive dans l'œil après s'être réfléchi une seule fois sur l'argent, le métal paraîtra blanc; il paraîtra d'un jaune pur après dix réflexions successives. Dans les mêmes conditions, le cuivre paraîtra rouge écarlate, l'or rouge vif, le zinc bleu indigo, le fer violet.

La plupart des métaux peuvent cristalliser. Le bismuth en offre l'exemple le plus remarquable. Le cuivre, le plomb, l'antimoine, l'étain, l'argent, l'or, bien que cristallisant moins facilement, ne sont pourtant pas dépourvus de cette propriété. La nature nous offre le cuivre, l'argent et l'or sous forme cristalline.

On nomme *malléables* les métaux susceptibles de s'étendre en lames sous le choc du marteau ou sous la pression du laminoir;

ductiles, ceux qui se laissent tirer en fils; *cassants*, ceux qui se brisent par l'effet d'un choc violent. On verra par le tableau suivant que la propriété des métaux de se réduire en lames minces, c'est-à-dire leur *malléabilité*, est indépendante de la facilité avec laquelle ils passent à la filière, c'est-à-dire de leur *ductilité*.

La *ténacité* des métaux est la résistance qu'ils opposent à la rupture sous l'effort d'une traction plus ou moins violente. On la mesure en suspendant des poids à l'extrémité de fils métalliques de même diamètre. Le fer est le plus tenace des métaux.

Tous les métaux sont fusibles; quelques-uns sont volatils et peuvent être distillés. Parmi ces derniers on remarque le potassium, le sodium, le zinc, le cadmium et le mercure.

Le mercure, liquide à la température ordinaire, fond à — 39°. Les points de fusion des autres métaux sont situés à des températures très-diverses. Le potassium et le sodium fondent au-dessous de 100°; le platine ne fond qu'aux températures les plus élevées que l'on puisse produire. Pour le liquéfier, M. H. Deville l'expose à l'action de la chaleur produite par la combustion du gaz de l'éclairage alimenté par de l'oxygène.

Le tableau (page 371) donne un aperçu des principales propriétés physiques des métaux.

Propriétés chimiques et classification des métaux. — Les métaux peuvent se combiner entre eux et avec les métalloïdes. Le degré très-variable de leurs affinités est marqué par l'énergie avec laquelle ces combinaisons s'effectuent. En général, les métaux doués des affinités les plus fortes sont les métaux dits alcalins, tels que le potassium et le sodium. Les métaux nobles, au contraire, comme l'or et le platine, se font remarquer par des propriétés opposées, c'est-à-dire par la faible tendance qu'ils possèdent à entrer en combinaison avec d'autres corps.

Tous les métaux se combinent avec l'oxygène directement ou indirectement, et l'on remarque que parmi ces combinaisons il y en a une au moins, pour chaque métal, qui est douée de propriétés basiques, c'est-à-dire qui est capable de s'unir aux acides pour former des sels. Il n'en est pas ainsi pour les métalloïdes. L'eau seule possède des propriétés comparables jusqu'à un certain point à celles des oxydes métalliques basiques.

On ne connaît qu'un très-petit nombre de combinaisons des métaux avec l'hydrogène. Les hydrures de potassium et de cuivre et l'hydrogène antimonié sont, parmi les composés métalliques, les

DENSITÉ.	POINTS DE FUSION.	CONDUCTIBILITÉ pour LA CHALEUR.	CAPACITÉ CALORIFIQUE.	Malléabilité — Au laminoir.	Ductilité — A la filière.	TÉNACITÉ exprimée par le nombre de kil. nécessaires pour rompre un fil de 2 millim. de diamètre.	DURETÉ.
Platine { fortement écroui... 23,00	Mercure... — 39°	Argent. 1000	Potassium. 0,1696	Or.	Or.	kil.	Chrome, raye le verre.
Platine { fondu... 21,15	Potassium. + 62°3	Cuivre. 736	Fer... 0,1138	Argent.	Argent.	Fer... 249,659	Nickel
Osmium... 21,4	Sodium... + 95°6	Or... 532	Nickel... 0,1086	Aluminium	Platine.	Cuivre. 137,399	Cobalt } rayés par le verre.
Or fondu... 19,25	Étain... + 228°	Zinc... 193	Cobalt... 0,1070	Cuivre.	Aluminium	Platine 124,690	Fer
Mercure { sol. à —42° 14,40	Bismuth... + 364°	Étain... 145	Zinc... 0,0955	Étain.	Fer.	Argent. 85,062	Antimoine
Mercure { liq. à 0°... 13,59	Plomb... + 335°	Fer... 119	Cuivre... 0,0951	Platine.	Nickel.	Or... 68,216	Zinc
Palladium... 11,80	Cadmium... + 360°	Plomb. 8	Palladium. 0,0593	Plomb.	Cuivre.	Zinc... 49,790	Palladium
Plomb fondu... 11,35	Zinc... + 410°	Platine. 5	Cadmium. 0,0567	Zinc.	Zinc.	Nickel. 47,676	Platine } rayés par le carbonate de chaux.
Argent fondu... 10,47	Antimoine. + 450°	Bismuth 18	Étain... 0,0562	Fer.	Étain.	Étain.. 15,740	Cuivre
Bismuth fondu... 9,82	Argent... +1000° (rouge vif)		Argent... 0,0570	Nickel.	Plomb.	Plomb. 9,555	Or
Cuivre fondu... 8,79	Cuivre... +1100°		Antimoine. 0,0508				Argent
Cadmium... 8,60	Or... vers. +1250°		Mercure... 0,0333				Bismuth
Nickel fondu... 8,28	Fonte, vers. 1250°		Or... 0,0324				Cadmium
Manganèse... 8,00	Fer doux, vers 1500° (rouge blanc)		Platine... 0,0324				Étain
Cobalt fondu... 8,81	Nickel et cobalt, vers... 1600°(?)		Plomb... 0,0314				Plomb, rayé pr l'ongle.
Fer { en barres... 7,79	Platine, vers. 2000°(?)						Potassium } mous à la temp. ordinaire
Fer { fondu... 7,21	Iridium, vers. 2500°(?)						Sodium
Étain fondu... 7,29							Mercure, liquide à la températ. ordin.
Zinc fondu... 6,86							
Antimoine... 6,71							
Chrome... 5,90							
Aluminium... 2,56							
Sodium... 0,970							
Potassium... 0,865							
Lithium... 0,59							

seuls représentants de la classe des combinaisons hydrogénées, si nombreuse et si importante pour les métalloïdes.

Tous les métaux se combinent avec le chlore, presque tous avec le soufre. Nous décrirons plus loin les divers modes de formation et les caractères généraux de ces combinaisons.

La comparaison attentive des propriétés des métalloïdes a permis de les ranger en un certain nombre de familles naturelles. Il serait désirable qu'on pût en faire autant pour les métaux et que l'état de la science permît de les partager en un certain nombre de groupes, de telle sorte que les corps réunis dans chacun d'eux fussent liés non par la concordance de tel ou tel caractère, mais par une certaine analogie dans l'ensemble des propriétés chimiques. Tels ne sont point les principes qui ont servi de base à la classification des métaux. La classification actuellement en usage est plutôt artificielle que naturelle, car elle se fonde sur une seule propriété, l'affinité pour l'oxygène. Il est vrai que cette propriété est la plus importante parmi celles que l'on considère dans les métaux, circonstance qui atténue les inconvénients de la méthode.

L'affinité des métaux pour l'oxygène offre divers degrés et se manifeste de diverses manières. On la mesure :

1° Par l'avidité plus ou moins grande avec laquelle les métaux attirent, à diverses températures, l'oxygène libre;

2° Par la difficulté avec laquelle les oxydes, une fois formés, abandonnent de nouveau leur oxygène;

3° Par l'énergie plus ou moins grande avec laquelle les métaux décomposent l'eau pour se transformer en oxydes.

Tels sont les principes qui servent de base à la classification des métaux introduite dans la science par Thenard il y a quarante ans. Nous la reproduisons avec quelques modifications qui ont été proposées par M. Regnault, et d'autres qui découlent des observations récentes de M. H. Deville. (Voir le tableau ci-contre.)

Il est à remarquer que les métaux des six premières sections forment des oxydes irréductibles par l'action seule de la chaleur.

L'aluminium et le glucinium ne s'oxydent pas sensiblement à l'air, même aux températures les plus élevées. L'aluminium ne décompose l'eau que très-faiblement au rouge-blanc. Il ne décompose ni l'acide sulfurique étendu, ni, à froid, l'acide azotique étendu ou concentré. Il se rapproche des métaux nobles par sa résistance à l'oxydation. Il s'en éloigne notablement par la fixité de son oxyde. On a joint provisoirement à l'aluminium et au gluci-

1re SECTION.	2e SECTION.	3e SECTION.	4e SECTION.	5e SECTION.	6e SECTION.	7e SECTION.
Métaux qui décomposent l'eau à la température ordinaire.	Métaux qui décomposent l'eau vers 100°.	Métaux décomposant l'eau vers le rouge ou sous l'influence des acides. Facilement oxydables.	Métaux décomposant faiblement l'eau au rouge-blanc. Difficilement oxydables à l'air. Oxydes irréductibles par la chaleur.	Métaux décomposant l'eau au rouge, mais ne la décomposant pas sous l'influence des acides.	Métaux décomposant faiblement l'eau au rouge blanc et ne la décomposant pas en présence des acides facilement oxydables à l'air.	Métaux ne décomposant l'eau à aucune température et dont les oxydes sont réductibles par la chaleur.
Potassium.	Magnésium.	Fer.	Aluminium.	Étain.	Cuivre.	Mercure.
Sodium.	Manganèse.	Zinc.	Glucinium.	Titane.	Plomb.	Argent.
Lithium.		Nickel.	Cérium.	Antimoine.	Bismuth.	Rhodium.
Césium.		Cobalt.	Lanthane.	Molybdène.		Iridium.
Rubidium.		Vanadium.	Didymium.	Tungstène.		Palladium.
Barium.		Chrome.	Yttrium.	Tantale.		Ruthénium.
Strontium.		Cadmium.	Erbium.	Niobium.		Platine.
Calcium.		Uranium.	Terbium.	Osmium.		Or.
Thallium.			Zirconium.			

nium un certain nombre d'autres métaux peu étudiés jusqu'ici, tels que le cérium, le lanthane, l'yttrium, le zirconium, etc.

La classification de Thenard, même modifiée d'après les connaissances modernes, ne doit être acceptée aujourd'hui qu'avec certaines réserves. Elle n'est plus en harmonie, sur divers points, avec les progrès récents de la science. En effet, tandis qu'elle réunit dans une même section des métaux qui offrent fort peu de ressemblance, elle en sépare d'autres qui sont liés par les analogies les plus étroites. C'est ainsi que l'aluminium et le glucinium sont réunis, à tort peut-être, avec le zirconium et d'autres métaux fort peu connus. Dans une classification naturelle des métaux il serait difficile de séparer le magnésium du zinc; l'aluminium du fer; le potassium, le sodium, le lithium de l'argent (1); le zirconium du titane et de l'étain; d'éloigner le barium, le strontium, le calcium du plomb. Il est vrai que l'affinité pour l'oxygène est loin d'être la même pour les différents métaux faisant partie de ces derniers groupes. Mais qu'importe si ces métaux sont liés d'autre part par des analogies étroites en ce qui concerne la composition générale, la forme cristalline et même certaines propriétés chimiques de leurs principales combinaisons.

Mais il ne faut pas oublier d'un autre côté que si, dans certains cas, la classification de Thenard semble rompre les affinités naturelles qui existent entre quelques métaux, elle les respecte pour d'autres. En somme, elle a rendu à la science d'incontestables services.

Les métaux se rencontrent rarement à l'état de liberté dans la nature. On ne trouve à l'état natif que ceux qui, doués d'une faible affinité pour l'oxygène, ne sont pas altérés par l'action des agents atmosphériques. Tels sont l'argent, l'or, le platine, etc., métaux qu'on nomme nobles parce qu'ils sont inaltérables à l'air.

La plupart des autres métaux se trouvent associés au soufre, à l'arsenic, au chlore, à l'oxygène. Les oxydes existent tantôt à l'état isolé, tantôt à l'état de combinaison avec les acides, de manière à former des carbonates, des sulfates, des silicates, etc. Les procédés d'extraction des métaux les plus usuels varient suivant la nature des combinaisons dans lesquelles ils sont engagés. S'agit-il de les retirer des oxydes ou des carbonates, il suffit de réduire ceux-ci par le charbon. L'opération est plus compliquée lorsqu'elle s'applique au traitement d'un sulfure ou d'un arséniure

____

(1) D'après les expériences récentes de M. H. Deville, l'argent décompose faiblement l'eau au rouge.

natif. Ces combinaisons doivent être préalablement transformées
en oxydes, transformation qu'on effectue par le *grillage*, c'est-à-
dire en exposant les minerais portés au rouge à l'action d'un courant d'air; l'oxygène chasse alors le soufre ou l'arsenic à l'état
d'acide sulfureux ou d'acide arsénieux, et il reste un oxyde plus
ou moins pur qu'on réduit par le charbon.

ALLIAGES

On nomme *alliages* les combinaisons des métaux entre eux,
amalgames les alliages formés par le mercure. En général, on obtient ces combinaisons directement en fondant ensemble les métaux.

Voici quelques faits qui mettent en lumière le mode de formation et la véritable nature des alliages :

Lorsqu'on chauffe du mercure dans un creuset et qu'on introduit ensuite dans celui-ci un morceau de sodium, ce dernier métal se dissout instantanément dans le mercure, en faisant entendre
un bruit analogue à celui que produit l'immersion d'un fer rouge
dans l'eau. C'est une véritable combinaison chimique qui s'est
formée ici : car elle s'est produite avec dégagement de chaleur,
et on peut l'obtenir en cristaux possédant une composition définie.

Que l'on fonde 42,8 parties de zinc avec 57,2 parties d'antimoine, et qu'après avoir attendu qu'une partie de la masse se soit
solidifiée, on décante la partie demeurée liquide, on obtiendra
des cristaux qui représentent une combinaison définie de trois
équivalents de zinc et d'un équivalent d'antimoine. Ce sont des
prismes rhomboïdaux d'un blanc d'argent qui constituent le *sti-
biotrizincyle* $SbZn^3$ (Cooke).

Cet alliage représente en quelque sorte de l'hydrogène antimonié dans lequel l'hydrogène a été remplacé par une quantité équivalente de zinc. Il décompose l'eau à 100° en formant de l'oxyde
de zinc et en dégageant de l'hydrogène : circonstance digne de remarque, car on sait que le zinc seul ne décompose l'eau qu'au
rouge. Cet exemple montre que les propriétés chimiques des alliages ne représentent pas fidèlement celles des métaux qui les
constituent, mais que ces propriétés ont quelque chose de particulier et de spécial. Tels sont, en effet, le résultat et la marque
de toute combinaison chimique.

Indépendamment de cet alliage de zinc et d'antimoine, il en existe un autre, tout aussi défini, et qui cristallise en tables rhomboïdales. Il contient 55 °/₀ de zinc, c'est-à-dire 2 équivalents de ce métal pour 1 d'antimoine, et sa composition se représente par conséquent par la formule $SbZn^2$. On voit par la composition des deux alliages de zinc et d'antimoine $SbZn^2, SbZn^3$ que parmi les alliages il existe des combinaisons qui suivent la loi des proportions multiples.

Un alliage de parties égales d'étain et de plomb, fondu et coulé dans une lingotière, donne, après le refroidissement, des bâtons dont les extrémités présentent une texture cristalline plus prononcée que les parties intermédiaires. Ce fait est en rapport avec la composition chimique des diverses parties de cet alliage, qui est loin d'être homogène. Aux extrémités il s'est déposé un composé renfermant sensiblement 36 p. d'étain et 64 p. de plomb, proportions qui représentent les équivalents respectifs de ces métaux et qui conduisent à admettre pour ce composé cristallin la formule SnPb. Au centre, au contraire, la quantité d'étain prédomine beaucoup.

Mais pourquoi un tel partage s'est-il opéré dans le sein de la masse métallique? Cela tient à cette circonstance que le composé SnPb est moins fusible que le reste de l'alliage, et qu'il s'est déposé le premier là où le refroidissement s'est opéré d'abord, c'est-à-dire aux extrémités. Il est évident d'ailleurs que cette séparation n'a pu s'effectuer d'une manière complète, et qu'une portion du composé SnPb a dû rester en dissolution dans l'alliage plus riche en étain ou dans l'excès d'étain, et que ce mélange, qui s'est solidifié en dernier lieu, ne peut plus présenter la composition définie des portions qui se sont déposées les premières.

Ce sont ces dernières conditions qui se présentent ordinairement dans les alliages. Le plus souvent ceux-ci ne présentent rien de défini dans leur composition, et les métaux qui les renferment paraissent pouvoir s'unir en toutes proportions. Mais ce n'est là qu'une apparence. et l'on doit admettre que toutes les fois que deux ou plusieurs métaux s'allient, il se forme réellement des composés définis, mais que ceux-ci restent mélangés les uns aux autres ou à l'excès d'un des métaux employés. Au moment de la solidification, ces divers composés ne peuvent point se séparer, surtout si le refroidissement est brusque ou si l'on brasse le bain métallique : il en résulte une masse en apparence homogène. On a vu pourtant, par un des exemples précédemment cités, que la

séparation tend à s'effectuer, et d'autres faits le prouvent encore.
Un thermomètre que l'on plonge dans un alliage complexe, qui se
refroidit lentement, s'arrête quelquefois dans sa marche descen-
dante et demeure stationnaire. Ces points d'arrêt correspondent
précisément au moment où des combinaisons définies cristallisent
au sein du bain métallique et perdent, en prenant la forme solide,
ce qu'on nomme la chaleur latente. Inversement, si l'on réchauffe
un tel alliage, il est évident qu'il ne pourra pas se liquéfier tout
entier en même temps, mais que les combinaisons les plus fusibles,
se liquéfiant les premières, devront suinter au travers de la masse
encore solide au milieu de laquelle elles se trouvent disséminées.
On tire parti dans les arts, pour le traitement de certains alliages,
de cette séparation fondée sur l'inégalité des points de fusion, et
qu'on nomme *liquation*.

D'après les considérations que nous venons de présenter sur la
nature des alliages, il est évident que leurs propriétés physiques
ne sauraient représenter la moyenne des propriétés physiques des
métaux qui les forment. Ainsi, leur densité est tantôt plus grande,
tantôt moindre que la densité moyenne que l'on déduirait de leur
composition.

Les alliages sont toujours plus fusibles que le moins fusible des
métaux composants, et quelquefois leur point de fusion est inférieur à celui du plus fusible. On connaît un alliage de potassium
et de sodium qui est liquide à la température ordinaire. L'alliage
fusible de D'Arcet, formé de :

Bismuth. 8 parties,
Plomb... 5 parties,
Étain.... 3 parties,

fond à 94°5. Or, on sait que le point de fusion du bismuth est situé
à 264°, celui du plomb à 335°, et celui de l'étain à 228°. L'alliage
fusible de Wood, formé de :

Cadmium 1 à 2 parties,
Étain.... 2 parties,
Plomb... 4 parties,
Bismuth. 7 à 8 parties,

fond entre 66 et 71°.

Le bismuth et l'étain augmentent la fusibilité des alliages. On
comprend qu'il doive en être de même du mercure.

En général, la combinaison des métaux entre eux augmente leur
dureté. Et ce ne sont pas seulement les métaux naturellement cas-

sants et durs, comme le bismuth et l'antimoine, qui donnent de la dureté aux alliages; le zinc, le fer, le plomb lui-même, le plus mou des métaux usuels, peuvent augmenter cette dureté. Ainsi, le laiton devient plus dur, lorsqu'on y ajoute quelques centièmes de plomb. Le bronze éprouve le même effet lorsqu'on l'associe à une petite quantité de zinc ou de fer. Les caractères d'imprimerie (plomb et antimoine) et le bronze constituent des alliages très-durs.

Le bronze est formé par l'union de quantités variables de cuivre et d'étain. Le bronze des canons, plus dur, plus tenace et plus fusible que le cuivre, renferme environ 10 pour cent d'étain.

Cet alliage manque de sonorité. En augmentant la quantité d'étain dans la proportion de 20 à 25 pour cent on donne à l'alliage cette dernière qualité, mais on le rend en même temps très-dur et très-cassant. Le bronze qui offre une telle composition sert à la fabrication des cloches, des timbres et des instruments de musique.

Enfin, si l'on associe le cuivre à l'étain, dans les proportions de $\frac{1}{3}$ du dernier métal pour $\frac{2}{3}$ du premier, on obtient un alliage dur, blanc, susceptible de prendre un beau poli, et qui sert à la fabrication des miroirs de télescopes.

Indépendamment de ces alliages de cuivre et d'étain, si importants par leurs usages, on en connaît un qui est formé de 94 parties de cuivre et de 6 parties d'étain. Il est doué d'une sonorité curieuse et, lorsqu'il a été refroidi lentement, d'une dureté si grande qu'on peut le pulvériser à coups de marteau. Mais, chose remarquable, lorsqu'on le fait refroidir brusquement il perd cette dureté. La trempe le rend malléable.

On désigne sous le nom de bronze d'aluminium un alliage d'aluminium et de cuivre qui est beaucoup plus tenace que les deux métaux qui le constituent.

Les alliages sont en général moins ductiles que le plus ductile des métaux qui les forment. Un des plus ductiles est le laiton, qui est formé par l'union du cuivre et du zinc.

Le tableau suivant donne la composition des principaux alliages :

Monnaie d'or française	Or....... 900 Cuivre.... 100	Bronze d'aluminium.	Cuivre. 90 à 95 Alumin. 10 à 5	
Vaisselle et bijouterie d'or	Or... 750 à 920 Cuiv. 250 à 80	Chrysocale	Cuivre.... 90 Zinc...... 10	
Monnaie d'arg. française	Argent.... 950 Cuivre... 50	Laiton	Cuivre.... 65 Zinc...... 35	
Vaisselle d'argent.	Argent.... 950 Cuivre.... 50	Maillechort	Cuivre.... 50 Zinc..... 25 Nickel.... 25	
Bijoux d'argent...	Argent ... 800 Cuivre.... 200	Caractères d'imprimerie	Plomb.... 80 Antimoine. 20	
Bronze monétaire et des médailles...	Cuivre. 94 à 96 Etain.. 6 à 4 Zinc...0,5 à 1	Métal anglais.....	Etain..... 100 Antimoine. 8 Bismuth .. 1 Cuivre.... 4	
Bronze des canons.	Cuivre.... 100 Etain..... 11	Vaisselle et robinets d'étain.....	Etain..... 92 Plomb.... 8	
Métal des tamtams et des cymbales.	Cuivre.... 80 Etain..... 20	Mesures pour les liquides	Etain..... 82 Plomb.... 18	
Métal des cloches..	Cuivre.... 78 Etain..... 22	Soudure des plombiers	Etain..... 66 Plomb.... 33	
Métal des télescopes.	Cuivre.... 67 Etain..... 33			

OXYDES

Leur formation. — Lorsqu'on fait fondre du plomb à l'air il se forme bientôt à la surface du métal une pellicule qui finit par se transformer en une poussière jaune. C'est de l'oxyde de plomb (massicot) qui prend ainsi naissance par l'oxydation directe du métal.

Les anciens connaissaient ce phénomène et avaient désigné sous le nom de *chaux métalliques* les oxydes ainsi formés. Ils en ignoraient la véritable nature, et les considéraient comme des métaux qui avaient perdu leur *phlogistique,* c'est-à-dire leur principe combustible. Lavoisier, le premier, démontra par des expériences rigoureuses, qu'en se transformant en chaux métalliques, les métaux, bien loin de perdre quelque chose, augmentaient de poids, et que cette augmentation de poids était due à une absorption d'oxygène. Tel est le fondement de la théorie *antiphlogistique* et de la chimie moderne.

Tous les métaux ne sont pas susceptibles de s'oxyder directement. Nous avons déjà fait remarquer que les métaux nobles, tels que l'argent, l'or et le platine sont inaltérables à l'air : ils ne sauraient s'oxyder à une température élevée, puisque leurs oxydes se décomposent par la chaleur. L'argent présente à cet égard un singulier phénomène. Fondu, il absorbe de l'oxygène, non pour s'y combiner, mais pour le dissoudre. Au moment de la solidification du métal, cet oxygène se dégage de nouveau.

La facilité avec laquelle les métaux absorbent l'oxygène dépend de leur affinité pour ce corps, et aussi, entre autres circonstances, de leur état de division.

Le potassium absorbe l'oxygène sec à la température ordinaire. Qu'on le chauffe dans l'oxygène ou à l'air un peu au delà de son point de fusion, il s'enflammera et brûlera avec un vif éclat. Pour que le fer brûle dans l'oxygène, il faut qu'il soit préalablement porté au rouge. Mais lorsqu'il est dans un état de division extrême, il peut s'enflammer à l'air à la température ordinaire. Nous indiquerons plus loin comment on obtient le fer pyrophorique. Le cuivre divisé que l'on obtient en calcinant en vase clos le verdet ou acétate de cuivre s'oxyde avec incandescence lorsqu'on le projette dans un têt à rôtir préalablement chauffé. Il brûle comme de l'amadou lorsqu'on en approche un charbon allumé. Ces faits montrent l'influence qu'exerce l'état de division où se trouvent les métaux sur la facilité avec laquelle ils s'oxydent.

Voici d'autres conditions qui exercent une influence sur le phénomène dont il s'agit :

Tout le monde sait que lorsqu'on dépose une goutte d'eau sur une lame de fer ou d'acier poli, on voit bientôt une tache de rouille apparaître à la surface du métal. La rouille est du peroxyde de fer hydraté. Elle se forme en vertu d'une action complexe. D'abord c'est l'oxygène de l'air dissous dans la goutte d'eau qui se porte sur le métal, et cette oxydation est favorisée par l'acide carbonique de l'air qui s'unit à l'oxyde ferreux d'abord formé. Mais bientôt le carbonate ferreux se décompose : l'acide carbonique se dégage et l'oxyde ferreux absorbe de l'oxygène et de l'eau : il devient hydrate ferrique. La tache de rouille ainsi formée constitue un élément de pile avec le fer lui-même, et le courant galvanique qui en résulte décompose l'eau. L'oxydation du fer marche alors rapidement, l'oxygène de l'eau décomposée se fixant sur le métal.

On peut d'ailleurs prouver par une expérience bien simple que l'eau est décomposée dans cette circonstance. Que l'on introduise dans un petit matras, muni d'un tube de dégagement, de la limaille de fer humectée d'eau, et l'on pourra recueillir bientôt une petite quantité d'un gaz hydrogène fétide.

On a remarqué que les taches de rouille contiennent toujours une trace d'ammoniaque. Celle-ci se forme par la combinaison de l'hydrogène de l'eau avec l'azote de l'air dissous dans cette eau.

On voit quelle influence l'eau ou l'humidité de l'air exerce sur l'oxydation du fer. Le zinc s'oxyde de même lorsqu'il est exposé à l'air humide. Mais ce n'est point de l'oxyde, c'est de l'hydro-carbonate de zinc qui se forme dans ce cas. Une couche mince de ce composé, recouvrant le métal comme un vernis, empêche son oxydation ultérieure. Ici l'eau n'est point décomposée, et comme l'action de l'air est limitée et superficielle, le métal ne s'est pas rongé profondément comme le fer qui se rouille.

L'absorption de l'oxygène par certains métaux est facilitée par l'intervention des acides. Lorsqu'on expose à l'air de la tournure de cuivre humectée avec de l'acide sulfurique faible, l'oxygène est absorbé rapidement; il se forme de l'eau et du sulfate de cuivre. On admet généralement que l'oxygène se porte sur le cuivre dans cette circonstance, et que cette oxydation est favorisée par la tendance que possède l'oxyde de cuivre à s'unir à l'acide sulfurique. On fait donc intervenir l'affinité de l'acide sulfurique pour un oxyde de cuivre qui n'est pas encore formé. Il y a là une difficulté, et il est plus rationnel de tenir compte, dans l'explication de ce phénomène, de l'affinité de l'oxygène pour l'hydrogène des acides. Voici comment :

Le zinc réagit à la température ordinaire sur l'acide sulfurique (étendu d'eau) en se substituant à son hydrogène.

$$SHO^4 \;+\; Zn \;=\; SZnO^4 \;+\; H.$$

Acide sulfurique.   Sulfate de zinc.

Le cuivre, incapable de se substituer à l'hydrogène en vertu de son affinité propre, exige l'intervention d'une seconde affinité, celle de l'oxygène pour l'hydrogène. En vertu de cette double action, deux corps prennent naissance dans une seule et même réaction, savoir : le sulfate de cuivre et l'eau.

$$SHO^4 \;+\; Cu \;+\; O \;=\; SCuO^4 \;+\; HO.$$

Acide sulfurique.   Cuivre.   Oxygène.   Sulfate de cuivre.   Eau.

Classification des oxydes. — La plupart des composés que l'oxygène forme avec les métaux possèdent des propriétés basiques, c'est-à-dire la faculté de s'unir aux acides pour former des sels. Il s'en faut pourtant que tous les oxydes se comportent de la même manière à l'égard des acides, et l'on a trouvé dans cette circonstance les éléments d'une classification des oxydes.

Lorsqu'on dirige des vapeurs d'acide sulfurique anhydre dans un tube renfermant des fragments de baryte caustique, ceux-ci absorbent les vapeurs acides, et il se forme du sulfate de baryte. Cette formation du sulfate de baryte est accompagnée d'une vive incandescence qui témoigne de la puissante affinité de la baryte pour l'acide sulfurique. La baryte est un oxyde *basique*.

Les oxydes basiques sont ordinairement formés par l'union d'un équivalent de métal avec un équivalent d'oxygène, et leur composition générale est exprimée par la formule MO (M métal). Tels sont les oxydes de potassium, de sodium, de lithium, de barium, de strontium, de calcium, de magnésium, les oxydes ferreux, manganeux, de zinc, de cuivre (cuivrique CuO), de plomb, d'argent, de mercure (mercurique HgO), etc. L'oxyde mercureux Hg^2O est une base assez énergique, bien que sa composition l'éloigne des oxydes basiques proprement dits MO.

Parmi tous ces oxydes, les plus énergiques sont les trois premiers. On les désigne sous le nom d'*oxydes alcalins*. Ils se combinent avec l'eau, et leurs hydrates, connus sous le nom d'*alcalis,* sont caustiques et déliquescents. Leur solution verdit le sirop de violette, brunit la teinture jaune de curcuma, ramène vivement au bleu la teinture de tournesol rougie. Les oxydes de barium, de strontium, de calcium, que l'on désigne aussi sous le nom de baryte, de strontiane et de chaux, constituent les *terres alcalines*. Ils se combinent directement avec l'eau, mais leurs hydrates sont moins solubles dans l'eau et moins caustiques que les alcalis. Les solutions de ces hydrates se comportent avec les réactifs colorés comme celles des alcalis.

Parmi les protoxydes métalliques proprement dits, l'oxyde d'argent est un des plus puissants. Comme les oxydes alcalins et alcalino-terreux, il neutralise parfaitement les acides. Il n'en est pas ainsi de certains autres oxydes basiques, tels que l'oxyde cuivrique CuO, qui, en s'unissant aux acides sulfurique et azotique, ne leur enlève pas complétement la propriété de rougir le tournesol : le sulfate de cuivre présente une légère réaction acide. Il en est de même du sulfate de zinc. L'oxyde de zinc, qui ne neutralise pas complétement l'acide sulfurique, présente en outre la propriété de se combiner avec la potasse à la manière d'un acide. Sous ce rapport, il marque le passage entre les oxydes basiques proprement dits et ceux qu'on nomme *indifférents,* parce qu'ils s'unissent indifféremment aux acides ou aux bases.

On doit ranger particulièrement parmi les oxydes indifférents les sesquioxydes dont la composition générale est représentée par la formule M^2O^3. De ce nombre sont l'oxyde d'aluminium ou l'alumine Al^2O^3, le sesquioxyde de fer Fe^2O^3, le sesquioxyde de chrome Cr^2O^3. L'oxyde d'antimoine peut être rangé à côté des oxydes précédents, bien qu'on s'accorde aujourd'hui à représenter sa composition par la formule SbO^3, qui en fait un trioxyde. L'alumine peut être envisagée comme le type des oxydes indifférents. Elle se combine avec l'acide sulfurique, mais sans le neutraliser : le sulfate d'alumine possède une réaction acide marquée. La potasse en précipite de l'alumine, et si l'on ajoute au précipité un excès d'alcali, il se redissout en formant un aluminate de potasse. Ainsi l'alumine joue tantôt le rôle de base, tantôt le rôle d'acide.

Il existe des oxydes qui jouent toujours le rôle d'acides. Ce sont les *oxydes acides* ou les *acides métalliques*.

Lorsqu'un métal forme avec l'oxygène plusieurs composés, on remarque que le caractère basique de ces composés décroît à mesure que la quantité d'oxygène y augmente. Souvent les composés les plus riches en oxygène sont de véritables acides. Il en est ainsi pour les degrés d'oxydation les plus élevés du fer, du manganèse, du chrome, de l'antimoine, etc. Tandis que les protoxydes de fer FeO, et de manganèse MnO, sont des bases énergiques, les sesquioxydes de ces métaux Fe^2O^3, Mn^2O^3, sont indifférents, et les composés les plus oxygénés sont des acides bien caractérisés. Tels sont les acides ferrique FeO^3, manganique MnO^3, permanganique Mn^2O^7. De même les acides stannique SnO^2, titanique TiO^2, hyponiobique Nb^2O^3, niobique NbO^2, molybdique MoO^3, tungstique WoO^3, chromique CrO^3, vanadique VO^3, antimonique SbO^5, osmique OsO^4, sont doués de propriétés acides plus ou moins énergiques, c'est-à-dire de la faculté de se combiner aux oxydes pour former de véritables sels. Les acides hyponiobique et niobique sont deux degrés d'oxydation d'un métal rare, le niobium. Ils offrent cette particularité très-curieuse qu'on ne peut point les transformer directement l'un dans l'autre, soit en oxydant le premier, soit en réduisant le second. On ne parvient à opérer cette transformation que par des voies détournées. M. H. Rose, qui a observé cette singulière anomalie, en conclut que les radicaux de ces deux acides sont dans un état d'allotropie. Il distingue l'hyponiobium du niobium.

Certains peroxydes ne montrent aucune affinité, soit pour les acides, soit pour les bases. Ils ne peuvent se combiner avec les premiers qu'en perdant de l'oxygène.

Le peroxyde de barium BaO^2 et le peroxyde de manganèse MnO^2 en offrent des exemples. On sait que l'acide chlorhydrique donne, avec le premier, à froid, du chlorure de barium et de l'eau oxygénée ; le même acide convertit le second en chlorure manganeux, tandis qu'il se forme de l'eau et qu'il se dégage du chlore. Tous deux abandonnent de l'oxygène lorsqu'on les calcine au rouge ou qu'on les chauffe avec de l'acide sulfurique concentré. Dans le dernier cas, ces peroxydes se convertissent en protoxydes qui restent unis à l'acide sulfurique. Ce sont les caractères des *oxydes singuliers* de M. Dumas. Berzelius les nommait suroxydes.

Lorsque parmi les divers degrés d'oxydation d'un métal il existe un oxyde basique et un acide métallique, ces deux oxydes peuvent se combiner entre eux et former ce qu'on nomme un *oxyde salin*. Tel est le minium ou oxyde rouge de plomb. Sa composition est représentée par la formule Pb^3O^4, et on peut l'envisager comme une combinaison de $PbO^2 + 2PbO$, dans laquelle PbO^2 représente un véritable acide plombique. Aussi peut-on mettre cet acide (oxyde puce de plomb) en liberté lorsqu'on traite l'oxyde rouge de plomb par un acide puissant, tel que l'acide azotique, qui se combine alors avec le protoxyde de plomb pour former un azotate. L'oxyde rouge de manganèse Mn^3O^4, résidu de la calcination du bioxyde, peut être envisagé comme une combinaison de sesquioxyde de manganèse avec du protoxyde, et l'oxyde de fer magnétique Fe^3O^4 comme une combinaison de sesquioxyde de fer avec du protoxyde.

$$Mn^3O^4 = MnO + Mn^2O^3.$$
$$Fe^3O^4 = FeO + Fe^2O^3.$$

On conçoit que ces oxydes salins, qui constituent des combinaisons d'oxydes, ne puissent pas donner des sels particuliers en s'unissant aux acides.

Propriétés générales des oxydes. — Tous les oxydes métalliques sont solides à la température ordinaire ; quelques-uns, comme la litharge ou l'oxyde de plomb, sont fusibles ; un très-petit nombre est volatil. Parmi ces derniers on peut citer l'oxyde d'antimoine, l'acide manganique (Ascheff), l'acide osmique et l'acide perruthénique RuO^4 (Claus).

Beaucoup d'oxydes sont incolores, d'autres sont colorés de diverses nuances. Tous sont plus denses que l'eau.

La chaleur réduit complétement les oxydes des métaux de la dernière section. Elle ne réduit point ceux dont les métaux appartiennent aux six premières sections. Parmi ces derniers oxydes il y en a pourtant qui sont décomposés par la chaleur et ramenés à un degré d'oxydation inférieur, avec dégagement d'oxygène. Tous les peroxydes (oxydes singuliers), à l'exception de celui de sodium, et beaucoup d'acides métalliques sont dans ce cas. Exemples : les peroxydes de potassium (KO^4) (Vernon Harcourt), de barium, de strontium, de manganèse, de plomb, les acides manganique, permanganique, chromique, etc. Ces oxydes se transforment par la calcination dans l'oxyde le plus stable qui puisse se produire en présence de l'air.

Certains oxydes peuvent absorber l'*oxygène* pour se suroxyder. Il y en a même qui s'oxydent avec une si grande facilité qu'on ne peut point les préparer au contact de l'air. Il en est ainsi du protoxyde de manganèse, qu'on obtient en décomposant le carbonate dans un courant de gaz hydrogène. Si on le chauffait à l'air, il en absorberait l'oxygène pour se transformer en oxyde rouge brun Mn^3O^4.

Le protoxyde d'étain noir, chauffé à l'air, brûle et se transforme en acide stannique blanc jaunâtre. Le protoxyde de fer FeO est tellement avide d'oxygène qu'on n'est parvenu que récemment à l'isoler. Chauffé à l'air, il brûle avec vivacité pour se convertir en oxyde Fe^3O^4.

Lorsqu'on chauffe fortement un oxyde métallique avec du *soufre*, il se forme généralement un sulfure et de l'acide sulfureux, à moins que le sulfate ne puisse résister à une haute température. Dans ce dernier cas, qui se présente notamment pour les oxydes de la première section, il se forme un sulfate et un sulfure. On comprend aisément les différences que présentent les oxydes sous ce rapport. Il est évident que l'oxyde de mercure, lorsqu'il est chauffé avec du soufre, ne saurait donner naissance à du sulfate ; car celui-ci se décompose à une haute température en acide sulfureux, en mercure et en oxygène. C'est donc de l'acide sulfureux qui doit se former en même temps que du sulfure.

$$2HgO + 3S = SO^2 + 2HgS.$$
Oxyde   Soufre.   Acide   Sulfure
de mercure.   sulfureux.   de mercure.

Au contraire, le sulfate de plomb pouvant résister à une chaleur très-élevée, si l'on chauffe un mélange, en proportions convenables de soufre et d'oxyde de plomb, il peut se former du sulfate de plomb et du plomb métallique.

$$4PbO + S = SPbO^4 + 3Pb$$
Oxyde   Sulfate   Plomb.
de plomb.   de plomb.

En augmentant la proportion de soufre, on obtient de l'acide sulfureux et du plomb métallique.

$$2PbO + S = SO^2 + 2Pb.$$

Ajoutons que le soufre est sans action sur l'alumine et le sesquioxyde de chrome.

Les réactions précédentes s'accomplissent par voie sèche. L'intervention de l'eau donne naissance à d'autres phénomènes.

Lorsqu'on chauffe un oxyde ou plutôt un hydrate de la première section avec du soufre en présence de l'eau, ce n'est pas un sulfate, c'est un hyposulfite qui prend naissance; en même temps le métal se combine avec un excès de soufre et forme un polysulfure qui se dissout dans l'eau.

$$3KHO^2 + 12S = KO,S^2O^2 + 2KS^5 + 3HO.$$

Potasse. Hyposulfite de potasse. Pentasulfure de potassium.

Dans les mêmes conditions, le soufre ne paraît pas réagir sur les oxydes des autres sections, si l'on en excepte quelques-uns de la dernière : le soufre réduit ceux-ci à l'état métallique, en présence de l'eau, et passe à l'état d'acide sulfurique.

Le *phosphore* exerce sur les oxydes une action analogue à celle du soufre. Elle s'accomplit à une basse température. Cette action est des plus vives si l'oxyde abandonne facilement son oxygène, comme l'oxyde de mercure ou l'oxyde d'argent. Dans ce cas, il se forme du phosphure de mercure ou d'argent et de l'acide phosphorique libre.

S'agit-il, au contraire, de l'oxyde d'un métal de la première section, il se forme un phosphure et un phosphate. Ainsi, lorsqu'on fait passer de la vapeur de phosphore sur des fragments de chaux chauffés au rouge sombre, on obtient un mélange de phosphure de calcium et de phosphate de chaux. Cette transformation s'effectue avec une vive incandescence.

En présence de l'eau, les choses se passent autrement. Lorsqu'on fait bouillir du phosphore avec un lait de chaux, il se dégage de l'hydrogène phosphoré spontanément inflammable, et il se forme du phosphite et de l'hypophosphite de chaux. L'action est la même avec les autres oxydes de la première section. Nous avons déjà fait connaître l'action réductrice que le phosphore exerce sur l'oxyde de cuivre (page 246).

Presque tous les oxydes sont décomposables par le *chlore* à une température élevée. Si l'on place dans un tube de porcelaine un oxyde sec tel que la chaux, et qu'on le chauffe au rouge dans un courant de chlore, on obtient un chlorure, et il se dégage de l'oxygène.

L'alumine et quelques autres oxydes sont indécomposables dans ces conditions. Pour qu'ils abandonnent leur oxygène et se convertissent en chlorures, il est nécessaire de faire intervenir un troisième corps, le charbon. Que l'on calcine dans un courant de chlore un mélange intime d'alumine et de charbon, il se formera de l'oxyde de carbone et du chlorure d'aluminium.

$$Al^2O^3 \; + \; C^3 \; + \; Cl^3 \; = \; Al^2Cl^3 \; + \; 3CO.$$

Oxyde d'aluminium.   Chlorure d'aluminium.   Oxyde de carbone.

Les choses se passent différemment lorsqu'on fait réagir le chlore sur les oxydes en présence de l'eau.

Ici il peut se présenter divers cas.

Considérons d'abord l'action du chlore sur les oxydes hydratés de la première section. Il se forme un chlorure et un chlorate ou un chlorure et un hypochlorite.

Lorsqu'on dirige un courant de chlore dans une solution concentrée de potasse, le gaz est entièrement absorbé, et l'on voit bientôt se former un dépôt de chlorate de potasse, tandis que du chlorure de potassium reste en dissolution.

$$ou \quad 6KHO^2 \; + \; Cl^6 \; = \; ClKO^6 \; + \; 5KCl \; + \; 6HO$$
$$6KO,HO \; + \; Cl^6 \; = \; 5(ClO^5,KO) \; + \; 5KCl \; + \; 6HO.$$

Hydrate de potasse.   Chlorate de potasse.   Chlorure de potassium.

La solution de potasse est-elle étendue d'eau, le chlore est encore absorbé, mais avec formation d'hypochlorite et de chlorure.

$$ou \quad 2KHO^2 \; + \; Cl^2 \; = \; ClK \; + \; ClKO^2 \; + \; 2HO$$
$$2KO,HO \; + \; Cl^2 \; = \; ClK \; + \; ClO,KO \; + \; 2HO.$$

Hydrate de potasse.   Chlorure de potassium.   Hypochlorite de potasse.

Le chlore réagit sur l'hydrate de chaux solide comme sur la potasse étendue. Il se forme de l'hypochlorite de chaux et du chlorure de calcium, mélange que l'on désigne communément sous le nom de chlorure de chaux.

Parmi les oxydes métalliques insolubles dans l'eau, il y en a qui n'éprouvent aucune altération par l'action du chlore en présence de ce liquide. Tels sont l'acide stannique, les peroxydes, comme ceux de manganèse et de plomb, et certains sesquioxydes, comme l'alumine et les sesquioxydes de fer et de chrome. Mais les protoxydes capables d'absorber une nouvelle quantité d'oxygène ou leurs hydrates, comme ceux de fer, de manganèse, d'étain, de plomb, sont décomposés par le chlore, qui leur enlève une portion du métal pour former un chlorure, tandis que l'autre portion reste unie à toute la quantité d'oxygène pour former un peroxyde.

$$2\text{MnO} + \text{Cl} = \text{MnO}^2 + \text{MnCl}.$$

Oxyde   Peroxyde   Chlorure
manganeux.   de manganèse. manganeux.

Rappelons ici que l'oxyde de mercure, mis en suspension dans l'eau, est décomposé par le chlore avec formation d'acide hypochloreux et d'un oxychlorure (page 169).

Un grand nombre d'oxydes sont réduits par l'*hydrogène* à une température élevée; il se forme de l'eau, et le métal est mis à nu. Parmi les oxydes irréductibles par l'hydrogène, nous citerons les oxydes alcalins et alcalino-terreux, la magnésie, le protoxyde de manganèse, le sesquioxyde de chrome, l'alumine, etc. Au contraire, la réduction des oxydes de cuivre et de fer, et en général des métaux usuels, s'effectue facilement, et l'on met à profit ces propriétés, d'une part, pour la synthèse de l'eau (page 53), de l'autre, pour la préparation de certains métaux (fer réduit par l'hydrogène).

Lorsqu'on chauffe les oxydes avec du *charbon*, on met le métal en liberté en même temps qu'il se dégage de l'acide carbonique ou de l'oxyde de carbone : de l'acide carbonique lorsque la réduction est facile, et s'effectue à une chaleur modérée; de l'oxyde de carbone lorsqu'elle exige une température très-élevée. Ainsi, un mélange d'oxyde de cuivre et de charbon dégage, bien au-dessous du rouge, de l'acide carbonique, et il reste du cuivre. En calcinant de l'oxyde de zinc avec du charbon, on obtient, au contraire, de l'oxyde de carbone. Peu d'oxydes résistent au pouvoir réducteur du charbon. De ce nombre sont la baryte, la strontiane, la chaux, la magnésie, l'alumine; mais les oxydes de potassium, de sodium, de manganèse, de chrome, irréductibles par l'hydrogène, sont ramenés à l'état métallique par le charbon à une très-haute température.

Les *métaux* avides d'oxygène réduisent certains oxydes. Ainsi, les oxydes des métaux de la troisième section et ceux des métaux des trois dernières sections sont réduits par le potassium ou le sodium. Lorsqu'on chauffe de l'oxyde noir de cuivre CuO (oxyde cuivrique) avec du cuivre, on le ramène à l'état d'oxyde rouge Cu^2O (oxyde cuivreux).

Les oxydes peuvent se combiner avec l'*eau* pour former des

hydrates. Tout le monde sait que la chaux vive que l'on arrose avec de l'eau s'y combine au bout de quelques instants en dégageant de la chaleur et en formant une poudre blanche qu'on nomme chaux éteinte.

La baryte et la strontiane absorbent l'eau avec plus d'énergie encore. D'autres oxydes ne s'y combinent point directement. Pour obtenir leurs hydrates, on décompose leurs sels solubles par un alcali tel que la potasse. Ainsi, lorsqu'on ajoute de la potasse à une dissolution de sulfate de cuivre, on obtient, par double décomposition, du sulfate de potasse et de l'hydrate de cuivre.

ou

$$KHO^2 + SCuO^4 = CuHO^2 + SKO^4$$
$$\underset{\substack{\text{Hydrate} \\ \text{de potasse.}}}{KO,HO} + \underset{\substack{\text{Sulfate} \\ \text{de cuivre.}}}{SO^3,CuO} = \underset{\substack{\text{Hydrate} \\ \text{de cuivre.}}}{CuO,HO} + \underset{\substack{\text{Sulfate} \\ \text{de potasse.}}}{SO^3,KO.}$$

Les oxydes de potassium et de sodium anhydres sont peu connus. La potasse et la soude constituent de véritables hydrates, et ces hydrates sont indécomposables par la chaleur. Il n'en est pas ainsi des hydrates des autres oxydes, qu'une chaleur peu élevée suffit quelquefois pour décomposer. Ainsi, l'hydrate de cuivre bleu clair, soumis à l'ébullition avec de l'eau se convertit, en noircissant, en oxyde de cuivre anhydre.

On admet que l'eau joue le rôle d'acide dans les hydrates, et l'on a comparé avec raison ces composés aux sels proprement dits.

On peut aussi les comparer à l'eau elle-même. Ainsi on peut envisager l'hydrate de potasse comme de l'eau H^2O^2 dans laquelle la moitié de l'hydrogène a été remplacée par du potassium.

$$\left.\begin{array}{l} H \\ H \end{array}\right\}O^2 \qquad \left.\begin{array}{l} K \\ H \end{array}\right\}O^2$$
$$\underset{\text{Eau.}}{} \qquad \underset{\substack{\text{Hydrate} \\ \text{de potassium.}}}{}$$

Et de fait le potassium en décomposant l'eau met de l'hydrogène en liberté et s'y substitue, réaction qu'on peut représenter d'une manière très-rationnelle en exprimant la composition de l'eau par la formule atomique $H^2O = 18$ [1].

$$\left.\begin{array}{l} H \\ H \end{array}\right\}O + K = \left.\begin{array}{l} K \\ H \end{array}\right\}O + H$$
$$\underset{\text{Eau.}}{} \qquad\qquad \underset{\substack{\text{Hydrate} \\ \text{de potassium.}}}{}$$

Préparation des oxydes. — Les procédés généraux applicables à la préparation des oxydes sont les suivants :

1. $H = 1 \quad O = 16$ (pages 15 et 55.)

1° Calcination du métal à l'air; exemples : oxydes de zinc, de plomb, de cuivre, d'antimoine;

2° Décomposition d'un carbonate, d'un azotate ou d'un sulfate par la chaleur; exemples : calcination du carbonate de chaux, des azotates de baryte, de cuivre, de bismuth, de mercure, des sulfates ferrique et aluminique;

3° Traitement du métal par l'acide azotique lorsque l'oxyde formé est incapable de se combiner avec les acides; exemples : acide stannique, acide antimonieux;

4° Décomposition d'un sel par une base puissante. On opère par la voie humide, c'est-à-dire sur des solutions. L'oxyde que l'on veut isoler est déplacé par un autre oxyde. Si le premier est insoluble, on le précipite généralement par la potasse ou l'ammoniaque qui forment un sel soluble avec l'acide avec lequel il était combiné. Exemples : décomposition de l'azotate d'argent par la potasse, du sulfate ferrique par l'ammoniaque. Si au contraire l'oxyde que l'on veut isoler est soluble dans l'eau, on le met en liberté en précipitant l'acide avec lequel il est combiné par une base avec laquelle ce dernier forme un sel insoluble. Exemple : décomposition des carbonates de potasse et de soude par la chaux caustique;

5° Traitement de certains oxydes par l'eau oxygénée. Thenard a obtenu le suroxyde de cuivre CuO^2 en arrosant d'eau oxygénée l'hydrate d'oxyde cuivrique CuO,HO.

SULFURES.

Le soufre forme avec les métaux des composés qui présentent la plus grande analogie avec les oxydes, sous le rapport de leur composition moléculaire. La plupart des métaux s'unissent directement au soufre lorsqu'on les chauffe avec ce corps. Quelquefois la combinaison s'accomplit avec un vif dégagement de chaleur. Le cuivre en tournure ou l'argent en limaille que l'on projette dans la vapeur de soufre y brûle comme le fer brûle, à une haute température, dans l'oxygène. Lorsqu'on fait un mélange de limaille de fer et de fleur de soufre, et qu'après l'avoir humecté avec de l'eau on l'abandonne à lui-même, les deux corps se combinent, et il se forme du sulfure de fer. La chaleur dégagée par cette combinaison est telle que les vapeurs d'eau s'échappent avec force du mélange, et que celui-ci peut être porté jusqu'à l'incandescence. On voit par ces exemples que l'affinité de certains métaux pour le soufre égale au moins celle qu'ils possèdent pour l'oxygène.

Parmi les métaux qui sont peu ou point attaqués par le soufre nous citerons le zinc, l'aluminium, l'or, le platine.

Les sulfures naturels sont généralement cristallins, cassants, opaques, et doués de l'éclat métallique.

Leur couleur est très-variable. La pyrite ou bisulfure de fer présente la couleur et l'éclat de l'or. Les sulfures de plomb (galène), d'antimoine, de molybdène sont gris noirâtre et présentent l'éclat métallique. La blende ou sulfure de zinc est brune ; le cinabre ou sulfure de mercure est rouge. Les cristaux naturels des deux derniers sulfures sont transparents.

Préparés artificiellement, par voie de précipitation, les sulfures sont généralement noirs ou bruns. Ceux qui font exception sous ce rapport sont le sulfure de zinc qui est blanc, le sulfure de manganèse qui est couleur de chair, le sulfure d'antimoine, qui est orangé, le bisulfure d'étain et le sulfure de cadmium, qui sont jaunes.

Fonctions des sulfures. — De même qu'il existe des oxydes basiques et des oxydes acides, on distingue des sulfures basiques et des sulfures acides. Berzelius appelait ces derniers *sulfides*. Ils peuvent se combiner avec les sulfures basiques pour former une classe de sels qu'on désigne sous le nom de *sulfosels*.

Ainsi le sulfure de sodium NaS est une sulfobase, le sulfure d'antimoine est un sulfacide. Que l'on ajoute une solution de sulfure de sodium à du sulfure d'antimoine récemment précipité, on verra celui-ci se dissoudre, et il se formera un sulfosel. Un certain nombre d'autres sulfures métalliques, comme ceux d'étain, d'or, de platine, se dissolvent, comme le sulfure d'antimoine, dans les solutions des sulfures de potassium, de sodium, d'ammonium. Ces derniers constituent les sulfobases les plus énergiques. Ils sont solubles dans l'eau.

De même que les oxydes anhydres de potassium et de sodium peuvent se combiner avec l'eau pour former des hydrates, de même les sulfures de ces métaux peuvent s'unir à l'hydrogène sulfuré pour former des composés correspondants, c'est-à-dire des sulfhydrates. Les formules suivantes montrent l'analogie de la constitution des hydrates et des sulfhydrates.

$$KHO^2 = KO,HO = \left. \begin{array}{c} K \\ H \end{array} \right\} O^2 \text{ hydrate de potasse.}$$

$$KHS^2 = KS,HS = \left. \begin{array}{c} K \\ H \end{array} \right\} S^2 \text{ sulfhydrate de potassium.}$$

Les degrés de sulfuration des métaux de la première section

sont plus nombreux que leurs degrés d'oxydation. On ne connaît que deux oxydes anhydres de potassium, le protoxyde KO, et le peroxyde KO⁴, et on a décrit jusqu'à cinq sulfures de potassium, dont le plus riche en soufre renferme 5 équivalents de ce corps. Le pentasulfure de potassium KS^5 est un des composés désignés sous le nom de *polysulfures*.

Quelques sulfures se volatilisent lorsqu'on les porte à une température élevée. Tels sont ceux d'arsenic, de mercure, de cadmium, etc. D'autres se décomposent en perdant une partie ou la totalité du soufre. Il en est ainsi des sulfures d'or, de platine et de ceux des autres métaux précieux : ils se décomposent au rouge vif en soufre et en métal. Le sulfure d'argent, très-fusible, est indécomposable par la chaleur. Quelques sulfures supérieurs sont ramenés par la chaleur à un degré de sulfuration inférieur. Ainsi la pyrite FeS^2 perd, à la température rouge, la moitié de son soufre, et le bisulfure d'étain est ramené à l'état de protosulfure.

Propriétés chimiques des sulfures. — Exposés à l'action de l'*oxygène* ou de l'air à une température élevée, les sulfures se décomposent. Le soufre s'oxyde et passe à l'état d'acide sulfurique ou d'acide sulfureux : d'acide sulfurique, lorsque le sulfate correspondant au sulfure est stable à une température élevée; d'acide sulfureux dans le cas contraire. Quant au métal, il s'oxyde ou il reste à l'état de liberté lorsque l'oxyde est décomposable par la chaleur, comme le sont ceux des métaux de la dernière section. Voici des exemples de ces diverses réactions :

Les sulfures des métaux alcalins et alcalino-terreux et le sulfure de magnésium, lorsqu'ils sont calcinés au contact de l'air, se transforment en sulfates indécomposables par la chaleur.

$$SK \ + \ O^4 \ = \ SKO^4 \ = \ SO^3,KO.$$

Sulfure   Sulfate
de potassium.   de potasse.

Telle est l'affinité des sulfures alcalins pour l'oxygène, qu'ils s'enflamment à l'air lorsqu'ils sont très-divisés (pyrophores).

Lorsqu'on grille le sulfure de plomb (galène), il se dégage de l'acide sulfureux, et il reste un mélange d'oxyde et de sulfate de plomb; car ce dernier exige une très-forte chaleur pour se décomposer. Le sulfure peut donc absorber de l'oxygène à une température inférieure à celle où le sulfate se décompose. Il en résulte que le grillage de la galène donne lieu aux deux réactions suivantes :

$$\underset{\substack{\text{Sulfure} \\ \text{de plomb.}}}{\text{SPb}} + \text{O}^4 = \underset{\substack{\text{Sulfate} \\ \text{de plomb.}}}{\text{SPbO}^4} = \text{SO}^3,\text{PbO.}$$

$$\underset{\substack{\text{Sulfure} \\ \text{de plomb.}}}{\text{SPb}} + \text{O}^3 = \underset{\substack{\text{Acide} \\ \text{sulfureux.}}}{\text{SO}^2} + \underset{\substack{\text{Oxyde} \\ \text{de plomb.}}}{\text{PbO}}$$

Que l'on chauffe du sulfure d'antimoine pulvérisé à une température élevée, mais inférieure à son point de fusion, on pourra dégager tout le soufre à l'état d'acide sulfureux et transformer le sulfure en oxyde.

$$\underset{\substack{\text{Sulfure} \\ \text{d'antimoine.}}}{\text{SbS}^3} + \text{O}^9 = \underset{\substack{\text{Oxyde} \\ \text{d'antimoine.}}}{\text{SbO}^3} + \underset{\substack{\text{Acide} \\ \text{sulfureux.}}}{3\text{SO}^2,}$$

Enfin le sulfure de mercure ou cinabre, chauffé au contact de l'air, donne de l'acide sulfureux et du mercure métallique.

$$\underset{\substack{\text{Sulfure} \\ \text{de mercure.}}}{\text{HgS}} + \text{O}^2 = \underset{\text{Mercure.}}{\text{Hg}} + \underset{\substack{\text{Acide} \\ \text{sulfureux.}}}{\text{SO}^2.}$$

En présence de l'eau, certains sulfures attirent l'oxygène à la température ordinaire. Les solutions des sulfures des métaux alcalins et alcalino-terreux, exposés au contact de l'air, se transforment peu à peu en hyposulfites. L'acide carbonique de l'air intervient dans ces réactions, qui s'accomplissent en deux phases : la première donne lieu à un bisulfure ; la seconde à l'oxydation de celui-ci et à la formation d'un hyposulfite.

$$\underset{\substack{\text{Sulfure} \\ \text{de barium.}}}{2\text{BaS}} + \text{O} + \underset{\substack{\text{Acide} \\ \text{carbonique.}}}{\text{CO}^2} = \underset{\substack{\text{Carbonate} \\ \text{de baryte.}}}{\text{CO}^2,\text{BaO}} + \underset{\substack{\text{Bisulfure} \\ \text{de barium.}}}{\text{BaS}^2.}$$

$$\underset{\substack{\text{Bisulfure} \\ \text{de barium.}}}{\text{BaS}^2} + \text{O}^3 = \underset{\substack{\text{Hyposulfite} \\ \text{de baryte.}}}{\text{S}^2\text{O}^2,\text{BaO.}}$$

Même des sulfures insolubles, comme le sulfure de fer ou le sulfure de cuivre, lorsqu'ils sont abandonnés à l'air humide dans un état de division extrême, tels qu'on les obtient par voie de précipitation, attirent l'oxygène et se transforment en sulfates. C'est sans doute l'oxygène dissous dans l'eau qui opère cette oxydation lente.

Le *chlore* attaque tous les sulfures. Lorsqu'on chauffe ceux-ci à l'état sec dans un courant de chlore, ils se convertissent en chlorures en même temps qu'il se forme du chlorure de soufre.

Dissous ou délayés dans l'eau, les sulfures sont décomposés de même par le chlore ; mais dans ce cas le soufre se dépose.

L'*hydrogène* décompose quelques sulfures formés par les métaux des dernières sections, avec dégagement d'hydrogène sulfuré. Ainsi les sulfures d'antimoine, de bismuth, de mercure, chauffés dans un courant d'hydrogène, se réduisent à l'état métallique (H. Rose).

L'action des *acides* sur les sulfures donne lieu à des remarques importantes. En général, les sulfures des métaux de la première et de la troisième section sont attaqués par les acides même étendus, et il se dégage de l'hydrogène sulfuré. Ainsi le sulfure de barium, traité par l'acide chlorhydrique, se convertit en chlorure; le sulfure de fer se change en sulfate sous l'influence de l'acide sulfurique étendu.

$$BaS \ + \ HCl \ = \ BaCl \ + \ HS.$$

Sulfure   Acide   Chlorure   Hydrogène
de barium.   chlorhydrique.   de barium.   sulfuré.

$$FeS \ + \ SHO^4 \ = \ SFeO^4 \ + \ HS.$$

Sulfure   Acide   Sulfate   Hydrogène
de fer.   sulfurique.   ferreux.   sulfuré.

Les sulfhydrates ou hydrosulfates de sulfures se décomposent de même sous l'influence des acides.

$$KS,HS \ + \ HCl \ = \ KCl \ + \ 2HS.$$

Sulfhydrate   Acide   Chlorure   Hydrogène
de potassium.   chlorhydrique.   de potassium.   sulfuré.

Quant aux polysulfures, ils donnent de l'hydrogène sulfuré et un dépôt de soufre.

$$KS^5 \ + \ HCl \ = \ KCl \ + \ HS \ + \ S^4.$$

Pentasulfure   Acide   Chlorure   Hydrogène   Soufre.
de potassium.   chlorhydrique.   de barium.   sulfuré.

Lorsqu'on verse de l'acide chlorhydrique étendu dans une solution de bisulfure de calcium, il se forme du chlorure de calcium, et il se dégage de l'hydrogène sulfuré en même temps qu'il se forme un dépôt de soufre (lait de soufre).

Mais lorsqu'on opère d'une manière inverse, c'est-à-dire lorsqu'on verse la solution de bisulfure de calcium dans l'acide chlorhydrique étendu, il se forme du chlorure de calcium et du bisulfure d'hydrogène (page 163).

$$CaS^2 \ + \ HCl \ = \ CaCl \ + \ HS^2.$$

Bisulfure   Acide   Chlorure   Bisulfure
de calcium.   chlorhydrique.   de calcium.   d'hydrogène.

L'acide chlorhydrique attaque un plus grand nombre de sulfures que l'acide sulfurique étendu. Ainsi ce dernier acide n'exerce aucune action sur le sulfure d'antimoine, tandis que l'acide chlorhydrique le convertit facilement en chlorure d'antimoine, avec dégagement d'hydrogène sulfuré. Les sulfures de plomb et de bismuth sont attaqués de même, quoique plus faiblement, par l'acide chlorhydrique, tandis qu'ils demeurent sans altération dans l'acide sulfurique étendu.

Quant à l'acide azotique, lorsqu'il est étendu, il peut dégager de l'hydrogène sulfuré, comme les autres acides étendus; mais lorsqu'on l'emploie à l'état de concentration, il exerce sur les sulfures une action très-vive. Cédant une partie de son oxygène au métal, il se transforme en acide hypoazotique; l'oxyde formé s'unit ordinairement à l'excès d'acide azotique. Quant au soufre, il est d'abord mis en liberté; mais une ébullition prolongée avec l'acide azotique finit par le transformer en acide sulfurique. De là, formation d'un sulfate. Ainsi le sulfure de plomb se convertit en sulfate lorsqu'on le fait bouillir avec de l'acide azotique. Le sulfure de mercure est inattaquable par cet acide.

Préparation des sulfures. — Les procédés généraux employés pour la préparation des sulfures sont les suivants :

1. Fusion du métal avec le soufre. C'est le procédé direct et le plus généralement employé.

Au métal lui-même on peut substituer, dans certains cas, son oxyde. L'oxygène de celui-ci, se portant sur le soufre pour former de l'acide sulfureux, le métal devient libre et se combine avec l'excès de soufre.

2. Réduction d'un oxyde par le sulfure de carbone. Lorsqu'on chauffe de l'acide titanique dans la vapeur de sulfure de carbone, il se forme de l'acide carbonique et du sulfure de titane.

$$TiO^2 \;+\; CS^2 \;=\; TiS^2 \;+\; CO^2.$$

Acide   Sulfure   Bisulfure   Acide
titanique. de carbone. de titane. carbonique.

On prépare le sulfure d'aluminium, en faisant passer des vapeurs de sulfure de carbone sur un mélange incandescent d'alumine et de charbon.

3. Réduction d'un sulfate par le charbon. On prépare ainsi les monosulfures de potassium et de barium.

$$SBaO^4 \;+\; C^4 \;=\; 4CO \;+\; SaBa.$$

Sulfate   Sulfure
de baryte.   de barium.

4. Décomposition d'un hydrate, d'un oxyde ou d'un sel par l'hydrogène sulfuré :

On prépare les sulfhydrates et les monosulfures alcalins par l'action de l'hydrogène sulfuré sur les hydrates alcalins.

$$KHO^2 \;+\; H^2S^2 \;=\; KHS^2 \;+\; H^2O^2$$

Hydrate   Sulfhydrate
de potassium.   de potassium.

$$KHS^2 \;+\; KHO^2 \;=\; 2KS \;+\; H^2O^2$$

Sulfhydrate   Hydrate   Monosulfure
de potassium. de potassium. de potassium.

On prépare le protosulfure de mercure ou sulfure mercureux en traitant le sulfate mercureux par l'hydrogène sulfuré.

$$SHg^2O^4 \ + \ HS \ = \ SHO^4 \ + \ Hg^2S.$$

Sulfate   Acide   Sulfure
mercureux.   sulfurique.   mercureux.

CHLORURES.

Voici des combinaisons binaires qui se rapprochent beaucoup des sels proprement dits. Tandis que les oxydes et les sulfures offrent en général l'aspect de substances terreuses et souvent un certain éclat métallique, les chlorures montrent, ainsi que leurs congénères, les bromures et les iodures, l'apparence extérieure et même, à certains égards, les propriétés chimiques des combinaisons que forment les acides avec les oxydes, c'est-à-dire des sels. C'est un chlorure, le chlorure de sodium, ou *sel* marin, qui a donné son nom à la classe entière des composés salins. Frappé de ces analogies, Berzelius avait réuni les chlorures et leurs congénères aux sels proprement dits. Ceux-ci étaient pour lui des *sels haloïdes*, et il avait désigné sous le nom de *corps halogènes* le fluor, le chlore, le brome, l'iode. L'oxygène et le soufre, le sélénium et le tellure, dépourvus de la propriété de former directement des composés salins en s'unissant aux métaux, ont été désignés par lui sous le nom de *corps amphigènes* (du grec ἀμφί, des deux côtés), car ils engendrent, en se combinant avec les autres corps, et des acides et des bases. Les *sels amphides* étaient les combinaisons des acides avec les oxydes, des sulfides avec les sulfures, etc.

Aujourd'hui ces dénominations sont tombées en désuétude, sauf celle de corps halogènes, qu'on applique encore quelquefois aux corps faisant partie de la famille du chlore.

Il est certain que le chlorure de sodium, et en général les chlorures solubles, possèdent bien l'aspect et les propriétés générales des sels. Ils se présentent souvent sous forme de cristaux solubles dans l'eau, et leurs solutions se prêtent aux doubles décompositions aussi facilement que les sels proprement dits.

Propriétés physiques des chlorures. — Il existe des chlorures métalliques liquides à la température ordinaire. Tels sont le bichlorure d'étain (liqueur fumante de Libavius), le chlorure de titane, le perchlorure d'antimoine. Quelques-uns, comme le protochlorure d'antimoine et les chlorures de bismuth et de zinc, sont solides, mais fondent à une basse température. Ces derniers étaient désignés autrefois sous le nom de *beurres métalliques*. La plupart des chlorures fondent à une température élevée. Beaucoup d'entre eux sont volatils et peuvent être distillés sans altération. Parmi ces derniers, nous citerons les chlorures liquides, qui entrent en ébullition à une température peu élevée. On peut distiller de même le protochlorure d'antimoine, les chlorures de zinc et de bismuth. Ceux de mercure, le calomel et le sublimé corrosif, sont obtenus par sublimation.

Fonctions des chlorures. — Sous le rapport de leurs fonctions chimiques, on peut partager les chlorures en deux classes principales, savoir : Les chlorures acides ou chlorides et les chlorures basiques.

Il existe, en effet, des chlorures qui offrent le caractère d'acides vis-à-vis d'autres chlorures qu'on nomme basiques. Berzelius appelait les premiers chlorides. La combinaison des chlorides avec les chlorures engendre les chlorosels.

Voici quelques exemples de ce genre de combinaisons :

Lorsqu'on ajoute une solution de bichlorure de platine à une solution de chlorure de potassium, il se forme un précipité jaune, chlorure double de platine et de potassium.

Le chlorure d'or et le chlorure mercurique (sublimé corrosif) forment des combinaisons cristallisables avec le chlorure de sodium et le chlorure de potassium. Dans tous ces composés, les chlorures alcalins jouent le rôle de base, tandis que les chlorures de platine, d'or, de mercure, jouent le rôle d'acides.

On emploie pour la préparation de l'aluminium une combinaison de chlorure d'aluminium avec le chlorure de sodium.

Il existe pourtant des chlorures qui sont incapables de se combiner avec d'autres chlorures; on les nomme *indifférents*.

Propriétés chimiques des chlorures. — Quelques chlorures sont décomposés par la *chaleur;* ceux des métaux précieux (or, platine, etc.,) sont réduits en métal et en chlore. Il faut en excepter pourtant le chlorure d'argent, qui est indécomposable par la chaleur. Chauffé modérément le bichlorure de platine $PtCl^2$ se convertit en protochlorure.

Lorsqu'on calcine le chlorure cuivrique $CuCl$ à l'abri du contact de l'air, il perd la moitié de son chlore et se convertit en chlorure cuivreux Cu^2Cl.

La chaleur imprime une modification très-singulière au chlorure de cobalt. Cristallisé ou dissous ce chlorure est rouge. Lorsqu'on le chauffe en cristaux ou en solution concentrée, la couleur rouge fait place à une teinte bleu foncé. Le chlorure bleu, exposé pendant quelque temps à l'air à la température ordinaire, se transforme de nouveau en chlorure rouge. Cette curieuse propriété du chlorure de cobalt a été mise à profit pour la préparation d'une encre sympathique. En effet, les caractères à peu près invisibles tracés avec une solution de chlorure rouge apparaissent, en devenant bleus, lorsqu'on chauffe légèrement la feuille de papier.

Beaucoup de chlorures indécomposables par la chaleur seule, laissent dégager du chlore lorsqu'on les chauffe au contact de l'air, et se convertissent en oxydes. Il en est ainsi des chlorures de fer, de manganèse, de cuivre, et en général des chlorures dont les métaux se convertissent facilement en oxydes. Les chlorures de mercure et d'argent sont indécomposables par l'oxygène à une température élevée, l'argent et le mercure ne possédant qu'une faible affinité pour l'oxygène. D'un autre côté, le potassium et le sodium, qui en ont une très-grande, retiennent le chlore avec tant de force qu'ils n'éprouvent aucune altération lorsqu'on les calcine à l'air. Dans les mêmes circonstances, les chlorures de barium, de strontium et de calcium perdent une petite quantité de chlore et se convertissent partiellement en oxydes.

Un très-grand nombre de chlorures sont décomposés par le *soufre* à une haute température avec formation de sulfures et de chlorure de soufre.

Lorsqu'on chauffe du chlorure d'argent sec dans un courant d'*hydrogène*, il se forme de l'acide chlorhydrique et l'argent est mis en liberté.

Tous les chlorures des métaux de la troisième section et de ceux des trois dernières sections se comportent de même en présence de l'hydrogène. Cette propriété est quelquefois mise à profit pour la préparation de certains métaux à l'état de pureté. Ainsi le chlorure ferreux, qu'il est facile d'obtenir pur, se réduit en fer métallique lorsqu'on le chauffe au rouge dans un courant d'hydrogène (Peligot).

Les *métaux* appartenant à une certaine section décomposent, en général, les chlorures des métaux suivants. L'action peut s'exercer par la voie sèche ou en présence de l'eau.

Lorsqu'on chauffe du chlorure d'aluminium avec du potassium, il est décomposé avec énergie : il se forme du chlorure de potassium, et l'aluminium est mis en liberté (Wœhler).

Le sublimé corrosif (chlorure mercurique) est décomposé par un grand nombre de métaux. Lorsqu'on le chauffe avec de l'étain ou de l'antimoine, il est réduit et il se forme du bichlorure d'étain (chlorure stannique) ou du chlorure d'antimoine (beurre d'antimoine). Cette réduction facile du sublimé corrosif par les métaux a été mise à profit pendant longtemps pour la préparation de certains chlorures.

En présence de l'eau, l'action réductrice des métaux peut s'exercer à froid. Lorsqu'on dépose du chlorure d'argent humide sur une lame de zinc, on le voit noircir et se transformer bientôt en argent métallique pulvérulent. Il se forme du chlorure de zinc. La réduction du chlorure d'argent, dans ces circonstances, est singulièrement favorisée par la présence d'un acide. Le chlorure d'argent étant humecté sur la lame de zinc avec de l'eau acidulée d'acide chlorhydrique, celui-ci est attaqué par le zinc, et l'hydrogène naissant réduit alors le chlorure d'argent pour régénérer l'acide chlorhydrique. Les choses se passent d'une manière analogue lorsqu'on introduit du chlorure d'argent dans de l'eau acidulée d'acide sulfurique et qu'on jette ensuite de la grenaille de zinc dans le liquide.

Le chlorure d'argent est réduit de même par le fer en présence de l'eau. Le procédé d'extraction de l'argent usité à Freiberg, en Saxe, et dit procédé d'amalgamation, est fondé sur cette réaction.

L'action de *l'eau* sur les chlorures est fort importante à considérer. La plupart d'entre eux sont solubles dans l'eau et se déposent à l'état de cristaux lorsque ces solutions se refroidissent après avoir été saturées à chaud, ou lorsqu'elles sont soumises à l'évaporation spontanée.

Ces cristaux sont tantôt anhydres, comme ceux des chlorures de potassium, de sodium, de mercure; tantôt ils renferment de l'eau de cristallisation, comme ceux de calcium, de fer, de cuivre, etc.

Sont insolubles dans l'eau le chlorure d'argent, le chlorure mercureux, les chlorures aureux, platineux et cuivreux (protochlorures d'or, de platine, de cuivre). Ce dernier se dissout dans l'eau chargée d'acide chlorhydrique. Le chlorure de plomb et le protochlorure de thallium sont peu solubles dans l'eau.

Ce qu'on nomme aujourd'hui les solutions de chlorures était considéré autrefois comme des hydrochlorates (muriates) dissous dans l'eau. En effet, ces chlorures se forment par l'action de l'acide chlorhydrique (muriatique) sur un oxyde, et lorsque la réaction s'opère en présence de l'eau, la formation et l'élimination de l'eau échappent à l'observation. Il n'en est plus ainsi lorsqu'on fait réagir le gaz chlorhydrique sur un oxyde sec, tel que l'oxyde d'argent ou de mercure. Ici il se forme bien un chlorure anhydre, et de l'eau est éliminée (p. 58). Or, il n'y a aucune raison pour ne pas admettre que les choses se passent de même lorsqu'on traite par l'acide chlorhydrique dissous dans l'eau un oxyde ou un hydrate tel que l'oxyde cuivrique ou la potasse. Tout le monde admet aujourd'hui que dans ce cas, comme dans le précédent, de l'eau est formée et qu'un chlorure se dissout.

$$KO,HO \quad + \quad HCl \quad = \quad 2HO \quad + \quad KCl.$$
Hydrate   Chlorure
de potasse.   de potassium.

$$CuO \quad + \quad HCl \quad = \quad HO \quad + \quad CuCl.$$
Oxyde   Chlorure
de cuivre.   cuivrique.

Des réactions inverses de la précédente peuvent se présenter : l'eau, en réagissant sur un chlorure, peut donner lieu à la formation d'un oxyde et de l'acide chlorhydrique. Ainsi lorsqu'on évapore une solution de chlorure de magnésium, il arrive un moment où la liqueur laisse dégager de l'acide chlorhydrique et abandonne un résidu de magnésie. Le chlorure d'aluminium éprouve, dans les mêmes circonstances, une décomposition semblable : il se forme de l'alumine et de l'acide chlorhydrique.

$$Al^2Cl^3 \quad + \quad H^3O^3 \quad = \quad Al^2O^3 \quad + \quad 3HCl.$$
Chlorure   Oxyde   Acide
d'aluminium.   d'aluminium.   chlorhydrique.

Quelques chlorures, comme ceux d'antimoine et de bismuth, se décomposent immédiatement au contact de l'eau, de telle sorte qu'il est impossible de les obtenir en solution aqueuse. On les dissout dans l'acide chlorhydrique. Lorsqu'on verse de l'eau dans une telle solution acide de chlorure d'antimoine ou de chlorure de bismuth, on voit immédiatement apparaître un précipité blanc. C'est de l'oxychlorure d'antimoine (poudre d'Algaroth), $SbCl^3,2SbO^3,HO$, ou de l'oxychlorure de bismuth. Tous deux prennent naissance par la décomposition d'une portion du chlorure par l'eau avec formation d'acide chlorhydrique qui se dissout, et d'oxyde, lequel s'unit à une portion de chlorure non décomposé pour former un oxychlorure.

On connaît d'autres oxychlorures. Le jaune de Naples est un oxychlorure de plomb offrant le plus souvent la composition $3PbO,PbCl$.

Quelques chlorures possèdent la propriété d'absorber de l'ammoniaque. Il en est ainsi des chlorures de calcium, d'aluminium, d'étain, de titane, d'argent, etc. Parmi ces chlorures ammoniacaux, un des plus intéressants est celui d'argent. Il renferme 17,9 pour cent de son poids d'ammoniaque. Lorsqu'on chauffe cette combinaison, l'ammoniaque se dégage de nouveau. La préparation de l'ammoniaque liquide (page 233) est fondée sur cette propriété.

Préparation des chlorures. — On emploie, pour préparer les chlorures, les procédés suivants :

1° Action du chlore sec sur le métal. Tous les métaux sont attaqués par le chlore à l'exception du platine, du rhodium, de l'iridium et du ruthénium. Ce procédé est principalement applicable à la préparation des chlorures volatils, tels que le bichlorure d'étain, le perchlorure d'antimoine. On introduit le métal dans une petite cornue et on y dirige un courant de chlore sec. Le chlorure distille et est recueilli dans un récipient.

2° Action de l'acide chlorhydrique sur les métaux. De l'hydrogène se dégage et il se forme un chlorure. On prépare ainsi le chlorure de zinc, le protochlorure de fer (chlorure ferreux) et le protochlorure d'étain (chlorure stanneux).

3° Action d'un métal sur un chlorure. On obtenait autrefois certains chlorures volatils, comme ceux d'antimoine et d'étain, en distillant les métaux avec le sublimé corrosif (page 398).

4° Dissolution d'un oxyde, d'un carbonate, d'un sulfure dans l'acide chlorhydrique. On prépare le chlorure de magnésium en dissolvant la magnésie ou le carbonate de magnésie dans l'acide chlorhydrique ; le chlorure de manganèse, en dissolvant dans le même acide le carbonate ou le sulfure manganeux ; le protochlorure d'antimoine en traitant le sulfure par l'acide chlorhydrique (page 157).

5° Action de l'eau régale sur les métaux. On obtient ainsi les chlorures d'or et de platine.

6° Action du chlore sur un oxyde ou sur un mélange intime et sec d'oxyde et de charbon. On peut préparer le chlorure de zinc anhydre en chauffant l'oxyde dans un courant de chlore sec. Mais les oxydes d'aluminium, de glucinium, de zirconium, de titane, etc., ne se décomposent point dans ces circonstances. Pour les transformer en chlorures, il faut les mélanger d'abord avec du charbon. On porte au rouge ce mélange dans un tube ou dans une cornue de porcelaine, et on y fait passer un courant de chlore bien sec. Il se dégage de l'oxyde de carbone et il se forme un chlorure anhydre qui se volatilise (page 387). On prépare ainsi les chlorures d'aluminium, de glucinium, de titane.

7° Action d'un chlorure ou de l'acide chlorhydrique sur un sel. On opère par la voie humide ou par la voie sèche.

Par la voie humide : on prépare les chlorures insolubles en précipitant la solution des sels correspondants par l'acide chlorhydrique ou par une solution de chlorure de sodium. Exemple : chlorure d'argent, chlorure mercureux (calomel).

Par la voie sèche : on prépare certains chlorures volatils en chauffant les sels correspondants avec du chlorure de sodium. C'est ainsi qu'on obtient le calomel, le sublimé corrosif, le chlorure de zinc anhydre, en chauffant le sulfate mercureux, mercurique ou zincique, avec le sel marin.

GÉNÉRALITÉS SUR LES SELS.

Lois de composition. — On désigne sous le nom de *sels*, dan l'acception la plus restreinte du mot, les combinaisons des acides oxygénés avec les oxydes. Par extension on applique la même dénomination à tous les corps produits par l'union de deux composés binaires agissant l'un comme élément électro-négatif ou comme acide, l'autre comme élément électro-positif ou comme base. Ainsi les composés qui résultent de la combinaison de deux oxydes, de deux sulfures, de deux chlorures, sont des sels, et suivant la nature de leurs éléments, on les désigne sous le nom d'*oxysels*, de *sulfosels*, de *chlorosels*, etc. Les oxysels sont les sels proprement dits. Ce sont les seuls dont nous ayons à traiter ici.

Le mode de formation le plus important des sels est indiqué par leur définition même. Ils prennent naissance par l'action des acides sur les oxydes.

Si l'on prend un poids donné d'acide sulfurique, qu'on y ajoute de l'eau et qu'on traite ensuite cette dissolution par la potasse caustique, il arrivera un moment où l'acidité de l'acide sulfurique sera exactement contrebalancée ou émoussée par l'alcalinité de la base. Il est très-facile de déterminer ce point à l'aide des couleurs végétales, telles que la teinture de tournesol ou le sirop de violette. L'acide sulfurique les rougit; la potasse ramène au bleu la teinture de tournesol rougie, et verdit le sirop de violette. Si donc on a soin d'ajouter à la liqueur acide une petite quantité de teinture de tournesol, la couleur rouge se maintiendra tant que l'acide prédomine dans la liqueur et elle passera au bleu au moment même où il sera exactement saturé par la potasse. Le point de saturation est marqué, dans ce cas, par la neutralité de la liqueur, et les signes de la neutralité sont faciles à apprécier, par l'action des réactifs colorés. La liqueur neutre ne rougit plus le papier de tournesol comme faisait l'acide sulfurique ; elle ne ramène pas au bleu le papier de tournesol rouge et elle ne verdit pas le sirop de violette comme faisait la potasse.

Pour saturer un poids donné d'acide sulfurique pur il faudra un poids donné et toujours le même de potasse caustique. Ainsi 100 grammes d'acide sulfurique, le plus concentré possible, seront neutralisés par une quantité de potasse caustique renfermant 96 parties d'oxyde de potassium anhydre. Pour neutraliser ces 100 grammes d'acide sulfurique par d'autres oxydes, il en faudra prendre des poids déterminés, invariables pour chacun d'eux, mais différant entre eux.

Ainsi 100 grammes d'acide sulfurique concentré seront neutralisés exactement par les quantités suivantes d'oxydes :

		gr
Oxyde de potassium (anhydre).		96,1
— de sodium	—	63,2
— de barium,		156,1
— de calcium,		57,1
— de zinc,		86,6
— noir de cuivre,		81,1
— rouge de mercure,		220,4
— d'argent.		236,7

D'un autre côté pour neutraliser 100 grammes d'acide azotique le plus concentré possible, il faudra employer les quantités suivantes des mêmes oxydes :

		gr.
Oxyde de potassium (anhydre),		74,7
— de sodium	—	49,2
— de barium,		121,4
— de calcium,		44,4
— de zinc,		65,1
— noir de cuivre,		63,1
— rouge de mercure,		171,4
— d'argent.		184,1

On remarque que ces dernières quantités sont entre elles exactement dans les mêmes rapports que les quantités de bases qui saturent 100 grammes d'acide sulfurique. En effet,

$$\frac{96,1}{63,2} = \frac{74,7}{49,2} \ ;$$

$$\frac{96,1}{156,1} = \frac{74,7}{121,4}$$

$$\frac{96,1}{57,1} = \frac{74,7}{44,4}, \ \text{etc., etc.}$$

On peut tirer de ce fait cette conséquence que, connaissant les quantités d'oxydes qui saturent exactement 100 grammes d'acide sulfurique, pour connaitre les quantités d'oxydes nécessaires pour saturer 100 grammes d'acide azotique ou d'un autre acide, il suffit de déterminer la quantité d'un *seul* oxyde nécessaire pour opérer cette saturation; car après avoir effectué cette seule détermination expérimentale, on peut calculer, à l'aide de simples proportions, les quantités de tous les autres oxydes nécessaires pour saturer 100 grammes d'acide azotique ou d'un autre acide. En d'autres termes et pour nous en tenir aux exemples que nous avons choisis, si l'on suppose connue la composition de tous les sulfates, on peut en déduire la composition de tous les azotates à la condition que l'on connaisse celle de l'un d'eux. Ce fait important, qui est devenu le point de départ et le fondement de la théorie des équivalents a été découvert par Wenzel (page 7). La *loi de Wenzel*, la première et la plus importante des lois qui régissent la composition des sels peut s'exprimer ainsi : les quantités respectives de différentes bases qui saturent des poids égaux de différents acides sont proportionnelles entre elles.

On doit à Richter une autre découverte importante concernant la composition des sels. Il a établi ce fait, que dans la précipitation des métaux les uns par les autres de leurs dissolutions salines, la liqueur reste neutre. Ainsi lorsqu'on plonge une lame de cuivre dans une solution d'azotate d'argent, le cuivre se dissout et l'argent se précipite : aucun gaz ne se dégage; de plus si la liqueur était neutre avant l'expérience elle le sera sensiblement après. Si dans la solution de cet azotate de cuivre on plonge maintenant une lame de zinc, ce métal se dissoudra et le cuivre se précipitera à son tour; mais la neutralité de la liqueur ne sera point modifiée. Il en résulte que les trois azotates neutres qui sont successivement dissous dans la liqueur, savoir :

L'azotate d'argent,
—   de cuivre,
—   de zinc

renferment non-seulement la même quantité d'acide azotique, mais encore la même quantité d'oxygène qui s'est combinée successivement à des quantités différentes d'argent, de cuivre, de zinc. Richter, tira de ce fait cette conséquence que les quantités d'oxydes nécessaires pour saturer un même poids d'acide renferment la même quantité d'oxygène. Telle est la *loi de Richter*.

Berzelius vint, et, achevant l'œuvre de ses devanciers, fixa définitivement les idées des chimistes sur la composition des sels. Il établit que dans un même genre de sels, il existe un rapport

constant entre la quantité d'oxygène de l'acide et la quantité
d'oxygène de l'oxyde. Ainsi, pour les sulfates neutres la quantité
d'oxygène de l'oxyde est exactement et invariablement le tiers de
la quantité d'oxygène de l'acide sulfurique anhydre, ou autrement les quantités d'oxygène que renferment la base et l'acide
sont entre elles comme 1 est à 3. Pour les azotates le rapport de
ces quantités est de 1 à 5, pour les carbonates neutres il est de 1
à 2, etc. Quelques exemples vont élucider cette *loi de Berzelius*.

COMPOSITION DES SULFATES NEUTRES.

87 parties de sulfate de potasse renferment	acide sulfurique...	40	soufre	16
			oxygène...	24
	oxyde de potassium	47	potassium.	39
			oxygène...	8

Le rapport de $8 : 24 = 1 : 3$.

200 parties de sulfate de sesquioxyde de fer renferment.......	acide sulfurique...	120	soufre	48
			oxygène...	72
	sesquioxyde de fer.	80	fer	56
			oxygène...	24

Le rapport de $24 : 72 = 1 : 3$.

COMPOSITION DES AZOTATES NEUTRES.

101 parties d'azotate de potasse renferment	acide azotique.....	54	azote	14
			oxygène...	40
	oxyde de potassium	47	potassium.	39
			oxygène...	8
170 parties d'azotate d'argent renferment...	acide azotique.....	54	azote	14
			oxygène...	40
	oxyde d'argent.....	116	argent.....	108
			oxygène...	8

Le rapport de $8 : 40 = 1 : 5$.

COMPOSITION DES CARBONATES NEUTRES.

69 parties de carbonate de potasse renfer-ment..............	acide carbonique...	22	carbone...	6
			oxygène...	16
	oxyde de potassium	47	potassium.	39
			oxygène...	8
50 parties de carbonate de chaux renfer-ment...............	acide carbonique..	22	carbone...	6
			oxygène...	16
	oxyde de calcium..	28	calcium...	20
			oxygène...	8

Le rapport de $8 : 16 = 1 : 2$.

Ces relations sont exprimées de la manière la plus évidente par
les formules dont Berzelius a introduit l'usage dans la science et
qui représentent les proportions atomiques suivant lesquelles les
corps se combinent. En effet, ces rapports simples que Berzelius

constatait entre les quantités d'oxygène des oxydes et des acides qui se combinent pour former des sels neutres ne sont autre chose que les rapports entre les équivalents d'oxygène qui renferment ces oxydes et ces acides.

Pour les principaux genres de sels neutres, ces rapports sont exprimés d'une manière générale par les formules suivantes ou R désigne un radical métallique quelconque.

		Rapport de l'oxygène de la base à celui de l'acide.
SO^3,RO $3SO^3,R^2O^3$	sulfates	1 : 3
SO^2,RO	sulfites	1 : 2
AzO^5,RO $3AzO^5,R^2O^3$	azotates	1 : 5
AzO^3,RO	azotites	1 : 3
CO^2,RO	carbonates	1 : 2
ClO^5,RO	chlorates	1 : 5
ClO^7,RO	perchlorates	1 : 7
$PhO^5,3RO$	phosphates	3 : 5
$PhO^5,2RO$	pyrophosphates	2 : 5
PhO^5,RO	métaphosphates	1 : 5

Les lois précédemment indiquées concernent la composition des sels dits *neutres*, c'est-à-dire de ceux dont l'acide est exactement saturé par l'oxyde ou la base et réciproquement. Lorsqu'il s'agit de sels solubles formés par la combinaison d'acides énergiques avec des bases fortes, le point de saturation est marqué par l'action des réactifs colorés, teinture de tournesol, sirop de violette, etc. Les azotates, chlorates, sulfates de potasse, de soude, etc., ne modifient pas, lorsqu'ils sont parfaitement neutres, la couleur bleue de la teinture de tournesol. On admet que cette dernière constitue une sorte de sel formé par l'union d'un acide organique avec la chaux. L'acide, qu'on a nommé *litmique*, est rouge lorsqu'il est libre, mais sa couleur passe au bleu lorsqu'il est saturé par la chaux. Un sel parfaitement neutre tel que le sulfate de potasse ne pouvant mettre l'acide litmique en liberté, ne saurait altérer la couleur bleue du tournesol. Mais pour peu que l'acide prédomine dans un sel cet effet sera produit, car l'excès d'acide saturant une portion de la chaux du tournesol, mettra en liberté une certaine quantité d'acide litmique qui colorera la liqueur en rouge. Mais lorsque dans cette liqueur rouge on introduit un sel où la base prédomine (sel alcalin), l'acide litmique libre se trouvant de nouveau saturé par cette base, la couleur bleue reparaîtra.

Que l'on verse une solution de vitriol bleu, ou sulfate de cuivre, dans de la teinture de tournesol, on verra se développer une teinte d'un rouge vineux, indice d'une légère réaction acide : il en résulte que l'acide sulfurique, bien qu'il soit exactement *saturé* par l'oxyde de cuivre dans le vitriol bleu, n'est pas complétement neutralisé par lui, c'est-à-dire que sa réaction acide n'est pas absolument détruite. Et pourtant on considère le sulfate de cuivre comme un sel neutre; car il possède la composition générale des sulfates dits neutres. Comme dans le sulfate de potasse ou le sulfate de soude, la quantité d'oxygène de la base est exactement le tiers de celle de l'acide. Dans un sulfate quelconque, où ce rapport existe, l'acide se trouve exactement saturé par la base. Un tel sulfate pourra offrir une réaction acide, comme le sulfate de cuivre, ou, d'une manière plus prononcée encore, comme le sulfate d'alumine, bien que d'après sa composition on soit en droit de le considérer comme neutre. On tire de ce qui précède cette conséquence que l'action des sels sur les couleurs végétales ne donne point toujours la mesure de ce qu'on est convenu de nommer *neutralité*, c'est-à-dire de l'état de saturation complète de l'acide et de l'oxyde.

Les faits suivants viennent encore à l'appui de cette proposition.

On considère aujourd'hui comme neutres les carbonates dans lesquels le rapport de l'oxygène de la base à l'oxygène de l'acide est comme 1 : 2. Les cristaux de soude (carbonate de soude hydraté) et le carbonate de potasse des cendres offrent précisément cette composition; et pourtant ils présentent l'un et l'autre une forte réaction alcaline : lorsqu'on en introduit une petite quantité dans de la teinture de tournesol rougie ou dans du sirop de violette, la couleur du premier réactif est immédiatement ramenée au bleu, celle du second passe au vert. Or on sait que ces réactions caractérisent *l'alcalinité*. Les carbonates solubles de potasse et de soude, bien qu'on puisse les considérer comme neutres, au point de vue de leur composition, sont des sels alcalins au point de vue de leur réaction sur les couleurs végétales.

Ajoutons que les sels insolubles dans l'eau, qu'ils soient neutres, acides ou basiques sont en général indifférents aux couleurs végétales.

C'est donc vainement qu'on chercherait à apprécier et à définir la neutralité des sels par des réactions caractéristiques ou des propriétés générales : elle ressort de la composition même.

On disait autrefois : un sel neutre est un sel formé par l'union de 1 équivalent d'acide avec 1 équivalent d'un oxyde basique (protoxyde). Cette définition est inexacte, car elle manque de généralité. D'abord elle exclut les sels formés par les sesquioxydes; et parmi les autres, elle ne s'applique qu'à ceux qui sont formés par les acides monobasiques. L'acide azotique est un tel acide, et il est vrai de dire que tous les azotates formés par 1 équivalent d'acide et 1 équivalent d'un protoxyde sont des azotates neutres. Mais il n'en est pas ainsi pour l'acide phosphorique. Pour se saturer complétement cet acide prend 3 équivalents d'un oxyde basique; il est tribasique (page 253) et la composition d'un phosphate neutre, c'est-à-dire d'un phosphate complétement saturé de base est représentée par la formule

$$\mathrm{PhO^5, 3RO} = \mathrm{PhO^5, R^3O^3}.$$

Il existe un phosphate d'argent $\mathrm{PhO^5, 3AgO}$ qui est neutre, car l'acide phosphorique y est complétement saturé par l'oxyde d'argent. Par la même raison, le phosphate de soude correspondant $\mathrm{PhO^5, 3NaO + 24\,HO}$, doit être considéré comme neutre, car il est saturé de base. Pourtant il possède une réaction alcaline; sa solution ramène au bleu la teinture de tournesol rougie : nouvelle preuve de l'insuffisance de cette réaction pour découvrir l'état de saturation d'un sel, la vraie neutralité. Le phosphate de soude communément appelé phosphate neutre est, il est vrai, sans action sur le tournesol, mais il n'est point saturé de soude; il n'en renferme que 2 équivalents et sa composition est représentée par la formule

$$\mathrm{PhO^5} \begin{cases} \mathrm{NaO} \\ \mathrm{NaO} \\ \mathrm{HO} \end{cases} + 24\,\mathrm{HO}.$$

Si l'acide phosphorique trihydraté

$$\mathrm{PhO^5} \begin{cases} \mathrm{HO} \\ \mathrm{HO} \\ \mathrm{HO} \end{cases}$$

exige pour se saturer 3 équivalents d'oxyde de sodium qui doivent déplacer 3 équivalents d'eau, on voit que le phosphate de soude en question n'est point saturé puisqu'il renferme encore 1 équivalent d'*eau basique* qui pourrait être remplacé par 1 équivalent d'oxyde de sodium.

Il existe un phosphate de soude qui ne renferme que 1 seul

équivalent d'oxyde de sodium et dont la composition est représentée par la formule

$$PhO^5 \begin{cases} NaO \\ HO \\ HO \end{cases} + 2\ HO.$$

On voit que des 3 équivalents d'eau basique de l'acide phosphorique trihydraté, ce sel en renferme encore deux; aussi possède-t-il une réaction franchement acide : il rougit le tournesol. C'est le phosphate acide de soude.

Sauf quelques exceptions, les sels acides sont ceux qui renferment des acides polybasiques incomplétement saturés. A cet égard, nous ferons remarquer que les acides sulfurique, sulfureux, carbonique, possèdent eux-mêmes tous les caractères des acides polybasiques et qu'il convient en conséquence de doubler leurs formules.

L'acide sulfurique étant représenté par la formule

$$S^2O^6,2HO,$$

on conçoit l'existence de deux sulfates de soude renfermant :
L'un

$$S^2O^6 \begin{cases} NaO \\ NaO \end{cases}.$$

L'autre

$$S^2O^6 \begin{cases} NaO \\ HO \end{cases}.$$

Le premier est le sulfate neutre de soude anhydre; le second, le sulfate acide de soude. On l'appelle quelquefois bisulfate de soude parce que pour la même quantité de soude il renferme deux fois plus d'acide sulfurique que le sulfate neutre. Mais on voit que dans l'un et dans l'autre sel l'acide sulfurique joue le rôle d'un acide bibasique, l'équivalent d'*eau basique* qui existe dans le sel acide jouant le rôle de 1 équivalent d'oxyde de sodium dans le sel neutre.

Indépendamment de ce sulfate acide de soude proprement dit, il en existe un dont la composition est représentée par la formule

$$S^2O^6,NaO.$$

Ce sel qu'on nomme le bisulfate de soude anhydre constitue une des exceptions mentionnées plus haut.

Les acides sulfureux et carbonique donnent lieu à des remarques analogues et forment des sels neutres et acides dont la constitution est représentée par les formules suivantes :

$$S^2O^4 \left\{ \begin{array}{l} NaO \\ NaO \end{array} \right. \text{sulfite neutre de soude.}$$

$$S^2O^4 \left\{ \begin{array}{l} NaO \\ HO \end{array} \right. \text{sulfite acide de soude.}$$

$$C^2O^4 \left\{ \begin{array}{l} NaO \\ NaO \end{array} \right. \text{carbonate neutre de soude.}$$

$$C^2O^4 \left\{ \begin{array}{l} NaO \\ HO \end{array} \right. \text{bicarbonate de soude.}$$

On nomme ce dernier sel bicarbonate de soude, parce que pour la même quantité de soude il renferme deux fois plus d'acide carbonique que le carbonate neutre, relation qui devient évidente si l'on écrit la formule du carbonate neutre de soude

$$CO^2, NaO$$

Au surplus on obtient le bicarbonate de soude, comme le bisulfate, et en général les sels acides, en ajoutant un excès d'acide au sel neutre.

$$S^2O^6, 2NaO + S^2O^6, 2HO = 2 \left[S^2O^6 \left\{ \begin{array}{l} NaO. \\ HO. \end{array} \right. \right]$$

Se fondant sur ce fait, beaucoup de chimistes envisagent les sels acides comme une combinaison de sels neutres avec un excès d'acide. Ce point de vue diffère de celui que nous avons développé plus haut. Nous admettons que les sels ordinairement nommés acides sont ceux où la réaction acide domine encore, l'acide polybasique qu'ils renferment étant incomplétement saturé par un oxyde métallique.

Les sels qu'on nomme basiques sont ceux qui renferment un excès de base ou d'oxyde.

Lorsqu'on fait bouillir une solution d'azotate de plomb avec de l'oxyde de plomb, il se forme de l'azotate basique de plomb qui renferme pour la même quantité d'acide azotique deux fois plus d'oxyde de plomb que le sel neutre. Le même procédé est applicable à la préparation des sels basiques que forme avec l'oxyde de plomb l'acide du vinaigre ou l'acide acétique, dont nous traiterons dans le tome II de cet ouvrage. D'autres fois, les sels basiques se forment lorsqu'on ajoute à la solution de certains sels neutres une quantité d'alcali insuffisante pour en déplacer complétement la base. Ainsi lorsqu'on ajoute une petite quantité de potasse à du sulfate de cuivre, il se précipite du sulfate de cuivre basique ou sous-sulfate de cuivre. Dans ce cas l'alcali a enlevé au sulfate de cuivre neutre une portion de son acide.

L'eau seule agit souvent d'une manière analogue. Ainsi lorsqu'on traite le sulfate et l'azotate mercuriques par de l'eau bouillante, on enlève à ces sels une portion de leur acide et on les transforme, le premier en sous-sulfate (turbith minéral), et le second en sous-azotate (turbith nitreux). Il suffit d'ajouter de l'eau à une solution d'azotate de bismuth dans l'acide azotique pour qu'il se précipite du sous-azotate de bismuth.

Telles sont quelques-unes des circonstances qui donnent naissance aux sels basiques. Quant à leur constitution comparée à celle des sels neutres, elle peut être exprimée par les formules suivantes :

$$AzO^5,PbO \qquad AzO^5,PbO+PbO,HO.$$
Azotate neutre de plomb.   Azotate de plomb bibasique.

$$AzO^5,HgO \qquad AzO^5,3HgO+HO.$$
Azotate mercurique.   Azotate mercurique tribasique.

$$SO^3,HgO \qquad SO^3,3HgO.$$
Sulfate mercurique.   Sulfate mercurique tribasique.

$$3AzO^5,BiO^3 \qquad AzO^5,BiO^3.$$
Azotate de bismuth.   Sous-azotate de bismuth.

On remarquera que l'on peut envisager l'azotate de plomb bibasique comme une sorte de sel double formé par la combinaison de l'azotate neutre de plomb AzO^5,PbO avec l'hydrate HO,PbO. Quant au sous-azotate de bismuth on voit qu'il diffère de l'azotate neutre $3AzO^5,BiO^3$ non pas par une addition de base mais plutôt par une soustraction d'acide.

Constitution des sels. — Lavoisier considérait les sels comme formés par l'union directe des oxydes avec des acides oxygénés. Cette idée est exprimée par la définition que nous avons donnée et par la nomenclature même. Elle suppose que l'acide et l'oxyde, sans avoir confondu leurs éléments sont en quelque sorte juxtaposés dans la combinaison d'un ordre plus complexe qui constitue le sel. Si l'acide anhydre et l'oxyde constituent eux-mêmes des combinaisons binaires du premier ordre, le résultat de leur union, le sel constitue une combinaison binaire du second ordre. Dans celle-ci on retrouve l'acide et l'oxyde avec leur constitution primitive, occupant chacun une place distincte et prêts à se séparer de nouveau. Ainsi, pour exprimer par une formule cette constitution *dualistique* des sels, l'oxyde de plomb étant représenté par PbO, l'acide azotique par AzO^5, la formule

$$AzO^5,PbO$$

représentera l'azotate d'oxyde de plomb.

Le mode de formation des sels, leurs principales réactions, leur décomposition par la chaleur et surtout par l'électricité, tout semblait venir à l'appui de l'idée émise par Lavoisier sur leur constitution et élever cette idée au rang d'une vérité démontrée. Berzelius l'a adoptée et fortifiée en la prenant pour base de sa théorie électro-chimique. D'après cette dernière théorie toute combinaison chimique doit être considérée comme binaire, c'est-à-dire comme formée de deux éléments distincts, l'un étant l'élément électro-négatif, l'autre l'élément électro-positif. Ainsi dans les acides l'oxygène est l'élément électro-négatif, l'autre corps simple est l'élément électro-positif; dans les oxydes l'oxygène est l'élément électro-négatif, le métal l'élément électro-positif; dans les sels, l'acide constitue l'élément électro-négatif, l'oxyde l'élément électro-positif. Les formules

$$AzO^5 \quad + \quad PbO \quad = \quad AzO^5,PbO.$$
$$\text{Acide azotique.} \qquad \text{Oxyde de plomb.} \qquad \text{Azotate de plomb.}$$

sont l'expression de l'hypothèse électro-chimique qui, plaçant la cause première des affinités dans les attractions réciproques des deux fluides électriques de nom contraire, prêtait l'appui le plus direct et le plus solide aux idées dualistiques de Lavoisier. Ces idées ont régné dans la science pendant plus d'un demi-siècle, et aujourd'hui encore un grand nombre de chimistes les partagent. Elles forment la base de la nomenclature française, la règle de l'enseignement classique, et elles ont été pendant une longue période de temps l'unique source des progrès de la science. Pourtant elles ne constituent rien de plus qu'une hypothèse. En effet, admettant comme connue la constitution des acides et des oxydes, la doctrine dualistique suppose que, après leur combinaison, ces composés conservent l'arrangement moléculaire qu'ils offraient avant leur combinaison. On peut *supposer* qu'il en est ainsi, mais il est impossible de le *démontrer*. Nous savons que l'azotate de plomb renferme un équivalent d'azote, 6 équivalents d'oxygène et 1 équivalent de plomb; mais personne n'a jamais prouvé que ce sel renferme véritablement de l'oxyde de plomb tout formé, et que sa constitution, c'est-à-dire le groupement des atomes, est réellement exprimée par la formule

$$AzO^5 + PbO.$$

Au surplus, la constitution des acides hydratés a été méconnue pendant longtemps, et il faut bien reconnaître que la formation des sels par l'action des oxydes sur les acides hydratés ne constitue point une réaction aussi simple qu'on le supposait d'abord. En effet, cette réaction donne lieu à l'élimination d'une molécule d'eau, et est représentée, dans le cas de l'oxyde de plomb et de l'acide azotique, par l'équation suivante :

$$PbO + AzHO^6 = AzPbO^6 + HO.$$

Oxyde de plomb. — Acide azotique hydraté. — Azotate de plomb. — Eau.

Toutefois, cette difficulté n'était point sérieuse, et il a été facile de mettre la théorie dualistique d'accord avec les faits, en supposant que l'eau existe toute formée dans l'acide azotique hydraté et que l'oxyde de plomb, base plus puissante que l'eau, ne fait que déplacer celle-ci. D'après cette manière de voir, les acides hydratés constituent des combinaisons du même ordre que les sels eux-mêmes. Ce sont des sels où l'eau forme la base. Fait-on réagir sur ces combinaisons un oxyde fixe, celui-ci chasse l'eau comme une base puissante chasse une base plus faible. La constitution des acides hydratés et la formation des sels sont donc représentées, dans cette théorie qui n'est qu'un développement de la théorie de Lavoisier, par des équations analogues aux suivantes :

$$AzO^5,HO + PbO = AzO^5,PbO + HO.$$

Azotate d'eau (acide azotique hydraté). — Oxyde de plomb. — Azotate d'oxyde de plomb. — Eau.

$$PbO^5,3HO + 3PbO = PhO^5,3PbO + 3HO.$$

Phosphate d'eau tribasique. (acide phosphorique ordinaire). — Oxyde de plomb. — Phosphate d'oxyde de plomb tribasique. — Eau.

En ce qui concerne la constitution des sels, une autre théorie partage aujourd'hui, avec le système de Lavoisier, les suffrages des chimistes. Elle n'est point née d'hier, car elle date du commencement de ce siècle. Sir H. Davy en est l'auteur. Dulong l'a défendue avec talent. Quelques chimistes modernes l'ont développée en la modifiant. Voici son point de départ :

Lorsque l'acide chlorhydrique réagit sur un oxyde tel que la chaux, il se forme de l'eau et un chlorure.

$$CHl + CaO = ClCa + HO.$$

Acide chlorhydrique. — Oxyde de calcium. — Chlorure de calcium. — Eau.

Or il est impossible de méconnaître une certaine analogie entre cette réaction et celle qui donne naissance à un sel proprement dit, tel qu'un azotate, par l'action de l'acide hydraté sur un oxyde.

En effet. dans l'une et l'autre réaction, il y a élimination d'eau et formation d'un produit possédant l'apparence d'un sel : car le chlorure de calcium cristallisé se rapproche beaucoup des sels par son aspect. On a donc été conduit à supposer que l'acide azotique $AzHO^6$ possède une constitution jusqu'à un certain point analogue à celle de l'acide chlorhydrique lui-même, que l'hydrogène qu'il renferme, loin d'y être contenu sous forme d'eau, est combiné avec une sorte de radical oxygéné (AzO^6), et que, dans la réaction de l'acide sur un oxyde, cet hydrogène s'unit à l'oxygène de celui-ci pour former de l'eau, comme fait l'hydrogène de l'acide chlorhydrique.

$$(AzO^6)H \;+\; CaO \;=\; (AzO^6)Ca \;+\; HO.$$
Acide azotique   Oxyde de calcium.   Azotate de calcium.   Eau.

$$(SO^4)H \;+\; PbO \;=\; (SO^4)Pb \;+\; HO.$$
Acide sulfurique.   Oxyde de plomb   Sulfate de plomb.   Eau.

D'après cette théorie, on le voit, les acides hydratés sont comparables aux hydracides ; les sels eux-mêmes représentent des combinaisons binaires analogues aux chlorures et dans lesquelles un radical oxygéné tient la place du chlore. L'affinité puissante de l'hydrogène de l'acide pour l'oxygène de l'oxyde joue un rôle important dans la formation du sel. La réaction d'un acide hydraté sur un oxyde représente une double décomposition.

Cette manière de voir a soulevé plus d'une objection, dont voici la principale. Elle oblige à admettre l'existence d'une foule de radicaux hypothétiques, tels que le radical (AzO^6) dans l'acide azotique, le radical (SO^4) dans l'acide sulfurique, etc. La discussion de ce point sortirait du cadre de cet ouvrage. Bornons-nous donc à faire remarquer que la théorie, qui consiste à envisager la réaction des acides hydratés sur les oxydes comme une double décomposition (et c'est là le point essentiel de la théorie de Davy), échappe au reproche dont il s'agit, grâce aux modifications que lui ont fait subir, dans ces dernières années, divers chimistes, notamment Gerhardt.

Lavoisier admettait que les sels constituent des combinaisons plus compliquées que les acides hydratés et les bases. Quelques chimistes modernes ont émis l'idée que ces trois ordres de combinaisons sont comparables, dans certains cas, sous le rapport de leur complication moléculaire. Déjà nous avons fait remarquer que les acides hydratés avaient été comparés aux sels par les partisans mêmes des idées dualistiques. Il en est de même des hydrates d'oxydes (ou oxydes hydratés). Il y a plus : les oxydes, les acides et les sels eux mêmes, ont été comparés à l'eau.

Rappelons ici que la vraie formule de l'eau est H^2O, qui représente deux atomes d'hydrogène et un atome d'oxygène ($O = 16$). En équivalents, nous écrivons cette formule H^2O^2, dans laquelle O est $= 8$. Cela posé, la potasse caustique $KO,HO = KHO^2$ représente de l'eau, dans laquelle un atome d'hydrogène est remplacé par du potassium, et cette conception est justifiée par la réaction du potassium sur l'eau (page 389).

$$\left.\begin{matrix} H \\ H \end{matrix}\right\}O^2 \qquad\qquad \left.\begin{matrix} K \\ H \end{matrix}\right\}O^2$$

Eau.   Hydrate
de potassium.

On voit que l'eau et l'hydrate de potassium sont des composés comparables, en ce qui concerne leur complication moléculaire. Que l'on chauffe maintenant cet hydrate avec du potassium, le second atome d'hydrogène de l'eau sera éliminé à son tour, et il se formera de l'oxyde de potassium anhydre.

$$\left.\begin{matrix} K \\ H \end{matrix}\right\}O^2 \;+\; K \;=\; \left.\begin{matrix} K \\ K \end{matrix}\right\}O^2 \;+\; H.$$

Hydrate   Potassium.   Oxyde
de potasse.   de potassium.

Il en résulte que l'oxyde de potassium anhydre, l'hydrate de potassium, et par conséquent aussi l'eau, sont des composés comparables les uns aux autres, sous le rapport de leur complication moléculaire. En effet, dans les réactions qui viennent d'être indiquées, l'hydrate de potassium et l'oxyde de potassium dérivent de l'eau par voie de substitution. L'oxyde d'hydrogène peut donc être envisagé comme le type des oxydes métalliques anhydres ou hydratés.

TYPE.

$$\left.\begin{matrix} H \\ H \end{matrix}\right\}O^2$$

Hydrates.		Oxydes.	
$\left.\begin{matrix} K \\ H \end{matrix}\right\}O^2.$	Hydrate de potassium.	$\left.\begin{matrix} K \\ K \end{matrix}\right\}O^2.$	Oxyde de potassium.
$\left.\begin{matrix} Na \\ H \end{matrix}\right\}O^2.$	Hydrate de sodium.	$\left.\begin{matrix} Na \\ Na \end{matrix}\right\}O^2.$	Oxyde de sodium.
$\left.\begin{matrix} Ca \\ H \end{matrix}\right\}O^2.$	Hydrate de calcium.	$\left.\begin{matrix} Ca \\ Ca \end{matrix}\right\}O^2.$	Oxyde de calcium.
$\left.\begin{matrix} Cu \\ H \end{matrix}\right\}O^2.$	Hydrate de cuivre.	$\left.\begin{matrix} Cu \\ Cu \end{matrix}\right\}O^2.$	Oxyde de cuivre.
$\left.\begin{matrix} Pb \\ H \end{matrix}\right\}O^2.$	Hydrate de plomb	$\left.\begin{matrix} Ag \\ Ag \end{matrix}\right\}O^2.$	Oxyde d'argent.

On peut appliquer le même point de vue aux acides hydratés.

Gerhardt a découvert un composé organique renfermant du chlore uni au radical de l'acide du vinaigre ou acide acétique. Ce chlorure d'acétyle, en réagissant sur l'eau, forme de l'acide acétique et de l'acide chlorhydrique.

$$(C^4H^3O^2)Cl \ + \ \left.\begin{array}{l}H\\H\end{array}\right\}O^2 \ = \ \left.\begin{array}{l}(C^4H^3O^2)\\H\end{array}\right\}O^2 \ + \ HCl.$$

Chlorure   Eau.   Acide acétique.   Acide
d'acétyle.   chlorhydrique.

On voit que le chlore enlève à l'eau un équivalent d'hydrogène auquel se substitue le radical composé acétyle. Le produit de cette substitution est l'acide acétique, et la formule $\left.\begin{array}{l}(C^4H^3O^2)\\H\end{array}\right\}O^2$ qu'on compare avec celle de l'eau $\left.\begin{array}{l}H\\H\end{array}\right\}O^2$, prise pour type, rappelle la réaction précédente.

On est en droit d'attribuer une constitution analogue aux acides azotique, chlorique, bromique, iodique, et de comparer tous ces acides à une molécule d'eau. Dans tous, un radical composé s'est substitué à 1 atome d'hydrogène de l'eau. Un tel radical prend la place d'un équivalent ou d'un atome d'hydrogène, et on le nomme, pour cette raison, *monoéquivalent* ou *monoatomique*.

TYPE.

$$\left.\begin{array}{l}H\\H\end{array}\right\}O^2. \quad \text{Eau.}$$

$$\left.\begin{array}{l}(AzO^4)'\\H\end{array}\right\}O^2. \quad \text{Acide azotique.}$$

$$\left.\begin{array}{l}(ClO^4)'\\H\end{array}\right\}O^2. \quad \text{Acide chlorique.}$$

$$\left.\begin{array}{l}(BrO^4)'\\H\end{array}\right\}O^2. \quad \text{Acide bromique.}$$

$$\left.\begin{array}{l}(IO^4)'\\H\end{array}\right\}O^2. \quad \text{Acide iodique.}$$

Les acides sulfureux et sulfurique sont bibasiques, et leurs formules moléculaires sont

$$S^2H^2O^6 \ = \ S^2O^4,2HO,$$
Acide sulfureux.

$$\text{et} \quad S^2H^2O^8 \ = \ S^2O^6,2HO.$$
Acide sulfurique.

Dans la notation typique, on les fait dériver de deux molécules d'eau $2H^2O^2$, et l'expérience vient encore justifier cette conception théorique. Nous allons montrer qu'il en est ainsi pour l'acide sulfurique.

On sait que M. Regnault a découvert un composé de soufre, d'oxygène et de chlore qui est connu sous le nom d'acide chlorosulfurique, et dont la composition est exprimée par la formule $(S^2O^4)Cl^2$. Lorsqu'on traite ce composé par l'eau, il se forme de l'acide sulfurique hydraté, réaction qu'on peut exprimer par l'équation suivante :

$$(S^2O^4)Cl^2 + \left.\begin{matrix} H^2 \\ H^2 \end{matrix}\right\}O^4 = 2HCl + \left.\begin{matrix} (S^2O^4) \\ H^2 \end{matrix}\right\}O^4.$$

Le composé $\left.\begin{matrix} S^2O^4 \\ H^2 \end{matrix}\right\}O^4$, qui n'est autre chose que l'acide sulfurique hydraté $S^2H^2O^8$, se forme, dans cette circonstance, par une double décomposition qui s'accomplit entre les éléments de l'eau et ceux du composé $[S^2O^4]Cl^2$. Celui-ci se comporte comme le dichlorure du radical composé $[S^2O^4]$ sulfuryle. Lorsque ce chlorure se décompose sous l'influence de l'eau, deux atomes de chlore enlèvent deux atomes d'hydrogène, et le groupe S^2O^4 se substitue à cet hydrogène pour former le composé $\left.\begin{matrix} S^2O^4 \\ H^2 \end{matrix}\right\}O^4$. L'acide sulfurique apparaît donc dans cette réaction comme dérivant de deux molécules d'eau dans lesquelles le radical S^2O^4 a remplacé 2 atomes d'hydrogène. Il existe un grand nombre de corps chlorés minéraux et surtout organiques qui possèdent des propriétés analogues à celles du chlorure de sulfuryle, et qui, en réagissant sur l'eau, forment des acides hydratés et de l'acide chlorhydrique. On est donc autorisé à étendre aux acides hydratés, en général, le point de vue qu'on vient d'appliquer à l'acide sulfurique, et à comparer ces corps à l'eau qui intervient directement dans leur formation, dans les réactions précédemment indiquées.

Rappelons encore les réactions qui donnent naissance aux acides phosphoreux et phosphorique, et que nous avons déjà exposées :

$$PhCl^3 + \left.\begin{matrix} H^3 \\ H^3 \end{matrix}\right\}O^6 = \left.\begin{matrix} Ph \\ H^3 \end{matrix}\right\}O^6 + 3HCl.$$

Protochlorure   Acide
de phosphore.   phosphoreux.

$$PhO^2Cl^3 + \left.\begin{matrix} H^3 \\ H^3 \end{matrix}\right\}O^6 = \left.\begin{matrix} PhO^2 \\ H^3 \end{matrix}\right\}O^6 + 3HCl.$$

Oxychlorure   Acide
de phosphore.   phosphorique.

Ici trois molécules d'eau interviennent, et les acides phosphoreux et phosphorique peuvent être rapportés au type $\left.\begin{matrix} H^3 \\ H^3 \end{matrix}\right\}O^6$. Ainsi on est conduit à admettre, indépendamment du type simple $\left.\begin{array}{c}H\\H\end{array}\right\}O^2$, des types *eau* multiples, auxquels on rapporte les acides polybasiques, savoir :

$$
\text{TYPE.} \qquad\qquad \text{TYPE.}
$$

$$
\left.\begin{array}{c}H^2\\H^2\end{array}\right\}O^4 \qquad\qquad \left.\begin{array}{c}H^3\\H^3\end{array}\right\}O^6
$$

$$
\left.\begin{array}{c}(S^2O^2)''\\H^2\end{array}\right\}O^4 \qquad\qquad \left.\begin{array}{c}Ph'''\\H^3\end{array}\right\}O^6
$$

$$
\text{Acide sulfureux.} \qquad \text{Acide phosphoreux.}
$$

$$
\left.\begin{array}{c}(S^2O^4)''\\H^2\end{array}\right\}O^4 \qquad\qquad \left.\begin{array}{c}(PhO^2)'''\\H^3\end{array}\right\}O^6
$$

$$
\text{Acide sulfurique.} \qquad \text{Acide phosphorique.}
$$

Les accents $' \ '' \ '''$ indiquent l'*atomicité* du radical, c'est-à-dire sa valeur de substitution, qui se révèle par le nombre d'atomes d'hydrogène dont ce radical a pris la place. Le groupe $(AzO^4)'$ est monoatomique, parce qu'il est capable de se substituer à un atome d'hydrogène; les groupes $(S^2O^2)''$ (thionyle) et $(S^2O^4)''$ (sulfuryle) sont diatomiques, parce qu'ils sont capables de se substituer à 2 atomes d'hydrogène; enfin, le phosphore Ph''' et le groupe $(PhO^2)'''$ (phosphoryle) sont triatomiques, parce qu'ils sont capables de se substituer à 3 atomes d'hydrogène.

Ces idées étant admises, la constitution des sels découlera d'une manière très-simple de celle des acides et des oxydes. Supposons, en effet, que l'acide azotique réagisse sur la potasse, il se formera de l'eau et de l'azotate de potasse, et l'on pourra exprimer cette réaction par l'équation suivante :

$$
\left.\begin{array}{c}K\\H\end{array}\right\}O^2 \ + \ \left.\begin{array}{c}(AzO^4)'\\H\end{array}\right\}O^2 \ = \ \left.\begin{array}{c}(AzO^4)'\\K\end{array}\right\}O^2 \ + \ \left.\begin{array}{c}H\\H\end{array}\right\}O^2.
$$

$$
\begin{array}{cccc}\text{Hydrate} & \text{Acide} & \text{Azotate} & \text{Eau.}\\ \text{de potasse.} & \text{azotique.} & \text{de potasse.} & \end{array}
$$

C'est une double décomposition qui s'est accomplie ici entre les éléments de l'hydrate de potasse et ceux de l'acide azotique, et l'on voit que l'azotate de potasse n'est autre chose que de l'acide azotique dans lequel l'atome d'hydrogène a été remplacé par un atome de potassium. Cette conception est celle de Davy; mais ici on a fait un pas de plus, et un pas considérable, en comparant tous ces corps, oxydes, acides, sels, sous le rapport de leur constitution moléculaire, à un même composé pris pour type : à l'eau. L'azotate de potasse apparaît, en quelque sorte, comme de l'eau $\left.\begin{array}{c}H\\H\end{array}\right\}O^2$, dont un atome d'hydrogène a été remplacé par le groupe (AzO^4), tandis que l'autre a été remplacé par du potassium. On devrait donc dire azotate de potassium ou azotate potassique; car ce n'est pas de l'oxyde de potassium tout formé que l'on suppose contenu dans l'azotate : on y admet l'existence du potassium substitué à l'hydrogène de l'acide, et ceci est un fait, ce n'est pas une hypothèse. Pourtant il y a quelque chose d'hypothétique dans cette idée des types ou plutôt dans cette notation typique. C'est la manière dont les formules semblent préjuger l'arrangement moléculaire. Lavoisier admettait l'existence de l'oxyde de potassium tout formé dans l'azotate de potasse AzO^5,KO. Voilà une hypothèse. La théorie des types y admet les groupes $(AzO^4,)$ et O^2, et le potassium disposés d'une certaine manière,

$$\left.\begin{array}{l}AzO^4\\K\end{array}\right\}O^2$$: voilà une autre hypothèse. L'une et l'autre résultent

de l'interprétation de certaines expériences et sont l'expression de certaines réactions. La dernière conception peut être étendue à tous les sels. Elle se recommande par la simplicité qu'elle apporte dans l'explication d'un grand nombre de faits, par les liens qu'elle établit entre une foule de corps en apparence dissemblables, en particulier entre les composés minéraux et les corps d'origine organique.

Il est utile de faire remarquer ici que les sels ne se forment pas toujours par double décomposition. Lorsqu'on fait passer des vapeurs d'acide sulfurique anhydre sur de la baryte caustique, il se forme du sulfate de baryte par une addition pure et simple des éléments de l'acide sulfurique à ceux de la baryte.

$$S^2O^6 \ + \ Ba^2O^2 \ = \ S^2Ba^2O^8.$$

Acide sulfurique   Baryte.   Sulfate
anhydre.   de baryte.

PROPRIÉTÉS GÉNÉRALES DES SELS.

Les sels offrent des colorations très-diverses. Ils sont incolores quand l'acide et la base le sont. Mais tous ceux qui sont formés par un acide coloré sont eux-mêmes colorés. Tels sont les chromates, les manganates, les permanganates. Un oxyde coloré peut former des sels incolores. Ainsi, l'oxyde de plomb, qui est jaune, l'oxyde de mercure, qui est orangé, l'oxyde d'argent, qui est vert brun, forment, avec les acides incolores, des sels neutres incolores. Mais la plupart des oxydes colorés forment des sels présentant diverses colorations.

Les sels ferreux sont d'un vert bleuâtre ;
Les sels ferriques sont jaunes ;
Les sels manganeux sont roses ;
Les sels de chrome sont d'un vert foncé ;
Les sels de nickel sont verts ;
Les sels de cobalt sont rouge groseille ou bleus ;
Les sels cuivriques sont bleus ou verts ;
Les sels d'or sont jaunes ;
Etc.

La saveur des sels dépend d'abord de leur solubilité. Elle est nulle ou peu marquée pour les sels insolubles, plus ou moins forte et très-diverse pour ceux qui sont solubles. Les sels formés par les alcalis et les terres alcalines offrent, en général, une saveur salée, fraîche ou piquante; ceux qui renferment les oxydes des trois dernières sections ont souvent un goût désagréable qu'on nomme *métallique*, et un arrière-goût âcre, astringent, *styptique*. Les sels de magnésie sont amers; ceux de glucine offrent une saveur sucrée; les sels d'alumine sont astringents; les sels de plomb sont sucrés et astringents; les sels de fer possèdent une saveur astringente et métallique; les sels de cuivre, d'antimoine, de mercure, ont un goût métallique et styptique.

Les sels possèdent, en général, des formes régulières : ils se présentent le plus souvent en cristaux. Quelques-uns sont obtenus à l'état de précipités amorphes : ceux-là même peuvent affecter, dans la nature, la forme de cristaux.

Pour faire cristalliser un grand nombre de sels, on tire parti de leur solubilité dans l'eau. Ce sujet sera traité plus loin. Nous nous bornons ici à quelques indications sommaires, qui suffiront pour faire comprendre les développements suivants. On dissout le sel dans l'eau bouillante, de manière à *saturer* la liqueur, c'est-à-dire à faire entrer en dissolution la quantité de sel la plus grande possible pour la température de l'ébullition, et on abandonne ensuite la solution à un refroidissement lent. La solubilité diminuant généralement avec la température, une partie du sel se dépose sous forme de cristaux. Quelquefois, après avoir saturé le sel à la température ordinaire, on soumet la solution à l'évaporation spontanée, en l'abandonnant à elle-même, pendant quelque temps, dans un air sec ou dans le vide de la machine pneumatique, au-dessus d'un vase renfermant de l'acide sulfurique. A mesure que l'eau s'évapore, le sel se sépare à l'état cristallisé. L'évaporation étant lente, les cristaux s'accroissent lentement et acquièrent généralement de grandes dimensions et des formes régulières.

La solution qui baigne les cristaux doit être décantée lorsqu'on juge que la cristallisation est assez avancée. On nomme cette solution *eau-mère*.

Lorsqu'un sel se dépose ainsi, du sein de sa solution aqueuse, il arrive souvent qu'il se combine avec une certaine quantité d'eau qui s'ajoute aux éléments du sel proprement dit. On la nomme *eau de cristallisation*, parce qu'elle est nécessaire à la formation des cristaux dont elle détermine la forme : elle est étrangère à la constitution du sel lui-même. Les sels hydratés sont ceux qui renferment de l'eau de cristallisation; les sels anhydres sont ceux qui n'en renferment point.

L'union de l'eau avec les sels constitue une véritable combinaison chimique, et s'accomplit en proportions définies; 1 molécule du sel se combine avec 1, 2, 3, 4, 6, 10, 24 molécules d'eau.

La combinaison d'un sel avec son eau de cristallisation donne lieu à un dégagement de chaleur, comme toutes les combinaisons chimiques. Si l'on ajoute une petite quantité d'eau à du sulfate de cuivre anhydre, celui-ci s'hydrate et la liqueur s'échauffe notablement. En même temps la masse prend une couleur bleue. Anhydre, le sulfate de cuivre est presque blanc; hydraté, il est bleu. Le sulfate ferreux est vert lorsqu'il est combiné avec son eau de cristallisation, et blanc lorsqu'il est anhydre. Quelques sels de cobalt sont bleus à l'état anhydre, rouge groseille à l'état hydraté. Ainsi l'eau, qui est nécessaire à la formation de certains cristaux, est aussi une condition de leur coloration.

La quantité d'eau de cristallisation que prend un sel peut varier avec la température à laquelle il se dépose. On sait que le sulfate manganeux $SMnO^4 = SO^3,MnO$, se dépose au-dessous de $+ 7°$ en prismes rhomboïdaux obliques isomorphes avec ceux du sulfate ferreux (vitriol vert), et renfermant 7 équivalents d'eau de cristallisation. Lorsqu'il se dépose entre $+ 7°$ et $+ 20°$, il en prend 5 équivalents, et est alors isomorphe avec le sulfate de cuivre (vitriol bleu). Enfin, une solution de sulfate manganeux laisse déposer entre $+ 20°$ et $+ 30°$ des prismes rhomboïdaux (Marignac) renfermant 4 équivalents d'eau de cristallisation.

Certains sels hydratés, abandonnés au contact de l'air, perdent une partie ou la totalité de leur eau de cristallisation. Cet effet ne se produit pas sans altérer la forme des cristaux, qui deviennent opaques, se recouvrent d'une poussière amorphe et finissent quelquefois par se désagréger complétement. On nomme ces sels *efflorescents*. Le sulfate de soude, le sulfate de cuivre, le carbonate de soude en offrent des exemples. D'autres sels éprouvent un effet tout contraire : lorsqu'ils sont exposés à l'air atmosphérique, ils en absorbent l'humidité, se couvrent de gouttes et finissent par entrer en solution complète. Ce sont les *sels déliquescents*, tels que le carbonate de potasse et l'azotate de chaux.

Action de la chaleur sur les sels. — Les sels hydratés perdent leur eau lorsqu'on les chauffe. Ordinairement une température de 100° suffit pour expulser l'eau de cristallisation. Lorsqu'on les chauffe, quelques sels fondent dans leur eau avant de la perdre : c'est-à-dire qu'ils en renferment une quantité si considérable et qu'ils sont si solubles à chaud, qu'ils se dissolvent dans l'eau que renferment les cristaux, phénomène qu'on nomme *fusion aqueuse*.

En se déshydratant par l'action de la chaleur, un sel ne perd pas toujours toute son eau de cristallisation à la même température : il retient plus fortement la dernière molécule que les autres. Ainsi, le sulfate de magnésie et celui de fer, qui renferment 7 équivalents d'eau de cristallisation, en perdent 6 à 100°, tandis que le septième ne se dégage qu'à une température beaucoup plus élevée.

Il ne faut point confondre avec l'eau de cristallisation l'eau qui entre dans la composition même du sel, et qui est nécessaire à sa constitution chimique. Nous avons déjà fait remarquer que dans certains sels l'eau joue le rôle de base, parce qu'elle peut être remplacée par une base fixe. Cette *eau basique* peut être expulsée par la chaleur. Mais alors le sel change de nature. Ainsi, le phosphate de soude ordinaire $PhO^5 \begin{Bmatrix} 2NaO \\ HO \end{Bmatrix} + 24HO$ perd son eau de cristallisation à 100°. Lorsque, après l'avoir desséché à 100°, on le chauffe au rouge obscur, il perd un dernier équivalent d'eau et se convertit en pyrophosphate $PhO^5, 2NaO$.

Tous les phosphites renferment un équivalent d'eau qui ne peut leur être enlevé à aucune température, sans que le sel se décompose, et qui, de plus, ne peut pas être remplacé par un oxyde. Les hypophosphites renferment deux équivalents d'eau qui jouent le même rôle, et sans lesquels ces sels ne sauraient exister. C'est ce qu'on nomme l'*eau de constitution*.

Un grand nombre de sels anhydres fondent lorsqu'ils sont exposés à une chaleur intense. Ils éprouvent ce qu'on nomme *la fusion ignée*.

Beaucoup de sels sont décomposés par l'action d'une température élevée. A cet égard il est difficile de donner des règles générales. On peut dire seulement que la stabilité des sels dépend de trois conditions : le degré de fixité de l'acide, la stabilité de la base, l'énergie de l'affinité qui les unit l'un à l'autre.

Ainsi, les sels formés par des acides décomposables par la chaleur, tels que les chlorates, les perchlorates, les azotates, se décomposent eux-mêmes à une température élevée. Les sulfates sont décomposables au rouge, à l'exception de ceux qui sont formés par des bases très-énergiques, alcalis, baryte, strontiane, chaux, magnésie, oxyde de plomb. Dans ce cas, la base fixe et énergique donne de la stabilité à l'acide. Réciproquement, un acide fixe peut donner de la stabilité à une base décomposable. Ainsi, les phosphates de mercure et d'argent résistent à une haute température, quoique les oxydes d'argent et de mercure isolés soient facilement décomposables. En général, les sels à acides fixes sont très-stables : les phosphates, arséniates, borates, silicates, résistent à de hautes températures.

Les carbonates sont tous décomposés par la chaleur, à l'exception des carbonates alcalins. L'affinité qui unit l'acide carbonique aux oxydes est peu énergique. De même les oxydes faibles, tels que les sesquioxydes, retiennent faiblement les acides. Tandis que le sulfate de magnésie résiste à une température rouge, le sulfate d'alumine ou de sesquioxyde de fer se dédouble facilement par l'action de la chaleur en acide sulfurique et en alumine ou sesquioxyde de fer.

Action de l'électricité sur les sels. — Lorsqu'un courant électrique traverse la solution aqueuse d'un sel, celui-ci est décomposé : le métal se dépose au pôle négatif, tandis que l'acide se rend au pôle positif, où se dégage en même temps l'oxygène de la base. Qu'on introduise dans un tube en U (*fig.* 83) une solution de sulfate de cuivre, et qu'on dirige dans cette solution le courant produit par deux couples de Bunsen, l'électrode positive plongeant dans une des branches du tube, l'électrode négative dans l'autre, on verra le cuivre se déposer autour de celle-ci, et des bulles de gaz oxygène se dégager le long de l'électrode positive, tandis que le liquide qui entoure cette dernière se chargera d'acide sulfurique libre.

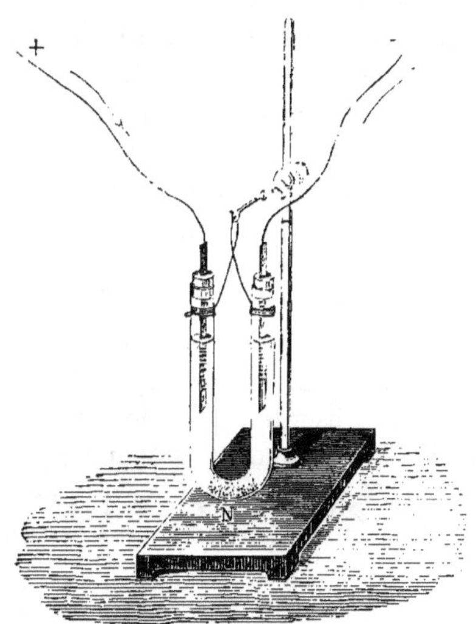

Fig. 83.

Les choses se passent autrement lorsque le courant passe à travers une solution de sulfate de potasse. Pour rendre l'expérience plus frappante, on ajoute à cette solution du sirop de violette, et on l'introduit dans les deux branches du tube en U, au fond duquel on a déposé un tampon d'amiante ou une couche d'argile, matières qui permettent au courant de passer, mais qui empêchent les liquides de se mêler. Si l'on fait passer le courant, on verra le liquide contenu dans la branche où plonge l'électrode positive prendre une teinte rouge, et celui contenu dans la branche opposée se colorer en vert; en second lieu, on observera un dégagement d'oxygène autour de l'électrode positive, d'hydrogène autour de l'électrode négative. Les changements de couleur du liquide prouvent que de l'acide sulfurique a été mis en liberté dans l'une des branches, de la potasse dans l'autre.

On cite souvent cette expérience comme fournissant une preuve de la constitution dualistique des sels. Par l'action du courant, dit-on, l'acide se sépare de l'oxyde : l'acide, élément électro-négatif, est attiré du côté du pôle positif; l'oxyde, élément électro-positif, se rend au pôle négatif; il est donc naturel de supposer que dans le sel lui-même l'acide et l'oxyde, qui manifestent ainsi des tendances électriques opposées, existent tout formés, s'attirent et se neutralisent réciproquement, précisément en vertu de l'opposition de leurs états électriques.

Cette interprétation n'est plus admissible. En effet, ce n'est point l'oxyde de potassium qui se porte au pôle négatif; c'est le potassium, comme c'est le cuivre dans l'électrolyse du sulfate de cuivre. Seulement, en vertu d'une *action secondaire* et indépendante du travail chimique qui s'accomplit sous l'influence du courant, le potassium décompose l'eau autour de l'électrode négative. De là, formation de potasse caustique et dégagement d'hydrogène. Ainsi la décomposition électrolytique des sulfates n'est point représentée par la formule SO^3,RO, mais bien par la formule $SO^4, R. SO^4$ se rend au pôle positif, où il se décompose en $SO^3 + O$; R, ou le métal se porte au pôle négatif. On peut prouver, d'ailleurs, par une expérience très-simple, que, dans l'électrolyse du sulfate de soude, le sodium se porte au pôle négatif; qu'on introduise du mercure dans un tube deux fois recourbé BD (*fig.* 86); qu'on place ce tube dans une solution de sulfate de soude qui est contenue dans le vase V, et dans laquelle plonge une lame de platine A servant d'électrode positive, le mercure, qui sert d'électrode négative, est en communication avec le pôle négatif d'une pile par le moyen d'un fil conducteur. Lorsque le courant passe, la décomposition a lieu, et une petite quantité de sodium va se dissoudre dans le mercure, qui communique avec le pôle négatif.

Dans l'électrolyse de l'azotate d'argent, l'argent se dépose sur

l'électrode négative, tandis que l'oxygène et l'acide apparaissent
à l'électrode positive. Celle-ci se recouvre en même temps d'une

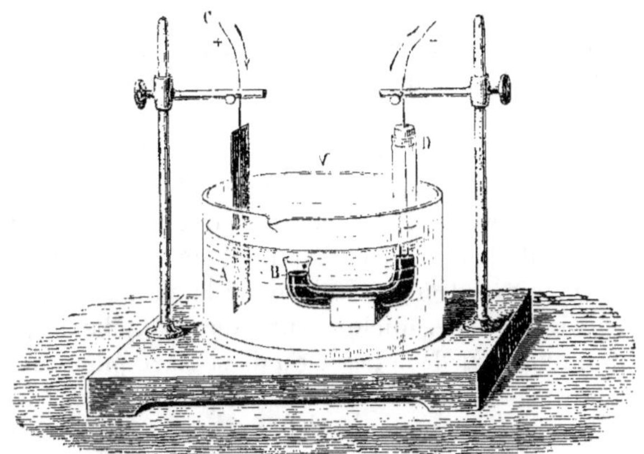

Fig. 86.

couche noire de bioxyde d'argent AgO^2, qu'on peut même obtenir,
dans cette circonstance, sous forme cristalline. Il prend naissance en
vertu d'une action secondaire. Une partie seulement de l'oxygène,
qui se porte à l'électrode positive, devient libre; une autre partie
se combine avec l'oxyde d'argent qui se trouve en dissolution.

De même lorsqu'on dirige le courant à travers une solution
d'acétate neutre de plomb, du plomb se dépose en beaux cristaux autour de l'électrode négative, tandis que l'oxygène et l'acide
acétique se portent du côté de l'électrode positive; sur cette dernière se dépose en même temps du peroxyde de plomb PbO^2, qui
se forme dans les mêmes conditions que le peroxyde d'argent
dans l'expérience précédente.

C'est ainsi que des actions secondaires compliquent quelquefois
la réaction principale que développe le passage du courant dans
les dissolutions métalliques.

Action dissolvante de l'eau sur les sels. — Un grand nombre de
sels, lorsqu'on les met en contact avec l'eau, s'y dissolvent, c'est-
à-dire qu'ils perdent l'état solide; ils forment avec l'eau une
masse liquide homogène qu'on nomme *solution*. En se dissolvant
dans l'eau, un sel change d'état, et ce changement donne lieu à
une absorption de chaleur, à un abaissement de température.

Qu'on ajoute de l'eau à des cristaux d'azotate d'ammoniaque
ou de sulfate de soude, ou de chlorure de calcium, et qu'on agite
le mélange de manière à favoriser la dissolution du sel, on pourra

constater, à l'aide du thermomètre, un refroidissement notable de la liqueur. Remarquons que les choses ne se passent ainsi qu'à la condition que le sel soit employé à l'état d'hydrate, c'est-à-dire qu'il soit combiné avec son eau de cristallisation (s'il peut en prendre). Car si l'on ajoutait de l'eau à un sel privé de son eau de cristallisation, il commencerait par s'y combiner, et cette combinaison produirait de la chaleur. Ainsi le sulfate et le carbonate de soude anhydres et le chlorure de calcium sec donnent lieu à une élévation de température lorsqu'on les met en contact avec l'eau.

On tire parti du fait de l'abaissement de température qui se produit par la dissolution des sels pour la préparation des mélanges réfrigérants. Dans quelques-uns de ces mélanges, on remplace l'eau liquide par de la neige ou de la glace pilée. En fondant pour dissoudre le sel, l'eau solide absorbe elle-même de la chaleur, circonstance qui augmente l'effet produit. Le tableau suivant indique la nature et les proportions des mélanges frigorifiques les plus usités et l'abaissement de température qu'ils peuvent produire :

PROPORTIONS DES MÉLANGES.		ABAISSEMENT DE TEMPÉRATURE.
Sel marin...................	1 partie	de 0° à — 17°.
Neige......................	1 partie	
Acide chlorhydrique ordinaire	5 parties	de + 10° à — 16°.
Sulfate de soude cristallisé...	8 parties	
Chlorure de calcium cristallisé	3 parties	de 0° à — 45°.
Neige......................	2 parties	
Azotate d'ammoniaque.......	1 partie	de + 10° à — 15°.
Eau.......................	1 partie	
Phosphate de soude.........	9 parties	de + 10° à — 29°.
Acide azotique étendu.......	4 parties	
Sel ammoniac..............	5 parties	de + 10° à — 16°.
Salpêtre...................	7 parties	
Eau.......................	16 parties	

En résumé, on voit que la dissolution des sels dans l'eau peut donner lieu à deux ordres de phénomènes dont les effets se contrarient : premièrement, combinaison chimique qui donne lieu à une production de chaleur; secondement, changement d'état du sel, dissolution proprement dite qui donne lieu à une absorption de chaleur. Ce dernier effet se produit toujours, mais quelquefois il est neutralisé ou même dominé par le premier, lorsque certains sels anhydres se dissolvent dans l'eau.

La dissolution des sels dans l'eau n'offre pas le caractère d'une action chimique : elle ne s'accomplit point en proportions définies.

A la vérité, un sel soluble exige, pour se dissoudre complètement, un poids d'eau qui est toujours le même à une température donnée; mais il n'existe aucun rapport atomique entre ce poids d'eau et le poids du sel qui entre en dissolution.

De plus, si, comme on vient de le dire, la solubilité des sels a une limite, c'est-à-dire si un poids donné de sel exige pour se dissoudre un poids d'eau invariable et qu'on ne saurait diminuer, une fois la solution accomplie, on peut ajouter des quantités d'eau indéfinies sans que la liqueur cesse de présenter les caractères d'une solution homogène.

Lorsque l'eau s'est chargée de toute la quantité de sel qu'elle peut dissoudre à une température donnée, on la dit *saturée*. Mise en contact avec un excès du même sel, elle n'en peut dissoudre davantage à cette température.

En général, la solubilité des sels dans l'eau augmente avec la température, de telle sorte qu'à l'ébullition la liqueur est bien plus chargée de sel qu'à la température ordinaire. Pourtant il y a des exceptions à cet égard.

Le sel marin ou chlorure de sodium n'est pas plus soluble à chaud qu'à froid, et le gypse ou sulfate de chaux exige, pour se dissoudre, 460 parties d'eau froide, et un peu moins de 500 parties d'eau bouillante. Une solution de butyrate de chaux (sel à acide organique), se prend en masse lorsqu'on la porte à l'ébullition. Au reste, il est à remarquer que, pour les sels plus solubles à chaud qu'à froid, la solubilité suit généralement une marche irrégulière. Le sulfate de soude offre à cet égard l'exemple le plus frappant. Son maximum de solubilité est situé à 32°. La solution saturée à cette température laisse déposer du sel, soit qu'on la laisse refroidir, soit qu'on la porte à l'ébullition.

Le tableau suivant indique la solubilité du sulfate de soude cristallisé :

TEMPÉRATURE.	SEL CRISTALLISÉ DISSOUS DANS 100 GRAMMES D'EAU.
0°	12,17
+ 11°,67	26,38
+ 13°,30	31,33
+ 17°,91	48,28
+ 25°,05	99,48
+ 28°,76	161,53
+ 30°,75	215,77
+ 31°,84	270,22
+ 32°,73	322,12
+ 33°,88	312,11
+ 40°,15	291,44
+ 45°,04	276,91

TEMPÉRATURE.	SEL CRISTALLISÉ DISSOUS DANS 100 GRAMMES D'EAU.
+ 50°,40	262,35
+ 59°,79	244,30
+ 70°,61	229,70
+ 84°,42	217,30
+ 103°,17	210,20

On voit que le maximum de solubilité du sulfate de soude est situé entre 32 et 33°.

Lorsqu'une solution saturée à chaud se refroidit au contact de l'air, elle laisse déposer une certaine quantité de sel. Celui-ci affecte la forme de cristaux plus ou moins volumineux et plus ou moins réguliers. La lenteur du refroidissement et le défaut d'agitation du liquide favorisent la cristallisation.

On a remarqué que les cristaux prennent des formes plus régulières dans les solutions tenant des corps étrangers ou des impuretés en suspension. Lorsque le vase où s'opère la cristallisation présente des aspérités, les cristaux s'y attachent de préférence, comme aussi aux corps solides qu'on plonge dans la solution, tels que bâtonnets de bois ou ficelles. Lorsqu'on agite le liquide au moment du refroidissement, les cristaux se déposent sous forme pulvérulente : on a *troublé* la cristallisation.

Une solution saturée à chaud, lorsqu'elle se refroidit à l'abri du contact de l'air, ne laisse pas toujours déposer la totalité du sel que la différence de solubilité devrait amener à l'état solide : un excès de ce sel reste dissous. On dit alors que la solution est *sursaturée.*

Le sulfate de soude et l'alun montrent une grande tendance à former de telles solutions.

Voici quelques expériences à cet égard. On introduit une solution de sulfate de soude, saturée à chaud, dans un tube de verre fermé à un bout, et présentant au-dessous de l'extrémité ouverte un étranglement; on porte ensuite le liquide à l'ébullition vers la partie supérieure, de telle sorte que les vapeurs chassent l'air, et lorsque cet effet est produit on ferme le tube à la lampe. Après le refroidissement, le vide étant fait dans ce petit appareil, la solution limpide ne laissera pas déposer de cristaux. Mais pour qu'il en soit ainsi, il suffira de casser la pointe du tube effilé et de laisser rentrer l'air. A l'instant même la cristallisation commence à la surface du liquide et se propage rapidement jusqu'au fond : le tout se prend en masse, et l'on constate une élévation de température.

Dans un ballon à col étroit, on porte à l'ébullition 100 grammes d'eau avec 200 grammes de sulfate de soude cristallisé, et lorsqu'un jet de vapeur s'élance du goulot, on couvre celui-ci avec un verre de montre ou une petite capsule de porcelaine, et on retire le ballon du feu. Après le refroidissement le sel demeure dissous ; mais si l'on enlève la capsule, on voit le liquide se prendre en masse (Loewel).

Dans la première expérience, c'est la rentrée subite de l'air qui détermine la cristallisation; dans la seconde, c'est l'accès libre de l'air. M. Loewel a fait voir que l'air perd la propriété de faire cristalliser les solutions lorsqu'on le tamise à travers une couche de coton. Or un semblable effet se produit dans la seconde expérience lorsque, l'ébullition étant terminée, l'air rentre dans l'appareil en pénétrant entre l'ouverture du ballon et les bords de la capsule de porcelaine. M. Loewel admet que cette sorte de frottement suffit pour faire perdre à cet air la propriété de faire cristalliser la solution sursaturée. Mais si l'on vient à enlever la capsule, l'air libre pénètre dans le ballon et détermine aussitôt la cristallisation. Il est probable que ce sont les corpuscules qui flottent dans l'air (le coton les arrête) qui sont la cause déterminante de ce phénomène.

En exposant à de basses températures des solutions sursaturées, M. Loewel a vu se déposer des cristaux différant par leur forme et leur composition de ceux qui avaient été dissous. Ainsi le sulfate de soude, qui cristallise ordinairement avec 10 équivalents d'eau, s'est déposé avec 7 équivalents d'eau du sein de sa solution sursaturée.

Ce fait et d'autres analogues ont porté ce chimiste à admettre que les solutions sursaturées de certains sels hydratés ne renferment plus l'hydrate primitif, mais un autre plus soluble.

L'eau saturée d'un sel peut en dissoudre un autre. Ainsi une solution saturée de nitre dissout une quantité notable de sel marin, et, chose curieuse, lorsqu'on introduit dans cette solution du nitre, elle peut en dissoudre une nouvelle quantité, bien que la solution primitive en fût saturée. Ces faits trouvent leur explication dans l'action réciproque que les sels exercent les uns sur les autres, et que nous exposerons plus loin en détail. En effet, lorsqu'on ajoute du sel marin à une solution de nitre ou azotate de potasse, ces sels se transforment en partie par double décomposition en azotate de soude et en chlorure de potassium, de telle sorte que la liqueur renferme quatre sels solubles au lieu de deux. Voilà pourquoi le chlorure de sodium se dissout.

Mais comme par l'action du chlorure de sodium sur l'azotate de potasse une portion de ce dernier sel se trouve transformée en azotate de soude, et disparaît par conséquent de la solution, il est clair que celle-ci cessera d'être saturée d'azotate de potasse. Voilà pourquoi une nouvelle quantité de ce dernier sel peut se dissoudre après l'addition du chlorure du sodium.

On comprend d'ailleurs que la dissolution d'un sel dans un autre ne peut s'accomplir qu'à la condition qu'ils ne produisent point de sel insoluble par leur action mutuelle.

La solution n'est pas le résultat d'une combinaison chimique, mais c'est quelque chose de plus intime qu'un mélange, et bien que la force qui est mise en jeu dans cette action soit différente de l'affinité qui préside aux combinaisons proprement dites, on conçoit néanmoins que le fait de la solution d'un sel dans l'eau modifie les propriétés de cette dernière.

Ainsi le point d'ébullition d'une solution saline est généralement plus élevé que le point d'ébullition de l'eau pure. On en jugera par le tableau suivant, qui indique les points d'ébullition de différentes solutions salines, et les proportions de sel que renferment les solutions saturées à l'ébullition (Legrand).

NOMS DES SELS.	PROPORTION DES SELS POUR 100 GR. D'EAU.	TEMPÉRATURE DE L'ÉBULLITION.
Chlorate de potasse	61,5	+ 104,2
Chlorure de barium	60,1	+ 104,4
Carbonate de soude	48,5	+ 104,6
Chlorure de potassium	49,4	+ 108,3
Chlorure de sodium	41,2	+ 108,4
Chlorhydrate d'ammoniaque	88,9	+ 114,2
Azotate de potasse	335,1	+ 115,9
Chlorure de strontium	117,15	+ 117,8
Azotate de soude	224,8	+ 121,0
Carbonate de potasse	205,0	+ 135,0
Azotate de chaux	362,0	+ 151,0
Chlorure de calcium	325,0	+ 179,5

Action décomposante que l'eau exerce sur certains sels. — Si la force dissolvante diffère de l'affinité, il est incontestable, d'un autre côté, que l'eau exerce une action chimique sur certains sels qu'elle décompose. Apte à jouer soit le rôle d'un acide faible, soit le rôle d'une base, tantôt elle enlève aux sels une portion de leur base, tantôt elle leur soustrait une partie de l'acide. Et ces actions sont d'autant plus prononcées que l'affinité est secondée par la masse de l'eau qui intervient. Ainsi certains sels, formés par des bases insolubles et des acides solubles (sels solubles de bismuth, de mercure, etc.) sont décomposés par l'eau, qui les transforme en sels basiques. (Voir page 411.)

Une température élevée favorise ces décompositions. Lorsqu'on enferme dans un tube scellé une solution de sulfate de cuivre neutre, et qu'on le chauffe à 250° au bain d'huile, on obtient un précipité vert de sous-sulfate de cuivre, l'eau ayant enlevé au sulfate neutre une portion de son acide.

D'autres sels, renfermant des acides faibles et insolubles et des bases solubles, éprouvent de la part de l'eau, ajoutée en grande quantité, une décomposition inverse. Une partie de la base reste en solution et un sel acide se précipite. Ainsi le stéarate de potasse (sel formé par un acide organique insoluble) est décomposé en bistéarate insoluble et en potasse qui reste en solution (Chevreul). On voit que dans cette circonstance l'eau chasse une partie de l'acide stéarique de sa combinaison avec la potasse.

A la chaleur rouge, l'action de l'eau sur certains sels est plus énergique encore. Ainsi le carbonate de baryte, qui se décompose très-difficilement aux plus hautes températures, perd son acide carbonique, au moins en partie, lorsqu'on le met en contact, au rouge, avec de la vapeur d'eau (Priestley, Gay-Lussac et Thenard).

Action des métaux sur les sels. — Lorsqu'on plonge une lame de zinc ou de fer bien décapée dans une dissolution de sulfate de cuivre, le cuivre se précipite sous forme pulvérulente à la surface de la lame de zinc, et une quantité équivalente de ce dernier métal se dissout dans la liqueur, de telle sorte qu'il se forme du sulfate de zinc. On admet que le zinc déplace le cuivre, parce qu'il a plus d'affinité pour l'oxygène que ce dernier métal, et qu'en général les métaux possédant pour l'oxygène une affinité plus grande déplacent ceux qui possèdent une affinité moins grande. Il est à remarquer, cependant, que d'autres actions sont en jeu dans ce phénomène. L'action des métaux sur les dissolutions salines donne lieu à la production d'électricité, comme toutes les actions chimiques. Pour bien se rendre compte de ce qui se passe dans l'expérience précédente, on peut disposer les choses de la manière suivante : on introduit la solution de sulfate de cuivre dans un vase de verre, et on y plonge d'un côté une lame de zinc Z (*fig.* 87), de l'autre une lame de platine P, et on met ces deux lames en communication avec les extrémités du fil d'un galvanomètre G. Le cuivre se dépose à l'état métallique sur la lame de platine, et le zinc entre en dissolution. En même temps on constate dans l'aiguille du galvanomètre une déviation qui indique que le courant marche du platine au zinc à travers le fil du galvanomètre, et du zinc au platine à travers la solution. Le zinc prend la tension négative, et le platine la tension positive. Et comme dans l'intérieur de la solution le courant marche du zinc au platine, et par conséquent au cuivre, ou, en d'autres termes, comme le zinc cède l'électricité posi-

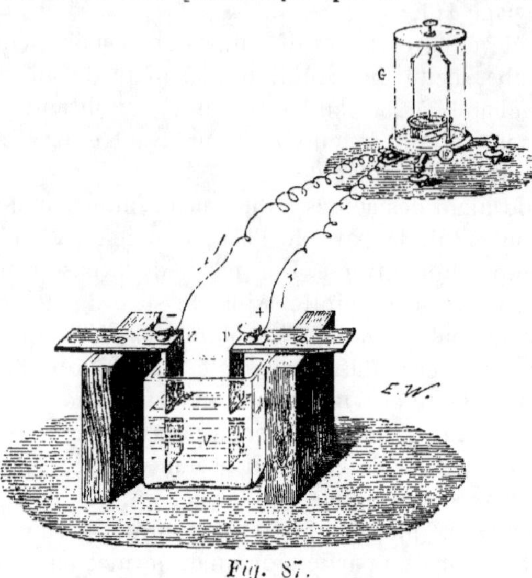

Fig. 87.

tive au platine et au cuivre, on dit que le zinc est *électropositif*, par rapport au platine et au cuivre, qui sont *électronégatifs* par rapport au zinc.

Dans l'expérience précédente, le zinc et le platine constituent, avec le liquide, ce qu'on nomme un couple voltaïque. La substitution du zinc au cuivre dans la solution est un phénomène continu. Il en est de même du développement de l'électricité, corrélatif de l'action chimique. Tant que celle-ci dure, les tensions électriques opposées que prennent les deux métaux vont se neutraliser à travers l'arc interpolaire : il y a production d'un courant. Les choses ne se passent pas exactement de la même manière lorsqu'on se contente de plonger une lame de zinc dans une dissolution de sulfate de cuivre. A la vérité, il y a encore production d'électricité : le cuivre qui se précipite prend la tension positive et le zinc la tension négative. Mais comme les métaux se touchent, ces tensions se détruisent sur place sans donner lieu à un courant extérieur.

Lorsqu'on étudie l'action des métaux sur les solutions salines, il ne faut point perdre de vue cette circonstance qu'il est très-difficile de se procurer des métaux absolument purs de tout alliage. Des traces d'un métal étranger peuvent constituer un couple avec le métal précipitant et le liquide : il y aura dépôt d'une petite quan-

lité de métal qui existe en dissolution, et l'action chimique pourra
continuer à condition que le métal précipité soit électronégatif par

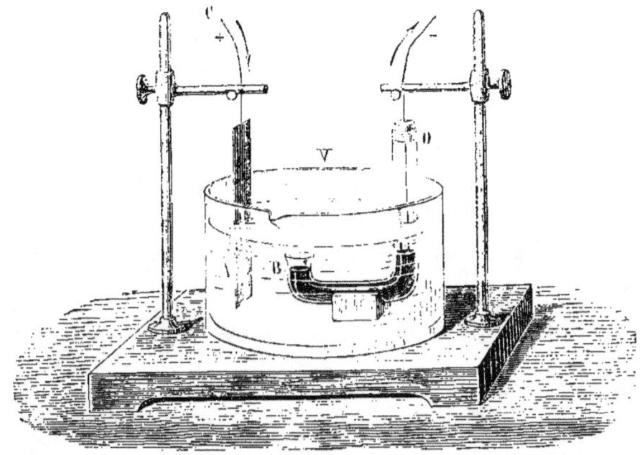

Fig. 88.

rapport au métal précipitant. Dans le cas contraire l'action s'arrê-
tera. Voici une expérience curieuse que l'on doit à M. Foucault.
Qu'on introduise une dissolution de sulfate de soude dans l'appareil représenté figure 88. Qu'on plonge dans cette solution une
lame de zinc A ; qu'on mette les fils de platine en communication
avec un galvanomètre, et l'on observera un courant marchant,
dans le couple, du zinc au mercure et, dans le fil du galvanomètre,
du mercure au zinc. Ce dernier métal décomposant le sulfate de
soude, en vertu d'une action de masse, il se forme une petite quantité de sulfate du zinc et une petite quantité de sodium se dissout
dans le mercure. Ainsi le zinc déplace, dans ces conditions, le
sodium qui possède plus d'affinité pour l'oxygène que lui et qui
est électropositif par rapport à lui. Mais il est à remarquer que le
sodium se dissout dans la masse du mercure, et qu'en réalité
un amalgame très-pauvre en sodium est électronégatif par rapport au zinc. L'action cesse dès que l'amalgame devient plus riche
en sodium.

On le voit, l'action des métaux sur les solutions des sels constitue
un phénomène complexe qui est subordonné, dans une certaine
mesure, à l'affinité des métaux pour l'oxygène, mais dont le sens
et l'intensité dépendent aussi d'autres circonstances, telles que la
nature de l'acide, la concentration des liqueurs, la pureté du métal et sa masse.

Dans tous les cas, les choses se passent de telle manière que le métal précipitant, se substitue purement et simplement au métal précipité sans qu'il y ait dégagement ou absorption de gaz. Il est évident d'ailleurs que les métaux qui décomposent l'eau à la température ordinaire, tels que le potassium ou le sodium, ne sauraient donner lieu à la précipitation d'un *métal*. D'un autre côté, un grand nombre de solutions salines ne sont pas décomposées par les métaux. Tels sont les sels des métaux alcalins et alcalino-terreux, les sels de magnésie, de manganèse, d'alumine, de zinc, de nickel, de cobalt, de fer [1].

Le tableau suivant indique l'ordre dans lequel les métaux précipitent les solutions salines.

SELS DONT LES SOLUTIONS SONT PRÉCIPITABLES PAR CERTAINS MÉTAUX.

Sels d'étain.....		
— d'antimoine		
— de bismuth.		
— de plomb ..		réduits par le fer et le zinc.
— de cuivre ..		
— de mercure	réduits par le fer et le zinc et tous ceux qui précèdent.	
— d'argent...	réduits par le fer, le zinc, le manganèse, le cobalt et tous ceux qui précèdent l'argent.	
— de platine..		
— d'or.......		

Il est à remarquer, d'ailleurs, que certaines influences mécaniques peuvent entraver l'action des métaux sur les solutions salines. Ainsi, lorsqu'on plonge un fil de fer bien décapé dans une solution d'azotate d'argent, il se recouvre immédiatement d'argent métallique, et comme ce métal forme une couche homogène et continue à la surface du fer, il intercepte le contact de ce métal avec la solution; dès lors l'action cesse. D'après le tableau précédent, on voit que le plomb précipite le cuivre de ses solutions. Ainsi, l'azotate et l'acétate de cuivre sont précipités par le plomb. Mais lorsqu'on plonge ce dernier métal dans une solution de sulfate de cuivre, il se dépose bientôt à la surface du plomb une couche de sulfate de plomb insoluble qui empêche toute action ultérieure de la part du métal précipitant.

LOIS DE BERTHOLLET.

Les phénomènes qui se produisent au contact des acides et des bases avec les sels, et par l'action réciproque des sels eux-mêmes, ont été principalement étudiés par Berthollet. Ces fortes recher-

1. Le sulfate ferreux n'est pas précipité par le zinc, mais lorsqu'on plonge une lame de ce dernier métal dans une solution neutre de chlorure ferreux, elle se recouvre d'un dépôt gris de fer métallique.

ches offrent une grande importance ; elles ont fait ressortir de la manière la plus évidente l'influence des conditions physiques, telles que l'insolubilité et la volatilité sur la marche des réactions chimiques. Les résultats auxquels elles ont conduit, réunis en un certain nombre de propositions simples et nettes, permettent non-seulement de se rendre compte d'une foule de réactions, mais même d'en prévoir un grand nombre *a priori*. Aussi l'histoire de la science a-t-elle attaché à l'ensemble de ces propositions le nom du célèbre auteur de la *Statique chimique*. Ajoutons cependant que les lois de Berthollet ne comprennent pas tous les cas de l'action des acides et des bases sur les sels, et de l'action des sels entre eux, et que peut-être, dans leur énoncé, leur auteur a quelque peu exagéré l'importance des conditions physiques aux dépens du rôle de l'affinité elle-même.

ction des acides sur les sels. — Supposons d'abord que l'acide que l'on fait réagir sur un sel soit de même nature que celui qui est contenu dans ce dernier : divers cas pourront se présenter.

1° Il n'y aura point de réaction. L'azotate de potasse n'est point décomposé par l'acide azotique, seulement il se dissoudra plus facilement dans l'eau chargée de cet acide que dans l'eau pure. De même l'acide sulfurique concentré peut dissoudre une petite quantité de sulfate de baryte insoluble dans l'eau. On voit que dans des cas de ce genre les acides ne peuvent exercer aucune action décomposante sur les sels : ils se bornent à agir comme dissolvants. Dans d'autres cas ils produisent un effet contraire. Ainsi, l'acide azotique, ajouté à une solution concentrée d'azotate de baryte, précipite une partie de ce sel, car l'azotate de baryte est moins soluble dans l'acide azotique que dans l'eau pure.

2° Il y aura combinaison. Lorsqu'on fait passer un courant d'acide carbonique à travers de l'eau tenant en suspension du carbonate de chaux récemment précipité, celui-ci se dissoudra en se transformant en bicarbonate de chaux. De même l'acide phosphorique convertit le phosphate de chaux insoluble en phosphate acide soluble ; l'acide sulfurique concentré se combine avec le sulfate neutre de potasse, et le convertit en bisulfate. Dans toutes ces réactions, ce sont des sels acides qui se forment, et l'on remarquera que les acides qui interviennent sont polybasiques. Mais voici un autre genre de réactions qui doit être mentionné ici : un acide, en réagissant sur un sel basique, peut le transformer en sel neutre. Ainsi, l'acide sulfurique dissout le sulfate de cuivre basique pour le convertir en sel neutre.

Considérons, en second lieu, le cas où l'acide qui réagit sur le sel est différent de celui que renferme ce dernier. Nous aurons alors deux acides en présence d'une base, et ces deux acides tendent à se partager cette base, de façon que le sel soumis à l'action de l'acide soit décomposé partiellement par celui-ci. Mais Berthollet a fait voir que, dans une foule de cas, le sel éprouve une décomposition complète de la part de l'acide. Nous allons indiquer les circonstances dans lesquelles il en est ainsi.

1° Il y aura décomposition complète toutes les fois que l'acide qu'on verse dans la solution d'un sel peut former avec la base de ce dernier un sel insoluble. — Qu'on verse de l'acide sulfurique dans une solution d'azotate de baryte ou de plomb, il se formera un précipité de sulfate de baryte ou de plomb, et l'acide azotique sera mis en liberté. De même l'acide oxalique, ajouté à une solution d'azotate de chaux, y fera naître un précipité d'oxalate de chaux; l'acide perchlorique forme dans une solution de sulfate de potasse un précipité de perchlorate. Les acides chlorhydrique, bromhydrique, iodhydrique, précipitent d'une dissolution d'azotate d'argent, du chlorure, du bromure, de l'iodure d'argent. Dans toutes ces réactions, l'acide azotique est mis en liberté, et les décompositions sont complètes : elles s'achèvent par suite de l'insolubilité des nouveaux composés qui se forment.

Le résultat est différent lorsqu'à une solution d'azotate de baryte on ajoute de l'acide phosphorique. Il ne se forme point de précipité. Néanmoins, on doit admettre qu'il y a eu décomposition et que les deux acides se sont partagé la base de manière à former du phosphate acide de baryte et de l'azotate, qui demeurent tous deux en solution avec l'acide azotique mis en liberté. L'expérience inverse nous fournit la preuve qu'il en est ainsi. Que l'on traite le phosphate neutre de baryte insoluble par de l'acide azotique, il se dissoudra en se convertissant en phosphate acide de baryte, l'acide azotique s'étant emparé d'une portion de la base pour former de l'azotate. Ici la décomposition est évidente, car il y a dissolution d'un sel insoluble.

De même lorsqu'on ajoute de l'acide sulfurique à une solution d'azotate de potasse, bien qu'il ne se forme point de précipité, on doit admettre que les deux acides se sont partagé la base. On peut le prouver en ajoutant de l'alcool à la liqueur : il se formera un précipité renfermant à la fois du sulfate et de l'azotate de potasse, car ces deux sels sont insolubles dans l'alcool. Les acides sulfurique et azotique s'étaient donc partagé la base. Les choses se passent autrement lorsqu'on évapore la solution : alors l'état d'équilibre qui s'y était formé entre les deux acides sera troublé. En effet, une nouvelle condition interviendra, savoir : la solubilité moins grande du sulfate de potasse. Ce sel se déposant, la décomposition de l'azotate de potasse deviendra de plus en plus complète, et l'acide azotique restera en solution dans la liqueur. Le résultat sera le même si l'on ajoute de l'acide chlorhydrique à une solution d'azotate de potasse. Rien ne se produira immédiatement, mais par l'évaporation il se précipitera des cristaux de chlorure de potassium. Telle est l'influence qu'exerce l'insolubilité sur la marche de la décomposition.

2° *Il y aura décomposition complète toutes les fois que l'acide qui existe dans le sel est insoluble.* L'influence de l'insolubilité est encore démontrée par les faits suivants :

Si l'on verse de l'acide azotique dans une solution de silicate de potasse, on obtient immédiatement un précipité de silice gélatineuse, et il se forme de l'azotate de potasse. De même une solution d'antimoniate de potasse sera précipitée par l'acide azotique, l'acide antimonique insoluble étant mis en liberté.

3° *Il y aura décomposition complète toutes les fois que l'acide qui réagit sur le sel est plus fixe que celui qui est contenu dans ce dernier.* — Ainsi, les acides sulfurique et azotique chassent immédiatement et complétement l'acide carbonique de ses combinaisons avec les bases. L'acide azotique lui-même est déplacé de ses combinaisons par l'acide sulfurique, plus fixe que lui. Il suffit de verser de l'acide sulfurique sur de l'azotate de potasse sec pour que le mélange répande à la température ordinaire des vapeurs d'acide azotique. Mais la décomposition ne s'achève que si l'on chauffe; l'acide azotique monohydraté, qui bout à 86°, se volatilise, et il se forme du sulfate de potasse. On sait que la préparation de l'acide azotique est fondée sur cette réaction (page 224).

Mais il existe des acides plus fixes que l'acide sulfurique, qui bout à 325°. Tels sont les acides phosphorique, borique, silicique. Aussi, en chauffant fortement un sulfate avec l'un ou l'autre de ces acides, peut-on expulser l'acide sulfurique. On voit par ces exemples combien les réactions chimiques sont influencées par les conditions dans lesquelles elles s'accomplissent. Ainsi, une solution de silicate de potasse est précipitée par l'acide sulfurique, l'acide sulfurique chassant ce dernier. Mais il suffit d'opérer par la voie sèche, au lieu d'opérer par la voie humide, pour obtenir un résultat tout contraire. Que l'on chauffe du sulfate de potasse avec de l'acide silicique, ce dernier acide chassera à son tour l'acide sulfurique.

Influence des masses. — On a vu par quelques-uns des exemples cités plus haut, que lorsque deux acides se trouvent en présence d'une base, dans une solution, ils tendent à se partager cette base. Berthollet admettait que ce partage s'effectue en raison de la masse de chacun des deux acides. Voici un fait qui met en lumière l'influence des masses. Lorsqu'on fait passer un courant d'acide sulfhydrique à travers une solution de carbonate de potasse, une certaine quantité d'acide carbonique est chassée de la solution, et il se forme du sulfhydrate de sulfure de potassium. Cette décomposition marche lentement, mais finit par être complète si l'on prolonge beaucoup l'expérience, de manière à mettre la solution en contact avec un grand excès d'acide sulfhydrique. Tout l'acide carbonique sera chassé. Que l'on fasse maintenant l'expérience inverse, qu'on dirige un courant d'acide carbonique, en grand excès, dans une solution de sulfhydrate de sulfure de potassium, ou de sulfure de potassium, à son tour l'acide sulfhydrique sera chassé, et il se formera du carbonate de potasse. Ici la marche de la décomposition n'est influencée ni par l'insolubilité, ni par la volatilité des produits qui se forment : les deux sels sont solubles dans l'eau, les deux acides eux-mêmes possèdent, à peu de chose près, la même solubilité dans l'eau et la même volatilité. Ils se ressemblent aussi par la faible énergie de leur pouvoir acide. Et c'est là une circonstance digne de remarque, car on ne peut mettre en doute que l'énergie chimique de deux acides ne doive exercer une influence notable sur la manière dont ils se comportent en présence d'une base. L'acide le plus puissant tend à s'emparer de préférence de la base, et le partage est inégal, en raison de la différence des affinités. Voici un fait qui démontre qu'il en est ainsi. Si l'on ajoute de l'acide sulfurique à une solution chaude de borax (biborate de soude), il se forme du sulfate de soude, et l'acide borique, beaucoup plus faible que l'acide sulfurique, est déplacé. Par le refroidissement de la solution il se sépare sous forme cristalline, car il est beaucoup moins soluble à froid qu'à chaud. On pourrait penser que c'est la faible solubilité de l'acide borique qui détermine la décomposition du borax par l'acide sulfurique. Il n'en est rien; et l'on peut prouver que cette décomposition est complète avant la précipitation de l'acide et pendant que la liqueur est encore chaude. Il suffit pour cela d'ajouter de la teinture de tournesol à la liqueur. Elle prendra la couleur rouge vineuse que lui communiquent les acides faibles, preuve que l'acide borique seul existe dans la liqueur à l'état isolé; car le moindre excès d'acide sulfurique ferait prendre à la liqueur une teinte d'un rouge pelure d'oignon. Ainsi la décomposition s'est accomplie, dans ce cas, non pas en raison des masses, mais en raison des affinités prépondérantes de l'acide sulfurique. Ou bien il n'y a pas eu de partage, ou bien il s'est effectué dans une proportion insignifiante pour l'acide borique.

L'action que l'hydrogène sulfuré exerce sur les sels est particulièrement digne d'intérêt, à cause de l'application fréquente qu'on en fait à l'analyse.

Parmi les solutions salines, les unes sont décomposées par l'acide sulfhydrique, les autres ne le sont pas. Dans les premières l'acide du sel est mis en liberté, et il se précipite un sulfure. Ainsi, l'hydrogène sulfuré donne dans les sels de cuivre un précipité brun noir de sulfure de cuivre, et l'acide sulfurique est mis en liberté.

$$SCuO^4 + HS = SHO^4 + SCu.$$

Sulfate   Acide   Sulfure
de cuivre.   sulfurique.   de cuivre.

Comme la précipitation s'accomplit au sein de l'eau, à la fin de l'expérience le sulfure de cuivre se trouve en présence de l'acide sulfurique étendu. Pour qu'il ait pu se former, il faut donc nonseulement qu'il soit insoluble, mais encore qu'il soit inattaquable par les acides étendus. D'autres sulfures insolubles, tels que les sulfures de fer et de manganèse, sont facilement dissous par l'acide sulfurique faible; il est donc clair que les sels correspondants, c'est-à-dire les sulfates de fer et de manganèse, ne peuvent pas être décomposés par l'hydrogène sulfuré.

Parfaitement neutre, le sulfate de zinc est partiellement décomposé par l'hydrogène sulfuré; mais dès que la liqueur devient acide par suite de la mise en liberté d'une petite quantité d'acide sulfurique, la décomposition s'arrête, car le sulfure de zinc se dissout assez facilement dans l'acide sulfurique étendu. Il ne se dissout pas dans un acide plus faible que l'acide sulfurique, tel que l'acide acétique : la solution d'acétate de zinc sera donc décomposée et complétement décomposée par l'acide sulfhydrique.

L'hydrogène sulfuré ne précipite pas les solutions métalliques suivantes :

<table>
<tr><td>Sels renfermant les métaux alcalins et alcalino-terreux,</td><td>Sels de nickel,</td></tr>
<tr><td>Sels de fer,</td><td>— d'urane,</td></tr>
<tr><td>— de zinc (acides),</td><td>— de chrome,</td></tr>
<tr><td>— de manganèse,</td><td>— d'alumine,</td></tr>
<tr><td>— de cobalt,</td><td>— de glucine,</td></tr>
<tr><td></td><td>— de cérium, etc.</td></tr>
</table>

Il est à remarquer cependant que les acétates de zinc, de fer et de manganèse sont complétement décomposés par l'hydrogène sulfuré.

L'hydrogène sulfuré précipite les solutions métalliques suivantes :

		COULEUR DU PRÉCIPITÉ.
Sels de cadmium	....	jaune vif.
— de plomb	....	noir.
— de bismuth	....	Id.
— de cuivre	....	brun noir.
— d'argent	....	noir.
— de mercure	....	Id.
— de palladium	....	brun foncé.
— de rhodium	....	brun.
— d'osmium	....	brun noir.
— de platine	....	noir.
— d'iridium	....	brun.
— d'or	....	brun noir.
— d'étain (protoxyde)	....	brun chocolat.
— — (peroxyde)	....	jaune pâle.
— d'antimoine	....	orange.
etc., etc.		

Action des bases sur les sels. — Elle est analogue à celle des acides. Sans nous étendre sur les cas où la base est de même nature que celle qui entre dans la composition du sel et où il peut se former un sel basique, nous supposerons que cette base soit de nature différente.

Considérons d'abord l'action des bases solubles sur les solutions salines. Ces bases sont la potasse, la soude, la baryte, la strontiane, la chaux; on peut y ajouter l'ammoniaque, dont le mode d'action est le même.

Lorsque l'une de ces bases solubles réagit sur un sel dont la base est soluble elle-même, les deux bases tendent à se partager l'acide, en raison de leur masse et de l'énergie respective de leurs affinités. Le fait suivant démontre que les choses se passent ainsi :

Si l'on ajoute une solution de soude caustique à une solution de sulfate de potasse, la liqueur devient fortement alcaline, sans qu'aucun phénomène apparent de décomposition se manifeste. Mais si on l'évapore à siccité, et qu'on reprenne le résidu par l'alcool, celui-ci dissoudra à la fois de la potasse et de la soude, et laissera à l'état insoluble du sulfate de potasse et du sulfate de soude. Il y a donc eu décomposition partielle du sulfate de potasse par la soude caustique : ces deux bases se sont partagé l'acide. Dans d'autres cas ce partage n'aura pas lieu, et la décomposition d'une solution saline par une base soluble tendra à se compléter en raison de l'insolubilité ou de la volatilité des composés qui peuvent se former.

Examinons ces divers cas.

1° *Il y aura décomposition complète toutes les fois que l'oxyde que renferme le sel est insoluble.* — Lorsqu'on ajoute de la potasse caustique à une solution de sulfate ferrique, il se forme du sulfate de potasse et il se précipite des flocons bruns de sesquioxyde de fer hydraté. Tous les sels qui renferment des oxydes insolubles ou peu solubles dans l'eau, sont décomposés de même par les alcalis. Seulement il arrive quelquefois qu'un excès d'alcali redissout l'oxyde d'abord précipité. Ainsi la potasse, après avoir précipité l'oxyde de zinc du sulfate, le redissout lorsqu'elle est ajoutée en excès. De même l'ammoniaque dissout l'oxyde de cuivre avec une belle couleur bleue. La chaux elle-même peut être précipitée par la potasse du sein d'une solution concentrée d'azotate de chaux ou de chlorure de calcium, car elle est peu soluble dans l'eau.

Dans certains cas, surtout lorsque l'alcali est ajouté en quantité insuffisante au sel, il peut se borner à enlever à celui-ci une portion de l'acide : il se précipite alors non pas un oxyde, mais un sel basique. Ainsi la potasse, ajoutée en quantité insuffisante à une solution de sulfate de cuivre, en précipite du sous-sulfate.

2° *Il y aura décomposition complète toutes les fois que la base ajoutée peut former une combinaison insoluble avec l'acide du sel.* — Une solution de baryte ajoutée à une solution de sulfate de potasse détermine la formation d'un précipité qui est du sulfate de baryte : la potasse reste en dissolution.

Une solution étendue de carbonate de potasse, soumise à l'ébullition avec de la chaux caustique, est décomposée : il se forme du carbonate de chaux qui se précipite, et de la potasse qui reste en dissolution.

3° *Enfin, il y aura décomposition complète toutes les fois que la base du sel sera volatile.* Les sels ammoniacaux offrent un exemple de ce genre de réaction. Que l'on traite le chlorhydrate d'ammoniaque par la potasse ou la chaux caustique, l'ammoniaque sera chassée, et il se formera du chlorure de potassium ou de calcium et de l'eau.

Des oxydes insolubles dans l'eau peuvent exercer une action décomposante sur des sels dont les bases sont insolubles elles-mêmes. On comprend que les conditions d'insolubilité, qui jouent un si grand rôle dans les phénomènes précédents, n'interviennent plus dans ces décompositions, uniquement provoquées par le jeu des affinités. En voici des exemples :

Lorsqu'on fait bouillir une solution d'azotate d'argent avec de la magnésie, celle-ci déplace l'oxyde d'argent, et il se forme de l'azotate de magnésie. L'oxyde d'argent, à son tour, peut déplacer l'oxyde de cuivre de la solution bouillante de son azotate; enfin le peroxyde de fer ou oxyde ferrique est précipité de la solution de son sulfate lorsqu'on fait bouillir cette solution avec de l'oxyde cuivrique ou même avec de l'oxyde mercurique (Persoz).

Action des sels sur les sels. — Les sels peuvent réagir les uns sur les autres par la voie sèche ou par la voie humide, c'est-à-dire par l'intermédiaire de l'eau. Ils peuvent, dans les deux cas, ou se combiner, ou se décomposer.

En se combinant, ils forment des *sels doubles*.

La formation de l'alun nous en offre un exemple. Lorsqu'on ajoute une solution concentrée de sulfate de potasse à une solution de sulfate d'alumine, il se forme un précipité cristallin qui n'est autre chose que le produit de la combinaison des deux sels, savoir : le sulfate double d'alumine et de potasse ou alun.

Certains sels doubles se forment par voie de fusion ignée.

Lorsque le mélange de deux sels donne lieu à une décomposition, il est possible, dans un grand nombre de cas, de prévoir le sens et l'étendue de cette décomposition en tenant compte du degré de cohésion, de l'insolubilité, de la volatilité, de la fusibilité des composés qui peuvent se former. Comme dans les décompositions que nous avons analysées précédemment ces conditions physiques exercent une grande influence sur l'action mutuelle des sels, en modifiant le jeu des affinités.

Ajoutons qu'on doit tenir compte aussi, dans ces réactions, de l'influence des masses.

Considérons d'abord l'action réciproque des sels *par la voie sèche*.

Si l'on chauffe au rouge vif dans un creuset un mélange intime, et en proportions équivalentes, de carbonate de soude et de sulfate de baryte, il s'effectue une décomposition partielle de ces deux sels, de telle sorte que le tiers du carbonate de soude attaque le tiers du sulfate de baryte. Il se forme ainsi, par un échange de bases et d'acides, $\frac{1}{3}$ d'équivalent de sulfate de soude, et $\frac{1}{3}$ d'équivalent de carbonate de baryte (Malaguti).

Le mélange renfermera donc quatre sels, et si l'on reprend la masse par l'eau, celle-ci dissoudra :

$$\frac{1}{3} \text{ de sulfate de soude,}$$
$$\frac{2}{3} \text{ de carbonate de soude,}$$

et laissera à l'état de résidu insoluble :

$\frac{1}{4}$ de carbonate de baryte,
$\frac{2}{3}$ de sulfate de baryte.

Dans cette décomposition la fusibilité du carbonate de soude à la température rouge a exercé une influence. En effet, si, répétant l'expérience, on se contente de chauffer le mélange au rouge obscur, température à laquelle le carbonate de soude est infusible, on n'observe aucune décomposition. Et d'un autre côté, si l'on portait le mélange à la température élevée d'un feu de forge capable de fondre le sulfate de baryte lui-même, il est probable que la décomposition de ce sel serait plus avancée que dans le premier cas.

Que l'on chauffe maintenant du carbonate de soude et du sulfate de baryte, les sels étant mélangés dans le rapport de trois équivalents du premier avec un équivalent du second, la décomposition du sulfate de baryte sera à peu près complète, et l'on aura, l'expérience terminée, deux nouveaux sels, savoir : le sulfate de soude et le carbonate. Ici l'influence des masses se fait sentir.

L'exemple suivant fera ressortir l'influence qu'exerce la volatilité.

Lorsqu'on chauffe un mélange en proportions équivalentes de chlorhydrate d'ammoniaque et de carbonate de soude, il y a décomposition complète de ces sels avec formation de chlorure de sodium et de carbonate d'ammoniaque. C'est la grande volatilité de ce dernier sel qui détermine cet échange de bases et d'acides qu'on nomme une *double décomposition*.

L'étude de l'action réciproque des sels par la voie humide va nous fournir beaucoup d'exemples de ce genre de réactions.

Considérons d'abord les sels solubles dans l'eau.

Il y a toujours décomposition par le fait du mélange de deux solutions salines, et l'on peut dire que lorsqu'on mêle deux sels renfermant deux acides différents et deux bases différentes, les deux acides tendent à se partager les deux bases, suivant leurs masses et suivant l'énergie de leurs affinités. Mais, comme dans les cas précédents, cette tendance au partage est contrariée par le degré de cohésion, par l'insolubilité. Ces conditions physiques entraînent la décomposition dans un sens : au lieu d'être partielle elle devient totale.

Ce dernier cas étant le plus simple, nous allons l'étudier d'abord.

Toutes les fois que, par l'action réciproque de deux solutions sa-

lines, il peut se former, par un échange de bases et d'acides, des sels insolubles, il y a décomposition complète des deux sels.

Si l'on ajoute une solution d'azotate de baryte à une solution de sulfate de soude, il se forme immédiatement un précipité blanc de sulfate de baryte, et de l'azotate de soude reste en dissolution.

Avant.	Après.
Azotate de baryte AzO^5,BaO	SO^3,BaO sulfate de baryte.
Sulfate de soude SO^3,NaO	AzO^5,NaO azotate de soude.

Si les deux sels ont été mélangés en quantités équivalentes, toute la baryte se sera précipitée avec tout l'acide sulfurique, et toute la soude restera en dissolution avec tout l'acide azotique. Ainsi la décomposition est totale, grâce à l'insolubilité du sulfate de baryte : il s'est opéré non un partage, mais un échange complet de bases et d'acides.

Si l'on fait abstraction de toute hypothèse sur la constitution des sels, ces doubles décompositions apparaissent comme des échanges de métaux. Nous avons, avant et après l'expérience, un sulfate et un azotate. Par le seul fait d'un échange de métaux, le sulfate de sodium devient sulfate de barium et l'azotate de barium devient sulfate de sodium.

$$SO^4Na \ + \ AzO^6Ba \ = \ SO^4Ba \ + \ AzO^6Na$$

Sulfate   Azotate   Sulfate   Azotate
de sodium.   de barium.   de barium.   de sodium.

L'insolubilité d'un grand nombre de sels provoque et explique une foule de réactions analogues à la précédente.

Qu'on mêle des solutions de carbonate de potasse et d'azotate de chaux, il se formera, par double décomposition, du carbonate de chaux insoluble et de l'azotate de potasse soluble.

De même le chromate de potasse et l'acétate de plomb formeront, par double décomposition, du chromate de plomb insoluble et de l'acétate de potasse soluble.

Dans une solution d'azotate d'argent, une solution de chlorure de sodium fera naître un précipité de chlorure d'argent insoluble, tandis que de l'azotate de potasse restera en dissolution.

Un grand nombre de sels, sans être complétement insolubles dans l'eau, ne s'y dissolvent qu'en petite quantité. Ceux-là, lorsqu'ils ont pris naissance par double décomposition, ne se précipitent que lorsque la quantité d'eau au sein de laquelle la réaction s'est accomplie est insuffisante pour les dissoudre. L'échange de bases et d'acides tend alors à se compléter, comme dans les cas précédents.

Que l'on mélange des solutions suffisamment étendues de sulfate de soude et d'azotate de chaux, aucun précipité n'apparaîtra dans la liqueur, car le sulfate de chaux est légèrement soluble dans l'eau. Au contraire, ce sel sera précipité par le mélange de solutions concentrées de sulfate de soude et d'azotate de chaux. Les mêmes phénomènes se présenteront avec le chlorure de sodium et l'azotate de plomb; le chlorure de plomb, légèrement soluble dans l'eau, ne se précipitera que dans le cas où l'on aura mélangé des solutions concentrées. Que l'on mélange des solutions de sulfate de soude et d'azotate de potasse, aucun trouble n'apparaîtra dans la liqueur; mais si l'on concentre celle-ci, et qu'ensuite on la laisse refroidir, on aura un dépôt de sulfate de potasse. Ce sel est moins soluble dans l'eau que les sels primitifs, et moins soluble aussi que l'azotate de soude formé en même temps que lui.

Lorsqu'on mêle des solutions concentrées de chlorure de potassium et d'azotate de soude, aucun précipité n'apparaît dans la liqueur, et lorsqu'on évapore celle-ci sous le récipient de la machine pneumatique, elle laisse déposer des cristaux de chlorure de potassium. Dans ces circonstances le chlorure de potassium est, en effet, moins soluble non-seulement que l'azotate de soude, mais encore que l'azotate de potasse et le chlorure de sodium qui peuvent se former par double décomposition.

Mais que, modifiant les conditions de l'expérience, on vienne à concentrer par l'ébullition le mélange des solutions de chlorure de potassium et d'azotate de soude, on aura un dépôt cristallin de chlorure de sodium, et la liqueur bouillante, séparée de ces cristaux, abandonnera, par le refroidissement, des cristaux d'azotate de potasse.

Il y a donc eu double décomposition, et elle est due à cette circonstance que, des quatre sels mentionnés plus haut, le chlorure de sodium est le moins soluble *à la température de l'ébullition.*

Si l'on mêle des solutions concentrées de sulfate de magnésie et de chlorure de sodium, aucun signe extérieur n'indiquera qu'une décomposition s'est produite. Mais si l'on refroidit le mélange à 0°, il s'en dépose des cristaux de sulfate de soude. A cette température ce sel est moins soluble que le sulfate de magnésie et le chlorure de sodium, et moins soluble aussi que le chlorure de magnésium, formé, comme le sulfate de soude, par l'action mutuelle des deux autres sels. Dans tous ces cas l'échange de bases et d'acides tend à s'effectuer d'une manière plus ou moins com-

plète, suivant le degré d'insolubilité de l'un des sels qui peuvent
se former.

Les choses se passent d'une manière moins évidente lorsque l'on
mélange deux solutions salines renfermant des acides et des oxydes
différents dont l'échange ne peut pas donner lieu à des sels insolubles
ou peu solubles. Quoique dans la plupart de ces cas aucun phénomène extérieur ne révèle une décomposition, on est néanmoins
fondé à admettre qu'il y a échange partiel de bases et d'acides. On
peut s'en assurer d'abord par certains caractères tirés de la couleur
des sels.

Le sulfate de cuivre est bleu, le chlorure est vert.

Que l'on mélange des solutions de sulfate de cuivre et de chlorure de sodium, la liqueur deviendra verte, ce qui fait supposer
qu'il s'est formé du chlorure de cuivre.

Si l'on mélange une solution étendue et faiblement colorée en
jaune brun de sulfate ferrique avec une solution incolore d'acétate de potasse, la liqueur prendra une teinte rouge. On peut en
tirer cette conclusion, qu'il s'est formé de l'acétate ferrique; car
ce sel forme une solution rouge foncé.

M. Malaguti a fait l'expérience suivante, qui est très-instructive :

Il a dissous dans la moindre quantité d'eau possible un équivalent d'acétate de strontiane et un équivalent d'azotate de potasse,
et après avoir laissé reposer le mélange pendant plusieurs heures,
il l'a versé dans un grand excès d'alcool éthéré.

Il a obtenu ainsi un dépôt formé par les azotates des deux bases
et une solution renfermant des acétates. L'analyse lui a démontré
que le dépôt renfermait encore les $\frac{2}{3}$ de la quantité d'azotate de potasse primitivement dissous dans l'eau, et $\frac{1}{4}$ seulement de la quantité d'azotate de strontiane qui aurait dû se former si la double
décomposition avait été complète. Il y a donc eu un échange partiel d'acides et de bases, et de la réaction réciproque de

$$
\left.\begin{matrix} 1 \text{ équivalent d'acé-} \\ \text{tate de strontiane} \\ \text{et de} \\ 1 \text{ équivalent d'azo-} \\ \text{tate de potasse...} \end{matrix}\right\} \text{sont résultés} \left\{\begin{matrix} \frac{1}{3} \\ \frac{1}{3} \\ \frac{1}{3} \\ \frac{1}{3} \end{matrix}\right.
\begin{matrix} \text{d'équivalent d'acétate de potasse,} \\ \text{d'équivalent d'azotate de potasse,} \\ \text{d'équivalent d'azotate de strontiane,} \\ \text{d'équivalent d'acétate de strontiane.} \end{matrix}
$$

M. Malaguti admet avec raison que ce partage inégal s'est effectué
dans la dissolution aqueuse elle-même, et qu'il n'a pas été
influencé sensiblement par l'intervention d'un agent nouveau,
l'alcool. Une seule condition préside à ce partage, c'est l'affinité
respective des acides pour les oxydes. Les acides les plus forts

tendent toujours à s'unir aux bases les plus puissantes, et si l'on
mélange les solutions de deux sels renfermant, l'un un acide énergique, et l'autre une base puissante, il y aura décomposition notable, une grande partie de l'acide le plus fort enlevant à l'acide
le plus faible une grande partie de la base la plus puissante.
M. Malaguti nomme *coefficient de décomposition* les fractions représentant les quantités atomiques de deux sels qui se décomposent
mutuellement. Dans le couple salin,

Acétate de strontiane,
Azotate de potasse,

cette fraction est de $\frac{1}{3}$; car $\frac{1}{3}$ d'équivalent seulement de chaque sel
se décompose. $\frac{1}{3}$ étant sensiblement $= \frac{33}{100}$, on peut représenter
par 33 le coefficient de décomposition du couple salin dont il
s'agit.

Lorsqu'on mélange des dissolutions d'acétate de potasse et
d'azotate de plomb en quantités équivalentes, l'acide le plus fort,
l'acide azotique, tend à s'unir de préférence à la base la plus
énergique, la potasse. Il y aura donc formation d'une quantité
très-notable d'azotate de potasse, et l'expérience a appris à M. Malaguti que les $\frac{92}{100}$ des sels précédents se sont décomposés. C'est
un échange presque complet de bases et d'acides. Le coefficient
de décomposition de ce couple salin est donc 92, 100, représentant la décomposition complète.

Réciproquement, si l'on mélange des quantités équivalentes
d'acétate de plomb et d'azotate de potasse, comme l'acide le plus
fort se trouve uni, dans ce couple salin, à la base la plus énergique,
il y aura une décomposition très-limitée, et l'expérience apprend
que les $\frac{9}{100}$ seulement des sels mélangés se décomposent. Le coefficient de décomposition du couple salin

Azotate de potasse,
Acétate de plomb,

est de 9 seulement. On remarquera d'ailleurs que les nombres 92
et 9 sont sensiblement complémentaires l'un de l'autre si on les
rapporte à 100.

Dans ces réactions l'affinité s'exerce librement, car elle n'est
gênée par aucune influence perturbatrice, telle que l'insolubilité.

Action des sels insolubles sur les sels solubles. — Lorsqu'on fait
bouillir une solution d'un sel avec un sel insoluble, un échange
de bases et d'acides tend à s'établir comme dans les cas précédents. Dulong a fait voir que le sulfate de baryte est décomposé

lorsqu'on le fait bouillir avec une solution de carbonate de potasse ou de carbonate de soude : il se forme du sulfate de soude et du carbonate de baryte, qui demeure insoluble. Il est difficile de penser que la cohésion joue un rôle dans cette réaction, car le sulfate de baryte est plus insoluble que le carbonate de la même base, et d'un autre côté l'expérience inverse réussit également, car on peut décomposer partiellement le carbonate de baryte lorsqu'on le fait bouillir avec une solution de sulfate. Ces décompositions sont d'autant plus complètes qu'on fait réagir sur le sel insoluble une plus grande quantité du sel soluble. Ainsi, lorsqu'on fait bouillir pendant quatre heures du sulfate de baryte avec une quantité équivalente de carbonate de soude en solution, on ne pourra décomposer qu'un peu moins du cinquième du sulfate; la décomposition est presque complète, au contraire, lorsqu'on fait réagir les deux sels dans le rapport de 1 équivalent du premier et de 5 équivalents du second. Ici l'influence des masses se fait sentir de la manière la plus évidente. Ajoutons que non-seulement les sulfates insolubles, mais encore les arséniates, les phosphates, les borates, les silicates insolubles, éprouvent une décomposition plus ou moins complète lorsqu'on les fait bouillir avec une solution de carbonate de potasse ou de soude.

Voici un autre ordre de faits. Que l'on fasse digérer du carbonate de chaux ou du carbonate de baryte (sels insolubles) avec une solution d'acétate ferrique ou de chlorure ferrique, il se dégagera de l'acide carbonique, il se précipitera de l'hydrate ferrique, et la liqueur tiendra en dissolution des acétates ou des chlorures de calcium ou de barium. Dans cette réaction les carbonates de baryte et de chaux se sont comportés comme feraient les oxydes eux-mêmes : ils ont décomposé totalement un sel formé par un sesquioxyde, c'est-à-dire un oxyde faible, sel dont la solution présente d'ailleurs une réaction acide. L'acide s'est uni à la base la plus forte, quoique celle-ci ait été unie à de l'acide carbonique sous forme d'un carbonate insoluble. On connaît d'autres réactions de ce genre, et on en tire parti dans l'analyse.

CARACTÈRES GÉNÉRIQUES DES SELS.

Pour terminer cet exposé, il nous reste à faire connaître les caractères génériques des sels, c'est-à-dire les réactions à l'aide desquelles on reconnaît les acides qui les forment. Nous y joindrons l'indication des caractères propres à reconnaître le chlore, le brome, l'iode et le fluor dans les composés qu'ils forment avec les métaux, composés qui se rapprochent, comme on sait, par leurs propriétés, des sels proprement dits.

Chlorures. — Traités par l'acide sulfurique concentré, ils dégagent un gaz acide répandant à l'air des fumées blanches (acide chlorhydrique).

Leur solution donne avec l'azotate d'argent un précipité blanc, caillebotté, se colorant à la lumière, soluble dans l'ammoniaque, insoluble dans l'acide azotique, même à chaud.

Bromures. — L'acide sulfurique concentré en dégage un gaz acide répandant à l'air d'épaisses fumées. Ce gaz présente une coloration rouge plus ou moins foncée. C'est un mélange de brome et d'acide bromhydrique.

La solution d'un bromure donne avec l'azotate d'argent un précipité blanc jaunâtre, se colorant à la lumière, insoluble dans l'acide azotique, soluble dans l'ammoniaque, mais moins facilement que le chlorure d'argent.

Lorsqu'on ajoute à cette solution une solution de chlore, elle se colore en jaune orangé foncé, le brome étant mis en liberté. Si l'on agite ensuite cette liqueur avec de l'éther, elle se décolore presque complétement, et l'éther, qui s'empare du brome, prend une couleur rouge.

Iodures. — L'acide sulfurique concentré les décompose en mettant de l'iode en liberté et en dégageant de l'acide sulfureux. Si la température s'élève, l'iode apparaît en vapeurs violettes.

Leur solution donne avec l'azotate d'argent un précipité jaune, insoluble dans l'acide azotique et dans l'ammoniaque, qui lui fait prendre une teinte blanche. Additionnée d'acide azotique et légèrement chauffée, cette solution laisse déposer un abondant précipité noir d'iode. Le chlore y fait naître, de même, un précipité, en mettant l'iode en liberté. Dans les solutions très-étendues rien ne se précipite, mais il est encore facile d'y reconnaître la présence de l'iode en opérant de la manière suivante : on ajoute à la liqueur une solution d'amidon et puis une trace de chlore. A l'instant on voit apparaître une coloration bleue.

Remarquons que pour transformer un chlorure, un bromure ou un iodure insoluble en chlorure, bromure ou iodure soluble, il suffit de le calciner avec du carbonate de soude.

Fluorures. — Chauffés dans un creuset de platine avec de l'acide sulfurique concentré, ils dégagent des vapeurs d'acide fluorhydrique qui attaque le verre (page 194). Les fluorures solubles ne précipitent pas la solution d'azotate d'argent. Lorsqu'on mêle un fluorure avec de la silice et qu'on chauffe ce mélange avec de l'acide sulfurique, il se dégage du gaz fluorure de silicium, lequel, dirigé dans l'eau, produit un dépôt de silice gélatineuse.

Azotates. — Déposés sur un charbon incandescent, les azotates occasionnent une vive déflagration, en activant la combustion du charbon; ils *fusent*, comme on dit.

L'acide sulfurique concentré en chasse, à froid déjà et plus facilement à chaud, des vapeurs blanches d'acide azotique. Mêlés à de la limaille de cuivre et traités par l'acide sulfurique concentré, les azotates laissent dégager des vapeurs rutilantes.

Tous les azotates neutres sont solubles dans l'eau.

Lorsqu'on ajoute à une solution d'un azotate son volume d'acide sulfurique concentré, et qu'on introduit dans ce mélange un cristal de sulfate ferreux, celui-ci se colore rapidement en brun et communique cette couleur à la liqueur elle-même. On développe la même coloration en versant goutte à goutte une solution d'un azotate dans une solution de sulfate de fer additionnée d'acide sulfurique pur. Dans cette réaction, qui est très-sensible, l'acide azotique est réduit par le sel ferreux à l'état de bioxyde d'azote, lequel colore l'excès de sel ferreux en brun (page 220).

La solution d'un azotate additionnée d'acide sulfurique décolore le sulfate d'indigo lorsqu'on porte la liqueur à l'ébullition.

Azotites. — Traités par l'acide sulfurique concentré, ils dégagent immédiatement des vapeurs rouges d'acide azoteux.

Phosphates. — Lorsqu'on traite les phosphates par l'acide sulfurique concentré, il ne se manifeste aucun dégagement. Intimement mêlés avec de l'acide borique et du charbon, et chauffés ensuite au feu de forge, les phosphates se décomposent et émettent des vapeurs de phosphore.

Le potassium les réduit, à chaud, en donnant naissance à du phosphure de potassium, reconnaissable à l'odeur d'hydrogène phosphoré, qui se manifeste lorsqu'on humecte avec de l'eau le résidu de la calcination.

Neutres, ils sont insolubles dans l'eau, à l'exception des phosphates alcalins qui s'y dissolvent. Ces solutions, additionnées d'ammoniaque, forment dans la solution de sulfate de magnésie un précipité blanc grenu de phosphate ammoniaco-magnésien.

Lorsqu'on ajoute à la solution d'un phosphate du molybdate d'ammoniaque et quelques gouttes d'acide azotique, et qu'on chauffe, il se forme un précipité jaune de phosphomolybdate d'ammoniaque. Cette réaction est des plus sensibles.

Les phosphates insolubles dans l'eau se dissolvent dans les acides chlorhydrique et azotique étendus. Lorsqu'on ajoute à la solution d'un phosphate dans l'acide azotique de l'azotate de bismuth, il se forme un précipité blanc de phosphate de bismuth insoluble dans l'acide azotique.

On pourra distinguer d'ailleurs les solutions des phosphates de celles des pyrophosphates et des métaphosphates à l'aide des réactions que nous avons indiquées pages 249 et 250 en traitant de ces acides.

Phosphites. — Tous ces sels retiennent de l'eau. Ils sont tous décomposés par la chaleur, et se transforment en phosphates en dégageant un mélange d'hydrogène et d'hydrogène phosphoré. Ils sont insolubles dans l'eau, à l'exception des phosphites alcalins. Les solutions de phosphites alcalins réduisent les sels d'argent et de mercure.

Hypophosphites. — On ne connaît aucun hypophosphite anhydre. Comme les phosphites, les hypophosphites se convertissent en phosphates par l'action de la chaleur, en dégageant de l'hydrogène phosphoré. Presque tous les hypophosphites sont solubles dans l'eau. Leurs solutions réduisent non-seulement les sels d'argent et de mercure, mais encore ceux de cuivre.

Arséniates. — Chauffés avec de l'acide borique et du charbon, les arséniates laissent dégager de l'arsenic. Ils sont insolubles dans l'eau, à l'exception des arséniates alcalins. La solution de ceux-ci forme dans la solution de sulfate de cuivre un précipité blanc bleuâtre d'arséniate de cuivre, et dans la solution d'azotate d'argent un précipité rouge brique d'arséniate d'argent. Ces précipités n'apparaissent que dans des liqueurs neutres.

Arsénites. — Chauffés au rouge au fond d'un tube de verre, ils se convertissent en arséniates et donnent un sublimé miroitant d'arsenic ; ils donnent de même un anneau arsenical lorsqu'on les chauffe au fond d'un tube avec de l'acide borique et du charbon. Projetés sur un charbon rouge, ils laissent dégager l'odeur alliacée de l'arsenic.

Les solutions des arsénites alcalins donnent dans la solution de sulfate de cuivre un précipité vert (vert de Scheele), et dans celle de l'azotate d'argent un précipité jaune (arsénite d'argent). Concentrées, ces solutions laissent déposer de l'acide arsénieux, lorsqu'elles sont traitées par l'acide chlorhydrique ; étendues, elles ne sont point précipitées par cet acide ; mais la liqueur acide est décomposée immédiatement par l'acide sulfhydrique et donne un précipité jaune floconneux de trisulfure d'arsenic (orpiment).

Les arséniates et les arsénites peuvent être reconnus à l'aide de l'appareil de Marsh (page 296).

Sulfates. — Aucun signe de décomposition ne peut se manifester lorsqu'on traite les sulfates par l'acide sulfurique concentré. Lorsqu'on les chauffe au rouge avec de l'acide borique, ils dégagent de l'acide sulfurique, ou un mélange d'acide sulfureux et d'oxygène si la température est trop élevée.

Ils sont tous décomposés lorsqu'on les calcine avec du charbon. Ceux qui renferment des métaux alcalins laissent un résidu de sulfure, en même temps qu'il se forme de l'oxyde de carbone (page 395). Les sulfates sont solubles dans l'eau, à l'exception de ceux de baryte, de strontiane, de plomb ; celui de chaux est peu soluble.

Les solutions des sulfates donnent avec l'azotate de baryte un précipité blanc insoluble dans l'acide azotique ou chlorhydrique. Cette insolubilité du sulfate de baryte dans les acides distingue ce sel des phosphate, arséniate, arsénite, borate de baryte, insolubles, comme lui, dans l'eau, mais solubles dans l'acide chlorhydrique ou azotique. Le sulfate de baryte est caractérisé surtout par sa réduction en sulfure par le charbon, au rouge. On constate la formation du sulfure en humectant le résidu avec de l'acide chlorhydrique, qui en dégage de l'hydrogène sulfuré, reconnaissable à son odeur et à son action sur le papier imprégné d'acétate de plomb.

Hyposulfates. — Lorsqu'on chauffe les hyposulfates, ils se convertissent en sulfates en laissant dégager de l'acide sulfureux. L'acide sulfurique en chasse l'acide hyposulfurique, et si l'on chauffe, celui-ci se décompose en laissant dégager de l'acide sulfureux.

Les solutions des hyposulfates ne précipitent point les sels de baryte.

Sulfites. — On les reconnaît facilement à l'effervescence qui se manifeste lorsqu'on les traite par l'acide sulfurique concentré : le gaz qui se dégage est de l'acide sulfureux, reconnaissable à son odeur.

La solution des sulfites alcalins neutres forme un précipité blanc dans la solution d'azotate de baryte ; le sulfite de baryte, qui se dépose, se dissout complétement, s'il est pur, dans l'acide chlorhydrique. A ce caractère on reconnaît qu'il est exempt de sulfate, qui est insoluble dans cet acide.

Hyposulfites. — Lorsqu'on ajoute de l'acide sulfurique concentré dans la solution d'un hyposulfite, il se produit un dégagement d'acide sulfureux et un dépôt de soufre, par suite de la décomposition de l'acide hyposulfureux mis en liberté.

Chlorates. — Projetés sur des charbons ardents, les chlorates fusent comme les azotates. Lorsqu'on les traite par l'acide sulfurique concentré, ils se décomposent en prenant une couleur jaune foncé; en même temps il se dégage un gaz jaune verdâtre, qui est de l'oxyde de chlore et qui se décompose par l'élévation de la température. L'expérience doit être faite avec précaution et sur de petites quantités de matière, car elle est souvent accompagnée de petites détonations.

Tous les chlorates étant solubles, la solution de chlorate de potasse ne précipite pas les sels métalliques.

Perchlorates. — Ils fusent sur les charbons comme les chlorates, mais l'acide sulfurique concentré, en les décomposant, ne les colore pas et ne donne pas naissance à un gaz jaune : l'acide perchlorique est simplement mis en liberté et distille lorsqu'on élève la température.

Hypochlorites. — Non-seulement l'acide sulfurique, mais même les acides faibles les décomposent en mettant en liberté l'acide hypochloreux, facile à reconnaître à son odeur et à l'action décolorante qu'il exerce sur les couleurs d'origine organique.

Par suite de l'intervention de l'acide carbonique, les hypochlorites eux-mêmes manifestent ce pouvoir décolorant lorsqu'on les expose à l'air.

Borates. — Exposés à l'action de la chaleur, les borates fondent et forment, par le refroidissement, des verres incolores ou colorés suivant la nature de l'oxyde. Seuls, les borates alcalins sont solubles; leur solution concentrée donne avec l'acide sulfurique un précipité d'acide borique qui disparaît lorsqu'on chauffe, et qui se dépose à l'état cristallin par le refroidissement.

Lorsque, après avoir humecté un borate avec de l'acide sulfurique, on délaye la masse dans l'alcool, et qu'on enflamme celui-ci, il brûle avec une flamme verte sur les bords.

Silicates. — Parmi les silicates les uns sont attaquables par les acides, les autres ne le sont pas.

Traités par l'acide chlorhydrique, les premiers donnent un dépôt de silice gélatineuse. L'acide silicique est précipité, de même, sous forme de gelée, d'une solution concentrée d'un silicate alcalin.

Tous les silicates, lorsqu'on les chauffe avec de l'acide sulfurique concentré après les avoir mélangés intimement avec du fluorure de calcium, laissent dégager un gaz incolore fumant à l'air, qui est du fluorure de silicium.

Dirigé dans l'eau, ce gaz occasionne un précipité de silice gélatineuse (page 361).

Carbonates. — Traités par l'acide sulfurique, ils laissent dégager un gaz incolore, incombustible, éteignant les corps en combustion, troublant l'eau de chaux.

Parmi les carbonates neutres, les carbonates alcalins sont seuls solubles; un excès d'acide carbonique dissout les carbonates neutres insolubles, tels que ceux de chaux, de baryte, etc.

SELS AMMONIACAUX

Nous avons déjà fait ressortir l'analogie qui existe entre les sels proprement dits et les combinaisons que forme l'ammoniaque avec les acides. Ces combinaisons se rapprochent des sels, et particulièrement des sels alcalins, non-seulement par leur forme, leur solubilité dans l'eau, mais encore par la facilité avec laquelle ils se prêtent aux doubles décompositions. D'un autre côté, les corps qui résultent de la combinaison de l'ammoniaque avec les acides chlorhydrique, bromhydrique, iodhydrique sont isomorphes avec les chlorure, bromure, iodure de potassium. Lorsqu'on verse une solution de chlorhydrate d'ammoniaque dans une solution concentrée de chlorure de platine, on obtient un précipité jaune, tout à fait analogue à celui que donne le chlorure de potassium dans les mêmes circonstances. Frappés de ces analogies, les chimistes ont cherché à exprimer, par des formules semblables, la composition de tous ces corps, et ont été conduits à admettre dans les composés ammoniacaux l'existence d'un groupe (AzH^4) auquel Berzelius a donné le nom d'ammonium. Ce groupe est ce qu'on nomme un radical composé. Il joue le rôle d'un métal, mais on ne peut l'isoler. On l'a obtenu en combinaison avec le mercure sous la forme d'amalgame d'ammonium (page 237).

Les sels ammoniacaux sont formés par des hydracides ou par des oxacides. Les premiers sont anhydres. Ils peuvent être envisagés comme des combinaisons binaires d'ammonium avec le radical de l'hydracide.

$$AzH^3 \ + \ HCl \ = \ HCl,AzH^3 \ = \ (AzH^4)Cl.$$

Ammoniaque. Acide Chlorhydrate Chlorure
chlorhydrique. d'ammoniaque. d'ammonium.

Les autres renferment toujours les éléments d'un équivalent

d'eau, même lorsqu'ils sont parfaitement secs. On peut les envisager comme des combinaisons de l'oxacide anhydre avec de l'oxyde d'ammonium, ou, si l'on veut éviter l'hypothèse dualistique, comme des acides hydratés dans lesquels l'hydrogène est remplacé par de l'ammonium (voir page 238).

$$AzO^5,HO \;+\; AzH^3 \;=\; AzO^5,AzH^3,HO \;=\; AzO^5,(AzH^4)O.$$

Acide azotique.   Ammoniaque.   Azotate d'ammoniaque.   Azotate d'oxyde d'ammonium.

ou

$$AzHO^6 \;+\; AzH^2 \;=\; AzHO^6,AzH^3 \;=\; Az(AzH^4)O^6.$$

Acide azotique.   Ammoniaque.   Azotate d'ammoniaque.   Azotate d'ammonium.

Nous allons décrire sommairement les principales combinaisons que l'ammoniaque forme avec les acides minéraux.

CHLORHYDRATE D'AMMONIAQUE OU CHLORURE D'AMMONIUM.

$$HCl,AzH^3 \;=\; (AzH^4)Cl.$$

Lorsqu'on mélange volumes égaux de gaz chlorhydrique et de gaz ammoniac sur la cuve à mercure, ils disparaissent l'un et l'autre pour former une matière blanche pulvérulente qui est le chlorhydrate d'ammoniaque. Ce corps, connu vulgairement sous le nom de sel ammoniac, était tiré autrefois de l'Égypte, où on le préparait en sublimant la suie provenant de la combustion de la fiente de chameau. Aujourd'hui, la plus grande partie du chlorhydrate d'ammoniaque, et en général des sels ammoniacaux, provient du traitement des eaux qui se condensent pendant la distillation de la houille, dans les usines à gaz. Divers procédés sont en usage pour le traitement de ces eaux, qui renferment du carbonate d'ammoniaque. Un des plus simples consiste à les distiller avec de l'hydrate de chaux et à recevoir l'ammoniaque dans de l'acide chlorhydrique. On obtient ainsi le sel ammoniac cristallisé. Pour le purifier, on le sublime dans des bouteilles de grès.

On peut aussi employer, pour la préparation du chlorhydrate d'ammoniaque, les liquides aqueux qui passent à la distillation, comme produits accessoires, dans la fabrication du charbon animal ou du noir d'ivoire, et en général dans la calcination des matières animales.

Le chlorhydrate d'ammoniaque sublimé se présente sous forme de masses compactes, sonores, demi-transparentes, offrant une cassure fibreuse et une certaine flexibilité. Il est difficile à pulvériser. Fortement chauffé, il se volatilise au-dessous du rouge sans se liquéfier et sans se décomposer. Sa densité est égale à 1,50.

Il se dissout dans son poids d'eau bouillante et dans 2,72 parties d'eau à 18°,7. Par le refroidissement d'une solution saturée à chaud, il se dépose en petits cristaux agrégés les uns aux autres et offrant l'apparence de barbes de plume. Les cristaux isolés constituent des octaèdres réguliers. En présence de matières étrangères, le chlorhydrate d'ammoniaque cristallise quelquefois en cubes. Il est beaucoup moins soluble dans l'alcool que dans l'eau.

Le sel ammoniac est employé en médecine comme stimulant et fondant.

COMBINAISONS DE L'AMMONIAQUE AVEC L'HYDROGÈNE SULFURÉ.

Lorsqu'on mélange dans un espace refroidi à — 18° 2 volumes de gaz d'ammoniac et 1 volume d'hydrogène sulfuré parfaitement secs, les deux gaz se combinent pour former du sulfhydrate d'ammoniaque ou sulfure d'ammonium $HS, AzH^3 = (AzH^4)S$. Ce corps se condense sous forme de lames incolores ou d'aiguilles blanches très-volatiles. Il se décompose très-facilement, en dégageant de l'ammoniaque, lorsque la température s'élève.

Volumes égaux de gaz ammoniac et d'hydrogène sulfuré se condensent en un corps solide volatil qui constitue le bisulfhydrate d'ammoniaque ou sulfhydrate de sulfure d'ammonium $2HS, AzH^3 = HS, AzH^4S$. Ce corps correspond au sulfhydrate de sulfure de potassium.

$$KHS^2 \quad \text{sulfhydrate de sulfure de potassium.}$$
$$(AzH^4)HS^2 \text{ sulfhydrate de sulfure d'ammonium.}$$

Ce dernier composé se forme aussi lorsqu'on sature une solution aqueuse d'ammoniaque par de l'hydrogène sulfuré. Cette solution constitue un liquide à peine coloré en jaune lorsqu'il est récemment préparé. Mais lorsqu'il est exposé au contact de l'air, il jaunit par suite de la formation d'un bisulfure d'ammonium.

$$HS, AzH^4S \ + \ O \ = \ AzH^4, S^2 \ + \ HO.$$

Sulfhydrate de sulfure d'ammonium. Bisulfure d'ammonium.

Lorsqu'on partage en deux parties une solution aqueuse d'ammoniaque, qu'on fait passer dans une moitié de l'hydrogène sulfuré, jusqu'à refus, et qu'on ajoute ensuite l'autre moitié, on obtient une solution de sulfhydrate d'ammoniaque ou de sulfure d'ammonium, qui est un réactif très-fréquemment employé dans les laboratoires. Il précipite un grand nombre de solutions métalliques qui ne sont pas précipitées par l'hydrogène sulfuré. Telles sont les dissolutions des sels de fer, de cobalt, de nickel, de manganèse, d'où le sulfure d'ammonium précipite des sulfures métalliques.

$$SFeO^4 \ + \ S(AzH^4) \ = \ S(AzH^4)O^4 \ + \ FeS.$$

Sulfate de fer. Sulfure d'ammonium. Sulfate d'ammonium. Sulfure de fer.

D'autres solutions métalliques sont décomposées par le sulfure d'ammonium avec dégagement d'hydrogène sulfuré et précipitation d'oxydes. Tels sont les sels d'alumine et de chrome. Dans ce cas le sulfure d'ammonium ou sulfhydrate d'ammoniaque agit simplement par l'ammoniaque qu'il renferme et qui précipite l'oxyde métallique, tandis que l'hydrogène sulfuré se dégage. Le sulfure d'ammonium est aussi employé pour dissoudre certains sulfures métalliques, tels que ceux d'antimoine, d'étain, d'or, de platine, avec lesquels il se combine pour former des sulfures solubles (page 391). Cette réaction est mise à profit pour séparer ces sulfures métalliques d'autres sulfures qui sont insolubles dans le sulfure d'ammonium. Pour faire de semblables dissolutions, on emploie souvent la solution de sulfhydrate de sulfure d'ammonium, colorée en jaune par son exposition à l'air.

AZOTATE D'AMMONIAQUE.

$$AzO^5,(AzH^4)O = Az(AzH^4)O^6.$$

Pour obtenir ce sel, on neutralise une solution d'ammoniaque par l'acide azotique étendu, et on évapore. La liqueur, convenablement concentrée, laisse déposer, par le refroidissement, des prismes incolores à six pans, terminés par des pyramides à six faces. L'azotate d'ammoniaque se dissout dans son poids d'eau bouillante et dans deux parties d'eau froide. En se dissolvant dans l'eau, il produit un abaissement notable de la température. Il est insoluble dans l'alcool. Il possède une saveur fraîche et piquante. Il fond vers 108° et se décompose entre 238° et 250° en eau et en protoxyde d'azote (page 217). Projeté sur une plaque de porcelaine incandescente, il brûle avec une flamme jaune pâle.

SULFATE D'AMMONIAQUE.

$$SO^3,(AzH^4)O = S(AzH^4)O^4.$$

On obtient ce sel dans les arts en faisant réagir les eaux de condensation du gaz, qui renferment du carbonate d'ammoniaque, (page 455) sur du plâtre ou sulfate de chaux. Il se forme par double décomposition du carbonate de chaux insoluble et du sulfate d'ammoniaque qui se dissout. On concentre cette solution par l'évaporation, et l'on obtient, par le refroidissement, des cristaux colorés par des matières goudronneuses. Pour les purifier, on leur fait subir un léger grillage, qui détruit ces matières, puis on dissout le sel dans l'eau et on le fait cristalliser de nouveau. Un procédé plus simple consiste à chauffer les eaux de condensation du gaz avec de la chaux, et à diriger le gaz ammoniac qui se dégage dans de l'acide sulfurique étendu. On concentre la solution et on purifie le sel déposé en lui faisant subir un léger grillage et une ou plusieurs cristallisations dans l'eau.

Le sulfate d'ammoniaque cristallise en prismes rhomboïdaux droits, inaltérables à l'air, anhydres. Il est isomorphe avec le sulfate de potasse. Il se dissout dans deux parties d'eau froide et dans une partie d'eau bouillante. Il est insoluble dans l'alcool. Lorsqu'on le chauffe, il fond vers 140° et se décompose à une température plus élevée, en dégageant de l'eau et de l'azote et en donnant un sublimé de bisulfite d'ammoniaque.

PHOSPHATES D'AMMONIAQUE.

On en connaît trois. Lorsqu'on décompose le phosphate acide de chaux par une solution de carbonate d'ammoniaque, qu'on sépare par le filtre le carbonate de chaux précipité, et qu'on évapore la solution, on obtient des prismes rhomboïdaux obliques de phosphate d'ammoniaque neutre :

$$PhO^5 \begin{cases} 2AzH^4O \\ HO \end{cases} = PhH(AzH^4)^2O^8.$$

Ces cristaux possèdent une saveur fraîche un peu piquante. Ils s'effleurissent à l'air en perdant de l'ammoniaque. Ils se dissolvent dans 4 parties d'eau froide. Lorsqu'on fait bouillir la solution, elle perd de l'ammoniaque et abandonne alors, par la concentration et le refroidissement, des octaèdres à base carrée, qui constituent le phosphate d'ammoniaque acide.

$$PhO^5 \begin{cases} AzH^4O \\ 2HO \end{cases} = PhH^2(AzH^4)O^8.$$

Enfin, lorsqu'on ajoute de l'ammoniaque à la solution du sel dit neutre, il se forme un phosphate triammoniacal qui cristallise difficilement et qui renferme

$$PhO^5,3AzH^4O = Ph(AzH^4)^3O^8.$$

Ces trois sels peuvent être envisagés comme de l'acide phosphorique ordinaire (tribasique) PhH^3O^8, dans lequel un, deux ou trois équivalents d'hydrogène ont été remplacés par un, deux ou trois équivalents d'ammonium. Lorsqu'on les chauffe au rouge, ils abandonnent de l'eau et de l'ammoniaque, et laissent de l'acide métaphosphorique qui retient une petite quantité d'ammoniaque.

CARBONATES D'AMMONIAQUE.

On obtient un *sesquicarbonate d'ammoniaque* $3CO^2,2AzH^4O+3HO$ en distillant un mélange intime de chlorhydrate d'ammoniaque et de craie en poudre. L'opération se fait dans des cornues de fonte et fournit un sublimé blanc, cristallin et fibreux qui possède une odeur ammoniacale très-prononcée. Lorsqu'on l'expose à l'air, ce corps dégage de l'ammoniaque et finit par se convertir en une masse pulvérulente et inodore de bicarbonate d'ammoniaque. Aussi le carbonate d'ammoniaque qu'on se procure dans le commerce est-il formé par un mélange de sesquicarbonate et de bicarbonate. Lorsqu'on abandonne pendant longtemps à l'air un fragment de carbonate d'ammoniaque, il finit par se volatiliser complétement. Pour obtenir le sesquicarbonate d'ammoniaque pur et en beaux cristaux, M. H. Deville conseille de dissoudre le sel du commerce dans l'ammoniaque concentrée et d'abandonner la liqueur à elle-même. Il s'y dépose des prismes droits à base rectangulaire, volumineux et transparents. Ils renferment 2 équivalents d'eau de cristallisation. Lorsqu'on les expose à l'air, ils deviennent opaques et se convertissent en bicarbonate, en perdant de l'eau et de l'ammoniaque. Le sesquicarbonate d'ammoniaque se dissout dans 4 parties d'eau froide. Il possède une saveur urineuse et une réaction alcaline.

Pour obtenir à l'état de pureté le bicarbonate d'ammoniaque, M. H. Deville sature par de l'acide carbonique une solution concentrée de sesquicarbonate d'ammoniaque. Il se dépose des prismes rhomboïdaux droits de bicarbonate d'ammoniaque qui renferment :

$$C^2O^4 \begin{cases} AzH^4O. \\ HO. \end{cases}$$

Ce sel n'est point isomorphe avec le bicarbonate de potasse qui cristallise en prismes rhomboïdaux obliques.

Le carbonate d'ammoniaque se forme et se volatilise lorsqu'on soumet à la distillation des matières organiques azotées. Il se condense quelquefois sous forme de cristaux; le plus souvent il existe en dissolution dans l'eau qui se forme et se condense en même temps. L'esprit de corne de cerf des anciennes pharmacopées était une solution aqueuse de carbonate d'ammoniaque, colorée par des matières empyreumatiques.

POTASSIUM

Le potassium a été découvert, en 1807, par sir H. Davy, qui l'a obtenu en décomposant l'hydrate de potasse par une pile puissante. Gay-Lussac et Thenard l'ont préparé plus tard en réduisant l'hydrate de potasse, au rouge blanc, par le fer métallique.

Le procédé qui sert aujourd'hui à la préparation du potassium est dû à M. Brunner. Il consiste à décomposer le carbonate de potasse sec par le charbon, à une forte chaleur blanche.

$$CO^2,KO \quad + \quad 2C \quad = \quad 3CO \quad + \quad K.$$

Carbonate   Charbon.   Oxyde   Potassium.
de potasse.   de carbone.

Pour se procurer un mélange intime de carbonate de potasse et de charbon, il suffit de calciner en vase clos de la crème de tartre (tartrate acide de potasse). Le résidu noir est mélangé avec une certaine quantité de charbon de bois, et le tout est introduit dans un vase cylindrique en fer forgé A (*fig.* 89) dans lequel se trouve

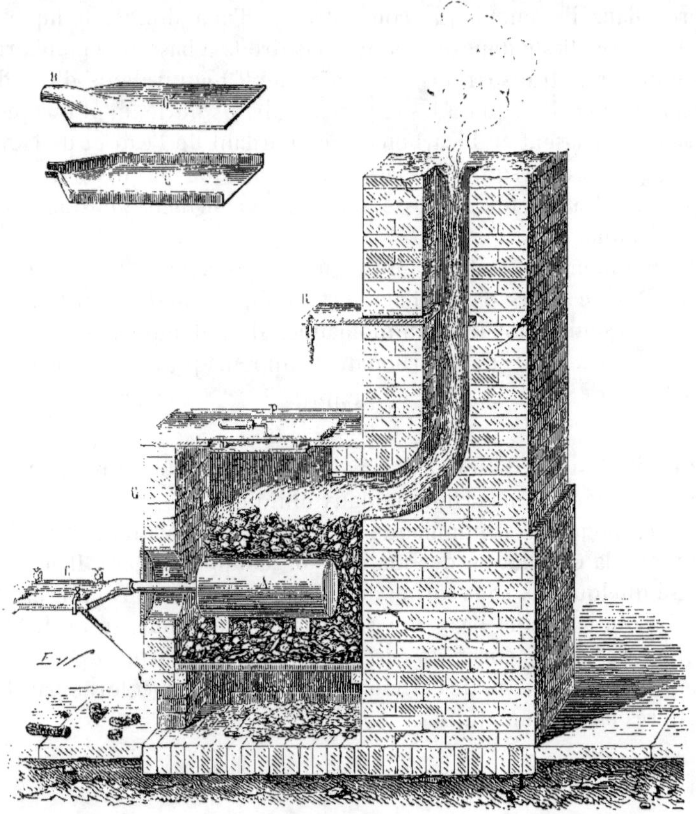

Fig. 89.

vissé un bout de canon de fusil qui sert de tubulure. On chauffe le vase en fer dans un bon fourneau à vent, après avoir engagé la tubulure dans un récipient en fer laminé C. Ce récipient a la forme d'une boîte allongée et aplatie, formée de deux pièces dont la supérieure C′, qui sert de couvercle, s'emboîte exactement dans l'inférieure C. Les deux pièces sont maintenues en contact à l'aide d'une vis de pression, et constituent alors un récipient ouvert à ses deux extrémités, dont l'une se termine en col arrondi pour pouvoir s'adapter au tube B. Les vapeurs de potassium se condensent dans ce récipient en globules ou en masses irrégulières encore imprégnées de charbon et d'une substance noire.

Pour le purifier, on le distille dans une cornue en fer et on le recueille dans un récipient en cuivre rempli d'huile de naphte.

La préparation du potassium est une opération dangereuse. En effet, elle donne lieu à la formation de divers produits accessoires, parmi lesquels il faut signaler une matière noire qui fait quelquefois explosion spontanément lorsqu'elle est exposée à l'air.

Propriétés du potassium. — Le potassium est d'un blanc d'argent et possède à un haut degré l'éclat métallique; mais sa surface brillante se ternit rapidement à l'air. À la température ordinaire, il est mou; lorsqu'on le refroidit fortement, il devient dur et cassant. Il fond à 62°5 (Bunsen). À la température rouge, il entre en ébullition et peut être distillé. Sa vapeur est verte. Sa densité est de 0,865 d'après Gay-Lussac et Thenard.

Exposé à l'air, il en attire l'oxygène avec avidité, en même temps qu'il décompose la vapeur aqueuse. Lorsqu'on chauffe le potassium à l'air, il s'enflamme. Chauffé avec un excès d'oxygène, il se convertit en peroxyde KO^4 (Vernon Harcourt).

Le potassium réduit la plupart des corps oxydés. Il décompose l'eau à la température ordinaire en dégageant de l'hydrogène; et telle est l'énergie de cette réaction que le métal, tournoyant à la surface de l'eau, devient incandescent et enflamme l'hydrogène. Celui-ci brûle avec une flamme violette; quant au potassium, il se convertit finalement en hydrate de potasse.

$$H^2O^2 \;+\; K \;=\; KHO^2 \;+\; H.$$
Eau.   Potassium.   Hydrate   Hydrogène.
de potasse.

Lorsqu'on fait cette expérience, on remarque que le globule incandescent, après avoir tournoyé sur l'eau, disparaît subitement avec explosion. Celle-ci est déterminée par la formation subite de la vapeur d'eau au moment ou le globule incandescent de potasse, qui avait pris à la surface du liquide la forme sphéroïdale, s'est assez refroidi pour entrer en contact immédiat avec l'eau.

Le potassium brûle dans le chlore en se transformant en chlorure.

Il peut se combiner directement avec l'oxyde de carbone.

COMBINAISONS DU POTASSIUM AVEC L'OXYGÈNE.

L'*oxyde de potassium anhydre* KO est peu connu. On l'obtient en chauffant l'hydrate de potasse avec du potassium.

$$KHO^2 \ + \ K \ = \ K^2O^2 \ + \ H.$$

Hydrate   Potassium.   Oxyde   Hygrogène.
de potasse.   de potassium.

C'est une poudre grise qui ne se conserve que dans des tubes scellés à la lampe ; car lorsqu'elle reste exposée à l'air elle en attire l'humidité et se convertit en hydrate de potasse.

Le *peroxyde de potassium* KO⁴, se forme lorsqu'on chauffe le potassium dans l'oxygène. Il est peu important.

HYDRATE D'OXYDE DE POTASSIUM OU HYDRATE DE POTASSE.

$$KO,HO = KHO^2.$$

Ce corps constitue la pierre à cautère ; on le nomme aussi potasse caustique.

Préparation. — On prépare l'hydrate de potasse en décomposant le carbonate de potasse par la chaux. A cet effet, on fait bouillir dans une marmite en fonte une solution de 1 partie de carbonate de potasse dans 10 à 12 parties d'eau, et on ajoute par petites portions, et sans interrompre l'ébullition, un lait de chaux, jusqu'à ce qu'une petite partie de la liqueur claire ne fasse plus effervescence avec l'acide chlorhydrique. A ce moment on retire la marmite du feu, et l'on verse le contenu dans des pots en grès préalablement chauffés, et que l'on bouche pour y laisser reposer la liqueur, pendant quelques heures, à l'abri du contact de l'air. Le carbonate de chaux s'étant déposé, on décante la liqueur claire et on l'évapore rapidement dans une marmite en fonte, ou mieux dans une bassine en argent. Lorsque toute l'eau a été chassée, la potasse entre en fusion. On la coule dans un vase en fonte ou en argent ou dans une lingotière (*fig.* 90), où elle se solidifie en bâtons qui constituent la pierre à cautère.

La potasse ainsi préparée porte le nom de *potasse à la chaux :* elle n'est point pure et renferme toujours de la chaux et du carbonate de potasse qui s'est formé pendant l'évaporation de la lessive. En outre, si le carbonate de potasse qu'on a employé renfermait du sulfate et du chlorure, ce qui arrive souvent, on retrouve ces sels dans la potasse caustique.

Purification de l'hydrate de potasse. — Si on laisse refroidir et reposer pendant quelque temps une lessive de potasse caustique fortement concentrée par l'évaporation, le sulfate et le chlorure

qu'elle peut renfermer se déposent en grande partie. Mais ce n'est
là qu'un procédé imparfait de purification. Pour débarrasser la

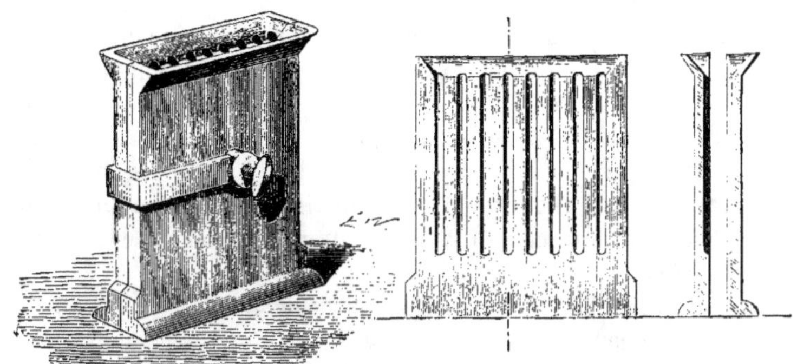

Fig. 90.

potasse à la chaux de toutes les matières étrangères qu'elle renferme, on la traite par l'alcool. Ce liquide la dissout et laisse les
composés calcaires et les sels de potasse. On décante la solution
alcoolique transparente et on la soumet à la distillation dans une
cornue, jusqu'à ce qu'on ait retiré les 2/3 environ de l'alcool. On
achève l'évaporation dans une bassine en argent. La liqueur se
colore d'abord, et cette coloration est due à la transformation
de l'alcool, sous la double influence de l'alcali et de l'air, en un
acide organique brun; mais au moment où la potasse entre en
fusion, cette matière se charbonne en formant de l'acide carbonique qui reste uni à la potasse devenue incolore. On coule celle-ci
dans une bassine en argent, où elle se solidifie, et, après l'avoir divisée en fragments, on l'enferme dans des flacons bien bouchés.

Il est important de faire remarquer que, dans la préparation de la
potasse, il est essentiel de dissoudre le carbonate dans une grande
quantité d'eau; car ce sel n'est décomposé par la chaux qu'au sein
de liqueurs étendues. Il y a plus, la potasse concentrée enlève
l'acide carbonique presque tout entier au carbonate de chaux.

La potasse purifiée par dissolution dans l'alcool porte le nom de
potasse à l'alcool.

Propriétés de l'hydrate de potasse. — A l'état de pureté, cet hydrate constitue des masses blanches, opaques, à cassure cristalline. Sa densité est d'environ 2,1. Il fond au rouge sombre et se
volatilise à la chaleur blanche. Récemment chauffé au rouge,
il possède une composition représentée par la formule KO,HO
$= KHO^2$.

Exposé à l'air, l'hydrate de potasse en attire l'humidité et l'acide carbonique, et tombe bientôt en déliquescence. Il se dissout dans l'eau avec une facilité extrême et avec dégagement de chaleur. Si l'on fait dissoudre de la potasse dans une petite quantité d'eau chaude et qu'on laisse refroidir et reposer pendant quelque temps la solution dans un vase bouché, il s'y forme des cristaux qui constituent un autre hydrate $KO,5HO = KHO^2 + 4HO$. Ces cristaux se dissolvent dans l'eau en donnant lieu à un abaissement de température. Ils s'effleurissent dans le vide sec, perdent de l'eau et se transforment en un autre hydrate qui paraît renfermer $2KHO^2 + HO$.

La solution de potasse caustique verdit le sirop de violette, brunit la couleur jaune du curcuma et ramène au bleu la teinture de tournesol rougie par les acides.

Action de la potasse sur l'économie animale. — La potasse possède une causticité extrême. C'est un des poisons corrosifs les plus énergiques que l'on connaisse. Mise en contact avec la peau, elle la ramollit et la détruit. C'est sur cette propriété que se fonde son emploi en chirurgie pour l'établissement de cautères.

L'action de la potasse sur les muqueuses est encore plus rapide. Introduit dans la bouche, l'alcali détruit et fait disparaître instantanément l'épithélium et met à nu la muqueuse elle-même, qui rougit vivement. Un contact prolongé pendant quelques instants donne lieu à des perforations de la muqueuse et fait apparaître des ulcérations. Beaucoup de chimistes ont pu constater ces désordres sur eux-mêmes; car en transvasant la potasse à l'aide de pipettes ou en l'aspirant dans des boules de Liebig, ils sont exposés à en faire entrer de petites quantités dans leur bouche.

Lorsqu'elle pénètre dans l'estomac, la potasse perfore rapidement cet organe.

SULFURES DE POTASSIUM.

On en connaît cinq, savoir :

le monosulfure de potassium KS correspondant au protoxyde KO,
le bisulfure .... KS^2
le trisulfure.............. KS^3
le tétrasulfure............. KS^4 correspondant au peroxyde KO^4,
le pentasulfure........... KS^5 correspondant au sulfate de potasse KSO^5.

Monosulfure de potassium. — On l'obtient en chauffant du sulfate de potasse dans un creuset brasqué. A la température rouge, tout l'oxygène du sulfate est enlevé par le charbon sous forme d'oxyde de carbone, et il se forme du sulfure de potassium qui reste dans la brasque du creuset sous forme d'une masse rouge foncé. Mais ce produit n'est point pur : il est mêlé de polysulfure et de potasse libre.

Si l'on calcine, à l'abri du contact de l'air, un mélange intime de 27,3 parties de sulfate de potasse et de 15 parties de noir de fumée, il se forme du monosulfure de potassium qui reste disséminé et divisé dans la masse du charbon en excès. Dans cet état, le sulfure de potassium attire l'oxygène avec une telle avidité, que le produit, projeté dans l'air, s'enflamme. On lui a donné le nom de *pyrophore* de Gay-Lussac. Le monosulfure de potassium est très-soluble dans l'eau. Il est même déliquescent. On peut préparer la solution en divisant en deux parties égales une solution de potasse, saturant une partie par l'hydrogène sulfuré et ajoutant ensuite l'autre partie. Le sulfhydrate de sulfure de potassium formé est ramené, par la potasse en excès, à l'état de sulfure de potassium.

$$KS,HS \ + \ KO,HO \ = \ 2KS \ + \ 2HO.$$

sulfhydrate   Hydrate   Sulfure
de sulfure   de potasse. de potassium.
de potassium.

La solution du monosulfure de potassium possède une saveur à la fois alcaline et hépatique. Récemment préparée, elle est incolore. Elle ramène au bleu le papier de tournesol rougi. Convenablement évaporée, elle donne des cristaux. Exposée à l'air elle en attire l'oxygène et jaunit. Elle dissout les sulfures d'arsenic, d'antimoine, d'étain. Les acides la décomposent en dégageant de l'hydrogène sulfuré et sans former un dépôt de soufre. Cependant, le monosulfure de potassium obtenu par la voie sèche n'est jamais assez pur pour que sa solution ne se trouble pas par l'action des acides : il contient généralement, comme nous l'avons fait remarquer, une petite quantité de sulfures plus élevés.

On peut obtenir ces derniers en chauffant le monosulfure de potassium avec 1, 2, 3 ou 4 équivalents de soufre.

Trisulfure de potassium. — Il se forme lorsqu'on dirige la vapeur du sulfure de carbone sur du carbonate de potasse chauffé au rouge (Berzelius).

Pentasulfure de potassium. — C'est le plus important de tous les polysulfures de ce métal. On peut l'envisager comme du sulfate de potasse dont tout l'oxygène a été remplacé par du soufre. Il se forme lorsqu'on fond du carbonate de potasse avec des fleurs de soufre. Berzelius recommande de prendre 94 parties de soufre pour 100 de carbonate. La fusion se fait dans un creuset couvert. L'acide carbonique se dégage; l'oxygène d'une partie de la potasse se porte sur une partie du soufre pour former de l'acide hyposulfureux, si la température n'a pas été élevée au-dessus de 250°, de l'acide sulfurique, si l'on a porté la masse au rouge. Le pentasulfure de potassium qui résulte de cette opération est donc mélangé soit à de l'hyposulfite, soit à du sulfate de potasse. On donne à ce mélange le nom de *foie de soufre* (hepar sulphuris). Les réactions suivantes donnent naissance à ce produit.

$$3(CO^2,KO) \; + \; 12S \; = \; 3CO^2 \; + \; 2KS^5 \; + \; S^2O^2,KO.$$

Carbonate de potasse.   Pentasulfure de potassium.   Hyposulfite de potasse.

$$4(CO^2,KO) \; + \; 16S \; = \; 4CO^2 \; + \; 3KS^5 \; + \; SO^3,KO.$$

Carbonate de potasse.   Pentasulfure de potassium.   Sulfate de potasse.

Récemment préparé, le foie de soufre constitue une masse brun rouge. Exposé longtemps à l'air humide, il se convertit en hyposulfite et carbonate de potasse, en même temps que du soufre est mis en liberté. Il se dissout complétement dans 2 parties d'eau en formant une solution jaune foncé. Traitée par les acides, cette solution laisse dégager de l'hydrogène sulfuré et forme un lait de soufre.

On peut préparer une solution de pentasulfure de potassium mélangé d'hyposulfite de potasse en faisant bouillir de la potasse caustique avec un excès de fleurs de soufre. La liqueur filtrée est jaune brun.

Le foie de soufre est employé en médecine, principalement pour l'usage externe. On l'administre souvent en bains.

Il constitue, ainsi que tous les sulfures alcalins, un poison des plus violents. Ces préparations exercent une action à la fois locale et générale. Elles possèdent une certaine causticité. D'un autre côté, absorbées et portées dans le torrent de la circulation, elles agissent à la manière de l'hydrogène sulfuré, c'est-à-dire en altérant la composition du sang. Il est à remarquer d'ailleurs que ce gaz peut être formé dans l'estomac par l'action des sucs acides de cet organe sur le sulfure ou polysulfure de potassium.

SULFHYDRATE DE SULFURE DE POTASSIUM.

Ce corps constitue un sulfosel dont l'acide est l'hydrogène sulfuré, la base le sulfure de potassium. On l'obtient en faisant passer jusqu'à refus un courant d'hydrogène sulfuré dans la potasse caustique. La liqueur, évaporée lentement dans un courant de gaz sulfhydrique, laisse déposer des cristaux incolores qui renferment

$$KHS^2 = KS,HS.$$

On voit que ce corps correspond à l'hydrate de potasse

$$KHO^2 = KO,HO.$$

Pour l'obtenir à l'état de pureté, il convient d'opérer à l'abri du contact de l'air.

CHLORURE DE POTASSIUM.

KCl.

On obtient ce sel, dans les arts, comme produit accessoire de plusieurs opérations, entre autres de celles qui ont pour objet le traitement des cendres de varechs, traitement qui fournit aussi l'iode et l'iodure de potassium. On est parvenu récemment à extraire ce sel des eaux-mères des marais salants, où il existe à l'état de chlorure double de potassium et de magnésium (Balard). Il cristallise en cubes transparents, anhydres. Il fond au rouge sans se décomposer, et se volatilise au rouge blanc. Il se dissout dans 3 parties d'eau à 15°, et dans un peu moins de son poids d'eau bouillante. Il est peu soluble dans l'alcool. En se dissolvant dans l'eau, il donne lieu à un abaissement notable de température.

Le chlorure de potassium a été employé en médecine : on le nommait autrefois *sel fébrifuge de Sylvius*.

BROMURE DE POTASSIUM.

KBr.

On le prépare par l'action du brome sur la potasse, par un procédé analogue à celui qu'on décrira plus loin pour l'iodure. Il cristallise en cubes incolores et anhydres, très-solubles dans l'eau, beaucoup moins solubles dans l'alcool, fusibles au rouge, doués d'une saveur salée et piquante.

Le bromure de potassium est administré, à l'intérieur, en solution. On s'en sert aussi pour l'usage externe sous forme de pommade.

IODURE DE POTASSIUM.

KI.

On peut suivre divers procédés pour la préparation de ce composé, si important par l'usage qu'on en fait en médecine.

1. On ajoute de l'iode en poudre à de la potasse caustique jus-

qu'à ce qu'elle soit complétement neutralisée. Le moindre excès d'iode se manifeste par la coloration brune de la liqueur. On rend celle-ci incolore en y ajoutant quelques gouttes de potasse, on l'évapore à siccité et on porte le résidu au rouge. Cette dernière opération a pour but de détruire l'iodate qui s'est formé en même temps que l'iodure. En reprenant la masse par l'eau bouillante et en concentrant la solution, on obtient, par le refroidissement, de beaux cristaux cubiques d'iodure de potassium.

2. On introduit dans 20 parties d'eau distillée 3 parties d'iode, et puis, par petites portions, 1 partie de limaille de fer, jusqu'à ce que tout l'iode soit dissous et que la liqueur, d'abord colorée en brun, soit devenue verte. On filtre, on lave le dépôt et on précipite la liqueur avec une solution de carbonate de potasse pur (environ 2,2 parties). Il se forme, par double décomposition, du carbonate de fer qui se précipite, et de l'iodure de potassium qui reste en solution. On fait bouillir, on filtre, on lave le dépôt et on évapore la solution. L'iodure de potassium cristallise.

Préparé par ce procédé, il est quelquefois coloré en jaune par des traces de fer.

L'iodure de potassium cristallise en cubes incolores, non transparents, et offrant l'aspect et l'éclat de la porcelaine. Il est anhydre. Au rouge, il fond sans se décomposer. Sa saveur est salée et âcre. 100 parties d'eau à 18° dissolvent 143 parties d'iodure de potassium. Il se dissout dans moins de la moitié de son poids d'eau bouillante. Il est soluble dans environ 6 fois son poids d'alcool. Une solution aqueuse qui renferme 4 parties d'iodure dissout 3 parties d'iode, en se colorant en brun. Cette liqueur constitue l'*iodure de potassium ioduré*.

L'iodure de potassium est un des médicaments les plus précieux. On l'administre ordinairement en solution aqueuse, quelquefois sous forme de pommade pour l'usage externe. On en donne jusqu'à 8 et 10 grammes par jour. Il est absorbé très-rapidement, et au bout de quelques minutes on le trouve dans les urines.

L'iodure de potassium est quelquefois impur. On le trouve mélangé avec du chlorure de potassium ou de sodium. Il peut contenir du bromure de potassium, de l'iodate de potasse, du carbonate de potasse.

Pour reconnaître la présence des chlorures, on ajoute à la solution de l'azotate d'argent et de l'ammoniaque. Il se précipite de l'iodure d'argent, insoluble dans l'ammoniaque. La solution ammoniacale, filtrée et neutralisée par l'acide azotique, donne un précipité de chlorure d'argent. soluble dans l'ammoniaque, comme on sait.

Pour reconnaître la présence du bromure de potassium, M. Personne conseille d'ajouter à la solution impure de l'iodure un excès de sulfate cuivrique, et d'y faire passer ensuite un courant de gaz sulfureux. Par ce moyen, tout l'iode est précipité à l'état d'iodure cuivreux, que l'on sépare par le filtre. On fait bouillir la liqueur filtrée pour chasser l'acide sulfureux, et après l'avoir laissée refroidir, on la traite par le chlore et l'éther, comme il a été dit page 182. On peut séparer le carbonate et l'iodate de potasse de l'iodure en traitant le mélange par l'alcool faible, qui ne dissout point les deux premiers sels.

CARBONATES DE POTASSE.

On en connaît deux, un carbonate neutre et un bicarbonate. Le carbonate neutre $CKO^3 = CO^2,KO$ peut s'extraire des cendres du bois et en général des végétaux terrestres; la lessive de ces cendres, évaporée à siccité, donne un produit brun déliquescent, connu sous le nom de *salin*. Calciné à l'air, ce produit devient incolore et constitue ce qu'on nomme la *potasse perlasse*. Suivant leur origine, on distingue les potasses d'Amérique, de Russie, des Vosges.

Ces produits ne constituent pas du carbonate de potasse pur. Ce sel y est mêlé de chlorure de potassium, de sulfate de potasse et d'une petite quantité de silicate. Lorsqu'on traite ce mélange par une petite quantité d'eau, on dissout principalement le carbonate, les autres sels étant moins solubles que lui.

L'industrie moderne est parvenue à retirer du carbonate de potasse, en quantités notables, des vinasses provenant de la distillation des mélasses fermentées de betterave (Dubrunfaut).

Le suint de la laine des moutons est devenu aussi une source de carbonate de potasse. En évaporant les eaux de suint et en calcinant le résidu, on obtient une masse noire dont l'eau extrait du carbonate de potasse (Maumené).

Pour obtenir le carbonate de potasse à l'état de pureté, on décompose par la chaleur le tartrate acide de potasse ou crème de tartre. Il reste un mélange de carbonate de potasse et de charbon qu'on épuise par l'eau bouillante. La liqueur filtrée est évaporée à siccité.

Lorsqu'on projette dans une bassine en fonte dont le fond a été rougi au feu, un mélange intime de parties égales de crème de tartre et d'azotate de potasse, on observe une vive déflagration, et l'on obtient un produit noir connu sous le nom de *flux noir*. Dans cette opération, l'oxygène de l'azotate de potasse brûle une partie du charbon de l'acide tartrique. Il se forme du carbonate de potasse qui reste mélangé à un excès de charbon. Le produit renferme en outre une petite quantité de cyanure de potassium C^2AzK.

Tout le charbon de l'acide tartrique est brûlé lorsqu'on fait déflagrer un mélange de 1 partie de crême de tartre et de 2 parties d'azotate de potasse. On obtient alors le *flux blanc*. C'est un mélange de carbonate et d'azotite de potasse.

On obtient du carbonate de potasse parfaitement pur en calcinant, dans un creuset d'argent, du bioxalate de potasse pur (sel d'oseille). On reprend par l'eau le résidu de la calcination, on filtre et on évapore à siccité.

A l'état sec, le carbonate de potasse constitue une masse blanche pulvérulente. Il possède une réaction fortement alcaline et une saveur caustique. Il fond au rouge sans se décomposer. Il est déliquescent et se dissout dans son poids d'eau à la température ordinaire. L'alcool ne le dissout pas. Lorsqu'on concentre fortement sa solution aqueuse et qu'on laisse refroidir, il s'en dépose des cristaux qui renferment 20 pour cent d'eau, et dont la composition est ordinairement représentée par la formule $CO^2,KO + 2HO$ (voir la page 410 pour la composition des carbonates). Quoique moins caustique que la potasse, le carbonate de potasse constitue un poison irritant énergique.

Le **bicarbonate de potasse** $2CO^2,KO,HO$ se dépose en cristaux lorsqu'on sature par un courant d'acide carbonique une solution de 1 partie de carbonate de potasse dans 4 à 5 parties d'eau.

Le bicarbonate cristallise en prismes rhomboïdaux obliques. Ces cristaux ne sont pas déliquescents. 100 parties d'eau en dissolvant 23,23 parties à 10°, et 26,9 parties à 20°. La solution ramène au bleu le papier de tournesol rougi et possède une saveur faiblement alcaline. Elle ne donne point de précipité dans la solution de sulfate de magnésie. Soumise à une ébullition prolongée, elle perd la moitié de son acide carbonique, et le bicarbonate est ramené à l'état de carbonate.

SULFATE DE POTASSE.

$$SKO^4 = SO^3,KO.$$

Ce sel était désigné autrefois sous le nom de *sel polychreste de Glaser, sel de duobus, tartre vitriolé*. C'est un des sels qu'on retire des cendres de varechs. Il se forme lorsqu'on traite le salpêtre par l'acide sulfurique, en vue de la préparation de l'acide azotique.

Il cristallise ordinairement en prismes hexagonaux courts, terminés par un pointement à six faces et appartenant au type du prisme rhomboïdal droit. Il est anhydre. 100 parties d'eau en dissolvent 8,36 parties à 0°, et 25,77 parties à 100°. Le sulfate de potasse est donc peu soluble dans l'eau froide. Il est insoluble dans l'alcool. Sa saveur est amère et désagréable. En ce qui concerne son action sur l'économie animale, il ne faut point le confondre avec le sulfate de soude ou le sulfate de magnésie. A la dose de 30 grammes, il peut produire des effets toxiques.

Le sulfate neutre de potasse peut se combiner avec l'acide sulfurique.

Pour préparer le sulfate acide de potasse, on chauffe dans une capsule de porcelaine ou de platine le sel neutre avec la moitié de son poids d'acide sulfurique. Dès que les vapeurs blanches ont cessé de se dégager, on laisse refroidir, on traite le résidu par l'eau. La solution concentrée laisse déposer des prismes incolores, très-acides, très-solubles dans l'eau. C'est le bisulfate de potasse $S^2KHO^8 = 2SO^3,KO,HO$. Ce sel fond à 197°. A une température très-élevée, il abandonne de l'acide sulfurique qui se décompose en partie. Indépendamment de ce sulfate acide, il en existe un qui est anhydre et qui renferme $2SO^3,KO$ (Jacquelain). (Voir pour la composition des sulfates, page 409.)

AZOTATE DE POTASSE.

$$AzKO^6 = AzO^5,KO.$$

Ce sel constitue le *nitre* ou *salpêtre*. Il est aussi connu sous le nom de nitrate de potasse. On le rencontre tout formé dans la nature. Il se trouve principalement aux Indes, en Égypte, dans l'île de Ceylan et dans certaines contrées de l'Amérique méridionale. Pour l'obtenir, il suffit de lessiver les terres qui en sont imprégnées et d'évaporer la solution.

Il est moins abondant dans nos climats. Il prend naissance partout où des substances organiques azotées se décomposent en présence de la potasse. Ainsi, il existe en petite quantité dans le sol de nos caves, dans les murs humides, surtout dans le voisinage des lieux d'aisance, dans les matériaux provenant des démolitions. Il est mélangé avec une certaine quantité d'azotate de soude et avec un grand excès d'azotates de chaux et de magnésie. Autrefois on lessivait ces matériaux pour se procurer le nitre, et on transformait tous les azotates que la lessive renfermait en azotate de potasse. On y ajoutait d'abord un lait de chaux qui précipitait la magnésie, puis du sulfate de soude qui précipitait la chaux à l'état de sulfate. Il ne restait donc en solution que l'azotate de potasse et l'azotate de soude : ce dernier était converti en azotate de potasse par double décomposition avec le chlorure de potassium, que l'on ajoutait à l'état solide et par petites portions, dans la lessive bouillante. A mesure que celle-ci se concentrait du chlorure de sodium s'en précipitait, et l'azotate de potasse, très-soluble dans l'eau bouillante, restait en dissolution. La liqueur, amenée à un degré de concentration convenable, laissait déposer le nitre par le refroidissement.

Ajoutons que dans le temps où le nitre était rare en France, non-seulement on l'extrayait des matériaux de notre sol, mais encore on en provoquait la formation dans les *nitrières artificielles* en abandonnant au contact de l'air et en arrosant souvent avec des urines ou des eaux de fumier, des mélanges de matières animales et de carbonates. Aujourd'hui, une partie de l'azotate de potasse que les arts emploient est obtenu avec l'azotate de soude du Chili et le chlorure de potassium : ces sels se décomposent réciproquement, et cette décomposition peut s'effectuer complétement si l'on opère à la température de l'ébullition, comme on l'a indiqué plus haut. L'azotate de potasse se dépose par le refroidissement de la solution. Pour le priver complétement de sel marin, on le soumet au *raffinage*. Cette opération est fondée sur ce fait que la solubilité de l'azotate de potasse augmente très-rapidement avec la température, tandis que celle du chlorure de sodium reste sensiblement la même. Il en résulte que si l'on ajoute à du salpêtre renfermant une quantité notable de sel marin, une quantité d'eau suffisante pour le dissoudre à l'ébullition, une certaine portion du sel marin pourra rester à l'état insoluble dans la liqueur bouillante, et que celle-ci, séparée du dépôt, abandonnera par le refroidissement, la plus grande partie de l'azotate de potasse qu'elle renferme, tandis qu'elle retiendra en dissolution le sel marin. Tel est le principe de cette purification; quant aux détails, ils ne sauraient trouver place ici.

L'azotate de potasse cristallise en longs prismes à six pans, terminés par des pointements à six faces. Ces cristaux appartiennent au type du prisme droit à base rhombe. Le plus souvent, ils sont cannelés ou striés, parce qu'ils résultent de l'agglomération d'un certain nombre d'individus. Ils sont anhydres et inaltérables à l'air. Leur densité est égale à 1,933; leur saveur est fraîche et un peu amère.

L'azotate de potasse fond vers 350°; il se décompose à une température plus élevée en dégageant de l'oxygène et en se transformant en azotite AzO^3,KO. Chauffé davantage, l'azotite se décompose lui-même en dégageant un mélange d'oxygène et d'azote. Il reste de l'oxyde de potassium mêlé de peroxyde.

L'azotate de potasse se dissout dans l'eau : sa solubilité augmente très-rapidement avec la température.

100 parties d'eau dissolvent à 0° 13,32 d'azotate de potasse.
 — 18° 29,00 »
 — 45° 74,60 »
 — 97° 236,00 »
 — 100° 246,00 »

L'alcool absolu ne le dissout pas.

Comme l'acide azotique, l'azotate de potasse est un oxydant énergique. Il fuse sur les charbons. Intimement mêlé, dans de certaines proportions, à du soufre et à du charbon, il constitue un mélange explosif qui est la poudre à canon.

L'azotate de potasse est fréquemment employé en médecine. A petite dose, de 1 à 4 grammes, il agit comme diurétique. A dose plus élevée, il diminue la plasticité du sang et ralentit la circulation. De là l'usage qu'on en fait quelquefois dans le traitement de certaines maladies inflammatoires, en particulier du rhumatisme articulaire aigu.

A la dose de 15 à 30 grammes, l'azotate de potasse est un poison. Son action est mixte; il produit des effets locaux et irritants, et, une fois qu'il est absorbé, il exerce une action déprimante sur le système nerveux.

Il n'est point difficile de le retirer, dans un cas d'empoisonnement, du contenu de l'estomac ou des matières vomies. On fait bouillir le tout, et au besoin le tube digestif coupé par morceaux, avec de l'eau distillée, on filtre, on évapore la solution au bain-marie, ou mieux encore dans le vide au-dessus d'un vase renfermant de l'acide sulfurique. On peut obtenir de cette façon des cristaux de nitre. S'il n'en est pas ainsi, on fait digérer la masse desséchée avec une petite quantité d'eau, on sépare par le filtre des flocons de matière animale non dissoute et on évapore de nouveau. Ce second traitement peut donner des cristaux. Dans le cas contraire, il convient de s'assurer si une petite portion du résidu donne lieu à une déflagration sur les charbons ardents. On peut alors décomposer le reste par l'acide sulfurique en opérant comme il a été dit page 230. En saturant le produit de la distillation par le carbonate de potasse pur et en évaporant, on obtiendra des cristaux d'azotate de potasse. Ces cristaux fusent sur les charbons et donnent toutes les réactions que nous avons indiquées en traitant de l'empoisonnement par l'acide azotique.

PHOSPHATES DE POTASSE.

Parmi les phosphates de potasse nous mentionnerons le phosphate dit neutre qui renferme

$$PhK^2HO^8 = PhO^5 \begin{cases} 2KO \\ HO \end{cases}$$

et le phosphate acide

$$PhKH^2O^8 = PhO^5 \begin{cases} KO \\ 2HO. \end{cases}$$

On rencontre le premier dans le sang. On le prépare en neutralisant l'acide phosphorique par le carbonate de potasse. Il cristallise difficilement. En ajoutant à sa solution de l'acide phosphorique jusqu'à réaction franchement acide et en évaporant, on obtient le phosphate acide qui cristallise en prismes à base carrée. Ce dernier sel existe dans l'urine.

ARSÉNIATE ACIDE DE POTASSE.

$$AsKH^2O^8 = AsO^5 \begin{cases} KO \\ 2HO. \end{cases}$$

Ce sel, qui est employé en médecine, était désigné autrefois sous le nom de *sel arsenical de Macquer*. On l'obtient en chauffant dans une cornue de grès un mélange de 1 partie d'acide arsénieux et de 1 partie d'azotate de potasse. On maintient la cornue au rouge jusqu'à ce que tout dégagement de gaz ait cessé. On dissout la masse refroidie dans l'eau et on fait cristalliser la solution. L'arséniate acide de potasse se forme, dans ces circonstances, par l'oxydation de l'acide arsénieux aux dépens de l'oxygène du nitre. Il est isomorphe avec le phosphate acide de potasse. Il est très-soluble dans l'eau. Sa réaction est acide. Il est très-vénéneux.

ARSÉNITES DE POTASSE.

Il existe plusieurs arsénites de potasse. On les obtient en saturant plus ou moins l'acide arsénieux par le carbonate de potasse et en ajoutant de l'alcool aux solutions aqueuses.

Parmi ces sels, l'arsénite acide $2AsO^3, KO, 2HO$ seul est cristallisable. La solution aqueuse d'arsénite de potasse forme la base de liqueur de Fowler.

CHLORATE DE POTASSE.

$$ClKO^6 = ClO^5,KO.$$

Ce sel prend naissance en même temps que le chlorure de potassium par l'action du chlore sur une solution concentrée de potasse ou de carbonate de potasse. Dans cette préparation, il faut avoir soin de faire arriver le chlore dans l'alcali par un tube large, de peur que l'extrémité de ce tube ne soit obstruée par le chlorate de potasse qui se dépose. Ce sel est, en effet, beaucoup moins soluble dans l'eau que le chlorure de potassium qui reste en grande partie en dissolution. Lorsque la liqueur est saturée de chlore, on recueille le dépôt cristallin qui est du chlorate encore mêlé de chlorure, on le dissout, encore humide, dans 2 à 3 fois son poids d'eau bouillante, et on laisse refroidir la solution : le chlorate cristallise, tandis que le chlorure reste en dissolution. Au besoin, on purifie le sel par une nouvelle cristallisation.

Dans les arts, on prépare ce sel en dirigeant un courant de chlore dans une solution de 1 équivalent de carbonate de potasse dans laquelle on a délayé 5 équivalents d'hydrate de chaux. On chauffe à 50°, et quand le mélange est saturé de chlore on porte à l'ébullition et on filtre : le chlorate de potasse cristallise par le refroidissement. On le purifie par une nouvelle cristallisation. La réaction qui lui donne naissance est la suivante :

$$5CaO + CO^2,KO + Cl^6 = 5CaCl + ClO^5,KO + CO^2.$$

| Chaux. | Carbonate de potasse. | | Chlorure de calcium. | Chlorate de potasse. | Acide carbonique. |

Le chlorate de potasse cristallise en lames rhomboïdales, incolores. Lorsqu'ils sont minces, ces cristaux offrent des reflets irisés. Ils sont anhydres. Ils fondent à 400°. A une température plus élevée, le chlorate de potasse se décompose en oxygène, chlorure de potassium et perchlorate de potasse, lequel se décompose à son tour lorsqu'on chauffe davantage.

$$2(ClKO^6) = ClK + O^4 + ClKO^8.$$
$$ClKO^8 = ClK + O^8.$$

Le chlorate de potasse fuse sur les charbons. Mêlé avec du soufre, il détone par le choc. La détonation est plus forte lorsqu'on remplace le soufre par le phosphore. L'acide sulfurique concentré décompose le chlorate de potasse : l'acide chlorique mis en liberté se dédouble en acide perchlorique et en oxyde de chlore qui détone souvent. L'expérience est dangereuse.

100 parties d'eau dissolvent 60,24 parties de chlorate de potasse

à la température de l'ébullition, et seulement 6,03 parties à 15°,4.

Le chlorate de potasse est employé en médecine. On l'emploie en solution et on l'administre ordinairement dans une potion gommeuse. Son action principale se porte sur les muqueuses de la bouche et du pharynx. C'est un remède efficace dans le traitement des stomatites.

HYPOCHLORITE DE POTASSE.

$ClKO^2 = ClO,KO.$

Ce sel se forme en même temps que le chlorure de potassium lorsqu'on dirige un courant de chlore dans une solution étendue de potasse ou de carbonate de potasse.

$$2[CO^2,KO] \ + \ Cl^2 \ = \ ClK \ + \ ClO,KO \ + \ 2CO^2.$$

Carbonate   Chlorure   Hypochlorite
de potasse.   de potassium. de potasse.

Ce mélange de chlorure de potassium et d'hypochlorite de potasse porte le nom d'eau de Javelle. On peut l'obtenir aussi par double décomposition en mélangeant des solutions de chlorure de chaux (voir plus loin) et de carbonate de potasse. Il est employé comme décolorant et désinfectant.

Caractères des sels de potasse. — Les sels de potasse ne sont précipités ni par l'hydrogène sulfuré, ni par le sulfhydrate d'ammoniaque, ni par le carbonate de soude.

L'acide perchlorique y fait naître un précipité blanc de perchlorate de potasse.

Le chlorure de platine y produit un précipité jaune qui constitue un chlorure double de platine et de potassium. Ce précipité, très-peu soluble dans l'eau, est insoluble dans l'alcool. Calciné, il laisse un mélange de platine et de chlorure de potassium, ce qui le distingue du chlorure double de platine et d'ammonium, qui ne laisse après la calcination que de l'éponge de platine.

L'acide hydrofluosilicique forme dans les solutions des sels de potasse un précipité gélatineux qui constitue un fluorure double de silicium et de potassium.

Lorsqu'elles sont concentrées, ces solutions précipitent par le sulfate d'alumine qui y forme, surtout par l'agitation, un dépôt cristallin d'alun (sulfate double d'alumine et de potasse).

L'acide tartrique forme, avec les mêmes solutions concentrées, un précipité cristallin qui constitue le tartrate acide de potasse (crème de tartre), et l'acide oxalique un précipité d'oxalate acide de potasse (sel d'oseille).

SODIUM

On prépare le sodium, comme le potassium, en décomposant le carbonate par le charbon à une très-haute température. L'opération se fait aujourd'hui sur une grande échelle dans les arts, selon les indications de M. H. Sainte-Claire Deville. On mêle intimement

    30 parties de carbonate de soude,
    13 parties de houille,
    5 parties de craie.

Cette dernière substance est ajoutée dans le but d'empêcher la fusion et la séparation du carbonate de soude. On introduit ce mélange dans de grands cylindres en fonte, entourés d'un lut réfractaire et qu'on porte à une haute température. La vapeur de sodium est reçue dans des récipients aplatis où elle se condense et d'où le sodium liquide s'écoule dans un vase.

Le sodium est un métal mou à la température ordinaire. Il est doué d'un éclat argentin. Sa densité est égale à 0,972. Il fond à 95°,6 (Bunsen) et distille au rouge. Il attire l'oxygène de l'air avec bien moins d'énergie que le potassium. On peut le chauffer au delà de son point de fusion sans qu'il prenne feu. D'après M. H. Deville, il ne s'enflamme à l'air sec qu'à une température voisine de son point d'ébullition et brûle alors avec une flamme jaune.

La surface brillante du sodium se ternit aussitôt à l'air, moins par l'oxygène que par l'humidité que ce métal attire et décompose. Il décompose l'eau avec une énergie extrême, en tournoyant à la surface avec une vitesse telle qu'il n'a pas le temps de s'échauffer assez pour mettre le feu à l'hydrogène qui se dégage. Mais lorsqu'on le fixe en l'empâtant dans une solution visqueuse de gomme et qu'on l'arrose avec quelques gouttes d'eau, il s'échauffe au point d'enflammer l'hydrogène de l'eau décomposée. Celui-ci brûle avec une flamme jaune. Il se forme de l'hydrate de soude qui se dissout dans l'eau. L'expérience se termine quelquefois par une explosion. Par toutes ses propriétés et par la nature des combinaisons qu'il peut former, le sodium ressemble beaucoup au potassium. Ses affinités sont moins énergiques que celles de ce dernier métal.

OXYDES DE SODIUM.

L'oxyde de sodium anhydre NaO se forme lorsqu'on décompose l'hydrate de soude par le sodium. Lorsqu'on chauffe cet oxyde anhydre dans un courant d'oxygène, il absorbe celui-ci et se transforme en peroxyde. Ce dernier se forme aussi lorsqu'on brûle le sodium dans l'air ou dans l'oxygène sec. Sa composition est exprimée par la formule NaO^2.

L'hydrate de soude ou la soude caustique $NaHO^2 = NaO,HO$ s'obtient par un procédé analogue à celui qui fournit la potasse caustique, c'est-à-dire par l'action d'un lait de chaux sur une solution bouillante et peu concentrée de carbonate de soude.

On purifie la soude caustique brute en la dissolvant dans l'alcool et en évaporant la solution.

Pure, elle se présente en masses blanches, dures, à cassure fibreuse, fusibles au-dessous du rouge et indécomposables par la chaleur. Sa densité est égale à 2,0. Sa saveur est brûlante et caustique. Exposé à l'air, l'hydrate de soude en attire l'humidité et l'acide carbonique, se liquéfie d'abord et se transforme à la longue en une masse sèche de carbonate de soude. 100 parties d'eau dissolvent, à 18°, 60,5 parties d'hydrate de soude. Cette dissolution est accompagnée d'un dégagement de chaleur. La lessive concentrée, exposée à un grand froid, laisse déposer des tables quadrilatères incolores.

La soude ramollit la peau, corrode et détruit les tissus comme fait la potasse elle-même. C'est un poison caustique. Mais l'empoisonnement par la soude est très-rare. Parmi 930 cas d'empoisonnement cités par Christison, on en trouve 5 dus à la potasse, pas un seul qui soit dû à la soude.

SULFURES DE SODIUM.

Le monosulfure de sodium se forme lorsqu'on décompose le sulfate au rouge par le charbon. On l'obtient ordinairement en dirigeant un courant de gaz hydrogène sulfuré dans une solution concentrée de soude caustique. Il arrive un moment où la liqueur laisse déposer d'abondants cristaux qu'on sépare. On peut les obtenir volumineux en les dissolvant à chaud dans la liqueur d'où ils se sont déposés et en laissant refroidir (Soubeiran). Ils se présentent alors sous forme de longs prismes rectangulaires terminés par des pointements à 4 faces. Ils renferment 67 pour cent d'eau de cristallisation et constituent un monosulfure hydraté $NaS + 9HO$.

Un sulfhydrate de sulfure de sodium plus soluble que le monosulfure reste en dissolution dans l'eau-mère, d'où celui-ci s'est déposé.

Le monosulfure de sodium, moins altérable à l'air que le monosulfure de potassium, est fréquemment employé pour la préparation des eaux sulfureuses artificielles.

CHLORURE DE SODIUM.

NaCl.

C'est le composé si connu sous le nom de sel marin. Il est très-répandu dans la nature. On le rencontre à l'état solide sous forme de sel gemme dont il existe des dépôts considérables dans divers pays. Un des gisements les plus importants est celui de Wielizka, en Pologne. La France possède des mines de sel gemme à Dieuze (Meurthe) et dans d'autres localités.

Lorsque les eaux souterraines rencontrent des dépôts de sel gemme, elles s'en saturent plus ou moins et forment alors, à leur point d'émergence, des sources salées (voir *Eaux minérales salines*, page 89). Chacun sait, d'un autre côté, que l'eau de la mer renferme en dissolution une proportion assez notable de sel marin.

Les mines de sel gemme fournissent à la consommation une quantité considérable de chlorure de sodium; mais si pur que soit le chlorure de sodium natif, il ne peut servir directement aux usages économiques. On le dissout dans l'eau et l'on évapore les solutions saturées dans de vastes chaudières en tôle. Le sel marin se dépose en cristaux du sein de la liqueur chaude.

Les eaux des sources salées sont généralement trop peu concentrées pour qu'on trouve de l'avantage à les soumettre immédiatement à l'ébullition, comme on fait des solutions saturées. Le sel marin est à vil prix et ne supporterait pas des frais exagérés de combustible. On fait donc subir à ces sources salées une concentration préalable et peu coûteuse, parce qu'elle s'effectue sans le secours de la chaleur artificielle, et par une évaporation spontanée dans ce qu'on nomme les *bâtiments de graduation (fig.* 91). Ce sont d'immenses piles rectangulaires de fagots orientées suivant la direction des vents régnants, et du haut desquelles on fait tomber continuellement l'eau salée. Celle-ci ruisselle le long des fagots, se divise, s'étale en nappes minces et présente ainsi une large surface à l'air libre. Ce sont là de bonnes conditions pour une évaporation rapide. On achève la concentration à feu nu dans de grandes chaudières en tôle forte.

Le chlorure de sodium se dépose du sein de la solution chaude. A la longue, les chaudières de cristallisation se recouvrent d'une croûte de sulfate double de soude et de chaux qu'on nomme *schlot*.

Les eaux de la mer fournissent par l'évaporation spontanée des quantités énormes de *sel marin*. En France, cette industrie importante se pratique sur les bords de l'Océan et de la Méditerranée.

Dans les *marais salants* de l'ouest et dans les *salins* du midi, les eaux de la mer sont amenées dans de vastes bassins où elles occu-

Fig. 91.

pent une faible épaisseur et où leur surface est balayée par les vents chauds de l'été. Elles se concentrent ainsi, et cette concentration est favorisée par le mouvement qu'on leur fait subir, car on les dirige sans cesse d'un bassin ou d'un compartiment dans un autre jusqu'à ce qu'elles arrivent enfin dans les *aires* ou dans les *tables sonnantes* où elles laissent déposer le sel. Les eaux-mères qu'on sépare du sel renferment, indépendamment d'un excès de chlorure de sodium, du sulfate de magnésie et des sels de potasse. En les exposant à une basse température on en retire le sulfate de soude qui se forme par double décomposition entre le chlorure de sodium et le sulfate de magnésie. Les nouvelles eaux-mères laissent déposer d'abord du sulfate double de potasse et de magnésie, puis du chlorure double de magnésium et de potassium (Balard). C'est dans les dernières eaux-mères que M. Balard a découvert le brome en 1826.

Les marais salants qu'on abandonne ne tardent pas à être envahis par les eaux douces et par la végétation paludéenne. Dans ces circonstances, le mélange d'eau douce et d'eau salée (eau saumâtre) est une grande cause d'insalubrité. Les sulfates que renferme l'eau de la mer sont transformés en sulfures par les matières organiques, et les surfaces alternativement sèches et humides où croupissent ces matières, développent des miasmes. La fièvre intermittente est endémique dans le voisinage des *marais gâts* (marais gâtés, marais abandonnés).

Le chlorure de sodium NaCl cristallise en cubes du sein de sa solution aqueuse. Généralement ces cristaux sont petits, et un grand nombre d'individus se trouvent soudés et disposés symétriquement, de manière à former des pyramides creuses qu'on nomme *trémies* (*fig.* 92). La densité de ces cristaux est $= 2,15$ (H. Kopp). Ils sont anhydres, mais renferment une petite quantité

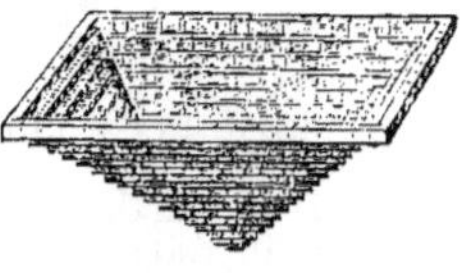

Fig. 92.

d'eau interposée. Lorsqu'on les chauffe, ils décrépitent, cette eau étant vaporisée et la vapeur séparant brusquement les cristaux. Au rouge, le chlorure de sodium fond et se prend par le refroidissement en une masse cristalline. Il se volatilise à la chaleur blanche.

Le chlorure de sodium est très-soluble dans l'eau, et sa solubilité, n'augmente pas sensiblement avec la température. D'après Gay-Lussac, une partie de sel marin se dissout dans 2,78 parties d'eau à 14°, dans 2,7 parties d'eau à 60° et dans 2,48 parties d'eau à la température de 109°,7, point d'ébullition de la solution saturée. Là densité d'une solution saturée à 8° est égale à 1,205.

Lorsqu'on refroidit à — 10° une solution saturée de chlorure de sodium, elle laisse déposer des cristaux prismatiques qui constituent un hydrate $NaCl + 4HO$ (Lowitz). Exposés à l'air, à une très-basse température, ces cristaux s'effleurissent. Au-dessus de 0°, ils tombent en déliquescence et finissent par laisser une poudre formée par de petits cubes.

L'acide chlorhydrique concentré produit un précipité cristallin de chlorure de sodium dans la solution saturée de sel marin.

Le chlorure de sodium se dissout peu dans l'alcool faible, point dans l'alcool absolu.

CARBONATE DE SOUDE.

$CNaO^3 = CO^2,NaO.$

On obtenait autrefois ce sel en lessivant les cendres provenant de la combustion de divers végétaux marins, principalement de diverses espèces des genres *Salsola* et *Salicornia*. On nommait ce produit *soude de varechs*. L'Espagne en livrait la plus grande quantité au commerce sous le nom de *barille* ou de *soude d'Alicante*.

Il était mélangé de divers autres sels, notamment de sulfate de soude et de chlorure de sodium.

Aujourd'hui on fabrique le carbonate de soude artificiellement, à l'aide du procédé qui a été découvert par Leblanc.

Ce procédé, dont nous ne pouvons donner ici qu'une description sommaire, consiste à traiter le chlorure de sodium par l'acide sulfurique pour le convertir en sulfate, et à calciner ensuite le sulfate de soude avec du carbonate de chaux et du charbon. On mêle ces substances dans le rapport de

> 1000 parties de sulfate de soude,
> 1040 parties de carbonate de chaux en poudre,
> 580 parties de charbon de terre, ou de bois, dont les $\frac{5}{6}$ bien broyés, et le reste en menus fragments.

On introduit ce mélange dans des fours dont la voûte, très-surbaissée, est léchée par la flamme du combustible (*fig.* 93). Ces

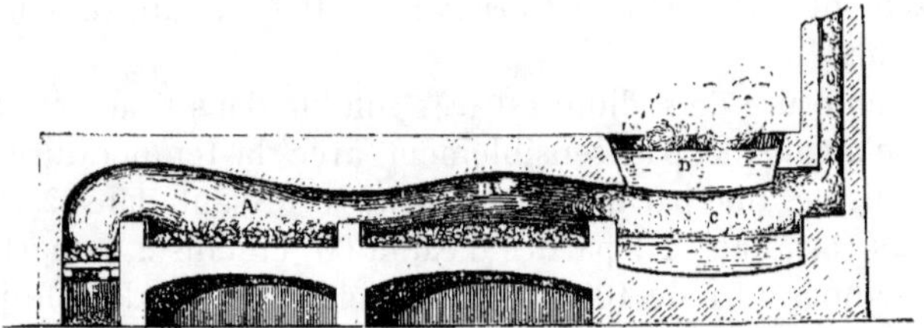

Fig. 93.

fours sont divisés en plusieurs compartiments A B C, de plus en plus éloignés du foyer. Le compartiment C est surmonté d'une chaudière D où l'on concentre les eaux provenant du lessivage de la soude brute. Lorsque la lessive est assez concentrée, on la laisse écouler en C où le sel est desséché. Le mélange de craie, de sulfate de soude et de charbon est d'abord introduit en B où il se dessèche, puis en A, où la température est très-élevée et où la décomposition s'accomplit. On peut admettre que le carbonate de chaux et le sulfate de soude forment, par double décomposition, du carbonate de soude et du sulfate de chaux. Celui-ci est réduit par le charbon et se convertit en sulfure de calcium. On retire la masse pâteuse du four, on la laisse refroidir, on la réduit en poudre et on la soumet à un lessivage méthodique dans des caisses. L'eau dissout le carbonate de soude et laisse le sulfure de calcium insoluble, qui reste mélangé avec de la chaux provenant de la décomposition de l'excès de carbonate de chaux (Scheurer-Kestner). On évapore la lessive dans des chaudières jusqu'à cristallisation, et on la laisse refroidir. Il se dépose des cristaux qui constituent le carbonate de soude hydraté. Dans le commerce, ce produit prend le nom de *cristaux de soude*. Évaporée à siccité et fortement desséchée, la solution donne le *sel de soude*.

Le sel de soude du commerce et même les cristaux de soude renferment une certaine quantité de sulfate et de chlorure. Pour obtenir le carbonate de soude pur on dissout les cristaux du commerce dans la plus petite quantité possible d'eau chaude, et on laisse refroidir la solution en l'agitant continuellement. Les cristaux se déposent ainsi sous forme pulvérulente et peuvent être séparés facilement de l'eau-mère qui retient le sulfate et le chlorure. On les recueille sur un entonnoir et on les lave avec une petite quantité d'eau froide. Le carbonate de soude forme de gros prismes rhomboïdaux obliques qui renferment 62,85 pour cent d'eau et dont la composition est exprimée par la formule

$$CO^2,NaO + 10HO.$$

Ces cristaux sont efflorescents. Chauffés, ils fondent dans leur eau de cristallisation et se dessèchent ensuite en une masse blanche fusible au rouge et complétement indécomposable à cette température.

Le carbonate de soude est décomposé au rouge par la vapeur d'eau, avec formation d'hydrate de soude. Il est très-soluble dans l'eau. D'après M. Poggiale, 100 parties d'eau dissolvent 7,08 parties du sel sec à 0°, 16,66 parties à 10°. 25,93 parties à 20°, 35,90 parties à 30°, et 48,50 parties à 104°,6, température d'ébullition de la solution saturée. Les nombres suivants expriment, d'après M. Payen, la solubilité du sel cristallisé :

100 parties d'eau en dissolvent 60,4 parties à + 14°.
—   445,0 parties à + 104°.

Une solution saturée à 36° se trouble et laisse déposer une partie du sel à l'ébullition. La solution possède une forte réaction alcaline. Le carbonate est insoluble dans l'alcool.

BICARBONATE DE SOUDE.

Le carbonate de soude cristallisé ou en solution absorbe l'acide carbonique pour se transformer en bicarbonate. A Vichy, on prépare ce dernier sel en dirigeant l'acide carbonique qui se dégage des eaux thermales dans des chambres où se trouvent des châssis recouverts de toiles et sur lesquels on a déposé des cristaux de soude concassés et humides. Il se forme d'abord un sesquicarbonate, puis un bicarbonate de soude, et comme celui-ci renferme moins d'eau de cristallisation que le carbonate neutre, une portion de l'eau devient libre, entraine du sel en dissolution et avec lui quelques traces de sulfate et de chlorure que les cristaux de soude contiennent habituellement.

Le bicarbonate de soude renferme

$$C^2NaHO^6 = C^2O^4 \begin{cases} NaO \\ HO \end{cases}$$

Il cristallise en prismes rectangulaires. Il possède une saveur salée et légèrement alcaline. Il ramène au bleu la teinture de tournesol rougie. L'eau à 10° en dissout environ 10,4 parties. Lorsqu'on porte la solution à l'ébullition, le sel perd la moitié de son acide carbonique et se trouve ramené à l'état de carbonate neutre. La solution de sulfate de magnésie n'est pas précipitée par la solution de bicarbonate de soude.

Le bicarbonate de soude est un des principaux agents de la médication alcaline. Il est facilement absorbé et fait disparaître l'acidité de certaines secrétions, notamment des urines. Tout le monde sait qu'on l'administre contre la gravelle. C'est à ce sel que l'eau de Vichy doit sa puissante efficacité. Il entre dans la composition des pastilles de Vichy qu'on recommande comme facilitant la digestion.

Il existe dans la nature un sesquicarbonate de soude

$$3CO^2,2NaO + 3HO.$$

On le connaît sous le nom de *trona*. Il forme des efflorescences ou des incrustations occasionnées par l'évaporation des eaux de certains lacs en Hongrie, et dans le Fezzan en Afrique. Le même sel a été rencontré aux environs de Merida (Colombie), où il est connu sous le nom d'*urao* (Rivero et Boussingault).

SULFATE DE SOUDE.

$$SNaO^4 = SO^3,NaO.$$

On le désignait autrefois sous le nom de *sel admirable de Glauber*. On l'obtient dans les arts en décomposant le chlorure de sodium par l'acide sulfurique. Il reste sous la forme d'une masse blanche anhydre dans les cylindres en fonte où l'on fait cette opération. Cette masse étant dissoute dans l'eau bouillante, la solution laisse déposer par le refroidissement des primes à 4 pans terminés par des sommets dièdres. Ces cristaux appartiennent au type du prisme rhomboïdal oblique. Ils renferment

$$SO^3,NaO + 10HO.$$

Récemment préparés, ils sont transparents; mais ils s'effleurissent à l'air en perdant toute leur eau de cristallisation qui s'élève à 55,92 pour cent. Lorsqu'on le chauffe, le sel commence par fondre dans cette eau de cristallisation, se dessèche et subit ensuite la fusion ignée sans se décomposer. Sa saveur est amère et désagréable. Il est très-soluble dans l'eau, et son maximum de solubilité est situé à 32°,7.

100 parties d'eau à		dissolvent		de sulfate de soude anhydre
0°			5,02	»
+ 17°,91	—		16,73	»
+ 30°,75	—		43,05	»
+ 32°,73	—		50,65	»
+ 70°,61	—		44,35	»
+ 103°,17	—		42,65	»

M. Loewel admet que le sel qui est dissous de 0° à 33° n'est pas le même que celui qui se trouve en solution depuis 33° jusqu'à 100°. Il fonde son opinion sur ce fait que le sulfate de soude qui se dépose entre ces dernières limites de température est anhydre, tandis que celui qui cristallise entre 33° et 0° est hydraté.

Une solution de 1 partie de sulfate de soude hydraté dans $\frac{1}{2}$ partie d'eau, laisse déposer, lorsqu'elle est abandonnée dans un vase couvert, à + 7°, des cristaux d'un sel qui ne renferme que 8 équivalents d'eau. Le sulfate de soude est insoluble dans l'alcool. C'est un purgatif très-employé à la dose de 10 à 60 grammes. Le commerce le livre souvent en petits cristaux imitant le sulfate de magnésie.

Il peut se combiner avec l'acide sulfurique pour former un sulfate acide qui est cristallisable et dont la composition est représentée par la formule

$$S^2NaHO^8 = S^2O^6 \begin{cases} NaO \\ HO \end{cases}$$

Lorsqu'on chauffe ce sel, il perd d'abord son eau. A une température élevée, il laisse dégager de l'acide sulfurique anhydre.

SULFITE DE SOUDE.

$$SO^2,NaO + 6HO.$$

On l'obtient en saturant une solution de carbonate de soude par l'acide sulfureux. Il forme des prismes transparents à 4 ou à 6 pans terminés par des sommets dièdres. Sa saveur est fraîche, puis sulfureuse. Il est très-soluble dans l'eau. Sa solution attire l'oxygène de l'air. On en fait aujourd'hui un grand usage dans les amphithéâtres de dissection pour conserver les cadavres (Suquet). On injecte dans l'aorte 3 à 4 litres d'une solution de ce sel marquant 25° à l'aréomètre.

Il existe un bisulfite de soude cristallisable.

HYPOSULFITE DE SOUDE.

$$S^2O^2, NaO + 5HO.$$

Pour préparer ce sel, on fait bouillir une solution de sulfite de soude avec un excès de fleurs de soufre, et on évapore la liqueur filtrée : l'hyposulfite de soude se dépose par le refroidissement sous forme de beaux prismes rhomboïdaux obliques terminés en biseaux et portant des facettes sur les arêtes. C'est un sel incolore, inaltérable à l'air, doué d'une saveur amère et désagréable. Lorsqu'on le chauffe, il subit la fusion aqueuse et se dessèche ensuite. Au rouge, il se dédouble en sulfate de soude et en pentasulfure de sodium.

$$\underset{\substack{\text{Hyposulfite}\\ \text{de soude.}}}{4(S^2NaO^3)} = \underset{\text{Sulfate de soude.}}{3(SNaO^4)} + \underset{\substack{\text{Pentasulfure}\\ \text{de sodium.}}}{NaS^5}.$$

L'hyposulfite de soude se dissout facilement dans l'eau. Lorsqu'on ajoute un acide minéral énergique à cette solution, l'acide hyposulfureux, mis en liberté, se dédouble aussitôt en soufre et en acide sulfureux. La solution d'hyposulfite de soude ne forme point de précipité dans les solutions des sels de plomb ou d'argent; mais lorsqu'on fait bouillir le mélange, il se forme des sulfures noirs. Elle dissout facilement le chlorure, le bromure et l'iodure d'argent.

AZOTATE DE SOUDE.

$$AzNaO^6 = AzO^5, NaO.$$

Ce sel se trouve dans le commerce sous le nom de salpêtre du Chili ou de nitre cubique. Il cristallise en beaux rhomboèdres. Ces cristaux sont anhydres, doués d'une saveur fraîche et salée, fusibles au-dessous du rouge. Ils attirent quelque peu l'humidité de l'air, se dissolvent aisément dans 3 parties d'eau à 16°. Ils sont insolubles dans l'alcool.

L'azotate de soude est peu employé en médecine : on l'administre quelquefois contre la dyssenterie.

PHOSPHATES DE SOUDE.

Il existe plusieurs combinaisons d'acide phosphorique avec la soude. On trouve dans le commerce un *phosphate neutre de soude* qui renferme

$$PhNa^2HO^8 + 24HO = PhO^5\begin{cases}2NaO\\ HO\end{cases} + 24\ aq.$$

On prépare ce sel en décomposant une solution de phosphate acide de chaux par le carbonate de soude. L'acide carbonique se dégage, il se précipite du phosphate neutre de chaux et du phosphate neutre de soude reste en dissolution. On obtient ce dernier sel par l'évaporation de la liqueur filtrée. Il cristallise en prismes rhomboïdaux obliques. Ces cristaux s'effleurissent facilement. Ils se dissolvent dans 4 parties d'eau froide et dans 2 parties d'eau bouillante. Ils sont insolubles dans l'alcool. La saveur faible du phosphate de soude, moins désagréable que celle du sulfate, le fait quelquefois préférer à ce dernier sel comme purgatif. On l'emploie à la dose de 30 à 60 grammes.

Le phosphate de soude présente plusieurs degrés d'hydratation. Indépendamment du sel qui renferme 24 équivalents d'eau de cristallisation, on en connaît un autre qui en renferme 14 équivalents.

En chauffant le phosphate de soude hydraté, il est facile d'en chasser l'eau de cristallisation; mais il est nécessaire de porter la température au rouge pour qu'il abandonne la molécule d'eau basique qu'il renferme. Il se convertit alors en *pyrophosphate de soude*. A l'état cristallisé, ce dernier sel renferme PhO⁵,2NaO + 10HO.

Une solution de 6 à 7 parties de phosphate neutre de soude et de 1 partie de sel ammoniac dans l'eau chaude laisse déposer par le refroidissement de gros cristaux transparents qui appartiennent au type du prisme rhomboïdal oblique et qui renferment

$$PhO^5 \begin{cases} NaO \\ AzH^4O + 8HO. \\ HO \end{cases}$$

On appelait autrefois ce phosphate de soude ammoniacal *sel microcosmique* : on s'en sert pour les essais au chalumeau. Il existe en solution dans les urines.

On connait un phosphate de soude renfermant

$$PhNa^3O^8 + 24HO = PhO^5,3NaO + 24\,aq.$$

Dans ce sel l'acide phosphorique tribasique est complétement saturé par 3 équivalents d'oxyde de sodium. Ce phosphate possède une réaction alcaline. On l'obtient en ajoutant de la soude caustique à une solution de phosphate ordinaire et en évaporant la solution. Le *phosphate trisodique* cristallise par le refroidissement en prismes à 6 pans.

Le *phosphate acide de soude*

$$PhNaH^2O^8 + 2HO = PhO^5 \begin{cases} NaO \\ HO + 2\,aq \\ HO \end{cases}$$

s'obtient en ajoutant de l'acide phosphorique à une solution du phosphate ordinaire jusqu'à ce que la liqueur ne précipite plus les sels de baryte, et en évaporant. Il cristallise tantôt en prismes rhomboïdaux droits, tantôt en octaèdres à base rhombe modifiés par les faces du prisme.

BIBORATE DE SOUDE OU BORAX.

On tirait autrefois ce sel de quelques contrées de l'Asie où il existe en dissolution dans les eaux de certains lacs. On obtenait par l'évaporation de ces eaux un produit connu dans le commerce sous le nom de *tinkal*. C'est le borax naturel. Il se présente sous forme de prismes rhomboïdaux obliques, d'une densité de 1,74 et renfermant 47 pour cent d'eau de cristallisation. Ces cristaux deviennent opaques dans l'air sec. Leur composition est exprimée par la formule

$$2BoO^3, NaO + 10HO.$$

On obtient le borax artificiel en faisant dissoudre dans l'eau bouillante 10 parties d'acide borique de Toscane et 12 parties de carbonate de soude cristallisé. Si on laisse refroidir lentement une dissolution concentrée de borax dans l'eau bouillante, d'une densité de 1,246, elle laisse déposer des octaèdres réguliers entre 79° et 56°. Ces cristaux constituent le borax octaédrique dont la densité est égale à 1,815. Il ne renferme que 30,86 pour cent d'eau de cristallisation et sa composition est représentée par la formule

$$2BoO^3, NaO + 5HO.$$

La solution moins concentrée laisse déposer, au-dessous de 56°, des cristaux prismatiques identiques avec le borax naturel.

Lorsqu'on chauffe le borax, il fond dans son eau de cristallisation, se boursoufle, se dessèche et subit ensuite la fusion ignée. Le borax fondu sert pour les essais au chalumeau; car il dissout un grand nombre d'oxydes en formant des verres diversement colorés. Le borax se dissout dans 12 parties d'eau froide et dans 2 parties d'eau bouillante. Il est insoluble dans l'alcool. La solution aqueuse possède une légère réaction alcaline. On l'emploie en médecine, principalement pour l'usage externe et comme succédané du carbonate de soude : il est moins alcalin que ce sel.

Caractères des sels de soude. — Ils ne précipitent ni par l'hydrogène sulfuré, ni par le sulfhydrate d'ammoniaque, ni par le carbonate de soude, ni par le chlorure de platine, ni par l'acide perchlorique. L'acide hydrofluosilicique y forme un précipité blanc. Une solution d'antimoniate de potasse y occasionne un dépôt blanc cristallin d'antimoniate de soude (Fremy).

LITHIUM

Ce métal a été découvert en 1807 par Arfvedson. On le rencontre dans quelques minéraux tels que la lépidolithe, qui est un mica lithifère, la triphylline, qui est un phosphate de fer, de manganèse et de lithine. Un certain nombre d'eaux minérales, parmi lesquelles il faut citer les eaux thermales de Bade (Bade), renferment des composés lithiques.

MM. Bunsen et Matthiessen ont obtenu le lithium pur par l'électrolyse du chlorure de lithium fondu. Le procédé qu'ils ont employé est le suivant :

On fond du chlorure de lithium dans un creuset de porcelaine épais, et on y plonge d'un côté un gros fil de fer servant d'électrode négative, et de l'autre une pointe de charbon de cornue servant d'électrode positive. On fait ensuite passer le courant d'une batterie de 4 à 6 éléments de Bunsen : le chlore se dégage alors autour du charbon, et le lithium se sépare autour du fil de fer sous forme de globules métalliques. On plonge rapidement le fil de fer sous une couche de naphte et on détache le lithium. M. Troost, qui a récemment étudié le lithium, s'est servi d'un procédé analogue.

Le lithium ainsi obtenu est un métal d'un blanc d'argent. Il est très-léger et flotte sur le naphte, car sa densité est égale à 0,589. Il est très-ductile. Avec 5 milligrammes de lithium, MM. Bunsen et Matthiessen ont pu tirer un fil long de près de 1 mètre. Lorsqu'on l'expose à l'air humide, le lithium s'oxyde, et sa surface se couvre d'une pellicule jaunâtre. Il fond à 180°. A une température élevée, il s'enflamme à l'air et brûle avec une flamme blanche éclatante. Il brûle dans le chlore, dans la vapeur d'iode, dans la vapeur de soufre. Il décompose l'eau à froid sans fondre et sans s'enflammer. Projeté sur l'acide sulfurique concentré, il s'enflamme (Troost).

Le lithium forme avec l'oxygène un composé LiO qui constitue l'*oxyde de lithium* ou la *lithine*. En se combinant avec l'eau, l'oxyde de lithium forme un hydrate $LiHO^2 = LiO,HO$ analogue à l'hydrate de potasse. Cet hydrate est peu soluble dans l'eau.

Le *chlorure de lithium* LiCl cristallise en petits cubes déliquescents, fusibles, solubles dans un mélange d'alcool et d'éther. La solution alcoolique de ce chlorure brûle avec une flamme pourpre.

Le *carbonate de lithine* $CLiO^3 = CO^2,LiO$ peut être extrait de la lépidolithe. Ce minéral renferme de l'acide silicique, de l'alumine, de l'oxyde de fer, de la potasse, 3 à 4 pour cent de soude et du fluor. On le calcine, puis on le chauffe avec de l'acide sulfurique concentré : il se dégage du fluorure de silicium, de l'acide silicique est séparé et l'acide sulfurique se combine avec les bases. Lorsque l'excès de cet acide a été chassé, on reprend par l'eau, on ajoute à la solution un lait de chaux, jusqu'à réaction fortement alcaline, puis on fait bouillir. Il se sépare de l'alumine et de l'oxyde de fer. On filtre, on évapore à siccité, on reprend de nouveau par une petite quantité d'eau, puis on ajoute à la solution du carbonate d'ammoniaque : le carbonate de lithine, peu soluble, se précipite. On le lave avec de l'eau.

Il constitue une poudre blanche légère, fusible à une forte chaleur rouge. Il se dissout dans environ 100 parties d'eau. La solution possède une réaction alcaline.

Le carbonate de lithine a été préconisé dans le traitement de la gravelle.

Le *sulfate de lithine* $SLiO^1 = SO^3,LiO$ cristallise en tables rhomboïdales incolores, fusibles, solubles dans 2 à 3 parties d'eau.

Il existe un *phosphate double de soude et de lithine* qui est peu soluble dans l'eau.

RUBIDIUM ET CÉSIUM

Ces métaux ont été découverts en 1860 par MM. Bunsen et Kirchhoff à l'aide d'une nouvelle méthode d'analyse douée d'une merveilleuse sensibilité, et qui est fondée sur l'observation des raies du spectre. La description de cette méthode sortirait du cadre de cet ouvrage, et nous devons nous borner à l'indication très-sommaire des principes sur lesquels elle est fondée.

On sait que le spectre visible de la lumière solaire ne présente pas seulement une succession de diverses bandes colorées. Lorsqu'on l'examine attentivement, à l'aide d'instruments grossissants, on remarque que cette succession n'est point continue, mais que les bandes lumineuses diversement colorées sont séparées par des *raies obscures*. Ces raies, découvertes autrefois par Wollaston et étudiées par Fraunhofer, sont très-nombreuses, irrégulièrement distribuées dans l'étendue du spectre depuis le rouge jusqu'au violet, mais chacune d'elles occupe une position déterminée, et pour les raies principales cette position a été fixée à l'aide de mesures exactes. Fraunhofer a désigné ces raies par les lettres de l'alphabet A B C D E F G H. Entre toutes, la raie D est la plus apparente : elle est placée dans le jaune. D'autres lumières, celle des étoiles, par exemple, donnent de même des spectres discontinus. Au contraire, un fil de platine incandescent ou toute autre source lumineuse qui ne renferme aucun principe volatil, donne un spectre continu.

On observe des faits très-dignes d'intérêt lorsqu'on prend pour source lumineuse des flammes dans lesquelles se trouvent répandus des corps volatils et particulièrement des substances métalliques volatiles : les spectres que donnent de telles flammes sont exclusivement formés par des *raies brillantes*.

Qu'on introduise dans la flamme d'un bec de Bunsen un fil de platine imprégné de chlorure de sodium, aussitôt cette flamme se colorera en jaune et donnera un spectre très-visible, mais très-incomplet, puisqu'il est réduit à une seule bande lumineuse jaune. On a reconnu que cette ligne brillante coïncide exactement avec la raie noire D, qui est placée dans le jaune du spectre solaire et dont il a été question plus haut. Cette raie jaune caractérise le sodium dans tous ses composés : c'est le spectre du sodium (voir la figure).

Une flamme dans laquelle se trouve suspendu du chlorure de lithium donne un spectre composé de deux raies brillantes, l'une située dans le rouge, l'autre dans le jaune près de la raie D. Une troisième raie apparaît quelquefois dans le bleu lorsque la température de la flamme est très-élevée. Le potassium, le strontium, le calcium, le barium donnent de même des spectres formés par des raies diversement colorées, et chacun de ces spectres est parfaitement caractérisé par le nombre, la couleur et la position des raies. Le barium donne les raies les plus nombreuses et les plus larges. Les autres métaux forment des spectres plus compliqués. Celui du fer est formé de 70 raies brillantes.

MM. Kirchhoff et Bunsen, qui ont découvert ces derniers faits, en ont fait une application très-heureuse à l'analyse. Pour découvrir un des métaux précédents dans un composé ou même dans un mélange, ils introduisent une petite quantité de la matière dans la flamme du gaz et observent le spectre que donne cette flamme.

Telle est la sensibilité de ce procédé qu'il suffit qu'un $\frac{1}{3000000}$ de milligramme de chlorure de sodium soit répandu dans la flamme, pendant une seconde, pour que la raie jaune du sodium devienne visible. MM. Kirchhoff et Bunsen emploient pour faire ces observations un instrument qu'ils ont nommé *spectroscope* et dont nous ne pouvons donner la description dans cet ouvrage. La découverte de deux nouveaux métaux, le césium et le rubidium, à l'aide de l'analyse spectrale, a été le couronnement de ces brillants travaux.

Rubidium. — Ce métal a été découvert en 1860 par MM. Kirchhoff et Bunsen, dans la lépidolithe de Saxe. Il est caractérisé par deux belles raies rouges qui lui ont valu son nom. M. Grandeau a rencontré le rubidium, avec le césium, dans les eaux minérales de Bourbonne-les-Bains, de Vichy, du Mont-d'Or et dans un grand nombre de substances minérales et de cendres de végétaux, notamment dans les salins de betteraves.

Dans les traitements qu'on fait subir à la lépidolithe pour en retirer la lithine (page 489), le rubidium reste avec le potassium et le sodium dans les liqueurs d'où le carbonate d'ammoniaque a précipité le carbonate de lithine.

Après avoir évaporé ces liqueurs et après avoir calciné le résidu on le reprend par l'eau et on ajoute du chlorure de platine. Il se précipite un mélange de chlorure double de platine et de potassium et de chlorure double de platine et de rubidium. De ces deux chlorures doubles, le dernier est beaucoup moins soluble dans l'eau que le premier. On parvient donc à les séparer l'un de l'autre par des lavages répétés à l'eau bouillante. Le chlorure double de platine et de rubidium reste à l'état d'une poudre jaune. En le calcinant on le convertit en chlorure de rubidium qu'on dissout dans l'eau pour le séparer du platine.

M. Bunsen a d'abord isolé le rubidium en soumettant le chlorure à l'électrolyse. Il l'obtient plus facilement aujourd'hui en calcinant le tartrate acide de rubidium avec du noir de fumée. Dans cette opération, le carbonate de rubidium, formé par la calcination du tartrate acide, est réduit par le charbon : le rubidium se volatilise et est recueilli dans l'huile de naphte.

Le rubidium est un métal doué d'un éclat comparable à celui de l'argent. Il est blanc avec une teinte à peine appréciable de jaune. Exposé à l'air, il se couvre immédiatement d'une pellicule d'un bleu grisâtre de sous-oxyde, s'échauffe et s'enflamme spontanément. A — 10° il est encore mou comme la cire. Il fond à 38°,5. Il entre en ébullition au-dessous du rouge et se convertit en une vapeur bleue tirant un peu sur le vert. Sa densité est égale à 1,52. Projeté sur l'eau, il la décompose énergiquement, prend feu et brûle avec une flamme qu'il est impossible de distinguer de celle du potassium.

ANALYSE SPECTRALE.

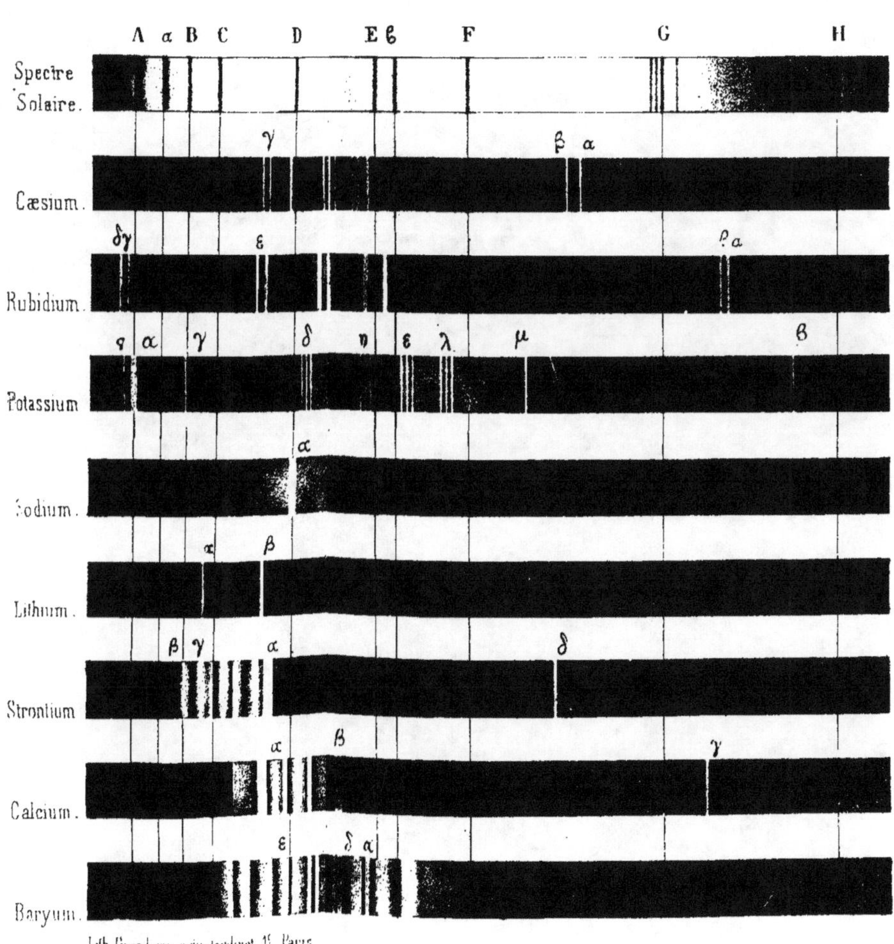

A α B C D E ϐ F G H
Spectre Solaire.
Cæsium.
γ
β α
Rubidium.
δγ
ε
ρ α
Potassium
ϱ α γ δ η ε λ μ β
Sodium.
α
Lithium.
α β
Strontium
β γ α δ
Calcium.
α β γ
Baryum.
ε δ α
Lith. Grandjean, r du Jardinet, 19 Paris

L'*hydrate de rubidium* RbHO² = RbO,HO ressemble à celui de potassium par sa causticité et sa grande solubilité dans l'eau.

Le *chlorure de rubidium* RbCl est anhydre comme le chlorure de potassium. Il est beaucoup plus soluble dans l'eau que ce dernier et cristallise comme lui en cubes. Avec le chlorure de platine il forme un chlorure double (chloroplatinate de rubidium) qui constitue un précipité jaune clair cristallin, qui ne diffère du composé correspondant du potassium que par une plus grande insolubilité dans l'eau.

L'*azotate de rubidium* se présente en cristaux appartenant au système hexagonal, tandis que le salpêtre cristallise ordinairement en prismes dérivés d'un prisme rhomboïdal droit.

Césium. — Ce métal est caractérisé par une belle raie bleue qui lui a valu son nom (de *caesius* bleu de ciel), et par plusieurs autres raies moins importantes. Il a été découvert par MM. Kirchhoff et Bunsen dans les eaux-mères des sources salines de Dürkheim et a été rencontré dans un assez grand nombre d'autres eaux minérales (Grandeau) (page 80).

Récemment, MM. Johnson et Allen ont découvert en Amérique une lépidolithe très-riche en césium. Ce métal accompagne presque toujours le rubidium, mais généralement en très-petite quantité.

On est parvenu à séparer ces deux métaux l'un de l'autre en mettant à profit l'inégale solubilité de leurs carbonates dans l'alcool (celui du rubidium y est insoluble) ou de leurs tartrates acides dans l'eau (Johnson et Allen).

L'*hydrate d'oxyde de césium* cristallise difficilement. Il est très-caustique. Il attaque le platine. Il se volatilise à une température élevée.

Le *chlorure* est déliquescent, propriété qui le distingue des autres chlorures alcalins. Il forme avec le chlorure de platine un chloroplatinate encore moins soluble que celui de rubidium.

L'*azotate* est isomorphe avec celui de rubidium. Il est soluble dans l'alcool, ce qui le distingue du salpêtre.

D'après les dernières recherches de MM. Johnson et Allen, confirmées par celles de M. Bunsen, l'équivalent du césium est de 133.

THALLIUM

La découverte de ce métal est due à l'analyse spectrale. M. William Crookes a aperçu le premier, en 1861, une belle raie verte en examinant au spectroscope les raies formées par une flamme dans laquelle il avait introduit une petite quantité de dépôts formés dans les chambres de plomb de certaines fabriques d'acide sulfurique. Il a nettement exprimé l'opinion que cette raie caractérisait un nouveau corps simple auquel il a donné le nom de *thallium* (de θαλλός, bourgeon vert), mais il n'a point réussi à isoler ce corps à l'état de pureté, et par conséquent à fournir la démonstration certaine de sa découverte. Cette démonstration est due à M. Lamy, qui a obtenu le thallium à l'état de pureté sous forme d'un métal lourd dont il a fait connaître les principales combinaisons.

On rencontre le thallium en très-petite quantité dans certaines pyrites, et lorsqu'on fait servir ces pyrites à la préparation de l'acide sulfurique, il se concentre dans les chambres de condensation, disposées, dans quelques fabriques, avant les chambres de plomb où se forme l'acide sulfurique. Pour l'extraire des dépôts boueux qui se rassemblent sur le sol des chambres, on épuise ces dépôts par l'eau bouillante : du sulfate de thallium se dissout. On concentre la solution et on ajoute de l'acide chlorhydrique, qui précipite du protochlorure de thallium peu soluble. Celui-ci étant de nouveau transformé en sulfate, on décompose la solution aqueuse de ce dernier sel par le zinc, qui précipite le thallium à l'état métallique. On peut aussi calciner dans un creuset le chlorure de thallium avec un mélange de carbonate de potasse et de charbon (flux noir). Il se forme du chlorure de potassium, et le thallium réduit se rassemble au fond du creuset, où il forme un culot après le refroidissement.

Récemment on a signalé la présence du thallium dans les eaux minérales de Nauheim et d'Orb (Bœttger).

Le thallium pur est un métal lourd qui se rapproche du plomb par quelques-uns de ses caractères. Il est gris, malléable, plus mou que le plomb. Sa densité est égale à 11,9. Il fond à 290°. A une très-haute température il se volatilise. Lorsqu'on le plie il fait entendre un bruit analogue au cri de l'étain.

D'autres caractères, entre autres ceux tirés de l'isomorphisme, rappellent ceux des métaux alcalins.

Le thallium est très-oxydable et est capable de décomposer l'eau. On le conserve ordinairement sous l'eau, qui dissout l'oxyde, ou plutôt l'hydrate, à mesure qu'il se forme. Ce métal se dissout dans l'acide sulfurique étendu avec dégagement d'hydrogène. Il attaque énergiquement l'acide azotique qui le dissout.

Le *protoxyde de thallium* TlO est noir. Il fond au-dessus de 300°. Il attaque le verre. Il forme, en s'unissant à l'eau, un hydrate soluble, cristallisable, caustique. Lorsqu'on chauffe les cristaux d'hydrate de thallium, ils noircissent en perdant de l'eau. L'hydrate de thallium se dissout dans l'alcool et forme une solution très-dense, décomposable par l'eau.

Le *peroxyde de thallium* TlO^3 se forme lorsque le thallium brûle dans l'oxygène ou lorsqu'on précipite le perchlorure de thallium par la potasse caustique. Dans ce dernier cas il est hydraté.

Le *protochlorure de thallium* $TlCl$ est peu soluble dans l'eau et se précipite, sous forme d'un dépôt blanc caillebotté, lorsqu'on ajoute de l'acide chlorhydrique aux solutions des sels de protoxyde de thallium. Il ressemble au chlorure d'argent; mais il est insoluble dans l'ammoniaque et se dissout, au contraire, dans une grande quantité d'eau bouillante.

Indépendamment du protochlorure de thallium, on connaît un perchlorure $TlCl^3$ et un sesquichlorure Tl^2Cl^3. Ces deux derniers composés sont très-solubles dans l'eau, surtout le perchlorure. L'ammoniaque ajoutée à la solution de perchlorure en précipite incomplétement du peroxyde. Si l'on ajoute de l'ammoniaque à une solution concentrée de ce chlorure, préalablement additionnée de sel ammoniac, on obtient un précipité blanc qui renferme $TlCl^3,3AzH^3$ (E. Willm).

Le *protoiodure de thallium* TlI s'obtient par double décomposition sous forme d'un précipité jaune, très-peu soluble dans l'eau.

Les solutions acides des *sels de protoxyde de thallium* ne sont point précipitées par l'hydrogène sulfuré. Le sulfhydrate d'ammoniaque y forme un précipité noir de sulfure de thallium. Le chromate de potasse y forme un précipité jaune. Le chlorure de platine donne un précipité jaune qui ressemble au chloroplatinate de potassium.

Le *sulfate de thallium* est soluble dans l'eau, caractère qui le distingue du sulfate de plomb.

L'*azotate*, qui est soluble de même, cristallise en aiguilles soyeuses.

M. Lamy a découvert récemment ce fait intéressant que les composés de thallium exercent sur l'économie une action toxique énergique.

BARIUM

Le barium est le radical métallique de la baryte, terre alcaline découverte par Scheele en 1774. Les combinaisons naturelles les plus abondantes de ce métal sont le sulfate de baryte (baryte sulfatée, spath pesant) et le carbonate de baryte (withérite).

Davy a isolé le barium en 1808, en décomposant la baryte par la pile en présence du mercure qui servait d'électrode négative. Il a obtenu ainsi un amalgame dont il a séparé le mercure par distillation. M. Bunsen a récemment obtenu le barium par l'électrolyse du chlorure. Il a introduit ce chlorure, délayé dans de l'eau chaude acidulée d'acide chlorhydrique, dans un vase cylindrique en terre poreuse. Ce vase était placé dans un creuset de charbon rempli d'acide chlorhydrique et dont la paroi était en communication avec le pôle positif d'une pile. L'électrode négative était formée par un fil de platine amalgamé qui plongeait dans la bouillie de chlorure de barium. Tout l'appareil était placé dans un grand creuset de porcelaine et chauffé à l'aide d'un bain-marie. Le barium, mis en liberté par l'action du courant, s'est combiné avec le mercure du fil amalgamé. L'amalgame cristallin ainsi obtenu a été chauffé dans une nacelle de charbon au milieu d'un courant d'hydrogène. Le barium est resté sous forme d'une masse métallique boursouflée, dont les cavités présentaient un éclat semblable à celui de l'argent. Il est très-avide d'oxygène et se ternit rapidement à l'air. Il décompose l'eau à froid.

PROTOXYDE DE BARIUM OU BARYTE.

BaO.

On obtient cet oxyde en chauffant l'azotate de baryte au rouge dans une cornue de porcelaine. Lorsque tout dégagement de gaz a cessé, on laisse refroidir. On trouve dans la cornue une masse grise boursouflée qui constitue la baryte caustique.

La baryte ne fond qu'à la température la plus élevée d'un feu de forge (Abich). Exposée à l'air, elle en attire l'humidité et l'acide carbonique et se délite. Son affinité pour l'eau est telle que lorsqu'on verse ce liquide sur un fragment de baryte caustique, il se produit un sifflement comme si l'on plongeait un fer rouge dans l'eau. La baryte se transforme alors en une poudre blanche qui est l'hydrate $BaHO^2 = BaO,HO$, et qui se dissout dans une grande quantité d'eau bouillante. Par le refroidissement il se dépose de la solution de grands cristaux tabulaires transparents qui renferment BaO,HO $+$ 8 aq (ou $+$ 9 aq. d'après H. Rose). L'hydrate de baryte se dissout dans 2 parties d'eau bouillante et dans 20 parties d'eau froide. La solution limpide porte le nom d'*eau de baryte*. Elle possède une forte réaction alcaline.

On peut préparer l'hydrate de baryte en décomposant une solution concentrée de sulfure de barium par un excès d'oxyde de cuivre. Il se forme du sulfure de cuivre insoluble, et il se dépose des cristaux d'hydrate de baryte par le refroidissement de la liqueur filtrée.

Enfin, le procédé le plus économique pour obtenir cet hydrate consiste à mêler intimement 100 parties de carbonate de baryte naturel ou artificiel avec 15 parties de charbon et avec une quantité de colle d'amidon suffisante pour former une pâte. On fait avec cette pâte des boulettes qu'on expose ensuite, dans des creusets couverts, à l'action d'une très-haute température. Par la calcination, l'amidon donne du charbon très-divisé, et l'acide carbonique du carbonate se trouvant réduit par le charbon, se dégage à l'état d'oxyde de carbone. Il reste de la baryte caustique mélangée avec l'excès de charbon. On jette le tout dans l'eau bouillante, qui dissout la baryte ; on filtre et l'on obtient des cristaux d'hydrate par le refroidissement de la solution.

BIOXYDE DE BARIUM.

BaO^2.

La baryte caustique absorbe 1 équivalent d'oxygène à 300° et se convertit en bioxyde. Pour préparer ce dernier, on place la baryte dans un tube de porcelaine, on chauffe au rouge obscur et on fait passer dans le tube un courant d'air dépouillé d'acide carbonique. L'expérience est terminée lorsque le gaz qui sort de l'appareil est de l'air non altéré (Boussingault).

Le bioxyde de barium est une masse grise, poreuse, quelquefois verdâtre. Lorsqu'on le chauffe au rouge vif il perd son second équivalent d'oxygène et se convertit de nouveau en baryte caustique. Mis en contact avec l'eau, il s'y combine tranquillement et sans dégagement sensible de chaleur, et forme un hydrate pulvérulent. Soumis à l'ébullition avec de l'eau, cet hydrate perd de l'oxygène et se convertit en hydrate de baryte. Traité par l'acide sulfurique, le bioxyde de barium dégage de l'oxygène mêlé d'ozone (page 43). Introduit dans l'acide chlorhydrique, il forme de l'eau oxygénée (page 123).

SULFURE DE BARIUM.

BaS.

Le sulfure de barium s'obtient par la réduction du sulfate de baryte naturel au moyen du charbon, et sert lui-même à la préparation des autres composés barytiques. Le sulfate de baryte réduit en poudre fine est mélangé avec du charbon pulvérisé et avec une certaine quantité de fécule, de farine, ou de colophane. Ce mélange est additionné d'huile de lin et réduit en une pâte avec laquelle on forme des boulettes. Celles-ci sont calcinées au rouge vif dans un creuset couvert. Il se forme du sulfure de barium qui reste mélangé avec l'excès de charbon et avec du sulfate non décomposé.

$$BaSO^4 + C^4 = 4CO + BaS.$$

Préalablement exposé à l'air et à l'insolation, le produit de la calcination, qui renferme du sulfure de barium divisé et disséminé dans un excès de charbon, devient phosphorescent dans l'obscurité. On le nommait autrefois *phosphore de Bologne*. Traité par l'eau bouillante, il donne une solution qui laisse déposer par le refroidissement des tables hexagonales. Ces cristaux constituent un mélange de sulfure de barium, de sulfhydrate de barium et d'hydrate de baryte.

$$2BaS + 2HO = BaS,HS + BaO,HO.$$

Monosulfure de barium.		Sulfhydrate de barium.	Hydrate de baryte.

Ils n'offrent pas une composition constante : ils renferment une quantité plus ou moins considérable d'hydrate de baryte et d'eau de cristallisation.

Ces mélanges sont quelquefois désignés sous le nom d'oxysulfure de barium hydraté.

La solution de ce qu'on nomme le sulfure de barium est légèrement colorée en jaune. Lorsqu'on la traite par un acide, elle laisse dégager de l'hydrogène sulfuré et donne toujours un léger dépôt de soufre. Elle renferme donc une petite quantité d'un polysulfure.

CHLORURE DE BARIUM.

BaCl.

On l'obtient en saturant la solution de sulfure de barium par l'acide chlorhydrique. On fait bouillir la liqueur pour chasser l'hydrogène sulfuré; on filtre et on fait évaporer. Le chlorure de barium se dépose en tables rhomboïdales. Ces cristaux renferment BaCl + 2HO.

Ils sont inaltérables à l'air, perdent leur eau à 100°, fondent au rouge. Ils possèdent une saveur piquante et désagréable. 100 parties d'eau en dissolvent 43,5 parties à 15°,6, et 78 parties à l'ébullition (Gay-Lussac). Ils sont insolubles dans l'alcool absolu. La solution aqueuse concentrée précipite par l'acide chlorhydrique.

Le chlorure de barium est quelquefois employé en médecine pour combattre les maladies scrofuleuses et les dartres.

CARBONATE DE BARYTE.

$$CBaO^3 = CO^2,BaO.$$

On prépare ce sel par double décomposition en ajoutant une solution de carbonate de soude à une solution de sulfure de barium ou de chlorure de barium. C'est une poudre blanche amorphe, presque entièrement insoluble dans l'eau pure, mais qui se dissout sensiblement dans l'eau à travers laquelle on fait passer un courant d'acide carbonique ou qui renferme des sels ammoniacaux. Le carbonate de baryte fond au rouge blanc et perd lentement son acide carbonique à cette température.

AZOTATE DE BARYTE.

$$AzBaO^6 = AzO^5,BaO.$$

On l'obtient en décomposant le sulfure de barium ou le carbonate de baryte par l'acide azotique étendu et en évaporant la solution neutre. On peut aussi le préparer en mélangeant des solutions concentrées d'azotate de soude et de chlorure de barium et en concentrant la liqueur. Elle laisse déposer, par le refroidissement, des cristaux d'azotate de baryte, tandis que du chlorure de sodium reste en dissolution.

L'azotate de baryte cristallise en octaèdres réguliers ou en cubooctaèdres anhydres. 100 parties d'eau en dissolvent 8,18 parties à 15°, et 35,18 parties à 101°. Il est insoluble dans l'alcool et dans l'acide azotique concentré. Il fond au rouge en se décomposant et en donnant de la baryte caustique.

SULFATE DE BARYTE.

$$SBaO^4 = SO^3,BaO.$$

Il se précipite sous forme d'une poudre blanche amorphe et très-divisée lorsqu'on ajoute de l'acide sulfurique ou un sulfate soluble à la solution d'un composé barytique quelconque. Il est tout à fait insoluble dans l'eau et dans les acides, à l'exception de l'acide sulfurique concentré. Fondu avec un excès de carbonate de soude, il forme du carbonate de baryte et du sulfate de soude (page 442).

Action toxique des sels de baryte. — Les sels de baryte sont vénéneux, moins par l'irritation locale qu'ils produisent et qui est peu intense, que par l'action qu'ils exercent sur les centres nerveux, et principalement sur la moëlle épinière, après l'absorption. Les symptômes de l'empoisonnement ressemblent à ceux que produisent les narcotiques. Les effets sont rapides et la mort peut survenir au bout de une à deux heures après l'ingestion de 15 grammes de chlorure de barium. On connaît aussi des cas d'empoisonnement par le carbonate de baryte naturel pulvérisé (withérite).

STRONTIUM

A côté du barium vient se placer le strontium : les composés de ce dernier métal offrent la plus grande analogie avec ceux du premier. Le strontium a été isolé par Davy en 1808, et plus récemment par MM. Bunsen et Matthiessen, à l'aide d'un procédé analogue à celui qui sert à la préparation du barium. M. Matthiessen décrit le strontium comme un métal jaune, d'une densité de 2,50 à 2,58, plus dur que le plomb, et décomposant l'eau déjà à froid.

Le strontium forme avec l'oxygène un protoxyde SrO, qui est la *strontiane*, et un bioxyde SrO^2. On les obtient comme les oxydes barytiques correspondants, et leurs propriétés se rapprochent beaucoup de celles de ces oxydes.

On trouve dans la nature le carbonate de strontiane CO^2,SrO (strontianite), et le sulfate SO^3,SrO (célestine). Ces deux sels sont insolubles dans l'eau, mais le dernier l'est moins que le sulfate de baryte. L'azotate de strontiane AzO^5,SrO, qu'on prépare comme l'azotate de baryte, se dépose de sa solution aqueuse chaude en octaèdres anhydres, et cristallise à une basse température en tables rhomboïdales renfermant cinq équivalents d'eau de cristallisation. Il est soluble dans l'alcool et colore la flamme de celui-ci en rouge. Les composés strontiques n'étant pas employés en médecine, nous ne croyons pas devoir en présenter ici une description détaillée.

CALCIUM

Ce métal est le radical de la chaux. Davy l'a isolé en 1808. MM. Bunsen et Matthiessen l'ont obtenu par l'électrolyse du chlorure de calcium fondu. D'après MM. Liès-Bodard et Jobin, on peut l'isoler en décomposant l'iodure de calcium par le sodium. L'opération se fait dans un creuset de fer.

Le calcium est jaune. Il possède à un haut degré l'éclat métallique lorsqu'il est fraîchement limé. Il est inaltérable à l'air sec et y conserve son éclat pendant plusieurs jours; mais dans l'air humide il se ternit rapidement et se couvre d'une couche grisâtre d'hydrate de chaux. Lorsqu'on le chauffe au rouge sur une lame de platine, il fond, s'enflamme et brûle avec une flamme blanche douée d'un éclat incomparable : il se forme de la chaux.

OXYDE DE CALCIUM OU CHAUX.

CaO.

On l'obtient en grand en calcinant le carbonate de chaux naturel dans des fours particuliers qu'on nomme *fours à chaux*. Les calcaires purs donnent par la calcination de la *chaux grasse ;* les calcaires mêlés d'autres carbonates terreux, d'argile, de sable, etc., donnent une chaux impure qu'on nomme *chaux maigre*.

La chaux ainsi préparée se présente en gros fragments grisâtres, compactes, durs.

On obtient la chaux dans les laboratoires en calcinant au rouge blanc des fragments de marbre blanc. Parfaitement pure, elle est incolore.

La chaux est infusible aux températures les plus élevées. Exposée à l'air, elle en attire l'humidité et l'acide carbonique; elle se délite, augmente de volume et finit par se convertir en une poudre blanche, mélange de carbonate et d'hydrate de chaux. Lorsqu'on la met en contact avec l'eau, elle en absorbe une certaine quantité sans donner lieu d'abord à aucun phénomène particulier. Mais au bout de quelques instants, les morceaux imbibés d'eau commencent à s'échauffer, à répandre des vapeurs, puis ils se fendent et augmentent de volume; si la quantité d'eau est assez considérable, la *chaux vive*, après avoir foisonné, comme on dit, finit par se convertir en une poudre blanche, qui est la *chaux éteinte*. C'est l'hydrate de chaux $CaHO^2 = CaO,HO$.

Lorsqu'on délaye la chaux éteinte dans l'eau, on obtient une bouillie blanche qu'on nomme *lait de chaux*. Dans cette préparation l'hydrate de chaux est suspendu dans l'eau, car il y est peu soluble. En filtrant un lait de chaux on obtient une liqueur limpide qui renferme une petite quantité d'hydrate de chaux en solution et qui constitue *l'eau de chaux*. 1 partie de chaux exige, pour se dissoudre, 778 parties d'eau à 15°,6 et 1270 parties d'eau bouillante (Dalton). On voit que la solubilité de la chaux diminue avec la température. Aussi, lorsqu'on porte à l'ébullition de l'eau de chaux saturée à 0°, elle laisse déposer de l'hydrate de chaux sous forme de petits cristaux (Phillips). On obtient aussi des cristaux d'hydrate de chaux en laissant évaporer l'eau de chaux sous une cloche, au-dessus d'un vase renfermant de l'acide sulfurique. Ces cristaux sont des prismes réguliers à 6 pans ou des tables hexagonales. Ils constituent l'hydrate de chaux pur (Gay-Lussac).

L'eau de chaux, sans être caustique, offre une réaction alcaline très-prononcée. Elle ramène vivement au bleu le papier de tournesol rouge. Elle brunit le papier de curcuma. Exposée au contact de l'air, elle en attire l'acide carbonique et se couvre d'une pellicule de carbonate de chaux cristallisé. Lorsqu'on y ajoute de l'eau oxygénée, il se précipite des lamelles cristallines d'hydrate de peroxyde de calcium.

L'hydrate de chaux se dissout abondamment dans l'eau sucrée, en formant une solution très-alcaline, qu'on nomme saccharate de chaux.

L'eau de chaux est employée en médecine. On la prescrit quelquefois, pour l'usage interne, dans le scorbut et dans certaines diarrhées. On l'a employée pour combattre le muguet, en lotions pour déterger certains ulcères, et en injections contre l'uréthrite chronique.

SULFURES DE CALCIUM.

Le monosulfure de calcium CaS se forme lorsqu'on dirige un courant d'hydrogène sulfuré sur de la chaux incandescente (Berzelius) et lorsqu'on calcine du sulfate de chaux avec le $\frac{1}{3}$ de son poids de charbon (Berthier). L'eau le décompose, d'après M. H. Rose, en sulfhydrate de sulfure de calcium, et en hydrate de chaux qui reste mêlé à du sulfure.

On emploie en médecine, sous le nom de sulfure de chaux liquide, une solution de polysulfure de calcium mêlée d'hyposulfite. On l'obtient en faisant bouillir un lait de chaux avec des fleurs de soufre en excès. On prolonge l'ébullition pendant une heure, en ayant soin de renouveler l'eau au fur et à mesure qu'elle s'évapore, puis on filtre. On obtient une solution rouge orangé. Lorsqu'on y ajoute un acide, cette solution dégage de l'hydrogène sulfuré et donne un précipité de soufre divisé (magistère de soufre).

Évaporée à siccité, la solution de sulfure de chaux donne *le foie de soufre calcaire*. Ces préparations sont peu usitées aujourd'hui.

CHLORURE DE CALCIUM.
CaCl.

On l'obtient en dissolvant le marbre blanc ou la craie dans l'acide chlorhydrique et en évaporant la solution neutre. Fortement concentrée et refroidie, elle laisse déposer des cristaux renfermant $CaCl + 6HO$. Ce sont des prismes à 6 pans, souvent striés et terminés par des pyramides à 6 faces. Ils sont déliquescents et se dissolvent dans le $\frac{1}{4}$ de leur poids d'eau à 16°, en produisant un abaissement notable de température. En les mélangeant avec de la glace pilée on parvient à abaisser la température jusqu'à — 45°. Abandonnés longtemps dans le vide, ils perdent 4 équivalents d'eau. Chauffés, ils fondent dans leur l'eau, et à 200° ils perdent de même 4 équivalents d'eau, et se transforment en une masse blanche poreuse qui fond de nouveau au-dessous du rouge, en perdant l'eau qu'elle retient encore. Après avoir subi la fusion ignée, le chlorure de calcium se prend, par le refroidissement, en une masse blanche cristalline. C'est sous cette forme qu'on l'emploie ordinairement pour dessécher les gaz, car il est très-déliquescent. En se dissolvant dans l'eau, il produit une forte élévation de température. Lorsqu'on fait bouillir une solution concentrée de chlorure de calcium avec de l'hydrate de chaux et qu'on filtre la liqueur, celle-ci laisse déposer, par le refroidissement, de longues aiguilles fines qui constituent un oxychlorure $3CaO + CaCl + 15HO$.

Le chlorure de calcium a été employé à l'intérieur dans le traitement des maladies scrofuleuses. Il sert principalement à la préparation de certaines eaux minérales artificielles.

CARBONATE DE CHAUX.

$$CCaO^3 = CO^2,CaO.$$

On le rencontre dans la nature en grande abondance et sous différentes formes. A l'état cristallisé il constitue le spath d'Islande et l'aragonite. Le premier cristallise en rhomboèdres de $103°,5'$, incolores, transparents, biréfringents, d'une densité de 2,7. Le second en prismes droits à base rectangle, d'une densité de 2,93. Ces deux formes appartiennent à deux systèmes cristallins différents. Le carbonate de chaux est donc dimorphe.

On peut préparer artificiellement et obtenir à volonté du carbonate de chaux rhomboédrique ou prismatique. Lorsqu'on fait passer dans de l'eau de chaux, à la température ordinaire, un courant d'acide carbonique, il se forme d'abord des globules qui, au bout de quelque temps, se convertissent en rhomboèdres. Si l'opération précédente se fait à la température de l'ébullition de l'eau, le précipité se compose de petits prismes d'aragonite. D'un autre côté, lorsqu'on mélange du chlorure de calcium avec une solution de bicarbonate de soude, et qu'on fait bouillir le liquide, le précipité est entièrement formé de rhomboèdres. (G. Rose.)

Lorsqu'on chauffe avec précaution de petits fragments d'aragonite, on les voit se désagréger et se résoudre en une multitude de petits cristaux ayant la forme du spath d'Islande.

Les marbres constituent une variété de carbonate de chaux naturel. Ils doivent la diversité de leur aspect et de leur couleur à des matières étrangères qui y sont mêlées. Le marbre saccharoïde offre une texture cristalline. Le carbonate de chaux constitue encore les diverses roches calcaires que l'on trouve dans les terrains de sédiment, et qui offrent des degrés de compacité très-divers. Les roches calcaires les moins compactes sont celles des terrains tertiaires. Tout le monde connaît l'aspect de la craie, qui est du carbonate de chaux amorphe et très-peu agrégé.

On connait un carbonate de chaux hydraté $CO^2,CaO + 5HO$. Il se dépose en rhomboèdres très-aigus lorsqu'on abandonne longtemps à l'air une solution de chaux dans l'eau sucrée (saccharate de chaux).

Le carbonate de chaux abandonne son acide carbonique à la température rouge et se convertit en chaux caustique. Cette décomposition est rendue plus facile par l'intervention de la vapeur d'eau. Elle a lieu plus aisément dans un four à chaux que dans un creuset couvert, par la raison que dans le premier cas un fort courant d'air entraîne sans cesse l'acide carbonique. Réciproquement, Hall a pu fondre de la craie en la chauffant fortement dans un canon de fusil exactement scellé. Dans cette expérience, l'acide carbonique, accumulé sous forte pression dans un espace clos, a empêché la décomposition de la plus grande partie du carbonate de chaux, et celui-ci ayant pu fondre, s'est trouvé converti en marbre après le refroidissement.

A la température ordinaire l'eau dissout 2 à 3 cent millièmes de carbonate de chaux; elle en dissout $\frac{1}{8857}$ à 100°. Les solutions des sels ammoniacaux dissolvent plus de carbonate de chaux que l'eau pure. Nous avons insisté à plusieurs reprises sur la solubilité du carbonate de chaux dans l'eau chargée d'acide carbonique. Abandonnée à l'air, une telle solution laisse déposer du carbonate de chaux à l'état cristallin. On sait que ces réactions s'accomplissent dans la nature et donnent lieu à diverses productions, telles que les incrustations qui se forment dans le voisinage de certaines sources, les stalactites, etc. Ces dépôts renferment le carbonate de chaux à l'état cristallin et compacte. Leur texture est quelquefois assez fine et leur dureté assez grande pour qu'ils puissent servir à la confection d'objets d'ornement. Il en est ainsi du *Sprudelstein* (pierre du Sprudel), qui se dépose au point d'émergence du Sprudel, une des sources de Carlsbad (page 106).

SULFATE DE CHAUX.

$$SCaO^4 = SO^3, CaO.$$

On rencontre ce sel dans la nature sous deux états. Anhydre, il constitue l'*anhydrite* des minéralogistes. Combiné avec 2 équivalents d'eau de cristallisation, il forme ce que l'on nomme vulgairement le *gypse* ou la *pierre à plâtre*, dont on trouve des couches assez considérables dans le terrain tertiaire inférieur des environs de Paris.

Le sulfate de chaux hydraté se rencontre quelquefois dans la nature en cristaux définis qui appartiennent au type du prisme rhomboïdal oblique. Ils affectent parfois la forme d'un fer de lance. Souvent ils s'entrelacent d'une manière irrégulière les uns dans les autres, et forment des masses demi-translucides, tantôt blanches tantôt colorées : dans cet état, le sulfate de chaux hydraté constitue l'*albâtre*.

Chauffé à 80° dans un courant d'air ou à 115° en vase clos, ce sulfate $SO^3, CaO + 2HO$ abandonne lentement 2 équivalents d'eau et se convertit en sulfate de chaux anhydre. A 120° ou 130° cette déshydratation est rapide et complète. Dans cet état le sulfate de chaux est apte à reprendre son eau de cristallisation avec la plus grande facilité et en s'échauffant d'une manière sensible. Mais lorsque, pendant la dessication, la température a été portée à 160° environ, le sel anhydre ne reprend son eau qu'avec une lenteur extrême : il ne la reprend point lorsqu'il a été calciné au rouge cerise. Il fond au rouge blanc sans se décomposer.

L'emploi du plâtre comme mortier dans les constructions est fondé sur la propriété du sulfate de chaux sec de reprendre son eau de cristallisation; en s'hydratant, les particules de sulfate de chaux prennent la forme cristalline et éprouvent une augmentation de volume, tandis que le volume du liquide diminue; il en résulte qu'ils se rapprochent les uns des autres, se *feutrent* et finissent par faire prendre le liquide en une masse compacte.

Le sulfate de chaux est peu soluble dans l'eau. 1,000 parties d'eau bouillante en dissolvent un peu plus de deux parties; à 35° elles en dissolvent 2,54 parties; à 0° elles en dissolvent 2,05 parties. Le maximum de solubilité du sulfate de chaux correspond à 35°. Aussi une dissolution faite à froid se trouble-t-elle à l'ébullition. Le sulfate de chaux est complétement insoluble dans l'alcool.

AZOTATE DE CHAUX.

$$AzCaO^6 + 4HO = AzO^5,CaO + 4 \text{ aq.}$$

Ce sel se forme naturellement dans le voisinage de nos demeures, dans le sol de nos caves, dans les murs humides. Il est contenu dans ce que l'on nomme les matériaux salpêtrés. Il existe en dissolution dans certaines eaux de sources et de puits. On l'obtient en saturant le carbonate de chaux par l'acide azotique. Il constitue des prismes hexagonaux déliquescents, solubles dans le $\frac{1}{4}$ de leur poids d'eau et dans l'alcool. Ces cristaux renfermant 4 équivalents d'eau de cristallisation.

HYPOCHLORITE DE CHAUX.

$$ClCaO^2 = ClO,CaO.$$

Ce sel existe dans le chlorure de chaux du commerce, qui constitue un mélange d'hypochlorite et de chlorure. On obtient ce produit en exposant la chaux bien hydratée à l'action du chlore. Celui-ci est absorbé énergiquement, et il se forme un mélange de chlorure et d'hypochlorite selon l'équation

$$Cl^2 + 2CaO = CaCl + ClCaO^2.$$

L'opération doit être conduite lentement pour éviter l'élévation de température; car à 100° l'hypochlorite se convertirait en chlorate et en chlorure.

$$4ClCaO^2 = ClCaO^6 + 3CaCl + O^2.$$

Le mélange de chlorure de calcium et d'hypochlorite de chaux (on le désigne vulgairement sous le nom de chlorure de chaux), est une matière blanche pulvérulente amorphe, qui dégage une odeur de chlore.

Il renferme généralement un excès de chaux; aussi ramène-t-il d'abord au bleu le papier de tournesol rouge pour le décolorer ensuite. Lorsqu'on le traite par l'eau, l'hypochlorite et le chlorure se dissolvent, et il reste une poudre blanche principalement formée par de l'hydrate de chaux. Soumise à l'ébullition, la solution de chlorure de chaux laisse dégager de l'oxygène, et l'hypochlorite qu'elle renferme se convertit en chlorate et en chlorure.

Lorsqu'on le traite par un acide, le chlorure de chaux laisse dégager du chlore. L'acide commence par mettre l'acide hypochloreux en liberté, et celui-ci, réagissant sur le chlorure de calcium, forme de l'oxyde (lequel est saturé par l'acide) et donne un dégagement de chlore (voir page 170).

$$CaCl + ClO = CaO + 2Cl.$$

Chlorure   Acide   Chaux.   Chlore.
de calcium. hypochloreux.

Le chlorure de chaux décolore et désinfecte parce qu'il est une source de chlore, et pour qu'il en soit ainsi, on voit que l'intervention d'un acide est nécessaire : celle de l'acide carbonique suffit.

En décomposant une solution de chlorure de chaux par le carbonate de soude, et séparant par le filtre le carbonate de chaux formé, on obtient l'*eau de Labarraque*, qui renferme de l'hypochlorite de soude et du chlorure de sodium.

PHOSPHATES DE CHAUX.

Le phosphate tribasique $PhCa^3O^5 = PhO^5,3CaO$ se rencontre dans les os. Insoluble dans l'eau froide, il se dissout dans les acides, même dans l'acide carbonique, en petite quantité. L'ammoniaque le précipite de ces solutions acides.

Le phosphate neutre de chaux

$$PhCa^2HO^5 = PhO^5 \begin{cases} 2CaO \\ HO \end{cases}$$

se rencontre quelquefois dans les concrétions et dans les sédiments urinaires.

Il se précipite lorsqu'on mélange des solutions de chlorure de calcium et de phosphate neutre de soude.

$$PhNa^2HO^5 + 2CaCl = PhCa^2HO^5 + 2NaCl.$$

Il est quelquefois employé en médecine.

Le phosphate acide de chaux

$$PhCaHO^5 = PhO^5 \begin{cases} CaO \\ 2HO \end{cases}$$

se trouve en dissolution dans les humeurs de l'économie animale qui offrent une réaction acide. Il est soluble dans l'eau. On l'obtient en traitant la cendre d'os par l'acide sulfurique étendu. Il sert à la préparation du phosphore (page 240).

Caractères des sels de chaux. — Les solutions des sels de chaux ne précipitent ni par l'hydrogène sulfuré, ni par le sulfhydrate d'ammoniaque. Le carbonate de soude y forme un précipité blanc gélatineux. Le sulfate de soude ou l'acide sulfurique y font naître un précipité blanc volumineux, si les liqueurs sont concentrées ou moyennement étendues. Dans les solutions très-étendues ces réactifs ne forment plus de précipité, car le sulfate de chaux est légèrement soluble dans l'eau. L'acide oxalique, ou mieux l'oxalate d'ammoniaque fait naître dans les solutions, même les plus étendues des sels de chaux un précipité blanc d'oxalate de chaux. Ce sel est insoluble dans l'acide acétique, mais se dissout facilement dans l'acide chlorhydrique et dans l'acide azotique.

La potasse et la soude forment un précipité blanc dans les solutions concentrées des sels de chaux; l'ammoniaque ne les précipite pas.

MAGNÉSIUM

Le magnésium est le radical métallique de la magnésie, ou oxyde de magnésium. La magnésie est irréductible par le charbon. D'après M. Bussy, on obtient le magnésium par l'action du potassium ou du sodium sur le chlorure de magnésium. Pour le préparer, MM. H. Deville et Caron emploient le procédé suivant. On mélange, aussi intimement que possible, 600 grammes de chlorure de magnésium, 100 grammes de chlorure de sodium, 100 grammes de fluorure de calcium et 100 grammes de sodium coupé en petits morceaux. On introduit ce mélange dans un creuset de terre bien rouge, on ferme celui-ci avec son couvercle et on le retire du feu dès que la réaction est terminée. Après avoir agité la masse liquide avec une baguette de fer, pour rassembler les globules du magnésium, on coule le tout sur une plaque de fer. Le magnésium est incrusté dans une scorie dont on détache les globules métalliques. On purifie le métal brut en le chauffant au rouge vif dans une nacelle de charbon, au milieu d'un courant de gaz hydrogène. Il se volatilise et se condense plus loin. On le fond ensuite avec un mélange de chlorures de magnésium et de sodium et de fluorure de calcium : le magnésium se rassemble au fond du creuset.

C'est un métal blanc qui possède presque l'éclat de l'argent. Il est malléable et assez dur pour qu'on puisse le limer. Sa densité est de 1,74 à 1,75. Il fond vers 500° et se volatilise à la chaleur blanche.

Il conserve son éclat à l'air sec. Il décompose l'eau à froid, mais très-lentement.

Chauffé au contact de l'air, il prend feu et brûle avec une flamme blanche très-éclatante. Il se forme ainsi de la magnésie qui reste à l'état d'une poudre blanche volumineuse.

OXYDE DE MAGNÉSIUM OU MAGNÉSIE CALCINÉE.

MgO.

On l'obtient en calcinant la magnésie blanche du commerce (carbonate de magnésie). L'acide carbonique se dégage, et il reste une poudre blanche légère, insipide, qui constitue la magnésie. Celle-ci est infusible au feu de forge et n'éprouve qu'une demi-fusion dans la flamme du chalumeau à gaz hydrogène et oxygène (Clarke).

L'eau ne dissout que 1 à 2 cent millièmes de magnésie (Bineau). Mais au contact de ce liquide l'oxyde s'hydrate et devient MgO,HO. Lorsqu'on plonge dans la bouillie blanche un papier de tournesol rouge, celui-ci bleuit lentement. De l'hydrate de magnésie se précipite à l'état amorphe lorsqu'on ajoute de la potasse caustique à une solution d'un sel magnésien. Exposé à l'air, cet hydrate attire lentement l'acide carbonique. On trouve dans la nature de l'hydrate de magnésie cristallisé.

La magnésie est fréquemment employée en médecine. Délayée dans l'eau à la dose de 8 à 16 grammes, elle purge. On l'administre aussi contre les aigreurs. M. Bussy a préconisé l'hydrate de magnésie comme contrepoison de l'acide arsénieux. La magnésie est le meilleur antidote dans l'empoisonnement par les acides.

CHLORURE DE MAGNÉSIUM.

MgCl.

On le connaît à l'état anhydre et à l'état cristallisé. Pour préparer le chlorure de magnésium anhydre, on dissout le carbonate de magnésie dans l'acide chlorhydrique, on ajoute à la solution du chlorhydrate d'ammoniaque et on évapore à siccité. On obtient ainsi un chlorure double de magnésium et d'ammonium qu'on peut dessécher parfaitement. On introduit la masse blanche ainsi obtenue dans un creuset de terre et on chauffe au rouge. Le chlorure d'ammonium se volatilise et le chlorure de magnésium reste à l'état d'un liquide qui se prend, par refroidissement, en une masse cristalline formée par des lames nacrées.

Lorsque, après avoir dissous le carbonate de magnésie dans l'acide chlorhydrique, on évapore et qu'on laisse refroidir la solution concentrée, il s'en dépose des cristaux prismatiques qui constituent un chlorure de magnésium hydraté $MgCl + 6HO$. On ne saurait dessécher cet hydrate. Lorsqu'on le chauffe, il perd non-

seulement de l'eau, mais encore de l'acide chlorhydrique et laisse
un résidu de magnésie.

$$MgCl + HO = HCl + MgO.$$

CARBONATE DE MAGNÉSIE.

$$CMgO^3 = CO^2,MgO.$$

On trouve dans la nature un carbonate de magnésie CO^2,MgO.
Ce carbonate naturel qui constitue la giobertite cristallise en rhomboèdres obtus, très-voisins de ceux de la chaux carbonatée. On trouve
aussi des amas considérables d'un carbonate double de chaux et de
magnésie connu sous le nom de *dolomie*.

On peut obtenir artificiellement du carbonate de magnésie sous
forme de cristaux hydratés, en laissant évaporer à l'air une solution de carbonate de magnésie dans l'acide carbonique. Si l'évaporation se fait à la température ordinaire ou mieux vers 50°, on
obtient des aiguilles disposées en aigrettes et qui renferment
$CO^2,MgO + 3HO$. Si, au contraire, on expose à l'air la solution de
carbonate de magnésie dans l'acide carbonique, à une basse température, on obtient principalement des cristaux tabulaires transparents qui renferment $CO^2,MgO + 5HO$.

Lorsqu'on précipite une solution bouillante de sulfate de magnésie par un excès de carbonate de soude, il se dégage de l'acide
carbonique et il se forme un précipité d'abord floconneux, mais
qui devient pulvérulent lorsqu'on prolonge l'ébullition. Ce précipité, lorsqu'il a été épuisé à plusieurs reprises par l'eau bouillante,
présente une composition représentée par la formule

$$3CO^2,4MgO,4HO = 3(CO^2,MgO) + MgO,HO + 3 \text{ aq.}$$

On peut l'envisager comme une combinaison de carbonate de
magnésie hydraté et d'hydrate de magnésie, et on le nomme ordinairement hydrocarbonate de magnésie. C'est la *magnésie blanche*
des pharmacies (*magnesia alba*). Le commerce la livre ordinairement sous la forme de gros pains prismatiques, blancs, très-légers.

Au reste, la composition de cet hydrocarbonate varie suivant
qu'il a été précipité à froid ou à chaud, et dans ce dernier cas,
suivant que l'ébullition a été prolongée plus ou moins longtemps.
D'après M. Fritzsche, la magnésie blanche du commerce est principalement formée par un hydrocarbonate de la composition.

$$4CO^2,5MgO,5HO.$$

Le précipité formé à froid est plus léger que celui qu'on obtient à
la température de l'ébullition.

La magnésie blanche est employée en médecine. On l'applique
aux mêmes usages que la magnésie calcinée.

SULFATE DE MAGNÉSIE.

$$SMgO^4 + 7HO = SO^3,MgO + 7\ aq.$$

Ce sel existe en dissolution dans l'eau de la mer, d'où l'on peut
le retirer en soumettant à l'évaporation spontanée les eaux-mères
d'où le chlorure de sodium s'est déposé.

Il se trouve aussi en dissolution dans certaines eaux minérales
purgatives dont il est l'élément prédominant. On en obtient de
grandes quantités en évaporant ces eaux, comme celles de Sedlitz
en Bohème et d'Epsom en Angleterre. De là les noms de sel de
Sedlitz ou sel d'Epsom qu'on a donnés autrefois au sulfate de magnésie.

Il est probable que ce sel se forme par l'action du sulfate de
chaux dissous dans les eaux sur le carbonate de magnésie, action
qui donne naissance, par double décomposition, à du sulfate de
magnésie et à du carbonate de chaux. Il cristallise en prismes
rhomboïdaux droits, incolores, transparents. Il possède une saveur désagréable, à la fois amère et salée.

Sa composition est exprimée par la formule

$$SO^3,MgO + 7HO.$$

lorsqu'il a cristallisé à la température ordinaire. Purs, ces cristaux
s'effleurissent à l'air. Lorsque le sulfate de magnésie se dépose à 0°,
il renferme 12 équivalents d'eau de cristallisation; il n'en renferme
que 6 lorsqu'il cristallise à chaud.

Exposé à l'action de la chaleur, le sulfate de magnésie fond
d'abord dans son eau de cristallisation. Chauffé à 132°, il en retient
encore 1 équivalent, qui ne se dégage qu'au-dessus de 210° (Graham). Le sel sec supporte une chaleur rouge modérée sans subir
de décomposition. Il fond au rouge vif.

Lorsqu'on chauffe le sulfate de magnésie hydraté avec du chlorure de sodium, il se dégage de l'acide chlorhydrique, et il se forme
du sulfate de soude et de la magnésie (Ramon de Luna).

100 parties d'eau dissolvent, à 0°, 25,76 parties de sulfate de
magnésie sec, et puis, pour chaque degré, 0,47816 partie de sel
(Gay-Lussac). A 100°, 100 parties d'eau dissolvent 72,6 parties de
sel sec.

Le commerce livre le sulfate de magnésie sous forme de petites
aiguilles. On peut confondre ce sel avec le sulfate de soude. Ce

dernier possède une saveur moins désagréable. Sa solution ne précipite pas par le carbonate de soude.

Pour reconnaître le sulfate de soude mélangé avec le sulfate de magnésie, M. Liebig conseille d'ajouter à la solution un excès de sulfure de barium : il se précipite du sulfate de baryte et de la magnésie, et il reste en dissolution du sulfure de sodium avec l'excès de sulfure de barium. On filtre ; on ajoute un petit excès d'acide sulfurique, on filtre de nouveau et on évapore : le sulfate de soude cristallise.

Le sulfate de magnésie du commerce contient toujours une petite quantité de chlorure de magnésium, quelquefois une trace d'un sel de fer. Pour précipiter le fer, on fait bouillir la solution du sel impur avec de l'hydrate de magnésie.

Le sulfate de magnésie est un purgatif très-employé à la dose de 10 à 30 grammes.

Il forme avec le sulfate de potasse un sel double renfermant

$$SMgO^4.SKO^4 + 6HO.$$

On a obtenu des sels doubles analogues avec le sulfate de magnésie et les sulfates de soude ou d'ammoniaque.

PHOSPHATE AMMONIACO-MAGNÉSIEN.

$$PhMg^2(AzH^4)O^8 + 12HO = PhO^5 \begin{cases} 2MgO \\ AzH^4O \end{cases} + 12aq.$$

Ce sel existe dans certains calculs urinaires. Il se forme spontanément et se dépose dans l'urine qui se putréfie. Lorsqu'on ajoute à du sulfate de magnésie du chlorhydrate d'ammoniaque, puis de l'ammoniaque, enfin une solution de phosphate de soude ordinaire, il se forme un dépôt blanc, grenu de phosphate ammoniaco-magnésien. Ce sel est très-peu soluble dans l'eau. Il est insoluble dans l'eau chargée de chlorhydrate d'ammoniaque ou d'ammoniaque. Chauffé au rouge, il abandonne de l'ammoniaque et de l'eau, et laisse un résidu de pyrophosphate de magnésie

$$PhMg^2O^7 = PhO^5,2MgO.$$

Caractères des sels de magnésie. — Ils ne précipitent ni par l'hydrogène sulfuré ni par le sulfhydrate d'ammoniaque. Le carbonate de soude y fait naître un précipité floconneux d'hydrocarbonate de magnésie. L'ammoniaque et le carbonate d'ammoniaque en précipitent la moitié de la magnésie, l'autre moitié reste en dissolution sous forme d'un sel double. Additionnées d'une quantité suffisante de chlorhydrate d'ammoniaque, les solutions des sels de magnésie ne précipitent plus ni par l'ammoniaque ni par le carbonate d'ammoniaque. La potasse précipite complétement la magnésie. Les sels de magnésie sont précipités en blanc par le phosphate de soude additionné d'ammoniaque.

ALUMINIUM

M. Wœhler a isolé ce métal en 1827, en soumettant le chlorure d'aluminium à l'action du potassium. En 1854, M. H. Sainte-Claire Deville a réussi à obtenir l'aluminium en quantité notable. C'est à ses efforts que la science et l'industrie doivent d'être en possession d'un métal aussi remarquable par ses propriétés, qu'important par les applications dont il est devenu l'objet.

M. H. Deville prépare l'aluminium sur une grande échelle en décomposant, par le sodium, le chlorure double d'aluminium et de sodium.

$$Al^2Cl^3,NaCl + 3Na = 4NaCl + Al^2.$$

On ajoute, comme fondant, une certaine quantité de fluorure de calcium, et on introduit le mélange dans un four analogue à ceux qui servent à la fabrication de la soude. La réduction s'accomplit aisément à la chaleur rouge, et quand l'opération est terminée, le métal liquide s'est rassemblé à la partie inférieure du fourneau; il est recouvert d'une scorie liquide. On laisse écouler d'abord celle-ci, puis le métal lui-même, que l'on reçoit dans des récipients refroidis. Après l'avoir séparé à coups de marteau de la scorie, qui y adhère, on le fond de nouveau dans des creusets et on le coule dans des lingotières.

On a essayé aussi, mais sans succès pratique, d'extraire l'aluminium de la cryolithe, minéral qu'on trouve abondamment au Groënland, et qui constitue un fluorure double d'aluminium et de sodium ($Al^2Fl^3 + 3NaFl$). Comme le chlorure double, la cryolithe est réduite par le sodium.

L'aluminium est un métal blanc dont la surface polie présente une teinte légèrement bleuâtre. Il est ductible et malléable. Il est très-sonore. Il est bon conducteur de la chaleur et conduit l'électricité huit fois mieux que le fer, à diamètre égal des fils. Son point de fusion est situé entre ceux du zinc et de l'argent. Sa densité est égale à 2,56. C'est donc un corps aussi léger que le verre ou la porcelaine, et cette circonstance motive son emploi pour la fabrication de certaines pièces ou appareils qui doivent unir la légèreté à la résistance; car l'aluminium, quatre fois plus léger que l'argent, est aussi tenace que lui. On s'en sert pour la confection de certains appareils de chirurgie.

L'aluminium est inaltérable à l'air même humide. Il possède sur l'argent l'avantage de résister à l'action de l'hydrogène sulfuré. Il n'est pas attaqué à froid par l'acide azotique faible ou même concentré ; l'acide bouillant l'attaque avec lenteur, de même que l'acide sulfurique ; mais l'acide chlorhydrique le dissout rapidement avec dégagement d'hydrogène.

Les solutions de potasse et de soude le dissolvent aisément, avec dégagement d'hydrogène. Il se forme des aluminates.

OXYDE D'ALUMINIUM OU ALUMINE.

$$Al^2O^3.$$

On trouve l'alumine dans la nature. Le *corindon*, pierre précieuse remarquable par sa dureté, est de l'oxyde d'aluminium anhydre. On le nomme *rubis oriental* lorsqu'il est coloré en rouge, et *saphir* lorsqu'il est coloré en bleu par quelques traces d'oxydes métalliques étrangers. L'*émeri* n'est autre chose que du corindon opaque et granulaire. D'autres minéraux, tels que la *gibbsite* et le *diaspore*, constituent de l'alumine hydratée.

On prépare l'alumine dans les laboratoires en précipitant une solution de sulfate double d'alumine et de potasse (alun), par du carbonate d'ammoniaque. Il se dégage de l'acide carbonique et il se forme un dépôt gélatineux d'hydrate d'alumine. On recueille celui-ci sur un filtre, on le lave à l'eau bouillante et on le dessèche. On obtient de l'alumine parfaitement pure en calcinant fortement de l'alun ammoniacal (sulfate double d'alumine et d'ammoniaque).

L'alumine se présente sous forme d'une matière terreuse amorphe, blanche lorsqu'elle est pulvérulente, blanc grisâtre quand elle est agglomérée. Obtenue par précipitation, elle retient une certaine quantité d'eau qu'elle perd complétement par la calcination. Anhydre, elle possède une composition représentée par la formule

$$Al^2O^3.$$

Elle est d'ailleurs complétement indécomposable par la chaleur, et ne fond que dans la flamme du chalumeau à gaz hydrogène et oxygène. C'est le type des oxydes indifférents. Récemment précipitée, elle se dissout facilement dans les acides pour former des sels d'alumine; mais elle se combine aussi avec les bases pour former des aluminates : elle se dissout facilement dans la potasse caustique.

Lorsqu'elle a été calcinée, l'alumine se dissout difficilement dans les acides et dans les alcalis.

L'alumine gélatineuse est insoluble dans l'eau. M. Walter Crum a réussi à obtenir une alumine soluble, en exposant pendant longtemps une solution d'acétate d'alumine à la chaleur du bain-marie, en vase clos. L'acide acétique se sépare dans ces conditions de l'alumine, et peut être chassé par l'ébullition en vase ouvert; l'alumine reste en solution. Dans cet état, elle ne montre aucune tendance à s'unir soit aux acides, soit aux alcalis; car cette solution se coagule par l'addition d'une petite quantité d'acide sulfurique ou de potasse.

Lorsqu'on soumet l'alumine gélatineuse pendant vingt-quatre heures à l'ébullition avec de l'eau, elle devient de même insoluble dans les acides et dans les alcalis, quoiqu'elle reste combinée avec 2 équivalents d'eau (Péan de Saint-Gilles). Les divers états sous lesquels on peut obtenir l'alumine impriment donc à cette substance de curieuses modifications dans ses propriétés.

CHLORURE D'ALUMINIUM.

Al^2Cl^3.

L'alumine complétement irréductible par le charbon est aussi indécomposable par le chlore. Mais par l'action combinée de ces corps elle se transforme, à une haute température, en chlorure avec dégagement d'oxyde de carbone.

$$Al^2O^3 + C^3 + Cl^3 = Al^2Cl^3 + 3CO.$$

Pour préparer ce chlorure, on mélange 100 parties d'alumine pure et 40 parties de charbon, on en fait une pâte avec de l'huile. On calcine cette pâte au rouge vif; on réduit rapidement la masse calcinée en fragments qu'on introduit, encore chauds, dans un tube de porcelaine muni d'une allonge, ou mieux dans une cornue tubulée, en grès vernissé, au col de laquelle on adapte un large récipient. On chauffe au rouge vif et on dirige ensuite sur la masse un courant de chlore bien desséché.

Le chlorure d'aluminium se volatilise et se condense dans le récipient, sous la forme d'une matière blanche cristalline, souvent colorée en jaune par une trace de chlorure de fer.

Le chlorure d'aluminium est fusible et se volatilise à une température peu supérieure à 100°. Exposé au contact de l'air, il répand des fumées blanches et attire l'humidité. Il se dissout dans l'eau avec dégagement de chaleur.

On obtient une solution de chlorure d'aluminium en dissolvant l'alumine en gelée dans l'acide chlorhydrique. Mais cette solution ne peut être amenée à siccité sans se décomposer. A un certain degré de concentration elle dégage de l'acide chlorhydrique et laisse de l'alumine.

Le chlorure d'aluminium se combine facilement avec le chlorure de sodium pour former un chlorure double $(Al^2Cl^3,NaCl)$ fusible vers 200°.

SULFATE D'ALUMINE.

$$S^3Al^2O^{12} = 3SO^3,Al^2O^3.$$

Le sel dit neutre renferme, pour 1 molécule d'alumine, 3 équivalents d'acide sulfurique. Lorsqu'il est cristallisé, sa composition est exprimée par la formule

$$S^3Al^2O^{12} + 18HO = 3SO^3,Al^2O^3 + 18\,aq.$$

On le rencontre dans la nature. On le prépare dans les arts en chauffant avec de l'acide sulfurique des argiles non ferrugineuses. Il cristallise, mais difficilement, en aiguilles et en lames minces et nacrées. Sa saveur est astringente et acide. Il se dissout dans 2 parties d'eau froide. Chauffé, il perd d'abord son eau; puis, à une température plus élevée, son acide sulfurique, en laissant de l'alumine.

La solution de sulfate d'alumine, quand on la fait digérer avec de l'hydrate d'alumine, peut dissoudre une nouvelle proportion de ce corps pour former un sulfate basique $2SO^3,Al^2O^3$.

Enfin on trouve dans la nature un sulfate plus basique encore qui présente la composition $SO^3,Al^2O^3 + 9HO$.

SULFATE DOUBLE D'ALUMINE ET DE POTASSE, ALUN.

$$S^3Al^2O^{12}.SKO^4 + 24HO = 3SO^3,Al^2O^3.SO^3,KO + 24\,aq.$$

Il existe dans diverses localités, principalement à la Tolfa, près de Civita-Vecchia, un minéral qu'on nomme *alunite*, et qui est composé d'acide sulfurique, de potasse, d'alumine et d'eau. Il renferme les éléments de l'alun avec un grand excès d'alumine. . Lorsqu'on calcine légèrement l'alunite et qu'on l'épuise ensuite avec de l'eau bouillante, celle-ci dissout de l'alun qui cristallise, après concentration de la liqueur. Le produit ainsi obtenu est connu sous le nom d'*alun de Rome.* Il possède la composition de l'alun ordinaire, mais cristallise en cubes.

On fabrique généralement l'alun en ajoutant une solution concentrée et bouillante de sulfate de potasse ou de chlorure de potassium à une solution de sulfate d'alumine. On laisse refroidir les liqueurs en les agitant continuellement. L'alun se dépose. Le sulfate d'alumine, qui sert à la préparation de l'alun, se prépare souvent par le grillage, ou par la simple exposition à l'air, de certains schistes argileux fortement imprégnés de petits cristaux de sulfures de fer, principalement de pyrite FeS^2. En absorbant l'oxygène de l'air, la pyrite se convertit en oxyde de fer et en acide sulfurique. Celui-ci sature une partie de l'oxyde de fer et se porte aussi sur l'alumine du schiste argileux pour former du sulfate d'alumine. En lessivant avec de l'eau les matières grillées ou exposées à l'air, on obtient une solution de sulfate ferreux et de sulfate d'alumine; par la concentration, le premier de ces sels (vitriol vert) s'oxyde en partie et se dépose à l'état de sous-sulfate ferrique; une autre partie se sépare à l'état cristallin du sein de la solution concentrée : le sulfate d'alumine reste dans les eaux-mères. Pour obtenir de l'alun, il suffit de mêler ces eaux-mères encore chaudes avec du chlorure de potassium et d'agiter. L'alun se précipite par le refroidissement sous forme d'une poudre cristalline. On le purifie par une nouvelle cristallisation.

L'alun est un sel incolore doué d'une saveur astringente. Il cristallise ordinairement en octaèdres réguliers, volumineux et transparents. Mais on peut l'obtenir en cubes semblables à ceux de l'alun de Rome, lorsqu'on ajoute à une solution d'alun ordinaire, saturée à 45°, une très-petite quantité de carbonate de potasse, de manière que le précipité d'abord formé se redissolve par l'agitation. Par le refroidissement la liqueur laisse déposer des cristaux cubiques ordinairement opaques. Ceux-ci se forment sous l'influence d'une très-petite quantité de sous-sulfate d'alumine que la liqueur renferme, et qui passe peut-être dans les cristaux. A cette légère différence près, l'alun octaédrique et l'alun cubique possèdent la même composition, exprimée par la formule

$$S^3\overset{'''}{Al^2}O^{12}.SKO^4 + 24HO = 3SO^3,Al^2O^3 + SO^3,KO + 24\ aq.$$

Il représente 3 molécules d'acide sulfurique $3SHO^4 = S^3H^3O^{12}$, dans lesquels H^3 sont remplacés par $(Al^2)'''$; Al^2 possède donc une valeur de substitution qui est $= 3$: il est triatomique.

Lorsqu'on chauffe l'alun, il fond d'abord dans son eau. Il en renferme 45,53 pour cent. Par le refroidissement il prend un aspect vitreux. Le produit ainsi obtenu porte le nom d'*alun de roche*.

Chauffé davantage, l'alun se boursoufle beaucoup en perdant son eau et finit par se prendre en une masse anhydre blanche, spongieuse et qui forme comme un champignon au-dessus du creuset où se fait l'opération. C'est ce qu'on nomme impropre-ment l'*alun calciné*; ce n'est que de l'alun deshydraté.

Lorsqu'on le chauffe au rouge, l'alun se décompose sans subir la fusion ignée; l'acide sulfurique du sulfate d'alumine se dégage, en se décomposant en partie, et il reste un mélange de sulfate de potasse et d'alumine. A la chaleur blanche celle-ci chasserait l'acide sulfurique du sulfate de potasse, et il ne resterait que de l'aluminate de potasse.

100 parties d'eau à 10° dissolvent 9,52 parties d'alun cristallisé; à 20°, la même quantité d'eau dissout 13,13 parties; et à 100°, 337,48 parties de ce sel (Poggiale). L'alun est insoluble dans l'al-cool. Il est employé en médecine comme astringent. On le donne quelquefois à l'intérieur. On l'a administré dans le traitement de la colique de plomb. On s'en sert surtout pour l'usage externe sous forme de collyre, de gargarisme, de lotions, d'injections. On s'en sert aussi comme d'un léger caustique et d'un détersif. On l'in-suffle quelquefois, sous forme pulvérulente, au fond de la gorge pour combattre les angines. On touche avec un cristal d'alun les aphtes, et l'on saupoudre avec de l'alun en poudre des ulcères ou des plaies de mauvaise nature. Pour ce dernier usage on préfère l'alun calciné.

A haute dose l'alun est toxique. La science a enregistré un cas d'empoisonnement accidentel par l'alun ingéré par mégarde au lieu de poudre de gomme arabique. On peut admettre que 30 gr. d'alun, pris en une fois, constituent une dose toxique.

ALUNS ISOMORPHES AVEC L'ALUN ORDINAIRE.

Indépendamment de l'alun que nous venons de décrire, il existe une foule de composés que l'on désigne sous le nom générique d'aluns. Ils présentent une composition analogue à celle du sulfate double d'alumine et de potasse, et sont isomorphes avec lui; c'est-à-dire que non-seulement ils possèdent la même forme cristalline, mais que les éléments de ces divers aluns peuvent se confondre dans un seul et même cristal.

En premier lieu, il existe deux aluns dans lesquels la potasse est remplacée par la soude ou par l'ammoniaque. On les obtient en mélangeant le sulfate d'alumine soit avec du sulfate de soude, soit avec du sulfate d'ammoniaque. L'alun ammoniacal est peu

soluble à froid, comme l'alun ordinaire. Lorsqu'on le chauffe au
rouge il reste un résidu d'alumine pure. L'alun sodique est beaucoup plus soluble que l'alun ordinaire. Aussi, pour l'obtenir en
beaux cristaux, est-il nécessaire de recouvrir sa solution aqueuse
d'une couche d'alcool : l'alun sodique, insoluble dans l'alcool, se
sépare peu à peu sous forme d'octaèdres réguliers. Les formules
suivantes indiquent la composition de ces trois aluns :

$$SO^3,KO.\ 3(SO^3),Al^2O^3 + 24HO \text{ alun potassique.}$$
$$SO^3,NaO.\ 3(SO^3),Al^2O^3 + 24HO \text{ alun sodique.}$$
$$SO^3,(AzH^4)O.\ 3(SO^3),Al^2O^3 + 24HO \text{ alun ammonique.}$$

Ajoutons que M. Grandeau a obtenu récemment l'alun de rubidium tout à fait semblable à l'alun potassique.

L'alumine, à son tour, peut être remplacée par les oxydes qui
lui sont isomorphes. On connaît des aluns de fer, de manganèse,
de chrome, dans lesquels les oxydes ferrique Fe^2O^3, manganique
Mn^2O^3, chromique Cr^2O^3, remplacent l'alumine Al^2O^3; l'autre sulfate a pour base la potasse, la soude ou l'ammoniaque.

Par la combinaison de ces 6 sulfates, il peut se former 9 aluns
dont les suivants offrent les types :

$$SO^3,KO.\ 3(SO^3),Fe^2O^3 + 24HO \text{ alun ferrico-potassique (alun de fer).}$$
$$SO^3,KO.\ 3(SO^3),Mn^2O^3 + 24HO \text{ alun manganico-potassique (alun de}$$
$$\text{manganèse).}$$
$$SO^3,KO.\ 3(SO^3),Cr^2O^3 + 24HO \text{ alun chromico-potassique (alun de}$$
$$\text{chrome).}$$

Ce dernier alun surtout est remarquable par la beauté de ses
cristaux. Ce sont des octaèdres réguliers, violet améthyste par
transparence, presque noirs par réflexion. Ils donnent une solution vert foncé.

SILICATES D'ALUMINE.

Il existe dans la nature une foule de minéraux qui renferment
au nombre de leurs éléments de l'acide silicique et de l'alumine.
Les *feldspaths* sont des silicates doubles dont l'une des bases est
de l'alumine, l'autre un alcali ou une base alcalino-terreuse. Ainsi
le *feldspath orthose* est un silicate double d'alumine et de potasse.
Sous l'influence longtemps prolongée de l'eau et de l'acide carbonique de l'air, les feldspaths éprouvent une décomposition dont
l'effet est la séparation et l'entraînement par les eaux d'un silicate
soluble. Le résidu est un silicate d'alumine hydraté insoluble. Ce
silicate renferme un excès de base et une quantité variable d'eau.

Le *kaolin*, qui est l'argile la plus pure, possède une composition voisine de la formule

$$2SiO^2,Al^2O^3 + 2HO.$$

On sait qu'il sert à la fabrication de la porcelaine.

FER

Voici un métal, le plus important de tous par l'usage qu'on en fait dans les arts et le rôle qu'il a joué dans la civilisation, qui a reçu aussi de nombreuses applications en médecine.

État naturel. — Le fer est très-abondant dans la nature. On le rencontre à l'état natif et associé au nickel et au chrome dans le *fer météorique*. Mais on le trouve surtout engagé en de nombreuses combinaisons avec l'oxygène et le soufre.

Les minerais qui servent à l'exploitation métallurgique du fer sont les oxydes anhydres, ou hydratés, et le carbonate. Les pyrites qui constituent des sulfures de fer et qui sont si communes, ne sont guère exploitées, au point de vue de la fabrication du fer [1].

Les minerais oxydés du fer qu'on emploie sont :

1. L'oxyde ferroso-ferrique ou fer oxydulé, oxyde de fer magnétique ; c'est la pierre d'aimant naturelle et un des meilleurs minerais de fer. Le fer de Suède en provient en grande partie.

2. L'oxyde ferrique anhydre, qu'on trouve à l'état cristallin (fer oligiste) et à l'état fibreux ou compacte (hématite rouge).

3. L'oxyde ferrique hydraté. Il en existe diverses variétés, telles que l'hématite brune, la limonite, le minerai de fer en grains (oolithique), le minerai de fer des prairies ou mine de marais ; cette dernière variété est la moins estimée, parce qu'elle renferme des phosphates.

4. Le carbonate ferreux ou fer spathique.

Traitement des minerais de fer. — Les détails concernant le traitement métallurgique de ces divers minerais de fer ne sauraient trouver place dans cet ouvrage, et nous devons nous contenter d'indiquer les principes sur lesquels ce traitement repose.

On réduit les minerais de fer par le charbon. Cette réduction est facile ; mais le fer métallique, infusible aux températures produites dans l'opération, reste mélangé à la gangue, et ne peut se rassembler. Il faut donc ou qu'on rende la gangue très-fusible pour pouvoir

---

1. M. Nordenskjold a réussi à compléter le grillage des minerais pyriteux en faisant intervenir à la fois l'air et la vapeur d'eau.

agglomérer le fer incandescent sous forme d'une masse spongieuse, ou qu'on élève assez la température pour que le fer, se combinant avec le charbon, se convertisse en fonte qui puisse prendre l'état liquide et se rendre à la partie inférieure du fourneau en même temps que la gangue liquéfiée elle-même, après addition d'un fondant.

De là deux méthodes pour le traitement des minerais de fer : *la méthode catalane*, qui donne directement du fer doux, la gangue étant convertie en un silicate double d'alumine et de fer très-fusible, et *la méthode des hauts-fourneaux*, qui donne de la fonte, la gangue étant transformée en un silicate double d'alumine et de chaux qui ne fond que difficilement.

La méthode catalane, qui est usitée en Corse et dans les Pyrénées, n'est applicable qu'au traitement des minerais très-riches, car elle donne lieu à la perte d'une certaine quantité de fer qui passe dans les scories à l'état de silicate. Elle consiste à chauffer le minerai de fer avec du charbon de bois dans une forge, sorte de creuset quadrangulaire emprisonné dans un massif de maçonnerie. Toute la cavité de ce creuset est comblée d'un côté par du charbon incandescent, de l'autre par du minerai. Ces deux masses se touchent sans se confondre. Le vent d'un puissant soufflet D arrive, par une tuyère, à la partie supérieure du creuset en E, du côté du charbon, dont il alimente la combustion (*fig.* 94). Il se forme de l'acide carbonique ; mais sous l'influence de l'excès de charbon l'acide carbonique se trouve réduit en oxyde de carbone, lequel, pénétrant dans la masse de l'oxyde de fer, le réduit en fer métallique en repassant à l'état d'acide carbonique. Une portion de l'oxyde de fer échappe à cette réduction et, se combinant avec la gangue formée de silicate d'alumine, donne naissance à un silicate double d'alumine et de fer très-

Fig. 94.

fusible. Une partie de cette scorie s'écoule, une autre reste emprisonnée dans le fer incandescent. Celui-ci, rassemblé sous forme d'une masse spongieuse, est porté sous le marteau, qui en exprime le reste de la scorie.

La méthode des hauts-fourneaux est généralement employée pour l'exploitation des minerais de fer. Elle consiste à fondre ces minerais à une très-haute température, en transformant le fer réduit en fonte liquide, et la gangue en un laitier fusible.

Le haut-fourneau (*fig.* 95) offre la forme de deux troncs de cône superposés par leur base.

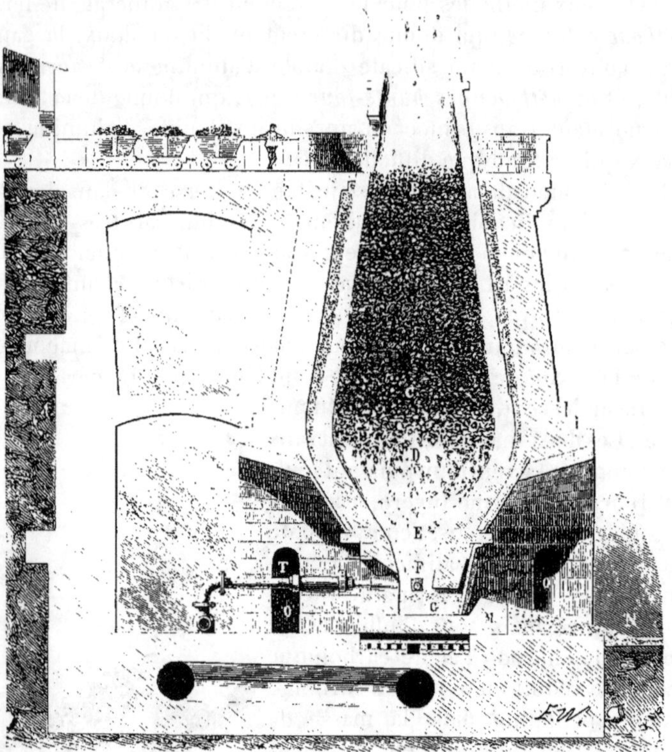

Fig. 95.

On le charge par l'ouverture A du sommet, qu'on nomme *gueulard*, et où l'on introduit, par couches alternatives, du combustible et du minerai additionné d'un fondant.

Le combustible est du charbon de bois ou du coke. La nature du fondant varie suivant la composition de la gangue. Il s'agit de produire un silicate double d'alumine et de chaux fusible. Si la gangue est siliceuse, ce qui est le cas le plus ordinaire, on ajoute du carbonate de chaux (*castine*). Si elle est riche en chaux, on ajoute des matières siliceuses (*erbue*). Dans les hauts-fourneaux où l'on emploie le coke comme combustible, on ajoute un excès de chaux destinée à absorber, à l'état de sulfure de calcium, le soufre que renferme le coke. Le laitier est alors très-riche en chaux et ne fond qu'à une température extrêmement élevée. Cette température se produit à la partie inférieure et rétrécie du haut-fourneau, espace prismatique FE qu'on désigne sous le nom d'*ouvrage*. On y injecte, à l'aide d'une puissante machine, un fort courant d'air qui, dans certaines usines, est chauffé préalablement à 200 ou 300°. Là il se produit de l'acide carbonique et de l'oxyde de carbone; là aussi la scorie et le fer carburé se liquéfient. Mais l'acide carbonique, en s'élevant dans les *étalages* ED vers la partie la plus évasée du haut-fourneau DC qui porte le nom de *ventre*, rencontre des couches de charbon incandescent, et se réduit en oxyde de carbone, et celui-ci, s'élevant encore, réduit à son tour l'oxyde de fer qui se trouve dans la *cuve* CB, c'est-à-dire dans la partie où le haut-fourneau se rétrécit de nouveau. Ainsi la réduction de l'oxyde de fer n'est point difficile et s'accomplit dans une partie du haut-fourneau où la température atteint seulement le rouge sombre. Plus bas s'effectue la carburation du fer; enfin, à la partie inférieure s'accomplit la liquéfaction de la scorie et de la fonte, qui se rassemblent dans le *creuset* G, cavité placée au-dessous du point où arrive le vent de la tuyère. Mais la fonte, plus dense, gagne le fond, et le laitier surnage et sort du fourneau à mesure qu'il s'accumule, en débordant par la paroi M qu'on nomme *dame*.

Quand le creuset est presque entièrement rempli de fonte, on laisse couler celle-ci, par une ouverture pratiquée dans la dame, dans des canaux creusés dans du sable, sur le sol de l'usine, sorte de moule dans lequel la fonte se solidifie. Elle en sort en cylindres à section demi-circulaire qui portent le nom de *gueuses*.

En résumé, par suite de la combustion du charbon, de l'évacuation du laitier et de la fonte, le minerai et le charbon descendent incessamment dans le haut-fourneau et sont soumis à l'action de températures de plus en plus élevées. Le minerai, desséché et déshydraté dans la partie supérieure de la cuve, est réduit par l'oxyde de carbone dans la partie inférieure; dans les étalages, le fer se combine avec le charbon, et la chaux commence à réagir sur la gangue; enfin, dans la partie la plus rétrécie et la plus chaude du haut-fourneau, c'est-à-dire dans l'ouvrage, la fonte et le laitier se liquéfient. Telles sont, dans leur ensemble et dans leurs phases diverses, les réactions qui s'accomplissent dans les hauts-fourneaux, dont la marche est continue, et n'est arrêtée que lorsque, par l'action des laitiers, les parois du fourneau elles-mêmes ont été corrodées et détériorées.

La fonte étant obtenue, on procède à sa transformation en fer doux au moyen de l'*affinage*. Cette opération a pour but d'enlever à la fonte la plus grande partie du charbon et du silicium qu'elle renferme. Pour cela on la fond au contact de l'air : le silicium, une partie du charbon et même une petite quantité de fer s'oxydent : il se forme ainsi du silicate de fer basique, dont l'excès de base finit par être réduit par le charbon de la fonte. De l'oxyde de carbone se dégage, et la fonte, appauvrie en charbon et en silicium, devient moins fusible et se transforme en masses spongieuses de fer doux. L'ouvrier rassemble ces masses, il les porte sous le marteau, qui en exprime les scories. Quand la fonte renferme du manganèse, celui-ci s'oxyde et passe dans les scories à l'état de silicate. L'affinage de la fonte par le procédé qui vient d'être indiqué (procédé comtois) se fait au charbon de bois. Un autre procédé consiste à faire l'affinage à la houille. Dans ce dernier cas, l'opération se divise en deux phases. La fonte est soumise à une première fusion au feu de coke dans un fourneau rectangulaire. Le métal, d'abord

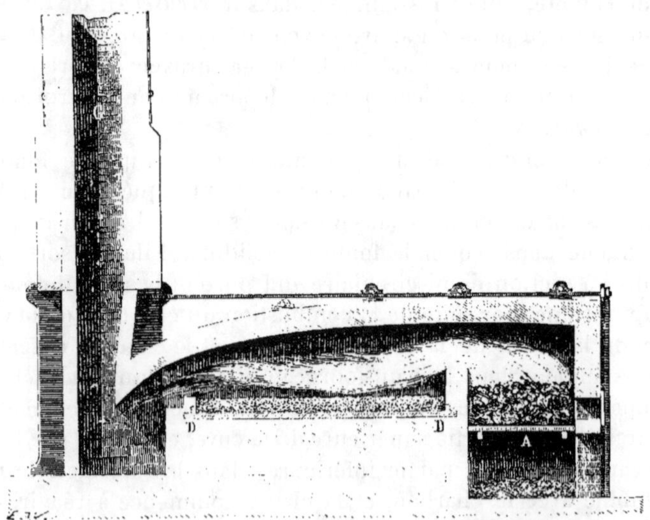

Fig. 96.

placé à la surface du combustible, se liquéfie et tombe au fond du fourneau. Fondu, il est soumis pendant quelque temps à l'action de l'air que l'on injecte à la surface et dans la masse du coke incandescent. La fonte brute perd ainsi son silicium et, environ, la moitié de son charbon, et se transforme en un métal blanc, aigre, cassant, que les Anglais nomment *fine metal*.

Pour terminer l'affinage, on fond le « fine metal » sous une couche de scories ferrugineuses ou de battitures de fer, sur la sole DD d'un four à reverbère à voûte surbaissée (*fig.* 96), et chauffé au rouge blanc par un feu de houille A ; le carbone de la fonte réduit une portion de l'oxyde de fer et est éliminé sous forme d'oxyde de carbone. Cette dernière opération se nomme le *puddlage*, et les fours où elle s'accomplit portent le nom de *fours à puddler*.

Préparation du fer pur. — On peut obtenir du fer pur en fondant, dans un fourneau à vent, un fer doux de très-bonne qualité, tel que des pointes de Paris, avec une petite quantité d'oxyde de fer et du verre pilé, cette dernière substance servant de fondant.

On obtient aussi du fer très-pur en réduisant le chlorure ferreux anhydre par l'hydrogène pur. L'opération se fait dans un tube de verre, ou mieux dans un tube de porcelaine chauffé au rouge. Il se dégage de l'acide chlorhydrique et le fer reste sous forme d'une couche brillante qui revêt les parois du tube d'une masse grise spongieuse, au milieu de laquelle on observe quelquefois des cristaux cubiques (Peligot).

Fer réduit par l'hydrogène. — La réduction de l'oxyde ferrique par l'hydrogène donne du fer très-pur et très-divisé.

Pour obtenir ce dernier dans un état propre à l'usage médical, on emploie de l'oxyde de fer très-divisé, tel qu'on l'obtient en précipitant par l'ammoniaque une solution de chlorure ferrique, lavant et desséchant le précipité. On évite l'emploi du sulfate ferrique pour cette opération, parce que l'oxyde que l'ammoniaque en précipite renferme de petites quantités de sous-sulfate. On chauffe cet oxyde au rouge obscur dans un tube de porcelaine ou dans un canon de fusil, que l'on fait traverser par un courant d'hydrogène pur et sec. Il est important que l'hydrogène soit absolument exempt d'hydrogène sulfuré ou d'acide sulfureux, car le soufre de ces produits, se fixant sur le fer, donnerait du sulfure noir. Il est essentiel aussi de bien régler la température. Si la réduction avait lieu au-dessous du rouge obscur, le produit obtenu serait noir et pyrophorique ; par contre, au rouge vif on verrait les particules de fer s'agglutiner, et le produit obtenu n'offrirait point le degré de finesse et de division que l'on recherche pour l'emploi médical.

On laisse refroidir le fer réduit au milieu d'un courant d'hydrogène, et après l'avoir retiré du tube on le passe sur un porphyre. C'est une poudre fine d'un gris de fer.

Propriétés du fer doux. — Le fer forgé en barres n'est point chimiquement pur. Il renferme une très-petite quantité de carbone, des traces de silicium, de soufre, de phosphore et même d'azote. Le fer doux le plus pur est celui qui est étiré et qui forme les fils de clavecin ou d'archal.

La densité du fer forgé varie de 7,4 à 7,9. Battu et écroui dans tous les sens, il offre une texture à très-petits grains brillants. Dans cet état il possède une densité égale à 7,84. Réduit en barres ou étiré en fils, il offre souvent une texture fibreuse. Il est très-tenace, ductile et malléable. Le fer réduit en feuilles se nomme tôle. La tôle recouverte d'une couche d'étain constitue le fer-blanc. On nomme fer galvanisé le fer recouvert d'une couche de zinc.

Le fer exige, pour fondre, la température la plus élevée que l'on puisse produire dans un fourneau à vent. Avant de se liquéfier, il passe par l'état pâteux. Lorsqu'il est ramolli par l'action d'une température très-élevée, il peut être soudé sur lui-même, propriété très-importante pour le travail de ce métal. Le fer obéit à l'action de l'aimant : il est magnétique ; mais il n'est pas susceptible, comme l'acier, de devenir aimant lui-même.

Exposé à l'air sec, il se conserve sans altération à la température ordinaire. Au rouge, il absorbe l'oxygène et se convertit en oxyde noir de fer (oxyde des battitures). Chauffé au rouge dans l'oxygène, il brûle avec un vif éclat.

Lorsqu'il est très-divisé, le fer absorbe l'oxygène avec une telle avidité qu'il s'enflamme à l'air à la température ordinaire : il est pyrophorique. Pour l'obtenir dans cet état, il suffit de réduire par l'hydrogène de l'oxyde de fer très-divisé, à la température la plus basse possible. On obtient ainsi une poudre noire.

L'oxydation du fer s'accomplit à la température ordinaire en présence de l'air humide. Le métal se convertit dans ces conditions en hydrate de peroxyde qui constitue la rouille. Il est important de se rendre compte de la marche de cette oxydation.

Supposons qu'une goutte d'eau soit déposée sur la surface brillante d'une lame de fer, chacun sait que celle-ci ne tardera pas à se ternir, au point de contact, et qu'elle finira par se recouvrir d'une couche de rouille. C'est l'oxygène de l'air, dissous dans la goutte d'eau, qui commence l'oxydation, et celle-ci est favorisée par l'acide carbonique de l'air : il se forme d'abord une pellicule de carbonate ferreux; mais ce corps, en attirant l'oxygène et l'eau, et en perdant son acide carbonique, se transforme bientôt en hydrate de peroxyde. Une fois commencée, l'oxydation marche plus vite; car l'hydrate de peroxyde de fer et le fer lui-même formant un couple voltaïque, l'eau est décomposée : son oxygène se porte sur le métal, une partie de son hydrogène s'unit à l'azote de l'air dissous dans l'eau : il se forme ainsi de l'ammoniaque. La rouille renferme toujours une petite quantité d'ammoniaque. On a remarqué que lorsqu'il est conservé dans de l'eau renfermant en dissolution de petites quantités de substances alcalines, comme la potasse ou même l'ammoniaque, le fer ne se rouille pas.

A la température rouge, le fer décompose l'eau en mettant son hydrogène en liberté (page 49).

L'oxydation du fer par l'acide azotique présente des phénomènes très-curieux. Lorsqu'on plonge des fils de fer bien décapés dans l'acide faible, celui-ci est attaqué immédiatement, des vapeurs rouges se dégagent et le fer se dissout. Au contact de l'acide azotique monohydraté, les fils de fer ne sont pas attaqués. Qu'on les plonge ensuite dans le même acide faible qui, auparavant, les attaquait énergiquement, on n'observera plus aucune action. Mais il suffit alors de les toucher, dans le sein même de la liqueur, avec un fil de cuivre pour que l'action de l'acide sur le fer se manifeste de nouveau et à l'instant même. Ces phénomènes singuliers se rattachent à ce que l'on nomme la *passivité* du fer.

Le fer se dissout dans l'acide azotique très-étendu, sans dégagement de gaz apparent : il se forme de l'azotate de fer et de l'azotate d'ammoniaque.

Fontes et Aciers. — On considère généralement les fontes et les aciers comme des carbures de fer renfermant des proportions variables de carbone, auquel se trouve associé du silicium et même de petites quantités d'azote. La proportion de carbone que renferment les fontes, varie entre 2 et 5,5 pour cent. L'acier est moins carburé; il renferme de 0,7 à 1,5 et même 2 pour cent de charbon. Le fer doux lui-même peut renfermer de 0,25 à 0,50 pour cent de carbone. Lorsque la proportion de cet élément s'élève dans le fer jusqu'à 0,9 pour cent, celui-ci acquiert la propriété de durcir notablement par la trempe. On le nomme alors *fer aciéreux.*

Les quantités de carbone que renferment les aciers et même les fontes sont telles qu'il est difficile de supposer que ces produits constituent de vrais carbures de fer, car la composition de la fonte la plus riche en carbone ne répondrait qu'à la formule peu

probable Fe⁴C. Il est possible que le charbon, au lieu de se combiner avec le fer, ne fasse que s'y dissoudre à une température
élevée.

Ce qui tend à prouver qu'il en est ainsi, c'est que la fonte, lorsqu'elle est soumise à un refroidissement lent, laisse déposer, à
l'état de graphite une partie notable du charbon qu'elle renferme.
Il y est disséminé sous forme de paillettes noirâtres. Telle est la
fonte grise, qui jouit d'une certaine malléabilité et se laisse travailler
à la lime. Au contraire, quand la fonte est soumise à un refroidissement brusque, elle fournit des masses métalliques dures et cassantes, plus blanches que le fer doux et qui semblent homogènes.
Elles constituent ce qu'on nomme la *fonte blanche*. Certaines fontes
qui renferment du soufre et du phosphore restent blanches, même
après un refroidissement très-lent. Il en est de même de celles qui
renferment du manganèse : ces dernières, très-riches en carbone,
offrent une cassure brillante et lamelleuse, ce sont les *fontes lamel-
leuses* ou *miroitantes*.

Traitées par l'acide chlorhydrique, les fontes se dissolvent et
laissent dégager de l'hydrogène, mêlé de carbures d'hydrogène
fétides. Les fontes grises se dissolvent plus rapidement que les
fontes blanches. Après une ébullition prolongée, il reste un résidu
brun charbonneux, qui se dissout dans la potasse caustique et qui
brûle sans résidu sur la lame de platine.

On peut obtenir de l'acier par une décarburation partielle de la
fonte. Ce sont les fontes manganésifères obtenues avec le charbon
de bois que l'on emploie pour la fabrication de cet acier qu'on
nomme *naturel*. On les soumet à un affinage partiel, en les maintenant pendant quelques heures à l'état liquide sous une couche
de scories riches en oxyde de fer. Une partie du carbone de la
fonte est transformée en oxyde de carbone par l'oxygène de cet
oxyde.

En soumettant à un affinage partiel, dans des fours à puddler, des
fontes miroitantes, on est parvenu récemment à les convertir en
aciers puddlés, lesquels, étant fondus dans des creusets, donnent
un acier de bonne qualité (Krupp).

Le fer doux peut être converti en acier. L'opération s'exécute
dans des caisses en briques réfractaires, dans lesquelles on introduit par couches alternatives du charbon de bois pulvérisé et mêlé
avec une petite quantité de cendres et de sel marin, et des barres
de fer qui se trouvent isolées les unes des autres et entourées de
charbon. On chauffe les caisses au rouge dans un four. Le fer in-

candescent s'imprègne de charbon et se trouve converti, l'opération terminée, en acier dit de *cémentation*. On comprend que les parties extérieures des barres soient plus fortement imprégnées de carbone que les parties centrales. Aussi, pour donner plus d'homogénéite à l'acier ainsi obtenu, on réunit plusieurs barres, et après les avoir chauffées au rouge, on les forge. On obtient ainsi l'acier corroyé.

Récemment, M. Bessemer est parvenu à réaliser, dans la fabrication de l'acier, un perfectionnement important. Son procédé consiste à introduire, dans du fer fondu et complétement affiné, des quantités variables d'une fonte convenablement choisie.

L'acier le plus homogène est celui qu'on obtient en fondant l'acier brut dans des creusets placés dans un fourneau à vent. Parmi les *aciers fondus* le plus estimé est celui qu'on fabrique aux Indes et qui porte le nom d'*acier Wootz*.

Tout le monde connaît les précieuses qualités de l'acier. Il est susceptible d'un beau poli ; il est ductile et malléable comme le fer, et se laisse forger comme lui. Sa densité est un peu moindre que celle du fer bien écroui. A la température où celui-ci se ramollit, l'acier fond. Il devient dur et cassant lorsqu'on le refroidit brusquement après l'avoir chauffé au rouge. La trempe, c'est sous ce nom que l'on désigne cette opération, développe dans l'acier des qualités nouvelles : l'élasticité, la dureté. Il les prend à des degrés très-divers, suivant la rapidité du refroidissement, et suivant la différence entre la température où il a été porté et celle du milieu où il se refroidit. Plus la température était élevée et plus le refroidissement était rapide, plus grande est la dureté qu'il acquiert. A la suite d'un refroidissement très-lent, il devient malléable comme le fer.

Lorsqu'on réchauffe l'acier trempé et qu'on le laisse refroidir ensuite lentement, il perd sa dureté en totalité ou en partie. Il la perd complétement si on le porte à la température où il avait été exposé avant de subir la trempe elle-même. Il se *détrempe* incomplétement, c'est-à-dire qu'il conserve un certain degré de dureté et d'élasticité si on le recuit à des températures inférieures. On peut juger à l'avance des qualités qu'il prendra, après le refroidissement, par les teintes diverses qui se développent à sa surface pendant qu'on le réchauffe. Chacune de ces teintes correspond à une température déterminée, et chacune des variétés d'acier correspondantes est employée à la fabrication de certains instruments ou outils. Ainsi :

Le jaune paille (lancettes) correspond .... à 220°.
Le jaune d'or (rasoirs et canifs) correspond ..... à 240°.
Le brun (ciseaux) correspond .... à 255°.
Le pourpre correspond .... à 265°.
Le bleu clair correspond .... à 285° — 290°.
Le bleu indigo (ressorts de montres) corrrespond à 295°.
Le vert d'eau correspond .... à 332°.

Parmi les aciers, les plus durs sont ceux qui ont été recuits aux températures les plus basses inscrites dans ce tableau, les plus élastiques ceux qui ont été exposés aux températures les plus élevées.

OXYDES DE FER.

On connaît quatre degrés d'oxydation du fer, savoir :

Le protoxyde de fer ou oxyde ferreux...... FeO.
L'oxyde magnétique .... Fe^3O^4.
Le sesquioxyde ou oxyde ferrique .... Fe^2O^3.
L'acide ferrique....................... FeO^3.

Le protoxyde de fer anhydre FeO a été obtenu, par M. Debray, en soumettant à une réduction partielle du peroxyde de fer à l'aide de l'oxyde de carbone mêlé d'acide carbonique. (Voir plus loin.)

PEROXYDE DE FER (SESQUIOXYDE DE FER, OXYDE FERRIQUE).

$$Fe^2O^3.$$

On le trouve dans la nature à l'état anhydre dans l'hématite rouge, dans le fer oligiste et dans le fer spéculaire. On le prépare par la calcination du vitriol vert. Celui-ci, après avoir perdu son eau, se décompose au rouge, en acide sulfurique, acide sulfureux et peroxyde de fer.

$$2(FeSO^4) = SO^3 + SO^2 + Fe^2O^3.$$

On obtient ainsi une poudre d'un rouge brun connue sous le nom de *colcothar*.

M. Vogel prépare le peroxyde de fer anhydre en chauffant à l'air, sur une plaque de tôle, de l'oxalate ferreux. On obtient celui-ci en ajoutant une solution concentrée d'acide oxalique à une solution concentrée de sulfate ferreux. Exposé à une température supérieure à 200°, le sel sec se décompose, au contact de l'air, en laissant un résidu d'oxyde ferrique très-divisé.

Obtenu dans ces circonstances, cet oxyde est amorphe, tandis que le fer oligiste est cristallisé en rhomboèdres aigus. M. H. Deville est parvenu récemment à convertir l'oxyde ferrique amorphe en cristaux de fer oligiste, en chauffant le premier au rouge, au milieu d'un courant très-lent d'acide chlorhydrique.

A une température élevée, le charbon et l'hydrogène réduisent facilement l'oxyde ferrique en fer métallique. L'oxyde de carbone agit de même, mais un mélange de volumes égaux d'oxyde de carbone et d'acide carbonique le réduit en protoxyde, selon M. Debray. Il se forme de même du protoxyde lorsqu'on fait passer sur du peroxyde chauffé au rouge un mélange de 1 volume de vapeur d'eau, avec 1, 2 ou 3 volumes d'hydrogène. Mais si un tel mélange renfermait 4 volumes d'hydrogène, la réduction de l'oxyde ferrique serait complète et il resterait du fer métallique. On comprend que, dans ces curieuses expériences, l'action réductrice de l'oxyde de carbone ou de l'hydrogène est contrebalancée par l'action oxydante de l'acide carbonique ou de la vapeur d'eau, de telle sorte que la réduction de l'oxyde ferrique demeure partielle (Debray).

On connaît diverses combinaisons d'oxyde ferrique et d'eau. On trouve dans la nature les hydrates

$$Fe^2O^3,HO \text{ (Gœthite)}$$
$$2Fe^2O^3,3HO$$
$$Fe^2O^3,2HO.$$

La rouille possède ordinairement la composition de l'hydrate intermédiaire $2Fe^2O^3,3HO$.

On obtient l'hydrate $Fe^2O^3,2HO$ renfermant 18,75 pour cent d'eau (Gmelin, Berthier, Lefort), en précipitant une solution étendue de perchlorure de fer par l'ammoniaque, ou mieux par une solution étendue de bicarbonate de potasse; dans ce dernier cas l'acide carbonique se dégage. On lave le précipité gélatineux un grand nombre de fois avec de l'eau pure et froide. Pour l'usage médical, il convient de conserver cet hydrate à l'état de bouillie. Par la dessiccation dans le vide il perd de l'eau, d'après M. Péan de Saint-Gilles, et se convertit en $2Fe^2O^3,3HO$. Lorsqu'on chauffe graduellement l'hydrate ferrique sec jusqu'au rouge sombre, il perd d'abord son eau et devient ensuite incandescent d'une manière subite et dans toute sa masse. Avant d'avoir présenté ce phénomène d'incandescence, il est très-soluble dans les acides; après, il s'y dissout très-difficilement. Ces différences de propriétés tiennent à la diversité de la structure moléculaire.

On observe des faits du même genre en soumettant à une ébullition prolongée l'hydrate ferrique précipité. On le voit alors changer de couleur : de jaune d'ocre qu'il était, il devient rouge brique:

en même temps il change de composition et se convertit dans l'hydrate Fe^2O^3,HO. Ainsi modifié par l'ébullition, l'hydrate ferrique ne se dissout dans l'acide chlorhydrique concentré qu'à l'aide de l'ébullition ou par une digestion très-prolongée.

On connaît une modification soluble de l'hydrate ferrique. M. Péan de Saint-Gilles l'a obtenue en ajoutant de l'acide acétique ou une solution étendue d'acide azotique ou chlorhydrique à de l'hydrate ferrique modifié par l'ébullition. Celui-ci disparaît aussitôt en formant une liqueur très-foncée et qui ne présente point les caractères des sels ferriques. L'oxyde ferrique s'est dissous dans la liqueur, mais n'y est point contenu à l'état de combinaison avec les acides. Cette liqueur, qui paraît limpide par transmission et trouble par réflexion, est précipitée par la plus petite quantité d'un sel alcalin ou d'un sulfate, et donne, avec l'acide chlorhydrique ou nitrique concentré, un précipité rouge grenu qui disparaît dans une grande quantité d'eau.

Lorsqu'on expose pendant longtemps à la température de 100° une solution d'hydrate ferrique ordinaire dans l'acide acétique, on obtient une liqueur qui paraît claire par transmission, trouble par réflexion, qui ne possède plus la saveur astringente et atramentaire des sels ferriques, et qui ne donne pas de bleu de Prusse avec le ferrocyanure de potassium. Une trace d'acide sulfurique ou de carbonate de soude suffit pour précipiter tout l'oxyde de fer de cette solution; l'acide chlorhydrique ou azotique concentré en précipite tout l'hydrate ferrique sous forme d'une poudre brun rouge grenue; celle-ci, étalée sur une plaque de porcelaine poreuse, se dessèche en un vernis brun qui se dissout rapidement dans l'eau pure, en formant une liqueur presque insipide.

L'hydrate ferrique pur est employé en médecine comme contre-poison de l'arsenic. Il existe à l'état de mélange avec le carbonate de fer dans le *safran de mars apéritif*.

Pour préparer ce dernier, on précipite une solution de sulfate ferreux exempt de cuivre par une solution de carbonate de soude. Il se forme un précipité vert pâle, qu'on laisse déposer et qu'on lave à plusieurs reprises par l'eau froide, en décantant chaque fois la liqueur. On recueille ensuite le précipité, on le fait sécher à l'ombre, enfin on le pulvérise et on le passe au tamis de soie.

Pendant les lavages et pendant la dessiccation, il est exposé au contact de l'air et change de couleur et de composition. Il prend d'abord une teinte d'un vert foncé et puis une teinte rouge brun. Le carbonate ferreux humide, en absorbant l'oxygène de l'air, perd de l'acide carbonique et se convertit en grande partie en hydrate ferrique. En chauffant le *safran de mars apéritif*, on obtient le *safran de mars astringent*, préparation usitée autrefois.

OXYDE FERROSO-FERRIQUE.

$$Fe^3O^4.$$

Cet oxyde de fer constitue l'oxyde magnétique ou pierre d'aimant, dont on trouve dans la nature des amas considérables, et dont la composition répond à la formule

$$Fe^3O^4 = FeO,Fe^2O^3.$$

Il se forme lorsque le fer incandescent est soumis à l'action de la vapeur d'eau : on obtient ainsi une poudre noire attirable par l'aimant. L'oxyde de fer formé par l'action de l'air sur le fer incandescent, et qui constitue ce que l'on nomme l'*oxyde des battitures de fer*, est plus riche que l'oxyde magnétique en oxyde ferreux, dont il renferme d'ailleurs des quantités variables.

L'*éthiops martial* des pharmacies constitue aussi une combinaison d'oxyde ferreux et d'oxyde ferrique. On peut le préparer en exposant longtemps de la limaille de fer purifiée à l'action de l'air et de l'eau. Après l'avoir humectée et tassée au fond d'une terrine, on la remue de temps en temps. Au bout de cinq à six jours on délaye le tout dans l'eau, et on sépare par décantation l'oxyde ferroso-ferrique, formé en présence d'un grand excès de fer métallique.

Ainsi obtenu, cet oxyde est noir; il renferme toujours une petite quantité d'ammoniaque.

M. Soubeiran a indiqué un procédé plus convenable pour la préparation de l'éthiops martial : ce procédé consiste à précipiter par le carbonate de soude une solution bouillante d'un mélange de sulfate ferreux et de sulfate ferrique. On obtient un précipité qu'on fait sécher, et qui est noir après dessiccation.

ACIDE FERRIQUE.

Cet acide n'a été obtenu qu'à l'état de combinaison avec la potasse. M. Fremy prépare le ferrate de potasse en projetant, dans un creuset chauffé au rouge, un mélange d'azotate de potasse et de limaille de fer, ou en dirigeant un courant de chlore dans de la potasse caustique tenant en suspension de l'hydrate ferrique. Le ferrate de potasse forme une solution d'un beau rouge : il se précipite sous forme d'une poudre noire lorsqu'on ajoute à cette solution un excès de potasse caustique, dans laquelle il est insoluble.

SULFURES DE FER.

Les sulfures de fer qui existent dans la nature sont connus sous le nom de *pyrite* et de *pyrite magnétique*.

La **pyrite** est un bisulfure de fer FeS^2. On distingue la pyrite jaune de la pyrite blanche.

La première cristallise dans le système cubique. Elle forme des cubes brillants, offrant une couleur jaune d'or et un éclat métallique très-marqué. Ces cristaux sont fréquemment modifiés par les faces du dodécaèdre pentagonal; souvent même les cristaux de pyrite affectent cette dernière forme régulière. Leur densité est égale à 5,0.

L'autre variété de pyrite forme des prismes rhomboïdaux diversement modifiés, d'une couleur jaune verdâtre terne, d'une densité de 4,74. Beaucoup plus altérable que la pyrite cubique, elle possède une grande tendance à attirer l'oxygène de l'air pour se convertir en sulfate. Lorsqu'on chauffe la pyrite à une haute température en vase clos, elle perd une portion de son soufre et devient magnétique.

La **pyrite magnétique** naturelle est cristallisée en prismes hexagonaux réguliers, couleur brun de foie avec éclat métallique. Elle est attirable à l'aimant. Elle constitue une combinaison de protosulfure et de sesquisulfure de fer. Ordinairement elle renferme 7 équivalents de fer et 8 de soufre, et on peut l'envisager comme formée de $5FeS,Fe^2S^3$, ou de $6FeS,FeS^2$.

Le **protosulfure de fer** (sulfure ferreux) FeS, se trouve en petite quantité dans un grand nombre de météorites.

La combinaison du fer avec le soufre s'opère facilement, soit par la voie sèche soit par la voie humide. Des fils de fer préalablement chauffés brûlent dans la vapeur de soufre. Lorsqu'on touche avec un bâton de soufre une barre de fer chauffée au rouge blanc, les deux corps se combinent et le protosulfure de fer fondu se sépare immédiatement de la masse du fer incandescent.

Lorsqu'on humecte avec de l'eau un mélange de limaille de fer et de fleurs de soufre et qu'on l'abandonne à lui-même à la température ordinaire, il s'échauffe et noircit par suite de la combinaison des deux corps, dégage d'abondantes vapeurs aqueuses et peut même s'enflammer si la masse en est assez considérable. Cette expérience est connue sous le nom de *volcan de Lémery*. Convenablement conduite, elle peut donner un sulfure de fer noir, divisé mais impur, et très-altérable à l'air.

On prépare ordinairement le protosulfure de fer en chauffant au rouge, dans un creuset couvert, un mélange de 3 parties de limaille de fer avec 2 parties de soufre. On peut remplacer la limaille par du fer en menus morceaux. On coule la matière quand elle est fondue. On obtient ainsi le sulfure de fer sous forme de masses cassantes douées de reflets métalliques, et très-propres à la préparation de l'hydrogène sulfuré.

Le protosulfure de fer est indécomposable par la chaleur. Chauffé doucement au contact de l'air, il absorbe l'oxygène et se convertit partiellement en sulfate; à une température très-élevée il dégage de l'acide sulfureux, et laisse un résidu d'oxyde de fer. Le sulfure de fer divisé s'oxyde très-rapidement à l'air, à la température ordinaire, lorsqu'il est humide, et se convertit d'abord en sulfate ferreux et finalement en sous-sulfate ferrique.

PROTOCHLORURE DE FER OU CHLORURE FERREUX.

FeCl.

On obtient le chlorure ferreux à l'état anhydre en faisant passer un courant de gaz chlorhydrique sur du fer incandescent contenu dans un tube de porcelaine. Il se forme des écailles blanches nacrées, qui constituent le chlorure ferreux anhydre FeCl. Ce corps est indécomposable par la chaleur, volatil à une température très-élevée. Il se dissout dans l'eau et dans l'alcool. A l'état d'hydrate, le chlorure ferreux s'obtient par la dissolution du fer dans l'acide chlorhydrique. La solution verte, convenablement concentrée, laisse déposer des prismes rhomboïdaux obliques d'un vert bleuâtre et renfermant FeCl + 4HO. Le chlorure ferreux se combine avec le chlorhydrate d'ammoniaque pour former un chlorure double de fer et d'ammonium, qui était employé autrefois en médecine (*muriate de fer et d'ammoniaque, fleurs martiales ammoniacales.*

SESQUICHLORURE DE FER OU CHLORURE FERRIQUE.

Fe^2Cl^3.

On prépare ce corps en dirigeant un courant de chlore sur de la tournure de fer chauffée dans un tube de verre vert, ou de porcelaine. Les deux corps se combinent avec incandescence, et si le chlore est en excès, on obtient du chlorure ferrique sous forme d'un sublimé cristallin noir, brillant.

Un autre procédé pour la préparation de ce corps consiste à dissoudre de l'oxyde de fer anhydre, par exemple de l'hématite en poudre (Mohr) dans de l'acide chlorhydrique, à évaporer la solution, à dessécher le résidu et à le chauffer ensuite au rouge sombre dans une cornue de grès vernissée. Le perchlorure de fer se sublime et il reste dans la cornue de l'oxyde ferrique.

Le chlorure ferrique anhydre cristallise en tables brillantes noires, qui se volatilisent et se subliment à une température peu supérieure à 100°. Sa densité de vapeur est égale à 11,39 (Deville et Troost). Elle indique que sa vraie formule moléculaire est Fe^4Cl^6. Chauffé dans l'oxygène, le chlorure ferrique se convertit en oxyde avec dégagement de chlore. A une température élevée la vapeur d'eau le convertit en acide chlorhydrique et en oxyde ferrique ristallisé et offrant la forme du *fer spéculaire*. Le chlorure ferrique se dissout dans l'eau, dans l'alcool et dans l'éther. Exposé au contact de l'air, il en attire l'humidité et se convertit en une solution de chlorure ferrique hydraté.

Le meilleur procédé pour obtenir celui-ci consiste à faire passer un courant de chlore dans la solution neutre de chlorure ferreux. La solution passe du vert au jaune et peut fournir des cristaux de deux espèces. Évaporée en consistance sirupeuse et abandonnée dans un endroit frais, elle donne de gros cristaux rouge orangé foncé, très-fusibles, se solidifiant à 42°. attirant l'humidité de l'air et renfermant $Fe^2Cl^3,5HO$. (Fritzsche.)

Moins concentrée par l'évaporation, elle laisse déposer lentement des mamelons opaques d'un jaune orangé pâle renfermant $Fe^2Cl^3,12HO$. Ces cristaux sont moins déliquescents que les précédents. (Fritzsche, Mohr.) Ce dernier hydrate se dépose aussi de la solution de chlorure ferrique obtenue par l'action de l'eau sur le chlorure ferrique sec.

La solution de chlorure ferrique est brun jaunâtre à l'état de concentration, jaune lorsqu'elle est étendue. Elle dissout abondamment de l'hydrate ferrique en formant des oxychlorures solubles.

En dissolvant le sesquioxyde de fer dans l'acide chlorhydrique ou le sesquichlorure de fer dans l'eau, et en concentrant la solution, on obtient, d'après M. Wittstein, des lames rhomboédriques d'un beau jaune renfermant $Fe^2Cl^3 + 6HO$.

Le chlorure ferrique est fréquemment employé en médecine. On s'en sert pour l'usage interne, mais il rend surtout de bons services dans la thérapeutique chirurgicale. On l'administre ordinairement sous forme de teinture alcoolique. La teinture de Bestuschef est une solution de chlorure ferrique dans la liqueur de Hoffmann (mélange d'alcool et d'éther).

Le chlorure ferrique coagule immédiatement le sang, aussi est-il employé avec grand succès dans le traitement des anévrismes et des varices. On l'injecte dans les cavités anévrysmatiques ou variqueuses sous forme de teinture à 30° et à la dose de quelques gouttes.

PROTOIODURE DE FER, IODURE FERREUX.

FeI.

On prépare cet iodure en soumettant à l'ébullition un mélange d'eau, de limaille de fer et d'iode. Après filtration, on obtient une liqueur verte, solution d'iodure ferreux. On la concentre en ayant soin d'y introduire de la tournure de fer, et lorsqu'une petite portion du liquide, déposée sur un corps froid, se prend en masse, on coule le tout sur une plaque de verre ou de faïence.

L'iodure ferreux cristallise difficilement. Il possède une saveur atramentaire. Il est déliquescent et attire rapidement l'oxygène de l'air, et se transforme partiellement en oxyiodure insoluble.

L'iodure ferreux est fréquemment employé en médecine : il possède à la fois les propriétés du fer et celles de l'iode. On l'administre à l'intérieur, et le mode d'administration le plus convenable est la forme pilulaire, qui garantit le mieux l'iodure ferreux contre l'action de l'air.

SULFATE DE PROTOXYDE DE FER, SULFATE FERREUX.

$$SFeO^4 = SO^3, FeO.$$

Ce sel était connu anciennement sous le nom de vitriol vert ou de couperose verte. On l'obtient en exposant à l'air ou en grillant à une chaleur modérée les pyrites martiales. On peut le préparer dans les laboratoires en dissolvant le fer dans l'acide sulfurique étendu. On l'obtient comme produit accessoire de la préparation de l'hydrogène sulfuré au moyen du sulfure de fer et de l'acide sulfurique étendu.

On purifie le sulfate de fer que livre le commerce en dissolvant le sel dans l'eau chaude, et en faisant bouillir la solution avec de 'a tournure de fer. Le métal décompose le sulfate de cuivre que le vitriol vert peut renfermer, et, de plus, il réduit au minimum le sulfate ferrique qu'il renferme toujours. La liqueur filtrée, additionnée d'une petite quantité d'acide sulfurique et abandonnée au refroidissement, laisse déposer de beaux cristaux d'un vert bleuâtre. L'addition d'acide sulfurique libre a pour but d'empêcher le dépôt d'une petite quantité de sous-sel ferrique. Il est à remarquer que ce sel, ainsi purifié, peut encore renfermer de petites quantités de sulfates de zinc et de manganèse. Les cristaux ainsi obtenus sont des prismes rhomboïdaux obliques dont la composition est exprimée par la formule

$$SFeO^4 + 7HO = SO^3,FeO + 7\,aq.$$

Il existe plusieurs autres hydrates de sulfate ferreux.

Exposés au contact de l'air, les cristaux s'effleurissent à la longue ; en même temps leur surface jaunit par suite de la formation d'un sous-sulfate ferrique, formé par l'action de l'air. Dans un courant d'air chauffé à 40° ou 50°, ils s'effleurissent rapidement en formant une masse blanche.

Lorsqu'on le chauffe, le sulfate ferreux fond dans son eau de cristallisation. Il en perd 6 équivalents à 100° ; le septième ne se dégage qu'à 300°. Le sel sec se décompose, à une température plus élevée, en acide sulfureux et en sous-sulfate ferrique

$$2(SO^3,FeO) = SO^2 + SO^3,Fe^2O^3.$$

Au rouge sombre, ce dernier sel dégage de l'acide sulfurique et laisse un résidu d'oxyde ferrique.

100 parties de sulfate ferreux cristallisé se dissolvent dans 164 parties d'eau à 10°, et dans 30 parties d'eau bouillante. Le sulfate ferreux est insoluble dans l'alcool. Lorsqu'on ajoute de l'alcool à la solution aqueuse, on en précipite un sel blanc moins hydraté que le sel vert.

La solution de sulfate ferreux, exposée au contact de l'air, absorbe de l'oxygène, se trouble, laisse déposer un sous-sulfate ferrique $SO^3,(Fe^2O^3)^2$, et se colore en brun par suite de la formation d'un sulfate ferrique neutre qui reste en dissolution.

La solution de sulfate ferreux absorbe le bioxyde d'azote en se colorant en brun. Ainsi s'explique la coloration brune que l'on observe lorsqu'on ajoute de l'acide azotique à une solution de sulfate ferreux. Celui-ci, désoxydant l'acide azotique, le ramène à l'état de bioxyde d'azote, qui colore en brun le reste du sel ferreux. Lorsqu'on chauffe une solution de sulfate ferreux additionnée d'acide azotique, il se dégage d'abondantes vapeurs rouges, et la couleur brune disparaît pour faire place à la teinte jaune des solutions ferriques.

Le sulfate de fer est employé pour la préparation de certaines eaux minérales artificielles. On l'administre rarement à l'intérieur, car il est plus âpre et plus styptique que les sels ferreux à acides organiques. Il est employé bien plus fréquemment pour la préparation de lotions et d'injections astringentes et toniques.

SULFATE DE SESQUIOXYDE DE FER, SULFATE FERRIQUE.

$$S^3Fe^2O^{12} = 3SO^3,Fe^2O^3.$$

Le sulfate ferrique, dit neutre, renferme pour 1 équivalent de sesquioxyde de fer 3 équivalents d'acide sulfurique.

Pour le préparer, on introduit dans une capsule de porcelaine 100 parties de sulfate ferreux pulvérisé, 100 parties d'eau et 20 parties d'acide sulfurique concentré; on porte à l'ébullition et on ajoute, par petites portions, de l'acide azotique jusqu'à ce que tout dégagement de vapeurs rouges ait cessé. On évapore alors la liqueur à siccité et on dessèche fortement le résidu. L'addition de l'acide sulfurique a pour but la saturation complète de l'oxyde ferrique produit par l'oxydation de l'oxyde ferreux.

$$2[SO^3,FeO] + O + SO^3,HO = 3SO^3,Fe^2O^3 + HO.$$

Sulfate ferreux.   Acide sulfurique.   Sulfate ferrique.

On obtient ainsi une masse blanche légèrement jaunâtre, qui se dissout très-lentement, mais complétement, dans l'eau. La solution est d'un jaune brun. Elle est acide au papier de tournesol. Elle peut être concentrée sous forme sirupeuse. L'alcool ne la trouble pas; mais l'acide sulfurique concentré en précipite du sulfate ferrique blanc. Le sel sec attire lentement l'humidité de l'air. L'hydrogène sulfuré réduit la solution aqueuse à l'état de sulfate ferreux, en même temps qu'il se forme un précipité jaune de soufre.

$$3SO^3,Fe^2O^3 + HS = SO^3,HO + 2(SO^3,FeO) + S.$$

Sulfate ferrique.   Acide sulfurique.   Sulfate ferreux.

CARBONATE DE PROTOXYDE DE FER, CARBONATE FERREUX.

$$CFeO^3 = CO^2,FeO.$$

Le *fer spathique*, qui cristallise en rhomboèdres, est du carbonate ferreux. Lorsqu'on précipite une solution de sulfate ferreux par le carbonate de soude, il se forme un précipité blanc verdâtre qui s'altère à l'air en attirant l'oxygène et en perdant de l'acide carbonique (voir page 532). Récemment précipité, il se dissout dans un grand excès d'acide carbonique, en formant du bicarbonate. Il existe sous cette forme dans les eaux ferrugineuses carbonatées. Il a sur certaines préparations ferrugineuses insolubles l'avantage de se dissoudre très-facilement dans les acides de l'estomac. Il entre dans la composition des pilules de Blaud et de Vallet.

PHOSPHATE DE PROTOXYDE DE FER, PHOSPHATE FERREUX.

Lorsqu'on ajoute une solution de phosphate de soude ordinaire

$$PhO^5 \begin{cases} 2NaO \\ HO \end{cases} + 24\,aq.$$

à une solution de sulfate ferreux, on obtient un précipité blanc qui se colore bientôt à l'air en vert bleu. Il renferme probablement

$$PhO^5 \begin{cases} 2FeO \\ HO \end{cases}.$$

Il a été employé en médecine.

PYROPHOSPHATE DE SESQUIOXYDE DE FER, PYROPHOSPHATE FERRIQUE.

Lorsqu'on ajoute une solution de pyrophosphate de soude $PhO^5,2NaO + 10\,aq.$ à une solution de sulfate ferrique, il se forme un précipité de pyrophosphate ferrique $3PhO^5,2F^2O^3$ qui se dissout dans un excès de pyrophosphate de soude. La solution contient un sel double qui a été employé en médecine.

M. E. Robiquet a constaté que le pyrophosphate ferrique se dissout facilement dans le citrate d'ammoniaque. Cette solution est employée sous le nom de *pyrophosphate de fer citro-ammoniacal*.

Caractères des sels ferreux. — Leur solution est verte. Elle n'est point précipitée par l'hydrogène sulfuré. Le sulfhydrate d'ammoniaque y forme un précipité noir de sulfure ferreux.

La potasse et l'ammoniaque y font naître un précipité blanc verdâtre d'hydrate ferreux, insoluble dans un excès de réactif et qui se colore rapidement à l'air. La précipitation par l'ammoniaque est empêchée par un grand excès d'un sel ammoniacal. Le prussiate jaune de potasse précipite les sels ferreux en bleu clair. Le prussiate rouge y forme un précipité bleu foncé qu'on nomme bleu de Prusse.

La solution de noix de galle ne colore pas en noir les solutions ferreuses.

Caractères des sels ferriques. — L'hydrogène sulfuré y fait naître un précipité jaune de soufre, en les réduisant à l'état de sels ferreux. Le sulfhydrate d'ammoniaque les précipite en noir. La po-

tasse et l'ammoniaque forment dans les solutions ferriques un précipité floconneux rouge brun (hydrate ferrique), insoluble dans un
excès de réactif.

Le prussiate jaune de potasse y forme un précipité bleu foncé.
Le prussiate rouge y détermine une coloration brun foncé sans
qu'il se forme de précipité.

Le sulfocyanure de potassium y produit une coloration rouge de
sang.

La solution de noix de galle y forme un précipité noir bleu qui
constitue l'encre.

ZINC

Les minerais de zinc que l'on exploite sont la *calamine* et la
blende.

La calamine est du carbonate de zinc souvent mélangé de silicate. On y trouve toujours de l'oxyde de fer.

La blende est un sulfure de zinc. Elle renferme fréquemment
une petite quantité de sulfure ferreux, qui la colore en brun plus
ou moins foncé.

Pour extraire le zinc de la calamine ou de la blende, on commence par griller ces minerais. Par l'action de la chaleur, la calamine perd de l'acide carbonique et de l'eau; par le grillage, la
blende dégage de l'acide sulfureux et se convertit en oxyde. Ainsi
ramenés, tous deux, à l'état d'oxyde, les minerais de zinc sont calcinés avec du charbon. Il se dégage de l'oxyde de carbone, et le
zinc, mis en liberté, se volatilise et vient se rendre dans des récipients où il se condense.

Telles sont les réactions très-simples sur lesquelles repose l'extraction du zinc. Nous ne pouvons entrer ici dans les détails de
l'opération.

Le zinc du commerce n'est pas toujours pur, surtout lorsqu'il
est livré en masse. Il est allié à de petites quantités de fer, de
plomb, de cuivre, de cadmium, de manganèse, de charbon et
d'arsenic. Le zinc laminé est le plus exempt de métaux étrangers.

Pour purifier le zinc, on peut le soumettre à la distillation.
L'opération se fait dans une cornue de grès. On enlève ainsi la
plus grande quantité des métaux fixes, mais on ne sépare pas l'arsenic, chose importante lorsqu'il s'agit de préparer du zinc propre
à être employé pour l'appareil de Marsh.

On peut débarrasser le zinc de l'arsenic en le faisant fondre à plusieurs reprises avec de petites quantités de nitre : l'arsenic s'oxyde et forme de l'arséniate de potasse.

On peut aussi se procurer du zinc pur en réduisant de l'oxyde de zinc pur par le charbon, ou par une matière organique riche en charbon, telle que le sucre. L'opération peut se faire dans une cornue de grès ou dans un creuset dont le fond est traversé par un tube qui s'élève dans l'intérieur même du creuset, et qui s'ouvre par l'autre extrémité au-dessus d'un vase renfermant de l'eau froide. Les vapeurs de zinc montent d'abord dans le creuset, descendent ensuite par le tube, où elles se condensent. Cette manière d'opérer est la *distillation* par *descensum*. Elle offre des difficultés lorsqu'on veut l'appliquer à la préparation de petites quantités de métal.

Le zinc possède une couleur d'un blanc bleuâtre. Sa densité varie de 6,86 à 7,20, suivant qu'il a été fondu ou laminé. Sa cassure est lamelleuse et brillante. Le métal qu'on trouve dans le commerce est cassant à la température ordinaire ; il devient malléable à quelques degrés au-dessus de 100°. Mais lorsqu'on le chauffe à 200°, il devient de nouveau cassant. Il fond vers 410° et distille à 1040° (H. Deville et Troost). Il se conserve sans altération dans l'air sec à la température ordinaire. Dans l'air humide sa surface se ternit promptement, mais l'oxydation n'est que superficielle.

Chauffé au rouge, au contact de l'air, il se volatilise ; sa vapeur s'enflamme et brûle avec une flamme verte. Le zinc se transforme ainsi en oxyde de zinc, qui s'élève en fumée et retombe bientôt sous forme de flocons blancs très-légers, qu'on nommait autrefois *fleurs de zinc*, *Nihilum album*, *Lana philosophica*, *Pompholyx*. Le zinc décompose l'eau au rouge en mettant de l'hydrogène en liberté. Il se dissout dans les acides chlorhydrique et sulfurique, étendus d'eau, avec dégagement d'hydrogène. On a remarqué que le zinc impur se dissout plus rapidement que celui qui présente une pureté parfaite.

Le zinc se dissout aussi avec dégagement d'hydrogène dans les solutions bouillantes de potasse et de soude.

Les vases en zinc sont impropres à la cuisson et à la conservation des aliments.

On nomme *fer galvanisé* du fer recouvert d'une mince couche de zinc. Ainsi protégé par un métal plus électro-positif, le fer se conserve sans altération à l'air humide : car l'oxygène se porte de préférence sur le zinc; mais cette oxydation est superficielle et ne ronge pas l'épaisseur du métal.

OXYDE DE ZINC.

ZnO.

On prépare cet oxyde en chauffant le zinc dans un grand creuset de terre recouvert d'un autre dont le fond est percé, et qui sert de dôme et de récipient. On chauffe au rouge blanc; le zinc se volatilise, s'oxyde, et l'oxyde formé s'attache aux parois des creusets sous forme de flocons blancs. Dans les arts, cette opération s'exécute dans de vastes moufles chauffés au rouge. On purifie l'oxyde de zinc par lévigation pour en séparer quelques traces de zinc métallique.

Un autre procédé pour préparer l'oxyde de zinc consiste à chauffer au rouge obscur le carbonate de zinc.

L'oxyde de zinc est blanc. Il est jaune lorsqu'il contient des traces d'oxyde de fer. Il est sans saveur. Préparé par l'oxydation du métal, il est léger et floconneux; obtenu par la calcination du carbonate, il est lourd et pulvérulent. Il doit se dissoudre sans effervescence dans les acides chlorhydrique et sulfurique étendus. Il se colore en vert (vert de Rinman) lorsqu'on le calcine avec de l'azotate de cobalt.

D'après M. Bineau l'eau dissout $\frac{1}{1000000}$ d'oxyde de zinc. Cet oxyde peut se combiner avec l'eau pour former un hydrate. On obtient celui-ci en précipitant un sel de zinc soluble par un alcali. Un excès d'alcali dissout le précipité : il se forme alors un zincate soluble.

L'oxyde de zinc est employé en médecine comme antispasmodique. Il entre aussi dans la préparation de plusieurs pommades employées dans le traitement des maladies des yeux et des affections de la peau.

On a employé autrefois, comme remède ophthalmique, de l'oxyde de zinc impur provenant du traitement métallurgique des minerais de zinc et connu sous le nom de *tuthie* ou de *cadmie*. On doit renoncer à l'emploi de ce produit, dont la composition est variable et qui renferme souvent de l'arsenic.

On fait un grand usage de l'oxyde de zinc dans les arts. Il remplace la céruse dans la peinture à l'huile. Il offre sur le carbonate de plomb l'avantage de ne pas noircir par l'action de l'hydrogène sulfuré, et celui, plus précieux encore, de ne pas compromettre la santé des ouvriers.

CHLORURE DE ZINC.

ZnCl.

On prépare le chlorure de zinc en dissolvant le zinc laminé dans l'acide chlorhydrique et en évaporant la dissolution. Lorsque l'eau s'est dégagée, le chlorure de zinc fond. On le coule sur des plaques de faïence, où il se concrète en masses blanches, déliquescentes, fusibles au-dessus de 100°, et qui constituent le chlorure de zinc anhydre. Ainsi préparé, il renferme une certaine quantité d'oxyde de zinc formé par l'action de l'eau sur le chlorure pendant la dessiccation.

Le chlorure de zinc était connu autrefois sous le nom de *beurre de zinc*. On l'obtenait en distillant de la limaille de zinc avec du sublimé corrosif, ou en chauffant au rouge un mélange de sulfate de zinc sec et de chlorure de sodium. Dans ce dernier cas, le chlorure de zinc formé par double décomposition passait à la distillation.

Le chlorure de zinc se dissout non-seulement dans l'eau, mais encore dans l'alcool, avec lequel il peut former une combinaison cristallisable. Combiné avec un équivalent d'eau, il forme le chlorure de zinc hydraté cristallisable en octaèdres très-déliquescents.

Il est fréquemment employé comme caustique. On l'a employé, à l'intérieur, à petite dose, comme antispasmodique.

SULFATE DE ZINC.

$$SZnO^4 = SO^3,ZnO.$$

Ce sel constitue le vitriol blanc ou couperose blanche. On l'obtient dans les arts par un grillage modéré de la blende. Une partie du soufre se dégage à l'état d'acide sulfureux, une autre partie se convertit en acide sulfurique, qui se combine avec l'oxyde de zinc. Du minerai grillé on extrait le sulfate de zinc par le lessivage et l'évaporation.

Dans les laboratoires, ce sel s'obtient en dissolvant le zinc dans l'acide sulfurique faible. Il constitue le résidu de la préparation de l'hydrogène. Le sulfate de zinc du commerce contient du sulfate ferreux qu'on en sépare par le procédé suivant : on fait dissoudre le sulfate de zinc dans une petite quantité d'eau; on dirige à travers la solution un courant de chlore pour tranformer le sulfate ferreux en sulfate ferrique; on fait bouillir la liqueur pour chasser l'excès de chlore, et puis on y introduit une petite quantité d'oxyde ou de carbonate de zinc pur. Au bout de quelque temps, ce dernier oxyde déplace l'oxyde ferrique, moins puissant que lui. On filtre et on fait cristalliser.

Le sulfate de zinc cristallise en prismes rhomboïdaux droits. Il est isomorphe avec le sulfate de magnésie. Il renferme 7 équivalents d'eau de cristallisation, et sa composition est exprimée par la formule

$$SZnO^4 + 7HO = SO^3,ZnO + 7\,aq.$$

Au-dessus de 30° il cristallise avec 6 équivalents d'eau (Mitscherlich). Chauffé à 100°, il fond dans son eau de cristallisation, dont il perd la plus grande partie. Il n'en retient qu'un équivalent à cette température. A 238° il devient anhydre. A une forte chaleur rouge, il se décompose en oxyde de zinc, acide sulfureux et oxygène.

Il se dissout dans deux fois son poids d'eau à 0°, et dans son propre poids d'eau bouillante. La solution possède une saveur styptique.

Le sulfate de zinc forme, avec les sulfates alcalins, des sulfates doubles cristallisables. Ainsi il existe un sulfate double de zinc et de potasse renfermant

$$SZnO^4 + SKO^4 + 6HO.$$

Le sulfate de zinc a été employé autrefois comme vomitif. On ne s'en sert aujourd'hui que pour l'usage externe, comme astringent et détersif. En solution aqueuse (30 centigrammes de sulfate dans 100 grammes d'eau), il est employé souvent comme collyre, quelquefois en injections.

Pris en quantité notable, il agit comme poison. L'administration de doses exagérées de sulfate de zinc, comme émétique, a quelquefois donné lieu à des accidents. En outre, la science a enregistré des cas d'empoisonnements occasionnés par suite de la confusion de ce sel avec d'autres substances, notamment avec le sulfate de magnésie. Le sulfate de zinc est un poison irritant, et l'empoisonnement qu'il produit offre quelque ressemblance, dans les symptômes et les effets, avec l'empoisonnement par l'émétique. Les vomissements que provoque le sulfate de zinc rendent heureusement moins redoutable l'action toxique de ce sel, et l'on connaît des cas où l'ingestion de 30 grammes n'a pas été suivie d'accidents mortels.

CARBONATE DE ZINC.

$$CZnO^3 = CO^2,ZnO.$$

Le carbonate de zinc se trouve dans la nature. Il se forme des carbonates de zinc basiques, ou plutôt des combinaisons de carbonate de zinc avec l'hydrate de zinc (hydrocarbonates), lorsqu'on précipite une solution de sulfate de zinc par le carbonate de potasse ou de soude, et la composition de ces précipités diffère suivant qu'on emploie des solutions bouillantes ou froides, concentrées ou étendues.

Caractères des sels de zinc. — Neutres, les sels de zinc sont décomposés partiellement par l'hydrogène sulfuré, qui précipite du sulfure de zinc hydraté *blanc*. L'addition d'un acide minéral empêche la formation du précipité. Les sels de zinc formés par les acides organiques, tels que l'acétate et le lactate, sont complétement décomposés par l'hydrogène sulfuré.

Le sulfhydrate d'ammoniaque forme dans les sels de zinc un précipité *blanc* de sulfure.

La potasse, la soude et l'ammoniaque, y donnent des précipités blancs solubles dans un excès de réactif.

Le ferrocyanure de potassium (prussiate jaune de potasse) y forme un précipité blanc.

CADMIUM

Ce métal a été découvert, presque simultanément, en 1817 et en 1818, par Stromeyer et par Hermann. Il n'est point très-répandu dans la nature. Généralement il est associé au zinc et se rencontre soit à l'état d'oxyde dans la calamine, soit à l'état de sulfure dans la blende.

Comme il est plus volatil que le zinc, il se concentre, lorsqu'on traite les minerais de ce métal, dans les premiers produits de la distillation. On parvient à le séparer du zinc en dissolvant ces produits dans l'acide sulfurique étendu, et en traitant la solution par l'hydrogène sulfuré. Il se précipite du sulfure de cadmium jaune, accompagné de quelques autres sulfures. On fait bouillir ce précipité avec de l'acide chlorhydrique concentré : le sulfure de cadmium se dissout, tandis que le sulfure d'arsenic, qui peut être mélangé, reste à l'état insoluble. On filtre et on précipite la solution par un excès de carbonate d'ammoniaque : il se précipite du carbonate de cadmium. On le recueille, et, après l'avoir séché et calciné, on mêle l'oxyde avec du charbon et on distille dans des cornues de grès. Le cadmium passe à la distillation.

Il est assez mou et se laisse couper, mais moins facilement que le zinc. Sa surface, récemment mise à nu, présente un éclat métallique blanc, mais elle se ternit à l'air. La densité du cadmium est égale à 8,60 — 8,69. Il fond à 320°. Il bout à 860° (H. Deville et Troost). On peut l'obtenir cristallisé en octaèdres. Chauffé à l'air, il brûle en formant de l'oxyde CdO. Cet oxyde est jaune brun ou brun.

Le *sulfure de cadmium* CdS se précipite sous forme d'une poudre d'un jaune vif, lorsqu'on traite par l'hydrogène sulfuré les solutions des sels cadmiques. Il est employé en peinture.

L'*iodure de cadmium* CdI peut être préparé par digestion du métal avec de l'iode et de l'eau. On obtient une solution incolore qui laisse déposer, lorsqu'elle est convenablement concentrée, de très-belles tables hexagonales transparentes et douées d'un grand éclat. Ces cristaux sont solubles dans l'eau et dans l'alcool.

L'iodure de cadmium a été employé en médecine. On s'en sert aussi en photographie.

COBALT

Ce métal a été isolé pour la première fois par Brandt, en 1733. Les principaux minerais sont l'arséniure CoAs (cobalt arsénical, smaltine), qui est souvent mélangé avec des arséniures de nickel, de fer, etc., et le sulfoarséniure CoAs,CoS^2 [1] (cobalt gris, cobaltine). Ces minerais servent principalement, dans les arts, pour la préparation du *smalt*, combinaison de silicate de cobalt et de silicate de potasse.

Le meilleur procédé pour obtenir le cobalt pur consiste à porter aux plus hautes températures, dans un creuset de chaux, l'oxalate de protoxyde de cobalt. On obtient ainsi le cobalt sous forme d'un culot métallique gris rougeâtre, ductile, plus tenace que le fer, très-dur et d'une densité de 8,5 (H. Deville).

Le cobalt forme avec l'oxygène un *protoxyde* CoO, un *sesquioxyde* Co^{2}O^3 et un *oxyde* intermédiaire Co^{3}O^4 = CoO + Co^{2}O^3.

Lorsqu'on ajoute de la potasse à une solution bouillante d'un sel de protoxyde de cobalt, on obtient un précipité rose d'hydrate de

---

1. Les formules CoAs^2 et CoAs^2,CoS^2 qu'on donne ordinairement à ces composés sont inexactes, si l'on admet pour l'arsenic l'équivalent 75.

protoxyde de cobalt. Calciné à l'abri du contact de l'air, cet hydrate donne le protoxyde de cobalt, qui se présente sous forme d'une poudre vert olive. M. Genth l'a obtenu en octaèdres microscopiques noirs et brillants. Lorsqu'on le chauffe au contact de l'air ou dans un courant d'oxygène, il se convertit en oxyde intermédiaire.

Lorsqu'on chauffe modérément l'azotate de cobalt, il reste une poudre noire qui constitue le sesquioxyde de cobalt. On obtient l'hydrate de sesquioxyde de cobalt $Co^2H^3O^6 = Co^2O^3,3HO$ en dirigeant un courant de chlore dans de l'hydrate de protoxyde suspendu dans une liqueur alcaline. C'est un précipité d'un brun noir foncé.

$$2CoHO^2 \; + \; KHO^2 \; + \; Cl \; = \; KCl \; + \; Co^2H^3O^6.$$
Hydrate cobalteux.   Hydrate de potassium.   Hydrate cobaltique.

L'oxyde de cobalt intermédiaire Co^3O^4 prend naissance dans diverses réactions, entre autres lorsqu'on soumet à une forte calcination de l'azotate de cobalt. On peut l'obtenir sous forme de petits octaèdres d'un gris noir, doués de l'éclat métallique.

Lorsqu'on chauffe le cobalt métallique dans un courant de chlore, il se sublime une masse violette qui constitue le *chlorure de cobalt* anhydre CoCl. On obtient le chlorure de cobalt hydraté, en dissolvant l'oxyde de cobalt dans l'acide chlorhydrique et en évaporant la liqueur. Ce composé renferme 6 équivalents d'eau de cristallisation et constitue des cristaux rouges qui, lorsqu'on les chauffe, perdent une grande partie de leur eau et deviennent bleus.

Le *sulfate de cobalt* $SCoO^4 + 7HO = SO^3,CoO + 7aq$ cristallise en prismes rhomboïdaux obliques. Ce sel est rouge et soluble dans l'eau. Il se combine avec les sulfates alcalins, pour former des sulfates doubles.

NICKEL

Ce métal a été découvert en 1751, par Cronstedt, dans le nickel arsénical (Kupfernickel, nickéline), qui est un arséniure de nickel NiAs. Dans la préparation du smalt avec les minerais de cobalt, qui renferment toujours du nickel, ce dernier métal se sépare, en combinaison avec l'arsenic, sous forme d'un culot métallique, produit accessoire qu'on nomme *speiss* (Kobaltspeise).

On extrait le nickel, dans les arts, du kupfernickel ou du speiss. Pour cela, on bocarde ces minerais et on les fond avec de la potasse et du soufre : il se forme un sulfoarséniure sulfopotassique (combinaison de sulfure d'arsenic et de sulfure de potassium) et du sulfure de nickel. On épuise la masse par l'eau : le sulfoarséniure se dissout, le sulfure de nickel reste. On dissout ce dernier dans un mélange d'acide sulfurique et d'acide azotique, et on précipite le nickel de la solution à l'aide d'un carbonate alcalin. Finalement, le carbonate de nickel est réduit par le charbon à un feu de forge violent.

M. H. Deville obtient le nickel métallique, à l'état de pureté, en dissolvant le produit commercial dans l'acide azotique, en faisant bouillir la solution avec un excès de nickel, pour séparer le fer, et en évaporant. Il reprend le résidu par l'eau, fait passer dans la solution un courant d'hydrogène sulfuré, filtre, concentre et ajoute à la liqueur acide une solution chaude d'acide oxalique : il se précipite de l'oxalate de nickel. Ce dernier est calciné à l'abri du contact de l'air, et le nickel réduit est fondu dans un creuset de chaux.

A l'état de pureté, ce métal est malléable et ductile; il est plus tenace que le fer. Après le manganèse, c'est le plus dur de tous les métaux. Sa densité est égale à 8,82. Il ne fond qu'à une température très-élevée. Fondu, il est presque aussi blanc que l'argent. Il est magnétique comme le fer.

Il est inaltérable à l'air à la température ordinaire. Au rouge, il attire l'oxygène. Il se dissout lentement dans les acides chlorhydrique et sulfurique, rapidement dans l'acide azotique.

Il forme avec l'oxygène deux combinaisons, savoir :

Un *protoxyde de nickel* NiO, qu'on obtient par la calcination de l'hydrate ou du carbonate, sous forme d'une poudre gris verdâtre. L'hydrate de nickel $NiHO^2 = NiO,HO$ se précipite, sous forme de flocons vert clair, lorsqu'on traite par un alcali la solution d'un sel de nickel. Cet hydrate se dissout dans l'ammoniaque, en formant une liqueur bleue.

Un *sesquioxyde de nickel* Ni^2O^3, qu'on obtient sous forme d'une poudre noire, en chauffant doucement l'azotate de nickel. Il n'entre point en combinaison avec les acides. Il forme avec l'eau un hydrate qu'on obtient en traitant l'hydrate de protoxyde ou le carbonate par une solution de chlorure de chaux.

Le *sulfate de nickel* cristallise entre 15 et 20° en prismes rhomboïdaux droits, isomorphes avec ceux du sulfate de magnésie. Ces cristaux sont verts. Ils renferment $SNiO^4 + 7HO = SO^3,NiO + 7$ aq. Entre 30° et 40°, il se dépose en octaèdres à base carrée, qui contiennent seulement 6 équivalents d'eau de cristallisation. Enfin, en faisant cristalliser le sulfate de nickel entre 50° et 70°, M. Marignac l'a obtenu, sous forme de prismes rhomboïdaux obliques, qui renferment de même 6 équivalents d'eau de cristallisation.

Les métaux suivants se distinguent par la propriété qu'ils possèdent de former avec l'oxygène, non-seulement des oxydes, mais encore des acides métalliques bien caractérisés.

MANGANÈSE

Le manganèse a été découvert par Scheele en 1774, et isolé quelque temps après par Gahn.

M. H. Deville l'a obtenu en réduisant le carbonate manganeux ou l'oxyde manganoso-manganique par le charbon du sucre, à des températures extrèmement élevées. Le métal obtenu formait une masse cohérente très-dure, d'un gris blanchâtre et presque aussi infusible que le platine. Sa poudre décomposait l'eau tiède.

M. Brunner a obtenu du manganèse renfermant quelques traces de silicium, en réduisant, dans un creuset de terre, du fluorure ou du chlorure de manganèse par le sodium. On chauffe d'abord doucement, et on porte ensuite la température du creuset au rouge blanc.

Ce procédé donne un culot de manganèse très-dur, rayant l'acier et le verre, susceptible d'un beau poli, d'une densité de 7,138 à 7,206. Ce métal n'est point magnétique. Chauffé à l'air, il s'oxyde et sa surface devient brune. Il décompose l'eau à 100°.

COMBINAISONS DU MANGANÈSE AVEC L'OXYGÈNE.

On en connaît six, savoir :

Le protoxyde de manganèse ou oxyde manganeux........... .. MnO.
L'oxyde rouge de manganèse ou oxyde manganoso-manganique Mn^3O^4.
Le sesquioxyde de manganèse ou oxyde manganique.......... Mn^2O^3.
Le peroxyde ou bioxyde de manganèse .... MnO^2.
L'acide manganique....................................... MnO^3.
L'acide permanganique.................................... Mn^2O^7.

OXYDE MANGANEUX.
MnO.

On l'obtient en calcinant le carbonate manganeux dans un courant d'hydrogène, ou, d'après M. Liebig, par la calcination de l'oxalate manganeux sec.

$$C^4Mn^2O^8 \;=\; 2MnO \;+\; C^2O^2 \;+\; C^2O^4.$$
Oxalate   Oxyde   Oxyde   Acide
manganeux.   manganeux.   de carbone.   carbonique.

Il constitue une poudre verte qui prend feu au contact d'un corps incandescent et se convertit en oxyde manganoso-manganique.

L'oxyde manganeux est une base puissante. Il peut se combiner avec l'eau et se précipite à l'état d'hydrate, lorsqu'on ajoute de la potasse caustique à la solution d'un sel de manganèse. Le précipité, d'abord blanc, se colore rapidement à l'air en jaune, puis en brun. en attirant l'oxygène.

OXYDE MANGANOSO-MANGANIQUE.
$$Mn^3O^4.$$

Cet oxyde constitue le minéral qu'on nomme *hausmannite*. Il se forme lorsqu'on chauffe au rouge, au contact de l'air, tous les autres oxydes et même certains sels de manganèse. C'est une poudre rouge brun. Il se dissout dans certains acides, en donnant un mélange d'un sel manganeux et d'un sel manganique, et lorsqu'on fait bouillir la solution en présence d'un excès d'acide (sulfurique ou chlorhydrique), le sel manganique se réduit en sel manganeux avec dégagement de gaz (oxygène ou chlore).

OXYDE MANGANIQUE.
$$Mn^2O^3.$$

Il prend naissance lorsqu'on maintient pendant longtemps au rouge sombre l'azotate manganeux. L'oxyde manganique reste sous la forme d'une poudre d'un brun clair. L'oxyde naturel cristallisé est connu le nom de *braunite*.

A une forte chaleur rouge, l'oxyde manganique perd de l'oxygène et se convertit en oxyde manganoso-manganique. C'est une base faible. Il se dissout à froid dans l'acide sulfurique ou dans l'acide chlorhydrique en formant une liqueur rouge ou brune qui se décolore par l'ébullition, en dégageant de l'oxygène ou du chlore, et en se transformant en sulfate ou chlorure manganeux. Traitée par la potasse caustique, la solution rouge du sulfate manganique donne un précipité brun d'hydrate manganique.

On trouve dans la nature un hydrate manganique Mn^2O^3,HO qui constitue l'*acerdèse*.

PEROXYDE OU BIOXYDE DE MANGANÈSE.
$$MnO^2.$$

On le trouve abondamment dans la nature. Il constitue la *pyrolusite*.

On l'obtient pur et anhydre en exposant une solution concentrée d'azotate manganeux à des températures s'élevant graduellement jusqu'à 155°. Il se dégage des vapeurs nitreuses, et il se dépose une masse d'un brun noir brillant qui constitue le bioxyde anhydre.

$$AzMnO^6 = AzO^4 + MnO^2.$$

Chauffé au rouge, le peroxyde de manganèse perd le tiers de son oxygène et se convertit en oxyde rouge (page 31).

Chauffé avec de l'acide sulfurique concentré, il perd la moitié de son oxygène et il se forme du sulfate manganeux (page 32).

Avec l'acide chlorhydrique, il donne du chlore, de l'eau et du chlorure manganeux (page 165).

Lorsqu'on le chauffe avec l'acide oxalique, il dégage de l'acide carbonique et donne de l'oxalate manganeux.

$$\underset{\text{Acide oxalique.}}{2C^4H^2O^8} + 2MnO^2 = \underset{\text{Oxalate}\atop\text{manganeux.}}{C^4Mn^2O^8} + \underset{\text{Acide}\atop\text{carbonique.}}{4CO^2} + 4HO.$$

Il se forme un hydrate de bioxyde de manganèse, lorsqu'on dirige du chlore, en excès, dans de l'eau tenant en suspension de l'hydrate ou du carbonate manganeux, ou encore, d'après M. Schœnbein, lorsqu'on fait digérer une solution d'un sel manganeux avec du peroxyde de plomb. L'hydrate de peroxyde de manganèse est une poudre d'un brun foncé.

ACIDE MANGANIQUE.

$MnO^3.$

Lorsqu'on chauffe, au creuset d'argent, du bioxyde de manganèse avec de la potasse caustique, et qu'on reprend la masse calcinée et refroidie par l'eau, celle-ci dissout du manganate de potasse. On obtient ainsi une liqueur vert foncé qui, évaporée dans le vide, laisse une masse cristalline. On dépose ces cristaux sur une plaque de porcelaine dégourdie qui s'imprègne de l'excès de potasse mélangé aux cristaux.

Ces derniers restent sous forme d'aiguilles prismatiques vertes, isomorphes avec le sulfate de potasse, et renfermant MnO^3,KO. C'est le *manganate de potasse*.

Lorsqu'on fait bouillir une solution de manganate de potasse elle se colore en rouge, et laisse déposer des flocons bruns d'hydrate de peroxyde de manganèse. La liqueur rouge est du permanganate de potasse. On voit que, dans ces circonstances, l'acide manganique s'est dédoublé en deux autres composés oxygénés, dont l'un, l'acide permanganique, renferme plus d'oxygène que lui, et dont l'autre, l'hydrate de peroxyde, en renferme moins.

$$3(MnO^3,KO) + 3HO = Mn^2O^7,KO + MnO^2,HO + 2(KO,HO).$$

| Manganate de potasse. | Permanganate de potasse. | Hydrate de peroxyde de manganèse. | Potasse caustique. |

Un dédoublement analogue a lieu lorsqu'on ajoute un acide à la solution verte du manganate de potasse : il se forme un sel manganeux et de l'acide permanganique, qui colore la liqueur en pourpre.

Sous l'influence d'un grand excès d'eau froide, le manganate de potasse se convertit pareillement en permanganate. Dans ce cas, c'est l'oxygène dissous dans l'eau qui détermine la suroxydation du manganate.

Lorsqu'on ajoute un excès de potasse caustique à la liqueur devenue pourpre, elle redevient verte par suite de la réduction du permanganate en manganate. Ces changements de couleur ont fait donner autrefois au manganate de potasse le nom de *caméléon minéral*.

ACIDE PERMANGANIQUE.

$$Mn^2O^7.$$

Cet acide, découvert par Mitscherlich, a été isolé récemment par M. P. Thenard et par M. Aschoff.

Ce dernier chimiste le prépare en introduisant peu à peu du permanganate de potasse en poudre dans de l'acide sulfurique refroidi à l'aide d'un mélange réfrigérant. L'acide permanganique, mis en liberté, tombe au fond du vase sous forme d'un liquide brun rouge foncé. Il est encore liquide à — 20°. Il est très-instable. Exposé à l'air, il en attire l'humidité en se décomposant. Chauffé au-dessus de 65°, il détone violemment. Sa composition répond exactement à la formule Mn^2O^7 donnée par Mitscherlich.

Il forme avec la potasse un sel magnifique qui cristallise en aiguilles presque noires et à reflets métalliques. Pour préparer le *permanganate de potasse* Mn^2O^7,KO, on introduit dans un creuset de fer 5 parties de potasse caustique avec une petite quantité d'eau, puis un mélange de 3 parties et demie de chlorate de potasse et de 4 parties de peroxyde de manganèse finement pulvérisé. On chauffe, en remuant continuellement jusqu'à ce que la masse soit sèche et que la température se soit élevée au rouge obscur. Après le refroidissement, on pulvérise le produit et on l'introduit dans 200 parties d'eau bouillante.

Quand la liqueur s'est colorée en rouge pourpre foncé, on la laisse reposer, on la décante, et après l'avoir neutralisée par l'acide azotique très-étendu, on l'évapore à une douce chaleur. Par le refroidissement, la liqueur concentrée fournit des cristaux que l'on fait sécher sur une brique.

Le permanganate de potasse se dissout dans 15 à 16 parties d'eau froide. La solution est d'un pourpre magnifique et très-intense. Elle abandonne de l'oxygène à un très-grand nombre de corps en se décolorant. Elle oxyde l'acide sulfureux, l'hydrogène sulfuré, le soufre lui-même, les sels ferreux, en général tous les sels métalliques renfermant un oxyde inférieur et un très-grand nombre de matières organiques. Il suffit de déposer sur du papier une goutte de la solution de permanganate pour voir apparaître une tache brune d'hydrate de bioxyde de manganèse.

En analyse on fait un grand usage de la solution de permanganate de potasse, pour suroxyder certains corps avides d'oxygène, tels que les sels ferreux, et pour déterminer, à l'aide de la quantité d'oxygène qu'abandonne le permanganate, la quantité du corps qui s'est oxydée. On procède à ces déterminations par la méthode dite des volumes, c'est-à-dire en notant le volume d'une solution *titrée* de permanganate qui a été décolorée par le corps avide d'oxygène.

On a proposé récemment l'emploi de la solution de permanganate de potasse comme désinfectant, dans le traitement des plaies fétides.

PROTOCHLORURE DE MANGANÈSE, CHLORURE MANGANEUX.

MnCl.

On obtient ce chlorure en dissolvant le carbonate manganeux dans l'acide chlorhydrique, et en évaporant la solution.

On peut aussi le préparer en calcinant le peroxyde de manganèse avec du sel ammoniac (chlorhydrate d'ammoniaque), et en épuisant le résidu par l'eau.

Le chlorure manganeux cristallise en tables quadrangulaires roses, renfermant 4 équivalents d'eau de cristallisation (6 équivalents d'après M. Graham). Lorsqu'on le chauffe, il perd d'abord son eau, fond au rouge et se prend par le refroidissement en une masse cristalline feuilletée. Il est très-soluble dans l'eau et dans l'alcool.

SULFATE DE PROTOXYDE DE MANGANÈSE, SULFATE MANGANEUX.

$$SMnO^4 = SO^3,MnO.$$

Pour préparer ce sel, on dissout le carbonate manganeux dans l'acide sulfurique étendu. On peut aussi l'obtenir, avec les résidus de la préparation de l'oxygène, au moyen du peroxyde de manganèse et de l'acide sulfurique. Ces résidus renferment du sulfate manganeux, ordinairement accompagné de sulfate de cobalt, en petite quantité, et surtout de sulfate ferrique.

On évapore à siccité et on chauffe le résidu au rouge obscur : le sulfate ferrique se décompose à cette température, en laissant un résidu d'oxyde ferrique; on reprend la masse calcinée par l'eau bouillante, et on ajoute à la solution du sulfure de barium, par petites portions, jusqu'à ce que la couleur du précipité, d'abord noirâtre, passe au jaune chamois. On filtre ensuite et on évapore à cristallisation.

L'addition du sulfure de barium a pour but de précipiter le cobalt, qui se dépose le premier, à l'état de sulfure noir. Dès que la couleur du précipité passe au jaune chamois, c'est une preuve que tout le cobalt est séparé.

Entre 0° et 6°, le sulfate de manganèse se dépose en prismes rhomboïdaux obliques, renfermant

$$SMnO^4 + 7HO = SO^3,MnO + 7 \text{ aq.}$$

Ces cristaux sont roses et isomorphes avec ceux du sulfate ferreux correspondant.

Entre 7° et 20°, le sulfate manganeux cristallise avec 5 équivalents d'eau (Regnault, Mitscherlich). Dans cet état il est isomorphe avec le sulfate de cuivre.

Entre 20° et 30°, il se dépose sous forme de prismes rhomboïdaux droits (obliques d'après M. Marignac) qui ne renferment que 4 équivalents d'eau (Brandes, Regnault).

On remarque que les cristaux sont d'autant plus roses qu'ils renferment une quantité plus grande d'eau de cristallisation.

Le sulfate manganeux est très-soluble dans l'eau. 1 partie de sel renfermant 4 équivalents d'eau de cristallisation se dissout dans 0,79 partie d'eau à 10°, dans 0,69 partie d'eau à 75°, et dans 1,079 partie d'eau à 101°. Ainsi la solubilité de ce sel augmente jusqu'à 75° et decroit ensuite.

CARBONATE MANGANEUX.

$$CMnO^3 = CO^2,MnO.$$

On prépare ce sel, par double décomposition, avec le carbonate de soude et le sulfate de manganèse.

On peut aussi l'obtenir avec les résidus de la préparation du chlore. On évapore ceux-ci dans une capsule de porcelaine en remuant fréquemment, et puis on calcine le résidu en présence d'un excès de peroxyde de manganèse. La plus grande partie du chlorure ferrique est décomposée pendant cette opération; une autre portion se volatilise. On reprend le résidu par l'eau bouillante. On obtient ainsi une solution rose, dont on sépare le cobalt, si elle en renferme, à l'aide du sulfure du barium, comme on l'a indiqué page 555, et qu'on précipite ensuite par le carbonate de soude.

Le carbonate manganèse constitue une poudre blanche légèrement rose. Chauffé au rouge, au contact de l'air, il abandonne son acide carbonique, et se convertit en oxyde manganoso-manganique.

CHROME

Ce métal a été découvert en 1797, par Vauquelin, dans le *plomb rouge de Sibérie*, qui est un chromate de plomb. Le minerai de chrome le plus abondant est le *fer chromé*, combinaison d'oxyde de chrome et de protoxyde de fer (Cr^2O^3,FeO). On fond cette substance, finement pulvérisée, avec le double de son poids d'un mélange, à parties égales, d'azotate et de carbonate de potasse : il se forme du chromate de potasse. La masse étant épuisée par l'eau, ce sel se dissout avec de petites quantités de silicate et d'aluminate de potasse. Après avoir sursaturé la liqueur par l'acide acétique ou par l'acide azotique, on évapore : il se dépose du bichromate de potasse en cristaux rouges.

Lorsqu'on se contente, au contraire, d'évaporer la liqueur neutre, débarrassée d'alumine par le carbonate d'ammoniaque, on obtient des cristaux jaunes de chromate neutre de potasse. Le chromate et surtout le bichromate de potasse servent à préparer tous les composés chromiques.

M. H. Deville a obtenu le chrome métallique en calcinant l'oxyde de chrome avec du charbon et de l'huile de lin dans des creusets de chaux ou de charbon. Ainsi préparé, le chrome forme des grains métalliques d'un gris blanc, cassants, aussi durs que le corindon, d'une densité de 5,9. M. Fremy a isolé ce métal en réduisant le chlorure par la vapeur de sodium, au milieu d'un courant de gaz hydrogène.

M. Wœhler réduit le chlorure de chrome au rouge, par le zinc, avec addition d'un mélange de chlorure de potassium et de chlorure de sodium, mélange qui sert de fondant. L'opération terminée, on trouve au fond du creuset un culot de zinc imprégné de cristaux de chrome. On dissout le zinc dans l'acide azotique faible : le chrome reste.

Ainsi obtenu, il constitue une poudre d'un gris clair, qui apparaît, sous le microscope, comme formée par des rhomboèdres aigus doués d'un grand éclat. Leur densité est égale à 6,81 à 25°. Le chrome métallique ne brûle pas à l'air. Projeté sur du chlorate de potasse fondu, il brûle avec une flamme blanche, éclatante et se convertit en chromate. Il brûle de même dans le chlore, et se transforme en chlorure violet. Il se dissout dans l'acide chlorhydrique avec dégagement d'hydrogène.

SESQUIOXYDE DE CHROME.

$$Cr^2O^3.$$

On obtient ce corps à l'état amorphe en calcinant le chromate mercureux.

$$2[CrO^3,Hg^2O] = Cr^2O^3 + 4Hg + O^5.$$
Chromate mercureux.　　Oxyde de chrome.

On peut aussi calciner un mélange de 1 partie de bichromate de potasse, de 1 ½ partie de sel ammoniac et 1 partie de carbonate de potasse, et épuiser la masse calcinée par l'eau bouillante, qui enlève du chlorure de potassium, et laisse de l'oxyde de chrome. On voit que, dans cette circonstance, l'acide chromique est réduit à l'état d'oxyde de chrome par l'hydrogène du sel ammoniac.

Enfin, un autre procédé consiste à chauffer, dans un creuset, un mélange intime de 2 parties de bichromate de potasse avec un peu plus de 1 partie de fleurs de soufre. Après le refroidissement, on épuise la masse par l'eau, qui dissout du sulfate de potasse et laisse de l'oxyde de chrome.

$$2CrO^3,KO + S = Cr^2O^3 + SO^3,KO.$$
Bichromate de potasse.　　Oxyde de chrome.　　Sulfate de potasse.

L'oxyde de chrome ainsi préparé constitue une poudre verte amorphe.

On l'obtient sous forme de petits cristaux rhomboédriques vert foncé, en faisant passer des vapeurs d'acide chlorochromique à travers un tube de porcelaine chauffé au rouge (Wœhler), ou encore en dirigeant un courant de chlore sur du chromate de potasse chauffé au rouge et en épuisant par l'eau la masse refroidie (Fremy). La densité de l'oxyde cristallin est égale à 5,21. L'oxyde de chrome est indécomposable par la chaleur. Il ne fond qu'au feu de forge. Une fois calciné, il est difficilement attaqué par les acides.

L'oxyde de chrome forme avec l'eau plusieurs hydrates. Lorsqu'on ajoute de l'ammoniaque à une solution verte de sesquichlorure de chrome, il se précipite des flocons verts qui constituent de l'oxyde de chrome hydraté, soluble dans les acides et dans les alcalis. Lorsqu'on chauffe graduellement cet hydrate, il perd d'abord son eau, puis il devient tout à coup incandescent, avant la température rouge. Après le refroidissement, il est devenu à peu près insoluble dans les acides.

En décomposant 1 partie de bichromate de potasse par 3 parties d'acide borique, au rouge, et épuisant la masse calcinée par l'eau bouillante, M. Guignet a obtenu un oxyde de chrome hydraté $Cr^2O^3,2HO$ coloré en vert émeraude.

ACIDE CHROMIQUE.

CrO^3.

Pour préparer cet acide, on ajoute peu à peu à une solution saturée à froid de bichromate de potasse 1 fois $\frac{1}{2}$ son volume d'acide sulfurique; on laisse reposer le mélange dans un vase couvert, pendant vingt-quatre heures. L'acide chromique, mis en liberté, se sépare en cristaux. On les recueille sur un entonnoir dont on a bouché le bec avec une mèche d'amiante. On les laisse égoutter, puis on les redissout dans la plus petite quantité possible d'eau tiède, et on laisse refroidir. On sépare les cristaux de l'eau-mère et on les fait sécher, sous une cloche, sur des plaques de porcelaine dégourdie.

L'acide chromique se présente en aiguilles rouge foncé. Ces cristaux se colorent en noir lorsqu'on les chauffe. A une température élevée, ils fondent et se décomposent ensuite en oxyde de chrome et en oxygène. Ils sont déliquescents, par conséquent très-solubles dans l'eau. La solution est colorée en orangé foncé; elle possède une saveur styptique.

L'acide chromique est un oxydant très-énergique. L'acide sulfureux lui enlève de l'oxygène et donne naissance à du sulfate de sesquioxyde de chrome. L'acide chlorhydrique le convertit en sesquichlorure de chrome, avec dégagement de chlore.

$$2CrO^3 + 6HCl = Cr^2Cl^3 + 6HO + 3Cl.$$

Un grand nombre de matières organiques réduisent l'acide chromique et le convertissent en oxyde de chrome. Avec l'alcool absolu et l'éther, l'action est tellement énergique, que ces liquides s'enflamment. La facilité avec laquelle l'acide chromique oxyde et détruit les matières organiques motive et explique l'usage qu'on en fait comme caustique. On l'emploie en solution aqueuse.

L'acide chromique est un acide énergique qui neutralise parfaitement les oxydes.

Le chromate neutre de potasse $CrKO^4 = CrO^3,KO$ peut s'obtenir en neutralisant une solution de bichromate de potasse par le carbonate de potasse et en évaporant. Il forme des prismes rhomboïdaux droits, d'un jaune citron. Il est isomorphe avec le sulfate de potasse. Il possède une saveur fraîche, amère, désagréable. Il se dissout dans 1,6 fois son poids d'eau bouillante et dans 2 fois son poids d'eau à 15°. Son pouvoir colorant est intense.

Le bichromate de potasse $C^2KO^7 = 2CrO^3,KO$, dont la préparation a été indiquée plus haut, forme de belles tables quadrangulaires dérivées d'un prisme dissymétrique. Ces cristaux sont colorés en rouge orangé intense. Ils se dissolvent dans 9 à 10 parties d'eau froide et dans une quantité beaucoup moindre d'eau bouillante. Ils sont insolubles dans l'alcool. Le bichromate de potasse fond à une température élevée et se décompose au rouge blanc, en dégageant de l'oxygène. Un mélange de bichromate de potasse et d'acide sulfurique donne de l'oxygène, lorsqu'on le chauffe : il se forme du sulfate sesquioxyde de chrome et du sulfate de potasse. Un tel mélange constitue un réactif oxydant des plus énergiques.

L'acide chromique et ses combinaisons avec la potasse sont toxiques. On doit les ranger dans la classe des poisons irritants.

COMBINAISONS DU CHROME AVEC LE CHLORE.

Protochlorure de chrome $CrCl$. — M. Peligot l'a obtenu en dirigeant sur du sesquichlorure parfaitement sec et chauffé au rouge, un courant de gaz hydrogène : il se forme, indépendamment d'une petite quantité de chrome métallique, des paillettes blanches qui constituent le protochlorure. Le protochlorure de chrome est soluble dans l'eau. Sa solution attire rapidement l'oxygène de l'air et bleuit : il se forme un oxychlorure Cr^2Cl^2O.

Sesquichlorure de chrome Cr^2Cl^3. — On obtient ce corps en dirigeant un courant de chlore sec à travers un mélange intime d'oxyde de chrome et de charbon, qu'on chauffe au rouge dans un tube de porcelaine : il se dégage de l'oxyde de carbone, et le sesquichlorure se sublime dans la partie antérieure du tube, sous forme de paillettes brillantes, couleur fleur de pêcher.

Ces cristaux sont presque insolubles dans l'eau froide, et ne se dissolvent que lentement dans l'eau bouillante. D'après M. Peligot, ils se dissolvent abondamment et facilement lorsqu'on ajoute une très-petite quantité de protochlorure de chrome; $\frac{1}{1000}$ suffit. La solution est verte. On obtient facilement une telle solution, vert foncé par réflexion, violacée par transparence, en chauffant de l'acide chromique avec de l'acide chlorhydrique, ou en dissolvant l'oxyde de chrome hydraté dans cet acide.

Acide chlorochromique CrO^2Cl. — Pour préparer ce composé, on fond 10 parties de sel marin avec 12,8 p. de bichromate de potasse, on coule la masse fondue et on la réduit en fragments. On arrose ceux-ci, dans une cornue, avec 30 parties d'acide sulfurique fumant. Il se dégage immédiatement, sans le secours de la chaleur, des vapeurs rouge foncé qui se condensent dans le récipient sous forme d'un liquide rouge de sang, d'une densité de 1,71. Ce liquide bout à 120°. Mis en contact avec une grande quantité d'eau, il se décompose en acide chlorhydrique et en acide chromique.

$$CrO^2Cl + HO = CrO^3 + HCl.$$

On peut envisager ce corps comme de l'acide chromique dont un équivalent d'oxygène a été remplacé par un équivalent de chlore.

ÉTAIN

Le seul minerai d'étain que l'on exploite est le bioxyde (*cassitérite*). On le rencontre dans les terrains les plus anciens ou dans les sables provenant de leur désagrégation.

Le traitement métallurgique de ce minerai est assez simple. Après avoir bocardé les roches stannifères on les lave, et on grille le résidu des lavages (les schlichs). Ce grillage a pour but d'oxyder et de désagréger quelques minerais métalliques très-denses, tels que sulfures, arséniosulfures. En bocardant de nouveau les matières grillées, on les réduit en poudre, tandis que l'oxyde d'étain reste intact. Un nouveau lavage le débarrasse de toutes les matières désagrégées, et l'on obtient ainsi un minerai très-riche. On fond celui-ci dans un four à cuve avec du charbon. L'oxyde d'étain est réduit en étain métallique.

Le minerai qui provient des filons est moins pur que celui des sables. Après l'avoir bocardé et lavé, on le grille dans un four à réverbère. Il se forme des sulfates de fer et de cuivre, qu'on enlève par l'eau, et qu'on sépare par cristallisation. Les matières grillées sont ensuite divisées par le bocard et soumises à un nouveau lavage. Les résidus de cette dernière opération sont chauffés, dans un four à réverbère, avec du charbon, auquel on ajoute de la chaux pour faciliter la fusion des gangues. L'étain réduit se rassemble dans une cavité creusée dans la sole du fourneau.

L'étain que l'on obtient ainsi est généralement allié à de petites quantités d'autres métaux, tels que le fer, le zinc, le cuivre, le plomb, le bismuth, l'antimoine, l'arsenic. Pour le purifier, on le chauffe lentement sur la sole inclinée d'un fourneau à réverbère. L'étain pur fond le premier et s'écoule au dehors du fourneau, tandis que les alliages d'étain moins fusibles restent sur la sole du fourneau. Ce mode d'affinage se nomme *liquation*. Un autre procédé de purification consiste à fondre le métal impur dans un four où l'air n'a qu'un accès limité ; dans ces conditions, les métaux étrangers s'oxydent de préférence avec une partie de l'étain, tandis que la plus grande portion de ce dernier demeure à l'état métallique.

Pour préparer l'étain chimiquement pur, on réduit l'acide stannique par le charbon. L'opération peut se faire dans un creuset brasqué.

L'étain est un métal blanc qui se rapproche de l'argent par sa couleur et son éclat. Il fond à 228°. Par un refroidissement lent il cristallise. On obtient aussi des cristaux d'étain en précipitant ce métal par voie galvanique. Ces cristaux appartiennent au type du prisme à base carrée (Miller). La densité des cristaux d'étain est égale à 7,178. Celle du métal fondu et refroidi lentement est de 7,373 (H. Deville).

Par le frottement, l'étain dégage une odeur désagréable. Ce métal est plus dur que le plomb, plus mou que l'or. Il occupe le quatrième rang parmi les métaux malléables ; le huitième parmi les métaux ductiles. Il est flexible ; néanmoins, lorsqu'on plie un saumon d'étain, on détermine un déchirement et la production d'un bruit partiulier qu'on nomme le *cri* de l'étain. L'étain est trop malléable pour qu'il puisse se réduire en poudre sous le pilon. Pour le diviser on le lime, ou on emploie l'un ou l'autre des procédés suivants :

On fait fondre de l'étain, puis on le coule dans une boîte formée de deux hémisphères qui s'adaptent l'un à l'autre, et qu'on a eu soin de frotter intérieurement avec de la craie, et de chauffer préalablement. La boîte étant fermée, on l'entoure d'un linge et on secoue vivement le métal encore liquide : il se divise et se solidifie. On passe la poudre à travers un tamis de soie, ou on la soumet à la lévigation pour en séparer les parties les plus ténues.

On triture vivement de l'étain fondu, dans un grand mortier de fer chauffé, avec un pilon chaud, jusqu'à ce que le métal soit solidifié, et on traite la poudre comme précédemment.

On peut aussi éteindre, en quelque sorte, l'étain fondu dans du sel marin fondu. On coule les deux substances dans un mortier de fer et on les agite vivement jusqu'à solidification. On épuise la poudre avec de l'eau bouillante. L'étain reste.

La poudre d'étain est employée en médecine comme anthelminthique.

L'étain se conserve sans altération à l'air. Fondu, il se recouvre rapidement d'une pellicule grisâtre d'oxyde.

L'acide chlorhydrique concentré dissout l'étain avec dégagement d'hydrogène. L'action est lente à froid, rapide à chaud. L'acide azotique ordinaire oxyde l'étain avec une grande énergie, avec formation d'acide métastannique et dégagement de vapeurs rouges. L'acide azotique monohydraté n'est pas attaqué par l'étain; mais lorsqu'on ajoute quelques gouttes d'eau, la réaction s'accomplit avec une violence extrême. Très-étendu, l'acide azotique oxyde l'étain presque sans dégagement de gaz. L'eau et l'acide étant décomposés, il se forme de l'azotate d'ammoniaque. Une partie de l'étain se dissout, dans ce cas, avec formation d'un azotate stanneux.

Lorsqu'on chauffe de l'étain avec une solution concentrée de potasse ou de soude, il se dégage de l'hydrogène et il se forme un stannate alcalin.

PROTOXYDE D'ÉTAIN, OXYDE STANNEUX.

SnO.

Lorsqu'on ajoute de la potasse à une solution de protochlorure d'étain, on obtient un précipité blanc d'hydrate de protoxyde d'étain. Par l'ébullition, cet hydrate se décompose en une poudre noire cristalline de protoxyde d'étain. Lorsqu'on fait chauffer cette substance à 250°, elle décrépite, augmente de volume et se convertit en une poudre d'un brun olive qui constitue une modification dimorphe de l'oxyde noir.

On obtient de même de l'oxyde stanneux sous forme d'une poudre brun olive, en décomposant l'oxalate d'étain par la chaleur (Liebig).

Enfin on peut obtenir le protoxyde d'étain sous forme d'une poudre rouge vermillon. Pour cela, on précipite le protochlorure d'étain par l'ammoniaque en excès; on fait bouillir pendant quelques instants, puis on évapore à une douce chaleur la liqueur qui tient le précipité en suspension. On voit alors celui-ci prendre une couleur rouge. Ainsi l'oxyde stanneux existe sous trois états : il est noir, brun olive ou rouge (Fremy).

Lorsqu'on projette de l'oxyde stanneux sur un têt à rôtir chaud, il prend feu, brûle comme de l'amadou et se convertit en une poudre jaune d'acide stannique.

BIOXYDE D'ÉTAIN OU ACIDE STANNIQUE.

$$SnO^2.$$

Ce corps existe à l'état anhydre et à l'état hydraté, et dans ce dernier état il forme deux modifications polymériques. L'une résulte de la décomposition de la solution de bichlorure d'étain par de l'ammoniaque, c'est l'acide stannique; l'autre prend naissance par l'action de l'acide azotique sur l'étain, c'est l'acide métastannique (Fremy).

L'acide stannique anhydre existe dans la nature. Il forme de beaux cristaux durs, transparents, bruns ou brun jaunâtre et appartenant au type du prisme à base carrée.

L'étain chauffé au rouge blanc brûle à l'air avec une flamme blanche et se convertit en bioxyde (fleurs d'étain ou de Jupiter). Cette oxydation s'accomplit plus lentement lorsqu'on fond le métal à l'air et qu'on chauffe la pellicule grise qui s'est d'abord formée. L'oxyde d'étain ainsi obtenu a été employé en médecine comme anthelminthique. La présence d'une certaine quantité de plomb favorise l'oxydation de l'étain. Lorsqu'on chauffe au rouge un alliage de ces deux métaux, il s'enflamme et continue à brûler tout seul.

Lorsqu'on traite l'étain par l'acide azotique, il s'oxyde vivement et se convertit en une poudre blanche qui constitue, après avoir été séchée à la température ordinaire, un hydrate $5(SnO^2,2HO)$ $= Sn^5O^{10},10HO$ (Fremy). Exposé pendant quelque temps à la température de 100°, cet hydrate d'acide métastannique perd la moitié de son eau et se convertit en un hydrate $5(SnO^2,HO) = Sn^5O^{10},5HO$. Dans cet hydrate métastannique un équivalent d'eau peut être remplacé par un équivalent de base, de telle sorte que la composition générale des métastannates est exprimée par la formule

$$Sn^5O^{10}\begin{cases} MO \\ 4HO. \end{cases}$$

L'hydrate métastannique, insoluble dans l'acide azotique et dans l'acide sulfurique étendu, se dissout à froid dans l'acide sulfurique concentré. Lorsqu'on le traite à chaud par un excès d'acide chlorhydrique, il se combine avec cet acide sans se dissoudre. Après avoir décanté l'excès d'acide, on peut dissoudre dans l'eau pure le résidu. Mais la solution ne possède pas les propriétés d'une solution de bichlorure d'étain. Elle se trouble par l'ébullition et est précipitée par l'acide chlorhydrique et par l'acide sulfurique.

Par la calcination l'hydrate métastannique perd toute son eau et se transforme en acide métastannique anhydre (bioxyde d'étain). Calciné avec de la potasse, il se convertit en acide stannique.

Lorsqu'on ajoute de l'ammoniaque à une solution aqueuse de bichlorure d'étain, on obtient un précipité blanc, gélatineux, qui constitue l'hydrate stannique SnO^2,HO. Ce corps se dissout dans les acides azotique et sulfurique étendus. Il se dissout facilement dans l'acide chlorhydrique étendu, et la solution se comporte comme une solution aqueuse de bichlorure d'étain. Il se combine avec les bases pour former des stannates, dont la composition générale est exprimée par la formule

$$SnO^2,MO.$$

Lorsqu'on le chauffe à 140°, ou même lorsqu'on le dessèche longtemps dans le vide, il devient insoluble dans les acides et acquiert les propriétés de l'acide métastannique.

On connaît des combinaisons du protoxyde d'étain avec l'acide stannique et l'acide antimonique.

COMBINAISONS DE L'ÉTAIN AVEC LE SOUFRE.

Il existe un protosulfure et un bisulfure d'étain qui correspondent au protoxyde et au bioxyde.

On obtient le *protosulfure d'étain* ou *sulfure stanneux*, en chauffant dans un creuset un mélange de limaille d'étain et de fleurs

de soufre. Comme le produit renferme encore un excès d'étain, il
est nécessaire de le calciner avec une nouvelle quantité de soufre.
On obtient ainsi une masse d'un gris de plomb, cristalline, lamelleuse, beaucoup moins fusible que l'étain. C'est le protosulfure
d'étain SnS. Il se dépose à l'état hydraté, et sous forme d'un précipité brun, lorsqu'on dirige un courant de gaz sulfhydrique dans
une solution de protochlorure d'étain.

Le *bisulfure d'étain* ou *sulfure stannique* SnS^2 se prépare par la
voie sèche à l'aide du procédé suivant :

On forme un amalgame de 12 parties d'étain et de 6 parties de
mercure; on le pulvérise et on mélange la poudre avec 7 parties de
fleurs de soufre et 6 parties de sel ammoniac. On introduit ce mélange dans une fiole en verre vert; on chauffe graduellement, dans
un bain de sable, au rouge obscur. Du soufre, du sel ammoniac,
du sulfure de mercure, du protochlorure d'étain viennent se condenser sur la voûte du matras, dont l'intérieur se trouve rempli
d'une masse jaune cristalline de bisulfure d'étain. Dans cette opération, l'étain se trouve en contact avec un excès de soufre à une
température peu élevée et passe à l'état de bisulfure; celui-ci se
décomposerait si la température s'élevait notablement; mais cette
élévation de température est empêchée par la présence du sel
ammoniac et du mercure, qui se volatilisent et dont les vapeurs
entraînent en partie le bisulfure, lequel se condense ensuite sous
forme de paillettes dorées, brillantes, un peu grasses au toucher.
Ce corps est connu sous le nom d'*or musif*. Il se décompose, à la
chaleur rouge, en soufre et protosulfure. Dans une atmosphère de
gaz chlore il se convertit d'abord en un liquide brun, puis en cristaux jaunes offrant la composition $[SnCl^2 + 2SCl^2]$ (H. Rose). Il
sert à enduire les coussins des machines électriques. On l'a employé en médecine contre le ténia.

On obtient un précipité jaune de bisulfure d'étain hydraté en faisant passer un courant de gaz sulfhydrique à travers une solution
de bichlorure d'étain.

PROTOCHLORURE D'ÉTAIN OU CHLORURE STANNEUX.

SnCl.

On prépare ce composé à l'état anhydre en chauffant de l'étain
dans du gaz chlorhydrique; on obtient ainsi une masse blanche
ou d'un blanc grisâtre, presque transparente, d'un aspect gras,
fusible à 250° : c'est le protochlorure d'étain anhydre (beurre
d'étain).

En dissolvant l'étain dans l'acide chlorhydrique concentré et chaud, évaporant la solution limpide et laissant refroidir, on obtient de beaux prismes transparents, qui renferment SnCl + 2HO.

Les cristaux de protochlorure d'étain se dissolvent dans une petite quantité d'eau en formant une liqueur limpide ; une grande quantité d'eau les décompose avec formation d'un précipité qui est un oxychlorure. L'oxygène de l'air, dissous dans l'eau, joue un rôle dans cette décomposition, en enlevant au protochlorure une portion de l'étain pour former de l'oxyde. Le protochlorure d'étain attire l'oxygène de l'air : il se forme de l'oxyde et une quantité correspondante de bichlorure. Il réduit un grand nombre de composés oxygénés ou chlorurés. Ainsi les sels ferriques sont ramenés à l'état de sels ferreux, les sels cuivriques à l'état de sels cuivreux. Lorsqu'on ajoute à du sublimé corrosif (chlorure mercurique) du protochlorure d'étain, on obtient immédiatement un précipité blanc de calomel (chlorure mercureux) qui, sous l'influence d'un excès de réactif, se trouve converti en mercure métallique.

On fait un grand usage du protochlorure d'étain, comme mordant, dans la teinture.

BICHLORURE D'ÉTAIN OU CHLORURE STANNIQUE.

$$SnCl^2.$$

L'étain, réduit en lames minces, brûle dans le chlore, avec formation de bichlorure. Pour préparer ce composé à l'état anhydre, on introduit de l'étain dans une cornue tubulée, munie d'une allonge et d'un récipient, on chauffe légèrement et on y dirige un courant de chlore sec. Il passe dans le récipient un liquide coloré en jaune, qui est le bichlorure d'étain anhydre. Pour lui enlever un excès de chlore, on le rectifie sur une petite quantité de mercure. Autrefois on préparait ce chlorure en distillant un mélange de limaille d'étain et de sublimé corrosif (page 401).

A l'état de pureté, le bichlorure d'étain est un liquide incolore d'une densité de 2,28. Il bout à 120°. La densité de sa vapeur est égale à 9,1997 (Dumas). Il répand à l'air d'abondantes fumées blanches, en condensant l'humidité atmosphérique; de là le nom de *liqueur fumante de Libavius*, qu'on lui donnait autrefois. Lorsqu'on ajoute au bichlorure d'étain quelques gouttes d'eau, il se fait entendre un bruit semblable à celui d'un fer rouge que l'on plonge dans l'eau, et il se forme un dépôt cristallin de bichlorure d'étain hydraté. Ce composé renferme $SnCl^2 + 5HO$. On peut obtenir ces cristaux en dissolvant l'étain dans l'eau régale et en évaporant la solution, ou bien en dirigeant un courant de chlore dans une solution de protochlorure d'étain et en concentrant la liqueur.

Lorsqu'on ajoute au bichlorure d'étain anhydre une plus grande quantité d'eau, les cristaux d'abord formés disparaissent, et l'on obtient une solution limpide. Le bichlorure d'étain forme des composés doubles avec les chlorures alcalins.

Ce chlorure est quelquefois employé en médecine. On l'administre en solution étendue pour l'usage interne, et à l'extérieur sous forme de pommade.

Les chlorures d'étain sont toxiques. On doit les compter au nombre des poisons irritants.

Caractères des composés solubles de l'étain. — 1° *Solutions stanneuses.* — Elles sont précipitées en brun par l'hydrogène sulfuré et par le sulfhydrate d'ammoniaque; le précipité se dissout dans un excès du dernier réactif.

La potasse les précipite en blanc, et le précipité se dissout dans un grand excès de réactif.

L'ammoniaque les précipite en blanc, mais un excès du réactif ne dissout pas le précipité.

Avec une solution de sublimé corrosif (bichlorure de mercure), un excès d'une solution stanneuse donne un précipité gris de mercure métallique.

Le chlorure d'or donne dans les solutions stanneuses étendues un précipité pourpre (pourpre de Cassius).

2° *Solutions stanniques.* — Elles sont précipitées en jaune sale par l'hydrogène sulfuré et par le sulfhydrate d'ammoniaque. Le précipité se dissout dans un grand excès du dernier réactif.

Elles sont précipitées en blanc par la potasse, la soude et l'ammoniaque, et le précipité se dissout dans un excès de réactif.

Le prussiate de potasse y forme un précipité blanc.

Le chlorure d'or ne précipite pas la solution de chlorure stannique.

L'étain est précipité des solutions stanneuses ou stanniques par une lame de fer ou de zinc, sous forme de paillettes grises qui prennent l'éclat métallique sous le brunissoir.

On fait un grand usage de l'étain dans les arts. On s'en sert pour étamer le fer et le cuivre. Le fer-blanc est de la tôle recouverte d'une couche d'étain qui s'est allié superficiellement au fer.

La surface du fer-blanc est parfaitement lisse; mais si l'on enlève,
à l'aide d'un acide, la pellicule d'étain qui recouvre cette surface,
on met à nu une cristallisation à grandes lames, et le fer-blanc
prend cet aspect particulier qui est connu sous le nom de *moiré
métallique*.

ANTIMOINE

Le minerai d'antimoine était connu des anciens. Basile Valentin décrivit le premier l'antimoine métallique vers la fin du
xve siècle.

On extrait ce métal du sulfure, qu'on sépare préalablement de
sa gangue, par voie de fusion. Un grillage qu'on pratique dans des
fours à réverbère transforme le sulfure en oxysulfure. On pulvérise
celui-ci; on le mêle avec du poussier de charbon préalablement
imprégné d'une solution concentrée de carbonate de soude, et on
calcine le mélange dans des creusets. L'oxyde est réduit par le
charbon, et une partie du sulfure se réduit de même par l'action
combinée du charbon et du carbonate de soude. Il se forme un
régule d'antimoine et une scorie renfermant l'excès de sulfure et
du sulfure de sodium combiné à du sulfure d'antimoine. On peut
tirer parti de cette scorie pour la préparation d'un kermès de qualité inférieure.

Un autre procédé d'extraction de l'antimoine consiste à décomposer le sulfure par le fer. On fait fondre dans un creuset 100 parties de sulfure d'antimoine, 42 parties de limaille de fer bien décapée, 10 parties de sulfate de soude desséché et $3\frac{1}{2}$ parties de
charbon. Après avoir chauffé au rouge, on laisse refroidir et on
sépare le régule d'antimoine de la scorie de sulfure de fer. Celle-ci
renferme du sulfure de sodium qui est formé par la réduction du
sulfate et qui, en rendant la scorie plus légère, facilite sa séparation d'avec le métal. Mais l'antimoine qu'on obtient par ce procédé contient toujours une certaine quantité de fer. En général
l'antimoine du commerce n'est pas pur. Il renferme, indépendamment du fer, du plomb, du soufre, de l'arsenic, etc. La présence
de ce dernier corps est très-fâcheuse lorsque l'antimoine doit être
appliqué à l'usage médical. Aussi a-t-on publié une foule de procédés destinés à purifier ce métal.

Un de ces procédés consiste à fondre l'antimoine en poudre,
à plusieurs reprises, avec le vingtième de son poids de nitre. Les
métaux étrangers plus oxydables que l'antimoine passent dans la

scorie, ainsi que l'arsenic, qui est converti en arséniate de potasse. Ce procédé ne donne pas de très-bons résultats.

M. Liebig a conseillé l'emploi du procédé suivant :

On introduit dans un creuset un mélange de 16 parties d'antimoine, 1 partie de sulfure d'antimoine, 2 parties de carbonate de soude sec, et on maintient le tout en fusion pendant une heure. Le régule obtenu, après le refroidissement, est pulvérisé de nouveau et fondu avec 1 partie et demie de carbonate de soude. Le même traitement est répété une dernière fois avec 1 partie de carbonate de soude. On doit obtenir ainsi 15 parties d'antimoine pur.

Voici la théorie de cette opération :

Le soufre du sulfure d'antimoine se porte sur le sodium, sur les métaux étrangers (à l'exception du plomb) et sur une partie de l'arsenic; l'oxygène de la soude se porte sur le reste de l'arsenic; il se forme donc à la fois du sulfure de sodium, divers autres sulfures et de l'arséniate de soude. Mais le sulfure de sodium s'empare des sulfures étrangers et forme avec eux des sulfures doubles très-fusibles, qui se séparent.

On obtient de l'antimoine parfaitement pur en chauffant au rouge un mélange de 100 parties de poudre d'Algaroth, de 80 parties de carbonate de soude sec et de 20 parties de charbon (Artus).

M. Lefort conseille d'oxyder 8 parties d'antimoine en poudre par l'acide azotique, de bien laver l'acide antimonique formé, de le mêler avec 1 partie de sucre et de chauffer au rouge dans un creuset.

Propriétés de l'antimoine. — L'antimoine est un métal blanc, brillant, avec un reflet légèrement bleuâtre. Il est cassant, et sa cassure est lamelleuse. Sa densité est égale à 6,715. Il fond vers 450°. Il se vaporise sensiblement à la chaleur blanche et distille, quoique lentement, à cette température, dans un courant d'hydrogène. L'antimoine peut cristalliser. En laissant refroidir lentement de grandes masses de ce métal, et en décantant la partie demeurée liquide, on l'obtient quelquefois sous forme de petits rhomboèdres aigus.

L'antimoine ne s'altère pas sensiblement à la température ordinaire; mais lorsqu'on le fond au contact de l'air, il attire rapidement l'oxygène et se convertit en oxyde. Chauffé au rouge dans un petit creuset et projeté sur le sol, il se divise en une multitude de globules qui, en s'oxydant, forment de brillantes étincelles auxquelles succède une épaisse fumée.

L'acide sulfurique étendu n'attaque pas l'antimoine. L'acide chlorhydrique concentré et bouillant le dissout lentement avec dégagement d'hydrogène. L'acide azotique concentré l'oxyde et le transforme en une poudre blanche formée d'acide antimonique. L'eau régale le dissout facilement et le convertit en chlorure.

L'antimoine métallique n'est plus employé en médecine. Autrefois on l'administrait sous forme de petites balles qui, après avoir traversé le tube digestif, se retrouvaient dans les selles. Comme on était dans l'habitude de s'en servir un grand nombre de fois, on leur avait donné le nom de *pilules perpétuelles*. On fabriquait aussi avec l'antimoine des gobelets dans lesquels on laissait séjourner du vin blanc. Une petite quantité d'antimoine se dissolvait dans ces circonstances.

OXYDE D'ANTIMOINE.
SbO^3.

On l'obtient en oxydant le métal à l'air. L'opération peut se faire soit dans deux creusets qu'on superpose l'un à l'autre, et dont le supérieur est percé d'une ouverture qui donne accès à l'air, soit dans le moufle d'un fourneau de coupellation. Après le refroidissement, on trouve le métal converti partiellement en aiguilles brillantes, que les anciens désignaient sous le nom de *fleurs argentines d'antimoine*. C'est de l'oxyde d'antimoine cristallisé : il est quelquefois mélangé avec de l'acide antimonieux.

Pour obtenir l'oxyde d'antimoine pur on ajoute, par petites portions, une solution de chlorure d'antimoine à une solution bouillante de carbonate de soude. L'oxyde se précipite sous la forme d'une poudre blanche cristalline. On peut aussi obtenir l'oxyde d'antimoine en faisant bouillir de la poudre d'Algaroth avec une solution de carbonate de soude. L'acide carbonique se dégage.

L'oxyde d'antimoine fond à la chaleur rouge et se sublime à une température plus élevée. Il est dimorphe; car au milieu des prismes rhomboïdaux droits qui constituent les fleurs argentines d'antimoine on rencontre aussi des octaèdres réguliers. Les deux formes cristallines de l'oxyde d'antimoine sont donc identiques avec celles de l'acide arsénieux (page 275). On exprime cela en disant que les deux corps sont *isodimorphes*.

Lorsqu'on verse du chlorure d'antimoine dans une solution froide de carbonate de soude, on obtient un précipité blanc qui constitue un hydrate d'antimoine SbO^3,HO, et qui se dissout facilement dans la potasse caustique.

L'oxyde d'antimoine peut même former, avec la potasse, une combinaison cristalline (*hypoantimonite de potasse*) (Berzelius).

ACIDE ANTIMONIEUX.

$$Sb^2O^8 = SbO^3, SbO^5.$$

Ce corps se forme lorsqu'on chauffe longtemps l'oxyde d'antimoine à l'air, ou lorsqu'on soumet l'acide antimonique à une forte calcination. C'est une poudre blanche infusible, indécomposable par la chaleur et insoluble dans l'eau.

L'acide antimonieux n'entre en combinaison ni avec les acides ni avec les bases; une solution de tartrate acide de potasse lui enlève de l'oxyde d'antimoine; une solution faible de potasse caustique lui enlève de l'acide antimonique. Ces réactions autorisent à le considérer comme un antimoniate d'oxyde d'antimoine SbO^3, SbO^5.

ACIDE ANTIMONIQUE.

$$SbO^5.$$

Cet acide se forme lorsqu'on chauffe de l'antimoine en poudre avec de l'acide azotique concentré, ou mieux avec de l'eau régale renfermant un excès d'acide azotique. On obtient ainsi une poudre blanche qui constitue un hydrate d'acide antimonique. En précipitant par l'acide azotique une solution d'antimoniate neutre de potasse, lavant le dépôt et le desséchant à la température ordinaire, on obtient de même un hydrate d'acide antimonique (Fremy).

Lorsqu'on traite par l'eau le perchlorure d'antimoine, on obtient un précipité blanc qui constitue un autre hydrate d'acide antimonique. Ainsi les deux acides qui prennent naissance dans les deux réactions qui viennent d'être indiquées ne sont pas identiques, et l'on constate entre eux des différences analogues à celles qui existent entre les acides phosphoriques. D'après M. Fremy, l'acide obtenu par l'action de l'acide azotique sur l'antimoine, sature 1 équivalent de base pour former des sels dont la composition générale est exprimée par la formule

$$SbO^5, RO ;$$

c'est *l'acide antimonique*. L'acide formé par l'action de l'eau sur le perchlorure d'antimoine sature 2 équivalents de base pour former des sels dont la composition générale est exprimée par la formule

$$SbO^5, 2RO;$$

c'est *l'acide métaantimonique*.

Lorsqu'on les chauffe, les hydrates antimoniques perdent leur eau, et l'acide anhydre qui reste, porté à la température rouge, perd de l'oxygène et se transforme en une poudre jaunâtre, qui est l'acide antimonieux SbO^4, ou plutôt Sb^2O^8.

On emploie en médecine, sous le nom d'*antimoine diaphorétique*, un produit dont la composition varie suivant son mode de préparation, mais qui est formé essentiellement par de l'antimoniate de potasse.

Pour préparer l'antimoine diaphorétique, on fait déflagrer dans un creuset rougi au feu un mélange intime de 2 parties de nitre et de 1 partie d'antimoine. On obtient ainsi une masse blanche qui constitue l'*antimoine diaphorétique non lavé* des anciennes pharmacopées. Elle renferme de l'antimoniate de potasse et de l'azotite de potasse. Après l'avoir pulvérisée, on la met en contact avec de l'eau froide. Celle-ci dissout d'abord l'azotite de potasse et enlève en même temps à la masse une certaine quantité d'alcali, car les premières eaux de lavage sont alcalines. Plus tard il se dissout de l'antimoniate de potasse; enfin, lorsque les lavages à l'eau froide ont été prolongés pendant un temps suffisant, il reste une poudre blanche qui constitue l'*antimoine diaphorétique lavé* des anciens.

C'est du *biantimoniate de potasse* qui renferme, d'après les analyses de M. Guibourt $2SbO^5,KO + 6HO$.

Lorsque, après avoir rejeté les premières eaux de lavage, on épuise le résidu par l'eau bouillante et qu'on évapore les liqueurs ainsi obtenues, il reste une masse gommeuse qui constitue l'*antimoniate de potasse neutre*. Desséché à l'air, il renferme $SbO^5,KO + 5HO$. En faisant passer à travers la solution de ce sel un courant de gaz carbonique, il se forme un précipité cristallin de *biantimoniate de potasse*. Si l'on verse un acide dans cette solution, on obtient un précipité blanc d'acide antimonique hydraté, que les anciennes pharmacopées désignent sous le nom de *matière perlée de Kerkringius*.

On obtient des *métaantimoniates* en chauffant l'acide antimonique ou l'antimoniate de potasse, au creuset d'argent, avec un grand excès de potasse caustique. La masse calcinée et refroidie se dissout dans une petite quantité d'eau, et la solution, évaporée dans le vide, laisse déposer, d'après M. Fremy, de petits cristaux de *métaantimoniate de potasse neutre* $SbO^5,2KO + x$ aq. Celui-ci est décomposé par l'eau froide en potasse et en *métaantimoniate acide de potasse* $SbO^5\begin{cases}KO\\HO\end{cases}+6HO$, qui est peu soluble dans l'eau froide.

Mais à la longue, l'eau froide convertit le métaantimoniate acide en antimoniate de potasse plus soluble. Ce changement s'effectue rapidement sous l'influence de l'eau bouillante (Fremy).

La solution d'antimoniate de potasse possède la propriété de précipiter les sels de soude.

Le biantimoniate de potasse (antimoine diaphorétique lavé) est employé en médecine comme contro-stimulant.

SULFURE D'ANTIMOINE.

SbS^3.

Ce composé constitue le minéral connu sous le nom de stibine. Il existe en filons dans des roches anciennes, et on l'obtient par voie de fusion; car il fond au-dessous du rouge et cristallise par le refroidissement. Le sulfure d'antimoine naturel cristallise en prismes rhomboïdaux droits. Celui qu'on trouve dans le commerce se présente en masses grises formées par des aiguilles brillantes douées de l'éclat métallique, et enchevêtrées les unes dans les autres. La densité du sulfure d'antimoine est égale à 4,62. Chauffé au rouge blanc, ce corps répand des vapeurs; on peut même le distiller dans un courant d'azote.

Le sulfure d'antimoine est réduit par l'hydrogène à une température élevée, avec formation d'hydrogène sulfuré. Le charbon le décompose au rouge en formant du sulfure de carbone. Le fer, le zinc, le cuivre le réduisent facilement à la chaleur rouge en mettant l'antimoine en liberté. L'acide chlorhydrique le décompose avec formation de chlorure et dégagement d'hydrogène sulfuré.

Lorsqu'on dirige un courant de gaz sulfhydrique à travers une solution de chlorure d'antimoine, on obtient un précipité orangé qui constitue un sulfure d'antimoine amorphe. Il est insoluble dans l'ammoniaque, ce qui le distingue du sulfure d'arsenic; mais il se dissout, comme ce dernier, dans les sulfures alcalins et dans le sulfhydrate d'ammoniaque pour former des sulfosels.

Lorsque, après avoir pulvérisé le sulfure d'antimoine, on le chauffe au contact de l'air, en évitant de le fondre, il dégage de l'acide sulfureux et se convertit peu à peu en une poudre grise, mélange d'oxyde d'antimoine et de sulfure non attaqué. Ce mélange renferme d'autant plus d'oxyde que le grillage a été prolongé plus longtemps. En fondant dans un creuset la matière grillée et en laissant refroidir, on obtient une masse vitreuse et colorée qui constitue un oxysulfure d'antimoine de composition variable, et qui porte le nom de *verre d'antimoine.*

Le verre d'antimoine se présente sous forme de plaques demi-transparentes d'un jaune brun. Sur 8 parties d'oxyde d'antimoine, il renferme environ 1 partie de sulfure, et contient en outre, d'après l'analyse de Vauquelin, une certaine quantité de silice provenant du creuset. On trouve dans la nature un oxysulfure d'antimoine cristallisé qui renferme $SbO^3,2SbS^3 = SbS^2O$.

Lorsqu'on ajoute une solution acide de chlorure d'antimoine ou une solution d'émétique à une solution d'hyposulfite de soude en excès, et qu'on chauffe, on obtient un précipité d'un beau rouge foncé, qui est connu sous le nom de *cinabre* ou *vermillon d'antimoine.* D'après M. Wagner, ce composé constitue un oxysulfure d'antimoine offrant la même composition que celui qu'on trouve dans la nature.

Le *safran d'antimoine* (crocus Antimonii, crocus metallorum) est essentiellement formé par un oxysulfure d'antimoine plus riche en sulfure que le verre d'antimoine. On l'obtenait en fondant 3 parties d'oxyde d'antimoine avec 1 partie de sulfure d'antimoine, ou encore en fondant de l'oxyde d'antimoine, de l'acide antimonieux ou de l'acide antimonique avec une quantité convenable de soufre (Proust). Le produit donnait une poudre jaune. On obtenait aussi un crocus renfermant de la potasse (mélange d'oxysulfure d'antimoine et d'hypoantimonite de potasse) en épuisant avec de l'eau bouillante le produit de la calcination de 1 partie de sulfure d'antimoine avec $\frac{1}{2}$ partie à 1 partie de carbonate de potasse, ou avec du nitre.

Selon le précepte de Lemery, on préparait autrefois le safran d'antimoine en fondant le sulfure avec la moitié de son poids de nitre, et en coulant la matière dans un cône en fer, pour faciliter la séparation d'une scorie formée de sulfate et d'hypoantimonite de potasse mêlés de sulfures de potassium et d'antimoine. Au-dessous de la scorie se rassemblait une sorte de foie d'antimoine, produit qui renfermait, indépendamment de l'oxyde et du sulfure d'antimoine, une certaine quantité de sulfure de potassium. On le pulvérisait, on le lavait avec soin pour enlever ce dernier sulfure. Le crocus restait sous forme d'une poudre d'un jaune brun.

Le safran des métaux est employé en médecine vétérinaire comme vermifuge et purgatif.

On désignait autrefois sous le nom de *foie d'antimoine* (hepar Antimonii) des préparations renfermant essentiellement du sulfure d'antimoine combiné avec une certaine quantité de sulfure alcalin. On les obtenait en calcinant le sulfure d'antimoine avec du sulfate de potasse et du charbon, ou avec du carbonate de potasse et du charbon, ou avec du carbonate de potasse seul. Dans ce dernier cas, le sulfure double était mélangé avec de l'hypoantimonite de potasse $2SbO^3,KO$ (Berzelius). La scorie qu'on obtient dans l'extraction de l'antimoine par le flux noir renferme du foie d'antimoine.

Les différents mélanges désignés sous le nom de foie d'antimoine sont bruns, très-fusibles. Exposés à l'air, ils en attirent l'humidité. L'eau les décompose en sulfure de potassium, qui se dissout avec une portion du sulfure d'antimoine, et en sulfure d'antimoine insoluble mêlé d'oxysulfure et d'hypoantimonite de potasse.

Kermès minéral. — Ce corps, dont on fait un grand usage en médecine, est un sulfure d'antimoine amorphe qui renferme une petite quantité de sulfure alcalin, et qui est ordinairement mélangé avec de l'oxyde d'antimoine. Ce dernier peut s'y trouver à l'état libre et cristallisé, ou encore à l'état de combinaison avec un alcali. En outre, le kermès renferme de 2 à 3 pour cent d'eau. Parmi les nombreux procédés qui ont été employés pour la préparation de ce corps, nous indiquerons les deux suivants :

Procédé par la voie sèche (Berzelius). — On fait fondre dans un creuset couvert 3 parties de sulfure d'antimoine et 8 parties de carbonate de potasse. On pulvérise la masse refroidie, et on l'épuise par l'eau bouillante. On filtre la liqueur bouillante, et on la laisse refroidir lentement à l'abri de la lumière. Elle laisse déposer le kermès sous forme d'un précipité floconneux brun rougeâtre.

Procédé par la voie humide (Cluzel). — On réduit en poudre très-fine 1 partie de sulfure d'antimoine et on l'ajoute à une solution bouillante de 22,5 parties de cristaux de carbonate de soude dans 250 parties d'eau de rivière. On prolonge l'ébullition pendant deux heures, dans une chaudière en fonte, puis on laisse déposer et on sépare par décantation la liqueur claire dans une capsule qu'on dispose sur un bain-marie ou sur un fourneau encore chaud, et qu'on couvre ensuite avec du papier, de manière à laisser refroidir la liqueur lentement et à l'abri de la lumière. On jette sur un filtre le reste de la liqueur qu'on ne peut décanter claire, et on la laisse refroidir, en employant les mêmes précautions. Du jour au lendemain elle laisse déposer un beau précipité floconneux d'un brun velouté : c'est le kermès.

Pour l'usage médical on doit préférer le kermès préparé par ce dernier procédé.

La théorie de cette opération, donnée par Berzelius, s'applique aux procédés de préparation du kermès, par la voie sèche et par la voie humide. La voici. Le soufre du sulfure d'antimoine se porte sur le sodium ou le potassium pour former du sulfure alcalin ; celui-ci se combine avec du sulfure d'antimoine pour former un sel double soluble. L'oxygène de la soude se porte sur l'antimoine, qui a abandonné son soufre, et il se forme de l'oxyde d'antimoine. Celui-ci se combine en partie avec du sulfure d'antimoine pour former du crocus insoluble, en partie avec de la soude pour former un hypoantimonite. Une portion de ce dernier sel se dissout, avec le sulfure double d'antimoine et de sodium, dans la liqueur bouillante et alcaline ; mais lorsque celle-ci vient à se refroidir, le sulfosel et l'oxysel éprouvent une décomposition semblable.

Le sulfure de sodium dissout plus de sulfure d'antimoine à chaud qu'à froid, de telle sorte qu'il se dépose, par le refroidissement, du sulfure d'antimoine amorphe, et retenant un peu de sulfure de sodium : c'est le kermès.

La solution alcaline (carbonate de soude) dissout elle-même plus d'oxyde d'antimoine à chaud qu'à froid ; de telle façon qu'une portion de l'oxyde d'antimoine, retenant de la soude, se dépose par le refroidissement. Voilà pourquoi le kermès, lorsqu'il a été préparé par les procédés précédemment indiqués, est toujours mélangé avec de l'oxyde d'antimoine ou avec de l'hypoantimonite acide de soude ou de potasse.

Propriétés du kermès. — Le kermès constitue une poudre d'un brun foncé et d'un aspect velouté. Il se dissout facilement dans l'acide chlorhydrique, avec dégagement d'hydrogène sulfuré. Il est insoluble dans l'ammoniaque. Celui que livre le commerce contient quelquefois du soufre doré d'antimoine, et est trop souvent falsifié avec de l'ocre ou même avec de la brique pilée. Il est facile de s'assurer de la présence de ces dernières substances en traitant le produit par l'acide chlorhydrique étendu ; la brique y est insoluble ; l'ocre s'y dissout lentement en donnant une solution jaune que le prussiate de potasse précipite en bleu. Quant au soufre doré, on le reconnaît en faisant digérer le kermès suspect avec de l'ammoniaque à 20°. Celle-ci prend une teinte jaune (Soubeiran).

Soufre doré d'antimoine. — La liqueur qui a été séparée du ker-

mès, et qui a été exposée au contact de l'air, est ordinairement
colorée en jaune pâle. Le sulfure de sodium qu'elle renferme se
transforme partiellement en bisulfure ou en polysulfure. Ce sulfure tient encore en dissolution une certaine quantité de sulfure
d'antimoine, et lorsqu'on verse de l'acide chlorhydrique dans
la liqueur, le sulfure d'antimoine se précipite. On obtient ainsi
un précipité couleur de feu, qu'on désigne sous le nom de *soufre
doré d'antimoine*. C'est un mélange de sulfure d'antimoine ordinaire avec du pentasulfure. Ce dernier se forme par suite de la
décomposition qu'éprouve, sous l'influence de l'acide chlorhydrique, le polysulfure de sodium que renferment les eaux-mères
du kermès. L'acide chlorhydrique forme, avec ce polysulfure, du
chlorure de sodium, de l'hydrogène sulfuré et du soufre qui se
se combine avec le trisulfure d'antimoine pour former un degré
de sulfuration plus élevé. Ajoutons que l'hypoantimonite de soude,
que renferment les eaux-mères du kermès, est pareillement décomposé, et que l'oxyde d'antimoine mis en liberté se convertit
en sulfure par l'action de l'hydrogène sulfuré.

Le kermès et surtout le soufre doré d'antimoine ne possèdent
pas, d'après ce qui précède, les caractères de composés purs et
parfaitement définis. Leur constitution varie d'après le mode de
préparation. Ainsi le kermès renferme des quantités variables
d'oxyde d'antimoine. Celui qui a été préparé par dissolution du
sulfure d'antimoine naturel dans des lessives caustiques n'en renferme point. Par contre, ce même kermès contient une quantité assez notable de sulfure alcalin qui y est contenu, d'après
H. Rose, à l'état de combinaison avec le sulfure d'antimoine.
Le kermès et surtout le soufre doré renferment souvent de petites
quantités d'arsenic.

PERSULFURE D'ANTIMOINE, PENTASULFURE D'ANTIMOINE.

SbS^5.

Ce composé existe à l'état de mélange dans le soufre doré d'antimoine. On l'obtient en dirigeant un courant de gaz sulfhydrique
dans de l'eau tenant de l'acide antimonique en suspension (Berzelius), ou dans du perchlorure d'antimoine préalablement étendu
avec une solution d'acide tartrique (H. Rose).

Il se forme aussi lorsqu'on décompose par l'acide chlorhydrique une solution de sulfantimoniate de sodium (sel de Schlippe).
Par ce dernier procédé, recommandé par quelques pharmacopées, on obtient un soufre doré d'une composition constante.

37

Le pentasulfure d'antimoine constitue un précipité rouge orangé amorphe qui, lorsqu'on le calcine après l'avoir desséché, abandonne du soufre en se transformant en trisulfure. Il se dissout dans un excès d'ammoniaque, surtout à l'aide d'une douce chaleur. La potasse et la soude le dissolvent pareillement en formant des liqueurs jaunes. Les sulfures alcalins le dissolvent avec une grande facilité en formant des sulfantimoniates.

Sulfantimoniate de sodium (combinaison de persulfure d'antimoine et de sulfure de sodium, sel de Schlippe). Pour préparer ce composé on introduit dans un flacon 11 parties de sulfure d'antimoine réduit en poudre fine, 1 partie de fleurs de soufre, 13 parties de carbonate de soude cristallisé, 5 parties de chaux vive, qu'on a éteinte préalablement, et 20 parties d'eau; on laisse reposer ce mélange pendant vingt-quatre heures en ayant soin de l'agiter de temps en temps; puis on filtre, on concentre et on laisse refroidir (Liebig). On obtient ainsi de beaux cristaux d'un jaune pâle, transparents, qui constituent des tétraèdres dont les angles sont le plus souvent tronqués. La saveur de ces cristaux est un peu amère, à la fois alcaline et métallique. Leur composition est exprimée par la formule $SbS^5,3NaS + 18HO$. Ils perdent dans le vide de 20 à 25 pour cent d'eau. Chauffés dans un tube, ils fondent dans leur eau de cristallisation. Lorsqu'on les chauffe au contact de l'air, ils perdent leur eau, puis la matière sèche, rougit, noircit, s'enflamme enfin, et brûle avec une flamme sulfureuse en laissant une masse blanche.

Le sulfantimoniate de sodium se dissout dans 2,9 parties d'eau à 15°. La solution et les cristaux humides se recouvrent bientôt d'une couche brune de kermès. Les acides décomposent cette solution en dégageant de l'hydrogène sulfuré et en précipitant du pentasulfure d'antimoine.

$$SbS^5,3NaS \quad + \quad 3HCl \quad = \quad 3HS \quad + \quad 3NaCl \quad + \quad SbS^5.$$

Sulfantimoniate de sodium.	Acide chlorhydrique.	Hydrogène sulfuré.	Chlorure de sodium.	Pentasulfure d'antimoine.

Le sel de Schlippe est employé en médecine. C'est un bon médicament, en ce sens qu'il possède une composition constante.

HYDROGÈNE ANTIMONIÉ.

Ce corps gazeux n'a pas encore été obtenu à l'état de pureté. Il est toujours mêlé à un excès d'hydrogène. Il existe dans le gaz qui se dégage lorsqu'on traite par l'eau un alliage compacte d'antimoine et de potassium (page 581). Il se forme aussi lorsqu'on ajoute du chlorure d'antimoine à un mélange propre à dégager de l'hydrogène. A l'état naissant, l'hydrogène réduit le chlorure d'antimoine et forme de l'hydrogène antimonié. Ce gaz est incolore. Il se décompose, à une température élevée, en hydrogène et en antimoine. Il donne, dans l'appareil de Marsh, des taches et des anneaux d'antimoine que nous avons appris à distinguer des taches et des anneaux d'arsenic. Sous ce rapport, ses propriétés rappellent celles de l'hydrogène arsénié. Sa composition est probablement exprimée par la formule

$$SbH^3.$$

CHLORURE D'ANTIMOINE (BEURRE D'ANTIMOINE).
$$SbCl^3.$$

Le meilleur mode de préparation de ce composé consiste à décomposer le sulfure d'antimoine par l'acide chlorhydrique, opération qui fournit l'hydrogène sulfuré (page 158) et dont le résidu est une solution acide de chlorure d'antimoine. On décante cette solution et on la soumet à la distillation dans une cornue dont le bec s'adapte, sans l'intermédiaire d'un bouchon, dans le col d'un ballon récipient. Il se dégage d'abord de l'hydrogène sulfuré, des vapeurs d'eau et de l'acide chlorhydrique. Mais il arrive un moment où le trichlorure d'antimoine se volatilise lui-même et se concrète, sous forme solide, dans le col de la cornue. On change alors de ballon et on pousse le feu. Le chlorure d'antimoine pur se rassemble dans le récipient, sous forme d'une masse solide, cristalline, transparente, incolore.

Le trichlorure d'antimoine fond à 73°,2, en formant une huile incolore ou légérement colorée en jaune, d'une densité de 2,676. Il bout à environ 230° (Capitaine).

Exposé à l'air, le trichlorure d'antimoine attire l'humidité et tombe en déliquescence. Il peut se dissoudre dans une très-petite quantité d'eau pure, et se dissout facilement dans l'eau chargée d'acide chlorhydrique. Mais si l'on ajoute à ces solutions ou au chlorure lui-même une grande quantité d'eau, il est décomposé et l'on obtient un précipité blanc, connu depuis longtemps sous le nom de *poudre d'Algaroth*. Lorsqu'on l'abandonne pendant quelques jours dans le liquide au sein duquel il s'est formé, il devient cristallin. Ce corps est un oxychlorure d'antimoine, c'est-à-dire une combinaison d'oxyde d'antimoine avec le chlorure d'antimoine, dont la composition répond ordinairement à la formule

$$SbCl^3,5SbO^3.$$

Indépendamment de cet oxychlorure, il en existe un autre qui renferme $SbCl^3,2SbO^3$, et qu'on peut envisager comme de l'oxyde d'antimoine SbO^3 dont 1 équivalent d'oxygène a été remplacé par 1 équivalent de chlore, composition qui est exprimée par la formule

$$SbO^2Cl.$$

Au reste, des lavages prolongés ou l'action de l'eau chaude enlèvent de l'acide chlorhydrique à l'oxychlorure d'antimoine et finissent par le transformer en oxyde d'antimoine.

Cette transformation s'accomplit immédiatement par l'action des carbonates alcalins.

La poudre d'Algaroth était employée autrefois comme émétique. On ne s'en sert plus aujourd'hui que pour la préparation du tartrate double de potasse et d'antimoine (émétique).

Le chlorure d'antimoine est fréquemment employé comme caustique. On se sert ordinairement de la solution très-concentrée de ce chlorure telle qu'on l'obtient en le laissant tomber en déliquescence à l'air humide.

PERCHLORURE D'ANTIMOINE.

$SbCl^5$.

Lorsqu'on projette de la poudre d'antimoine dans du chlore sec, le métal s'enflamme et brûle avec une vive incandescence. Il se forme ainsi du pentachlorure d'antimoine. Ce composé prend aussi naissance par l'action du chlore sur le trichlorure. Pour le préparer, on place de l'antimoine en poudre dans une cornue tubulée, munie d'une allonge et d'un récipient; on chauffe légèrement la cornue et on y dirige un courant de chlore sec. Il passe dans le récipient un liquide ordinairement coloré en jaune, doué d'une odeur irritante et répandant à l'air des vapeurs blanches. C'est le perchlorure d'antimoine.

Ce liquide est volatil, mais on ne peut pas le distiller sans lui faire éprouver une décomposition partielle, de telle sorte qu'il se dégage du chlore et qu'il passe une certaine quantité de perchlorure, jusqu'à ce que, la température s'étant élevée, à la fin de la distillation, à 200°, il reste un résidu de trichlorure d'antimoine. Le perchlorure d'antimoine cède facilement 2 équivalents de chlore à divers corps qui en sont avides, même à des hydrogènes carbonés, tels que le gaz oléfiant (hydrogène bi-carboné).

Lorsqu'on le laisse exposé à l'air, il en attire l'humidité et se transforme en une masse cristalline qui constitue du perchlorure d'antimoine hydraté. Lorsqu'on ajoute au perchlorure d'antimoine liquide une grande quantité d'eau, il se décompose, avec dégagement de chaleur, en acide métaantimonique hydraté, qui se précipite, et en acide chlorhydrique.

ALLIAGES D'ANTIMOINE.

Le plus important de ces alliages est celui de plomb et d'antimoine, qui est employé pour les caractères d'imprimerie. Il est formé de

```
Plomb............................  76,2
Antimoine........................  23,8
```

On y ajoute quelquefois une petite quantité de bismuth.

En calcinant fortement, dans un creuset brasqué, un mélange de 100 parties d'émétique (tartrate double d'antimoine et de potassium) et de 3 parties de noir de fumée, on obtient une masse noire qui est formée d'un alliage de potassium et d'antimoine divisé et disséminé dans un excès de charbon. Cet alliage décompose l'eau avec une telle avidité qu'il s'enflamme à l'air humide et qu'il détone lorsqu'on le met en contact avec une petite quantité d'eau. On obtient cet alliage, sous une forme plus compacte et moins altérable, en chauffant dans un creuset couvert, selon les indications de MM. Loewig et Schweizer, 3 parties de tartre (tartrate acide de potasse) avec 4 parties d'antimoine, et en exposant ensuite la masse carbonisée, pendant une heure, à la chaleur blanche. Après le refroidissement on obtient un culot d'antimoniure de potassium qui renferme 12 pour cent de potassium.

Caractères distinctifs des composés solubles de l'antimoine. — Parmi ces composés, les plus importants sont le chlorure et l'émétique (tartrate double de potasse et d'antimoine).

Leurs solutions donnent, avec l'hydrogène sulfuré et le sulfhydrate d'ammoniaque, un précipité orangé caractéristique. Ce précipité se dissout dans un excès de sulfhydrate d'ammoniaque. Avec la potasse et la soude, les solutions d'antimoine donnent un précipité blanc soluble dans un excès d'alcali. Elles sont pareillement précipitées en blanc par l'ammoniaque et par les carbonates alcalins, (dans ce dernier cas, avec dégagement d'acide carbonique), mais le précipité ne disparaît pas dans un excès de réactif. Une lame de fer, de zinc ou d'étain en précipite l'antimoine sous forme d'un dépôt noir, qu'on peut recueillir et fondre au chalumeau sur un morceau de charbon. On obtient ainsi un globule d'antimoine cassant après le refroidissement et qui, porté au rouge, brûle avec une vive incandescence, en répandant des fumées blanches d'oxyde d'antimoine, et en formant une auréole blanche sur le charbon.

Action toxique des préparations d'antimoine. — L'expérience des siècles passés, où l'on a tant abusé des préparations antimoniales, a prouvé qu'un grand nombre d'entre elles étaient toxiques. De ce nombre sont non-seulement le chlorure et l'émétique, mais encore les oxydes, le crocus, la poudre d'Algaroth, l'antimoine diaphorétique, et, à un moindre degré, le kermès et le soufre doré. Le chlorure d'antimoine appartient à la classe des poisons corrosifs. Nous décrirons plus tard les effets de l'émétique ou tartrate double de potasse et d'antimoine.

BISMUTH

Le bismuth se rencontre à l'état natif dans une gangue quartzeuse. Pour l'extraire, il suffit de chauffer le minerai dans des tuyaux de tôle ou de fonte, disposés dans un four suivant une direction inclinée. Le bismuth fond et s'écoule par une ouverture pratiquée à l'extrémité inférieure. On reçoit le métal fondu dans des capsules en terre qui sont chauffées et d'où on le puise avec des cuillers, pour le couler dans des moules.

Le bismuth du commerce n'est jamais pur. Il renferme des métaux étrangers, presque toujours de l'arsenic, quelquefois du soufre. Pour l'en débarrasser on le réduit en poudre; on le mêle avec le vingtième de son poids d'azotate de potasse, et on chauffe au rouge dans un creuset de terre. Les métaux étrangers, plus oxydables que le bismuth, se transforment en oxydes, l'arsenic en arséniate et le soufre en sulfate. Au besoin, on répète ce traitement une seconde fois. Pour obtenir du bismuth pur, il est préférable de chauffer au rouge, dans un creuset, du sous-azotate de bismuth avec du flux noir.

Le bismuth est un métal d'un blanc gris offrant un reflet jaunâtre. Il présente une cassure cristalline, lamelleuse. Sa densité est égale à 9,83; il fond à 264°. Par le refroidissement, il cristallise. On l'obtient en beaux cristaux en laissant refroidir lentement quelques kilogrammes de bismuth purifié, perçant ensuite la croûte solide qui se forme à la surface et laissant écouler le métal demeuré liquide. L'intérieur du vase présente alors de magnifiques trémies pyramidales, offrant les teintes irisées les plus vives. Les cristaux sont des rhomboèdres (G. Rose), et leur surface est recouverte d'une mince pellicule d'oxyde qui donne lieu aux jeux de couleur des bulles de savon. Au moment de sa solidification le bismuth se dilate. Il est donc moins dense à l'état solide qu'à l'état liquide. Il se volatilise à une température très-élevée.

OXYDES DE BISMUTH.

On connaît

un protoxyde ou oxyde bismuthique BiO^3
un oxyde intermédiaire............ BiO^4
　　　　ou plutôt.......... $Bi^2O^8 = BiO^3,BiO^5$
un acide bismuthique............ BiO^5.

M. Schneider a décrit un sous-oxyde BiO^2.

Oxyde bismuthique. — On l'obtient en décomposant le sous-azotate par la chaleur. C'est une poudre d'un jaune paille, fusible à la chaleur rouge, et donnant par le refroidissement une masse vitreuse jaune foncé. Il attaque les creusets de terre encore plus facilement que la litharge.

On obtient un oxyde de bismuth hydraté en traitant l'azotate ou le sous-azotate par la potasse ou par l'ammoniaque. C'est une poudre blanche insoluble dans un excès d'alcali, et qui, soumise à l'ébullition avec la potasse, se convertit en oxyde anhydre cristallin.

ACIDE BISMUTHIQUE.
BiO^5.

On obtient ce composé en faisant passer un courant de chlore à travers une solution de potasse caustique, tenant en suspension de l'hydrate très-divisé. On peut aussi le préparer en chauffant un mélange d'oxyde de bismuth, de potasse caustique et de chlorate de potasse. Le produit obtenu par l'un ou par l'autre procédé est mis en digestion avec de l'acide azotique étendu qui en sépare un excès d'oxyde de bismuth. Il reste une poudre rouge clair, qui est l'acide bismuthique. A une température peu supérieure à 100°, cet acide perd de l'oxygène et se convertit en oxyde intermédiaire.

SULFURE DE BISMUTH.
BiS^3.

On trouve dans la nature un sulfure de bismuth cristallisé, qui paraît isomorphe avec le sulfure d'antimoine. Le sulfure de bismuth peut être préparé artificiellement en fondant un mélange intime de bismuth et de soufre.

Comme il reste du métal dans le produit de cette première fusion, on le réduit en poudre fine, et après avoir mélangé celle-ci avec du soufre, on fond de nouveau. On obtient un culot gris doué de l'éclat métallique.

CHLORURE DE BISMUTH.

$BiCl^3$.

Le bismuth très-divisé brûle dans le chlore et se transforme en chlorure. Pour préparer ce dernier, on dirige un courant de chlore sec dans une cornue dans laquelle on a fondu du bismuth métallique. Le chlorure distille et se concrète en une masse cristalline fusible et déliquescente (beurre de bismuth). Il forme avec l'eau une combinaison définie. On peut obtenir un chlorure de bismuth cristallisé et hydraté en évaporant une dissolution de bismuth dans l'eau régale.

Le chlorure de bismuth se dissout dans l'eau chargée d'acide chlorhydrique; mais il se décompose par l'action de l'eau pure. Il est converti en oxychlorure de bismuth qui se précipite, en même temps que de l'acide chlorhydrique reste en dissolution. L'oxychlorure de bismuth est employé comme blanc de fard. Il est connu sous le nom de *blanc de perle*. Il renferme

$$BiCl^3,2BiO^3 + 3HO \text{ ou } BiO^2Cl + HO.$$

AZOTATE DE BISMUTH.

Le bismuth se dissout facilement dans l'acide azotique ; la solution concentrée laisse déposer de gros prismes à quatre pans. Ces cristaux sont incolores et déliquescents. Ils renferment

$$Az^3\overset{''}{Bi}O^{18} + 3HO = 3AzO^5,BiO^3 + 3 \text{ aq.}$$

Dans cet azotate 1 atome de bismuth $\overset{'''}{Bi}$ est substitué à 3 atomes d'hydrogène dans 3 équivalents d'acide azotique

$$Az^3H^3O^{18} = 3[AzO^5,HO].$$

Les cristaux se dissolvent dans une petite quantité d'eau, surtout si l'on ajoute à celle-ci quelques gouttes d'acide azotique. Mais une grande quantité d'eau les décompose, et décompose leur solution acide. Il se forme un précipité blanc, qui est du sousazotate de bismuth, et de l'acide azotique, lequel retient en dissolution une certaine quantité de sel neutre.

Sous-azotate de bismuth. — Il est fréquemment employé en médecine comme antidiarrhéique (Monneret). Pour le préparer, on dissout le bismuth en poudre dans l'acide azotique, on évapore la solution, et lorsqu'elle est suffisamment concentrée, on la verse dans quarante fois son poids d'eau; puis on ajoute peu à peu de l'ammoniaque très-étendue, de manière à neutraliser une partie de l'acide azotique devenu libre. On lave le précipité par décantation; on le recueille sur un filtre et on le fait sécher.

Le sous-azotate de bismuth, autrefois désigné sous le nom de *magistère de bismuth*, est une poudre blanche insipide, inodore. Sa composition est généralement exprimée par la formule

$$AzO^5, BiO^3 + 2HO,$$

mais cette composition n'est point constante.

L'eau bouillante enlève encore de l'acide azotique au magistère de bismuth, et laisse un sous-azotate plus basique ou un mélange de magistère et d'oxyde de bismuth. Ce sous-sel constitue le *blanc de fard*.

Le sous-azotate de bismuth du commerce contient souvent de l'arsenic. On s'en assure en le chauffant avec de l'acide sulfurique, reprenant le résidu par l'eau et l'introduisant dans un appareil de Marsh.

CARBONATE DE BISMUTH.

On prépare ce sel en versant une solution d'azotate de bismuth dans une solution de carbonate de soude en excès. Il se forme un précipité blanc qu'on lave et qu'on fait sécher.

Ce sel a été employé en médecine.

Caractères des combinaisons solubles du bismuth. — Les solutions de bismuth, additionnées d'une grande quantité d'eau, donnent des précipités blancs de sous-sels.

L'hydrogène sulfuré et les sulfures solubles donnent un précipité brun noir de sulfure de bismuth. Le précipité ne se dissout pas dans un excès de sulfure alcalin.

Les alcalis caustiques et les carbonates alcalins donnent des précipités blancs insolubles dans un excès de réactif.

Les solutions de bismuth ne sont précipitées ni par l'acide sulfurique ni par l'acide chlorhydrique.

Le fer, le zinc et le cuivre en précipitent le bismuth sous forme d'une poudre noire.

Les sels de bismuth, chauffés au chalumeau avec du carbonate de soude, dans la flamme réductrice, donnent un globule de bismuth métallique, très-cassant après le refroidissement.

PLOMB

Les minerais de plomb que l'on exploite sont le carbonate et surtout le sulfure que l'on désigne sous le nom de galène.

Le traitement métallurgique du premier minerai est très-simple : il suffit de le fondre avec du charbon dans de petits fourneaux à cuve : le plomb est réduit et se rassemble dans la partie inférieure du fourneau.

Pour extraire le plomb de la galène, on peut suivre deux méthodes. L'une d'elles consiste à fondre la galène avec du fer (fonte de fer grenaillée). Il se forme du sulfure de fer et du plomb, qui fondent l'un et l'autre, mais se séparent par suite de la différence de leur densité, le plomb étant plus dense de beaucoup.

L'autre méthode, qu'on nomme *méthode par réaction*, consiste à griller préalablement la galène dans un four à réverbère de manière à la transformer partiellement en oxyde et en sulfate; on donne ensuite un coup de feu, après avoir bouché les ouvertures du fourneau. Le sulfure en excès réagit alors sur l'oxyde et le sulfate : il se dégage de l'acide sulfureux et il se forme du plomb métallique qu'on nomme *plomb d'œuvre*.

$$PbS \; + \; 2PbO \; = \; 3Pb \; + \; SO^2.$$

Sulfure   Oxyde   Acide
de plomb. de plomb.   sulfureux.

$$PbS \; + \; PbSO^4 \; = \; 2Pb \; + \; 2SO^2.$$

Sulfure   Sulfate   Acide
de plomb. de plomb.   sulfureux.

Indépendamment du sulfure de plomb, qui réagit sur l'oxyde et sur le sulfate, il y en a toujours un excès qui, lorsqu'on donne le coup de feu, fond et se sépare à l'état de *matte plombeuse*. Celle-ci rentre dans le travail, ou est l'objet d'un traitement séparé par la méthode de réaction. Ce traitement fournit un plomb plus dur que le plomb d'œuvre et renfermant une petite quantité de cuivre.

Dans quelques usines on ajoute, à un certain moment, du poussier de charbon, dans le but d'enlever l'oxygène à l'oxyde et au sulfate formés par le grillage.

Le plomb provenant de ces divers traitements, et surtout le plomb d'œuvre, renferment souvent de petites quantités d'argent, qu'on en extrait par le procédé de la *coupellation*. Cette opération consiste à fondre le plomb d'œuvre dans un four à réverbère dont la sole présente la forme d'une calotte sphérique qu'on nomme coupelle. Le plomb fondu s'oxyde à l'air et se convertit en oxyde, qui fond et qui s'écoule sans cesse de la coupelle, par une échancrure qui est pratiquée dans la paroi au niveau du métal fondu, et qu'on creuse de plus en plus à mesure que ce niveau s'abaisse. L'argent, qui n'est pas oxydable, se concentre dans la coupelle, tandis que le plomb est éliminé. Au moment où les dernières parties de ce métal s'oxydent, il ne reste à la surface de l'argent en fusion qu'une mince pellicule de litharge fondue qui, venant à se déchirer tout d'un coup, laisse à nu la surface brillante de l'argent. Le moment où apparaît ce phénomène, qu'on nomme *l'éclair*, marque la fin de l'opération.

L'oxyde de plomb qui se forme d'abord dans la coupellation du plomb d'œuvre porte le nom de d'*abstrich*. Il est noir et renferme encore de l'argent, ainsi que du cuivre et de l'antimoine (Berthier). L'oxyde de plomb qui s'écoule après l'abstrich est la *litharge*. Une grande partie de ce produit est réduit, ainsi que l'abstrich, dans les usines, à l'état de plomb métallique, à l'aide du charbon.

Propriétés du plomb. — Le plomb possède une couleur d'un gris bleuâtre et un grand éclat lorsque sa surface vient d'être mise à nu. C'est le plus mou et le moins tenace de tous les métaux usuels. On peut le couper au couteau, et l'ongle le raye facilement. Il laisse sur le papier des traces grises. On peut le réduire en lames très-minces, mais, en raison de sa faible ténacité, il passe difficilement à la filière. Sa densité est égale à 11,363 (H. Deville.) Il fond entre 326° et 334°, et se volatilise sensiblement au rouge blanc. Lorsque, après avoir fondu une grande masse de plomb, on la laisse refroidir lentement et qu'on décante la partie demeurée liquide, la portion solidifiée offre une texture cristalline. Dans ces conditions, le plomb cristallise en octaèdres réguliers. La densité du plomb cristallisé est égale à 11,254.

La surface brillante du plomb se ternit à l'air. Fondu, il attire rapidement l'oxygène et se couvre d'une pellicule d'oxyde qui se transforme, au bout de quelque temps, en une poussière jaune. Il se conserve sans altération dans l'eau pure non aérée; mais lorsque celle-ci est exposée au contact de l'air, le métal attire assez rapidement l'oxygène et l'acide carbonique. Il se forme, dans cette circonstance, de l'hydrocarbonate de plomb, qui apparaît quelquefois en paillettes cristallines visibles à la loupe. Mais lorsque l'eau tient en dissolution une petite quantité de sels, principalement de sulfate de chaux, le métal ne s'y oxyde pas, circonstance qui explique ce fait, qu'on peut se servir impunément de tuyaux de plomb pour conduire des eaux tenant en dissolution des traces de sulfates ou de chlorures, alors qu'il y aurait des inconvénients graves à conserver de l'eau pluviale dans des réservoirs de plomb.

Le plomb est faiblement attaqué par l'acide chlorhydrique concentré et bouillant. Étendu d'eau, l'acide sulfurique ne l'attaque pas; concentré et bouillant, il le convertit en sulfate en même temps qu'il se dégage de l'acide sulfureux. L'acide azotique l'attaque et le dissout à la température ordinaire avec dégagement de vapeurs rouges et en formant de l'azotate.

OXYDES DE PLOMB.

Ils sont au nombre de quatre, savoir :

un sous-oxyde.. Pb^2O
un protoxyde (oxyde plombique)........................... PbO
un bioxyde (peroxyde de plomb)........................... PbO^2
et un oxyde intermédiaire (salin), combinaison de protoxyde
   et de bioxyde...................................... Pb^3O^4.

Le **sous-oxyde** constitue une poudre noire qui se forme, d'après Dulong et MM. Boussingault et Pelouze, lorsqu'on chauffe à 300° de l'oxalate de plomb.

$$C^4Pb^2O^8 \;=\; CO \;+\; 3CO^2 \;+\; Pb^2O.$$
Oxalate   Oxyde   Acide   Sous-oxyde
de plomb. de carbone. carbonique. de plomb.

Il est peu stable et ne forme pas des combinaisons avec les acides.

PROTOXYDE DE PLOMB, OXYDE PLOMBIQUE.

PbO.

Cet oxyde constitue les produits qui sont connus dans le commerce sous le nom de *massicot* et de *litharge*. Lorsqu'on chauffe le plomb à l'air, en ayant soin d'enlever souvent la pellicule qui se forme à la surface, il se convertit peu à peu en une poudre grise de sous-oxyde de plomb (Berzelius) ou en un mélange de protoxyde et de plomb métallique. Chauffée plus longtemps au contact de l'air, à une température insuffisante pour la fondre, cette substance grise se convertit en une poudre jaune d'oxyde plombique. C'est le massicot.

La litharge est de l'oxyde de plomb fondu et devenu cristallin par le refroidissement. Elle se présente sous forme de paillettes jaunes rougeâtres dont la teinte se rapproche tantôt du jaune (litharge d'argent), tantôt du rouge (litharge d'or). La litharge du commerce provient du traitement du plomb d'œuvre par la coupellation (page 586).

On voit, d'après ce qui précède, que l'oxyde de plomb anhydre se présente sous divers états. Par le refroidissement lent d'une masse de litharge fondue, on peut l'obtenir cristallisé en octaèdres à base rhombe (Mitscherlich). En fondant la litharge avec de la potasse ou de la soude, et en épuisant avec de l'eau la masse refroidie, on obtient pareillement des cristaux d'oxyde de plomb (Becquerel). Enfin lorsqu'on fait bouillir de la litharge avec de la soude caustique à 40 ou 41° Baumé et qu'on laisse refroidir la solution, elle laisse déposer des cristaux rougeâtres d'oxyde anhydre (Calvert). Lorsqu'on chauffe peu à peu ces cristaux au rouge obscur, leur couleur passe d'abord au noir puis au jaune. En laissant refroidir une solution moyennement concentrée d'oxyde de plomb dans de la potasse caustique, M. Mitscherlich a vu se déposer d'abord des écailles jaunes, puis, après le refroidissement complet, des écailles rouges. Ces cristaux, qui étaient entièrement solubles dans l'acide acétique, présentaient la forme d'octaèdres rhomboïdaux.

L'oxyde de plomb fond à la chaleur rouge. Fondu, il absorbe de l'oxygène, qu'il dissout et qu'il abandonne en se solidifiant (F. Le Blanc). On ne peut le fondre dans un creuset de terre sans attaquer et quelquefois percer celui-ci, circonstance qui est due à la formation d'un silicate de plomb très-fusible.

L'oxyde de plomb est réduit très-facilement par l'hydrogène, le charbon, l'oxyde de carbone.

Lorsqu'on ajoute de l'ammoniaque à une solution d'un sel plombique, il se forme un précipité blanc d'hydrate plombique. On peut obtenir ce corps sous forme d'une poudre cristalline, en ajoutant à 100 volumes d'une solution saturée de sous-acétate de plomb 60 volumes d'eau bouillie, puis 4 volumes d'ammoniaque, préalablement étendue de 60 volumes d'eau bouillie, et en maintenant le tout pendant longtemps à 30° (Payen).

L'hydrate plombique offre, à l'état sec, une composition exprimée par la formule

$$3PbO,HO.$$

Il est légèrement soluble dans l'eau et possède une réaction alcaline assez prononcée pour ramener au bleu le papier de tournesol faiblement rougi.

L'hydrate d'oxyde de plomb se dissout dans la potasse caustique et forme avec elle une combinaison dans laquelle il joue le rôle d'acide. L'eau de chaux dissout pareillement de l'oxyde de plomb. Ces solutions alcalines sont précipitées en noir par l'hydrogène sulfuré.

Lorsqu'on les chauffe avec une matière organique renfermant du soufre au nombre de ses éléments, elles noircissent, par suite de la formation de sulfure de plomb. Cette propriété explique l'usage qu'on fait de la solution d'oxyde plombique dans l'eau de chaux pour teindre les cheveux. Ceux-ci renferment une petite quantité de soufre qui se transforme en sulfure de plomb.

En pharmacie, on fait un grand usage de la litharge, pour la préparation des emplâtres.

BIOXYDE DE PLOMB OU ACIDE PLOMBIQUE.

$$PbO^2.$$

Ce composé est désigné souvent sous le nom d'oxyde puce de plomb. On l'obtient en chauffant le minium avec de l'acide azotique étendu jusqu'à ce que cet acide ne dissolve plus d'oxyde plombique. Il reste une poudre brune qu'on lave à l'eau bouillante et qu'on sèche.

On peut le préparer aussi, d'après M. Wœhler, en précipitant une solution de quatre parties d'acétate de plomb cristallisé par une solution de $3\frac{1}{2}$ parties de carbonate de soude cristallisé et en dirigeant un courant de chlore dans la bouillie blanche, jusqu'à ce que le carbonate de plomb soit entièrement transformé en bioxyde brun.

Dans cette réaction, le chlore se porte sur l'excès de carbonate de soude ; il se forme du chlorure de sodium, et l'oxygène de la soude, se portant sur l'oxyde de plomb, le convertit en bioxyde ; l'acide carbonique se dégage.

Le bioxyde de plomb constitue une poudre d'un brun foncé, insoluble dans l'eau. Il se décompose facilement par la chaleur en perdant la moitié de son oxygène et en se transformant en oxyde plombique. C'est un oxydant très-énergique. Lorsqu'on le triture vivement avec une petite quantité de soufre, il enflamme celui-ci. Il absorbe énergiquement l'acide sulfureux et forme du sulfate de plomb.

$$SO^2 + PbO^2 = PbSO^4.$$

Chauffé avec de l'acide sulfurique, il perd la moitié de son oxygène et se convertit en sulfate de plomb. Il dégage du chlore au contact de l'acide chlorhydrique concentré, en formant du chlorure de plomb.

$$PbO^2 + H^2Cl^2 = PbCl + Cl + 2HO.$$

Le bioxyde de plomb peut se combiner aux bases pour former de véritables sels. D'après M. Fremy, on obtient un plombate de potasse, en chauffant doucement, dans un creuset d'argent, du bioxyde de plomb avec une solution très-concentrée de potasse caustique. On reconnaît que la combinaison s'est effectuée en prenant une petite quantité de matière, en la dissolvant dans l'eau et en traitant par l'acide azotique : il doit se former un dépôt abondant de bioxyde de plomb. On verse alors dans le creuset une petite quantité d'eau, et on décante rapidement la solution encore chaude : elle laisse déposer, par le refroidissement, des cristaux cubiques de plombate de potasse. Ce sel renferme, d'après M. Fremy, $PbO^2,KO + 3HO$. L'eau le décompose.

OXYDE DE PLOMB INTERMÉDIAIRE, MINIUM.

On prépare cet oxyde en chauffant du massicot à une température qui ne doit pas dépasser 300°. Dans ces conditions, l'oxyde plombique absorbe l'oxygène de l'air et se convertit en une belle poudre rouge, qui est le minium. Les fours où l'on exécute cette opération sont ordinairement à deux étages chauffés par le même foyer. Dans l'étage inférieur, où règne la température la plus élevée, on transforme le plomb en massicot; dans l'étage supérieur, où la chaleur est plus modérée, on oxyde le massicot. On nomme *mine orange* le minium préparé en chauffant la céruse ou carbonate de plomb au contact de l'air.

La composition du minium est variable, suivant que le grillage du massicot a été plus ou moins prolongé. Ordinairement l'oxyde rouge de plomb offre une composition exprimée par la formule

$$Pb^3O^4 = 2PbO,PbO^2 \text{ (Jacquelain)}.$$

Quelquefois il renferme moins d'oxygène, et sa composition répond alors à la formule

$$Pb^4O^5 = 3PbO,PbO^2 \text{ (Mulder)}.$$

On a trouvé dans les fissures d'un four à minium des cristaux rouges offrant cette dernière composition. On voit que ces formules représentent des combinaisons d'acide plombique avec l'oxyde de plomb. Ajoutons que M. Fremy a obtenu un minium hydraté, sous forme d'un précipité jaune, en mélangeant des solutions alcalines d'oxyde plombique et de plombate de potasse. Par une légère calcination il a transformé cet hydrate jaune en minium rouge $2PbO,PbO^2$.

Le minium possède une belle couleur rouge écarlate, qui devient beaucoup plus foncée à chaud. Au rouge, il abandonne de l'oxygène et se convertit en oxyde plombique. Il est insoluble dans l'eau. L'acide azotique le décompose en s'emparant de l'oxyde plombique et en laissant le peroxyde. L'acide acétique concentré dissout le minium à 40° (Jacquelain). L'acide phosphorique agit de même (Schœnbein). Ces solutions renferment, indépendamment du protoxyde de plomb, du peroxyde, et exercent, d'après M. Schœnbein, une action oxydante énergique.

Le chlore décompose le minium en présence de l'eau, avec formation de chlorure et de peroxyde.

$$Pb^3O^4 + Cl = PbCl + 2PbO^2.$$

Le minium entre dans la préparation de quelques pommades ou emplâtres.

SULFURE DE PLOMB.

PbS.

On trouve dans la nature le sulfure de plomb PbS correspondant à l'oxyde plombique. On désigne ce sulfure sous le nom de galène. Il forme de beaux cristaux cubiques, d'un gris bleuâtre et doués d'un éclat métallique. Leur densité est égale à 7,58. On peut obtenir le sulfure de plomb artificiellement en chauffant du plomb en grenailles avec du soufre, ou de l'oxyde de plomb avec un excès de soufre. Il se forme aussi lorsqu'on dirige un courant de gaz sulfhydrique dans la solution d'un sel plombique.

Le sulfure de plomb fond à la chaleur rouge; par le refroidissement il se prend en une masse cristalline. Chauffé au contact de l'air, il se transforme en oxyde et en sulfate; le grillage de la galène produit, en outre, du plomb métallique formé par la réaction de l'oxyde et du sulfate sur l'excès de galène (page 586). L'acide azotique fumant convertit, à chaud, le sulfure de plomb en sulfate. La même tranformation s'accomplit sous l'influence de l'acide sulfurique concentré et bouillant. L'acide azotique d'une concentration moyenne attaque de même le sulfure de plomb; mais, dans ce cas, il se forme, indépendamment du sulfate, de l'azotate de plomb, qui se dissout, en même temps que du soufre est mis en liberté. Cette dernière réaction prédomine lorsqu'on traite la galène par l'acide azotique faible.

La galène sert dans les arts pour le vernissage des poteries communes. On applique à la surface des vases, préalablement séchés, un mélange de galène (alquifoux) et de bouse de vache qu'on délaye dans l'eau. Ces poteries sont en général cuites à une température très-peu élevée, de telle sorte que le sulfure de plomb, dont la bouse de vache a pour but d'empêcher l'oxydation, fonde et forme à la surface un vernis de couleur foncée. Néanmoins, il se forme toujours une certaine quantité d'oxyde, par l'oxydation de la galène; et cet oxyde est simplement fondu à la surface, et n'entre pas en combinaison avec la silice, avec laquelle il formerait un silicate inattaquable par les acides faibles. Aussi les poteries vernissées à l'alquifoux sont-elles très-insalubres. Employées pour la préparation des aliments, elles ont souvent donné lieu à des accidents toxiques. On sait, en effet, que le vinaigre (acide acétique) dissout facilement l'oxyde de plomb, en formant un acétate soluble.

Les poteries vernissées au plomb ne peuvent être employées sans danger qu'à la condition qu'il entre de la silice dans la composition du vernis, et que, cuites à une température élevée, elles soient recouvertes d'un silicate de plomb fondu et inattaquable par les acides faibles.

CHLORURE DE PLOMB.

PbCl.

Le chlore attaque le plomb très-lentement, en formant du chlorure de plomb. Pour préparer ce corps, on chauffe la litharge avec de l'acide chlorhydrique. On obtient ainsi une poudre blanche cristalline, très-peu soluble dans l'eau, car il faut 135 parties d'eau à $12°,5$ et 33 parties d'eau bouillante pour dissoudre 1 partie de chlorure de plomb. On peut obtenir ce corps cristallisé en aiguilles, par le refroidissement d'une solution saturée dans l'eau bouillante.

Lorsqu'on ajoute de l'acide chlorhydrique ou un chlorure soluble à une solution d'azotate ou d'acétate de plomb, on obtient un précipité blanc de chlorure de plomb.

Ce corps fond au-dessous de la chaleur rouge, et se prend, par le refroidissement, en une masse demi-transparente et offrant l'aspect de la corne (plomb corné). A une température plus élevée, il se volatilise en partie, surtout au contact de l'air, dégage du chlore, absorbe de l'oxygène et laisse un résidu d'oxychlorure de plomb.

L'oxyde de plomb et le chlorure de plomb peuvent se combiner en diverses proportions. On trouve dans la nature une combinaison définie qui renferme $2PbO,PbCl$ (mendipite).

On désigne sous le nom de *jaune minéral*, de *jaune de Turner*, de *jaune de Cassel*, divers oxychlorures de plomb qui sont employés en peinture. Le jaune de Cassel renferme 7 équivalents d'oxyde de plomb pour 1 équivalent de chlorure. Le jaune de Turner renferme moins d'oxyde de plomb.

IODURE DE PLOMB.

$$PbI.$$

En versant une solution d'iodure de potassium dans une solution d'acétate de plomb, on obtient un beau précipité jaune d'iodure de plomb.

Ce corps fond, à une température élevée, en un liquide rouge brun. Fondu au contact de l'air, il abandonne de l'iode. Il ne se dissout que dans 1235 parties d'eau froide et dans 194 parties d'eau bouillante. Par le refroidissement de la solution saturée à chaud, il se dépose en paillettes hexagonales d'un jaune d'or et douées d'un éclat magnifique. Il se dissout mieux dans une solution d'iodure de potassium que dans l'eau pure. Il forme, avec l'oxyde de plomb, diverses combinaisons qu'on nomme oxyiodures.

L'iodure de plomb est employé en médecine comme résolutif. Il entre dans la composition d'une pommade.

AZOTATE DE PLOMB.

$$PbAzO^6 = AzO^5,PbO.$$

On l'obtient en dissolvant la litharge dans l'acide azotique. Par le refroidissement d'une solution saturée à chaud, il cristallise en octaèdres réguliers, blancs, anhydres. Ces cristaux décrépitent lorsqu'on les chauffe. L'azotate de plomb se décompose, au rouge, en acide hypoazotique, oxygène et oxyde de plomb (page 222).

Il se dissout dans 1,99 partie d'eau à 17° et dans 0,7 partie d'eau à 100°. Il est insoluble dans l'alcool. L'acide azotique le précipite de la solution aqueuse.

L'oxyde de plomb forme, avec l'acide azotique, des combinaisons basiques.

Lorsqu'on fait digérer à chaud ou bouillir une solution d'azotate de plomb avec des lames de plomb, le métal se dissout et réduit l'acide azotique à l'état d'acide azoteux. Lorsqu'on filtre la liqueur et qu'on laisse refroidir, on obtient, suivant les proportions de plomb qu'on a employées et la température, soit des cristaux d'un azotite de plomb basique $AzO^3,4PbO,HO$, soit des cristaux que l'on considère comme une combinaison basique d'oxyde de plomb et d'acide hypoazotique, et qui constituent probablement

un sel double renfermant à la fois de l'acide azotique et de l'acide
azoteux.

SULFATE DE PLOMB.
$$PbSO^4 = SO^3,PbO.$$

Ce sel se rencontre dans la nature à l'état cristallisé. On l'obtient en grande quantité dans les ateliers de teinture, où l'on décompose une solution d'alun par une solution d'acétate de plomb, dans le but de préparer le mordant d'acétate d'alumine. Le sulfate de plomb se précipite sous forme d'une poudre blanche insoluble dans l'eau.

Soumis à l'action d'une température élevée, il fond sans se décomposer. Lorsqu'on le chauffe au rouge dans un creuset de terre, il se décompose partiellement par l'action de la silice du creuset. Le charbon le réduit facilement et le transforme en sulfure, en métal ou en oxyde, suivant les proportions employées. Chauffé brusquement avec un excès de charbon, le sulfate de plomb laisse un résidu de sulfure

$$PbSO^4 + C^2 = 2CO^2 + PbS.$$

Si la quantité de charbon suffit exactement pour enlever la moitié de l'oxygène, à l'état d'acide carbonique, il se dégage en même temps de l'acide sulfureux et il reste du plomb métallique :

$$PbSO^4 + C = CO^2 + SO^2 + Pb.$$

Enfin, il reste de l'oxyde si la proportion de charbon est moitié moins grande que celle indiquée par l'équation précédente.

$$2PbSO^4 + C = CO^2 + 2SO^2 + 2PbO.$$

Le fer et le zinc, mis en contact avec du sulfate de plomb délayé dans l'eau, en séparent du plomb métallique.

Le sulfate de plomb est insoluble dans l'eau; il se dissout assez notablement dans l'acide sulfurique concentré et dans l'acide azotique. Soumis à l'ébullition avec la solution d'un carbonate alcalin, il se convertit en carbonate de plomb, en même temps qu'il se forme un sulfate alcalin.

CARBONATE DE PLOMB.
$$PbCO^3 = PbO,CO^2.$$

Le carbonate de plomb neutre se trouve dans la nature à l'état cristallisé. On l'obtient artificiellement, sous forme d'une poudre blanche amorphe, en précipitant un sel de plomb soluble par un excès de carbonate alcalin.

On désigne dans le commerce sous le nom de *céruse* ou de *blanc de plomb* un carbonate de plomb hydraté, et quelquefois basique

$$CO^2,PbO + HO \text{ et } 2CO^2,3PbO + HO$$

dont on fait un grand usage dans la peinture à l'huile. La céruse est préparée par divers procédés, dont le plus ancien est connu sous le nom de *procédé hollandais*. Il consiste à exposer des lames de plomb à une atmosphère chargée de vapeurs acétiques et riche en acide carbonique. Pour cela, on introduit des lames de plomb, roulées en spirale, dans des pots de terre vernissés à l'intérieur et au fond desquels se trouve du vinaigre. On dispose une rangée de ces pots sur du fumier de cheval; on les recouvre de planches, puis d'une couche de fumier sur laquelle on place une nouvelle série de pots, et ainsi de suite. La fermentation du fumier produit une élévation de température de 35 à 40° et un dégagement d'acide carbonique. D'autre part, le plomb attire l'oxygène de l'air, sous l'influence de l'acide acétique, et il se forme à la surface du métal de l'acétate de plomb basique, qui est sans cesse décomposé par l'acide carbonique, de telle sorte que le métal se recouvre peu à peu d'une couche de carbonate de plomb.

Pour préparer la céruse par le *procédé de Clichy*, indiqué par Thenard, on dissout la litharge dans une solution d'acétate de plomb, et on dirige un courant de gaz carbonique à travers la solution d'acétate de plomb basique ainsi formé. L'acide carbonique enlève l'excès de base à cet acétate, et il se précipite du carbonate de plomb, en même temps qu'il se régénère de l'acétate neutre; celui-ci est transformé de nouveau en acétate basique.

En Angleterre, on emploie pour la préparation de la céruse le procédé suivant : 100 parties de litharge, en poudre fine, sont réduites en pâte avec une solution de 1 partie d'acétate de plomb. Cette pâte est mise en contact avec de l'acide carbonique. Lorsqu'elle n'en absorbe plus, elle est délayée dans l'eau, et le carbonate de plomb est séparé par lévigation.

La céruse entre dans quelques préparations destinées à l'usage externe. L'emplâtre de céruse qu'on préparait autrefois est inusité aujourd'hui. On ne doit employer pour l'usage médical que de la céruse parfaitement pure. Celle du commerce est souvent mélangée de sulfate de baryte et de craie.

Dans les fabriques de céruse, les ouvriers n'échappent à l'intoxication saturnine qu'à la condition d'éviter tout contact avec le carbonate de plomb. Les plus grandes précautions doivent être prises pour empêcher les particules de céruse de se répandre dans l'atmosphère pendant le broyage.

En général, la main d'œuvre doit être remplacée dans ces ateliers par le travail des machines, partout où cela est possible.

CHROMATE DE PLOMB.

$$PbCrO^4 = CrO^3,PbO.$$

Ce composé constitue le *plomb rouge de Sibérie*, minéral cristallisé en prismes rhomboïdaux obliques. On prépare le chromate de plomb en mêlant des solutions de chromate de potasse et d'acétate de plomb. On obtient ainsi un précipité jaune qui est employé en peinture sous le nom de jaune de chrome.

Le chromate de plomb fond à la chaleur rouge et se prend par le refroidissement en une masse brune. Au rouge blanc il perd environ 4 pour 100 d'oxygène. Il est facilement réduit par le charbon et par l'hydrogène. Il est insoluble dans l'eau, mais se dissout complétement dans la potasse caustique.

Caractères des sels de plomb. — Les sels de plomb solubles possèdent une saveur sucrée. Leurs solutions sont précipitées en noir par l'hydrogène sulfuré et par le sulfhydrate d'ammoniaque.

La potasse et la soude les précipitent en blanc, et le précipité se dissout dans un grand excès de réactif.

L'ammoniaque y forme un précipité blanc qui ne se dissout pas dans un excès du réactif.

L'acide sulfurique donne un précipité blanc dans les solutions plombiques, même très-étendues.

L'acide chlorhydrique y produit un précipité blanc de chlorure de plomb; mais ce précipité ne se forme pas dans les solutions étendues.

Le chromate de potasse y forme un précipité jaune, soluble dans la potasse.

Chauffés au chalumeau, sur un morceau de charbon, avec du carbonate de soude, les sels de plomb donnent, dans la flamme réductrice, un globule de plomb métallique, qui se laisse aplatir sous le marteau après le refroidissement.

ACTION DU PLOMB SUR L'ÉCONOMIE ANIMALE.

Le plomb est un poison redoutable. Une préparation saturnine soluble telle que l'acétate ou le sous-acétate de plomb (extrait de Saturne) ingérée dans l'estomac à la dose de quelques grammes,

peut déterminer une inflammation de cet organe. Mais les effets de
cette intoxication, bien qu'ils puissent amener la mort, sont moins
intenses que ceux produits par d'autres poisons irritants, et l'on
ne connaît pas un grand nombre d'exemples de ce genre d'empoisonnement. Et pourtant, parmi tous les métaux, le plomb est celui
qui produit le plus souvent des accidents toxiques. C'est qu'il
exerce sur l'économie une action spéciale, lorsqu'il y pénètre à petites doses souvent répétées. Il est alors absorbé, et, s'accumulant
dans les organes, il altère profondément la nutrition et agit con-
sécutivement sur le système nerveux. Il peut être absorbé par les
voies digestives, par la muqueuse pulmonaire, plus difficilement
par la peau.

On a souvent eu l'occasion de constater les effets pernicieux de
petites doses de plomb contenues dans les aliments, dans les boissons. L'usage de poteries vernissées au plomb est une cause fréquente de l'intoxication saturnine. On a rencontré de petites quantités de plomb dans l'eau des cuisines distillatoires établies à bord
des navires, dans le vin, dans le cidre, auxquels on a enlevé quelquefois leur acidité par la litharge, etc. Parmi les personnes les plus
exposées à cet empoisonnement chronique, il faut compter les ouvriers des fabriques de céruse et de minium, qui respirent habituellement une atmosphère chargée de particules saturnines. Mais
tous les individus qui manient le plomb, ou des alliages de plomb,
ou des préparations plombiques quelconques, peuvent éprouver
les atteintes de ce poison subtil. Tels sont les peintres, les broyeurs
de couleur, les fondeurs de caractères, les plombiers, les potiers
de terre, les étameurs, les affineurs, et même les compositeurs
d'imprimerie.

Généralement l'action du plomb est lente, et les accidents ne se
développent qu'au bout de plusieurs semaines, quelquefois de plusieurs mois, et même après plusieurs années. Pourtant il y a des
exceptions à cet égard, et on a vu des cas de colique de plomb
survenir après un court séjour dans un appartement nouvellement
peint.

L'action que le plomb exerce sur les phénomènes de nutrition se
manifeste par un amaigrissement plus ou moins rapide, par la décoloration de la peau, surtout de celle de la face, qui devient
d'un jaune pâle caractéristique. Le sang s'appauvrit. D'après M. Andral, la proportion des globules y diminue. Presque toujours on a
occasion de noter une coloration bleuâtre des gencives. Ce liseré
bleu qui apparaît principalement, d'après Burton, autour des dents

couvertes de tartre, est dû à du sulfure de plomb formé par l'action de l'hydrogène sulfuré qui provient de la décomposition de restes d'aliments. De tels accidents ne se déclarent ordinairement, d'après M. Grisolle, que chez les personnes qui sont habituellement en contact avec une grande quantité de molécules saturnines.

Les individus qui sont sous l'influence de ces phénomènes d'intoxication sont exposés à contracter, au bout d'un temps plus ou moins long, des maladies saturnines, qui sont connues sous le nom de *colique de plomb*, d'*arthralgie* (douleurs des membres), de *paralysie saturnine*, et d'*encéphalopathie saturnine* (accidents cérébraux), affections dont nous n'avons pas à décrire ici les symptômes et la marche.

Le plomb, qui a été absorbé et qui s'est fixé pendant quelque temps à l'état insoluble dans les tissus de l'économie, probablement à l'état de combinaison avec les matières albuminoïdes, est éliminé peu à peu par la peau et par les urines (L. Orfila). L'élimination par la peau, quoique lente, est prouvée par ce fait que chez les individus qui ont absorbé le plomb par les voies digestives, l'administration d'un bain sulfureux détermine une coloration noirâtre de la peau, indice de la formation d'un sulfure. D'après M. Bouchardat, le foie peut contribuer aussi à l'élimination du plomb, dont une partie est rejetée par la bile.

Le plomb disparaît lentement de l'économie. On peut hâter son élimination, d'après M. Melsens, en administrant de l'iodure de potassium à forte dose. Ce corps rend soluble la combinaison dans laquelle le plomb est engagé avec les matières albuminoïdes.

CUIVRE

Ce métal était connu dès la plus haute antiquité. On le trouve dans certaines localités à l'état natif, et il est possible que les premiers hommes aient exploité des amas de cuivre natif ou des minerais faciles à traiter comme des oxydes ou des carbonates. Pour retirer le cuivre de ces minerais, il suffit de les réduire par le charbon.

Mais les minerais de cuivre les plus abondants sont les sulfures doubles de cuivre et de fer, qu'on désigne sous le nom de pyrites cuivreuses : leur traitement est assez compliqué et nous n'en indiquerons ici que le principe.

On commence par griller les pyrites cuivreuses, disposées en tas, dans le but de séparer une portion du soufre et d'oxyder partiellement le fer, qui est plus avide d'oxygène que le cuivre. Le minerai grillé qui renferme des sulfures non attaqués, de l'oxyde ferrique, des sulfates de fer et de cuivre, est additionné de silice ou de calcaire, suivant la nature de la gangue, et est fondu dans des fours à cuve où l'on entasse à la fois le combustible et le minerai. Les sulfates sont réduits par le combustible et par le soufre des sulfures. Le peroxyde de fer, ramené à l'état de protoxyde, se combine avec la silice, et passe dans le laitier sous forme de silicate, au-dessous duquel se rassemble un sulfure de cuivre beaucoup moins riche en sulfure de fer que la pyrite primitive. Ce produit est la *matte*.

Après l'avoir cassée, on soumet la matte, disposée en tas, à des grillages répétés, qui ont pour but d'oxyder le soufre et ce qui reste de fer. On fond ensuite de nouveau avec du quartz et l'on obtient du silicate ferreux, qui se sépare sous forme de laitier, et une masse métallique renfermant de 90 à 94 pour 100 de cuivre, encore allié avec du fer, du plomb, de l'arsenic, du soufre, etc. Ce produit constitue le *cuivre noir*.

On le fond dans un four à réverbère; l'oxygène de l'air se porte sur le cuivre, pour former de l'oxyde, et celui-ci est réduit peu à peu par les métaux étrangers et par le soufre que la masse de cuivre renferme encore : ces oxydes se séparent sous forme de scories et de crasses qu'on enlève. Le cuivre, rassemblé dans une cavité cylindrique placée dans le fourneau, se solidifie lorsque l'ouvrier projette de l'eau froide à la surface du métal fondu, et est enlevé sous forme de disques auxquels on donne le nom de *cuivre rosette*. Ainsi obtenu, ce cuivre est cassant, propriété qu'il doit principalement au protoxyde dont il est encore imprégné.

On le fond finalement sous une couche de charbon, pour obtenir le cuivre rouge ductile.

Le procédé employé en Angleterre, dans le pays de Galles, pour le traitement des pyrites cuivreuses, quoique identique dans ses principes avec celui qui vient d'être décrit, en diffère dans l'application. Le grillage des pyrites, principalement de celles qui ont été obtenues par le bocardage et le lavage des minerais pauvres, au lieu de s'effectuer en tas, est exécuté dans des fours à réverbère. Le grillage et la fusion des mattes s'exécute pareillement dans des fours à réverbère. On ajoute des scories riches en oxyde de cuivre ou même des minerais de cuivre oxydés, et, ordinairement, une petite quantité de fluorure de calcium, destiné à donner de la fluidité aux scories. L'oxygène de ces scories se porte sur le soufre et sur le fer de la matte. Cette opération du grillage des mattes et de leur fusion est répétée à plusieurs reprises, et donne lieu à des mattes de plus en plus *concentrées,* c'est-à-dire de plus en plus riches en sulfure de cuivre. Les grillages sont toujours incomplets, car le soufre est conservé précieusement comme agent de concentration du cuivre.

Les dernières mattes, qu'on nomme *mattes blanches,* et qui renferment 73 pour 100 de cuivre (Cu^2S) et une petite quantité de sulfure de fer, sont soumises à un grillage définitif, au contact de minerais oxydés de cuivre, exempts de sulfure.

L'opération s'exécute encore dans un four à réverbère. Lorsque les matières sont maintenues en fusion, il se manifeste un bouillonnement dû au dégagement d'acide sulfureux. Ce gaz résulte de la réaction du sulfure de cuivre sur l'oxyde qui s'est formé pendant le grillage. On obtient ainsi du *cuivre brut,* plus pur que le cuivre noir, et des scories très-riches en cuivre qui rentrent dans le travail. Le cuivre brut est soumis au raffinage.

Les eaux qui sortent des mines de cuivre, ou celles qui proviennent du lavage des pyrites cuivreuses grillées, renferment du sulfate de cuivre. On reçoit ces eaux dans des bassins et on précipite le cuivre par le fer métallique. Le métal ainsi obtenu se nomme *cuivre de cément.* Il est très-pur.

Propriétés du cuivre. — Le cuivre possède une couleur rouge caractéristique. Réduit en feuilles très-minces, il est transparent et laisse passer une lumière verte. Il cristallise en cubes par fusion. Par voie galvanique, on peut l'obtenir cristallisé en octaèdres réguliers. On parvient à le volatiliser à la chaleur du chalumeau à gaz hydrogène et oxygène. Sa vapeur brûle à l'air avec une flamme verte. Il fond vers 1150°. Sa densité varie entre 8,85 et 8,95. Il est très-tenace. Un fil de cuivre de 2 millimètres de diamètre ne se rompt que sous la charge de 140 kil. Le cuivre est très-malléable et très-ductile. Il acquiert, par le frottement, une odeur désagréable, et possède une saveur particulière.

Dans l'air sec, il se maintient sans altération à la température ordinaire ; mais il absorbe l'oxygène en présence de l'humidité et de l'acide carbonique. Il se forme alors à la surface du métal des taches vertes qui constituent un hydrocarbonate de cuivre et qu'on désigne communément sous le nom de *vert-de-gris* [1].

A une température élevée, le cuivre absorbe l'oxygène avec avi-

---

1. On nomme aussi vert-de-gris un acétate de cuivre basique.

dité et se convertit en oxyde noir si l'oxygène est en excès; dans le cas contraire, il se forme de l'oxyde rouge. Les battitures de cuivre sont constituées, en grande partie, par ce dernier oxyde. Sous l'influence des acides, le cuivre absorbe l'oxygène à la température ordinaire. En abandonnant à l'air de la tournure de cuivre humectée d'acide sulfurique étendu, on détermine une absorption rapide d'oxygène et la formation de sulfate de cuivre.

En présence de l'ammoniaque, l'absorption de l'oxygène par le cuivre est encore plus énergique. Il se forme de l'oxyde de cuivre ammoniacal (eau céleste), et en même temps, par l'oxydation partielle de l'ammoniaque, de l'azotite de cuivre (Schœnbein, Peligot).

OXYDE CUIVREUX.
Cu^2O.

Il se trouve dans la nature, tantôt en masses vitreuses, tantôt sous forme de beaux octaèdres rouges. On peut le préparer en chauffant fortement dans un creuset de terre un mélange de 1 équivalent d'oxyde cuivrique avec 1 équivalent de cuivre en limaille. Un autre procédé consiste à chauffer au rouge un mélange de chlorure cuivreux et de carbonate de soude, et à épuiser la masse par l'eau, qui dissout du chlorure de sodium et laisse l'oxyde cuivreux sous la forme d'une poudre rouge cristalline.

On obtient ordinairement cet oxyde par la voie humide, en faisant bouillir une dissolution d'acétate de cuivre avec du sucre : il se précipite une poudre cristalline d'un rouge vif.

Chauffé au contact de l'air, l'oxyde cuivreux absorbe de l'oxygène et se convertit en oxyde cuivrique.

On obtient un hydrate d'oxyde cuivreux jaune, $4Cu^2O,HO$, en précipitant par la potasse caustique une solution de chlorure cuivreux dans l'acide chlorhydrique.

L'hydrate cuivreux se dissout facilement dans l'ammoniaque, en formant une solution incolore, mais qui bleuit rapidement au contact de l'air.

OXYDE CUIVRIQUE.
CuO.

On prépare cet oxyde par deux procédés : 1° par la calcination de la tournure de cuivre à l'air; 2° par la calcination de l'azotate de cuivre. Le premier fournit un oxyde grenu et compacte; le second, un oxyde pulvérulent et fin.

L'oxyde cuivrique est noir. Indécomposable par la chaleur, il
est facilement réduit par l'hydrogène et par le charbon : de là
l'usage qu'on en fait dans les laboratoires, pour l'analyse des matières organiques, dont il transforme le charbon en acide carbonique et l'hydrogène en eau.

En précipitant les solutions des sels cuivriques par la potasse, on obtient un précipité blanc bleuâtre d'hydrate cuivrique
$CuHO^2 = CuO,HO$. Lorsqu'on porte à l'ébullition la liqueur dans
laquelle il s'est formé, ce précipité abandonne son eau, brunit et
se transforme en oxyde cuivrique. D'après M. Peligot, on obtient
un hydrate cuivrique cristallin, d'une belle couleur bleu turquoise,
en ajoutant beaucoup d'eau à une solution faiblement ammoniacale d'azotate de cuivre ou d'azotite obtenu par l'action de l'air et
de l'ammoniaque sur le cuivre (page 602).

L'oxyde cuivrique est employé sous forme de pommade dans le
traitement des maladies des yeux.

SULFURES DE CUIVRE.

Le sulfure cuivreux Cu^2S se trouve dans la nature. Il constitue
de beaux cristaux d'un gris d'acier, fusibles et assez tendres pour
qu'on puisse les couper au couteau.

Le cuivre brûle avec une vive incandescence dans la vapeur de
soufre, et forme du sulfure cuivreux. On prépare ce composé dans
les laboratoires, en chauffant un mélange de 3 parties de soufre et
de 8 parties de tournure de cuivre.

Lorsqu'on dirige un courant d'hydrogène sulfuré dans une solution de sulfate de cuivre, on obtient un précipité noir de sulfure
cuivrique CuS. Ce corps attire facilement l'oxygène, surtout à
l'état humide, et se convertit en sulfate. Chauffé dans un courant
d'hydrogène sulfuré, il perd la moitié de son soufre et se convertit
en sulfure cuivreux.

CHLORURE CUIVREUX.

Cu^2Cl.

Pour préparer ce chlorure, on fait bouillir du cuivre en tournure avec de l'acide chlorhydrique, auquel on ajoute de temps en
temps une petite quantité d'acide azotique. L'eau régale transforme le cuivre en chlorure cuivrique ; mais en présence d'un
excès de cuivre, le chlorure cuivrique est aussitôt réduit en chlorure cuivreux. On cesse de verser de l'acide azotique avant que
tout le cuivre soit dissous ; on ajoute au besoin de l'acide chlor-

hydrique, et on prolonge l'ébullition pendant quelque temps. On obtient ainsi une liqueur brune qui, par une ébullition longtemps soutenue, peut devenir presque incolore. C'est une solution de chlorure cuivreux dans l'acide chlorhydrique. Lorsqu'on y ajoute une grande quantité d'eau, le chlorure cuivreux s'en précipite sous forme d'un dépôt blanc cristallin.

Le chlorure cuivreux est insoluble dans l'eau pure. Il se dissout dans l'acide chlorhydrique, et s'en sépare sous forme de tétraèdres par le refroidissement d'une solution saturée à chaud. Exposée à l'air, cette solution verdit, car elle attire l'oxygène de l'air et se transforme en chlorure cuivrique.

Le chlorure cuivreux se dissout aussi dans l'ammoniaque, en formant une liqueur incolore, mais qui bleuit rapidement à l'air, en attirant l'oxygène (page 602).

Elle possède la propriété singulière d'absorber divers gaz, tels que l'oxyde de carbone et certains carbures d'hydrogène. On l'emploie fréquemment dans l'analyse des gaz.

CHLORURE CUIVRIQUE.

CuCl.

On le prépare en dissolvant l'oxyde de cuivre dans l'acide chlorhydrique ou le cuivre dans l'eau régale. La solution verte, convenablement concentrée, laisse déposer de beaux prismes rhomboïdaux, d'un vert bleuâtre, et renfermant 2 équivalents d'eau de cristallisation.

Le chlorure cuivrique est très-soluble dans l'eau et dans l'alcool. Il forme avec le sel ammoniac un chlorure double, cristallisable en beaux octaèdres bleus, à base carrée, qui renferment

$$CuCl,AzH^4Cl + 2HO.$$

La solution de ce chlorure double est employée en médecine (liqueur de Kœchlin). On emploie aussi le *chlorure de cuivre ammoniacal*, qu'on obtient, d'après M. Kane, en dirigeant un courant de gaz ammoniac dans une solution chaude et saturée de chlorure cuivrique, jusqu'à ce que le précipité d'abord formé se soit dissous de nouveau. Par le refroidissement de la liqueur, on obtient de petits cristaux bleu foncé, qui sont des octaèdres ou des prismes à base carrée terminés par 4 faces octaédriques.

Ces cristaux renferment

$$2AzH^3,CuCl + HO = AzH^3,CuO + AzH^4Cl.$$

Indépendamment de cette combinaison, le chlorure cuivrique en forme d'autres avec l'ammoniaque.

SULFATE DE CUIVRE, SULFATE CUIVRIQUE.

$$CuSO^4 + 5HO = SO^3,CuO + 5 \text{ aq.}$$

Ce beau sel était connu autrefois sous le nom de *vitriol bleu*, de *vitriol de Chypre*, de *couperose bleue*. On ne le prépare point ordinairement dans les laboratoires, car les arts en fournissent des quantités considérables, comme produit de diverses opérations industrielles. Il résulte du grillage des minerais sulfurés du cuivre et du sulfure de cuivre artificiel, de l'action de l'air et de l'eau sur la masse grillée, dont on extrait ensuite le sulfate de cuivre par lessivage. Ainsi obtenu, le sulfate de cuivre renferme souvent du sulfate de fer, avec lequel il cristallise (vitriol de Salzbourg).

On l'obtient aussi en décomposant par le cuivre le sulfate d'argent, qui résulte de l'affinage de l'or (traitement par l'acide sulfurique bouillant d'un alliage d'or et d'argent riche en argent).

Enfin, le sulfate de cuivre se forme lorsqu'on chauffe de l'acide sulfurique concentré avec du cuivre (il se dégage de l'acide sulfureux), et lorsqu'on expose à l'air du cuivre arrosé d'acide sulfurique étendu.

Pour purifier le sulfate de cuivre ferrugineux du commerce, on le dissout dans l'eau; on fait bouillir la solution avec une petite quantité d'acide azotique, pour peroxyder le fer, puis on fait bouillir la liqueur avec un excès d'hydrate cuivrique qui déplace l'oxyde ferrique.

Le sulfate de cuivre cristallise en parallélépipèdes appartenant au système du prisme dissymétrique. Les cristaux sont d'un beau bleu et possèdent une saveur métallique, styptique et désagréable au plus haut degré. Ils renferment

$$CuSO^4 + 5HO = SO^3,CuO + 5 \text{ aq.}$$

Exposés à l'air sec, ils s'effleurissent à la surface. Chauffés à 100°, ils perdent 4 équivalents d'eau. Le cinquième ne se dégage que vers 243°. Le sel anhydre est blanc. Mis en contact avec l'eau, il s'y combine avec dégagement de chaleur et redevient bleu.

Chauffé à la chaleur blanche, le sulfate de cuivre se décompose en oxyde de cuivre, acide sulfureux et oxygène. Les cristaux de sulfate de cuivre se dissolvent dans 3,3 parties d'eau à 4°, dans 2,7 parties d'eau à 19°, dans 0,55 partie d'eau à 100°, et dans 0,47 partie d'eau à 104°. La solution est d'un beau bleu.

Le sulfate de cuivre est insoluble dans l'alcool. Anhydre, il se dissout dans l'acide sulfurique concentré et forme une solution incolore.

Lorsqu'on ajoute à une solution de sulfate de cuivre un excès d'acide hypophosphoreux et qu'on chauffe doucement, il se forme un précipité brun, qui constitue l'hydrure de cuivre Cu^2H (A. Wurtz).

Il existe divers sulfates de cuivre basiques. On en trouve un dans la nature, à l'état de *brochantite*. Il renferme

$$SO^3,4CuO + 5HO.$$

On obtient aussi un sulfate de cuivre basique, en décomposant incomplétement, par la potasse caustique ou par l'ammoniaque, une solution de sulfate de cuivre. Il se forme, dans ce cas, un précipité vert.

Lorsqu'on ajoute à une solution concentrée de sulfate de cuivre un excès d'ammoniaque, et qu'on verse avec précaution de l'alcool au-dessus de la liqueur bleue, de manière à ne pas mêler les deux couches, l'inférieure se remplit peu à peu de beaux cristaux prismatiques d'un bleu foncé qui constituent le sulfate de cuivre ammoniacal

$$SO^3,CuO,2AzH^3 + HO.$$

Le sulfate de cuivre est quelquefois employé à l'intérieur comme vomitif; mais on y a surtout recours pour l'usage externe. On en fait des pommades, des collyres. On s'en sert même comme caustique.

CARBONATES DE CUIVRE.

Lorsqu'on ajoute une solution de carbonate de soude à une solution froide de sulfate de cuivre, il se dégage de l'acide carbonique et il se forme un précipité vert bleuâtre; ce précipité devient vert par le lavage à l'eau chaude. On le désigne sous le nom de *vert minéral*. C'est une combinaison de carbonate de cuivre et d'hydrate de cuivre (carbonate de cuivre basique hydraté). Sa composition est exprimée par la formule

$$CO^2,CuO + CuO,HO.$$

Une semblable combinaison existe dans la nature et constitue le minéral qu'on nomme *malachite*. Le vert-de-gris possède une composition analogue à celle de la malachite.

On trouve dans la nature un autre carbonate de cuivre basique, qu'on désigne sous le nom d'*azurite* ou de *bleu de montagne*. Il cristallise en prismes rhomboïdaux obliques, d'un beau bleu. Il renferme

$$2CO^2,3CuO,HO = 2[CO^2,CuO] + CuO,HO.$$

ARSÉNITE DE CUIVRE.

Lorsqu'on verse une solution d'arsénite de potasse dans une solution bouillante de sulfate de cuivre, on obtient un précipité vert d'arsénite de cuivre. Ce composé est connu sous le nom de *vert de Scheele*. Il renferme $AsO^3,2CuO$. Il est très-vénéneux.

ALLIAGES DE CUIVRE.

Le cuivre forme plusieurs alliages très-importants. Le *laiton* est un alliage de cuivre et de zinc, renfermant des proportions variables de ce dernier métal. Le zinc, en se combinant avec le cuivre, rend la couleur de celui-ci plus pâle et semblable, pour certaines proportions, à celle de l'or. De là le nom de cuivre jaune, d'or de Manheim, de similor, de chrysocale, qu'on donne à divers alliages de cette nature. Quelques-uns de ces alliages renferment, en outre, une petite proportion d'étain et même de plomb. Le laiton le plus employé renferme environ $\frac{2}{3}$ de cuivre et $\frac{1}{3}$ de zinc. Sa densité varie entre 8,2 et 8,9.

Le *bronze* ou l'*airain* constitue un alliage de cuivre et d'étain. Tandis que le laiton est malléable et ductile, le bronze est au contraire cassant, lorsqu'il s'est refroidi lentement. Mais, chose curieuse, il devient malléable par la trempe, c'est-à-dire lorsque, après avoir été chauffé au rouge, il est plongé dans l'eau froide.

La proportion d'étain que renferment les bronzes est variable, suivant les usages auxquels on les destine. (Voir, pour la composition des principales espèces de bronze, le tableau de la page 379.)

Le *maillechort,* dont on fait des couverts, constitue un alliage de 50 parties de cuivre, 25 parties de zinc et 25 parties de nickel.

Caractères des sels de cuivre. — Parmi les sels cuivreux, on ne rencontre guère que le chlorure, dont nous avons indiqué les caractères.

Les sels cuivriques sont bleus ou verts.

Leurs solutions précipitent en noir par l'hydrogène sulfuré et par le sulfhydrate d'ammoniaque. Le précipité de sulfure de cuivre est à peu près insoluble dans le sulfhydrate d'ammoniaque.

Avec la potasse, ces solutions donnent un précipité blanc bleuâtre, insoluble dans un excès de réactif.

Avec l'ammoniaque, elles donnent un précipité blanc bleuâtre qui se dissout dans un excès d'ammoniaque, en formant une belle liqueur bleu foncé (eau céleste).

Avec le ferrocyanure de potassium (prussiate de potasse), elles donnent un précipité rouge brun de ferrocyanure de cuivre.

Lorsqu'on plonge dans la solution d'un sel cuivrique une lame de fer, celle-ci se recouvre immédiatement d'un dépôt de cuivre métallique, reconnaissable à sa couleur et à son éclat. Ce caractère est des plus sensibles. Une aiguille que l'on plonge dans une liqueur légèrement acide et ne renfermant que $\frac{1}{150000}$ de cuivre se recouvre d'une pellicule de ce métal.

ACTION DES PRÉPARATIONS CUIVRIQUES SUR L'ÉCONOMIE.

Tout le monde connait l'action vénéneuse qu'exercent les préparations cuivriques; seul le cuivre métallique n'est pas toxique, quand il est pur et que sa surface n'est pas oxydée partiellement.

Le cuivre étant un métal très-employé et très-répandu, ses divers composés donnent souvent lieu à des accidents. La saveur styptique et la coloration bleuâtre qu'il communique aux aliments rendent assez difficiles les empoisonnements par homicide, dont les exemples pourtant ne sont pas rares. Les cas les plus fréquents d'intoxication sont ceux qui sont déterminés accidentellement par l'ingestion d'aliments préparés dans des vases de cuivre. Ces vases sont quelquefois rongés par du vert-de-gris; souvent ils sont mal étamés, et nous avons fait remarquer avec quelle facilité le cuivre se dissout dans des liqueurs acides, au contact de l'air. Il est à remarquer que les confiseurs emploient impunément des vases de cuivre, pourvu qu'ils soient bien propres et brillants, pour la cuisson des sirops. Cette circonstance tient à ce que le cuivre ne peut point se dissoudre dans une liqueur renfermant du sucre, car ce dernier corps réduit les sels cuivriques (page 602).

Il est arrivé quelquefois que des bonbons aient été colorés par du vert de Scheele ou du vert de Schweinfurt (page 318), préparations très-toxiques.

Certaines espèces de thé vert sont colorées par du carbonate de cuivre : on doit les rejeter de la consommation. Ajoutons qu'on trouve du cuivre accidentellement, dans certains médicaments, comme la pulpe de tamarin.

On a mêlé quelquefois du sulfate de cuivre à des farines avariées : il en est résulté que le pain que l'on a fabriqué avec de telles farines renfermait une préparation toxique, et a donné lieu à des accidents. Comme on fait aussi usage du sulfate de cuivre pour le chaulage du blé, il arrive souvent que le pain renferme des traces de cuivre, mais si minimes, qu'il n'en résulte aucun effet fâcheux. On en a signalé des traces non-seulement dans la farine, mais encore dans la viande, dans les œufs, dans le fromage (Odling, Dupré). Ce cuivre passe dans l'économie : on en rencontre des traces dans le canal intestinal, dans le foie, dans les reins.

On a constaté que l'ingestion de 30 à 40 centigrammes de sulfate ou d'acétate de cuivre peut mettre, dans certains cas, la vie en danger. Il est vrai que, dans d'autres cas, des doses beaucoup plus fortes (15 à 30 grammes) n'ont pas occasionné la mort, la plus grande partie du poison ayant été rejetée par les vomissements.

Les préparations de cuivre doivent être rangées dans la classe des poisons hyposthénisants (Tardieu), légèrement corrosifs. L'empoisonnement peut être aigu ou chronique.

L'empoisonnement aigu est ordinairement déterminé par un sel de cuivre tel que l'acétate. le carbonate, le sulfate. Ces substances enflamment le tube digestif et peuvent même le corroder et le perforer. Absorbées et portées dans tous les organes, elles exercent une action consécutive sur le système nerveux et sur le cœur.

Les ouvriers qui manient habituellement le cuivre et ses préparations, et qui absorbent journellement des particules cuivreuses, sont exposés à un empoisonnement chronique, qui est plus rare et moins redoutable que l'empoisonnement chronique par le plomb. La *colique de cuivre* a été confondue quelquefois avec les coliques saturnines; elle est accompagnée de vomissements bilieux, et constamment de diarrhée. La marche de cette affection est généralement courte et relativement bénigne.

On a conseillé, comme contrepoisons des préparations cuivriques, l'eau albumineuse (blanc d'œuf délayé dans l'eau) qui forme, avec l'oxyde de cuivre, un albuminate insoluble; le lait, qui agit à la fois par la caséine, corps albuminoïde qui précipite l'oxyde de cuivre, et par le sucre de lait, qui le réduit; le sucre, le sucre de fruits (glucose), qui agissent en réduisant l'oxyde cuivrique; enfin la limaille de zinc (Dumas), la limaille de fer (Payen), le fer réduit par l'hydrogène (Bouchardat), qui décomposent les préparations cuivriques en mettant le cuivre en liberté.

MERCURE

Le mercure était connu dans l'antiquité. Pline mentionne ses propriétés toxiques. Les Arabes l'ont employé dans le traitement des maladies de la peau.

C'est le seul métal liquide à la température ordinaire.

On le rencontre à l'état natif, mais surtout à l'état de combinaison avec le soufre. Le sulfure de mercure ou cinabre naturel constitue le principal minerai de mercure. On le trouve dans différentes localités de l'Europe et de l'Amérique, principalement à Almaden en Espagne, à Idria en Illyrie, à Saint-José en Californie. Ce dernier gisement paraît être le plus important; car la mine de Saint-José fournit, dit-on, annuellement 10,000 quintaux métriques de mercure.

Le traitement de ces minerais est très-simple. Il consiste, à Almaden et à Idria, à griller le sulfure dans des fours particuliers, et au milieu d'un courant d'air. Le soufre s'oxyde et passe à l'état d'acide sulfureux. Le mercure devient libre. Les fours dans lesquels se fait cette opération sont prismatiques; une voûte percée de trous les sépare en deux étages. L'étage inférieur est le foyer; dans l'étage supérieur, on dispose le minerai au-dessus de la voûte en A B (*fig.* 98); les vapeurs mercurielles et les gaz de la combustion sortent par la partie supérieure du fourneau et sont conduits soit dans une série de chambres de condensation C, C, C (Idria) (*fig.* 97),

Fig. 97.

soit dans de longues rangées d'allonges *a*, *b*, *c* (*aludelles*) (*fig.* 98), où la plus grande partie des vapeurs mercurielles se condense, et

qui aboutissent à une chambre C (Almaden) où la condensation
s'achève.

Fig. 98.

Dans d'autres localités, on réduit le cinabre par le fer ou par la
chaux. Le mercure devient libre, et il se forme soit du sulfure de
fer, soit un mélange de sulfure de calcium et de sulfate de chaux.

On exploite, dans le duché de Deux-Ponts, des minerais de
mercure formés par des mélanges de cinabre et de calcaire. Il
suffit de les calciner dans des cornues en terre, pour que le mercure devienne libre; on le reçoit dans des récipients dans lesquels
on a placé une certaine quantité d'eau.

Le mercure qui est recueilli, dans ces diverses opérations, est
finalement filtré à travers des toiles de coutil ou des peaux de chamois. On le transporte ordinairement dans des bouteilles en fer
forgé.

Le mercure du commerce est presque toujours allié à de petites
quantités d'autres métaux, tels que le plomb, l'étain, le cuivre, le
bismuth. A l'état impur, le métal ne présente pas une surface
aussi brillante que lorsqu'il est pur. De plus, il ne coule pas aussi
facilement, et ses gouttelettes s'allongent en pointe : il fait la
queue, comme on dit, et laisse une trace derrière lui. On le purifie souvent par distillation, dans des cornues de verre ou de fonte,
et on recommande d'introduire dans la cornue de la tournure de
fer avec le mercure impur. Cette opération exige quelques précautions. Si l'on engage le col de la cornue dans un récipient, il
faut avoir soin d'introduire de l'eau dans ce dernier, de manière
que le niveau du liquide arrive à la hauteur du bec de la cornue,
mais ne le dépasse jamais. On peut aussi enrouler et fixer autour
du bec de la cornue un linge en plusieurs doubles, et faire plonger
ce linge dans l'eau, de manière que l'extrémité de la cornue soit

au-dessus du niveau du liquide. Le linge forme une sorte d'allonge, qui livre passage au mercure condensé et le conduit dans l'eau, mais qui ne s'oppose pas à la rentrée de l'air par les pores du tissu, lorsque, par suite d'un refroidissement brusque, il y a condensation des vapeurs mercurielles dans l'intérieur de l'appareil, et, par conséquent, diminution de la pression. On conçoit que cette disposition puisse empêcher l'absorption et l'entrée de l'eau dans la cornue, accident qui pourrait donner lieu à la rupture de l'appareil et même à une explosion dangereuse.

Le mercure distillé peut encore retenir quelques traces de métaux étrangers, principalement du bismuth. Il est donc préférable de le purifier par la voie humide, en profitant de cette circonstance que les métaux étrangers sont plus oxydables que le mercure lui-même. Parmi les méthodes qui ont été proposées à cet effet, nous citerons les deux suivantes, qui nous paraissent préférables.

On fait digérer le mercure pendant quelques jours avec le trentième de son poids, environ, d'acide azotique du commerce, étendu de son poids d'eau; on décante ensuite la liqueur aqueuse et on lave le mercure, d'abord à l'eau chaude acidulée d'acide azotique, puis à l'eau pure, et on le fait sécher.

On peut aussi faire digérer et agiter le mercure avec une solution concentrée de perchlorure de fer, dont on emploie environ une partie pour 25 à 30 parties de mercure. Les métaux étrangers se transforment en chlorures, par suite de la réduction du chlorure ferrique en chlorure ferreux. Au bout de quelques jours, on décante et on lave le mercure à l'eau acidulée d'acide chlorhydrique, puis à l'eau pure.

Un bon procédé pour préparer du mercure parfaitement pur consiste à distiller du cinabre avec la moitié de son poids de limaille de fer.

Propriétés du mercure. — Le mercure est un métal liquide à la température ordinaire. Sa surface est brillante et d'un blanc d'argent. A — 40° il se solidifie. A l'état solide, il est malléable et présente une densité de 14,4. La densité du mercure liquide est égale à 13,595. Il bout à 350° du thermomètre à air. Sa vapeur est incolore et présente une densité de 6,976. Elle possède une tension sensible, quoique très-faible, à la température ordinaire, ce que démontre l'expérience suivante, due à M. Faraday. Lorsque, dans un flacon renfermant du mercure, on suspend une lame d'or à une petite distance de la surface du métal, on la voit blanchir au bout d'un certain temps, preuve que le mercure s'est volatilisé lentement à la température ordinaire, de manière à arriver au contact de l'or qu'il a amalgamé.

Le mercure pur ne s'altère pas à la température ordinaire au contact de l'air. Lorsqu'on agite avec de l'air une petite quantité de mercure, le métal se divise et forme, surtout lorsqu'il n'est pas entièrement pur, une poudre grise qui était autrefois employée en médecine (*aethiops per se*). C'est du mercure très-divisé. On peut diviser le mercure par l'intermédiaire de corps solides ou mous, en le triturant avec de la magnésie, du sucre, de la crème de tartre, de l'axonge. Dans ce cas, le mercure *s'éteint*, comme on dit, dans le corps employé comme intermède.

A 300° le mercure absorbe lentement l'oxygène. Il se combine directement avec le soufre, le chlore, le brome, l'iode.

Le mercure est insoluble dans l'eau; pourtant, lorsqu'on le fait bouillir pendant quelques heures avec de l'eau, celle-ci en dissout une petite quantité et acquiert quelques propriétés thérapeutiques. On administrait autrefois l'*eau mercurielle* comme vermifuge. On admet que cette eau constitue une solution d'une très-petite quantité de mercure dans l'eau. Peut-être le métal y est-il simplement tenu en suspension sous forme de particules trop ténues pour pouvoir troubler la transparence du liquide. On a remarqué que l'eau mercurielle préparée avec l'eau commune renferme plus de mercure que celle qui est préparée avec l'eau pure. Dans ce cas, sans doute, le mercure se dissout en petite quantité, sous l'influence des chlorures que renferme l'eau ordinaire et qui le transforment en chlorure.

Le mercure métallique est fréquemment employé en médecine. Les préparations les plus usitées, pour l'usage externe, sont l'onguent napolitain ou onguent mercuriel double (une partie de mercure éteinte dans une partie d'axonge), l'onguent gris (onguent napolitain une partie, axonge 3 parties), l'emplâtre de Vigo, etc. On donne aussi le mercure métallique à l'intérieur, après l'avoir éteint et divisé dans diverses substances, sous forme de tablettes, de pilules, etc.

OXYDE MERCUREUX.

$$Hg^2O.$$

On le prépare en précipitant l'azotate mercureux ou en faisant digérer le calomel (chlorure mercureux) avec un excès de potasse ou de soude caustique. On obtient une poudre noire qu'il faut laver et sécher à l'abri de la lumière.

L'oxyde mercureux est noir. Il est très-instable. Par l'action de la lumière ou par celle d'une température supérieure à 100°, il se dédouble en oxyde mercurique et en mercure métallique. Il est insoluble dans l'eau. Traité par l'acide chlorhydrique, il se convertit en un précipité blanc de chlorure mercureux, en même temps qu'il se forme de l'eau. Cette dernière réaction fait voir que l'oxyde mercureux est un composé défini.

L'eau phagédénique noire, aujourd'hui inusitée, renfermait de l'oxyde mercureux. On l'obtenait en traitant le calomel par l'eau de chaux.

OXYDE MERCURIQUE.

HgO.

On prépare cet oxyde en décomposant l'azotate mercurique ou l'azotate mercureux par une chaleur modérée. L'acide azotique se dégage en se décomposant, et il reste de l'oxyde mercurique. Dans le cas où l'on emploie l'azotate mercureux, l'oxyde mercureux est suroxydé par l'oxygène de l'acide azotique. On introduit la matière dans un matras de verre qu'on chauffe graduellement, au bain de sable, jusqu'à ce que tout dégagement de vapeurs rouges ait cessé. Si le feu a été bien conduit, l'oxyde de mercure résultant de cette opération se présente sous la forme d'une poudre rouge, grenue et cristalline.

Un second procédé de préparation de l'oxyde mercurique consiste à décomposer par la potasse la solution de l'azotate mercurique ou du sublimé corrosif. On obtient un précipité jaune, formé par de l'oxyde mercurique anhydre. On le recueille sur un filtre, on le lave et on le sèche.

L'oxyde mercurique préparé par la voie sèche constitue une poudre d'un rouge brique. Il est cristallin. Réduit en poudre fine, il possède une teinte jaune orangé. Lorsqu'on le chauffe, il prend une couleur rouge de cinabre, puis rouge noir. L'oxyde obtenu par voie de précipitation constitue une poudre amorphe d'un jaune foncé.

Exposé à la lumière solaire, il se colore lentement en noir par suite d'une décomposition superficielle. Au-dessus de 400° il se décompose en oxygène et en mercure, qui se volatilise. Dans le cas où l'oxyde de mercure est pur, il ne reste donc rien dans la cornue où se fait cette décomposition; dans le cas où il est mélangé avec du minium ou de l'ocre, il reste un résidu.

L'oxyde de mercure est un oxydant énergique qui est réduit

par une foule de corps avides d'oxygène. Avec le phosphore il détone, sous le choc du marteau.

Mélangé avec du soufre et chauffé dans une cornue, il produit de même une violente explosion. L'acide sulfureux en excès le réduit à chaud en mercure, et passe à l'état d'acide sulfurique.

L'oxyde mercurique jaune est attaqué plus facilement que l'oxyde rouge cristallin par certains réactifs, tels que le chlore, par exemple (page 169). Il se combine à la température ordinaire avec l'acide oxalique pour former un oxalate basique, tandis que l'oxyde rouge ne s'y combine point. Ces différences tiennent sans doute à l'état de division de l'oxyde jaune.

Lorsqu'on traite l'oxyde mercurique jaune par un grand excès d'ammoniaque liquide, on obtient une poudre jaune qui, convenablement lavée et sechée, constitue une combinaison particulière d'oxyde mercurique, d'ammoniaque et d'eau. Cette combinaison joue le rôle d'une base puissante, à laquelle on a donné le nom d'oxyde ammonio-mercurique. Elle renferme $4HgO, AzH^3 + 2HO$; (Millon). On exprime ordinairement sa constitution par la formule

$$3HgO, AzHgH^2 + 3HO.$$

En effet, lorsqu'on la chauffe à 130°, elle perd 3HO et il reste le corps anhydre $3HgO, AzHgH^2$, qui représente 3 molécules d'oxyde mercurique combinées à de l'amidure de mercure, c'est-à-dire à de l'ammoniaque, dans laquelle 1 atome d'hydrogène est remplacé

par 1 atome de mercure, $Az\begin{cases} H \\ H \\ Hg \end{cases}$

L'oxyde ammonio-mercurique est une base puissante qui attire l'acide carbonique de l'air et qui forme des sels définis avec les acides.

L'oxyde mercurique est employé en médecine. On le prescrit en pommade contre les maladies des yeux. Suspendu dans l'eau, il constitue l'*eau phagédénique jaune*, qu'on obtient en décomposant une solution de sublimé corrosif par l'eau de chaux.

SULFURE MERCUREUX.
$$Hg^2S.$$

Ce corps, qui correspond à l'oxyde mercureux, prend naissance lorsqu'on dirige un courant de gaz sulfhydrique dans une solution d'un sel mercureux. C'est un précipité noir peu stable et qui, par une douce chaleur et même par l'ébullition du liquide au sein duquel il s'est formé, se convertit en mercure métallique et en sulfure mercurique. Il est peu important.

SULFURE MERCURIQUE.

HgS.

Le sulfure mercurique constitue le cinabre. On le trouve dans la nature, le plus souvent sous forme de masses compactes, quelquefois en cristaux rouges transparents et dérivant d'un rhomboèdre de 71°. On fabrique le cinabre, en grand, en combinant directement le soufre avec le mercure. Cette combinaison s'accomplit à la température ordinaire, et par la seule trituration des corps mis en présence, dans le rapport approché des équivalents (100 parties de mercure et 18 parties de soufre). On obtient ainsi un sulfure noir que l'on sublime dans des vases de fonte.

Le cinabre, préparé par sublimation, se présente sous forme de masses d'un rouge foncé à texture fibreuse et cristalline. Chauffé à 250°, il prend une couleur brune; il redevient rouge par le refroidissement. Sa densité est égale à 8,124. Porté à une température élevée, il se volatilise, sans fondre, sous la pression ordinaire. Il donne une vapeur d'un jaune brun, dont la densité est égale à 5,4. Chauffé à l'air, le cinabre brûle avec une flamme bleue et donne du gaz sulfureux et du mercure métallique. Projeté en poudre fine dans du chlore, il s'enflamme et se transforme en chlorure de soufre et en chlorure de mercure. L'acide sulfurique bouillant le décompose, avec formation de gaz sulfureux et de sulfate. L'acide azotique l'attaque à peine, même à la température de l'ébullition. L'eau régale le convertit en chlorure soluble et en soufre, qui peut s'oxyder partiellement. Le fer, l'étain, l'antimoine et d'autres métaux le décomposent à chaud, en lui enlevant le soufre. Chauffé avec des alcalis ou des carbonates alcalins, le cinabre abandonne du mercure, et il se forme un mélange de sulfate et de sulfure alcalins.

L'*éthiops minéral* est du sulfure de mercure noir mélangé avec un excès de soufre. On le prépare en triturant, dans un mortier, 1 partie de mercure avec 2 parties de fleurs de soufre lavées, jusqu'à ce que le mélange ait pris une couleur noirâtre. Lorsqu'on conserve cette préparation, elle noircit davantage par suite de la combinaison de tout le mercure avec du soufre.

Le *vermillon* est du sulfure de mercure rouge très-divisé, préparé par voie humide. Pour l'obtenir, on fait agir les polysulfures alcalins sur le sulfure noir. On opère comme il suit : on triture pendant quelques heures, dans un mortier, 300 parties de mercure, 114 parties de fleurs de soufre, et on ajoute à l'éthiops ainsi formé 75 parties de potasse et 400 parties d'eau. On maintient ce mélange à une température de 45° environ, en le triturant avec un pilon, d'abord continuellement, ensuite de temps en temps. On voit alors le précipité noir rougir; dès qu'il a acquis la belle nuance écarlate du vermillon, on le lave rapidement à l'eau chaude, puis on le sèche.

Lorsqu'on dirige dans une solution mercurique un courant d'hydrogène sulfuré, jusqu'à ce que la liqueur en soit saturée, on obtient un précipité noir de sulfure de mercure HgS. Dans les premiers instants de la réaction, ce précipité est blanc, puis il devient jaune et noircit enfin. Cela tient à cette circonstance que le sulfure d'abord formé se combine avec l'excès de sel mercurique pour former des composés doubles. Ainsi, avec le sulfate mercurique, on obtient le composé $HgSO^4 + 2HgS$; l'azotate donne le corps $HgAzO^6 + 2HgS$, et le sublimé corrosif la combinaison $HgCl + 2HgS$.

Le sulfure de mercure est rarement employé pour l'usage interne. On a administré quelquefois l'éthiops minéral comme vermifuge. Pour l'usage externe, on prescrit le cinabre contre certaines maladies de la peau et contre les affections vénériennes. On l'emploie principalement en fumigations.

CHLORURE MERCUREUX.

Hg^2Cl.

Ce composé est très-usité en médecine. On le désigne souvent sous le nom de *protochlorure de mercure*, de *calomel* ou de *mercure doux* [1]. Il a été mentionné pour la première fois au commencement du xviie siècle, par Beguin, et un an plus tard par Oswald Croll. On le trouve dans la nature.

On peut le préparer par divers procédés, soit par la voie sèche, soit par la voie humide.

1. On introduit dans de grands matras de verre à fond plat, placés sur un bain de sable, un mélange intime de sulfate mercureux et de sel marin, et on chauffe de manière à sublimer le calomel. Comme la préparation du sulfate mercureux présente quelques difficultés, Planche a conseillé d'éteindre du mercure dans du sulfate mercurique, de manière à convertir celui-ci en sulfate mercu-

---

1. Il porte, dans les anciennes pharmacopées, une foule d'autres noms, tels que *Hydrargyrum muriaticum oxydulatum*, *Hydrargyrum muriaticum mile*, *Panacea mercurialis*, *Aquila alba mitigata s. coelestis*, *Manna metallorum*, *Draco mitigatus*, *Filius Majae*.

reux, et de chauffer ensuite ce dernier avec du sel marin. On prend 17 parties de mercure, on les transforme en sulfate mercurique (voir plus loin) et on triture ce sel avec une petite quantité d'eau et avec 17 parties de mercure; après avoir fait sécher le produit, on le mélange avec 10 parties de sel marin et on sublime.

Dans cette opération, le chlorure mercureux se forme par double décomposition

$$\underset{\substack{\text{Sulfate} \\ \text{mercureux.}}}{Hg^2SO^4} + NaCl = Hg^2Cl + \underset{\substack{\text{Sulfate} \\ \text{de sodium.}}}{NaSO^4}.$$

2. On convertit le chlorure mercurique en calomel à l'aide du mercure métallique.

Pour cela, on broie 4 parties de sublimé corrosif (chlorure mercurique) dans un mortier de bois, avec une petite quantité d'eau et avec 3 parties de mercure métallique. On triture le tout jusqu'à ce que le mercure soit tout à fait éteint, et on sublime ensuite dans des matras de verre. Dans ces conditions, le calomel se forme en vertu de la réaction suivante

$$HgCl + Hg = Hg^2Cl.$$

Le mercure doux, préparé par les procédés qui viennent d'être indiqués, est en masses compactes et cristallines. On le pulvérise pour l'usage, et on le lave avec soin; car il contient souvent de petites quantités de sublimé. Mais, quelle que soit la finesse de la poudre, il n'est jamais aussi actif que cette espèce de fleur de calomel, obtenue par la condensation de la vapeur même du chlorure mercureux, dans un espace suffisamment grand. Le produit obtenu de la sorte porte le nom de *calomel à la vapeur*, et est généralement usité aujourd'hui. Pour le préparer, on chauffe du calomel (environ 10 kilog.) dans un tube en terre placé horizontalement dans un fourneau allongé, et dont l'extrémité ouverte pénètre dans la paroi d'un récipient en grès. La vapeur de calomel arrive dans ce récipient, où elle se condense, non contre la paroi, mais au milieu d'une grande masse d'air. Ainsi le calomel, passant brusquement de l'état gazeux à l'état solide, se réduit en poudre impalpable, dans des circonstances analogues à celles où se forme la fleur de soufre (Soubeiran). Il doit être lavé avec soin à l'eau chaude.

3. Lorsqu'on ajoute de l'acide chlorhydrique à une solution d'azotate mercureux, il se forme un précipité blanc caillebotté, qu'on lave avec soin et qu'on fait sécher. Le chlorure mercureux

ainsi obtenu porte quelquefois le nom de *précipité blanc*. Il est plus actif que le mercure doux à la vapeur, parce qu'il est plus divisé. Généralement on le réserve pour l'usage chirurgical.

Propriétés du calomel. — Le calomel préparé par sublimation se présente sous la forme de masses denses, fibreuses, cristallines, légèrement translucides, présentant d'un côté une surface lisse, et de l'autre les aspérités que forment les pointements des cristaux. Exposé à la lumière, il devient jaune et même gris à la longue, par suite d'une décomposition partielle. De là, l'indication de le conserver dans des vases opaques. Sa densité est égale à 7,17. La densité de sa vapeur a été trouvée égale à 8,35 (Mitscherlich). Il fond et se volatilise à peu près à la même température. Lentement sublimé, il cristallise en prismes à base carrée.

Le calomel est insoluble dans l'eau. Une solution de 1 partie d'acide chlorhydrique dans 250,000 parties d'eau est encore sensiblement troublée par l'azotate mercureux. Soumis à une ébullition longtemps prolongée, avec une grande quantité d'eau, le chlorure mercureux cède à celle-ci une petite quantité de chlorure mercurique, et il reste une quantité correspondante de mercure métallique. D'après M. Guibourt, l'oxygène dissous dans l'eau serait absorbé dans cette circonstance, et il se formerait de l'oxychlorure mercurique.

Par l'action de certains corps, le calomel se dédouble en mercure métallique et en sublimé, qui se dissout. Ainsi, lorsqu'on le fait bouillir pendant longtemps avec l'acide chlorhydrique, celui-ci finit par dissoudre du sublimé. Les chlorures alcalins exercent sur le calomel une action analogue, déterminée par la tendance que possède le sublimé à former avec ces chlorures des composés doubles solubles. Cette décomposition du calomel est surtout sensible lorsqu'on le soumet à l'ébullition avec le chlorhydrate d'ammoniaque. Elle peut s'accomplir aussi à la température ordinaire; mais elle est très-faible, d'après Soubeiran, en dehors du contact de l'air. A l'air, l'oxygène est absorbé, et transforme une portion du mercure en oxyde. Il se forme ainsi de l'oxychlorure mercurique soluble dans le chlorure alcalin.

M. Mialhe admet que le calomel n'agit sur l'économie qu'en devenant soluble, et en se transformant en sublimé, sous la double influence des chlorures alcalins et des matières organiques.

Lorsqu'on traite le calomel par une solution d'iodure de potassium, on le transforme, par double décomposition, en iodure mercureux vert; celui-ci, sous l'influence d'un excès d'iodure alcalin, se dédouble en iodure mercurique soluble dans l'iodure de potassium et en mercure métallique.

Certaines substances organiques, telles que l'albumine, paraissent décomposer de même le calomel, de manière à en séparer du mercure et à former du sublimé.

Des corps réducteurs, comme le protochlorure d'étain, convertissent le calomel en mercure métallique. L'acide azotique le dissout à chaud, avec formation de chlorure mercurique et d'azotate mercurique. L'acide cyanhydrique aqueux le décompose à froid en mercure métallique, en cyanure mercurique et en acide chlorhydrique (Scheele). Le calomel se combine avec le gaz ammoniac sec, en formant une poudre noire qui a pour formule

$$Hg^2Cl,AzH^3.$$

Traité par l'ammoniaque liquide, il se convertit en une poudre grise, qui renferme $Hg^2Cl,HgAzH^2$.

Le calomel est un médicament très-usité comme purgatif et comme vermifuge. On l'emploie fréquemment dans le traitement des affections vénériennes et scrofuleuses, et des maladies de la peau. C'est un des agents les plus actifs de la médication altérante. Comme purgatif, il est administré à haute dose et en une seule fois; mais, lorsqu'on veut produire les effets spéciaux du mercure, on le donne à petites doses souvent répétées.

CHLORURE MERCURIQUE.

HgCl.

Ce corps, souvent désigné sous le nom de *sublimé corrosif* ou de *deuto-chlorure de mercure*, est une des préparations mercurielles les plus anciennement connues. Geber en a déjà décrit la préparation au VIIIe siècle de notre ère.

On l'obtient, dans les fabriques de produits chimiques, par double décomposition avec le sulfate mercurique et le sel marin. L'opération est exécutée de la manière suivante : On mélange exactement 5 parties de sulfate mercurique, 5 parties de sel marin décrépité, 1 partie de peroxyde de manganèse. On introduit ce mélange dans des matras de verre à fond plat, qu'on place dans un bain de sable, où ils sont enterrés jusqu'au col. On chauffe d'abord modérément pour dégager toute l'humidité que le mélange peut renfermer, et lorsqu'elle est chassée, on enlève du sable, de manière à découvrir la voûte des matras, dont l'ouverture est couverte de petits pots renversés. On augmente alors le feu. La réaction s'accomplit entre le sel marin et le sulfate mercurique, et donne naissance à du sublimé qui se condense sur la voûte du matras, et à du sulfate de soude qui reste au fond, mélangé avec le peroxyde de manganèse. L'addition de ce dernier a pour but d'oxyder le sulfate mercureux que le sulfate mercurique pourrait renfermer. Quand l'opération est terminée, on donne un coup de feu, de manière à fondre le chlorure mercurique qui recouvre la voûte des matras, et à donner une certaine cohérence aux pains de sublimé. On laisse ensuite refroidir lentement et on brise les matras pour retirer le produit.

En Angleterre, on fabrique le sublimé corrosif directement par l'action du chlore gazeux sur du mercure qu'on chauffe. La combinaison s'effectue avec dégagement de lumière.

La fabrication du sublimé corrosif est une opération très-insalubre, qui doit être faite sous des cheminées offrant un bon tirage.

Dans les laboratoires, on peut préparer le chlorure mercurique en dissolvant le mercure dans l'eau régale. Par l'évaporation de la solution, le sublimé cristallise.

Propriétés du chlorure mercurique. — Le chlorure mercurique, préparé par la voie sèche, se présente sous forme de masses blanches, compactes, cristallines, friables, d'une densité de 6,5. Il possède une saveur âcre, styptique, très-désagréable. C'est un poison très-énergique. Il fond à environ 265°, et bout vers 295°. La densité de sa vapeur est égale à 9,42. Par voie de sublimation, on peut l'obtenir cristallisé en octaèdres à base rectangle.

Le sublimé corrosif se dissout aisément dans l'eau. 100 parties d'eau à 10° en dissolvent 6,57 parties; à 20°, 7,39 parties; à 100°, 53,96 parties. Par le refroidissement de la solution saturée à chaud, il se dépose en longs prismes qui appartiennent au type du prisme rhomboïdal droit. Ces cristaux sont anhydres.

Le sublimé corrosif se dissout dans $2\frac{1}{2}$ parties d'alcool froid, et dans $1\frac{1}{2}$ partie d'alcool bouillant. Il se dissout aussi dans 3 parties d'éther. Il se dissout, à chaud, en grande quantité, dans l'acide chlorhydrique. La solution se prend en masse cristalline, par le refroidissement.

La solution aqueuse du sublimé corrosif possède une légère réaction acide. Elle donne, avec la solution d'albumine, un précipité blanc, combinaison insoluble de sublimé et d'albumine, qui se dissout dans un grand excès d'albumine et dans les solutions de chlorures alcalins, et surtout du chlorure ammonique. La solution de sublimé corrosif est précipitée en blanc par une petite quantité d'une solution de protochlorure d'étain, qui en sépare du calomel;

un excès de protochlorure en sépare du mercure métallique. L'acide phosphoreux produit les mêmes effets.

Lorsqu'on fait bouillir une solution de sublimé corrosif avec de l'oxyde de mercure, on obtient de l'oxychlorure de mercure qui se présente sous la forme d'une poudre cristalline d'un brun noir. On obtient de même un oxychlorure de mercure en précipitant incomplétement une solution froide de sublimé par un carbonate alcalin. Dans ce cas, la poudre est plus rouge. Enfin, par l'action du chlore sur l'oxyde de mercure divisé dans l'eau, il se forme, indépendamment de l'acide hypochloreux, de l'oxychlorure de mercure. Ce dernier composé renferme, lorsqu'il est cristallisé, $3HgO,HgCl$.

En dirigeant un courant de gaz ammoniac sur du sublimé chauffé, on obtient un corps fusible, volatil, insoluble dans l'eau, combinaison d'ammoniaque et de sublimé, et qui renferme

$$AzH^3,2HgCl = HgCl + \left.\begin{matrix} H^3 \\ Hg \end{matrix}\right\} Az,Cl.$$

On peut l'envisager comme un chlorure double de mercure et de mercurammonium, c'est-à-dire d'un ammonium (H^4Az) dans lequel un atome d'hydrogène est remplacé par un atome de mercure.

On fait un fréquent usage du sublimé corrosif en médecine. On l'emploie pour l'usage externe en bains, en lotions, en collyres, en gargarismes, en pommades. On le donne aussi à l'intérieur. La liqueur de Van Swieten renferme 1 gramme de sublimé corrosif par 900 grammes d'eau et 100 grammes d'alcool.

On associe souvent le sublimé corrosif à des matières albuminoïdes, telles que le blanc d'œuf, la mie de pain, le gluten frais, la farine, le lait, les émulsions d'amandes. Il en résulte de véritables combinaisons de sublimé avec ces matières, combinaisons insolubles dans l'eau pure, mais qui se dissolvent néanmoins dans l'économie, à la faveur des chlorures. De telles combinaisons, on le comprend, sont moins actives que le sublimé corrosif pur, et les médecins ont remarqué depuis longtemps qu'on peut *dulcifier* ce dernier, en l'associant aux matières dont il s'agit.

Chlorure double de mercure et d'ammonium. — Le chlorure mercurique forme, avec les chlorures alcalins et avec le chlorure d'ammonium, des combinaisons doubles cristallisables. Parmi ces combinaisons, le chlorure double de mercure et d'ammonium est employé en médecine, et connu depuis longtemps sous le nom de *sel de science* ou *de sagesse, sel Alembroth*.

Lorsqu'on dissout dans l'eau bouillante 135,5 parties de sublimé corrosif et 53,5 parties de sel ammoniac et qu'on laisse refroidir la solution, on obtient des cristaux d'un chlorure double qui renferme $HgCl,AzH^4Cl + HO$. Ce sont des prismes rhomboïdaux transparents qui deviennent opaques à 40° et qui perdent toute leur eau à 100°. Ils se dissolvent dans 0,66 partie d'eau à 10°, et en toutes proportions dans l'eau bouillante.

Il existe une combinaison potassique correspondante, qui renferme $HgCl,KCl + HO$.

Lorsqu'on sublime un mélange de 53,5 parties de sel ammoniac et de 271 parties de sublimé, on obtient une combinaison qui renferme $2HgCl,AzH^4Cl$ et qui cristallise en rhomboèdres. En dissolvant dans l'eau les mêmes proportions de sel ammoniac et de sublimé, et faisant cristalliser, on obtient la même combinaison à l'état cristallisé. Elle renferme $2HgCl,AzH^4Cl + HO$ et est isomorphe, d'après Mitscherlich, avec la combinaison potassique correspondante $2HgCl,KCl + HO$.

Le sel Alembroth proprement dit renferme un excès de sel ammoniac. On le prépare en mélangeant exactement parties égales de sel ammoniac et de sublimé, tous deux porphyrisés. On l'emploie pour bains, de préférence au sublimé, parce qu'il est beaucoup plus soluble dans l'eau.

Chloramidure de mercure. — Lorsqu'on ajoute un léger excès d'ammoniaque à une solution aqueuse de sublimé corrosif, on obtient un précipité blanc dont la composition est exprimée par la formule Hg^2ClAzH^2 ; ce corps prend naissance en vertu de la réaction suivante :

$$2HgCl \; + \; 2AzH^3 \; = \; \underset{\substack{\text{Chlorure} \\ \text{d'ammonium.}}}{AzH^4,Cl} \; + \; \underset{\text{Précipité blanc.}}{Hg^2ClAzH^2.}$$

On peut l'envisager comme du chlorure de mercure combiné à de l'ammoniaque, dans laquelle un atome d'hydrogène a été remplacé par du mercure.

$$HgCl \; + \; AzH^2Hg = HgCl \; + \; \left.\begin{array}{l} H \\ H \\ Hg \end{array}\right\} Az$$

Chloramidure
de mercure.

ou encore comme le chlorure de dimercurammonium

$$\left.\begin{array}{l} H \\ H \\ Hg \\ Hg \end{array}\right\} Az,Cl$$

c'est-à-dire comme le chlorure d'un ammonium H^4Az,Cl, dans lequel deux atomes d'hydrogène sont remplacés par deux atomes de mercure.

Ce corps constitue une poudre blanche, relativement légère, d'une saveur d'abord terreuse, puis métallique. Lorsqu'on le chauffe graduellement, il se décompose sans fondre; il se dégage d'abord de l'ammoniaque, puis il se sublime une combinaison d'ammoniaque et de chlorure mercurique $(2HgCl,AzH^3)$, et il reste dans la cornue un corps rouge qui ne se détruit qu'à 350°, combinaison de chlorure de mercure avec de l'azoture de mercure, ou chlorure double de mercure et de tétramercurammonium.

$$2HgCl + \left.\begin{matrix}Hg\\Hg\\Hg\end{matrix}\right\}Az = HgCl + AzHg^4,Cl.$$

Chlorure double de mercure
et de tétramercurammonium.

Il existe une combinaison de chloramidure de mercure avec le sel ammoniac. On l'obtient sous forme d'une poudre blanche, en précipitant, par le carbonate de soude, une solution de sel Alembroth, ou mieux une solution de parties égales de sublimé et de sel ammoniac. Le chloramidure de mercure chloroammoniacal possède une composition exprimée par la formule

$$HgCl,AzH^2Hg + AzH^4Cl = \left.\begin{matrix}H^2\\Hg^2\end{matrix}\right\}Az,Cl + H^4Az,Cl.$$

Chlorure double
de dimercurammonium
et d'ammonium.

Lorsqu'on le chauffe, il fond en un liquide jaunâtre et se sublime ensuite, en se décomposant et en dégageant de l'azote et de l'ammoniaque. L'eau bouillante le convertit en une poudre jaune identique avec celle qui résulte de la transformation du chloramidure de mercure dans les mêmes circonstances.

Le chloramidure de mercure et sa combinaison avec le sel ammoniac qui vient d'être décrite ont été confondus, dans les anciennes pharmacopées, sous le nom de *précipité blanc*. MM. Wœhler et Kane ont montré que le précipité blanc *fusible* obtenu par l'action du carbonate de soude sur le sel Alembroth diffère, dans sa composition, du précipité blanc *infusible* obtenu par l'action de l'ammoniaque sur le sublimé. Dans la plupart des pharmacopées on conserve le nom de *précipité blanc* à la première de ces préparations. Quelquefois, mais improprement, on désigne aussi sous le nom de précipité blanc le calomel préparé par voie humide.

IODURE MERCUREUX.

$$Hg^2I.$$

On le prépare ordinairement en combinant directement le mercure avec l'iode. On opère de la manière suivante : On triture dans un mortier, 100 parties de mercure avec 63,5 parties d'iode et une petite quantité d'alcool, jusqu'à ce que le mercure ait entièrement disparu et que le tout soit transformé en une pâte verte. Pour achever la préparation et la rendre bien homogène, on porte cette pâte sur un porphyre et on broie pendant quelque temps; puis on lave à l'alcool bouillant, pour enlever une petite quantité d'iodure mercurique, on sèche le produit et on le conserve à l'abri de la lumière.

Par l'action de l'iode sur le mercure, il se forme d'abord de l'iodure mercurique qui est ensuite converti en iodure mercureux par l'excès de mercure. De là, la nécessité de broyer le mélange pendant longtemps.

On peut aussi préparer l'iodure mercureux par la voie humide, en précipitant une solution d'azotate mercureux par une solution d'iodure de potassium. Il se forme un précipité vert. Dans cette préparation, il faut éviter l'emploi d'un excès d'iodure potassique, et d'une solution d'azotate mercureux renfermant une trop grande quantité d'acide azotique libre. Un excès d'iodure mercurique décomposerait, en partie, l'iodure mercureux déjà formé, et un excès d'acide azotique, agissant sur l'iodure de potassium, mettrait de l'iode en liberté et donnerait lieu à la formation d'un précipité jaune qu'on regarde comme un sesquiiodure $Hg^4I^3 = Hg^2I + 2HgI$. D'un autre côté, l'iodure mercureux, préparé avec de l'azotate mercureux peu acide, peut renfermer du sous-azotate mercureux.

On voit que cette préparation est difficile et qu'elle donne un produit moins pur que celui qu'on obtient en employant le procédé direct.

On a proposé avec raison de remplacer l'azotate mercureux par le chlorure ou par l'acétate mercureux. Ainsi, en traitant 235,6 parties de calomel par une solution de 166 parties d'iodure de potassium, on obtient, par double décomposition, de l'iodure mercureux, sous forme d'une poudre verte.

$$Hg^2Cl + KI = Hg^2I + KCl.$$

L'iodure mercureux constitue une poudre d'un vert jaunâtre foncé, insoluble dans l'eau et dans l'alcool. Exposé à la lumière, il se colore en vert foncé et en noir. Lorsqu'on le sublime, il se dédouble en mercure métallique et en iodure jaune verdâtre Hg^4I^3. Une solution d'iodure de potassium le convertit en iodure mercurique, qui se dissout, et en mercure qui reste. Une solution bouillante de sel ammoniac ou de chlorure de sodium donne lieu à la même décomposition, mais lentement et incomplétement; il se dissout une petite quantité d'iodure mercurique, et du mercure métallique reste mélangé avec l'excès d'iodure mercureux.

IODURE MERCURIQUE.
HgI.

On prépare ce corps, par double décomposition, avec le sublimé corrosif et l'iodure de potasssium. Pour l'obtenir à l'état de pureté, il est important de mélanger les solutions des deux sels dans le rapport approché de leurs équivalents, en ayant soin d'ajouter un très-léger excès d'iodure de potasium. A cet effet, on dissout séparément 100 parties d'iodure de potassium et 80 parties de sublimé corrosif, et on mêle les deux solutions. Si l'on verse la solution du sublimé corrosif dans celle de l'iodure de potassium, le précipité rouge qui apparaît un instant se redissout dans la liqueur, par suite de la formation d'un iodure double soluble; mais lorsqu'on achève d'introduire le sublimé, le précipité devient permanent et d'un beau rouge vif. Il est d'abord d'un rouge pâle, lorsqu'on ajoute la solution d'iodure de potassium à celle du sublimé; car, dans ce cas, il se forme une combinaison d'iodure de mercure et de chlorure de mercure; mais une nouvelle quantité d'iodure de potassium décomposant le chlorure de mercure que cette combinaison renferme, le précipité devient d'un beau rouge. Pour que cette décomposition s'effectue d'une manière certaine, il est bon de mélanger les deux sels dans le rapport qui vient d'être prescrit et qui indique un léger excès d'iodure de potassium.

L'iodure mercurique ainsi préparé se présente sous la forme d'un beau précipité rouge écarlate. Il est très-peu soluble dans l'eau. Il se dissout en très-grande quantité dans une dissolution bouillante d'iodure de potassium, et se dépose en partie, par le refroidissement de la solution sursaturée, sous forme de beaux cristaux rouges. Ces cristaux sont des octaèdres aigus à base carrée.

L'iodure mercurique fond facilement en un liquide jaune foncé qui, par le refroidissement, se prend en une masse jaune. A une température plus élevée, il se volatilise et se condense en beaux cristaux jaunes. Ces cristaux sont des prismes rhomboïdaux droits.

Ils conservent souvent leur couleur, même après le refroidissement; il en est de même de la masse jaune qui résulte de la fusion de l'iodure rouge. Mais il suffit de frotter les cristaux jaunes ou même de les toucher avec une baguette. pour qu'à l'instant même ils deviennent rouges, d'abord au point de contact, et puis dans toute la masse. Ces deux états de l'iodure mercurique constituent un des exemples les plus curieux de dimorphisme.

En se dissolvant dans une solution d'iodure de potassium, l'iodure mercurique forme plusieurs iodures doubles. Le plus stable renferme $2HgI,KI$. On l'obtient en saturant, à chaud, une solution d'iodure de potassium par de l'iodure mercurique. séparant les cristaux rouges d'iodure de mercure qui se déposent par le refroidissement, et en abandonnant l'eau-mère au-dessus d'un vase renfermant de l'acide sulfurique. On obtient ainsi de longs prismes jaunes solubles dans l'alcool, mais qui se décomposent lorsqu'on les traite par l'eau, en abandonnant la moitié de l'iodure de mercure qu'ils renferment. Le sel double qui reste en solution renferme HgI,KI. Il ne cristallise pas.

Ainsi que nous l'avons fait remarquer plus haut, l'iodure mercurique forme aussi une combinaison double avec le chlorure mercurique. On obtient cette combinaison en ajoutant de l'iodure mercurique à une solution bouillante de sublimé, tant que le premier se dissout, et laissant refroidir la solution. Elle se dépose en lamelles blanches dendritiques qui renferment $HgI,2HgCl$. (Liebig.)

L'iodure mercureux et l'iodure mercurique sont fréquemment employés en médecine, tant à l'extérieur qu'à l'intérieur, dans le traitement des maladies vénériennes et scrofuleuses. Quelques médecins ont prescrit aussi l'iodure double de potassium et de mercure, et la combinaison de sublimé et d'iodure de mercure. Enfin on a beaucoup vanté, dans le traitement de la couperose, le produit que l'on obtient en broyant du calomel et de l'iode avec une petite quantité d'alcool. Lorsque les substances sont mêlées dans le rapport de leurs équivalents, l'iode se combine, dit-on, au calomel pour former le corps

$$HgI,HgCl = Hg^2 \begin{cases} I \\ Cl \end{cases}.$$

Il est douteux que la substance ainsi obtenue représente un composé homogène.

AZOTATE MERCUREUX, AZOTATE DE PROTOXYDE DE MERCURE.

On ajoute, par petites portions, une partie d'acide azotique à deux parties de mercure placées dans une capsule. La réaction est immédiate et l'on attend qu'elle soit terminée, après chaque addition d'acide, avant d'en ajouter une autre portion. Lorsque tout l'acide a été employé, on trouve le mercure recouvert d'une croûte cristalline. On chauffe alors doucement pour dissoudre cette masse, et l'on obtient, par le refroidissement, des cristaux prismatiques, transparents et incolores, qui constituent l'azotate mercureux neutre (Soubeiran), ou peut-être l'azotate sesquibasique, qui sera décrit plus loin. (Gerhardt.)

Le même sel se forme lorsqu'on fait agir à froid un excès d'acide azotique étendu sur du mercure métallique. Au bout de quelque temps il se forme dans la liqueur des prismes courts incolores qui constituent le sel neutre. Celui-ci renferme à l'état cristallisé $AzO^5,Hg^2O + 2HO$. Par l'action de la chaleur il se décompose en acide hypoazotique et en oxyde mercurique. Il se dissout dans une petite quantité d'eau chaude, mais une grande quantité d'eau le dédouble en sel acide, qui se dissout, et en sel basique, qui se dépose. Des lavages prolongés à l'eau froide transforment le dépôt en une poudre jaune qui constitue un sel basique $AzO^5,2Hg^2O + HO$. (Kane). Cette poudre jaune est le *turbith nitreux* des anciennes pharmacopées.

L'azotate mercureux se dissout dans l'eau chargée d'acide azotique.

La solution acide de l'azotate mercureux est employée en médecine comme caustique.

Lorsqu'on fait digérer pendant longtemps, à la température ordinaire, du mercure en excès avec de l'acide azotique faible, il se forme d'abord des cristaux prismatiques courts du sel neutre que nous venons de décrire. Mais peu à peu ces cristaux se dissolvent de nouveau et sont remplacés par des prismes plus volumineux qui constituent un sel sesquibasique $2AzO^5,3Hg^2O + 3HO$.

Gerhardt a décrit un sous-azotate mercureux, cristallisé en prismes rhomboïdaux et renfermant

$$2AzO^5,3Hg^2O,HO.$$

M. Marignac attribue au même sel la formule

$$3AzO^5,4Hg^2O + HO.$$

Enfin, lorsque le sel neutre est soumis à l'ébullition avec une

petite quantité d'eau et que la solution est filtrée, ou lorsqu'on
fait bouillir la solution du sel sesquibasique avec du mercure métallique, en ayant soin de remplacer l'eau à mesure qu'elle s'évapore, et qu'on filtre, il se forme dans la solution de gros cristaux
appartenant au système du prisme dissymétrique, durs, brillants,
inaltérables à l'air, et renfermant, d'après Gerhardt

$$AzO^5,2Hg^2O + HO.$$

Ces cristaux présenteraient donc la même composition que le turbith nitreux.

On distingue facilement l'azotate mercureux neutre des azotates basiques en les broyant, à sec, avec un excès de sel marin.
L'azotate neutre reste blanc, car il se convertit en calomel; les
azotates basiques se colorent en gris noir, car, indépendamment
du calomel, ils donnent de l'oxyde mercureux noir. Si l'on ajoute
de l'eau à la matière broyée et qu'on filtre, on obtient une liqueur qui ne renferme que l'excès de chlorure de sodium et l'a-
zotate de soude, dans le cas où le sel mercureux était pur. Dans
le cas où il renfermait une certaine quantité de sel mercurique, la
liqueur filtrée donne, avec la potasse, un précipité jaune d'oxyde
mercurique.

On employait autrefois, sous le nom de *mercure soluble d'Hahne-
mann*, un sous-azotate mercureux et ammoniacal qu'on préparait
en ajoutant de l'ammoniaque étendue d'eau à une solution étendue d'azotate mercureux. On obtient un précipité gris noir qui
renferme

$$AzO^5,(AzH^3,3Hg^2O).$$

Mais sa composition n'est pas constante. En effet, le premier
précipité qui se forme ne contient que $2Hg^2O$ pour un équivalent
de AzH^3 et un équivalent de AzO^5. Cette préparation est justement
abandonnée.

AZOTATE MERCURIQUE.

Lorsqu'on attaque le mercure avec un excès d'acide azotique
bouillant et qu'on évapore la solution, il s'en sépare de volumineux cristaux qui constituent un azotate mercurique basique, de
la composition

$$AzO^5,2HgO + 2HO.$$

Le liquide sirupeux du sein duquel ces cristaux se sont déposés
renferme l'azotate mercurique neutre. On peut obtenir ce sel à
l'état cristallisé en refroidissant à — 15° l'eau-mère sirupeuse dont

il s'agit. La composition de l'azotate mercurique neutre est exprimée, d'après M. Ditten, par la formule

$$AzO^5,HgO + 8HO.$$

Il constitue de grandes tables rhomboïdales incolores, fusibles
à $+6°,6$, et dont la solution laisse déposer bientôt un sel basique,
en aiguilles courtes et incolores; celui-ci renferme

$$AzO^5,2HgO + 3HO.$$

Lorsqu'on traite l'azotate mercurique bibasique $AzO^5,2HgO$
$+ 2HO$ par une grande quantité d'eau froide, on lui enlève de
l'acide azotique et on le convertit en une poudre jaune, azotate
tribasique, dont la composition est exprimée par la formule

$$AzO^5,3HgO + HO \text{ (Kane)}.$$

Ce corps est désigné dans quelques pharmacopées sous le nom
de *turbith nitreux.*

Enfin lorsqu'on épuise l'azotate mercurique bibasique par l'eau
bouillante, on le convertit, d'après M. Kane, en une poudre
rouge brique qui constitue un azotate sexbasique $AzO^5,6HgO$.

L'azotate mercurique entre dans la composition de la pommade citrine. Sa solution acide est employée comme caustique.

SULFATE MERCUREUX.
$$Hg^2SO^4 = SO^3,Hg^2O.$$

Pour préparer ce sel, on chauffe doucement 1 partie de mercure
avec 1 partie d'acide sulfurique concentré, et on arrête l'opération
lorsque les deux tiers du mercure sont convertis en une masse
blanche. On décante alors le reste du mercure, on laisse égoutter le sel et on le lave avec une très-petite quantité d'eau froide.
D'après Planche, il est plus convenable de préparer le sulfate mercureux en broyant 18 parties de sulfate mercurique avec 6 parties
d'eau et 11 parties de mercure. Le mercure, éteint dans le sel
mercurique, s'y combine avec dégagement de chaleur et le convertit en sel mercureux.

Le sulfate mercureux constitue une poudre cristalline blanche
dense, fusible au rouge obscur, et se décomposant à cette température en mercure, acide sulfureux et oxygène. Il se dissout dans
l'acide sulfurique concentré et chaud, mais il est très-peu soluble
dans l'eau froide. Il est employé pour la préparation du calomel.

SULFATE MERCURIQUE.
$$HgSO^4 = SO^3,HgO.$$

On obtient ce sel en chauffant 1 partie de mercure avec $1\frac{1}{2}$ partie d'acide sulfurique. Lorsque tout le mercure a disparu, on con-

tinue à chauffer au bain de sable jusqu'à dessication complète. Il
se dégage de l'acide sulfureux, et à la fin de l'opération il apparaît des vapeurs blanches provenant de l'excès d'acide sulfurique.
Pour compléter l'oxydation du mercure, il est bon d'ajouter une
petite quantité d'acide azotique, avant de dessécher la matière.

$$Hg + 2HSO^4 = 2HO + HgSO^4 + SO^2.$$

Acide sulfurique.   Sulfate mercurique.

Le sulfate mercurique constitue une poudre cristalline blanche,
anhydre. Il se décompose au rouge en mercure métallique, acide
sulfureux et oxygène. Le charbon le réduit facilement en mercure
métallique, en même temps qu'il se dégage volumes égaux de gaz
carbonique et sulfureux.

Lorsqu'on traite le sulfate mercurique par l'eau froide, il se décompose en un sel acide, qui se dissout, et en un sel basique
insoluble $SO^3,3HgO$ d'un jaune citron, qu'on employait autrefois
en médecine sous le nom de *turbith minéral.*

Il arrive quelquefois que le sulfate mercurique retient une petite quantité de sulfate mercureux. On s'en assure en l'introduisant dans une solution bouillante de sel marin. Tout se dissout,
dans le cas où le sulfate mercurique est pur; il reste un précipité
de calomel, dans le cas où il renferme du sulfate mercureux.

Caractères des sels mercureux. — Les solutions de sels mercureux sont précipitées en noir par l'hydrogène sulfuré et par le
sulfhydrate d'ammoniaque.

La potasse et l'ammoniaque les précipitent en noir, et le précipité est insoluble dans un excès de réactif.

L'acide chlorhydrique y forme un précipité blanc que l'ammoniaque noircit.

L'iodure de potassium donne un précipité vert d'iodure mercureux qu'un excès d'iodure alcalin convertit en iodure mercurique
qui se dissout et en mercure métallique.

Caractères des sels mercuriques. — Les solutions des sels mercuriques sont précipitées en noir par un excès d'hydrogène sulfuré et par le sulfhydrate d'ammoniaque.

La potasse y forme un précipité jaune insoluble dans un excès
de réactif.

L'ammoniaque donne un précipité blanc dans la solution du
sublimé.

L'acide chlorhydrique ne précipite pas les solutions mercuriques
lorsqu'elles ne sont point très-concentrées.

L'iodure de potassium y forme un précipité rouge soluble dans un excès de réactif.

Le fer, le zinc, le cuivre précipitent le mercure des solutions mercureuses ou mercuriques. Une lame de cuivre s'y recouvre d'un enduit gris qui blanchit et devient brillant par le frottement.

ACTION TOXIQUE DU MERCURE ET DE SES COMPOSÉS.

Les mercuriaux doivent être rangés au nombre des poisons hyposthénisants (Tardieu). Quelques-uns, comme le sublimé et l'azotate acide de mercure, exercent sur les tissus une action corrosive énergique; mais à cette action locale succède toujours une autre plus redoutable encore, consécutive de l'absorption du poison.

Les effets de l'empoisonnement par le mercure peuvent se manifester immédiatement après l'ingestion de la substance toxique prise à dose élevée, ou lentement après l'absorption de petites doses souvent répétées. De là, deux formes de l'empoisonnement: l'une à marche très-aiguë, et pouvant déterminer rapidement la mort; l'autre à marche chronique, et pouvant donner lieu à des accidents plus ou moins graves.

Le sublimé corrosif peut déterminer la mort chez l'homme, à la dose de 50 et même de 30 et de 15 centigrammes. En raison de sa saveur styptique il a été rarement administré dans des intentions homicides. On dit pourtant que la Brinvilliers le faisait entrer dans ses drogues. Par contre, la science a enregistré un grand nombre de cas de suicides par le sublimé corrosif.

Les symptômes de cet empoisonnement reflètent à la fois une action locale irritante et une action consécutive sur les centres nerveux et sur le cœur. Ils accusent de très-grandes souffrances. Ambroise Paré a décrit éloquemment les tortures endurées par un condamné à mort auquel on avait administré du sublimé corrosif et, immédiatement après, du « bézahar » (bézoard). Charles IX voulant essayer la vertu de cet antidote qu'on lui avait beaucoup vanté, avait promis la vie au condamné s'il échappait à l'action du poison. Il « mourut misérablement [1]. »

Après l'ingestion du sublimé les malades éprouvent les symptômes suivants : Saveur âcre, métallique, styptique; crachotement continuel; sentiment de constriction et chaleur brûlante à la

____

1. Orfila, *Traité de toxicologie,* t. I, p. 662.

gorge; douleurs *déchirantes* dans toutes les parties que le poison a touchées, mais surtout dans l'estomac et dans les intestins; nausées, vomissements muqueux, quelquefois sanguinolents ; diarrhée intense, souvent selles sanguinolentes ; battements du cœur à peine sensibles, pouls petit, filiforme, tantôt lent, tantôt accéléré ; peau froide, quelquefois insensible ; respiration calme, parfois ralentie ; urines rares, rouges, quelquefois supprimées; anxiété, plus tard accablement extrême; insensibilité générale, syncopes. Parmi les malades, les uns s'éteignent, d'autres succombent dans une syncope, quelques-uns sont emportés dans une crise convulsive.

Pour combattre les effets du sublimé corrosif, Orfila conseille de gorger le malade avec de l'eau albumineuse, c'est-à-dire lui administrer des blancs d'œufs délayés dans l'eau. L'albumine exerce une double action : elle agit comme vomitif et se combine avec le sublimé en formant un composé insoluble. (Voir page 621.) On peut aussi délayer les blancs d'œufs dans du lait. M. Mialhe a conseillé, comme antidote du sublimé, le sulfure ferreux récemment précipité. Ce corps agit en formant du sulfure de mercure insoluble et inoffensif, et du chlorure de fer. On a aussi préconisé l'emploi de la limaille de fer ou du fer réduit par l'hydrogène, qui décompose le sublimé en mettant le mercure en liberté.

Les bromures, iodures, azotates de mercure, etc., peuvent déterminer des empoisonnements aigus, comme le sublimé. Le cyanure mercurique est un poison très-énergique. L'action locale qu'il exerce est beaucoup moins irritante que celle du sublimé ; mais son absorption détermine les mêmes symptômes généraux.

Les personnes qui sont soumises pendant quelque temps à l'action de petites doses de mercure, ou de composés mercuriels, et qui absorbent ainsi ce poison, soit par la peau, soit par l'estomac et les intestins, soit par la muqueuse pulmonaire, sont sujettes à une intoxication chronique; celle-ci peut se manifester par divers accidents que nous ne pouvons décrire ici. Parmi les formes de cet empoisonnement chronique, nous nous bornons à indiquer les suivantes : 1° la *stomatite mercurielle* et la *salivation mercurielle ;* 2° différentes lésions de la peau, connues sous le nom *d'hydrargyrie,* telles que la rougeur, une éruption vésiculeuse, quelquefois pustuleuse; 3° le *tremblement mercuriel,* et 4° la *cachexie mercurielle.*

L'hydrargyrie se développe à la suite de l'application sur la peau, pendant plusieurs jours, d'une pommade mercurielle.

La stomatite mercurielle peut survenir dans le cours d'un empoisonnement aigu par un composé de mercure. Elle se déclare souvent à la suite d'un traitement par diverses préparations mercurielles, telles que frictions avec la pommade, bains de sublimé, administration interne du calomel, du sublimé, des iodures de mercure, etc. D'après quelques auteurs, la salive rendue par les malades affectés de ptyalisme mercuriel renferme du mercure. (Gmelin, Buchner, Lehmann.)

Le tremblement mercuriel survient principalement chez les individus qui sont exposés pendant longtemps à l'action du mercure métallique. Les doreurs, les miroitiers, les chapeliers, les ouvriers qui fabriquent les baromètres et les thermomètres, ceux qui sont employés dans les mines de mercure, enfin tous les individus qui séjournent dans une atmosphère chargée de vapeurs mercurielles ou qui manient les composés du mercure, sont sujets à contracter l'affection dont il s'agit.

Ajoutons que le mercure est éliminé lentement par les urines et par la bile. On admet aussi qu'il est éliminé par la salive, par le mucus intestinal, et même par le lait. On sait que le lait des nourrices soumises à un traitement mercuriel peut guérir l'affection syphilitique chez les enfants à la mamelle. On a trouvé du mercure dans la sueur et dans la sérosité des vésicules qui se forment sur la peau dans l'eczéma mercuriel. Quelques auteurs affirment avoir rencontré le mercure à l'état métallique, à la suite d'un empoisonnement chronique, dans diverses parties du corps, par exemple sous le périoste, dans les os, dans les articulations, dans le cerveau, etc.

ARGENT

L'argent se rencontre à l'état natif dans les terrains anciens. On le trouve, en outre, à l'état de combinaison dans une foule de minéraux, tels que le sulfure d'argent AgS, l'argent antimonio-sulfuré $3AgS + SbS^3$, l'argent arsénio-sulfuré $3AgS + AsS^3$, la myargyrite AgS,SbS^3 et différents autres sulfantimoniures et sulfarséniures d'argent, l'arséniure d'argent, l'antimoniure d'argent Ag^4Sb, le chlorure, le bromure, l'iodure d'argent, le séléniure et le tellurure d'argent, enfin l'amalgame d'argent naturel Hg^3Ag. L'argent se rencontre en petite quantité dans une foule de galènes et de pyrites cuivreuses. MM. Malaguti, Durocher et Sarzeaud en ont rencontré des traces dans l'eau de la mer, dans différents fucus, dans la houille, etc.

Plusieurs procédés sont en usage pour l'extraction de l'argent de ses minerais.

Les minerais plombifères sont traités d'abord pour plomb, et le plomb argentifère (plomb d'œuvre) est soumis ensuite à la coupellation. Dans ces derniers temps, on a extrait l'argent du plomb d'œuvre par un nouveau procédé qui consiste à fondre ce dernier, à y ajouter, en remuant, 1 à $1\frac{1}{2}$ pour cent de zinc métallique, et à maintenir ensuite le tout en fusion tranquille pendant quelque temps. Le zinc s'empare de tout l'argent et forme avec lui un alliage qui se rassemble à la surface. On sépare ce zinc argentifère et on le traite par l'acide chlorhydrique étendu. Le zinc se dissout et l'argent reste allié à une petite quantité de plomb.

Les minerais d'argent exempts de plomb sont traités par une méthode particulière qu'on nomme *amalgamation*. Elle repose sur l'emploi du mercure, qui dissout l'argent métallique.

A Freiberg en Saxe, on traite par amalgamation des minerais d'argent qui renferment indépendamment du sulfure d'argent, des pyrites et des pyrites cuivreuses. On réduit ces minerais en poudre et on les grille avec du sel marin. De petites quantités d'arsenic et d'antimoine, que les minerais renferment, se volatilisent à l'état d'oxydes, et les pyrites sont converties partiellement en sulfates. Ceux-ci, réagissant sur le chlorure de sodium, donnent du sulfate de soude, du chlorure cuivreux et du chlorure ferreux. Au contact de l'air, ce dernier passe en partie à l'état de chlorure ferrique. L'argent ou le sulfure d'argent est converti en chlorure. Il reste, en outre, du sulfate ferreux dont une partie se convertit en oxyde ferrique. Le résidu du grillage est réduit en poudre fine et est introduit dans des tonnes avec de l'eau, du fer métallique et du mercure. Les tonnes d'amalgamation sont mises en mouvement par une roue hydraulique, et tournent sur elles-mêmes, de telle sorte que toutes les portions du mélange grillé soient mises en contact avec le fer et le mercure.

Le fer réduit les chlorures de cuivre et d'argent et met en liberté de l'argent et du cuivre, dont le mercure s'empare, tandis que le chlorure ferreux formé se dissout dans l'eau. L'opération terminée, on sépare le mercure, on l'introduit dans des poches en coutil au travers desquels passe l'excès de mercure allié à une très-petite quantité de métaux étrangers, tandis qu'un amalgame pâteux d'argent et de cuivre reste dans les poches. On place cet amalgame dans des assiettes en fer, que l'on chauffe dans un fourneau : le mercure se volatilise et est recueilli de nouveau. Il reste sur les assiettes de l'argent allié à du cuivre dans les proportions de 70 à 75 pour cent du premier métal, et de 30 à 25 pour cent du second. On purifie cet argent soit par coupellation, soit par affinage, opération que nous décrirons plus loin.

En Amérique, où le combustible est rare, on ne grille pas les minerais avec du sel marin. Mais, après les avoir réduits en poudre fine, on les humecte avec de l'eau et on les mêle avec 2 à 5 pour cent de chlorure de sodium. Quand la masse est devenue bien homogène, on y ajoute $\frac{1}{2}$ à 1 pour cent de *magistral*, c'est-à-dire d'un mélange de sulfate ferreux ou ferrrique et de sulfate cuivrique, provenant du grillage d'une pyrite cuivreuse. On mêle exactement en faisant piétiner la masse par des chevaux ou des mulets. Les sulfates de fer et le sulfate de cuivre réagissent, par double décomposition, sur le sel marin : il se forme des chlorures ferreux, ferrique et cuivrique, et du sulfate de soude. Mais l'argent métallique contenu dans le minerai réduit les chlorures ferrique et cuivrique à l'état de chlorures ferreux et cuivreux, et il se forme du chlorure d'argent. D'un autre côté le sulfure d'argent que renferme le minerai est décomposé par le chlorure cuivreux, et il se forme du sulfure cuivreux et du chlorure d'argent, qui se dissout dans le sel marin. On ajoute alors du mercure à plusieurs reprises.

Ce métal réduit le chlorure d'argent, en se transformant en calomel; l'argent s'allie à l'excès de mercure pour former un amalgame. Au bout de deux à trois mois, on soumet le tout à un lavage à l'eau, qui sépare cet amalgame des parties plus légères. On chasse le mercure par distillation comme précédemment.

On voit qu'une portion du mercure se perd dans cette opération, en passant à l'état de calomel. On en perdrait davantage si on laissait dans la liqueur un excès de chlorure cuivrique, qui céderait la moitié de son chlore au mercure. Pour empêcher cet effet, on ajoute, au besoin, au mélange une certaine quantité de chaux caustique, qui décompose l'excès de chlorure cuivrique.

Dans ces derniers temps, on a appliqué au traitement des minerais d'argent un procédé qui dispense de la coupellation et de l'amalgamation. Il consiste à griller ces minerais avec du sel marin, opération qui a pour but de convertir l'argent en chlorure, et à épuiser ensuite le produit du grillage avec une solution chaude de sel marin ou d'hyposulfite de soude (Patera). Le chlorure d'argent se dissout dans ces solutions et en est précipité par le cuivre métallique. On peut aussi précipiter l'argent par le sulfure de sodium à l'état de sulfure d'argent, que l'on réduit par des grenailles de fer.

L'argent provenant de l'amalgamation renferme du cuivre. Pour le purifier, on le coupelle avec du plomb, ou on le soumet à l'affinage. Cette dernière opération consiste à fondre l'argent impur, au contact de l'air, dans un fourneau particulier. Ce fourneau consiste en une calotte hémisphérique de fonte, que l'on revêt d'une couche épaisse de marne ou de cendres de bois, de manière à former une coupelle. Les oxydes qui se forment par l'oxydation du cuivre et du plomb que l'argent renferme entrent en fusion et sont absorbés par la coupelle poreuse.

L'argent qu'on trouve dans le commerce est souvent allié à du cuivre. On purifie cet argent, dans les laboratoires, en le transformant en chlorure et en réduisant celui-ci à l'état métallique. Pour cela, on dissout l'argent impur dans l'acide azotique, et on précipite la dissolution par l'acide chlorhydrique ou le chlorure de sodium. On recueille le chlorure d'argent, on le sèche, on le mêle avec son poids de carbonate de potasse, auquel on peut ajouter une certaine quantité de chlorure de sodium, pour obtenir un fondant très-liquide. On calcine le mélange au rouge vif, dans un creuset de terre. Le carbonate de potasse est décomposé par le chlorure d'argent en acide carbonique, oxygène et chlorure de potassium. L'argent est mis en liberté et se rassemble au fond du creuset. Pour faciliter la réduction de la potasse, quelques chimistes conseillent d'ajouter une petite quantité de colophane ou de poudre de charbon.

Nous indiquerons plus loin un procédé de réduction du chlorure d'argent par la voie humide.

Propriétés de l'argent. — L'argent est le plus blanc et le plus brillant de tous les métaux. Il est plus mou que le cuivre et plus dur que l'or. Après l'or, c'est le métal le plus malléable et le plus ductile; on peut le réduire en lames d'une épaisseur de $\frac{1}{500}$ de millimètre; on peut le tirer en fils d'une ténuité extrème. Un gramme d'argent peut donner un fil long de 2600 mètres environ. L'argent est assez tenace. La densité de l'argent est de 10,53 à 10,56. Elle est plus grande pour le métal fondu que pour le solide; car un morceau d'argent surnage dans un bain de ce métal.

L'argent fond vers 1000°. Fondu, il possède la singulière propriété de dissoudre l'oxygène. Il en absorbe environ vingt-deux fois son volume et le laisse dégager de nouveau, en se solidifiant. Ce dégagement de gaz occasionne l'entraînement et la projection d'une petite partie du métal, phénomène qu'on exprime en disant que l'argent *roche*. L'argent qui renferme une petite quantité d'or perd la propriété d'absorber de l'oxygène et, par conséquent, de rocher. Chauffé au chalumeau à gaz hydrogène et oxygène, l'argent bouillonne, se volatilise et émet des vapeurs vertes.

Il ne s'oxyde point lorsqu'on le fond simplement à l'air. Mais lorsqu'on le place dans le dard d'un chalumeau à gaz oxygène et hydrogène, il émet des vapeurs comme le plomb incandescent et donne un oxyde qui se condense sous forme d'un enduit jaune. L'argent reste inaltéré au contact des alcalis caustiques, des carbonates ou des azotates alcalins en fusion : de là l'emploi des creusets d'argent pour fondre ces matières.

L'argent absorbe l'ozone et forme du bioxyde noir AgO^2. D'après M. Regnault, il décompose faiblement l'eau au rouge blanc. Il décompose l'hydrogène sulfuré à la température ordinaire, et se recouvre d'une couche de sulfure d'argent noir. Il est aussi attaqué par les sulfures en fusion, avec formation de sulfure d'argent.

L'argent incandescent décompose le gaz chlorhydrique, avec formation de chlorure d'argent. Ce métal est à peine attaqué par une solution d'acide chlorhydrique. Il décompose l'acide iodhydrique en solution concentrée, avec formation d'iodure d'argent et dégagement d'hydrogène (H. Deville). L'acide azotique moyennement concentré le dissout déjà à froid. L'acide sulfurique l'attaque à chaud, avec dégagement d'acide sulfureux et formation de sulfate d'argent.

OXYDES D'ARGENT.

On en connaît trois, savoir :

Le sous-oxyde d'argent...................... Ag^2O
L'oxyde d'argent........................... AgO
Le peroxyde d'argent....................... AgO^2

Le **sousoxyde**, peu connu, s'obtient en chauffant le tartrate ou le citrate d'argent à 100° dans un courant d'hydrogène, dissolvant le produit dans l'eau et traitant la solution brune par la potasse caustique. C'est une poudre noire.

L'**oxyde d'argent** se précipite à l'état anhydre, lorsqu'on ajoute de la potasse, exempte de chlorure, à une solution d'azotate d'argent. Le précipité, convenablement lavé, se présente sous la forme d'un dépôt floconneux brun olive, lequel forme une poudre brune après la dessiccation. L'oxyde d'argent se décompose très-facilement par la chaleur, lentement sous l'influence des rayons solaires. Il est réduit par l'hydrogène au-dessous de 100°. Récemment précipité, il est un peu soluble dans l'eau, qui en prend, d'après M. Bineau, $\frac{1}{5000}$ et qui manifeste ensuite une légère réaction alcaline.

L'oxyde d'argent est une base énergique, qui neutralise parfaitement les acides, et qui déplace l'oxyde de cuivre de ses combinaisons avec les acides.

Lorsqu'on fait digérer de l'oxyde d'argent avec de l'ammoniaque, on obtient une poudre noire, très-explosive, qui est connue sous le nom d'argent fulminant. On peut aussi l'obtenir en ajoutant de l'ammoniaque à une solution d'azotate d'argent et en précipitant la liqueur par la potasse caustique.

Lorsqu'il est sec, ce composé détone avec une grande violence par le plus léger frottement. Il fait même explosion sous l'eau, lorsqu'on chauffe celle-ci à 100°. Sa composition n'est pas bien connue. Quelques chimistes l'envisagent comme une combinaison d'ammoniaque avec l'oxyde d'argent AgO,AzH³, d'autres comme

$$\text{un amidure AzH}^2\text{Ag} = \left.\begin{array}{l} H \\ H \\ Hg \end{array}\right\} Az, \text{ d'autres, enfin, comme un azoture}$$

AzAg³.

L'oxyde d'argent est quelquefois employé en médecine. On l'administre à l'intérieur pour combattre l'épilepsie et la syphilis.

Le **peroxyde d'argent** s'obtient, sous forme de petits cristaux noirs, par l'électrolyse d'une solution étendue d'azotate d'argent. On place celle-ci dans un tube en U, dont chaque branche reçoit une électrode en platine. Le peroxyde d'argent se dépose sur l'électrode positive. Il se forme aussi par l'action de l'ozone sur l'argent métallique.

SULFURE D'ARGENT.

AgS.

On le trouve dans la nature sous forme d'octaèdres réguliers, ordinairement modifiés par des facettes. Il est d'un gris noir et possède un certain éclat. Sa densité est égale à 7,2. Il est un peu malléable et assez mou pour qu'on puisse le rayer avec l'ongle. Il est isomorphe avec le sulfure cuivreux Cu²S.

L'argent et le soufre se combinent par voie de fusion. L'excès de soufre distille, et il reste une masse cristalline de sulfure d'argent. On obtient aussi le sulfure d'argent, sous forme d'une poudre noire amorphe, lorsqu'on dirige un courant d'hydrogène sulfuré dans la solution d'un sel argentique.

Le sulfure d'argent est attaqué par l'acide chlorhydrique bouillant, avec formation de chlorure d'argent et d'hydrogène sulfuré. Il se dissout dans l'acide azotique concentré avec dépôt de soufre. Il est facilement attaqué par l'acide sulfurique chaud, et se transforme en sulfate.

CHLORURE D'ARGENT.

AgCl.

Le chlorure d'argent se rencontre dans la nature. Les minéralogistes le nomment *argent corné*. On le trouve quelquefois cristallisé en cubes ou en octaèdres. Il se forme directement, lorsqu'on chauffe l'argent dans du chlore sec. Il prend aussi naissance lorsqu'on grille un composé quelconque d'argent avec du sel marin. On l'obtient ordinairement par double décomposition, en ajoutant de l'acide chlorhydrique ou du chlorure de sodium à une solution d'azotate d'argent. Il se forme ainsi un précipité blanc, caillebotté qui devient violet lorsqu'il est exposé à l'action de la lumière. Ce changement de couleur est dû à une décomposition partielle. Le chlorure violet ne se dissout plus entièrement dans l'ammoniaque et laisse un faible résidu d'argent métallique. L'art de la photographie a pour fondement cette propriété du chlorure d'argent d'être impressionné par la lumière.

Le chlorure d'argent fond vers 260° et se prend par le refroidissement en une masse cornée grise qu'on peut couper au couteau. A une température très-élevée, il répand des vapeurs sans se décomposer.

Le fer et le zinc réduisent avec la plus grande facilité le chlorure d'argent humide. Cette réduction s'accomplit plus facilement encore en présence de l'acide chlorhydrique ou de l'acide sulfurique. On peut admettre que c'est l'hydrogène, mis en liberté par l'action du métal sur l'acide, qui réduit, dans ce cas, le chlorure d'argent. Même après avoir été fondu, ce dernier corps est complétement réduit par le zinc et l'acide chlorhydrique.

La réduction peut s'effectuer à l'aide du courant de la pile, dans les circonstances suivantes : On introduit dans une capsule en platine du chlorure d'argent humide, et on y ajoute de l'acide sulfurique étendu de 9 parties d'eau; on place ensuite dans la capsule une cellule en terre blanche poreuse contenant de l'acide sulfurique étendu, dans lequel on fait plonger une plaque de zinc amalgamé. On ferme alors le circuit en mettant en communication, à l'aide d'un fil de platine, la plaque de zinc et la capsule en platine. Aussitôt le chlorure d'argent est réduit à l'état d'argent métallique gris et spongieux.

Fondu avec les alcalis caustiques ou les alcalis carbonatés, avec de la chaux ou du carbonate de chaux, le chlorure d'argent est décomposé. Il se forme un chlorure alcalin ou du chlorure de calcium et de l'argent métallique; de l'acide carbonique et de l'oxygène se dégagent.

Le cuivre, le bismuth, le plomb, le mercure réduisent lentement le chlorure d'argent. Le chlorure cuivreux lui enlève de même son chlore en présence de l'eau, en passant à l'état de chlorure cuivrique. Soumis à l'ébullition avec de la potasse caustique, le chlorure d'argent se convertit en oxyde d'argent. Si l'on ajoute une solution de sucre à la liqueur alcaline et bouillante, on obtient de l'argent métallique très-divisé et très-pur (Levol). Le chlorure d'argent, qui est tout à fait insoluble dans l'eau, se dissout sensiblement dans l'acide chlorhydrique concentré, et cette solution le laisse déposer en octaèdres par l'évaporation.

Elle est troublée par l'eau.

Le chlorure d'argent se dissout aussi, en petite quantité, dans une solution saturée de chlorure de sodium, surtout si l'on chauffe. A 100°, une solution saturée de sel marin est capable de dissoudre un poids de chlorure d'argent représentant les 4/1000 du poids du chlorure de sodium qu'elle renferme.

Le chlorure d'argent sec absorbe une quantité notable de gaz ammoniac. Délayé dans l'eau, il se dissout facilement dans une solution aqueuse d'ammoniaque. Il est insoluble dans l'acide azotique froid ou bouillant.

Le chlorure d'argent se dissout abondamment dans la solution d'un hyposulfite alcalin, avec formation d'un chlorure alcalin et d'un hyposulfite double d'alcali et d'argent.

Une solution d'acide iodhydrique décompose le chlorure d'argent, avec dégagement de chaleur et formation d'acide chlorhydrique et d'iodure d'argent.

Enfin, le chlorure d'argent est décomposé lentement, en présence de l'eau, par certains sulfures métalliques insolubles : par suite d'un échange d'éléments, il se forme du sulfure d'argent et un chlorure métallique.

BROMURE D'ARGENT.

AgBr.

On le prépare, par double décomposition, en mélangeant des solutions d'azotate d'argent et de bromure de potassium. Il constitue un précipité blanc qui jaunit à la lumière. Comme le chlorure d'argent, il se dissout dans l'ammoniaque et dans les hyposulfites alcalins.

IODURE D'ARGENT.

AgI.

On l'obtient ordinairement par double décomposition, en mélangeant des solutions d'iodure de potassium et d'azotate d'argent. C'est un précipité caillebotté jaune qui noircit à la lumière. Il est très-peu soluble dans l'ammoniaque, qui fait passer sa couleur du jaune au blanc. Il se dissout sensiblement dans les solutions d'iodure de potassium et des chlorures alcalins. On a employé en médecine l'iodure double de potassium et d'argent.

L'iodure d'argent se forme aussi par l'action d'une solution concentrée d'acide iodhydrique sur l'argent métallique. Il se présente alors sous forme de petits prismes hexagonaux.

AZOTATE D'ARGENT.

$$AgAzO^6 = AzO^5,AgO.$$

Pour préparer ce sel, qui est d'un usage si fréquent en médecine et qui constitue un des réactifs les plus employés dans les laboratoires, on dissout l'argent pur dans l'acide azotique de 33°, et on laisse refroidir la solution. On obtient une cristallisation en larges lames incolores, entre lesquelles est interposée une eau-mère acide. On purifie ces cristaux, en les laissant égoutter et en les dissolvant dans une petite quantité d'eau bouillante. Par le refroidissement, l'azotate d'argent cristallise.

Lorsqu'on dissout de l'argent monnayé dans l'acide azotique, on obtient une solution d'azotate d'argent mélangée d'azotate de cuivre. Pour séparer ce dernier sel, il suffit de précipiter le quart de la liqueur par la potasse caustique, de bien laver le précipité, qui est formé par un mélange d'oxyde d'argent et d'oxyde de cuivre, et de faire digérer à chaud ce précipité avec les trois autres quarts du liquide. L'oxyde d'argent que le précipité renferme déplace alors l'oxyde de cuivre que contient la solution, et l'on obtient une solution incolore qu'il suffit de filtrer et d'évaporer pour avoir de l'azotate d'argent cristallisé.

Un procédé plus avantageux pour purifier l'azotate d'argent, lorsqu'il renferme de l'azotate de cuivre, consiste à évaporer la solution bleue à siccité, et à chauffer le résidu de manière à fondre l'azotate d'argent et à le maintenir en fusion pendant quelque temps. A la température où ce dernier sel fond, l'azotate de cuivre abandonne son acide et se transforme en oxyde de cuivre. Il suffit de reprendre par l'eau, après le refroidissement, pour dissoudre l'azotate d'argent, l'oxyde de cuivre restant à l'état insoluble.

Pour préparer la pierre infernale, on fond l'azotate d'argent pur dans une capsule de porcelaine, et dès que le sel est en fusion tranquille, on le coule dans une lingotière préalablement chauffée et qu'on a eu soin d'enduire d'une légère couche de suif (*fig.* 99).

La pierre infernale forme des bâtons incolores, lorsqu'ils sont purs et récemment préparés; mais ils sont ordinairement colorés en gris par une petite portion d'argent réduit à la surface. La cassure de ces bâtons est cristalline et rayonnée.

L'azotate d'argent cristallisé forme des tables rhomboïdales incolores. Il est anhydre. Il fond facilement en un liquide incolore ou légèrement jaunâtre, qui se prend par le refroidissement en une masse cristalline blanche. Au rouge, l'azotate d'argent se décompose en laissant dégager de l'oxygène et de l'acide hypoazotique et en laissant un résidu d'argent métallique.

L'azotate d'argent se dissout dans son poids d'eau froide et dans la moitié de son poids d'eau bouillante. Il se dissout aussi dans quatre parties d'alcool. La solution aqueuse est neutre. Exposée au contact de l'air, elle noircit comme les cristaux et le sel fondu, par suite d'une réduction partielle due à l'action des matières organiques suspendues dans l'air.

Elle noircit de même la peau par l'effet d'une action du même genre.

Ces taches disparaissent lorsqu'on les lave avec une solution d'hyposulfite de soude ou mieux de cyanure de potassium.

L'hydrogène réduit lentement la solution d'azotate d'argent avec dépôt d'argent métallique. L'action est favorisée par l'élévation de la température et par l'augmentation de la pression (Beketoff).

L'azotate d'argent est un médicament précieux. On le prescrit souvent à l'intérieur, sous forme de solution ou de pilules, contre les affections nerveuses, quelquefois contre l'épilepsie et contre la dyssenterie. Il est absorbé et sa présence dans l'économie se manifeste au bout de quelque temps par la coloration noire de la peau.

A l'extérieur, l'azotate d'argent est très-fréquemment employé comme caustique. On s'en sert sous forme solide, à l'état de pierre infernale, ou sous forme de dissolution, ou même de pommade. La solution d'azotate d'argent est un excellent collyre.

HYPOSULFITE DE SOUDE ET D'ARGENT.

On a conseillé l'emploi de ce sel pour l'usage intérieur, parce que, dit-on, il ne présente pas l'inconvénient de colorer la peau. On le prépare en dissolvant du chlorure d'argent, jusqu'à saturation, dans une solution d'hyposulfite de soude : il se forme, par double décomposition, du chlorure de sodium et de l'hyposulfite double de soude et d'argent. Lorsqu'on évapore la liqueur, ce dernier sel cristallise en houppes ou en lamelles soyeuses. Ainsi préparé, il est inaltérable à l'air.

Il renferme

$$2(S^2O^2,NaO) + S^2O^2,AgO.$$

On en connaît un autre dont la composition est représentée par la formule

$$S^2O^2,NaO + S^2O^2,AgO.$$

Ce sel se dépose lorsqu'on refroidit l'eau-mère d'où le sel précédent s'est séparé. Il forme de petits prismes à 6 pans durs et brillants.

ALLIAGES D'ARGENT.

Les plus importants de ces alliages sont ceux d'argent et de cuivre. Ils sont plus durs que l'argent lui-même et sont employés de préférence, par cette raison, pour la fabrication des monnaies, de la vaisselle et d'autres objets d'argenterie. Voici la composition des alliages d'argent et de cuivre les plus usités en France :

	Argent.	Cuivre.
Monnaies d'argent	900	100
Médailles	950	50
Vaisselle et argenterie	950	50
Bijouterie	800	200

Le titre de ces divers alliages est établi à l'aide de méthodes analytiques très-précises. L'essai des matières d'argent peut se faire par la voie sèche ou par la voie humide.

L'essai par la voie sèche consiste dans l'opération qu'on nomme *coupellation*, et dont nous ne pouvons donner ici qu'une description très-sommaire.

On fond dans une *coupelle* en poudre d'os, chauffée au rouge

dans le moufle d'un fourneau à réverbère, une certaine quantité
de plomb métallique ; puis on dépose sur le métal fondu une quan-

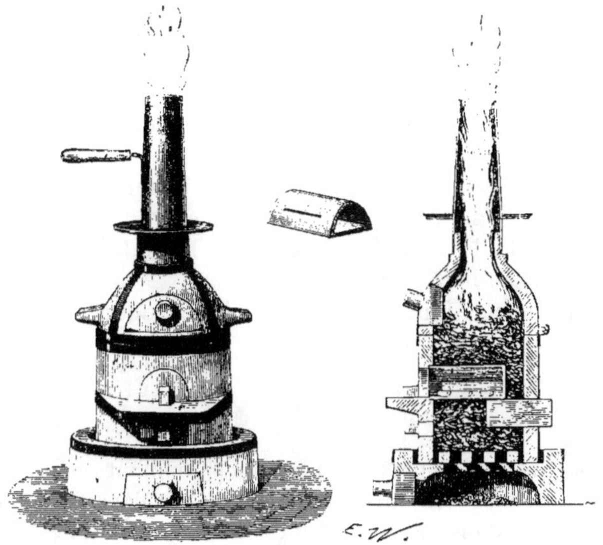

Fig. 99.

tité pesée de l'alliage d'argent et de cuivre, qu'on a soin d'enve-
lopper dans un petit morceau de papier. On obtient ainsi un alliage
ternaire, qui est exposé, au rouge, à l'action de l'air. Dans ces conditions, le plomb et le cuivre s'oxydent, et la litharge fondue, qui
doit être en grand excès par rapport à l'oxyde de cuivre, dissout
celui-ci et est absorbée avec lui par la coupelle poreuse. Le phénomène de l'*éclair* (page 587) indique la fin de l'opération.

L'essai par la voie humide consiste à ajouter, à la dissolution azotique d'un poids donné d'argent allié à du cuivre, une solution
titrée de chlorure de sodium, c'est-à-dire une solution renfermant
un poids exactement connu de ce composé. On ajoute cette solution, avec précaution, jusqu'à ce qu'elle ne détermine plus de
précipité de chlorure d'argent, et l'on calcule la quantité d'argent
par le *volume* de la solution titrée qu'il a fallu y ajouter pour déterminer une précipitation complète.

Comme le chlorure d'argent se dépose facilement au sein d'une
liqueur qu'on a eu soin d'agiter, il est facile de saisir le terme de
l'opération, c'est-à-dire le moment précis où tout l'argent est précipité et où il convient d'arrêter l'addition de la liqueur titrée.

Tels sont les principes des essais d'argent. Nous ne pouvons entrer ici dans les détails de ces opérations.

Caractères des sels d'argent. — Les solutions argentiques sont précipitées en noir par l'hydrogène sulfuré et par le sulfhydrate d'ammoniaque. Le sulfure d'argent formé est insoluble dans le sulfhydrate d'ammoniaque.

Elles sont précipitées en vert olive par la potasse caustique, et le précipité est insoluble dans un excès de réactif.

Elles ne sont pas précipitées par l'ammoniaque. L'acide chlorhydrique et les chlorures solubles y forment un précipité blanc caillebotté, soluble dans l'ammoniaque, insoluble dans l'acide azotique froid ou bouillant.

L'iodure de potassium y forme un précipité jaune à peu près insoluble dans l'ammoniaque.

OR

L'or est un des métaux les plus anciennement connus. On le rencontre presque toujours à l'état natif, soit dans des filons ou des veines, soit dans des sables. Il est souvent allié à de l'argent, plus rarement à de l'iridium et à du rhodium. On trouve au Brésil un alliage d'or, d'argent et de palladium; en Transylvanie un minéral rare qui est un tellurure d'or et d'argent ($Ag, AuTe^2$). Enfin, l'or se rencontre, en petite quantité, dans beaucoup de minerais d'argent, de plomb, de cuivre, de fer.

Les sables d'un grand nombre de rivières renferment de l'or en paillettes. Le Rhin en charrie près de Strasbourg. Lorsqu'ils sont assez riches, on soumet ces sables à des lavages qui enlèvent les parties les plus légères, concentrent l'or et permettent de le recueillir. On exploite, par la méthode des lavages, les sables aurifères de la Californie et de l'Australie qui renferment l'or soit sous forme de dendrites ou de paillettes, soit en grains irréguliers qu'on nomme pépites lorsqu'ils atteignent une certaine grosseur.

Les contrées les plus riches en or sont l'Australie, la Californie, le Brésil, le Chili, la région de l'Oural, la Transylvanie, la Hongrie. Jusqu'ici les plus grosses pépites ont été trouvées en Australie (34,5 et 67 kilogrammes).

Pour extraire l'or des roches quartzeuses aurifères, on broie celles-ci de manière à les réduire en poudre et on les soumet à des lavages qui entraînent les parties légères. Les parcelles d'or ainsi concentrées sont souvent trop petites pour pouvoir être séparées mécaniquement : on les extrait alors à l'aide du mercure. L'amalgame ainsi obtenu étant soumis à la distillation, l'or reste.

Les minerais très-pauvres en or sont grillés, puis fondus. On obtient une matte qu'on grille de nouveau et qu'on fond ensuite avec du plomb. Le plomb d'œuvre ainsi obtenu étant soumis à la coupellation, il reste de l'or ordinairement allié à de l'argent.

Affinage de l'or. — L'or natif, aussi bien que celui qu'on extrait de divers minerais, est presque toujours allié à de l'argent. On sépare les deux métaux par la voie humide, en attaquant l'alliage soit par l'acide azotique, soit par l'acide sulfurique. Dans les deux cas, l'alliage doit être riche en argent; s'il ne l'est pas, on le fond avec ce dernier métal, de manière que la proportion s'en élève à 75 ou 80 pour cent. On nomme cette opération *inquartation*.

Un tel alliage d'or et d'argent étant soumis à l'action de l'acide azotique, l'argent seul se dissout et l'or reste. On emploie fréquemment l'acide sulfurique pour attaquer cet alliage. Il se forme, lorsqu'on chauffe, du sulfate d'argent soluble dans l'eau chaude, et l'or reste sous forme d'une poudre brune. En introduisant des lames de cuivre dans la solution du sulfate d'argent, on en précipite l'argent sous forme de petits grains cristallins.

Un alliage d'or et d'argent riche en or peut être attaqué par l'eau régale. L'argent reste sous forme de chlorure insoluble, et l'or se dissout à l'état de chlorure. Le sulfate ferreux le précipite de cette solution, sous forme d'une poudre brune très-divisée. Dans cette réaction, le chlore du chlorure d'or se porte sur une partie du fer du sulfate ferreux, qui se transforme alors en sulfate ferrique. Ajoutons qu'on tire parti de cette réaction, dans les laboratoires, pour préparer de l'or chimiquement pur. Le métal pulvérulent que donnent ces diverses opérations est fondu, dans un creuset de graphite, avec du borax ou avec du nitre.

Tels sont les principes sur lesquels repose l'affinage des métaux précieux.

Propriétés de l'or. — L'or pur est d'un beau jaune. En feuilles très-minces, il est transparent; la lumière transmise est verte. La densité de l'or est égale à 19,3. Sa forme cristalline est l'octaèdre régulier. C'est le plus malléable et le plus ductile de tous les métaux. On peut le réduire en feuilles tellement minces qu'il en faudrait 10,000 pour faire l'épaisseur d'un millimètre. Une masse d'or pesant un gramme peut être étirée en un fil long de 3,000 mètres. L'or est mou et peu tenace.

L'or fond à environ 1200° du thermomètre à air. Fondu, il paraît vert. Exposé aux plus hautes températures du chalumeau à gaz oxygène et hydrogène, il répand une vapeur verte.

Il est inaltérable à l'air, à toutes les températures. Les acides sulfurique, chlorhydrique, azotique, phosphorique ne l'attaquent ni à chaud ni à froid. L'acide iodhydrique le dissout en petite quantité. Il en est de même de l'eau de chlore et de brome. L'eau régale est le meilleur dissolvant de l'or. Le nitre et les alcalis fondants n'en oxydent que des quantités insignifiantes.

Le soufre ne se combine à l'or à aucune température. Mais ce métal est transformé en sulfure, lorsqu'on le chauffe avec des polysulfures alcalins. Il se forme, dans cette circonstance, un sulfure double d'or et de métal alcalin, combinaison qui est soluble dans l'eau.

Le phosphore et l'arsenic se combinent directement avec l'or, à l'aide de la chaleur. Ils rendent ce métal très-cassant. L'or peut s'allier à une foule de métaux et s'amalgame facilement avec le mercure. L'or des monnaies est allié avec du cuivre.

COMBINAISONS DE L'OR AVEC L'OXYGÈNE.

On connaît deux combinaisons d'or et d'oxygène, savoir :

Un protoxyde d'or AuO et un *peroxyde d'or* ou *acide aurique* AuO^3. Ces formules supposent l'équivalent de l'or = 196,5.

Protoxyde d'or. — On l'obtient en faisant digérer du protochlorure d'or (chlorure aureux) avec de la potasse étendue, ou en faisant bouillir une solution neutre de trichlorure d'or (chlorure aurique) avec une solution d'azotate mercureux (L. Figuier).

Le protoxyde d'or constitue une poudre violette. Il abandonne son oxygène à 250°. Il est inattaquable par les acides oxygénés les plus énergiques. L'acide chlorhydrique le décompose en eau, or métallique et trichlorure d'or. On voit que cet oxyde ne peut pas se combiner directement avec les acides. On connaît pourtant un *hyposulfite double de protoxyde d'or et de soude*, auquel MM. Gélis et Fordos attribuent la formule

$$3(S^2O^2,NaO) + S^2O^2,AuO + 4HO.$$

Mais on obtient ce sel indirectement en précipitant par l'alcool un mélange de solutions de perchlorure d'or et d'hyposulfite de soude. Il cristallise en aiguilles déliées très-solubles dans l'eau et à peine solubles dans l'alcool.

PEROXYDE D'OR OU ACIDE AURIQUE.

$$AuO^3.$$

Pour préparer cet oxyde, on fait digérer une solution de perchlorure d'or avec de la magnésie ou de l'oxyde de zinc, jusqu'à décoloration complète. Il se forme un aurate de magnésie ou d'oxyde de zinc insoluble, qu'on décompose par l'acide azotique étendu. Il reste un hydrate aurique jaune $(AuO^3, 10HO)$.

Un autre procédé consiste à neutraliser exactement une dissolution de perchlorure d'or avec du carbonate de soude, et à faire bouillir la liqueur pendant quelque temps. La plus grande partie de l'or se sépare alors sous forme d'un hydrate brun $AuO^3, 8HO$. La partie qui reste en dissolution peut être séparée par une nouvelle neutralisation par le carbonate de soude, addition d'une petite quantité d'acide acétique et ébullition de la liqueur. Il se forme alors un précipité jaune d'hydrate $AuO^3, 10HO$ (Figuier).

M. Figuier a indiqué encore le procédé suivant pour la préparation du peroxyde d'or. A une solution de perchlorure d'or, on ajoute une solution de chlorure de barium, et puis de la potasse caustique. Il se forme un précipité d'aurate de baryte très-lourd et très-facile à laver par décantation. Après le lavage, on décompose cet aurate de baryte par l'acide azotique étendu. Le peroxyde d'or reste (probablement à l'état d'hydrate).

Le peroxyde d'or hydraté perd facilement son eau et se convertit en une poudre d'un brun noir, qui constitue l'oxyde anhydre. Cet oxyde se décompose à la lumière ou par l'action de la chaleur (à 250° environ) en perdant tout son oxygène. Il est réduit par un grand nombre de substances organiques.

Il ne se combine point avec les acides oxygénés pour former des sels. A la vérité, il se dissout dans l'acide azotique concentré ; mais par l'évaporation il se sépare de nouveau.

Par contre, le peroxyde d'or se combine avec les oxydes pour former de véritables sels qu'on nomme *aurates*.

Les aurates alcalins seuls sont solubles dans l'eau. L'aurate de potasse, convenablement évaporé dans le vide, peut être obtenu à l'état cristallisé.

Les combinaisons suivantes se rattachent aux oxydes d'or.

Or fulminant. — On l'obtient en faisant digérer du peroxyde d'or avec de l'ammoniaque. C'est une poudre grise qui détone par le frottement, par le choc, quelquefois spontanément. On lui attribue la composition

$$AuO^3, 2AzH^3, HO.$$

Pourpre de Cassius. — Ce composé, si fréquemment employé dans la peinture sur verre et sur porcelaine, a été découvert par Cassius de Leyde, en 1683. On a décrit une foule de procédés pour la préparation du pourpre de Cassius. On l'obtient ordinairement en précipitant une solution de perchlorure d'or par un mélange de chlorure stanneux et de chlorure stannique en solution. M. Figuier le prépare en plaçant des grenailles d'étain dans une solution de perchlorure d'or aussi neutre que possible et étendue de telle sorte que 35 à 40 centimètres cubes de la solution renferment 1 gramme d'or. Au bout de quelques instants, la liqueur se trouble, et l'on obtient un précipité léger floconneux, d'un beau pourpre, qu'on lave par décantation.

Le pourpre de Cassius renferme de l'étain, de l'or, de l'oxygène et de l'hydrogène. On ignore le mode de combinaison de ces éléments, et l'on ne peut faire que des hypothèses plus ou moins probables sur l'arrangement moléculaire des éléments dans cette combinaison. On l'envisage ordinairement comme un *stannate double de protoxyde d'or et de protoxyde d'étain*

$$[(AuO,SnO^2 + SnO,SnO^2) + 4HO].$$

SULFURES D'OR.

On obtient le *protosulfure d'or* AuS, en traitant une solution de perchlorure d'or (2 équivalents) par une solution d'hyposulfite de soude

$$2AuCl^3 + 3(S^2O^2,NaO) + 7HO = 2AuS + 3(NaSO^4) + HSO^4 + 6HCl.$$

La même combinaison se forme lorsqu'on dirige un courant d'acide sulfhydrique dans une solution *chaude* de perchlorure d'or

$$2AuCl^3 + 3HS + 4HO = 2AuS + 6HCl + HSO^4.$$

Le protosulfure d'or constitue un précipité brun. Il se dissout dans l'eau régale. Il perd son soufre lorsqu'on le calcine.

Lorsqu'on dirige un courant de gaz sulfhydrique dans une dissolution *froide* de perchlorure d'or, on obtient un dépôt jaune brun de *persulfure d'or* AuS^3

$$AuCl^3 + 3HS = AuS^3 + 3HCl.$$

Ce dernier corps est capable de se combiner avec les sulfures alcalins pour former des sulfures doubles solubles dans l'eau, et dans lesquels le sulfure d'or joue le rôle d'acide, tandis que le sulfure alcalin joue le rôle de base. Lorsqu'on fond de l'or métallique en poudre avec du polysulfure de potassium, celui-ci cède une portion de son soufre au métal, qui se convertit en sulfure. Ce sulfure se combine ensuite avec le sulfure de potassium pour former du sulfaurate de potassium soluble dans l'eau. Lorsqu'on traite la solution de ce sel par un acide, il se précipite des flocons jaunes de sulfure d'or.

CHLORURES D'OR.

Protochlorure d'or ou **chlorure aureux** AuCl. — On l'obtient en chauffant le perchlorure, avec précaution, à 230°, température à laquelle il perd la moitié de son chlore. Il reste une poudre d'un jaune clair, insoluble dans l'eau. Lorsqu'on le chauffe à une température élevée ou qu'on le soumet à l'ébullition avec de l'eau, le protochlorure d'or abandonne tout son chlore.

Le perchlorure d'or ou **chlorure aurique** $AuCl^3$ anhydre, se forme lorsqu'on chauffe de l'or en feuilles dans un courant de chlore sec, ou lorsqu'on évapore une dissolution d'or dans l'eau régale, jusqu'à ce que le résidu forme une masse cristalline rouge foncé, déliquescente. Ce résidu renferme encore une petite quantité d'acide libre, indépendamment d'une trace de protochlorure.

En concentrant une dissolution d'or dans l'eau régale, jusqu'à ce qu'elle cristallise par le refroidissement, on obtient des prismes quadrilatères jaunes et déliquescents, qui constituent une combinaison de chlorure aurique avec l'acide chlorhydrique.

La solution de chlorure aurique est d'un jaune brun lorsqu'elle est concentrée, d'un jaune pur lorsqu'elle est étendue. Elle est décomposée par la lumière. Elle colore la peau en violet. Elle est réduite par un très-grand nombre de corps. Le phosphore, les acides hypophosphoreux, phosphoreux, sulfureux en précipitent de l'or métallique. Il en est de même de la plupart des métaux, parmi lesquels sont compris le mercure, l'argent, le palladium et le platine. Une solution de sulfate ferreux réduit instantanément le chlorure aurique en précipitant de l'or métallique

$$6(SO^3,FeO) + AuCl^3 = Fe^2Cl^3 + 2(3SO^3,Fe^2O^3) + Au.$$

Le chlorure aurique se dissout dans l'éther. Si l'on agite avec ce liquide une solution aqueuse et acide de perchlorure d'or, ce dernier se dissout dans l'éther, qui se colore fortement en jaune, tandis que la liqueur aqueuse se décolore sensiblement. La teinture éthérée de chlorure d'or était employée autrefois en médecine, sous le nom d'*or potable*.

Le chlorure aurique se combine avec les chlorures alcalins pour former des sels doubles cristallisables. La plus connue de ces combinaisons est le *chlorure double d'or et de sodium*. On la prépare en dissolvant dans l'eau régale 1 équivalent d'or, concentrant la solution et ajoutant 1 équivalent de chlorure de sodium, dissous dans l'eau. Le mélange, évaporé jusqu'à pellicule, laisse déposer des cristaux jaunes, qui ont pour composition $NaCl, AuCl^3 + 4HO$. Ce composé a été employé en médecine. Comme d'autres préparations auriques, il a été préconisé dans le traitement des maladies vénériennes et scrofuleuses.

On connaît des chloroaurates de potassium et d'ammonium dont la composition est exprimée par les formules suivantes :

$$KCl, AuCl^3 + 5aq.$$
$$AzH^4Cl, AuCl^3 + 2aq.$$

PROTOIODURE D'OR (IODURE AUREUX.)

On a employé ce corps en médecine. On le prépare par double décomposition, en ajoutant goutte à goutte une solution d'iodure de potassium à une solution de chlorure aurique, aussi longtemps qu'il se forme un précipité. Ce précipité est un mélange d'iode et d'iodure aureux jaune. On le recueille sur un filtre, on le lave, et on le sèche à l'étuve, à 30 ou 35°, jusqu'à ce que l'excès d'iode soit vaporisé

$$AuCl^3 + 3KI = AuI + I^2 + 3KCl.$$

L'iodure d'or est une poudre d'un beau jaune, dont la composition est exprimée par la formule AuI.

Caractères des solutions auriques. — Elles sont précipitées en brun par l'hydrogène sulfuré, et le précipité se dissout dans le sulfhydrate d'ammoniaque. Le carbonate de soude en sépare, à l'aide de l'ébullition, une partie de l'or à l'état d'hydrate jaune brun. La solution de chlorure stanneux, mélangée de chlorure stannique, détermine dans les solutions auriques, même très-étendues, un précipité ou, au moins, une coloration pourpre. Récemment précipité, le pourpre de Cassius se dissout dans l'ammoniaque avec une couleur pourpre; il est insoluble dans l'acide chlorhydrique.

Les solutions d'acide sulfureux, d'acide arsénieux, d'acide phosphoreux, d'acide oxalique, de sulfate ferreux, réduisent les solutions auriques et y déterminent un précipité d'or métallique.

ALLIAGES D'OR ET DORURE.

L'or monétaire français est un alliage de 900 millièmes d'or et de 100 millièmes de cuivre. Cet alliage est plus dur que l'or métallique. La loi y tolère 2 millièmes de ce dernier métal au-dessus et 2 millièmes au-dessous du titre légal.

L'or des médailles renferme 916 millièmes d'or et 84 millièmes de cuivre. Pour l'or des bijoux, il y a trois titres légaux, savoir : $\frac{920}{1000}$, $\frac{840}{1000}$ et $\frac{750}{1000}$. Ce dernier est le plus ordinaire.

L'or s'allie facilement à l'argent, qui lui donne une couleur verdâtre. L'or vert des bijoutiers est composé de 71 parties d'or et de 29 parties d'argent.

L'or s'allie facilement à un grand nombre d'autres métaux. Des quantités relativement peu considérables de bismuth, de plomb, de zinc, d'antimoine, d'étain enlèvent à l'or sa couleur et sa ductilité. On connaît un amalgame d'or cristallisable, qui forme des prismes blancs assez fusibles.

L'amalgame d'or est employé pour la *dorure au mercure*. Cette opération consiste à décaper convenablement, à l'aide de l'acide sulfurique étendu, les objets en cuivre ou en argent, et à les frotter ensuite avec une brosse en fil de laiton, trempée d'abord dans une solution d'azotate mercureux et puis dans l'amalgame. En chauffant ensuite les pièces, on volatilise le mercure, tandis que l'or s'allie superficiellement au métal et forme à la surface une couche fortement adhérente. Il est essentiel de faire cette opération dans des fourneaux munis de bonnes cheminées, afin que les vapeurs mercurielles soient entraînées hors de l'atelier. S'il en était autrement, la santé des ouvriers serait gravement compromise.

La *dorure au trempé* consiste à recouvrir les objets en cuivre d'une couche d'or en les trempant dans une solution bouillante de carbonate ou de phosphate de soude additionnée de chlorure d'or. Pour dorer le fer et l'acier par ce procédé, il est nécessaire de les recouvrir préalablement d'une couche de cuivre.

La *dorure galvanique* consiste à déposer, à l'aide du courant de la pile, une couche d'or adhérente, et aussi épaisse que l'on veut, sur du cuivre, du laiton, du bronze, de l'argent, du fer, de l'acier, etc. Pour cela, on se sert d'un bain renfermant en dissolution du cyanure double d'or et de potassium. On plonge la pièce dans ce bain et on la met en communication avec le pôle négatif d'une pile ; le pôle positif est formé par une lame d'or, qui plonge de même dans le bain. A mesure que le métal de la dissolution se dépose sur la pièce, il se dissout une quantité équivalente du métal qui forme le pôle positif, et le bain conserve une composition constante, si les surfaces des deux pôles sont à peu près égales. Le même procédé est applicable à l'argenture galvanique.

PLATINE

Le platine a été découvert vers le milieu du xviiiᵉ siècle, dans le sable aurifère du fleuve Pinto, dans l'Amérique du Sud. Il a été importé en Europe en 1741, sous le nom *Platina del Pinto* [1]. Scheffer, de Stockholm, en reconnut la nature particulière vers 1752. En 1822, on a trouvé le platine dans l'Oural, où il existe en plus grande abondance que dans l'Amérique du Sud, et où l'on a trouvé des pépites de 5, 10, et 11,5 kilogrammes. Quoique ce métal soit assez répandu dans la nature, on ne le trouve nulle part en grande quantité, et l'on n'en extrait, dans le monde entier, guère plus de 2300 kilogrammes par an.

Les principaux gisements se trouvent dans les monts Ourals, au Brésil et dans la Nouvelle-Grenade. On le trouve à l'état natif, le plus souvent dans des sables d'alluvion, d'où on l'extrait par des lavages. Les minerais de platine renferment, indépendamment de ce métal, qui en constitue l'élément prédominant, d'autres corps parmi lesquels on remarque des métaux qu'on a coutume de ranger à côté du platine. Voici la composition de ces minerais :

Platine....................	73	à	86	pour cent.
Iridium....................	0,9	à	4,9	—
Palladium.................	0,2	à	1,6	—
Rhodium...................	0,8	à	3,4	—
Osmium....................	0,1	à	1,0	—
Ruthénium.................			traces.	
Osmiure d'iridium.........	0,7	à	2,3	—
Or........................	0,20			—
Fer.......................	5,3	à	12,9	—
Cuivre....................	0,1	à	5,2	—

Indépendamment de ces métaux, le minerai de platine peut renfermer de l'argent, du plomb, du fer titané, du fer chromé, des oxydes de fer, des pyrites, etc.

Le platine et les métaux qui l'accompagnent sont extraits de ce minerai par la voie humide. Après l'avoir fait digérer avec de l'eau régale étendue, qui enlève l'or et le fer, on traite la masse qui reste par l'acide chlorhydrique concentré, on chauffe et on ajoute peu à peu de l'acide azotique. L'opération se fait dans des cornues. La plus grande partie du platine, du palladium, du rhodium et une portion de l'iridium se dissolvent, tandis que l'osmiure d'iridium, inattaquable par l'eau régale, reste sous forme de grains ou de

---

1. Platina est le diminutif espagnol de plata, argent.

paillettes brillantes ; il reste en outre un mélange noir de platine, d'iridium, de ruthénium, etc. La partie de l'osmium qui est attaquée se convertit en un acide volatil, l'acide osmique, qu'on peut condenser. Les autres métaux se convertissent en chlorures. La solution qui les renferme est décantée, et, dans le cas où l'on veut en séparer le palladium, mélangée, après neutralisation par le carbonate de soude, avec une solution de cyanure de mercure : il se précipite du cyanure de palladium insoluble. La liqueur, filtrée, est additionnée d'une solution concentrée de chlorure d'ammonium, qui précipite le chlorure de platine à l'état de chlorure double de platine et d'ammonium. Le précipité est jaune et cristallin, et renferme ordinairement une petite quantité de chlorure double d'iridium et d'ammonium. On le calcine au rouge sombre. Il laisse un résidu gris et poreux de platine qui contient de l'iridium. Ordinairement on ne sépare pas ce dernier métal, car il donne une plus grande dureté au platine. Les eaux-mères qui ont laissé déposer le précipité jaune de chlorure double sont évaporées et précipitées de nouveau par le sel ammoniac : il se forme un dépôt rouge contenant beaucoup de chlorure double d'iridium et d'ammonium.

Le platine qu'on obtient par la calcination du chlorure double est terne et spongieux. On le nomme *éponge de platine.* Pour lui donner de la cohérence et le convertir en un métal malléable et ductile, on opère comme il suit : On réduit en poussière l'éponge de platine dans des mortiers en bois, où on la triture avec de l'eau, de manière à la transformer en une pâte d'une homogénéité parfaite. On introduit cette pâte dans un cylindre en laiton ou en fer, légèrement conique, et on la comprime d'abord avec un piston en bois, puis avec un piston en acier. On achève la compression en soumettant à la presse la masse déjà cohérente; ensuite on la chauffe au rouge blanc et on la forge sous le marteau, comme on fait pour le fer.

Dans ces derniers temps, **M. H. Sainte-Claire Deville** a proposé d'extraire le platine par la simple fusion du minerai. Il effectue cette fusion dans une excavation lenticulaire pratiquée dans deux grands morceaux de chaux vive superposés. Dans ce fourneau il dirige un courant de gaz de l'éclairage, dont la combustion est alimentée par de l'oxygène.

M. Deville est parvenu à fondre ainsi une masse de platine pesant plus de 11 kilogrammes.

Propriétés du platine. — Le platine est un métal blanc grisâtre.

Pur et fondu, il n'est pas plus dur que le cuivre; il n'est point poreux et offre une couleur plus blanche que le métal forgé (Deville). Sa densité est égale à 21,15. Chauffé au rouge blanc, il se ramollit et se laisse forger et souder comme le fer. La densité du métal forgé est égale à 21,5. Lorsqu'il est fondu, il absorbe l'oxygène, comme l'argent, et l'abandonne au moment où il se solidifie. Il roche lorsqu'il se refroidit brusquement.

Des globules de platine fondus au chalumeau et attaqués ensuite par l'eau régale présentent une texture cristalline.

Le platine possède la propriété curieuse de condenser des gaz à sa surface, et cette propriété est la cause de certains phénomènes chimiques qu'on a attribués au simple contact du métal. Ainsi, lorsqu'on dispose une spirale de fil de platine dans la flamme d'une lampe à esprit de vin, au-dessus de la mèche, et qu'on éteint la flamme, on voit le fil de platine s'échauffer et rougir. Les vapeurs d'alcool qui continuent à s'élever s'oxydent autour du platine, et la chaleur dégagée par cette combustion lente porte le métal au rouge. La lampe sans flamme réalise une combustion lente, déterminée sans doute par la condensation des gaz à la surface du métal.

Lorsqu'il est poreux et divisé, le platine possède au plus haut degré la propriété dont il s'agit. L'*éponge de platine*, plongée dans un mélange d'oxygène et d'hydrogène, détermine à l'instant même la combinaison de ces gaz. La construction du briquet de Dœbereiner est fondée sur cette propriété.

Dans le *noir de platine*, ce métal atteint un grand dégré de division et une activité extrême. On prépare le noir de platine en réduisant le bichlorure de platine par le zinc, ou par l'acide formique, ou encore en faisant bouillir du protochlorure de platine avec une solution de potasse caustique, et introduisant dans la liqueur, agitée sans cesse, de l'alcool ou de l'eau sucrée par petites portions. Une vive effervescence, due à un dégagement d'acide carbonique, se manifeste, et le platine se précipite sous forme d'une poudre noire. On fait bouillir ce précipité successivement avec de l'alcool, de l'acide chlorhydrique et de l'eau, puis on le recueille et on le fait sécher.

Le noir de platine possède au plus haut degré la faculté de condenser les gaz. D'après Mitscherlich, un volume de cette substance condense 743 volumes d'hydrogène et plusieurs centaines de volumes d'oxygène.

Dans ces derniers temps, M. Stenhouse a préparé un charbon

platiné en faisant bouillir une dissolution de bichlorure de platine pendant quelques minutes, avec du charbon de bois en poudre grossière, et en calcinant ensuite ce charbon en vase clos. M. Piria prépare de même la pierre ponce platinée. Le charbon et la pierre ponce ainsi imprégnés de platine métallique possèdent, comme ce métal, la faculté de condenser les gaz et de déterminer les actions chimiques qui résultent d'une telle condensation.

Le platine est inaltérable à l'air. Il n'est pas attaqué par les acides azotique, chlorhydrique, sulfurique, même bouillants. L'eau régale le dissout. Les alcalis l'attaquent à une haute température au contact de l'air. Il en est de même des azotates alcalins et du bisulfate de potasse.

Le platine est attaqué de même par le soufre et les sulfures alcalins en fusion, par le phosphore et les phosphates en présence du charbon, à une haute température, par l'arsenic, par le cyanure de potassium. Enfin, il s'allie à certains métaux fusibles, tels que le zinc et le plomb, et ces alliages sont fusibles eux-mêmes. Toutes ces réactions doivent être prises en considération lorsqu'on se sert d'ustensiles de platine dans les laboratoires.

COMBINAISONS DU PLATINE AVEC L'OXYGÈNE.

Protoxyde de platine, oxyde platineux PtO. — On l'obtient sous forme d'hydrate, en décomposant le protochlorure de platine par une solution d'hydrate de potasse. Ce corps est noir et se décompose facilement. Il se dissout dans un excès de potasse. Les acides le dissolvent de même à froid, en formant des solutions brunes.

Bioxyde de platine, oxyde platinique PtO^2. — Lorsqu'on fait bouillir le bichlorure de platine avec un excès de potasse caustique et qu'on neutralise la solution par l'acide acétique, il se forme un précipité jaune brun qui constitue un *hydrate platinique* (Fremy). Chauffé à une température modérée, cet hydrate perd son eau et se convertit en *bioxyde de platine anhydre* (oxyde platinique) PtO^2. Lorsqu'on le porte à une température plus élevée, celui-ci perd son oxygène.

L'hydrate platinique se dissout dans les acides en formant des solutions d'un jaune brun. En présence des bases, il se comporte comme un acide; ainsi, il se combine avec la potasse caustique pour former du platinate de potasse. C'est ce composé qui prend naissance lorsque le platine est attaqué par la potasse fondante au contact de l'air ou par le nitre. Il se forme aussi lorsqu'on mêle

du chlorure double de platine et de potassium avec un excès de
potasse, qu'on évapore à siccité, et qu'on fond le résidu. Le tout
étant repris par l'eau froide, qui dissout le chlorure de potassium,
il reste du platinate de potasse sous forme d'une masse présentant
la couleur de l'ocre.

COMBINAISONS DU PLATINE AVEC LE CHLORE.

Protochlorure de platine, chlorure platineux $PtCl$. — On l'obtient
en chauffant avec précaution à 200° du bichlorure de platine (chlorure platinique) sec. Après le refroidissement, on épuise ce résidu
avec de l'eau. Il reste une poudre vert olive qui constitue le chlorure platineux. Ce corps se forme aussi lorsqu'on dirige un courant
d'acide sulfureux dans une solution de chlorure platinique. L'eau
étant décomposée, il se forme de l'acide sulfurique, de l'acide
chlorhydrique et du chlorure platineux qui reste en dissolution
dans la liqueur acide. Le chlorure platineux est insoluble dans l'eau;
mais il se dissout dans l'acide chlorhydrique en formant une
liqueur brun foncé. Lorsqu'on ajoute à une telle solution du chlorure de potassium dissous, et qu'on évapore, on obtient de beaux
prismes rouges qui renferment $PtCl,KCl$. On obtient de même un
chlorure double platinoso-ammonique $PtCl,AzH^4Cl$.

Bichlorure de platine, chlorure platinique $PtCl^2$. — Pour l'obtenir
on dissout le platine dans un mélange de 2 parties d'acide chlorhydrique et de 1 partie d'acide azotique, et on évapore au bain-marie
jusqu'à cristallisation. Le chlorure platinique se dépose en aiguilles d'un rouge brun qui constituent un hydrate. Lorsqu'on
les chauffe, ces cristaux abandonnent leur eau et se convertissent
en une masse d'un rouge brun foncé qui constitue le chlorure platinique anhydre $PtCl^2$. Chauffé à 200°, le chlorure platinique abandonne la moitié de son chlore; le reste se dégage à une température plus élevée.

Le chlorure platinique est déliquescent. Il se dissout aisément
dans l'eau et forme des solutions orangées ou jaunes, suivant la
concentration. Lorsqu'elles sont colorées en rouge brun, ces solutions renferment soit du chlorure platineux, soit du bichlorure
d'iridium. Le chlorure platinique se dissout aussi dans l'alcool;
et dans l'éther; la solution alcoolique se colore bientôt en brun
rouge, par suite de la réduction d'une portion du chlorure platinique en chlorure platineux.

Le chlorure platinique forme des combinaisons doubles avec les
chlorures alcalins. Lorsqu'on ajoute une solution de chlorure de

potassium à une solution concentrée de chlorure platinique, il se forme immédiatement un précipité jaune cristallin de *chlorure double de platine et de potassium* $PtCl^2,KCl$. Ce composé ne se dissout que dans 144 parties d'eau froide; il est presque insoluble dans l'alcool. Examiné au microscope, il apparaît sous forme d'octaèdres réguliers. Calciné, il donne un mélange de platine et de chlorure de potassium qu'on peut extraire par l'eau.

Le *chlorure double de platine et d'ammonium* $PtCl^2.AzH^4Cl$ se forme lorsqu'on ajoute une solution de sel ammoniac à une solution concentrée de chlorure platinique. C'est un précipité jaune formé par de petits octaèdres réguliers. Il est peu soluble dans l'eau froide, plus soluble dans l'eau bouillante, presque insoluble dans l'alcool absolu. Il exige, pour se dissoudre, 1406 parties d'alcool à 76 degrés cent. et 665 parties d'alcool à 55 degrés cent. Par la calcination, il se décompose et laisse un résidu de platine métallique pur (éponge de platine).

Le *chlorure double de platine et de sodium* $PtCl^2.NaCl$ se dissout dans l'eau et même dans l'alcool. Il cristallise en prismes orangés.

COMBINAISONS AMMONIO-PLATINIQUES.

Lorsqu'on verse de l'ammoniaque dans une solution de sulfate platinique, on obtient un précipité brun qui se convertit en un composé détonant, lorsqu'on le fait digérer avec de l'ammoniaque en excès ou avec une solution étendue de soude ou de potasse caustique. Ce composé, dont la nature n'est pas encore bien connue, constitue une poudre d'un brun foncé, qui détone avec violence après la dessiccation, non par le choc, mais lorsqu'il est porté à une température peu supérieure à 200°.

Par l'action de l'ammoniaque sur les chlorures de platine il se forme une série de combinaisons renfermant à la fois du platine, de l'azote, de l'hydrogène et du chlore, et qu'on peut envisager comme engendrées par la substitution du platine à l'hydrogène de l'ammoniaque. Parmi ces composés nous nous bornons à indiquer les suivants :

1. Lorsqu'on ajoute un excès d'ammoniaque à une solution chlorhydrique de protochlorure de platine, il se sépare au bout de quelque temps une poudre cristalline verte qu'on nomme le *sel vert de Magnus* (protochlorure de platine ammoniacal). Ce composé renferme

$$PtCl,AzH^3 = \begin{matrix} Pt \\ H^3 \end{matrix}\Big\} Az,Cl$$

et constitue, par conséquent, le chlorure de platosammonium, c'est-à-dire le chlorure d'un ammonium (H^4Az) dans lequel un équivalent d'hydrogène est remplacé par un équivalent de platine. On connaît une modification jaune de ce composé.

2. Lorsqu'on fait digérer à chaud ce sel avec un grand excès d'ammoniaque, il se dissout, et, par le refroidissement de la liqueur ou par la concentration, il se sépare des aiguilles transparentes qui renferment $PtCl,Az^2H^6$. Ce composé est connu sous le nom de *sel de Reiset*. Il constitue le chlorure d'amiplatosammonium

$$\left.\begin{array}{l} Pt \\ (AzH^4) \\ H^2 \end{array}\right\} Az,Cl$$

c'est-à-dire le chlorure d'un ammonium (H^4Az) dans lequel un atome d'hydrogène est remplacé par le groupe ammonium AzH^4 et un autre atome d'hydrogène par du platine.

3. Lorsqu'on dirige un courant de chlore dans de l'eau bouillante tenant en suspension le sel de Magnus (modification jaune), il se précipite un chlorure peu soluble dans l'eau froide, qui renferme $PtCl^2,AzH^3$. Ce composé, découvert par Gerhardt, constitue le *chlorure de chloroplatammonium*

$$\left.\begin{array}{l} (PtCl)' \\ H^2 \end{array}\right\} Az,Cl$$

c'est-à-dire le chlorure d'un ammonium dont un équivalent d'hydrogène est remplacé par le groupe $(PtCl)'$ [1].

4. Lorsqu'on dirige un courant de chlore dans une solution du sel de Reiset $PtCl,Az^2H^6$, il se forme une combinaison renfermant $PtCl^2,Az^2H^6$, et qu'on nomme le *sel de Gros*. C'est le chlorure d'amichloroplatammonium

$$\left.\begin{array}{l} (PtCl)' \\ (AzH^4)' \\ H^2 \end{array}\right\} Az,Cl$$

c'est-à-dire le chlorure d'un ammonium dont un atome d'hydrogène est remplacé par de l'ammonium et un autre atome d'hydrogène par le groupe $(PtCl)'$.

On voit que dans ces deux dernières réactions le chlore se fixe purement et simplement, soit sur le sel de Magnus, soit sur le sel de Reiset. Nous admettons qu'il existe dans deux états dans les composés ainsi formés : un atome étant combiné au platine pour

---

1. $(PtCl)' = PtCl^2 — Cl$; l'accent ' indique que ce groupe est monoatomique, c'est-à-dire qu'il peut remplacer 1 atome d'hydrogène.

former le groupe (PtCl)′, et l'autre atome étant combiné à la molécule de l'ammonium platinique. L'un et l'autre de ces atomes de chlore peuvent être remplacés par de l'oxygène, et il se forme ainsi des bases oxygénées. Mais nous ne croyons pas devoir développer ce sujet.

Caractères des dissolutions de platine. — La seule dissolution de platine qu'on ait à caractériser ordinairement est celle du bichlorure. Elle est colorée en jaune orangé ou en jaune. L'hydrogène sulfuré et le sulfhydrate d'ammoniaque y forment un précipité noir, soluble dans un grand excès de sulfhydrate d'ammoniaque.

La potasse caustique y forme d'abord un précipité jaune de chloroplatinate qui, sous l'influence d'un grand excès de potasse, finit par se dissoudre en formant du platinate de potasse. Une solution de chlorure de potassium et en général d'un sel de potasse y forme un précipité jaune de chloroplatinate de potassium.

L'ammoniaque donne, dans les solutions de chlorure platinique, un précipité jaune de chlorure double de platine et d'ammonium soluble dans un grand excès d'ammoniaque.

Le fer ou le zinc en précipitent du platine métallique sous forme d'une poudre noire.

RECHERCHE DES POISONS MÉTALLIQUES.

Considérations générales. — Nous avons mentionné, en traitant des métaux, l'action toxique qu'un grand nombre de leurs combinaisons exercent sur l'économie. Il nous reste à indiquer la marche qu'il convient de suivre pour retrouver la trace de ces métaux, dans les cas d'empoisonnement. Dans cet exposé, nous nous placerons à un point de vue général, et, supposant que la justice n'ait donné aucune indication sur la nature du poison métallique, nous décrirons un procédé qui permette d'en découvrir un certain nombre. Nous ferons remarquer qu'une telle supposition n'est point gratuite. Il arrive tous les jours que l'instruction ne révèle aucun fait qui puisse guider l'expert dans la direction de ses recherches. Celui-ci se trouve placé en face de l'inconnu. Il est par conséquent de la plus haute importance qu'il suive une méthode rationnelle, générale, applicable à la recherche d'un certain nombre de substances, et permettant de poser des conclusions certaines, qu'elles soient positives ou négatives. Cette manière de procéder permet une sage économie dans l'emploi des matières soumises à l'expertise, et dont une portion doit toujours être réservée pour d'autres essais. Elle n'allonge pas inutilement le travail et doit être employée même dans les cas où les faits de la cause auraient fourni des renseignements concernant la nature du poison. Car, d'un côté, ces renseignements pourraient être insuffisants ou erronés, et, d'un autre côté, indépendamment de la substance toxique sur laquelle l'attention aurait été portée, on pourrait en rencontrer une autre.

Dans l'exposé que nous allons faire nous ne comprendrons pas toutes les substances toxiques qui auraient pour base un métal : nous nous bornerons à celles qui ont donné lieu, quelquefois ou fréquemment, à des empoisonnements, soit volontaires, soit accidentels. Et même nous n'aurons égard qu'aux poisons qu'on nomme métalliques, dans le sens le plus restreint du mot, laissant de côté tous les composés toxiques des métaux qui forment les alcalis, les terres alcalines et les terres. Poser et chercher à résoudre le problème en des termes plus généraux, ce serait le compliquer inutilement.

En conséquence, nous supposerons qu'il s'agisse de retrouver isolément l'un ou l'autre des métaux suivants : zinc, étain, antimoine, cuivre, plomb, mercure.

Il n'est pas rare que la justice mette entre les mains de l'expert des restes de la substance toxique qui a été ingérée. Dans ce cas, le problème est ordinairement facile à résoudre : l'aspect, la couleur, la saveur de la substance et quelques essais chimiques fort simples peuvent dévoiler la nature du poison. Au surplus, même dans ce cas, il est utile de suivre, dans les essais analytiques, la marche qui va être indiquée.

D'autres fois la substance n'est pas retrouvée en nature. Elle est disséminée dans un grand excès de matières organiques, soit dans les matières des vomissements, soit dans le contenu du tube digestif, soit dans les organes intérieurs où elle a pénétré par absorption. Il s'agit de la séparer des matières organiques.

Procédé pour la recherche d'un poison métallique. — On emploie pour cela le procédé qui a été décrit page 307, et qui consiste à détruire les matières organiques à l'aide de l'acide chlorhydrique et du chlorate de potasse. Après avoir chassé l'excès de chlore par l'ébullition du liquide, on laisse refroidir celui-ci et on y dirige pendant longtemps, et à plusieurs reprises, un courant de gaz sulfhydrique lavé. (Voir page 307.)

On laisse reposer la liqueur pendant vingt-quatre heures. Le précipité formé se rassemble alors au fond du vase. On décante avec précaution la liqueur claire ; on la met de côté (car elle peut renfermer du zinc qui n'a pas été précipité par l'hydrogène sulfuré), et on verse le reste de la liqueur, avec le précipité, dans un verre à pied conique, où on le laisse se déposer. On le lave ensuite à plusieurs reprises, par décantation, avec de l'eau chargée d'une petite quantité d'hydrogène sulfuré. Lorsqu'il est très-abondant, on peut le recueillir et le laver sur un filtre. Mais il est bon d'éviter l'emploi du papier et de recueillir finalement le précipité lavé sur un petit entonnoir dont on a bouché le bec avec un tampon d'amiante.

Le précipité qu'on a ainsi recueilli est jaune ou noir. Il est jaune lorsqu'il renferme du sulfure d'arsenic, du sulfure d'étain, du sulfure d'antimoine, ou lorsqu'il est simplement formé par du soufre imprégné de matières organiques (page 308). Il est brun ou noir lorsqu'il renferme du sulfure de cuivre, du sulfure de plomb, du sulfure de mercure.

Il est à remarquer pourtant qu'un précipité d'un jaune sale renfermant un grand excès de soufre, peut contenir aussi de petites quantités de sulfure de plomb, de mercure ou de cuivre.

I. Supposons d'abord que le précipité soit jaune.

Antimoine et étain. — *Premier procédé.* — Si l'on y soupçonne la présence de l'arsenic, on le fait digérer avec de l'ammoniaque, comme il a été dit à la page 309. Le sulfure d'arsenic se dissout; les autres sulfures sont insolubles dans l'ammoniaque [1]. On introduit ensuite le résidu, insoluble dans l'ammoniaque, dans un petit vase à précipiter, à l'aide d'une spatule en platine, et on le fait digérer pendant quelques heures dans un endroit chaud, avec une solution concentrée et jaune de sulfhydrate d'ammoniaque.

Le sulfure d'étain ou d'antimoine se dissout, les autres sulfures dont le précipité jaune peut renfermer de petites quantités restent à l'état insoluble [2]. On filtre, on lave le résidu, et on le traite par le procédé auquel on soumet les sulfures noirs, et qui sera indiqué plus loin.

La solution jaune renfermant le sulfure soluble dans le sulfhydrate d'ammoniaque est évaporée à siccité dans une capsule de porcelaine; le résidu est traité par l'acide azotique fumant; l'acide est chassé par l'évaporation, et le résidu, traité d'abord par quel-

---

1. Il est à remarquer pourtant qu'une petite quantité de sulfure d'antimoine peut se dissoudre dans l'ammoniaque en présence d'un excès de soufre.

2. Le sulfure de cuivre se dissout en très-petite quantité dans le sulfhydrate d'ammoniaque. Pour empêcher qu'il en soit ainsi, on peut remplacer le sulfure d'ammonium par le sulfure de sodium.

ques gouttes d'une solution concentrée et pure de carbonate de soude, est mélangé ensuite, à l'aide d'une baguette de verre, avec du carbonate de soude sec auquel on ajoute environ le quart de son poids d'azotate de soude. On introduit ce mélange dans un petit creuset ; on le fond avec précaution en portant le creuset peu à peu jusqu'au rouge. Après le refroidissement, on traite la masse dans le creuset même, à plusieurs reprises, par l'eau bouillante. On réunit les liqueurs dans un verre à expérience. Si la solution est complète, cela prouve l'absence de l'antimoine. S'il est resté un dépôt A, celui-ci peut être formé par de l'antimoniate de soude ou par de l'acide stannique. On recueille ce dépôt sur un petit filtre, on le lave et on met de côté la liqueur B, qui peut renfermer du stannate de soude. On fait sécher le filtre, et, après avoir séparé autant que possible le dépôt, on l'introduit dans un petit creuset de porcelaine, puis on brûle le filtre et on ajoute les cendres au dépôt ; on mêle le tout avec un excès de cyanure de potassium, et on chauffe jusqu'au rouge obscur. L'acide métallique est réduit, et l'on obtient un ou plusieurs globules métalliques qui peuvent être de l'antimoine ou de l'étain.

Après le refroidissement, on épuise le contenu du creuset par l'eau bouillante, et on sépare par décantation la liqueur des grains métalliques. On lave ceux-ci, on les arrose avec de l'acide chlorhydrique et on chauffe.

En supposant que le métal soit de l'*étain*, il se dissoudra dans cet acide, et l'on obtiendra une solution offrant les caractères des solutions stanneuses (page 576). Les plus saillants sont ceux qui suivent :

L'hydrogène sulfuré, ajouté à quelques gouttes de la solution, forme un précipité brun.

Quelques gouttes d'une solution de chlorure mercurique forment, avec la solution stanneuse, un précipité blanc de chlorure mercureux, qu'un excès de la solution stanneuse transforme en un précipité gris de mercure métallique.

Une solution de chlorure d'or donne, dans la liqueur stanneuse, un précipité brun rouge de pourpre de Cassius.

Si les grains métalliques refusent de se dissoudre dans l'acide chlorhydrique, ils sont formés par de l'*antimoine*. On s'en assure en ajoutant à la liqueur quelques gouttes d'acide azotique, et en chauffant.

On obtient une solution de chlorure d'antimoine qui offre les caractères suivants :

Évaporée avec précaution et reprise par l'eau, elle donne un précipité blanc de poudre d'Algaroth.

Traitée par l'hydrogène sulfuré, elle donne un précipité orangé de sulfure d'antimoine.

Ajoutons que les grains d'antimoine sont cassants, tandis que les grains d'étain s'aplatissent sous le marteau.

Il nous reste à rechercher l'étain dans la liqueur alcaline B, obtenue en traitant par l'eau bouillante le produit de la calcination du sulfure jaune avec un mélange de carbonate et d'azotate de soude. On y ajoute avec précaution de l'acide azotique. Il se forme un précipité floconneux d'acide stannique, qui disparaît dans un excès d'acide azotique; on ajoute alors un léger excès d'une solution de carbonate d'ammoniaque, et on recueille sur un petit filtre l'acide stannique qui s'est séparé, et, après l'avoir lavé et séché, on le réduit par le cyanure de potassium, comme il vient d'être dit.

Deuxième procédé pour la recherche de l'antimoine ou de l'étain. — Le procédé suivant, plus simple, peut être appliqué de même à la recherche de l'antimoine ou de l'étain dans la solution du sulfure dans le sulfhydrate d'ammoniaque.

On étend cette solution avec de l'eau et on la précipite par l'acide chlorhydrique qu'on ajoute en léger excès. Il se dégage de l'hydrogène sulfuré et il se forme un précipité jaune abondant, mélange de soufre et de sulfure d'antimoine ou d'étain. On le recueille sur un filtre, on le lave et on l'introduit encore humide dans une petite capsule, où on l'arrose avec de l'acide chlorhydrique concentré. On chauffe : le sulfure d'antimoine ou d'étain se dissout; on filtre la solution acide et on y introduit une lame de zinc. L'antimoine ou l'étain se précipite en flocons noirs, ou recouvre le zinc sous forme d'un enduit de même couleur. On sépare le métal précipité; on le lave par décantation avec de l'eau; puis on le rassemble dans un petit ballon, où on le fait bouillir avec de l'acide chlorhydrique. L'étain se dissout, l'antimoine résiste. On dissout ce dernier en ajoutant quelques gouttes d'acide azotique, et on achève l'opération comme on l'a indiqué précédemment.

II. Supposons, en second lieu, que le précipité formé par l'hydrogène sulfuré soit brun ou noir. Après l'avoir laissé reposer, et après l'avoir lavé, par décantation, avec de l'eau chargée d'hydrogène sulfuré, on sépare autant que possible l'eau qui surnage, et on introduit le précipité dans une petite capsule de porcelaine, où on le chauffe avec de l'acide azotique.

Cuivre. — Dans le cas où le précipité est formé par du sulfure de *cuivre*, on obtient une solution bleue d'azotate de cuivre, et du soufre se sépare. Il peut arriver que la coloration bleue de la liqueur soit masquée par suite de la présence, dans le précipité, de matières organiques qui sont dissoutes par l'acide azotique. Il convient alors d'ajouter à la liqueur une petite quantité d'acide chlorhydrique et de chlorate de potasse, et d'évaporer à siccité. On reprend ensuite par l'eau, et on démontre la présence du cuivre dans la liqueur à l'aide des réactifs suivants :

L'ammoniaque en excès colore la liqueur en bleu foncé.

Le cyanoferrure de potassium (prussiate de potasse jaune) y forme un précipité brun marron.

Une lame de fer bien décapée ou une aiguille qu'on y plonge se recouvre d'une couche de cuivre métallique, reconnaissable à sa couleur et à son éclat. Il faut éviter de déposer la lame de fer dans une liqueur renfermant un excès d'acide azotique, et il est bon, en général, avant de faire les essais que l'on vient d'indiquer, de transformer le sel de cuivre en chlorure, en ajoutant un excès d'acide chlorhydrique à la liqueur et en évaporant à siccité.

Plomb. — Lorsque le précipité noir est formé par du sulfure de plomb, l'acide azotique concentré et bouillant le décolore et le transforme, en grande partie, en sulfate. On ajoute alors une goutte d'acide sulfurique et l'on évapore à siccité. On reprend par l'eau et on verse le tout dans un verre à pied, où on laisse déposer le sulfate ; on le lave plusieurs fois par décantation, puis on y ajoute une solution de carbonate de soude en excès ; on agite et on introduit la liqueur et le précipité dans un petit ballon. On fait bouillir pendant quelque temps. Le sulfate de plomb se convertit alors en carbonate. On verse de nouveau le tout dans un verre à pied, on laisse reposer, on sépare la liqueur claire et on lave plusieurs fois par décantation. On dissout ensuite le précipité dans l'acide azotique étendu, et on découvre le plomb dans la liqueur à l'aide des réactifs suivants :

L'acide sulfurique y forme un précipité blanc de sulfate de plomb, qui se dissout dans le tartrate d'ammoniaque. Ce sulfate, chauffé au chalumeau, sur un charbon, avec un mélange de carbonate de soude sec et de cyanure de potassium, donne un grain de plomb qui s'étend sous le marteau.

L'iodure de potassium y forme un précipité jaune qui se dissout dans une grande quantité d'eau bouillante, et s'en sépare par le refroidissement en paillettes brillantes d'un jaune d'or.

Le chromate de potasse y forme un précipité jaune, soluble dans la potasse caustique.

Mercure. — Dans le cas où le précipité noir formé par l'hydrogène sulfuré est du sulfure de mercure, il n'est pas attaqué par l'acide azotique, même à l'ébullition. On ajoute alors quelques gouttes d'acide chlorhydrique, on chauffe et l'on évapore presque à siccité. Le résidu étant repris par l'eau, on a une solution de sublimé corrosif dans laquelle on démontre la présence du mercure à l'aide des réactions suivantes :

On dépose quelques gouttes de la solution sur une lame de cuivre bien décapée qu'on a soin de toucher avec une petite lame de zinc. Il se dépose alors sur la surface du cuivre un enduit grisâtre de mercure métallique, et si l'on frotte avec précaution on produit une tache blanche et brillante.

On plonge dans une partie de la liqueur une lame d'or qu'on a entourée partiellement d'une petite feuille d'étain (pile de Smithson). La lame d'or blanchit en se recouvrant de mercure métallique. Au bout de quelques heures, on la retire du liquide, et, après l'avoir séchée avec soin, on l'introduit au fond d'un petit tube bouché et l'on chauffe au rouge obscur. Le mercure se volatilise et se condense sous forme de globules dans la partie froide du tube, où l'on peut le reconnaître à l'œil nu ou à l'aide d'une loupe. Lorsqu'on introduit dans le tube une petite quantité d'iode et qu'on chauffe, les globules rougissent par suite de la formation de l'iodure mercurique.

Une goutte de chlorure stanneux fraîchement préparé donne, dans la solution mercurique, un précipité blanc de calomel, qu'un excès de la solution stanneuse transforme en un précipité gris de mercure métallique.

Au besoin, et si la quantité de matière dont on dispose le permet, on constate la présence du mercure à l'aide des autres caractères que nous avons indiqués, page 631.

III. Zinc. — Il peut arriver que l'hydrogène sulfuré ne donne pas de précipité, ou ne donne qu'un précipité de soufre imprégné de matières organiques, dans la liqueur acide où l'on soupçonne la présence d'un poison métallique. Cette liqueur peut renfermer un certain nombre de métaux parmi lesquels nous ne considérerons ici que le zinc.

On ajoute à cette liqueur un léger excès d'ammoniaque, puis du sulfhydrate d'ammoniaque. Il se forme alors un précipité blanc sale, quelquefois verdâtre ou noirâtre (s'il renferme du fer). Ce précipité renferme du sulfure de zinc. On le recueille sur un filtre, on le lave et on le dissout dans l'acide chlorhydrique.

On précipite la solution par le carbonate de soude, on recueille le dépôt sur un petit filtre, on le lave. Ensuite on l'introduit avec le filtre dans une capsule et on l'arrose avec de l'acide acétique étendu. On chauffe, on filtre et on dirige un courant d'hydrogène sulfuré à travers la solution qui renferme de l'acétate de zinc. Le zinc seul se précipite sous forme d'un sulfure blanc caractéristique. En dissolvant ce sulfure dans l'acide chlorhydrique étendu, on obtient une liqueur où l'on démontre la présence du zinc à l'aide des caractères que nous avons indiqués, page 546.

FIN DE LA CHIMIE INORGANIQUE.

TABLE DES MATIÈRES

CONTENUES DANS LA CHIMIE INORGANIQUE

FIN DE LA TABLE DE LA CHIMIE INORGANIQUE.

ERRATA

Page 13, ligne 2, en remontant, au lieu de : *ceux-ci*, lisez : *celui-ci*.

— 17, équivalent du silicium, lisez : 14, au lieu de : 21.

— 18, équivalent de l'or, lisez : 196,5, au lieu de : 96,5.

— 48, ligne 3, en remontant, au lieu de : *l'eau est un composé d'hydrogène (air inflammable) et de phlogistique*, lisez : *l'eau est un composé d'oxygène et de phlogistique (hydrogène)*.

— 58, ligne 13, en descendant, au lieu de : *et réagissent sur les oxydes*, lisez : *en réagissant sur les oxydes*.

— 59, ligne 7, en remontant, au lieu de : *dans un col*, lisez : *dans son col*.

— 92, ligne 1, au lieu de : *erreux*, lisez : *ferreux*.

— 249, ligne 9, en descendant, au lieu de : *pyrophosphate de baryte*, lisez : *métaphosphate de baryte*.

— 291, ligne 8, en remontant, au lieu de : *MM. Schmitt et Sturzwaage*, lisez : *MM. Schmidt et Stürzwage*.

— 384, ligne 6, en remontant, supprimez les mots : *l'acide manganique (Ascheff)*, [au lieu de : *Aschoff*].

ADDITIONS

Page 46. Les expériences récentes de MM. Soret et de Babo confirment l'opinion émise par MM. Andrews et Tait sur la nature de l'ozone. Ce corps est de l'oxygène condensé. L'ozone obtenu par l'électrolyse de l'eau ne renferme pas d'hydrogène (Soret). En prenant des précautions convenables, M. Soret est parvenu à dégager au pôle positif de l'oxygène renfermant jusqu'à 2 pour cent d'ozone.

En ozonisant l'oxygène par l'électricité d'induction, à l'aide d'un appareil que nous ne pouvons décrire ici, M. de Babo a réussi à charger l'oxygène d'une proportion encore plus considérable d'ozone.

— 56, ligne 6, en remontant. Le terme souvent employé de vapeur vésiculaire est impropre. On sait aujourd'hui que la vapeur visible, qui constitue le brouillard, est formée par des gouttelettes très-fines.

— 80. D'après M. Will, l'arsenic est contenu dans les eaux ferrugineuses à l'état d'acide arsénieux.

— 270. Tout récemment, MM. Christofle et Beilstein ont constaté que, lorsqu'on approche de l'appareil spectral de MM. Kirchhoff et Bunsen la flamme verte de l'hydrogène chargée de phosphore (page 269), on voit apparaître à gauche de la raie du sodium (page 490) deux raies vertes magnifiques ayant à peu près la même intensité, et une troisième un peu moins visible entre les deux premières et celle du sodium.

Paris. — Typographie de PILLET fils aîné, rue des Grands-Augustins, 5.